JN437696

PHYSICAL CHEMISTRY

새롭고 이해하기 쉬운

물리화학

부봉현 지음

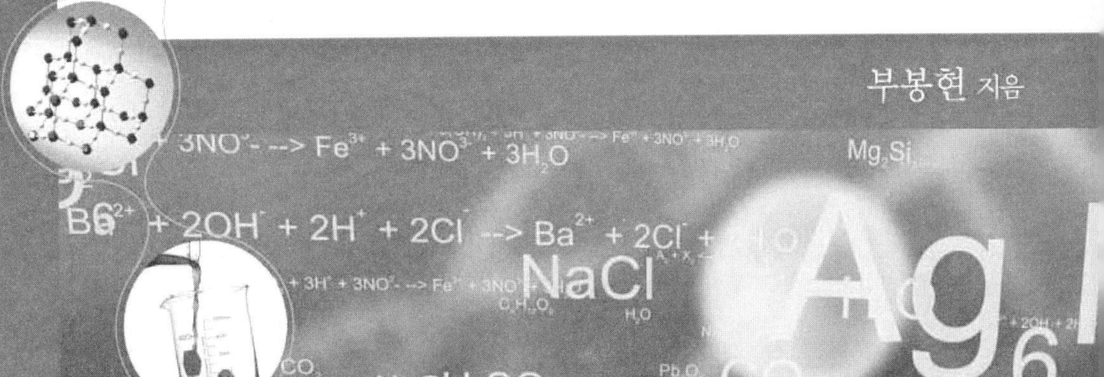

충남대학교출판부

새롭고 이해하기 쉬운 **물리화학**

발행일 2011년 3월 10일 발행인 송용호 저자 부봉현
발행처 충남대학교출판부 주소 대전광역시 유성구 대학로 99
전화 042-821-6045 홈페이지 cnupress.cnu.ac.kr E-mail cnupress@cnu.ac.kr

ISBN 978-89-7599-390-9 93420
정가 30,000원

새롭고 이해하기 쉬운 **물리화학**

머리말

화학의 근간을 이루는 물리화학은 화학에서 이해하기 어려운 분야 중의 하나이다. 현재까지 우리나라 대학의 물리화학 교재가 수십 권에 달하는데 저자의 대부분은 미국과 영국 등의 물리화학자이다. 우리가 쓰는 대부분의 교재는 영어로 씌어진 원서로서 가격이 비싸고 또한 가격에 비해 내용이 고루하고 질이 떨어지는 편이라고 판단한다. 이들 원서의 문제점을 아래에 기술한다.

1. 저자의 대부분은 대학 강당에서 주로 강의만을 전담했던 교수들이다. 강의 내용은 광범위하고 체계적이긴 하나 많은 내용이 이론설명에 치우쳐있어서 실험에 바탕을 두는 화학전공자들에게 적절치 못하다고 판단한다.

2. 원서교재에 인용하는 실험방법 등이 다소 고루한 느낌이 든다. 현재 진행되고 있는 첨단연구기법의 소개가 불충분하다고 여겨진다.

3. 원서교재를 이용한 강의는 영어교육을 지향하는 국내교육의 특성상 매우 권장할 일이다. 그러나 영어 해석에 문제가 있는 학생에게 있어서는 다소 부담이 가는 원서교육은 과학을 정확하게 이해하는데 방해가 된다.

4. 원서교재를 사용함으로써 막대한 외화낭비를 초래한다. 일본의 경우에도 많은 화학자들이 자국어로된 화학분야의 저술을 하고 있는 실정이다.

5. 현재 국내 많은 화학과 학생들이 원서와 번역판을 구입하여 화학의 이해를 추구하고 있어 도서구입에서 二重苦에 시달리고 있다. 또한 본 저술인의 입장에서 볼 때 번역판의 영문 번역이 원저자의 의도를 비교적 정확하게 반영하기 위하여 매우 딱딱하게 번역이 이루어져 있다고 판단한다. 따라서 학생들이 번역판을 읽으면서 이해가 안 되어 다시 원서를 확인하는 진풍경이 속출되고 있다.

6. 물리화학은 수학과 물리학의 기본이론에서 출발하기 때문에 수학 및 물리학과 물리화학을 연결하는 깊은 고리가 요구되나 기존 서적은 이를 적절하게 연결 못하고 있는 실정이다.

본 저술인은 십수년 전부터 강의교재를 개발하고 강의를 통해서 교재를 거듭 수정하여 왔다. 현재 물리화학의 여섯 분야 교재를 저술하고 업데이트하여 왔고 이를 총망라하여 "**새롭고 이해하기 쉬운 물리화학**" 교재를 개발하였다. 본교재의 특징을 아래에 나타내었다.

1. 수학적 모델을 사용하여 제반그래픽을 정확하게 도시하였다.
2. 이해하기 쉬운 한국어로 작성하여 내용전달에 편이를 제공하고자 하였다.
3. 제반화학 용어는 대한화학회에서 발간한 "화학술어집"을 기초로 하였다. 국문으로 생소한 용어에는 영문을 첨부하였다.
4. 본 저술인의 연구경력을 바탕으로 현재 진행되고 있는 첨단연구분야를 다루었다.
5. 장 (chapter)의 중간에 참고사항을 기록하여 어렵고 막연한 내용을 이해하는데 도움을 주도록 노력하였다.
6. 연습문제에 해답을 달아 물리화학을 이해하는데 도움을 주도록 하였다.
7. 이해하기 어려운 부분은 적절한 그림을 삽입하여 이해를 돕도록 하였다.
8. 원자나 분자의 구조, 에너지, 열역학적 안정성, 원자와 분자의 오비털의 구조와 에너지, 원자나 분자의 분광학적 성질, 그리고 분자의 결합을 적절하게 규명하기 위하여 많은 원자 및 분자에 대해 양자역학 계산을 수행한 결과를 다루었다.
9. 식을 유도하는 과정을 비교적 상세하게 기술하여 이해를 돕도록 하였다.

2011년 2월

계룡산 기슭에서

부봉현 씀.

목 차

14장 전자분광학

15장 자기공명분광학

16장 통계열역학

17장 표면분광학

18장 분자간 상호작용

1장

새·롭·고·이·해·하·기·쉬·운·물·리·화·학

기체의 성질

1. 이상기체

(a) 기체의 법칙

① Boyle의 법칙

일정한 온도에서 어떤 계의 부피는 압력에 반비례한다. 이를 나타낸 식이 식 (1-1-1)이다.

$$p = \frac{k_1}{V} \text{ 또는 } V = \frac{k_1}{p} \qquad (1-1-1)$$

이 법칙을 Boyle의 법칙이라고 한다. 여기서 k_1은 일정한 온도에서의 상수이다. 여러 온도에서 p와 V의 관계를 나타낸 등온곡선 (isotherm)을 그림 (1-1-1)에 나타내었다. **일정한 온도에서의 곡선을 등온곡선 (isotherm)이라고 한다.**

그림 (1-1-1). **Boyle의 법칙을 나타내는 등온곡선 (isotherm). 주어진 온도에서 1 몰의 이상기체의 압력-부피 상관관계를 도시하였음.**

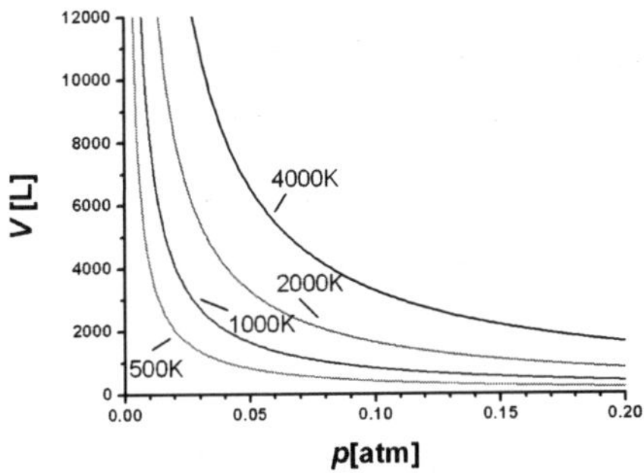

② Charles의 법칙

Charles은 $t\,^{o}$C 에서 기체의 부피가 0°C의 부피의 $\frac{t}{273}$만큼 증가한다는 사실을 발견하였다.

$$V = V_0 + V_0\frac{t}{273} = V_0\left(1 + \frac{t}{273}\right) = V_0\frac{273+t}{273} = V_0\frac{T}{273} \quad (1\text{–}1\text{–}2)$$

여기서 V_0 는 273.15 K (0 ℃)에서의 기체의 부피이며 V 는 온도 T 에서의 부피이다. 이 식을 아래와 같이 표현할 수 있다.

$$V = k_2 T \quad (1\text{–}1\text{–}3)$$

여기서 $k_2 = \frac{V_0}{273}$ 이다. Gay-Lussac은 개별적인 연구를 통해 $V \propto T$ 관계식을 발견하였다. 따라서 온도에 따른 기체부피의 식을 Charles 및 Gay-Lussac의 법칙이라고도 부른다.

그림 (1–1–2). **기체의 부피와 섭씨온도와의 관계. 직선을 주는 실험값들을 외삽하면 (extrapolation) –273 ℃를 구할 수 있다.**

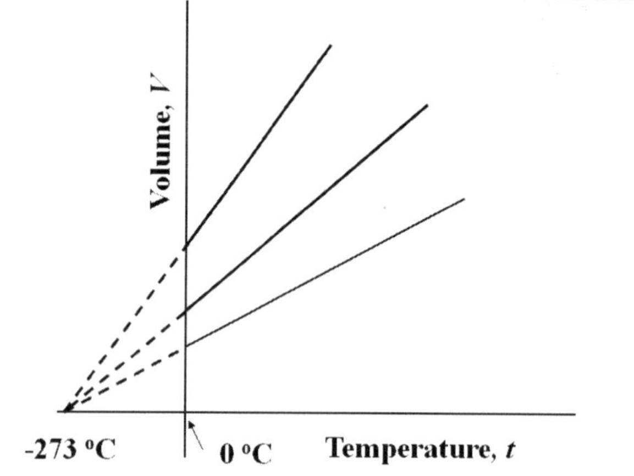

그림 (1-1-2)에서 실제기체의 등온곡선을 극저온까지 연장해서 도시하면 실제기체의 부피가 0이 되는 온도 (– 273 ℃)를 추정할 수 있다. 그림 (1-1-2)에서 – 273 ℃를 0 K로 하는 새로운 온도 축을 설정하면 그림 (1-1-3)의 결과가 나온다. 그림 (1-1-3)에 나타난 실제기체의 온도와 부피와의 관계는 식 (1-1-3)과 일치한다.

③ Avogadro의 가설

Avogadro는 일정한 부피, 일정한 온도 및 일정한 압력 하에서는 기체의 종류에 관계없이

일정한 수의 기체가 존재한다고 주장하였다. 증명 없이 이러한 주장을 하였으므로 Avogadro 가설이라고 한다. 나중에는 법칙으로 받아들여졌다. 그러면 일정한 압력과 일정한 온도에서 기체분자수가 2배가 되면 부피도 두 배가 된다. 따라서 아래 식이 성립한다.

그림 (1-1-3). **부피와 절대온도와의 관계.**

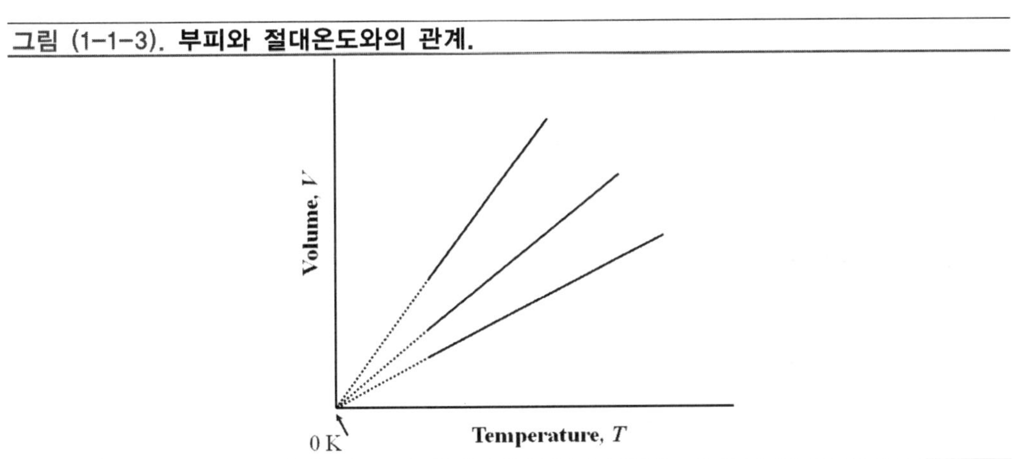

$$V = k_3 n \tag{1-1-4}$$

여기서 n은 기체의 몰수이다.

④ 결합된 기체법칙

식 (1-1-1) (Boyle의 법칙), 식 (1-1-3) (Charles의 법칙) 및 식 (1-1-4) (아보가드로의 법칙)로부터 아래 비례식을 얻을 수 있다.

$$V \propto \frac{nT}{p}$$

이 때 비례상수를 R이라고 하면, 다음과 같은 이상기체상태방정식이 얻어진다.

$$V = \frac{nRT}{p} \tag{1-1-5}$$

(b) Dalton의 부분압력의 법칙

어떤 기체의 부분압력은 그 기체가 어떤 계에 단독으로 존재한다고 가정했을 때 그 기체가 나타내는 압력이다. **기체의 혼합물이 나타내는 압력은 각 성분기체의 부분압력의 합과 같다.** A, B, C 기체로 구성된 기체의 전체압력은 아래와 같이 주어진다.

$$p_{total} = p_A + p_B + p_C \tag{1-1-6}$$

이 식을 Dalton의 부분압력의 법칙이라고 한다.

$$x_i \equiv \frac{n_i}{n_{total}} \tag{1-1-7}$$

여기서 $n_{total} = n_A + n_B + n_C$

$p_i = x_i p_{total}$

$$\therefore \; p_A + p_B + p_C = (x_A + x_B + x_C)p_{total} = p_{total} \tag{1-1-8}$$

2. 실제기체

(a) 분자수준에서의 고찰

지금까지 이상기체를 살펴보았다. 이상기체는 그 구성물질의 입자의 크기는 0이고 입자 사이의 인력이나 반발력이 없다. 이와 같은 성질을 갖고 있는 기체는 존재하지 않는다. 이와 같이 존재하지 않는 기체인 이상기체를 연구할 필요가 있는가? 그렇다. 실제기체도 압력이 낮고 온도가 높으면 이상기체와 같은 성질을 갖는다. 압력이 낮으면 입자와 입자사이가 멀리 떨어져 있어서 인력이나 반발력이 작아지게 된다. 온도가 높으면 입자 사이의 상호작용할 시간이 적어서 결과적으로 인력이 감소한다.

그림 (1-2-1). **분자와 분자 사이가 멀리 떨어져 있으면 인력과 반발력이 0에 가까운 값을 가짐. 충분히 가까워지면 인력이 최대가 되고, 더 가까워지면 반발력이 우세하게 됨.**

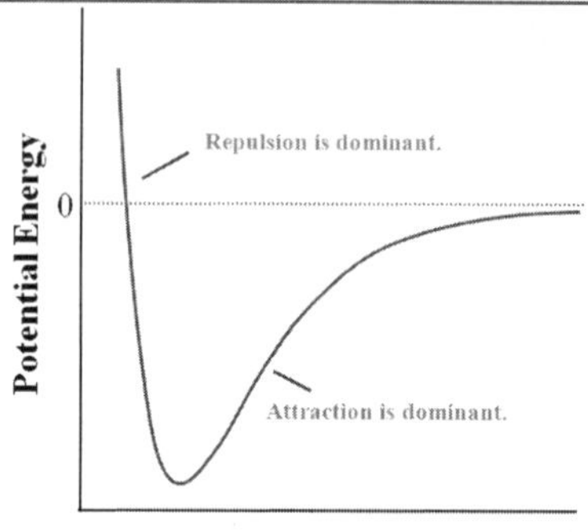

압축인자

압축인자 Z는 어떤 실제기체의 1 몰의 부피가 이상기체의 1 몰의 부피에 대한 비율을 나타낸다.

$$Z = \frac{\overline{V}}{V_{ideal\,gas}} \tag{1-2-1}$$

어떤 기체가 이상기체에 가까울수록 Z는 1에 가까운 값을 갖는다. 압축이 잘되는 기체의 Z는 작은 값을 가지므로 식 (1-2-1)의 Z를 압축인자라고 한다. 그림 (1-2-3)에 어떤 실제기체의 가능한 등온곡선을 나타내었다. 변곡점 (breakpoint) 이하에서 이 기체에 압력을 가하면 액화한다. T_1 등온곡선에서는 점 a에서 응축 (condensation)이 일어나기 시작하여 점 b에서 응축이 완료된다. 따라서 점선으로 이루어진 부분은 기체, 액체 (그리고 또는 고체)로 이루어진 2 (또는 3) 상으로 이루어져 있다.

그림 (1-2-2). 압력에 따른 여러 기체의 Z의 값.

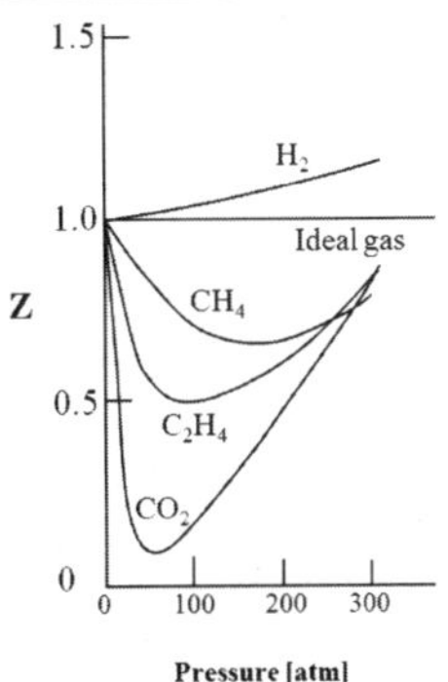

그림 (1-2-3). 어떤 실제기체의 가능한 등온곡선.

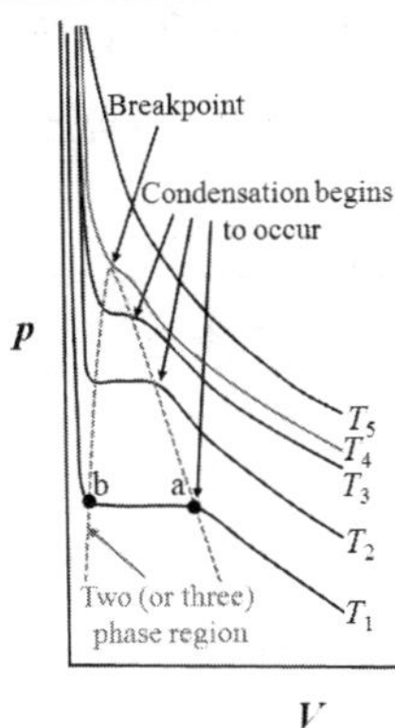

변곡점은 이 기체에 압력을 가하면 처음으로 액화하기 시작하는 가장 높은 온도인 임계온도 (critical temperature)이다. 이때의 압력과 부피를 각각 임계압력 (critical pressure) 및 임

계부피 (critical volume)**라 한다**. 따라서 어떤 기체를 액화하려면 그 기체계의 온도를 임계온도 이하로 낮추어줘야 한다.

그림 (1-2-4). **어떤 실제기체의 가능한 등온곡선.**

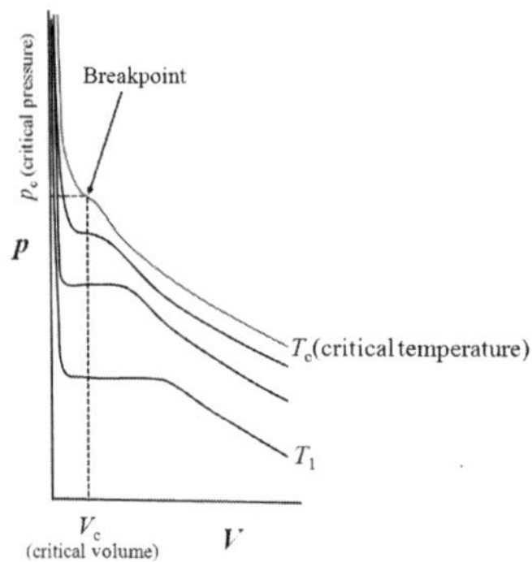

(b) van der Waals 방정식

1873년 van der Waals는 기체분자의 인력과 반발력을 동시에 고려한 식을 만들었다. 분자는 서로 멀리 떨어져 있을 때는 인력만 존재한다. 분자가 서로 가까워지면 반발력이 우세해진다. 우선 분자의 인력을 생각해보자. 그림 (1-2-5)의 표제 (caption)에 나타낸 바와 같이 인력은 거의 분자수의 제곱에 비례하게 된다. 같은 수의 분자가 존재하더라도 그 분자가 존재하는 부피가 크면 인력이 감소하게 된다. 그래서 **인력은 농도의 제곱에 비례하게 된다.**

그림 (1-2-5). **(a)에서 분자가 4개 존재하면 인력은 6개. (b)에서 분자가 6개 존재하며 인력은 15개의 인력이 존재. 이를 일반화하면 인력의 수 =$\frac{N(N-1)}{2}$, 여기서 N은 분자수임.**

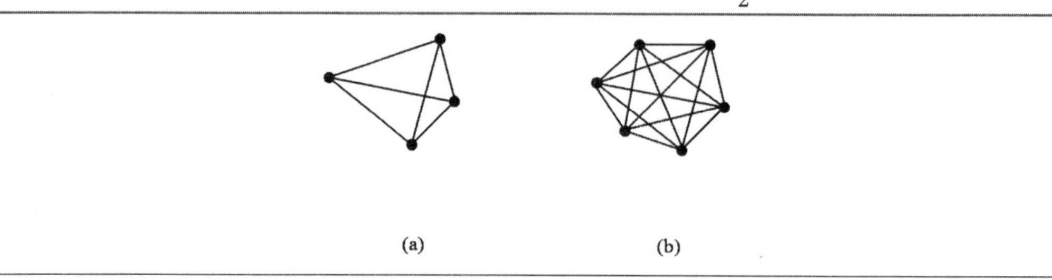

$$\therefore \quad 인력\ (\text{attractive force}) \approx a\left(\frac{n}{V}\right)^2 \qquad (1\text{-}2\text{-}2)$$

여기서 a는 **비례상수이며 분자의 인력의 척도가 된다**. 이상기체상태방정식에서 압력을 10

배로 하면 부피는 $\frac{1}{10}$로 줄어들게 된다. 실제기체에서는 같은 압력을 가하더라도 부피는 $\frac{1}{10}$ 이하로 줄어들 수 있다. 이와 같은 인력을 고려하면 이상기체상태방정식은 아래와 같이 표현될 수 있다.

$$\left\{p+a\left(\frac{n}{V}\right)^2\right\}V = nRT \quad (1\text{-}2\text{-}3)$$

다음은 기체분자의 반발력을 고려해보자. 분자가 서로 가까워지면 반발력이 우세하게 된다. 분자가 가까워지면 분자를 구성하는 전자구름이 이웃하는 분자구름과 충돌하게 된다. 즉, **분자가 가까워지면 어떤 분자의 최외각전자가 이웃 분자의 분자궤도함수의 반결합궤도함수로 들어가게 되어 에너지가 높아지게 된다.** 따라서 개별 분자는 최소한의 부피를 소유하려는 경향이 있다. 1 몰의 분자가 갖는 최소한의 부피를 b라고 표시하면 $(V-nb)$가 이상기체에서 말하는 자유부피가 된다. 이러한 자유부피를 고려하면 이상기체상태방정식은 아래와 같이 나타낼 수 있다.

$$\left\{p+a\left(\frac{n}{V}\right)^2\right\}(V-nb) = nRT \quad (1\text{-}2\text{-}4)$$

이 실제기체의 방정식을 van der Waals 방정식이라 한다. 이외에도 여러 종류의 방정식이 존재하나 생략하기로 한다. 부록의 표 (A-8)에서 **분자간의 인력이 큰 분자 이를테면 Cl_2, H_2O, CCl_4 등의 분자가 a값이 큼을 알 수 있다. 분자간의 반발력의 척도인 b 값은 분자에 따라 커다란 차이를 보이지 않고 있으며 분자의 크기에 크게 의존하고 있지 않음을 알 수 있다.**

1장

기·체·의·성·질

연습문제

(1-1) 2.20x10℃, $7.40\text{x}10^2$ mmHg에서 산소기체의 부피가 $4.00\text{x}10^{-4}\ m^3$이다. STP에서 이 기체의 부피는 얼마인가?

(1-2) 기체에 관한 van der Waals 상태방정식을 쓰고, 이상기체상태방정식에서 변형된 내용을 실제분자의 특성과 관련하여 설명하시오.

연습문제해답

(1-1) $3.60 \times 10^{-4}\ \mathrm{m}^3$

(1-2) $\left(p+\dfrac{n^2a}{V^2}\right)(V-nb)=nRT$. $\left(p+\dfrac{n^2a}{V^2}\right)$: 기체분자간의 인력을 고려한 항으로 인력은 기체계의 농도 $\left(\dfrac{n}{V}\right)$의 제곱과 관련되어 있다. 기체분자간의 인력이 크면 같은 압력을 가해도 부피는 이 항 때문에 이상기체에서 보다 더 많이 줄어들 수 있다. $(V-nb)$: 기체분자의 반발력을 고려하여 기체분자가 자유로이 움직일 수 있는 자유공간에 해당한다. 이상기체에서는 b가 0이므로 V가 자유로운 공간이 된다.

2장

새·롭·고·이·해·하·기·쉬·운· 물·리·화·학

열역학 제1법칙

우리가 관심을 갖는 대상을 계 (系, system)라고 부른다. 계는 주위 (surrounding)와 접촉하면서 벽을 통해 에너지와 물질을 교환할 수 있다.

그림 (2-1-1). **계의 여러 종류. (a) 열린계에서는 물질과 에너지가 주위와 교환됨. (b) 닫힌계에서는 에너지만 교환됨. (c) 고립계에서는 물질과 에너지가 교환이 안 됨. 고립계의 대표적인 것이 우주임.**

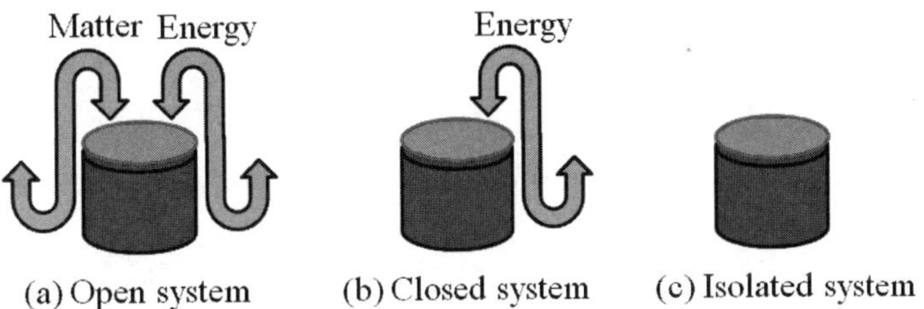

계 ⇔ 주위

계 + 주위 = 우주

에너지의 이동의 형태가 계의 경계면에서 일이나 열로 나타난다. 연료가 연소하거나 전류가 흐르는 등의 에너지의 이동이 일어난다.

1. 일, 열 및 에너지

어떤 계가 계에 작용하는 외부의 힘에 대하여 움직이면 이 계는 주위에 일을 했다고 한다. 이 경우 이 계는 내부에너지가 낮아진다. 에너지는 일을 할 수 있는 잠재적인 능력이다. 에너지는 열이라는 형태로 계에 유입될 수 있다. 발열반응이면 $\Delta q < 0$ 이고, 흡열반응이면 $\Delta q > 0$이다. 일과 열의 형태로 계와 주위가 상호작용하면 그 결과로 내부에너지 E는 감소하거나 증가한다.

$$\Delta E = E_f - E_i = q + w \tag{2-1-1}$$

E_f는 최종상태의 에너지이고, E_i는 처음상태의 에너지이다. 여기서 주의할 것은 에너지 증감이 모두 계를 중심으로 나타낸 것이다. 계가 열을 흡수하면 $q > 0$이고, 계가 주위에 일을 하면 $w < 0$이다. 일을 수학적으로 표현하면 다음과 같다.

$$\delta w = -Fdz = -\frac{F}{A}A \cdot dz = -p_{ex}dV \tag{2-1-2}$$

식 (2-1-2)에서 δ는 적분이 경로에 의존한다는 것이다. 즉, 경로에 따라 적분 값이 다양하게 나온다는 것을 의미한다. 이러한 미분을 불완전 미분이라고 한다. A는 압력이 가해지는 표면적을 뜻한다.

(a) 열역학 제1법칙

"고립계의 에너지는 창조되거나 소멸되지 않는다"는 것이 열역학 제1법칙이다. 에너지보존의 법칙을 기본으로 물리 및 화학적 변화에 따른 에너지변화를 이번 장에서 다룰 것이다.

① 자유팽창

외부압력이 존재하지 않는 상황에서 계의 부피가 증가하면 계가 주위에 한 일은 0이다.

$$w = 0 \tag{2-1-3}$$

② 일정한 압력에 대한 팽창

일정한 외부압력에서 계의 부피가 증가하면 계가 주위에 한 일 (w)은 그림 (2-1-2)에서와 같이 간단하게 주어진다.

$$w = -\int_{l_i}^{l_f} f_{ex}dl = -\int_{l_i}^{l_f} p_{ex}Adl = -\int_{V_i}^{V_f} p_{ex}dV = -p_{ex}(V_f - V_i) = -p_{ex}\Delta V \tag{2-1-4}$$

그림 (2-1-2). 계가 일정한 외부압력에 대하여 팽창한다.

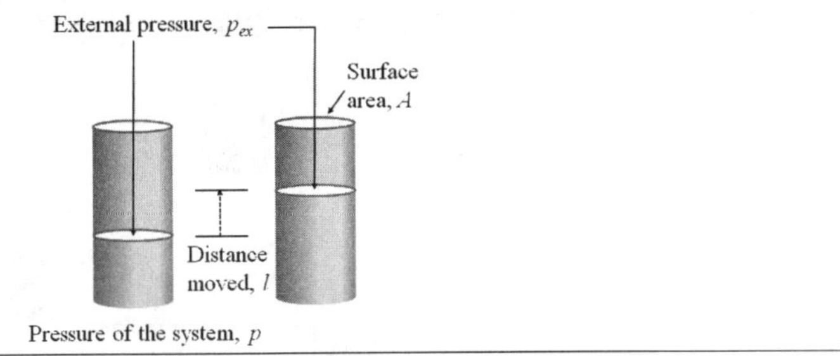

③ 가역팽창

가역팽창은 일정한 압력에 대한 팽창이 아니고 **외부압력이 계의 압력과 거의 같으면서 팽창하는 즉, 주위에 최대의 일을 할 수 있는 팽창과정이다.** 이를 이해하려면 다음 설명을 보기 바란다.

그림 (2-1-3). 추 하나를 제거했을 때 계가 주위에 한 일은 $p_2(V_2 - V_1)$임.

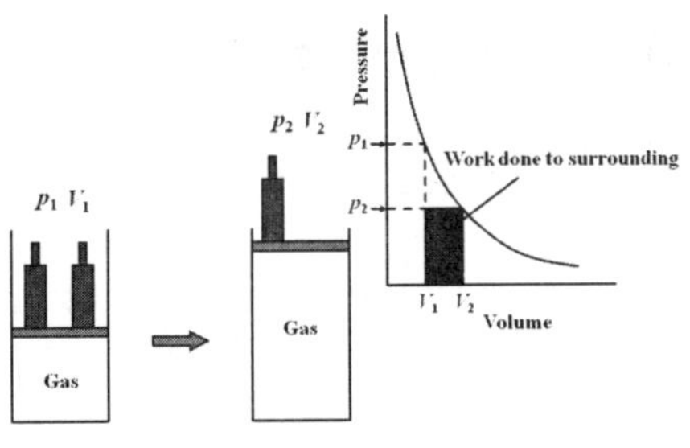

그림 (2-1-4). 추 두개를 제거했을 때 주위에 한일. 처음상태와 최종상태가 그림 (2-1-3)과 같으나 주위에 한일은 조금 많아졌음.

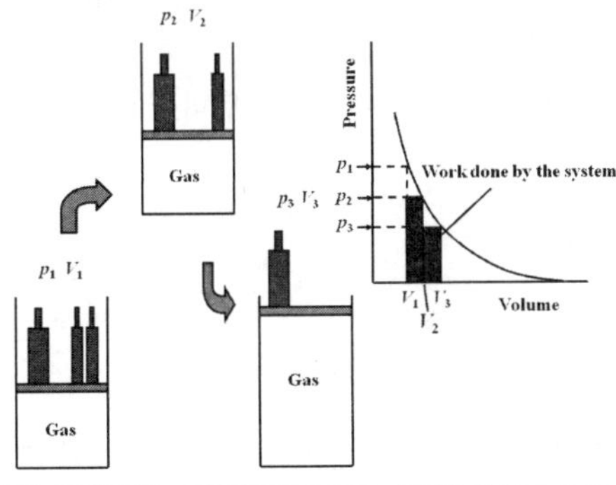

그림 (2-1-5). **모래알을 하나씩 제거했을 때 주위에 한 일은 거의 최대가 됨. 처음상태와 최종상태가 그림 (2-1-3)과 같으나 주위에 한일은 거의 최대가 되었음.**

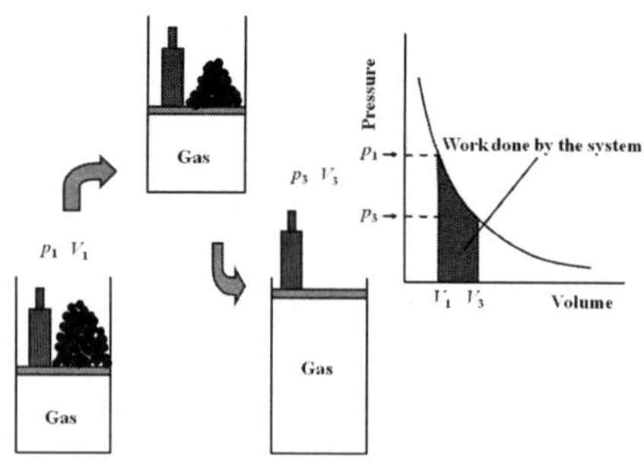

그림 (2-1-5)에 나타낸 과정이 가역과정이다. **수없이 많은 연속적 준평형과정이 되풀이 되면서 팽창과정이 무한히 진행되는 과정을 가역팽창이라고 한다.** 즉, 기체의 압력과 외부압력이 거의 같게 무한소의 팽창과정을 무한대로 진행하며 일어나는 과정이다.

④ 이상기체의 등온가역팽창

이상기체로 된 어떤 계의 온도를 일정하게 유지하면서 주위의 압력에 대하여 가역팽창을 하면, 그 때 한 일은 $nRT\ln\left(\frac{V_f}{V_i}\right)$이다.

$$w = -\int_{V_i}^{V_f} p_{ex} dV = -nRT\int_{V_i}^{V_f} \frac{dV}{V} = -nRT\ln\left(\frac{V_f}{V_i}\right) \qquad (2\text{–}1\text{–}5)$$

⑤ 열의 변환

내부에너지 (E)는 계가 흡수한 열 (q)과 부피팽창에 의한 일 (w_{exp}) 그리고 전기적인 일 등에 의한 일 (w_e) 등의 합이다.

$$dE = \delta q + \delta w_{exp} + \delta w_e \qquad (2\text{–}1\text{–}6)$$

전기적인 일 등에 의한 일 (w_e) 등이 없고 부피팽창이 없다면 내부에너지는 아래와 같이 주어진다.

$$\Delta E = q_V \qquad (2\text{–}1\text{–}7)$$

⑥ 열량계

열량계는 등압에서 측정하는 간단한 열량계가 있고, 일정한 부피에서 측정하는 봄브열량계가 있다.

그림 (2-1-6). **일정한 부피에서 시료가 발생한 열량을 측정하는 봄브열량계.**

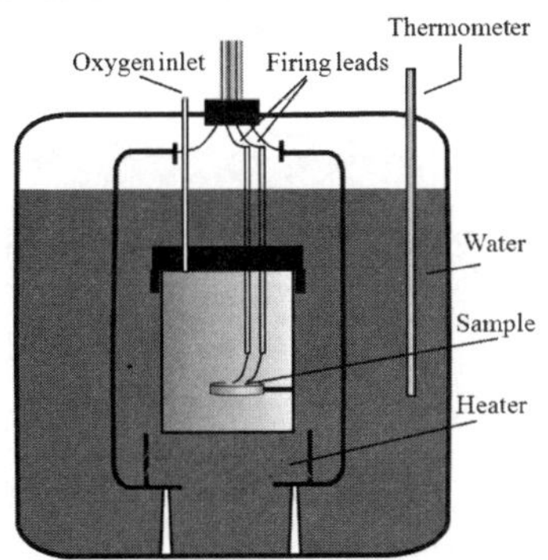

반응으로 흡수한 열량을 측정하려면, 우선 열량계의 열량계상수 (C)를 측정해야 한다.

$$q = C\Delta T \qquad (2\text{-}1\text{-}8)$$

C는 열량계상수 또는 물당량 (물 몇 g에 해당하느냐를 나타낸다는 뜻에서)으로서 단위온도를 높이는데 필요한 열량이다. 열량계에 전류를 흘려주어 열을 발생했을 때 q를 알아낸 다음 ΔT를 측정하여 C의 값을 구할 수 있다.

⑦ 열용량

열용량은 어떤 물질을 단위온도 높이는데 필요한 열량을 나타낸다. 여기에는 일정한 부피에서의 열용량과 일정한 압력에서의 열용량이 있다. 일정한 부피에서의 열용량을 아래에 나타내었다.

$$C_V = \left(\frac{\partial E}{\partial T}\right)_V \qquad (2\text{-}1\text{-}9)$$

그림 (2-1-7). **점 a와 b에서 온도에 따른 내부에너지의 변화를 그 점에서의 C_V로 표현함.**

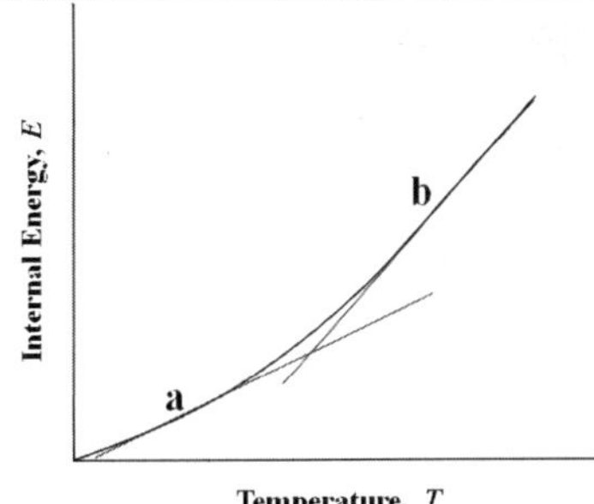

일정한 부피에서는 다음과 같은 식이 성립한다.

$$dE = C_V dT \tag{2-1-10}$$

$dE = \delta q + \delta w$ 로부터

$\delta w = 0$ 이므로 (2-1-11)

$\delta q = C_V dT$

$T_1 \sim T_2$ 범위의 온도에서 열용량이 변화가 없다면 아래 식이 성립한다.

$$q_V = \int_{T_1}^{T_2} C_V(T_2 - T_1) = C_V \Delta T \tag{2-1-12}$$

⑧ 엔탈피의 정의

지구에서의 반응은 거의 모두가 일정한 압력에서 일어난다. **일정한 압력에서 어떤 계가 흡수한 열량은 엔탈피가 된다. 따라서 엔탈피가 화학반응에서 중요한 함수이다.** 식 (2-1-13)을 정의하자.

$$H \equiv E + pV \tag{2-1-13}$$

이를 미분하면

$$dH = dE + pdV + Vdp = \delta q + \delta w + pdV + Vdp = \delta q + Vdp \tag{2-1-14}$$

$$\because \ \delta w = -pdV \tag{2-1-15}$$

일정한 압력에서 식 (2-1-14)는 아래와 같이 단순화된다.

$$dH = dq \tag{2-1-16}$$

이를 적분하면

$$\Delta H = q_p \tag{2-1-17}$$

일정한 압력에서 어떤 계가 얻은 열량이 그 계의 엔탈피 증가와 같다.

⑨ 온도에 따른 엔탈피의 변화

일정한 압력에서의 열용량이 C_p이며 아래와 같이 정의한다.

$$C_p = \left(\frac{\partial q}{\partial T}\right)_p = \left(\frac{\partial H}{\partial T}\right)_p \tag{2-1-18}$$

$$\Delta H = C_p \Delta T \tag{2-1-19}$$

$$q_p = C_p \Delta T \tag{2-1-20}$$

⑩ 이상기체에서 C_p 와 C_V의 관계

$$H = E + pV = E + nRT \tag{2-1-21}$$

$$dH = dE + d(pV) = dE + d(nRT) = dE + nRdT \tag{2-1-22}$$

압력을 일정하게 놓고 정리하면

$$\left(\frac{\partial H}{\partial T}\right)_p = \left(\frac{\partial E}{\partial T}\right)_p + nR \tag{2-1-23}$$

이상기체의 내부에너지는 온도만의 함수이므로

$$\left(\frac{\partial E}{\partial T}\right)_p = \left(\frac{\partial E}{\partial T}\right)_V = C_V \tag{2-1-24}$$

$$\therefore\ C_p = C_V + nR \tag{2-1-25}$$

양변을 n으로 나누면 식 $\dfrac{C_p}{n} = \dfrac{C_V}{n} + R$을 얻을 수 있다.

$$\overline{C_p} = \overline{C_V} + R \tag{2-1-26}$$

단, $\overline{C_p} \equiv \dfrac{C_p}{n}$, $\overline{C_v} \equiv \dfrac{C_V}{n}$

[예제 2-1-1]

그림 (2-1-8)에 두 가지 열량계를 나타내었다. 그림 (2-1-8a)는 부피팽창을 할 수 없는 열량계를 나타내고 있고 그림 (2-1-8b)는 부피팽창을 할 수 있는 열량계를 나타내고 있다. 열량계의 안에는 똑 같은 양의 이상기체가 있다고 가정하자.

(a) 같은 열량을 두 열량계에 가했을 때 어느 열량계가 온도가 많이 오르겠는가?

(b) 어느 열량계가 열용량이 높은가?

[해답]

(a) 그림 (2-1-8a)의 열량계의 온도가 더 오른다. $\Delta E = q + w$에서 $w = 0$이므로 $\Delta E_v = q$. 따라서 이 열량계가 흡수한 열은 모두 내부에너지의 증가를 가져왔다. 이상기체는 온도만의 함수이므로 내부에너지의 증가로 온도가 상승하였다. 그림 (2-1-8b)의 열량계는 열을 흡수하여 주위에 일을 할 수 있다. $\Delta E_p = q + w$에서 $w < 0$이므로 $\Delta E_p = q + w < q = \Delta E_v$

(b) 왼쪽 열량계의 열용량은 C_V에 해당하고 오른쪽 열량계의 열용량은 C_p에 해당한다. 같은

온도를 올리는데 오른쪽 열량계에 더 많은 열을 가해야 한다. $\therefore\ C_p > C_V$

그림 (2-1-8). (a) : 부피팽창을 할 수 없는 열량계, (b) : 부피팽창을 할 수 있는 열량계.

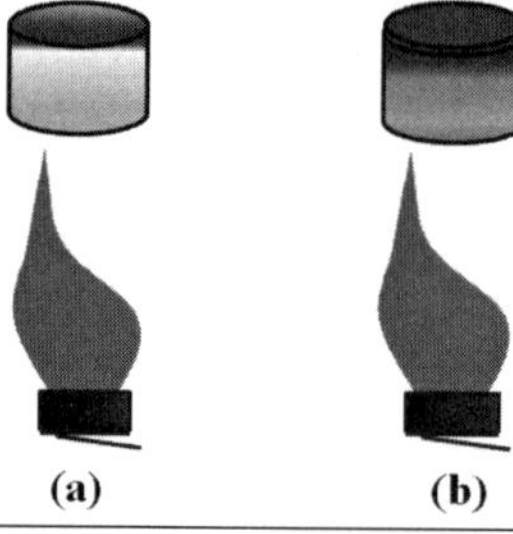

⑪ 단열변화 (adiabatic change)

단열팽창에서는 외부로부터 열을 받지 못하고 팽창하므로 계의 온도는 내려간다.

$$dE = \delta q + \delta W = 0 - pdV = C_V dT \qquad (2\text{-}1\text{-}27)$$

여기서 dV가 양수이면 dT는 음수이다. 즉, 이 계가 단열팽창하면 온도는 내려간다.

$$C_V dT = -pdV = \frac{-nRT}{V} dV \qquad (2\text{-}1\text{-}28)$$

$$C_V \frac{dT}{T} = \frac{-nRdV}{V} \qquad (2\text{-}1\text{-}29)$$

$$\int_{T_i}^{T_f} C_V \frac{dT}{T} = \int_{V_i}^{V_f} \frac{-nRdV}{V} \qquad (2\text{-}1\text{-}30)$$

$$C_V \ln \frac{T_f}{T_i} = -nR \ln \frac{V_f}{V_i} \qquad (2\text{-}1\text{-}31)$$

$$\ln \frac{T_f}{T_i} = \frac{-nR}{C_V} \ln \frac{V_f}{V_i} = -\frac{1}{c} \ln \frac{V_f}{V_i} \qquad (2\text{-}1\text{-}32)$$

여기서

$$c = \frac{C_V}{nR} = \frac{\overline{C_V}}{R} \qquad (2\text{-}1\text{-}33)$$

$$\frac{T_f}{T_i} = \left(\frac{V_f}{V_i} \right)^{\frac{-1}{c}} = \left(\frac{V_i}{V_f} \right)^{\frac{1}{c}} \qquad (2\text{-}1\text{-}34)$$

$$T_f V_f^{\frac{1}{c}} = T_i V_i^{\frac{1}{c}} \qquad (2\text{-}1\text{-}35)$$

여기에 $T = \dfrac{pV}{nR}$를 대입하면

$$\frac{p_f V_f}{nR} V_f^{\frac{1}{c}} = \frac{p_i V_i}{nR} V_i^{\frac{1}{c}} \qquad (2\text{-}1\text{-}36)$$

이를 정돈하면

$$p_f V_f^{\frac{c+1}{c}} = p_i V_i^{\frac{c+1}{c}} \qquad (2\text{-}1\text{-}37)$$

$$\frac{c+1}{c} = \frac{C_V + nR}{C_V} = \frac{C_p}{C_V} = \gamma \qquad (2\text{-}1\text{-}38)$$

$$p_i V_i^{\gamma} = p_f V_f^{\gamma} \qquad (2\text{-}1\text{-}39)$$

이상기체에서는

$$\gamma = \frac{5}{3} \qquad (2\text{-}1\text{-}40)$$

⑫ 열화학 (Thermochemistry)

열화학 (thermochemistry)**은 화학반응이나 물리적 변화와 관련된 에너지나 엔탈피를 연구하는 학문이다.** 반응이 진행하면서 어떤 계가 에너지를 흡수하거나 방출할 수 있고 마찬가지로 얼음이나 녹음과 같은 물리적 변화에서도 에너지의 출입이 이루어진다. 열화학은 특별히 계와 주위의 에너지 교환에 초점이 맞추어져 있다. 열화학은 반응의 진행도중 생성물과 반응물의 양을 예측하는데 도움을 주고 또한 주어진 반응이 자발적인지 비자발적인지를 예측 가능하게 하는데 도움을 준다. 일례로 열화학은 아래 반응의 엔탈피변화에 대한 정보를 제공해 준다.

$H_2O(\ell) \rightarrow H_2O(g), \quad \Delta_{vap}H^0(373\ \mathrm{K}) = 40.66\ \mathrm{kJ}$

반응엔탈피를 아래와 같이 식 속에 삽입할 수도 있고, “,” 표시를 하면서 식 밖에 표시할 수 도 있다.

$H_2O(\ell) \rightarrow H_2O(g) - 40.66\ \mathrm{kJ}.\ H_2O(s) \rightarrow H_2O(\ell), \quad \Delta_{fus}H^0 = +6.01\ \mathrm{kJ}$

⑬ Hess의 법칙

전체반응의 표준엔탈피변화는 전체반응에 관여하는 개개반응의 표준엔탈피변화의 합이다. Hess의 법칙 (Hess's Law)은 "엔탈피는 상태함수이다. **처음상태와 최종상태가 주어지면 반응경로에 관계없이 전체엔탈피변화는 똑 같다." 라는 표현과 같다.**

⑭ 표준생성엔탈피

표준상태 1 bar에서 어떤 화합물이 어떤 온도에서 가장 안정한 원소로부터 생성할 때의 반응엔탈피를 표준생성엔탈피 (standard enthalpy of formation)라 한다. **현재는 표준상태를 1 atm 대신 1 bar로 정의한다.**

$6\mathrm{C}(s,\ graphite) + 3\mathrm{H}_2(g) \rightarrow \mathrm{C}_6\mathrm{H}_6(\ell) \quad \Delta_r H^0 = \Delta_f H^0\{\mathrm{C}_6\mathrm{H}_6(\ell)\}$

$\mathrm{N}_{2(g)} \rightarrow \mathrm{N}_{2(g)}, \quad \Delta_r H^0 = \Delta_f H^0(\mathrm{N}_2(g)) = 0$

표준생성엔탈피로부터 반응엔탈피를 구할 수 있다.

$$\Delta_r H^0 = \sum_{\text{products}} \nu \Delta_f H^0 - \sum_{\text{reactants}} \nu \Delta_f H^0 \qquad (2\text{-}1\text{-}41)$$

[예제 2-1-1]

다음 반응의 반응엔탈피를 구하시오.

$2\mathrm{CH}_4(g) + \mathrm{O}_2(g) \rightarrow 2\mathrm{CH}_3\mathrm{OH}(\ell)$

[해답]

아래 그림에서 Hess의 법칙을 적용하면

$2\mathrm{C}(gr.) + 4\mathrm{H}_2(g) + \mathrm{O}_2(g)$

$2\Delta_f H^0(\mathrm{CH}_4(g))$ ↙ ↘ $2\Delta_f H^0(\mathrm{CH}_3\mathrm{OH}(g))$

$2\mathrm{CH}_4(g) + \mathrm{O}_2(g) \longrightarrow 2\mathrm{CH}_3\mathrm{OH}(l)$

$$\Delta_r H^0 = 2\Delta_f H^0\{\mathrm{CH}_3\mathrm{OH}(\ell)\} - 2\Delta_f H^0\{\mathrm{CH}_4(g)\} = -2\mathrm{x}238.7 - 2\mathrm{x}(-74.8) = -327.8\ \mathrm{kJ}$$

⑮ 반응엔탈피의 온도의존도

Hess의 법칙을 이용하여 T_1에서 측정한 반응엔탈피와 각물질의 C_p 값으로부터 T_2에서의

반응엔탈피를 구할 수 있다.

그림 (2-1-9). Hess의 법칙을 이용하여 T_2에서 반응엔탈피를 구할 수 있음.

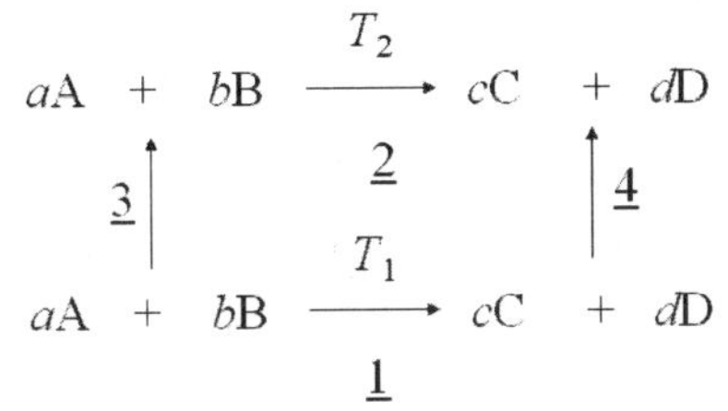

$$\begin{array}{ccccccc} aA & + & bB & \xrightarrow[\underline{2}]{T_2} & cC & + & dD \\ & \underline{3}\uparrow & & & & \uparrow\underline{4} & \\ aA & + & bB & \xrightarrow[\underline{1}]{T_1} & cC & + & dD \end{array}$$

$$\Delta H(\underline{1}) + \Delta H(\underline{4}) = \Delta H(\underline{2}) + \Delta H(\underline{3}).\ \Delta H(\underline{1}) = \Delta_r H^0(T_1).\ \Delta H(2) = \Delta_r H^0(T_2)$$

$$\Delta H(\underline{3}) = \int_{T_1}^{T_2} \{a\overline{C_p}(A) + b\overline{C_p}(B)\} dT.\ \Delta H(\underline{4}) = \int_{T_1}^{T_2} \{c\overline{C_p}(C) + d\overline{C_p}(D)\} dT$$

⑯ 상태함수와 선적분

처음상태와 최종상태가 정해지면 상태함수의 변화량은 경로에 관계없이 일정한 값을 갖는다. **열과 일은 상태함수 (state function)가 아니나 그 것의 합인 에너지 E는 상태함수이다.** 가역과정이나 비가역과정을 거치느냐에 따라 어떤 계가 주위에 한 일은 다름을 배웠다. 상태 1과 상태 2를 연결하는 세 가지 경로를 그림 (2-1-10)에 나타내었다. 그 과정을 무한대의 과정으로 분할한다. 각 과정을 무한대로 나누어서 얻어진 무한소의 양을 ds라고 하자. 선적분 (line integral) ${}_L\int_1^2 ds$는 무한소의 양 ds를 상태 1에서 상태 2까지 더한 값이다. s가 상태함수이면 s의 무한소의 합은 전체변화와 같다.

$$\Delta s = s_2 - s_1 \tag{2-1-42}$$

$\Delta s = s_2 - s_1$는 상태 1에서 상태 2로 가는 과정에 의존하지 않고 다만 처음상태 1과 최종상태 2에만 관계있다. s가 상태함수가 아니면, 예를 들어 $ds = dq$이면 상태 1에서 상태 2로 가는 모든 무한대 개의 무한소 과정의 양을 합한 것이 어떤 계가 얻은 일이다.

$${}_L\int_1^2 dq = q \tag{2-1-43}$$

마찬가지로

$${}_L\int_1^2 dw = w \tag{2-1-44}$$

q와 w는 과정에 의존하는 함수이며 따라서 상태함수가 아니다. 상태함수의 미분 dE는 완전미분이다. 그리고 dq와 dw는 완전미분이 아니다. 이러한 경우 열과 일의 미분을 δq와 δw 또는 δq와 δw로 표시한다. s가 상태함수이면 순환과정 (cyclic process)에서 아래의 값이 0이 된다.

$$\oint ds = 0 \tag{2-1-45}$$

그림 (2-1-10)에서 과정 a와 c를 합한 전체과정은 순환과정이다.

$${}_a\int_1^2 ds + {}_c\int_2^1 ds = 0 \tag{2-1-46}$$

마찬가지로

$${}_b\int_1^2 ds + {}_c\int_2^1 ds = 0 \tag{2-1-47}$$

식 (2-1-46)에서 식 (2-1-47)을 빼주면 아래 식이 성립한다.

$${}_a\int_1^2 ds = {}_b\int_2^1 ds \tag{2-1-48}$$

여기서 과정 a와 b는 임의로 정한 과정이므로 ${}_L\int_1^2 ds$는 과정에 의존하지 않고 모든 과정에서 일정한 값을 갖는다. 따라서 s는 상태함수이다.

그림 (2-1-10). 상태 1과 상태 2를 연결하는 세 가지 경우.

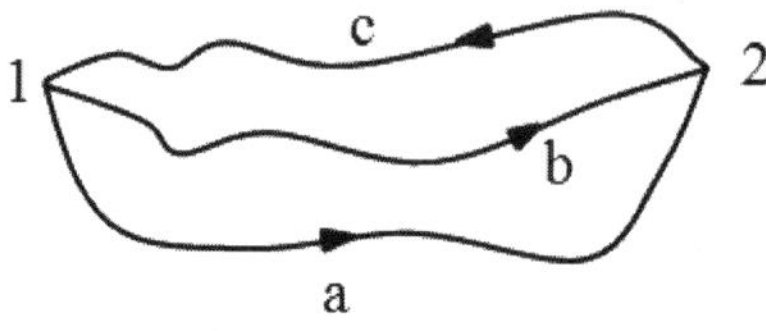

다음은 상태함수를 수학적으로 부연 설명하고자 한다. $\delta z = ydx$가 완전미분이 아니라면 아래 적분은 그림 (2-1-11)의 면적 I에 해당한다.

$$\int_1^2 \delta z = z = \int_1^2 ydx = \text{area I} \tag{2-1-49}$$

이 면적은 경로에 의존함을 알 수 있다. 왜냐하면 y는 x에 관계없이 다양한 값을 가질 수 있기 때문이다. 즉, y는 x의 함수가 아니다. dz가 완전미분이고 $z = xy$이 성립하면 아래 식이 성립한다. 여기서 y는 x에 따라 변하는 함수로 볼 수 있다.

$$dz = ydx + xdy \tag{2-1-50}$$

$$\int_1^2 \delta z = \Delta z = \int_1^2 d(xy) = x_2y_2 - x_1y_1 \tag{2-1-51}$$

다음은 상태 1에서 상태 2까지 적분을 구해보자.

$$\int_1^2 \delta z = \Delta z = \int_1^2 d(xy) = \int_1^2 ydx + \int_1^2 xdy = \text{area I} + \text{area II} \tag{2-1-52}$$

식 (2-1-52)의 면적은 1에서 2로 이르는 곡선의 모양에 관계없이 일정함을 알 수 있다. 이와 같이 경로에 의존하지 않는 함수를 상태함수라 하며 E, H, S, A, G 등이 여기에 속한다.

그림 (2-1-11). **상태 1과 상태 2를 연결하는 세 가지 경로.**

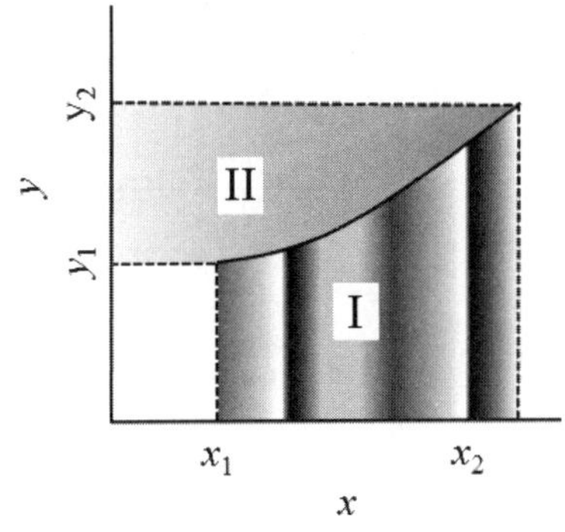

⑰ 부피변화에 따른 내부에너지의 변화

$$dE = \left(\frac{\partial E}{\partial V}\right)_T dV + \left(\frac{\partial E}{\partial T}\right)_V dT = \pi_T dV + C_V dT \tag{2-1-53}$$

$$\pi_T \equiv \left(\frac{\partial E}{\partial V}\right)_T \tag{2-1-54}$$

이상기체는 분자간의 상호작용이 없으므로 $\pi_T = 0$이다. 분자간의 인력이 큰 경우는 계의 부피가 증가하면 분자간의 거리가 멀어지고 인력을 끊어줄 만한 에너지가 밖으로부터 공급받아야 한다. 그래야 온도변화가 없다. 따라서 **내부에너지가 증가한다.** 그러므로 $\pi_T > 0$가 성립한다. 반면에 반발력이 큰 경우는 계의 부피가 증가하면 내부에너지가 감소한다. $\therefore \pi_T < 0$.

⑱ Joule의 실험

$q = 0$, $\Delta E =$ 일정

Joule의 장치의 열용량이 너무 커서 q를 정확하게 측정하기가 어려웠다. 나중에 Thomson이 정확한 실험을 하여 일정한 온도에서 부피팽창에 따른 에너지변화가 0이 아님을 규명하였다. 두 기구를 연결하는 잠금꼭지 (stopcock)를 열면 부피가 팽창하는데 인력이 큰 분자는 인력을 상쇄하는데 에너지가 필요하므로 계의 온도는 내려간다. 좀 더 자세히 설명하면 분자가 서로 멀어지면 전자에너지가 높아진다. 외부에너지의 출입이 없으면 회전이나 진동에너지가 낮아져야 한다. 따라서 온도가 낮아진다. Joule이 **고안한 장치로는 매우 낮은 온도 감소를 측정할 수 없었다.**

그림 (2-1-12). **부피에 따른 내부에너지의 변화.**

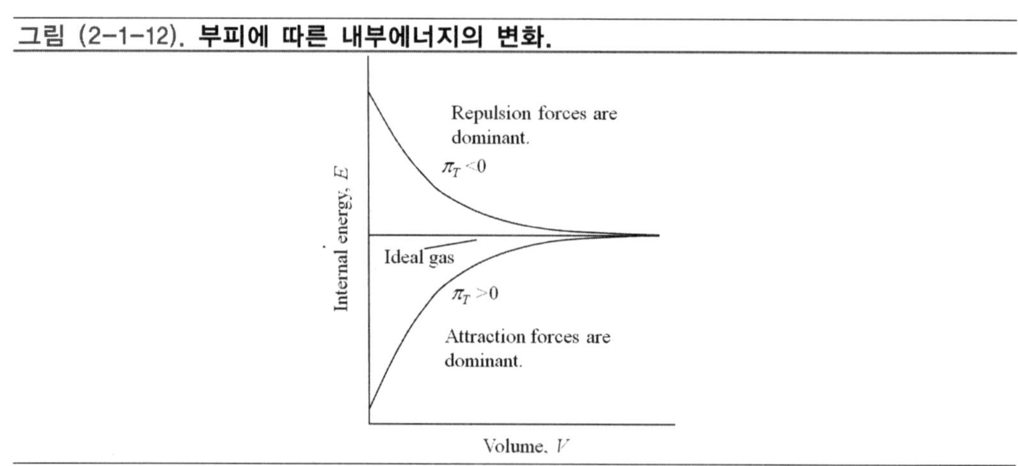

그림 (2-1-13). **Joule이 수행했던 실험장치.**

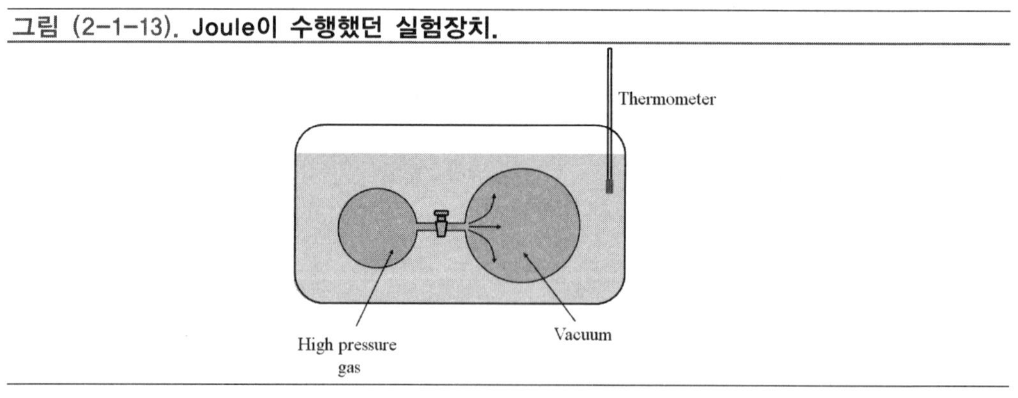

⑲ 일정한 압력에서 내부에너지의 변화

$$dE_p = \left(\frac{\partial E}{\partial V}\right)_T dV + \left(\frac{\partial E}{\partial T}\right)_V dT \qquad (2\text{–}1\text{–}55)$$

$$dE_p = \pi_T dV + C_v dT \qquad (2\text{–}1\text{–}56)$$

일정한 압력에서 dT로 나누어주면

$$\left(\frac{\partial E}{\partial T}\right)_p = \pi_T \left(\frac{\partial V}{\partial T}\right)_p + C_V \qquad (2\text{–}1\text{–}57)$$

부피팽창계수 α를 아래와 같이 정의한다.

$$\alpha = \frac{1}{V}\left(\frac{\partial V}{\partial T}\right)_p \qquad (2\text{–}1\text{–}58)$$

$$\therefore \ \left(\frac{\partial E}{\partial T}\right)_p = \alpha \pi_T V + C_V \qquad (2\text{–}1\text{–}59)$$

이상기체에서는

$$\alpha = \frac{1}{V}\frac{\partial}{\partial T}\left(\frac{nRT}{p}\right) = \frac{nR}{pV} = \frac{nR}{nRT} = \frac{1}{T} \qquad (2\text{–}1\text{–}60)$$

0℃에서

$$\alpha = \frac{1}{273.15} \qquad (2\text{–}1\text{–}61)$$

(b) 엔탈피의 온도의존도

① 일정한 부피에서의 엔탈피의 변화

$$dH = \left(\frac{\partial H}{\partial p}\right)_T dp + \left(\frac{\partial H}{\partial T}\right)_p dT = \left(\frac{\partial H}{\partial p}\right)_T dp + C_p dT \qquad (2\text{–}1\text{–}62)$$

V를 일정하게 놓고 양변을 T로 편미분하면

$$\left(\frac{\partial H}{\partial T}\right)_V = \left(\frac{\partial H}{\partial p}\right)_T \left(\frac{\partial p}{\partial T}\right)_V + C_p \qquad (2\text{–}1\text{–}63)$$

$$\left(\frac{\partial p}{\partial T}\right)_V \left(\frac{\partial T}{\partial V}\right)_p \left(\frac{\partial V}{\partial p}\right)_T = -1 \qquad (2\text{–}1\text{–}64)$$

$$\therefore \left(\frac{\partial p}{\partial T}\right)_V = \frac{-1}{\left(\frac{\partial T}{\partial V}\right)_p \left(\frac{\partial V}{\partial p}\right)_T} \tag{2-1-65}$$

$$\therefore \left(\frac{\partial H}{\partial T}\right)_V = \left(\frac{\partial H}{\partial p}\right)_T \frac{-1}{\left(\frac{\partial T}{\partial V}\right)_p \left(\frac{\partial V}{\partial p}\right)_T} + C_p = -\mu C_p \frac{-1}{\left(\frac{\partial T}{\partial V}\right)_p \left(\frac{\partial V}{\partial p}\right)_T} + C_p$$
$$= -\mu C_p \frac{-1}{\frac{1}{\alpha V}(-V\kappa_T)} + C_p = \frac{-\mu\alpha}{\kappa_T} C_p + C_p = C_p\left(1 - \frac{\mu\alpha}{\kappa_T}\right) \tag{2-1-66}$$

$$\because \left(\frac{\partial H}{\partial p}\right)_T \left(\frac{\partial p}{\partial T}\right)_H \left(\frac{\partial T}{\partial H}\right)_V = -1$$

여기서 등온압축율을 아래와 같이 정의한다.

$$\kappa_T = -\frac{1}{V}\left(\frac{\partial V}{\partial p}\right)_T \tag{2-1-67}$$

Joule-Thomson 계수를 $\mu = \left(\frac{\partial T}{\partial p}\right)_H$ 로 정의한다. (2-1-68)

② 일정한 온도에서 이상기체의 압축율

$$\kappa_T = -\frac{1}{V}\left(\frac{\partial V}{\partial p}\right)_T = -\frac{1}{V}\left\{\frac{\partial\left(\frac{nRT}{p}\right)}{\partial p}\right\}_T = -\frac{nRT}{V}\left(\frac{-1}{p^2}\right) = \frac{1}{p} \tag{2-1-69}$$

③ Joule-Thomson 효과

그림 (2-1-14)와 같이 가운데 다공성 격막이 있고 두개의 피스톤을 각각의 압력을 일정하게 유지하면서 압축과 팽창을 시키면 압력이 낮은 부분에서 온도의 감소를 목격할 수 있다. **이와 같은 단열팽창에 의해 온도가 낮아지는 효과를** Joule-Thomson **효과라 한다**. 단열팽창이므로

$$q = 0 \tag{2-1-70}$$

기체계에 적용한 일은 두 부분에서 한일의 합으로 표시할 수 있다.

$$w = -p_i(0 - V_i) + (-p_f)(V_f - 0) \tag{2-1-71}$$

$$\therefore E_f - E_i = w = p_i V_i - p_f V_f \tag{2-1-72}$$

이식을 정돈하면

$$E_f + p_f V_f = E_i + p_i V_i = H \tag{2-1-73}$$

그림 (2-1-14). Joule-Thomson 팽창의 열역학적 묘사.

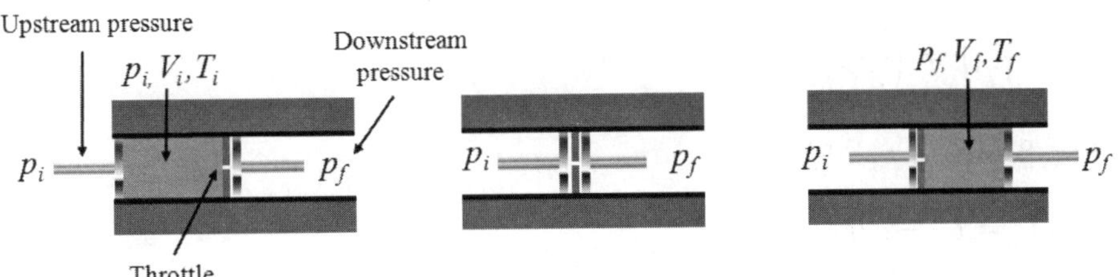

그림 (2-1-14)의 첫 번째에서 압축하기 시작하여 결국은 두 번째 그림에서 부피가 0이 된다. 여기서 다시 부피가 팽창하기 시작하여 최종부피가 V_f가 된다. 이와 같은 방법으로 계속 반복하더라도 엔탈피의 변화는 없다. 이 때 등온 Joule-Thomson 계수는 다음과 같이 정의한다.

$$\mu_T \equiv \left(\frac{\partial H}{\partial p}\right)_T \tag{2-1-74}$$

Joule-Thomson 계수 $\mu = \left(\frac{\partial T}{\partial p}\right)_H$를 직접 측정하는 것은 어려운 일이므로 등온 Joule-Thomson 계수 $\mu_T = \left(\frac{\partial H}{\partial p}\right)_T$를 측정하여 Joule-Thomson 계수를 구한다. Euler의 연쇄 관계식 (Euler's chain relation)을 이용하면 아래 식을 얻을 수 있다.

$$\mu_T = \left(\frac{\partial H}{\partial p}\right)_T = \frac{-1}{\left(\frac{\partial p}{\partial T}\right)_H \left(\frac{\partial T}{\partial H}\right)_p} = -\mu C_p \tag{2-1-75}$$

(c) C_V 와 C_p 의 관계

① 이상기체에서 관계

$$H = E + pV = E + nRT \tag{2-1-76}$$

$$dH = dE + d(pV) = dE + d(nRT) = dE + nRdT \tag{2-1-77}$$

$$\therefore \left(\frac{\partial H}{\partial T}\right)_p = \left(\frac{\partial E}{\partial T}\right)_p + nR \tag{2-1-78}$$

이상기체의 내부에너지는 온도만의 함수이므로

$$\therefore C_p = C_V + nR \tag{2-1-80}$$

$$\left(\frac{\partial E}{\partial T}\right)_p = \left(\frac{\partial E}{\partial T}\right)_V = C_V \tag{2-1-79}$$

양변을 n으로 나누면

$$\overline{C_p} = \overline{C_V} + nR \tag{2-1-81}$$

② 일반적인 경우

$$C_p - C_V = \frac{\alpha^2 TV}{\kappa_T} \tag{2-1-82}$$

식 (2-1-82)의 증명.

$$C_p - C_V = \left(\frac{\partial H}{\partial T}\right)_p - \left(\frac{\partial E}{\partial T}\right)_V \tag{2-1-83}$$

$H = E + pV$의 관계식을 이용하면

$$C_p - C_V = \left(\frac{\partial E}{\partial T}\right)_p + \left(\frac{\partial (pV)}{\partial T}\right)_p - \left(\frac{\partial E}{\partial T}\right)_V \tag{2-1-84}$$

$$\left(\frac{\partial (pV)}{\partial T}\right)_p = p\left(\frac{\partial V}{\partial T}\right)_p = \alpha p V \tag{2-1-85}$$

일정한 압력에서 식 (2-1-53)을 아래와 같이 변형할 수 있다.

$$\left(\frac{\partial E}{\partial T}\right)_p = \pi_T\left(\frac{\partial V}{\partial T}\right)_p + C_V = \pi_T \alpha V + C_V \tag{2-1-86}$$

식 (2-1-85)과 (2-1-86)를 식 (2-1-84)에 대입하면 식 (2-1-87)을 얻을 수 있다.

$$C_p - C_V = \alpha (p + \pi_T) V \tag{2-1-87}$$

앞으로 배울 식 (2-1-88)을 적용하면

$$\pi_T = T\left(\frac{\partial p}{\partial T}\right)_V - p \tag{2-1-88}$$

☞ 3장 식 (3-3-32)

식 (2-1-82)의 증명.

$$C_p - C_V = \alpha TV\left(\frac{\partial p}{\partial T}\right)_V \tag{2-1-89}$$

여기서 Euler의 연쇄관계식을 이용한다.

$$\left(\frac{\partial p}{\partial T}\right)_V\left(\frac{\partial T}{\partial V}\right)_p\left(\frac{\partial V}{\partial p}\right)_T = -1 \tag{2-1-90}$$

여기서 식 (2-1-91)이 얻어진다.

$$\left(\frac{\partial p}{\partial T}\right)_V = \frac{-1}{\left(\frac{\partial T}{\partial V}\right)_p\left(\frac{\partial V}{\partial p}\right)_T} = -\frac{\left(\frac{\partial V}{\partial T}\right)_p}{\left(\frac{\partial V}{\partial p}\right)_T} = \frac{\alpha V}{V\kappa_T} = \frac{\alpha}{\kappa_T} \tag{2-1-91}$$

식 (2-1-91)을 식 (2-1-89)에 대입하면 식 (2-1-82)가 얻어진다.

2장

열·역·학·제·1·법·칙

연습문제

(2-1) $2HN_3(\ell) + 2NO(g) \rightarrow H_2O_2(\ell) + 4N_2(g)$의 표준반응엔탈피를 구하시오.
단, $\Delta_f H^0\{H_2O_2(\ell)\} = -187.78$ kJ/mol, $\Delta_f H^0\{HN_3(\ell)\} = 264.0$ kJ/mol, $\Delta_f H^0\{NO(g)\} = 90.25$ kJ/mol

(2-2) 300.0 K에서 최초 10 기압에 있던 1 몰의 이상기체가 외부압력 1 atm 하에서 등온비가역팽창하여 부피가 10 배가 되었다. 이 과정에서 $q, w, \Delta E, \Delta H$를 구하시오.
단, 1 L • atm = 101.325 J

(2-3) 1 몰의 이상기체의 부피를 일정히 유지하면서 298 K에서 373 K로 온도를 증가시켰다. 이 과정에서 $q, w, \Delta E, \Delta H$를 구하시오.

(2-4) 298 K에서 최초 10 기압이 있던 그 기체가 외부압력 1 atm 하에서 등온팽창하여 부피가 10 배가 되었다. 그 후 부피를 일정하게 유지하면서 온도를 298 K에서 373 K로 증가시켰다. 최종압력은 얼마인가?

(2-5) 298 K에서 최초 10 기압에 있던 1 몰의 이상기체가 단열가역팽창하여 부피가 10 배가 되었다. 이 과정에서 $q, w, \Delta E, \Delta H$를 구하시오.

단, 1 L • atm = 101.325 J

(2-6) 1 몰의 시안아미드 $\{NH_2CN(s)\}$를 봄브열량계에서 산소와 반응시킨 결과 298 K에서 $\Delta E = -742.7$ kJ 임을 알았다. 이 반응의 ΔH_{298}을 계산하시오.

$$NH_2CN(s) + \frac{3}{2}O_2(g) \rightarrow N_2(g) + CO_2(g) + H_2O(\ell)$$

(2-7) 아래 평균결합엔탈피를 이용하여 아래에 나타낸 화합물의 표준생성엔탈피를 결정하시오.

(a) $NH_3(g)$ (b) $H_2O(g)$

평균결합에너지

결합	D^0 (kJ/mol)	결합	D^0 (kJ/mol)
H−H	436	C−H	415
N−H	391	C−O	350
O−H	464	C=O	804
O=O	498	C−C	324
N≡N	946		

(2-8) 위에 나타낸 평균결합엔탈피를 이용하여 아래에 나타낸 반응엔탈피를 구하시오.

$$2C_2H_6(g) + 7O_2(g) \rightarrow 4CO_2(g) + 6H_2O(g)$$

(2-9) 300 K 및 1 기압에서 1 몰의 이상기체의 부피팽창계수를 구하시오.

(2-10) 위에 나타낸 평균결합엔탈피를 이용하여 아래 반응의 반응엔탈피를 결정하시오.

(a) $CO(g) + \frac{1}{2}O_2(g) \rightarrow CO_2(g)$

(b) $\frac{1}{2}N_2(g) + \frac{3}{2}H_2(g) \rightarrow NH_3(g)$

연습문제해답

(2-1)

$$\Delta_r H^0 = \Delta_f H^0\{H_2O_2(\ell)\} + 4\Delta_f H^0\{N_2(g)\} - 2\Delta_f H^0\{HN_3(\ell)\} - 2\Delta_f H^0\{NO(g)\}$$
$$= -187.78 + 4(0) - (2x264.0 + 2x90.25) = 529.72 \text{ kJ}$$

(2-2) $w = -1\text{atm}(V_2 - V_1) = -1\text{atm} \cdot nRT\left(\frac{1}{p_2} - \frac{1}{p_1}\right)$

$$= -1\text{atm} \cdot 1\text{mol} \cdot 8.3145\frac{\text{J}}{\text{K} \cdot \text{mol}} \cdot 298\text{K}\left(\frac{1}{1\text{atm}} - \frac{1}{10\text{atm}}\right)$$
$$= -2{,}230 \text{ J}$$

등온팽창이고 이상기체의 내부에너지는 온도만의 함수이므로 $\Delta E = 0$.

$\Delta E = q + w$이므로, $q = 2{,}230\text{J}$.

$\Delta H = \Delta E + \Delta(pV) = \Delta E + \Delta(RT) = 0$.

(2-3) $\Delta E = 1\text{mol} \cdot \frac{3}{2} \cdot 8.3145\frac{\text{J}}{\text{K} \cdot \text{mol}}(373 - 298)\text{K} = 935\text{J}$

$w = 0$, $\Delta E = q + w$이므로 $q = \Delta E = 935\text{J}$.

$\Delta H = \Delta E + \Delta(RT) = 935\text{J} + 8.3145(373 - 298) = 1{,}559\text{kJ}$.

(2-4) $pV = nRT$에서

$10\text{atm} \cdot V_1 = 1\text{mol} \cdot 0.0820575\frac{\text{atm} \cdot \text{L}}{\text{mol} \cdot \text{K}} \cdot 298\text{K}$ 에서 $V_1 = 2.44\text{L}$

$\frac{p_1 V_1}{T_1} = \frac{p_2 V_2}{T_2}$에서

$$\frac{10\text{atm} \cdot 2.44\text{L}}{298\text{K}} = \frac{p_2 \cdot 24.4\text{L}}{373\text{K}} \quad \therefore\ p_2 = 1.25\text{ atm}$$

(2-5) $q = 0$, $T_f V_f^{\frac{1}{c}} = T_i V_i^{\frac{1}{c}}$, $c = \frac{\overline{C_V}}{R} = \frac{3}{2}$

$$T_f \cdot 24.4^{\frac{2}{3}} = 298\text{K} \cdot 2.44^{\frac{2}{3}}$$

$$T_f = 64.2\text{ K}$$

$$\Delta E = \overline{C_v}(T_f - T_i) = 1\text{mol} \cdot \frac{3}{2} \cdot 8.3145\text{ J}/(\text{K} \cdot \text{mol}) \cdot (64.2\text{ K} - 298\text{ K}) = -2{,}916\text{ J}$$

$w = -2{,}916\text{ J}$

$$H = E + pV$$

$$\Delta H = \Delta E + \Delta(pV) = \Delta E + \Delta(nRT) = \Delta E + nR\Delta(T)$$
$$= -2{,}916 + 8.3145(64.2 - 298) = -4{,}860\ \text{J}$$

(2-8)

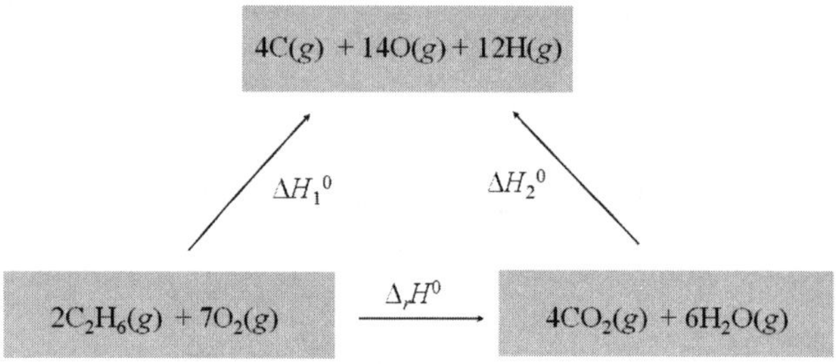

$4C(g) + 14O(g) + 12H(g)$

ΔH_1^0 ΔH_2^0

$2C_2H_6(g) + 7O_2(g)$ $\xrightarrow{\Delta_r H^0}$ $4CO_2(g) + 6H_2O(g)$

$$\Delta H_1^0 = \Delta_r H^0 + \Delta H_2^0$$

$$\Delta_r H^0 = \Delta H_1^0 - \Delta H_2^0 = 2D^0(\text{C}-\text{C}) + 12D^0(\text{C}-\text{H}) + 7D^0(\text{O}=\text{O}) - \{8D^0(\text{C}=\text{O}) + 12D^0(\text{O}-\text{H})\}$$

= 2x324 + 12x415 + 7x498 -(8x804 + 12x463) = -2874 J.

(2-9) $\alpha = \dfrac{1}{V}\left(\dfrac{\partial V}{\partial T}\right)_p = \dfrac{1}{V}\left\{\dfrac{\partial\left(\dfrac{RT}{p}\right)}{\partial T}\right\}_p = \dfrac{R}{pV} = \dfrac{R}{RT} = \dfrac{1}{T} = 0.00333\ \text{K}^{-1}$

(2-10)

(a) $\Delta_r H = D^0(\text{C}=\text{O}) + \dfrac{1}{2}D^0(\text{O}=\text{O}) - 2D^0(\text{C}=\text{O}) = \dfrac{1}{2}\text{x}498 - 804 = -555\ \text{kJ}$

(b) $\Delta_r H = \dfrac{1}{2}D^0(\text{N}\equiv\text{N}) + \dfrac{3}{2}D^0(\text{H}-\text{H}) - 3D^0(\text{N}-\text{H})$

$= \dfrac{946}{2} + \dfrac{3}{2}\text{x}436 - 3 \cdot 391 = -46\ \text{kJ}$

3장

새·롭·고·이·해·하·기·쉬·운·물·리·화·학

엔트로피, 열역학 제2와 3법칙

1. 자발적인 변화의 방향

열역학 제2법칙을 표현하는 방법은 매우 많다. 한 가지 표현은 "**어떤 열저장고로부터 열을 흡수하여 완전하게 일로 바꾸어주는 과정은 불가능하다.**"이다. 이것은 Kelvin이 언급한 것이다. 이 언급은 열역학 제1법칙에는 위배되지 않는다.

그림 (3-1-1). **하나의 열저장고로부터 어떤 기관이 열을 받아서 이를 100% 일로 바꾸는 과정.**

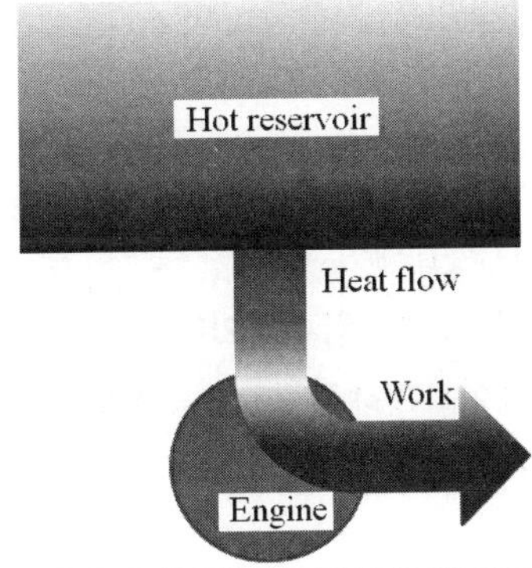

자연의 현상 중에 물체들은 무질서하게 섞이려는 경향을 갖고 있다. 그림 (3-1-2)에서 공이 바닥에 떨어지면서 운동량이 여러 방향으로 무질서 하게 변하고 있다.

그림 (3-1-2). **엔트로피가 증가하는 자발적인 반응 중의 하나. 공이 바닥에 떨어지면서 그 공이 갖고 있던 운동량을 바닥에 있는 입자에 전달하고 있음.**

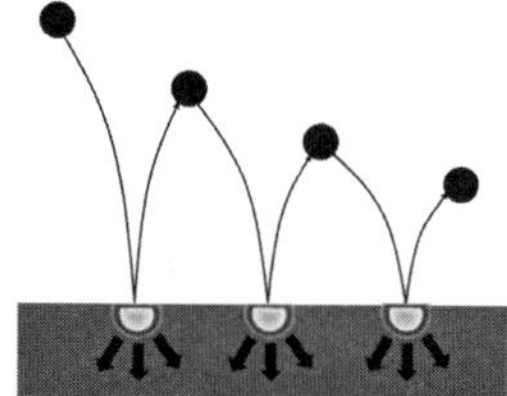

(a) 엔트로피의 정의와 성질

고립계의 에너지는 창조되거나 소멸되지 않으며 고립계의 엔트로피는 최대를 향해 증가하고 있다.

① 엔트로피의 열역학적 정의

$$dS = \frac{\delta q_{rev}}{T} \tag{3-1-1}$$

위식을 적분하면

$$\Delta S = \int_i^f \frac{\delta q_{rev}}{T} \tag{3-1-2}$$

어떠한 변화가 등온가역과정으로 진행한다면

$$\Delta S = \frac{q_{rev}}{T} \tag{3-1-3}$$

등온가역과정에는 0 ℃, 1 기압에서 얼음이 물이 되는 변화, 그리고 100 ℃, 1기압에서 물이 수증기가 되는 변화 등이 등온가역과정이다. 이 경우에는 엔트로피변화를 식 (3-1-3)으로 쉽게 구할 수 있다. 등압가역과정에서 q_{rev}은 ΔH이다. 기체가 등온가역과정으로 팽창하여 처음부피가 V_i이고 최종부피가 V_f가 되면, 이 계가 주위로부터 흡수한 열은 식 (3-1-4)로 나타낼 수 있다.

$$q_{rev} = nRT\ln\frac{V_f}{V_i} \tag{3-1-4}$$

따라서 이 경우에 이 계의 엔트로피 변화는 다음과 같다.

$$\Delta S = \frac{q_{rev}}{T} = \frac{nRT\ln\frac{V_f}{V_i}}{T} = nR\ln\frac{V_f}{V_i} \quad (3\text{-}1\text{-}5)$$

엔트로피는 아래와 같이 통계적으로 나타낼 수 있다.

$$S = k\ln W \quad (3\text{-}1\text{-}6)$$

여기서 k는 Boltzmann 상수로서

$R/N_A = 8.3145101\frac{\mathrm{J}}{\mathrm{mol}\cdot\mathrm{K}} \cdot \frac{1}{6.0221367\mathrm{x}10^{23}\,\mathrm{mol}^{-1}} = 1.3806578\mathrm{x}10^{-23}\mathrm{J/K}$이다.

W는 경우의 수, 배열방법의 수 또는 고립계에서 에너지를 나타내는 온갖 양자역학상태의 수이다. 어떤 계가 아래와 같이 등온에서 부피팽창을 한다고 한자.

그림 (3-1-3). **등온에서 부피가 팽창하는 경우의 엔트로피의 변화.**

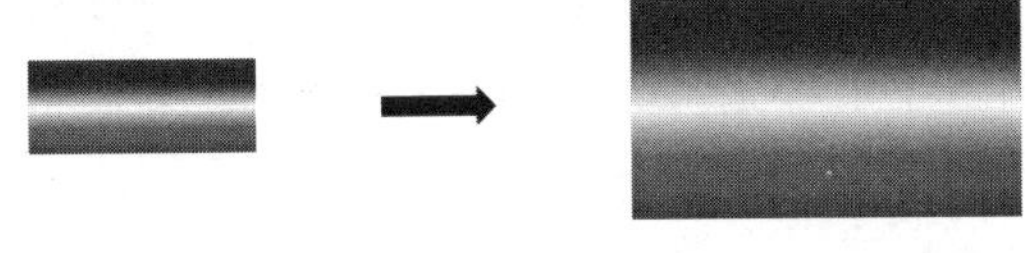

V_i V_f

N 개의 입자로 구성된 계가 처음부피 V_i에서 최종부피 V_f로 부피가 등온팽창한다고 하자. 주어진 부피에 기체가 존재할 수 있는 방의 수는 $= CV$이다. C는 여기서 비례상수이다. 부피 V에 N 개의 기체를 배열하는 방법의 수는 아래와 같다.

$$W = (CV)(CV-1)(CV-2)\cdot\cdot(CV-N+1) \approx (CV)^N \quad (3\text{-}1\text{-}7)$$

$$\therefore\ \Delta S = k\ln W_f - k\ln W_i = k\ln\frac{(CV_f)^N}{(CV_i)^N} = kN\ln\frac{V_f}{V_i}$$
$$= kN_A\frac{N}{N_A}\ln\frac{V_f}{V_i} = nR\ln\frac{V_f}{V_i} \quad (3\text{-}1\text{-}8)$$

다음은 주위의 엔트로피 변화를 구해보자. 주위는 일정한 부피를 가지고 있다고 볼 수 있다.

$$\therefore\ dq_{surr} = dE_{surr} \quad (3\text{-}1\text{-}9)$$

따라서 q_{surr}은 상태함수가 되며 경로에 관계없이 그 변화량은 같다.

$$q_{rev,surr} = q_{irrev,surr} \quad (3\text{-}1\text{-}10)$$

$$dS_{surr} = \frac{dq_{surr}}{T_{surr}} \qquad (3\text{-}1\text{-}11)$$

어떤 계의 변화에 대해 주위의 온도는 불변이므로

$$\Delta S_{surr} = \frac{q_{surr}}{T_{surr}} \qquad (3\text{-}1\text{-}12)$$

② 상태함수로서의 엔트로피

$$\oint \frac{dq_{rev}}{T} = 0 \qquad (3\text{-}1\text{-}13)$$

③ Carnot 기관

다음은 가상적인 Carnot 기관에 대해서 살펴보기로 하자. **Carnot 기관은 고온 열원 (hot reservoir)과 저온 열원 (cold reservoir)을 이용하여 등온가역팽창, 단열가역팽창, 등온가역압축 및 단열가역압축의 4가지 과정으로 진행하는 가역엔진이다.** 이 네 가지 과정을 거치면서 엔트로피 변화와 엔진의 효율 등을 살펴본다.

그림 (3-1-4). Carnot 순환과정.

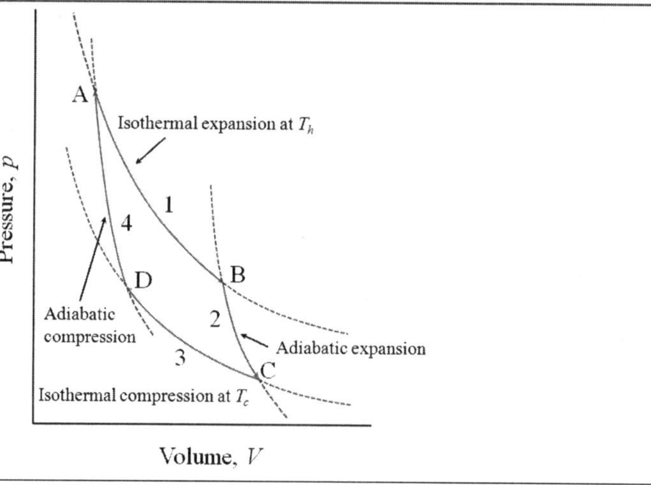

○ 등온가역팽창

$$q_h = nRT_h \ln\frac{V_B}{V_A} \qquad (3\text{-}1\text{-}14)$$

○ **단열가역팽창**

$$q = 0 \tag{3-1-15}$$

○ **등온가역압축**

$$q_c = nRT_c \ln \frac{V_D}{V_C} \tag{3-1-16}$$

○ **단열 가역 압축**

$$q = 0 \tag{3-1-17}$$

단열과정에서의 공식 pV^{γ}=상수를 이용한다.

$$p_B V_B^{\gamma} = p_C V_C^{\gamma} \tag{3-1-18}$$

$$p_D V_D^{\gamma} = p_A V_A^{\gamma} \tag{3-1-19}$$

여기서부터 $pV = nRT$ 식을 이용하면 식 (3-1-20)을 얻을 수 있다.

$$T_h V_A^{\gamma-1} = T_c V_D^{\gamma-1},\ T_h V_B^{\gamma-1} = T_c V_C^{\gamma-1} \tag{3-1-20}$$

$$\frac{V_A}{V_B} = \frac{V_D}{V_C} \tag{3-1-21}$$

$$\therefore \quad q_c = nRT_c \ln \frac{V_A}{V_B} < 0 \tag{3-1-22}$$

엔진의 효율 ϵ은 다음과 같이 정의한다. 고온 열저장고로부터 q_h의 열을 흡수하여 주위에 얼마나 많은 일을 하는가를 나타내는 척도이다.

$$\epsilon = \frac{|w|}{q_h} \tag{3-1-23}$$

$$|w| = q_h + q_c > 0 \tag{3-1-24}$$

$$q_h + q_c + w = 0 \tag{3-1-25}$$

$$\because \ w < 0 \tag{3-1-26}$$

$$\therefore \ \epsilon = \frac{q_h + q_c}{q_h} = 1 + \frac{q_c}{q_h} < 1 \tag{3-1-27}$$

$$\oint dS = \frac{q_h}{T_h} + \frac{q_c}{T_c} = 0 \text{ 이므로} \tag{3-1-28}$$

$$\epsilon = 1 + \frac{q_c}{q_h} = 1 - \frac{T_c}{T_h} \tag{3-1-29}$$

식 (3-1-29)가 열역학 제2법칙을 나타내고 있다. $\epsilon = 1$인 **기관은 없다. 왜냐하면** $T_c = 0$ **또는** $T_h = \infty$**가 될 수 없기 때문이다.**

그림 (3-1-5). 기관의 효율을 규명하는 문제. 엔진이 고온 열저장고로부터 $|q_h|$의 열을 받고 주위에 $|w|$의 일을 하고 저온 열저장고에 $|q_c|$의 열을 주고 있음.

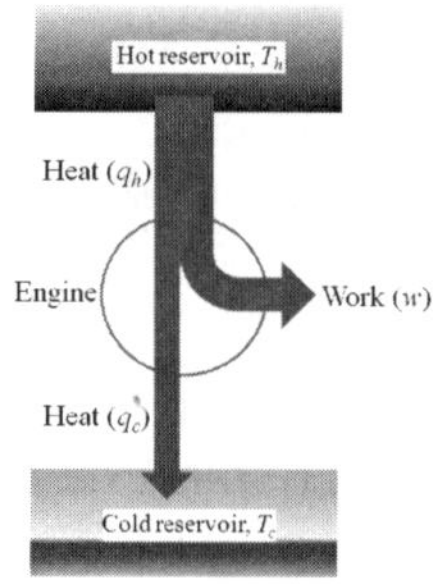

그림 (3-1-5)에 기관의 효율을 규명하는 문제를 나타내었다. 엔진이 고온 열저장고로부터 $|q_h|$의 열을 받고 주위에 $|w|$의 일을 하고 저온 열저장고에 $|q_c|$의 열을 주고 있다. 따라서 엔진의 에너지 변화는 다음과 같다.

$$\Delta E = q_h + q_c + w = 0 \tag{3-1-30}$$

엔진의 입장에서 고찰해야 하므로 다음 식이 성립한다.

$$q_h > 0, q_c < 0, w < 0 \tag{3-1-31}$$

그림 (3-1-5)에서 이 기관은 고온 열 저장고에서 50 kJ의 열량을 흡수하여 주위에 10 kJ의 일을 하고 저온 열저장고에 40 kJ의 열량을 방출한다고 가정하면 아래 식이 성립한다.

$$\Delta E = q_h + q_c + w = 50 - 40 - 10 = 0 \tag{3-1-32}$$

따라서 이 기관의 효율은 아래와 같이 주어진다.

$$\epsilon = \frac{|w|}{q_h} = \frac{|-10|}{50} = 0.20 \tag{3-1-33}$$

그림 (3–1–6). 낮은 온도의 열원에서 높은 온도의 열원으로 에너지가 이동하는 기관의 성능계수 (coefficient of performance, c)를 규명하는 문제.

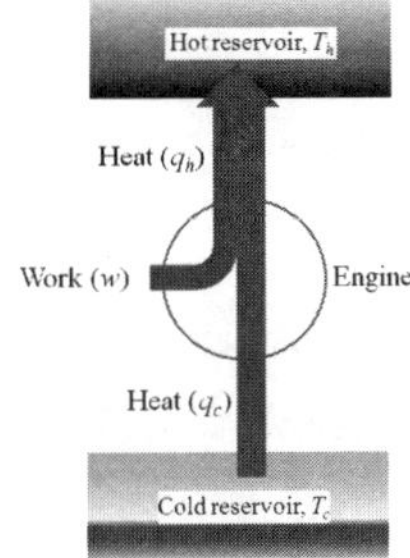

그림 (3-1-6)에서 다음 식이 성립함을 알 수 있다.

$$|q_c| + w = |q_h| \tag{3–1–34}$$

$$w = |q_h| - |q_c| \tag{3–1–35}$$

$$c = \frac{|q_c|}{|w|} = \frac{|q_c|}{|q_h| - |q_c|} = \frac{\left|nRT_c \ln\frac{V_A}{V_B}\right|}{\left|nRT_h \ln\frac{V_B}{V_A}\right| - \left|nRT_c \ln\frac{V_A}{V_B}\right|} = \frac{T_c}{T_h - T_c} \tag{3–1–36}$$

④ Clausius 부등식

$$dS = \frac{dq_{rev}}{T} \tag{3–1–37}$$

$$q_{rev} > q_{irrev} \tag{3–1–38}$$

$$\therefore dS = \frac{dq_{rev}}{T} > \frac{dq_{irrev}}{T} \tag{3–1–39}$$

$$\therefore dS \geqq \frac{dq}{T} \tag{3–1–40}$$

고립계에서는 $q = 0$ 이므로

$$dS_{isolated\ system} \geqq 0 \tag{3–1–41}$$

이 식을 Clausius의 부등식 (inequality)이라고 부르며, 열역학 제2법칙의 대표적 표현이다. 이 수식을 말로 표현하면 다음과 같다. “고립계의 에너지는 불변이나 엔트로피는 최대를 향해 증가하고 있다.”

(b) 특별한 과정을 수반하는 엔트로피변화

① 엔트로피의 측정

$$\Delta S = S(T_f) - S(T_i) = \int_i^f \frac{dq_{rev}}{T} \tag{3-1-42}$$

상전이가 일어나지 않는 곳에서는 $dq_{rev} = C_p dT$ 식을 이용하여 구할 수 있다. 이 경우에 C_p 값은 온도 T_i부터 T_f까지의 영역에서 평균값을 사용한다.

$$\therefore \; S(T_f) = S(T_i) + C_p \int_{T_i}^{T_f} \frac{1}{T} dT = S(T_i) + C_p \ln \frac{T_f}{T_i} \tag{3-1-43}$$

상전이가 일어나는 곳에서는 C_p 값이 무한대이므로 위 식을 적용할 수 없다. 이 경우에는 식 (3-1-43)에 식 (3-1-44) 등을 첨가하면 된다.

$$\Delta_{trans} S = \frac{\Delta_{trans} H}{T_{trans}} \tag{3-1-44}$$

다른 열역학적 함수에 비해 엔트로피는 구하기가 쉽지 않다. **그 이유는 어떤 온도 T에서의 엔트로피는 절대영도에서부터 구해야 되며 절대영도에서의 엔트로피와 모든 상전이가 일어나는 곳에서의 엔트로피를 다 더해주어야 하기 때문이다.**

$$S(T) = S(0) + \int_0^{T_f} C_p(s) \frac{dT}{T} + \frac{\Delta_{fus} H}{T_f} + \int_{T_f}^{T_b} C_p(\ell) \frac{dT}{T} + \frac{\Delta_{vap} H}{T_b} + \int_{T_b}^{T} C_p(g) \frac{dT}{T} \tag{3-1-45}$$

식 (3-1-45)에서 또 하나의 어려운 문제는 S_0를 어떻게 구하느냐이다. 몇 가지 단순한 경우에 통계적으로 구할 수 있다. 그러나 S_0 값은 그다지 큰 값이 아니므로 생략해서 0으로 간주한다.

그림 (3-1-7). 상온에서 엔트로피를 계산하는데 도움을 주는 그림.

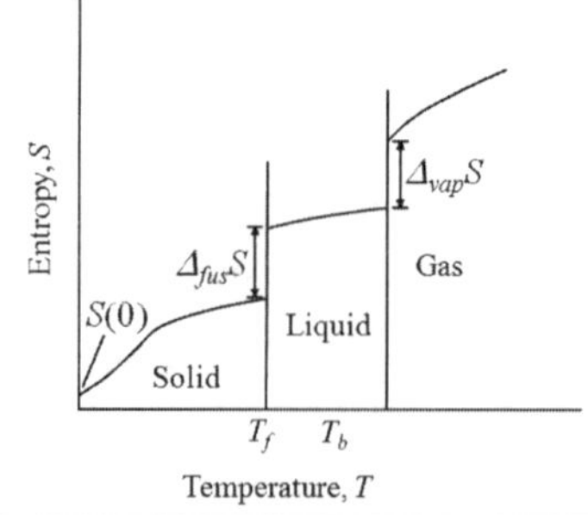

2. 열역학 제3법칙

(a) Nernst의 열법칙

"절대영도에 가까워지면 물질의 물리 및 화학적 변화를 수반할 때의 엔트로피변화는 영에 가까워진다." 두 가지 상의 황 (S)의 전이를 살펴보자. 황의 β 상은 369 K에서 아래와 같이 전이한다.

$$S(\beta) \rightarrow S(\alpha),\ \Delta_{trans}H = -402\ \mathrm{kJ}$$

$$\Delta S = \overline{S(\alpha)} - \overline{S(\beta)} = \frac{(-402\ \mathrm{J \cdot mol^{-1}})}{369\ \mathrm{K}} = -1.09\ \mathrm{JK^{-1}mol^{-1}} \qquad (3\text{-}2\text{-}1)$$

$$\overline{S(\alpha)_{369}} = \overline{S(\alpha,0)} + 37\ \mathrm{JK^{-1}mol^{-1}} \qquad (3\text{-}2\text{-}2)$$

$$\overline{S(\beta)_{369}} = \overline{S(\beta,0)} + 38\ \mathrm{JK^{-1}mol^{-1}} \qquad (3\text{-}2\text{-}3)$$

$$\begin{aligned}\Delta S(0) &= \overline{S(\alpha,0)} - \overline{S(\beta,0)} \\ &= \overline{S(\alpha)} - \overline{S(\beta)} + 1\ \mathrm{JK^{-1}mol^{-1}} = -0.09\ \mathrm{JK^{-1}mol^{-1}}\end{aligned} \qquad (3\text{-}2\text{-}4)$$

$$\therefore\ \overline{S(\alpha,0)} - \overline{S(\beta,0)} \approx 0 \qquad (3\text{-}2\text{-}5)$$

열역학 제3법칙

"**절대영도에서 완벽한 결정의 엔트로피는 영이다.**"라는 표현이 열역학 제3법칙이다.

(b) 제3법칙 엔트로피 (third law entropy)

절대영도에서의 엔트로피는 완벽한 결정이 아닌 경우에는 영이 아니나 영에서 그렇게 벗어나지는 않는다. **절대영도에서의 순수한 결정의 엔트로피 (영, 0) 를 시발점으로 하여 어떤 온도에서 구한 엔트로피를 제3법칙 엔트로피 (third law entropy) 또는 절대엔트로피 (absolute entropy)라 한다.**

(c) 매우 낮은 온도에 도달하는 법

Joule-Thomson 실험방법을 이용하여 기체의 온도를 매우 낮은 온도로 낮출 수 있으나 절대영도 가까이 즉, 4K 이하까지는 낮출 수 없다. 4K 이하까지 낮추려면 액체 He을 빠른 속도로 증발하면 가능하다. **절대온도 1K 이하로 낮추는 방법 중에 단열소자 (斷熱消磁,** adiabatic demagnetization)라는 방법이 있다. $\{Gd(III)\}_2(SO_4)_3 \cdot 8H_2O$ 물질에는 짝을 이루지 않는 전자가 있다. 전자인 경우는 $m_s = -\frac{1}{2}$인 경우가 $m_s = \frac{1}{2}$인 경우보다 에너지가 낮다. 그러나 엔트로피효과 때문에 모든 전자가 전부 아래스핀으로 되지는 않는다. 이 물질을 저온 열저장고에 접속시키면서 자기장을 걸어주어 전자스핀이 모두 아래스핀이 되도록 한다. 이렇게 한 다음, 이 계를 단열시키면 전자스핀의 엔트로피가 커지려는 성질 때문에 몇 개의 전자의 스핀은 위로 향하고 따라서 주위로부터 열을 흡수한다. 계를 단열시켰으므로 이 계의 온도는 내려간다.

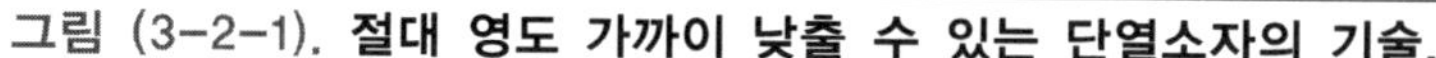

그림 (3-2-1). **절대 영도 가까이 낮출 수 있는 단열소자의 기술.**

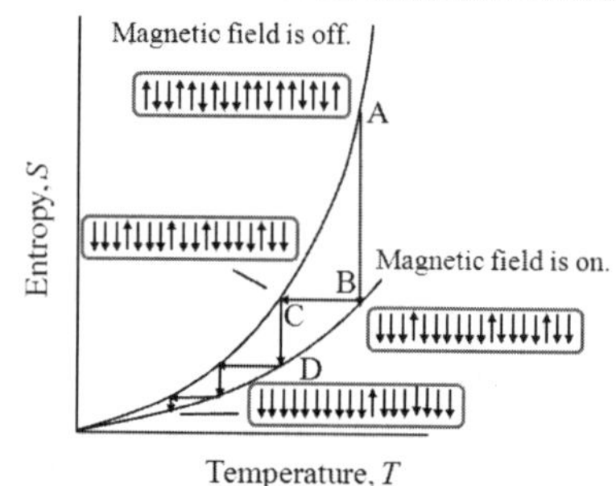

3. Helmholtz 자유에너지와 Gibbs 자유에너지

고립계에서의 자발적으로 일어나는 변화는 엔트로피가 증가하는 변화이다.

$$\Delta S_{univ} = \Delta S_{sys} + \Delta S_{surr} \geqq 0 \quad (3\text{-}3\text{-}1)$$

계가 얻은 열량 q_{sys}는 주위가 잃은 열량이다.

$$\therefore \ \Delta S_{surr} = \frac{-q_{sys}}{T} \quad (3\text{-}3\text{-}2)$$

$$\Delta S_{univ} = \Delta S_{sys} + \frac{-q_{sys}}{T} \geqq 0 \quad (3\text{-}3\text{-}3)$$

일정한 부피에서 어떤 계가 얻은 열량은 에너지변화와 같다.

$$q_V = \Delta E \quad (3\text{-}3\text{-}4)$$

일정한 압력에서 어떤 계가 얻은 열량은 엔탈피변화와 같다.

$$q_p = \Delta H \tag{3-3-5}$$

식 (3-3-4)와 식 (3-3-5)를 부등식 (3-3-3)에 대입하면 각각 식 (3-3-6)과 식 (3-3-7)을 얻을 수 있다.

$$\Delta S_{sys} - \frac{\Delta E}{T} \geq 0 \tag{3-3-6}$$

$$\Delta S_{sys} - \frac{\Delta H}{T} \geq 0 \tag{3-3-7}$$

다음의 함수를 아래와 같이 정의하면

$$A \equiv E - TS \tag{3-3-8}$$

$$G \equiv H - TS \tag{3-3-9}$$

일정한 온도에서는 위 식은 아래와 같이 표현할 수 있다.

$$\Delta A = \Delta E - T\Delta S \tag{3-3-10}$$

식 (3-3-10)을 식 (3-3-6)에 대입하면 식 (3-3-11)을 얻을 수 있다.

$$\Delta A \leqq 0 \tag{3-3-11}$$

또한 식 (3-3-12)를 식 (3-3-7)에 대입하면 식 (3-3-13)을 구할 수 있다.

$$\Delta G = \Delta H - T\Delta S \tag{3-3-12}$$

$$\Delta G \leqq 0 \tag{3-3-13}$$

따라서 **고립계에서 자발적으로 일어나는 변화는** Helmholtz **자유에너지** A**와** Gibbs **자유에너지** G**가 감소하는 변화이다.** 화학에서는 G를 많이 쓴다. 왜냐하면 화학반응은 대부분 등압 하에서 많이 진행되기 때문이다.

(a) 팽창에 의하지 않는 최대의 일

부피팽창에 의하지 않은 일을 ω_e로 표시하면 다음 식이 성립한다.

$$dw_{e,max} = dG \tag{3-3-14}$$

또한 전기적인 일은 가역과정으로 진행하기가 용이하다. **가역과정으로 전자를 이동시키면 어떤 계가 최대의 일을 할 수 있다.** 식 (3-3-14)는 매우 중요한 식이다. 이식을 이용하면 다른 방법으로 구하기 어려운 Gibbs 자유에너지변화 등을 전기화학적인 방법으로 쉽게 구할 수 있다. ☞ Nernst 식.

식 (3-3-14)의 증명.

$$dH = dE + d(pV) = \delta q + \delta w + d(pV) \quad (3\text{-}3\text{-}15)$$

만약 변화가 가역과정으로 일어난다면 Gibbs 자유에너지 변화량은 아래와 같이 나타낼 수 있다.

$$dH = TdS - pdV + dw_e + Vdp + pdV = TdS + dw_e + Vdp \quad (3\text{-}3\text{-}16)$$

여기서 w_e는 부피 팽창에 의하지 않는 예로 전기적인 일이다. 식 $G = H - TS$의 양변을 미분하면 식 (3-3-17)이 얻어진다.

$$dG = dH - TdS - SdT \quad (3\text{-}3\text{-}17)$$

식 (3-3-16)을 식 (3-3-17)에 대입하면

$$dG = dw_e + Vdp - SdT \quad (3\text{-}3\text{-}18)$$

일정한 온도 및 압력에서

$$dG = dw_e \text{ 또는 } \Delta G = \Delta w_e \quad (3\text{-}3\text{-}19)$$

이 식은 가역과정에만 성립하는 식이고 이렇게 부피팽창에 의하지 않고 한 일 (예로 전기적인 일)은 최대가 된다.

$$\Delta G = \Delta w_{e,max} \quad (3\text{-}3\text{-}20)$$

(b) 표준생성 Gibbs 자유에너지

표준생성 Gibbs **자유에너지는 어떠한 (주로 화합물) 물질이 표준상태 (1 bar)에서 가장 안정한 원소로부터 생성될 때의** Gibbs **자유에너지변화를 뜻한다.**

$$\therefore \Delta_r G^0 = \sum_{products} \nu_p \Delta_f G^0 - \sum_{reactants} \nu_r \Delta_f G^0 \quad (3\text{-}3\text{-}21)$$

ν_p는 한 생성물의 몰수를, ν_r는 한 반응물의 몰수를 나타낸다.

(c) Maxwell 관계식

부피팽창에 의하지 않는 일을 포함하지 않는 경우 어떤 계가 가역과정으로 변화하면 아래 식이 성립한다.

$$dE = TdS - pdV \quad (3\text{-}3\text{-}22)$$

이식은 열역학 제1 및 제2법칙의 근본방정식이다. 일반적으로 모든 열역학 함수는 아래에 나타낸 식으로 표현가능하다.

$$dE=\left(\frac{\partial E}{\partial S}\right)_V dS+\left(\frac{\partial E}{\partial V}\right)_S dV \tag{3-3-23}$$

$$\left(\frac{\partial E}{\partial S}\right)_V = T \tag{3-3-24}$$

$$\left(\frac{\partial E}{\partial V}\right)_S =- p \tag{3-3-25}$$

f가 x와 y의 함수일 때

$df = gdx + hdy$ 에서

$\left(\frac{\partial g}{\partial y}\right)_x = \left(\frac{\partial h}{\partial x}\right)_y$ 이면 f 함수는 완전미분가능하다.

$g = \left(\frac{\partial f}{\partial x}\right)_y$ 이고 $h = \left(\frac{\partial f}{\partial y}\right)_x$ 이다.

함수 g와 h를 각각 y와 x에 대해서 미분하면 아래의 두 식을 얻을 수 있다.

$$\left(\frac{\partial g}{\partial y}\right)_x = \left(\frac{\partial}{\partial y}\right)_x\left(\frac{\partial f}{\partial x}\right)_y \tag{3-3-26}$$

$$\left(\frac{\partial h}{\partial x}\right)_y = \left(\frac{\partial}{\partial x}\right)_y\left(\frac{\partial f}{\partial y}\right)_x \tag{3-3-27}$$

x와 y의 어떤 함수를 미분할 때에는 순서에 관계없이 같은 함수가 얻어지므로 식 (3-3-26)과 식 (3-3-27)에 나타낸 함수는 서로 같다. 이와 같은 원리를 이용하면 식 (3-3-24)와 식 (3-3-25)로부터 다음과 같은 식이 얻어진다.

$$\left(\frac{\partial T}{\partial V}\right)_S =-\left(\frac{\partial p}{\partial S}\right)_V \tag{3-3-28}$$

유사한 방법으로 아래에 나타낸 세 개의 Maxwell 관계식들이 얻어진다.

$$\left(\frac{\partial T}{\partial p}\right)_S = \left(\frac{\partial V}{\partial S}\right)_p \tag{3-3-29}$$

$$\left(\frac{\partial p}{\partial T}\right)_V = \left(\frac{\partial S}{\partial V}\right)_T \tag{3-3-30}$$

$$\left(\frac{\partial V}{\partial T}\right)_p =-\left(\frac{\partial S}{\partial p}\right)_T \tag{3-3-31}$$

Maxwell 관계식을 외우는데 도움을 주는 식.

$\overline{\partial S}\partial T = \overline{\partial p}\partial V$

여기서 bar는 “그 값으로 나누어줄 때 음의 부호를 붙여 주어야한다” 는 뜻이다.

(d) 부피에 따른 내부에너지의 변화

$$\left(\frac{\partial E}{\partial V}\right)_T = \pi_T = T\left(\frac{\partial p}{\partial T}\right)_V - p \qquad (3\text{-}3\text{-}32)$$

식 (3-3-32)의 유도

$$dE = \left(\frac{\partial E}{\partial S}\right)_V dS + \left(\frac{\partial E}{\partial V}\right)_S dV = \left(\frac{\partial E}{\partial S}\right)_V dS - pdV \qquad (3\text{-}3\text{-}33)$$

양변을 일정한 온도에서 dV로 나누어 주면

$$\left(\frac{\partial E}{\partial V}\right)_T = \left(\frac{\partial E}{\partial S}\right)_V \left(\frac{\partial S}{\partial V}\right)_T - p = T\left(\frac{\partial p}{\partial T}\right)_V - p \qquad (3\text{-}3\text{-}34)$$

$$\because \left(\frac{\partial S}{\partial V}\right)_T = \left(\frac{\partial p}{\partial T}\right)_V \qquad (3\text{-}3\text{-}35)$$

3장

엔·트·로·피·열·역·학·제·2·와·3·법·칙

연습문제

(3-1) 이상기체 1 몰을 273 K에서 373 K로 가역적으로 가열했을 때
단, 분자의 진동의 C_v에 기여는 무시할 것.

(a) 일정한 부피에서 엔트로피 변화를 구하시오.

(b) 일정한 압력에서 엔트로피 변화를 구하시오.

(3-2) 0.20 몰 이상기체가 300 K에서 등온가역팽창하였다. 처음부피가 1.0 L이고 최종부피가 5.0 L일 때 $q, w, \Delta E, \Delta H, \Delta S_{sys}, \Delta G, \Delta S_{surr}, \Delta S_{univ}$를 구하시오.

(3-3) 엔트로피의 통계학적인 정의 ($S = k\ln W$)를 이용하여 절대영도에서 1 몰의 N_2 및 CO의 엔트로피를 예측하시오.

(3-4) 1 몰의 이상기체가 298.15 K에서 등온압축되었다. 처음압력이 1.000 bar이고 최종압력이 2.718 bar이다. ΔG를 계산하시오.

(3-5) 이상기체의 단열가역팽창에서 온도 및 부피변화에 따른 엔트로피변화를 나타내시오.

(3-6) H,D 및 ^{16}O 의 핵스핀각운동량양자수 (I)는 각각 1/2, 1, 0이다. 1 몰의 HD^{16}O의 핵스핀 엔트로피를 계산하시오.

(3-7) ^{14}N 및 ^{16}O 의 핵스핀각운동량양자수 (I)는 각각 1과 0이다. 1 몰의 $^{14}N_2{}^{16}O$의 핵스핀엔트로피를 계산하시오.

(3-8) Carnot 기관에서 $T_{hot} = 1000\text{ K}$, $T_{cold} = 300\text{ K}$이다.

(a) 이 엔진의 효율을 구하시오.

(b) $w = -200\text{ kJ}$일 때 q_h 및 q_c를 구하시오.

(3-9) 1 몰의 이상기체가 다음 과정을 거칠 때, 298 K에서 최초 10 기압에 있던 그 기체가 등온가역팽창하여 부피가 10 배가 되었다. 이 과정에서 $q, w, \Delta E, \Delta H, \Delta S_{sys}$, $\Delta S_{surr}, \Delta S_{univ}, \Delta G, \Delta A$ 를 구하시오. 단, 1 L • atm = 101.25 J

(3-10) 300.0 K에서 최초 10 기압에 있던 1 몰의 이상기체가 외부압력 1 기압 하에서 등온비가역팽창하여 부피가 10 배가 되었다. 이 과정에서 ΔS를 구하시오.

(3-11) 절대영도에서 아래 분자의 1 몰의 엔트로피를 예측하시오.

(a) CO_2 (b) OCS (선형)

(3-12) 298K에서 1 몰의 이상기체가 단열가역팽창하여 부피가 1 L에서 10 L로 변하였다.

(a) 최종온도를 구하시오.

(b) $q, w, \Delta E, \Delta H, \Delta S$를 구하시오. 아래 공식과 단위변환을 이용하시오.

$pV^{\gamma} = 24.5\text{atm} \cdot \text{L}^{\gamma}$ 단 $\gamma = \frac{5}{3}$, 1 L • atm = 101.25 J

(3-13) Hexane은 1 기압, 342 K에서 끓는다. 이 때 증발엔탈피 $\Delta_{vap}H^0 = 28.9\text{ kJ/mol}$이다. 증발엔트로피 ($\Delta_{vap}S$)를 구하시오.

연습문제해답

(3-1) (a) $dE = dq_{rev} + dw_{rev} = dq_{v,rev} + 0.\ dS = \frac{dq_{v,rev}}{T} = \frac{dE}{T} = \frac{C_v dT}{T}$

$$\therefore\ \Delta S = \int_{273}^{373} \frac{C_v dT}{T} = \frac{3}{2} R \ln \frac{373}{273} = \frac{3}{2} \bullet 8.314 \bullet \ln \frac{373}{273}\ \mathrm{kJ/mol} = 3.89\ \mathrm{kJ/mol}$$

(b) $dH = dq_{p,rev}.\ dS = \frac{dq_{p,rev}}{T} = \frac{dH}{T} = \frac{C_p dT}{T}$

$$\therefore\ \Delta S = \int_{273}^{373} \frac{C_p dT}{T} = \frac{5}{2} R \ln \frac{373}{273} = \frac{5}{2} \bullet 8.314 \bullet \ln \frac{373}{273}\ \mathrm{kJ/mol} = 6.49\ \mathrm{kJ/mol}$$

(b) 별해

엔트로피는 상태함수이므로 일정한 압력에서 엔트로피변화를 두 단계로 나타낼 수 있다.

○ **첫째 단계**: 부피를 일정하게 유지하면서 273 K에서 373 K로의 가역가열로 온도증가에 의한 엔트로피 변화

$$\Delta S_1 = \int_{273}^{373} \frac{C_v dT}{T} = \frac{3}{2} R \ln \frac{373}{273} = \frac{3}{2} \bullet 8.314 \bullet \ln \frac{373}{273}\ \mathrm{J} = 3.89\ \mathrm{J/K}$$

○ **둘째 단계**: 373 K에서 부피팽창에 의한 엔트로피 변화

$$\Delta S_2 = R \ln \frac{V_f}{V_i} = R \ln \frac{\frac{nRT_f}{p}}{\frac{nRT_i}{p}} = R \ln \frac{373}{273} = 8.314 \bullet \ln \frac{373}{273}\ \mathrm{J/K} = 2.59\ \mathrm{J/K}$$

$\Delta S_{total} = \Delta S_1 + \Delta S_2 = 6.48\ \mathrm{J/K}$. 두 가지 해답에서 같은 결론을 얻었다. 이 계는 온도증가로 엔트로피가 증가하고 또한 부피증가로 엔트로피가 증가하였다. (a)번 문제에서는 부피증가에 의한 엔트로피 증가는 없다.

(3-2) $w = -nRT \ln \frac{V_2}{V_1} = -0.20\mathrm{mol} \bullet 8.3145\mathrm{J/(K \bullet mol)} \bullet 300\mathrm{K} \ln \frac{5\mathrm{L}}{1\mathrm{L}} = -803\mathrm{J}$

이상기체의 에너지는 온도만의 함수이므로 $\Delta E = 0\ \therefore\ q = 803\,\mathrm{J}$

$H = E + pV,\ \Delta H = \Delta E + \Delta(pV) = \Delta E + nR\Delta(T) = 0,$

$$\Delta S = \frac{q_{rev}}{T} = nR \ln \frac{V_2}{V_1} = 2.68\ \mathrm{J/K}$$

$\Delta G = \Delta H - T\Delta S = -803\,\mathrm{J},\ \Delta S_{surr} = -\Delta S_{sys} = -2.68\,\mathrm{J/K},\ \Delta S_{univ} = 0$

(3-3) N_2의 엔트로피$= k\ln W = k\ln 1 = 0$.

CO 의 엔트로피$= k\ln W = k\ln 2^{N_A} = R\ln 2 = 5.76\,\text{kJ/mol}$

(3-4) $dG = Vdp - SdT.\ \left(\frac{dG}{dp}\right)_T = V$

$$\Delta G = \int_{p_i}^{p_f} Vdp = \int_{p_i}^{p_f} \frac{RT}{p}dp = RT\ln\frac{p_f}{p_i} = 8.314\text{x}298.15\ln 2.718 = 2.479\ \text{kJ}$$

(3-5)

1단계 : 등온가역팽창, $\Delta S_1 = R\ln\frac{V_f}{V_i}$

2단계 : 등부피냉각

$$\Delta S_2 = \int_{T_i}^{T_f} \frac{\overline{C_v}\,dT}{T} = \overline{C_v}\ln\frac{T_f}{T_i} = \overline{C_v}\ln\left(\frac{V_i}{V_f}\right)^{\frac{1}{c}} = -R\ln\left(\frac{V_f}{V_i}\right)$$

$$\Delta S_{total} = R\ln\left(\frac{V_f}{V_i}\right) - R\ln\left(\frac{V_f}{V_i}\right) = 0$$

(3-6) $S = k\ln\Omega$, Ω =핵스핀상태의 수.

$S = k\ln\Omega = k\ln\left(\frac{1}{2}\text{x}2+1\right)^{N_A}(1\text{x}2+1)^{N_A}$, 여기서 N_A은 아보가드로수이다.

$S = k\ln\Omega = 1.38066\text{x}10^{-23}\text{J/K} \cdot 6.02214\text{x}10^{23}\ln(2\text{x}3) = 14.8976\text{J/K}$

(3-7) $S = k\ln\Omega$, Ω =핵스핀상태의 수

$S = k\ln\Omega = k\ln(1\text{x}2+1)^{2N_A}$, 여기서 N_A은 아보가드로수이다.

$S = k\ln\Omega = 1.38066\text{x}10^{-23}\text{J/K} \cdot 2 \cdot 6.02214\text{x}10^{23}\ln 3 = 18.269\text{J/K}$

(3-8) $T_{hot} = 1000\ \text{K}$, $T_{cold} = 300\ \text{K}$

(a) 이 엔진의 효율 $\epsilon = \frac{1000-300}{1000} = 0.7$

(b) $w = -200\ \text{kJ}$, $0.7 = \frac{-w}{q_h} = \frac{200}{q_h}$, $\therefore\ q_h = 286\ \text{kJ}$

$q_h + q_c = 200\ \text{kJ}$, $q_c = -86\ \text{kJ}$

(3-9) $w = -nRT\ln\frac{V_2}{V_1} = -1RT\ln\frac{10V_1}{V_1} = -8.3145\,\text{J/K} \cdot 298\text{K} \cdot 2.303$

$= -5{,}706\ \text{J}.\ \Delta E = q + w = 0\ \therefore\ q = 5{,}706\ \text{J}$

$\Delta H = \Delta E + \Delta(pV) = \Delta E + \Delta(nRT) = \Delta E + nR\Delta(T) = \Delta E = 0$

$$\Delta S_{sys} = \frac{q}{T} = R\ln\frac{10\,V_1}{V_1} = 8.314 \cdot 2.303\ \mathrm{J/K} = 3.610\ \mathrm{J/K}$$

$$\Delta S_{univ} = \Delta S_{sys} + \Delta S_{surr} = 0.\ \ \Delta S_{surr} = -3.610\ \mathrm{J/K}$$

$$\Delta G = \Delta H - T\Delta S_{sys} = 0 - 298\mathrm{K} \cdot 3.610\mathrm{J/K} = -5{,}706\ \mathrm{J}$$

$$\Delta A = \Delta H - T\Delta S_{sys} = 0 - 298\mathrm{K} \cdot 3.610\mathrm{J/K} = -5{,}706\ \mathrm{J}$$

(3-10) 엔트로피는 상태함수이므로 가역팽창이든 비가역팽창이든 처음상태와 최종상태만 결정되면 엔트로피 변화가 결정된다.

$\Delta S = k\ln W$로부터

$$\Delta S = nR\ln\frac{V_2}{V_1} = 1\,\mathrm{mol} \cdot 8.3145\frac{\mathrm{J}}{\mathrm{K} \cdot \mathrm{mol}} \cdot \ln 10 = 19.145\ \mathrm{J/K}$$

(3-11) CO_2의 엔트로피$= k\ln W = k\ln 1 = 0$

OCS의 엔트로피$= k\ln W = k\ln 2^{N_A} = R\ln 2 = 5.76\ \mathrm{J/K}$

(3-12)

(a) $p_1 V_1^{\gamma} = p_2 V_2^{\gamma}$, $\frac{RT_1}{V_1} V_1^{\gamma} = \frac{RT_2}{V_2} V_2^{\gamma}$, $\therefore\ T_1 V_1^{\gamma-1} = T_2 V_2^{\gamma-1}$

$298 \cdot 1^{\frac{2}{3}} = T_2 \cdot 10^{\frac{2}{3}}$, $T_2 = 64.2\mathrm{K}$

(b)

$$w = \int_{1\mathrm{L}}^{10\mathrm{L}} -p\,dV = -\int_{1\mathrm{L}}^{10\mathrm{L}} \frac{24.5\mathrm{atm} \cdot \mathrm{L}^{\frac{5}{3}}}{V^{\gamma}} dV = \frac{3}{2}\mathrm{x}24.5\mathrm{atm} \cdot \mathrm{L}^{\frac{5}{3}}\left(10^{-\frac{2}{3}} - 1\right)\mathrm{atm} \cdot \mathrm{L}^{-\frac{2}{3}}$$
$$= -28.8\mathrm{atm} \cdot \mathrm{L} = -2.92\mathrm{kJ}$$

$q = 0.\ \ \Delta E = q + w = -2.92\ \mathrm{kJ}.$

$\Delta H = \Delta E + \Delta(RT) = -2{,}916\mathrm{J} + 8.3145(64.2 - 298) = -4.86\mathrm{kJ}.$

단열이므로 $\Delta S = 0.$

〈ΔS를 구하는 문제의 별해〉

- 1단계 : 등온가역팽창 $\Delta S_1 = R\ln\frac{V_f}{V_i} = R\ln 10 = 2.303R$

- 2단계 : 등부피냉각 $\Delta S_2 = \int_{T_i}^{T_f} \frac{\overline{C_v}\,dT}{T} = \overline{C_v}\ln\frac{64.2}{298} = -2.303R$

$\therefore\ \Delta S_{total} = 0$

〈w를 구하는 문제의 별해〉

$\Delta E = q + w = w$

$$w = \Delta E = \overline{C_v}(64.2 - 298)\text{K} = 1\text{mol} \cdot \frac{3}{2} \cdot 8.3145 \frac{\text{J}}{\text{K} \cdot \text{mol}} \cdot (-234)\text{K} = -2.92\text{kJ}$$

〈ΔE를 구하는 문제의 보충해답〉

연습문제그림 (3-1)에 나타낸 것처럼 a, b 두 단계로 나누어서 ΔE를 구하는 것이 편하다. 에너지는 상태함수이므로 가능한 일이다. 이상기체는 온도만의 함수이므로 단계 a에서 $\Delta E = 0$. 단계 b는 일정한 부피에서 온도 강하에 따른 에너지 감소를 나타낸다.

$\Delta E = 1\text{mol} \cdot \overline{C_v}(64 - 298)\,\text{K} = -2.92\,\text{kJ}$. $\therefore\ \Delta E_{total} = -2.92\,\text{kJ}$

연습문제그림 (3-1). **단열가역팽창에서 ΔE를 구하는데 도와주는 그림.**

(a) 일정한 온도 298K에서 부피가 1L에서 10L로 팽창

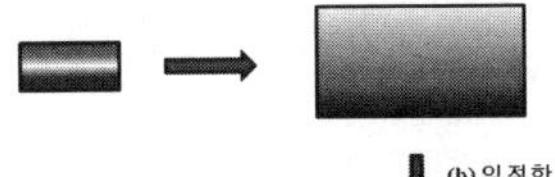

(b) 일정한 부피 10L에서
온도가 298K에서 64.2K로 강하

(3-13) $\Delta_{vap}S = \dfrac{q_{rev}}{T_{transition}}$

일정한 압력에서 $q_p = \Delta H$ 이므로 $\Delta_{vap}S = \dfrac{\Delta H}{T_{transition}} = \dfrac{28.9\,\text{kJ}}{342\,\text{K}} = 84.5\,\text{J/K}$

4장

새·롭·고·이·해·하·기·쉬·운·물·리·화·학

상도표, 기체, 액체 및 고체의 안정성

1. Gibbs 자유에너지의 성질

모든 반응은 Gibbs 자유에너지가 영 또는 감소하는 쪽으로 진행된다. G를 아래와 같이 정의한다.

$$G \equiv H - TS \tag{4-1-1}$$

이로부터 아래 식을 얻을 수 있다.

$$\begin{aligned} dG &= dH - TdS - SdT = dE + pdV + Vdp - TdS - SdT \\ &= TdS - pdV + pdV + Vdp - TdS - SdT = Vdp - SdT \end{aligned} \tag{4-1-2}$$

이식은 아래와 같이 표현할 수 있으므로

$$dG = \left(\frac{\partial G}{\partial p}\right)_T dp + \left(\frac{\partial G}{\partial T}\right)_p dT \tag{4-1-3}$$

이 식으로부터 아래 두 식이 얻어진다.

$$\left(\frac{\partial G}{\partial T}\right)_p = -S, \quad \left(\frac{\partial G}{\partial p}\right)_T = V \tag{4-1-4}$$

이와 같은 관계식을 쉽게 외우는 법을 그림 (4-1-1)에 나타내었다.

(a) Gibbs 자유에너지의 압력의존도

압력이 1 bar에서 2 bar로 변할 때에 물과 이상기체가 Gibbs 자유에너지에 얼마나 의존하는 지를 살펴보기로 하자.

$$\left(\frac{\partial G}{\partial p}\right)_T = V \quad (4\text{-}1\text{-}5)$$

그림 (4-1-1). 열역학적 함수로부터 열역학변수를 유도하는 관계도. 아래와 같은 단어 또는 유사단어를 상기시켜보자. SH(i)p, EG, VAT. 일례로 S를 일정하게 놓고 H를 p로 미분하면 V가 됨.

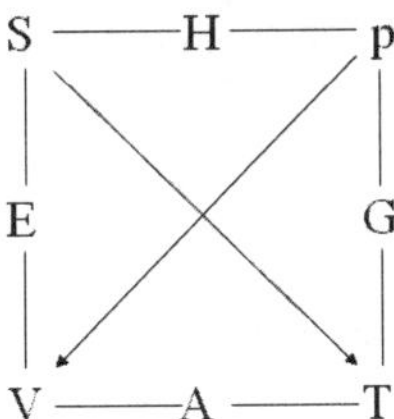

① 물에 대해서

응축상에서는 $\overline{V}$ 는 압력에 거의 변화하지 않으므로 적분에서 상수로 취급하여 아래와 같이 표현할 수 있다. $dG = Vdp$로부터

$$\int_{\overline{G_i}}^{\overline{G_f}} dG = \int_{p_i}^{p_f} \overline{V} dp \cong \overline{V}(p_f - p_i) = \overline{V}\Delta p \quad (4\text{-}1\text{-}6)$$

$$\overline{G(p_f)} - \overline{G(p_i)} = \overline{V}\Delta p = 18.0\,\mathrm{cm^3/mol} \cdot (2-1)\mathrm{b} = 1.80\,\mathrm{J} \quad (4\text{-}1\text{-}7)$$

② 이상기체에서

$$\overline{G(p_f)} - \overline{G(p_i)} = \int_{p_i}^{p_f} \overline{V} dp = RT\ln\frac{p_f}{p_i} = 8.314\mathrm{J} \cdot \mathrm{mol^{-1}}\mathrm{x}198\mathrm{K}\mathrm{x}\ln 2 = 1.7\,\mathrm{kJmol^{-1}} \quad (4\text{-}1\text{-}8)$$

$$\overline{G(p_f)} - \overline{G(p_i)} = \int_{p_i}^{p_f} \overline{V} dp = RT\ln\frac{p_f}{p_i}$$
$$= 8.314\,\mathrm{J} \cdot \mathrm{mol^{-1}}\mathrm{x}198\,\mathrm{K}\mathrm{x}\ln 2 = 1.7\,\mathrm{kJmol^{-1}}$$

기체의 경우 압력에 따른 Gibbs 자유에너지의 변화율이 액체에 그것에 비해 1000 배 정도 큼을 알 수 있다.

$$\begin{aligned} G(p_f) &= G(p_i) + \int_{p_i}^{p_f} Vdp = G(p_i) + \int_{p_i}^{p_f} \frac{nRT}{p} dp \\ &= G(p_i) + nRT\ln\frac{p_f}{p_i} \end{aligned} \quad (4\text{-}1\text{-}9)$$

여기서 처음 압력을 1bar (p^0)라고 하고, 최종압력을 p 라고 하면 앞 식은 아래와 같이 표현할 수 있다.

$$G(p_f) = G(p_i) + \int_{p_i}^{p_f} Vdp = G(p_i) + \int_{p_i}^{p_f} \frac{nRT}{p} dp$$
$$= G(p_i) + nRT\ln\frac{p_f}{p_i} \qquad (4\text{–}1\text{–}10)$$

여기서 G^0는 표준상태에서의 Gibbs 자유에너지를 나타낸다. 이식은 앞으로 계속 다룰 식이므로 기억해두기 바란다.

(b) Gibbs 자유에너지의 온도의존도

$$\left(\frac{\partial G}{\partial T}\right)_V = -S = \frac{G-H}{T} \qquad (4\text{–}1\text{–}11)$$

$$\left\{\frac{\partial}{\partial T}\left(\frac{G}{T}\right)\right\}_p = -\frac{H}{T^2} \qquad (4\text{–}1\text{–}12)$$

식 (4–1–12)의 증명.

$$\left\{\frac{\partial}{\partial T}\left(\frac{G}{T}\right)\right\}_p = \frac{1}{T}\left(\frac{\partial G}{\partial T}\right)_p + G\left(-\frac{1}{T^2}\right) = -\frac{S}{T} - \frac{G}{T^2} = -\frac{H}{T^2}$$

$$\left\{\frac{\partial(G/T)}{\partial(1/T)}\right\}_p = \left\{\frac{\partial(G/T)}{-1/T^2\partial T}\right\}_p = -T^2\left\{\frac{\partial(G/T)}{\partial T}\right\}_p = -T^2\left(\frac{-H}{T^2}\right) = H \qquad (4\text{–}1\text{–}13)$$

따라서 아래 식도 성립한다.

$$\frac{\partial\left(\frac{\Delta G}{T}\right)_p}{\partial\left(\frac{1}{T}\right)_p} = \Delta H \qquad (4\text{–}1\text{–}14)$$

이식은 나중에 배울 평형상수와 온도와의 관계식을 이해하는 데 매우 중요한 관계식이므로 기억해 두기를 바란다. $\frac{\Delta G}{T}$가 $\frac{1}{T}$에 1차함수로 변하고 기울기로부터 ΔH를 결정한다. 다양한 상태의 물질의 온도에 따른 Gibbs 자유에너지의 변화를 그림 (4-1-2)에 나타내었다. **기체인 경우 Gibbs 자유에너지가 온도가 증가함에 따라 급격하게 감소한다.** 점 a의 온도에서는 기체와 액체의 Gibbs 자유에너지가 같아진다. 점 a를 지나면 액체의 Gibbs 자유에너지가 기체의 그 것보다 높아진다. 따라서 액체가 기체로 변한다. 즉, 액체가 기화한다. 따라서 점 a가 끓는점이 된다. 점 b는 승화점, 그리고 점 c는 융해점이 된다.

그림 (4-1-2). **기체, 액체 및 고체의 온도에 따른 Gibbs 자유에너지 변화.**

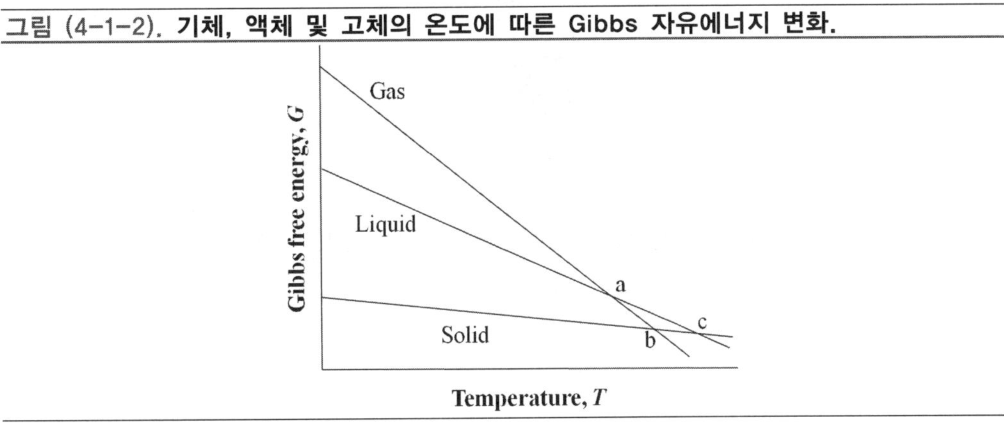

(c) 순수한 물질의 화학퍼텐샬 (chemical potential)

화학퍼텐샬은 물질의 이동 등에서 자주 등장하는 화학적 용어이므로 잘 이해해두어야 한다. 전하의 흐름과 관계되는 전기전위는 전하의 흐름의 방향을 결정하는 전위를 나타낸다. 전기전위가 높은 데서 낮은 데로 + 전하가 흐른다. 이와 유사하게 화학퍼텐샬이 높은 데서 낮은 데로 물질 (chemical)이 흐른다. 즉, 물질이 흐른다. **이렇게 해서 "chemical potential이"라는 말을 쓰고 있다.** 기름과 물은 왜 섞이지 않는가를 화학퍼텐샬로 설명해보자. 기름은 기름끼리 있을 때가 물속에 있을 때 보다 화학퍼텐샬이 낮다. 따라서 기름은 물속으로 들어가질 않는다. 그러나 엔트로피 영향 때문에 기름은 물속으로 매우 작은 양은 녹아들어 갈 것이다. 화학퍼텐샬은 다음과 같이 정의한다.

$$\mu = \left(\frac{\partial G}{\partial n}\right)_{T,p} \quad (4\text{-}1\text{-}15)$$

여기서 n은 물질의 몰수를 나타낸다. G는 $n\overline{G}$이므로 화학퍼텐샬은 분몰 Gibbs 자유에너지 (partial molar Gibbs free energy) $\overline{G}$와 같다.

$$\mu = \left(\frac{\partial G}{\partial n}\right)_{T,p} = \left(\frac{\partial (n\overline{G})}{\partial n}\right)_{T,p} = \overline{G} \quad (4\text{-}1\text{-}16)$$

식 (4-1-16)은 다음과 변형된다.

$$\mu = \mu^0 + RT\ln\frac{p}{p^0} \quad (4\text{-}1\text{-}17)$$

그림 (4-1-3). **여러 상이 평형을 이룰 때 각 상의 화학퍼텐샬은 똑 같다.**

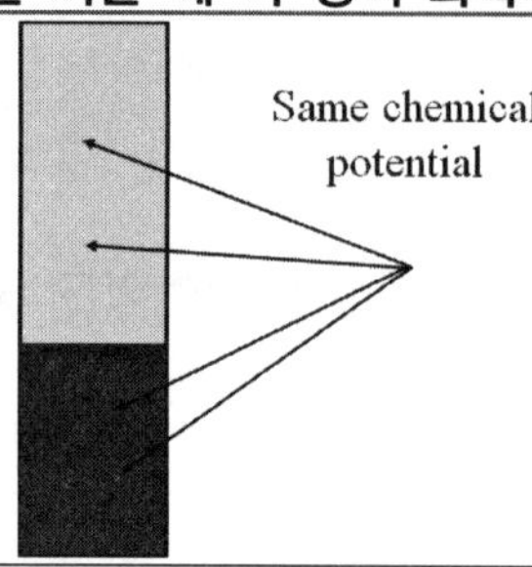

그림 (4-1-4). **기체, 액체 및 고체의 화학퍼텐샬의 온도 의존도.**

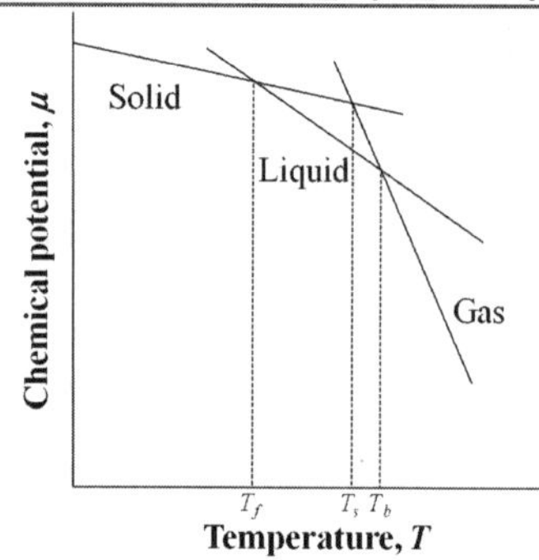

그림 (4-1-5). **고체의 화학퍼텐샬의 압력 의존도. 압력이 증가하면 어는점이 올라간다.**

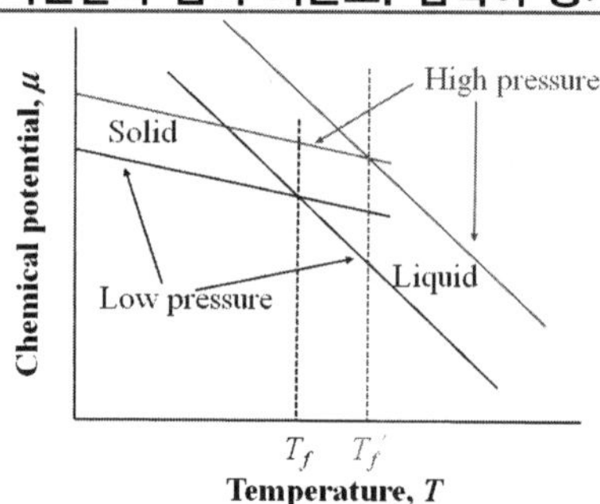

(d) 실제기체와 fugacity

식 (4-1-17)은 이상기체에서만 해당하는 식이다. 따라서 실제기체에서는 식 (4-1-17) 대신 식 (4-1-18)을 사용한다.

$$\mu = \mu^0 + RT\ln\frac{f}{p^0} \qquad (4\text{–}1\text{–}18)$$

그림 (4-1-6). 액체와 고체의 화학퍼텐샬의 압력 의존도. 압력이 증가하면 어는점이 내려간다. 물에서 이런 현상이 나타난다.

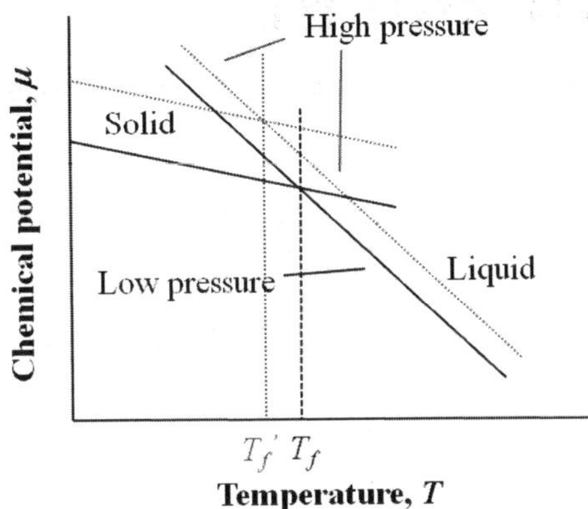

여기서 f 는 기체의 fugacity를 나타낸다. **분자간의 인력이 약할수록 f 는 p에 가까운 값을 나타낸다.** 압력으로 나타낸 평형상수 K_p도 실제로는 압력 대신 fugacity를 사용해야 한다. 다음과 같은 기체반응의 평형관계를 나타낼 때 아래와 같은 식을 근사식으로 사용한다.

$$H_2(g) + Br_2(g) \rightleftarrows 2HBr(g)$$

$$K_p = \frac{p_{HBr}^2}{p_{H_2} p_{Br^2}} \qquad (4\text{-}1\text{-}19)$$

이렇게 얻어진 K_p는 정확하게 말해서 평형상수가 아니다. 모든 범위에서 상수가 아니라는 뜻이다. 이 식 대신 식 (4-1-20)이 옳은 식이다. **이 때 K를 열역학적인 평형상수 (thermodynamic equilibrium constant)라 한다.**

$$K = \frac{f_{HBr}^2}{f_{H_2} f_{Br_2}} \qquad (4\text{-}1\text{-}20)$$

(e) Fugacity와 압력과의 관계

$f = \phi p$에서 ϕ는 1에 가까운 숫자로서 fugacity 계수 (fugacity coefficient)이다. 이 식을 식 (4-1-18)에 대입하면 식 (4-1-21)이 얻어진다.

$$\mu = \mu^0 + RT\ln\frac{\phi p}{p^0} = \mu^0 + RT\ln\frac{p}{p^0} + RT\ln\phi \qquad (4\text{-}1\text{-}21)$$

2. 순수한 물질의 물리적 변형

지금까지 배운 열역학적 지식을 상평형에 적용해보자. 상평형에서 이용할 기본적인 식은 아래에 나타낸 두 개의 식이다.

$$\left(\frac{\partial G}{\partial T}\right)_p = -S \qquad (4\text{–}2\text{–}1)$$

$$\left(\frac{\partial G}{\partial p}\right)_T = V \qquad (4\text{–}2\text{–}2)$$

(a) 상도표

① 상의 안정성

기체계는 응축계보다 엔트로피가 매우 커서 온도에 따른 Gibbs 자유에너지의 변화는 그림 (4-1-2)에 나타낸 바와 같이 매우 크다. 즉, 화학퍼텐샬의 온도에 따른 변화가 매우 큼을 알 수 있다.

② 상의 경계

그림 (4-2-1)은 일반적인 물질의 상도표 (phase diagram)이다. 온도 및 압력에 따라 어떤 상이 안정한지를 보여주고 있다. 이 그림에 나타낸 곡선에서는 두 개의 상이 공존함을 알 수 있다. 액체 또는 고체가 기체(증기)와 공존하는 것을 보여주고 있다. 그리고 삼중점 (triple point)에서는 세 개의 상이 함께 존재한다. 어떤 온도에서 증기의 압력이 얼마나 되는가를 그림 (4-2-1)에 나타낸 곡선을 보면 알 수 있다. 그림 (4-2-2)는 이산화탄소의 상평형을 나타내고 있다. 이산화탄소는 1 기압에서 194.7 K에서 승화한다. 1 기압, 상온에서는 기체상태가 안정함을 알 수 있다. 따라서 **드라이아이스 (dry ice)는 1 기압 상온에서 고체상태에서 액화하지 않고 바로 기화한다.** 그림 (4-2-3)은 물의 상도표를 나타내는데 다양한 압력 및 온도에서 다양한 상이 존재함을 알 수 있다. 여기서 주의할 것은 이산화탄소의 상도표가 물의 그것과 다른 양상을 보여주고 있다는 것이다. 액체와 고체가 평형상태에 있을 때의 곡선의 기울기가 상이함을 알 수 있다. 물의 경우는 압력을 올려주면 녹는점이 내려간다. 반면에 이산화탄소에서는 녹는점이 올라간다. 물의 이러한 성질을 이용한 것이 스케이트 등이다. 사람의 체중으로 인하여 스케이트의 날밑에 있는 얼음은 녹는다. 왜냐하면 물은 압력을 증가시키면 어는점이 내려가기 때문이다. 물의 삼중점은 273.0098 K, 0.0061 bar에서 관찰된다. 상온 및 상압 하에서는 물의 삼중점을 관찰할 수 없다. 그림 (4-2-4)는 어떤 액체를 가열할 때 두개의 상 (액체 및 기체)이 하나로 되는 임계점 {그림 (4-2-1)과 (4-2-2)}을 설명하고 있다. 물인 경우에는 임계온도가 374℃ 이고, 임계압력이 220 atm (223 bar)이다.

그림 (4-2-1). **일반적인 물질의 상도표. 임계점 위에서는 액체와 기체가 구별이 되지 않고 압력을 가해도 더 이상 액화되지 않음.**

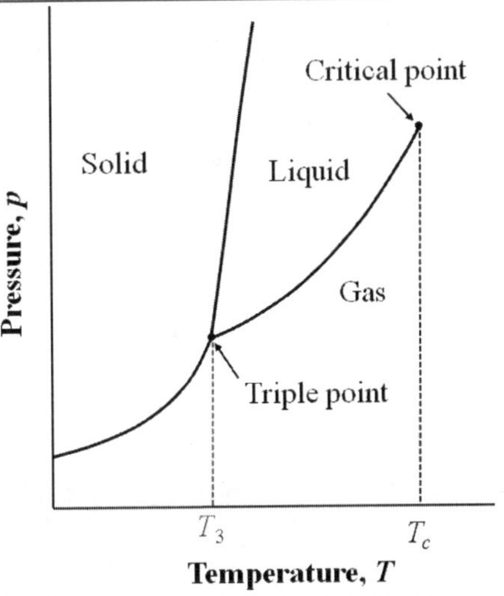

그림 (4-2-2). **이산화탄소의 상도표.**

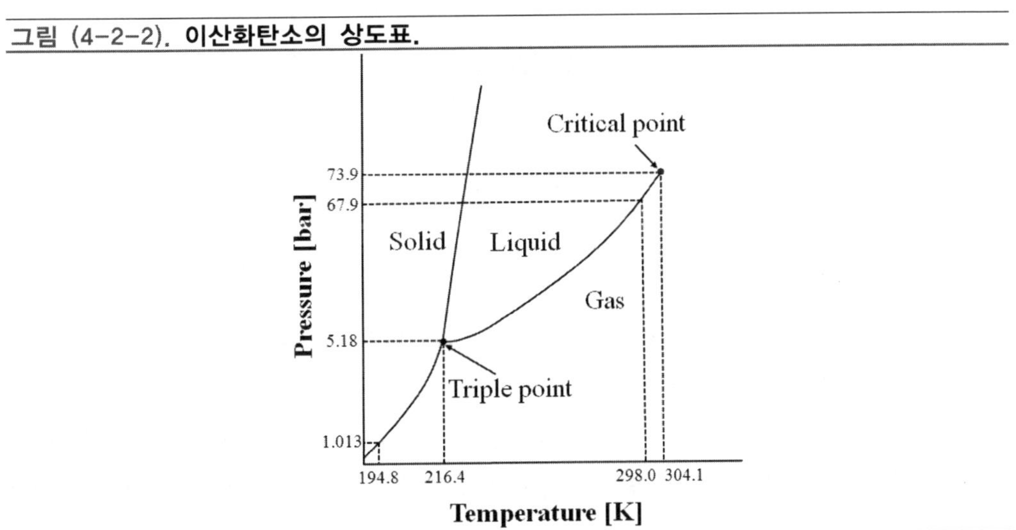

그림 (4-2-3). 물의 상도표. 여러 상이 존재하기 위한 온도 및 압력조건. 1 기압 (1.013 bar) 하에서 어는점 및 끓는점이 표시되어 있음.

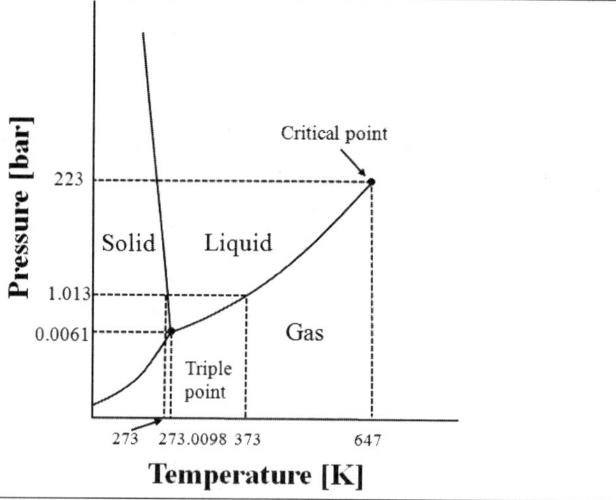

그림 (4-2-4). (a) 액체가 기체와 평형을 이루고 있음. (b) 액체에 열이 가해지면 기체의 밀도가 증가함. (c) 액체에 열을 더 가하면 기체의 밀도가 증가하면서 상이 하나로 바뀜.

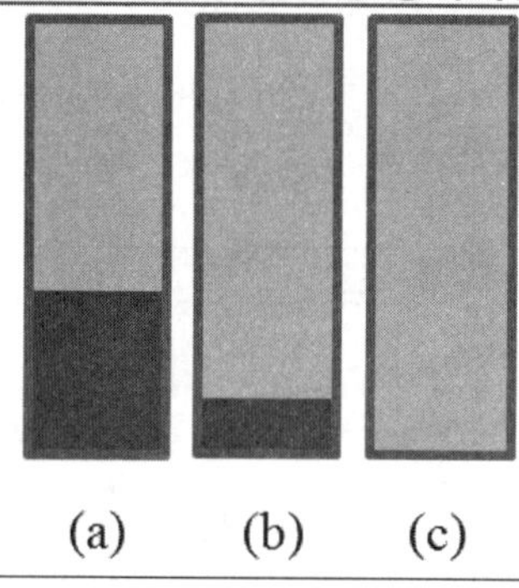

(a) (b) (c)

(b) 상규칙

여러 성분의 물질이 존재할 때 상의 개수와 독립변수와는 일정한 관계식이 존재한다. 상을 정의하기 위해서는 변수가 존재한다. 예를 들어 액체 물과 얼음이 존재하기 위해서 하나의 독립변수가 필요하다. 온도가 정해지면 압력은 종속변수가 된다. 이와 같은 **독립변수의 수를 자유도라고 한다.** 자유도 (f), 상의 수 (p) 및 성분 수 (c) 사이의 관계식을 아래에 나타내었다.

$$f = c - p + 2 \quad (4\text{-}2\text{-}3)$$

식 (4-2-3)의 증명.

전체 가능한 변수를 구해보자. $\alpha, \beta, ...p$의 상이 존재한다고 가정하자.

α상에 대해서 $x_1 + x_2 + ... + x_c = 1$

β상에 대해서 $x_1 + x_2 + ... + x_c = 1$

....

....

p상에 대해서 $x_1 + x_2 + ... + x_c = 1$

따라서 $p(c-1)$개의 변수가 존재한다. 여기서 $c-1$의 1은 몰분율의 합이 1이 되어야 하기 때문에 마지막 한 성분의 몰분율은 종속변수이다. 따라서 온도 및 압력 변수를 포함해서 전체변수는 아래와 같이 주어진다.

$$\text{전체변수} = p(c-1) + 2 \tag{4-2-4}$$

다음은 제약에 대하여 기술하자. 주어진 한 성분의 화학퍼텐샬이 모든 상에 대해서 똑같아야 한다. $\mu_i(\alpha, T, p) = \mu_i(\beta, T, p)$

이와 같은 식이 i라는 성분에 대해 $p-1$개가 있고 전체로 $c(p-1)$개가 있다.

제약수 $= c(p-1)$

자유도 = 전체변수 − 제약수

$$\therefore\ f = p(c-1) + 2 - c(p-1) = c - p + 2 \tag{4-2-5}$$

(c) 상의 안정도와 상전이

평형에 대한 열역학적인 기준을 세울 필요가 있다. 평형에서는 어떠한 상이 존재하든 모든 상에서 각 물질의 화학퍼텐샬은 모두 같다. 예를 들어 1 기압 100 ℃ 에서 얼음과 물은 공존한다. 이 조건에서는 물과 얼음의 화학퍼텐샬은 같다.

(d) 조건에 따른 상의 안정성의 의존

상의 안정성이 온도에 어떻게 의존하는지를 아래에 나타내었다.

$$\left(\frac{\partial \mu}{\partial T}\right)_p = -\bar{S} \tag{4-2-6}$$

그림 (4-1-4), (4-1-5) 및 (4-1-6)이 온도변화에 따른 화학퍼텐샬의 변화를 설명하고 있다.

(e) 밖에서 가한 압력이 녹는점에 미치는 효과

$$\left(\frac{\partial \mu}{\partial p}\right)_T = \overline{V} \tag{4-2-7}$$

그림 (4-1-5)와 (4-1-6)이 화학퍼텐샬과 압력의 관계를 설명 해주고 있다. 밖에서 압력을 가해줌에 따라 어는점이 그림 (4-1-5)처럼 올라가는 것이 있고, 그림 (4-1-6)에서처럼 내려가는 것이 있다. 이와 같이 어는점이 내려가는 경우 중의 하나가 물이다. 이것은 얼음의 부피가 물의 부피에 비해 크기 때문에 물에 압력을 가하면 물은 부피가 비교적 작은 액체인 물의 상태로 머무른다.

① 상경계의 위치

어떤 온도 및 압력에서 두 상 α, β가 존재한다고 하자. 즉, 평형관계에 있다고 하자. 그러면 다음과 같은 관계식이 성립한다.

$$\mu_\alpha(p, T) = \mu_\beta(p, T) \tag{4-2-8}$$

α, β가 평형을 이루고 있는데 여기에 무한소만큼의 dT와 dp로 변화시켜도 두 상의 화학퍼텐샬의 변화는 같다고 볼 수 있다. 따라서 다음과 같은 식이 성립한다.

$$d\mu = -\overline{S}dT + \overline{V}dp \tag{4-2-9}$$

$$-\overline{S_\alpha}dT + \overline{V_\alpha}dp = -\overline{S_\beta}dT + \overline{V_\beta}dp \tag{4-2-10}$$

$$(\overline{V_\beta} - \overline{V_\alpha})dp = (\overline{S_\beta} - \overline{S_\alpha})dT \tag{4-2-11}$$

이것을 정돈하면

$$\frac{dp}{dT} = \frac{\Delta_{trans}S}{\Delta_{trans}V} \tag{4-2-12}$$

② 고체와 액체의 경계

$$\frac{dp}{dT} = \frac{\Delta_{fus}S}{\Delta_{fus}V} = \frac{\Delta_{fus}H}{T\Delta_{fus}V} \tag{4-2-13}$$

이 식을 Clapeyron 식이라 부른다. 이 식은 어는점내림 및 끓는점오름에서 이용할 식이므로 기억해두기 바란다. 위 식을 변수분리한 다음 적분하면 아래와 같은 식이 얻어진다.

$$\int_{p^*}^{p} dp = \frac{\Delta_{fus}H}{\Delta_{fus}V}\int_{T^*}^{T}\frac{dT}{T} \tag{4-2-14}$$

$$p = p^* + \frac{\Delta_{fus}H}{\Delta_{fus}V}\ln\left(\frac{T}{T^*}\right) \tag{4-2-15}$$

여기서 T^*는 외부압력이 p^*일 때의 녹는점이고 T는 외부압력이 p일 때의 녹는점이다. T는 T^*에 가까운 값을 가지므로 아래식이 성립한다.

$$\ln\frac{T}{T^*} = \ln\left(1 + \frac{T - T^*}{T^*}\right) \approx \frac{T - T^*}{T^*} \tag{4-2-16}$$

$$p = p^* + \frac{\Delta_{fus}H}{\Delta_{fus}V}\left(\frac{T - T^*}{T^*}\right) \tag{4-2-17}$$

③ 액체와 기체의 경계

여기서는 고체와 액체의 경계에서 다루었던 것처럼 유사한 식을 사용할 수가 있다.

$$\frac{dp}{dT} = \frac{\Delta_{vap}S}{\Delta_{vap}V} = \frac{\Delta_{vap}H}{T\Delta_{vap}V} \tag{4-2-18}$$

액체가 기체가 되면 그 부피변화는 엄청나게 증가한다. 따라서 부피변화량은 기체의 부피만 고려해도 된다.

$$\Delta_{vap}V \approx V(g) \approx \frac{nRT}{p} \tag{4-2-19}$$

따라서 식 (4-2-18)은 다음과 같이 변형된다.

$$\frac{dp}{dT} = \frac{p\Delta_{vap}H}{nRT^2} = \frac{p\Delta_{vap}\overline{H}}{RT^2} \tag{4-2-20}$$

$$\frac{1}{p}\frac{dp}{dT} = \frac{d\ln p}{dT} = \frac{\Delta_{vap}\overline{H}}{RT^2} \tag{4-2-21}$$

$$\begin{aligned}\int_{\ln p^*}^{\ln p} d\ln p &= \ln p - \ln p^* = \int_{T^*}^{T}\frac{\Delta_{vap}\overline{H}}{RT^2}dT \\ &= \frac{\Delta_{vap}\overline{H}}{R}\int_{T'}^{T}\frac{1}{T^2}dT = -\frac{\Delta_{vap}\overline{H}}{R}\left(\frac{1}{T} - \frac{1}{T^*}\right)\end{aligned} \tag{4-2-22}$$

$$\therefore\ p = p^* e^{-\chi},\ \chi = \frac{\Delta_{vap}\overline{H}}{R}\left(\frac{1}{T} - \frac{1}{T^*}\right) \tag{4-2-23}$$

식 (4-2-16)의 증명.

아래 식을 증명해보자.

$\ln(1+x) \approx x$ if $x \approx 0$

x가 0에 가까운 값을 가질 때 Taylor 팽창 (Taylor expansion)을 자주 이용한다.

$f(x) = a_0 + a_1 x + a_2 x^2 + a_3 x^3 + \ldots$

여기서 아래의 식이 성립한다.

$a_0 = f(0),\ a_1 = f\ '(0),\ a_2 = \frac{1}{2!}f\ ''(0),\ a_3 = \frac{1}{3!}f\ '''(0)$ 등등

x가 0에 매우 가까운 값을 가질 때는 1차 항까지만 택할 수 있다.

$a_0 = 0,\ a_1 = \left(\frac{1}{1+x}\right)_{x=0} = 1.\quad \therefore\ \ln(1+x) \approx x$ if $x \approx 0.$

④ 고체와 기체의 경계

여기서는 액체와 기체의 경계의 관계식에서 $\Delta_{vap}H$ 대신 $\Delta_{sub}H$로 고쳐주면 된다.

3. 이 성분계의 상도표

(a) 증기압도표

2 개의 휘발성물질 A와 B로 구성되어 있는 이상용액에서 A와 B의 증기압은 아래와 같이 주어진다.

$$p_B = x_B p_B^* \tag{4-3-1}$$

여기서 x는 몰분율을 나타내고 p^*는 순수용매에서의 증기압을 나타낸다.

$$p_{total} = p_A + p_B = x_A p_A^* + x_B p_B^* = p_B^* + (p_A^* - p_B^*)x_A \tag{4-3-2}$$

식 (4-3-2)의 한 예를 그래프로 나타낸 것이 그림 (4-3-1)이다.

① 증기상의 조성

이성분 용액의 증기상의 조성을 알아보자. **증기상의 부분압력으로부터 몰분율을 아래와**

같이 구할 수 있다.

$$y_{\mathrm{A}} = \frac{p_A}{p},\ y_B = \frac{p_B}{p} \tag{4-3-3}$$

$$y_A = \frac{x_A p_A^*}{p_B^* + (p_A^* - p_B^*)x_A},\ y_B = 1 - y_A \tag{4-3-4}$$

$$y_A - x_A = \frac{x_A p_A^*}{p_B^* + (p_A^* - p_B^*)x_A} - x_A = \frac{x_A p_A^* - x_A p_B^* - (p_A^* - p_B^*)x_A^2}{p_B^* + (p_A^* - p_B^*)x_A}$$

$$= \frac{x_A(p_A^* - p_B^*)(1 - x_A)}{p_B^* + (p_A^* - p_B^*)x_A} \tag{4-3-5}$$

그림 (4-3-1). Benzene – toleuene 이 성분 혼합물의 전체압력의 몰분율 의존도.

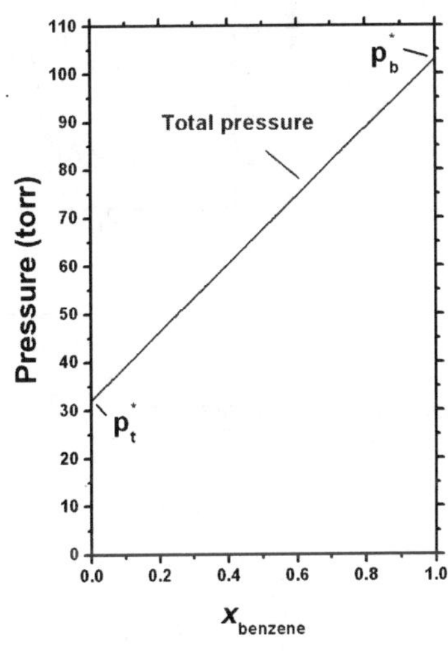

식 (4-3-5)에서 $p_A^* \geq p_B^*$이면 $y_A \geq x_A$이다. 전체압력의 몰분율의존도와 증기화과정에서 몰분율의 변화를 그림 (4-3-2)에 나타내었다. 점 a에서 혼합액체를 증기화하면 형성된 증기의 조성은 점 b가 된다. 점 b에서 증기를 식히면 점 c의 조성을 갖는 액체가 된다. 다시 점 c의 액체를 증기화하면 점 d의 조성을 갖는 증기가 얻어진다. 이와 같은 방법을 연속적으로 수행하면 순수한 물질을 얻을 수 있다. **직선과 곡선으로 가두어진 부분은 액체와 증기로 구성된 두 개의 상으로 이루어진 혼합물이다.** 어떤 용액의 온도-조성도표를 그림 (4-3-3)에 나타내었다. 점 a_0의 조성을 갖는 액체혼합물을 T_1까지 가열하면 점 a_1에서 증기가 나타나기 시작한다. 이 때 발생하는 증기는 A의 조성이 상대적으로 많은 점 a_1'의 조성을 갖는다. 점 a_1'에서 증기가 식으면 조성이 변하지 않는 점 a_2에 도달한다. 이 지점에서 액체가 증기화하면 점 a_2'의 조성을 갖게 된다. 이와 같은 방법을 계속하면 순수한 A 물질이 얻어진다. 이와 같이 **끓는점이 차이를 이용해서 물질을 정제하는 방법을 분별증류법이라 한다.**

그림 (4-3-2). **Benzene – toluene 이 성분 이상용액의 압력-조성도표. 증기화과정에서 몰분율의 변화가** a → b **와** c → d **화살표 방향으로 일어난다.** b → c **등은 식힘과정을 나타냄.**

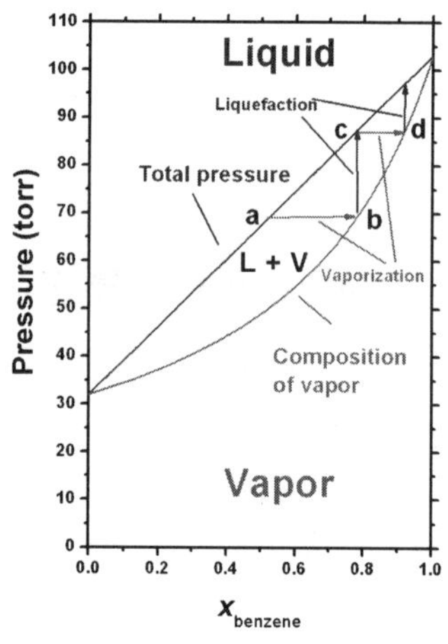

그림 (4-3-3). **어떤 용액의 온도-조성도표.**

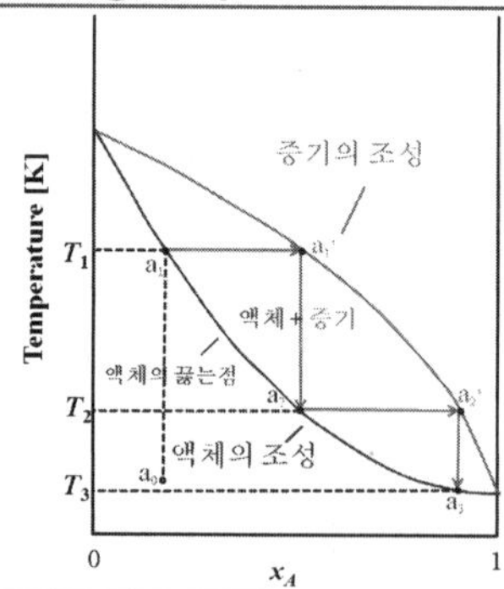

낮은끓음 함께끓는혼합물 (azeotrope)의 온도-조성도표를 그림 (4-3-4)에 나타내었다. **점 d에서 액체와 증기의 온도-조성 곡선이 접하고 있다.** 점 a에서의 조성은 다음과 같이 주어진다.

$$\ell_\ell \bullet \text{액체의 전체몰수} = \ell_v \bullet \text{증기의 전체몰수} \qquad (4\text{-}3\text{-}6)$$

점 b에서 이 혼합물을 분별증류하면 조성 d를 갖는 함께끓는혼합물이 나온다. 플라스크에 남는 물질은 A이다. 점 c에서 이 혼합물을 분별증류하면 조성 d를 갖는 함께끓는혼합물이 나온다. 플라스크에 남는 물질은 B이다. 점 d는 함께끓는혼합물의 조성을 나타내고 또한 끓는점을 나타낸다.

그림 (4-3-4). 물질 A와 B로 구성된 낮은끓음 함께끓는혼합물의 온도-조성 도표.

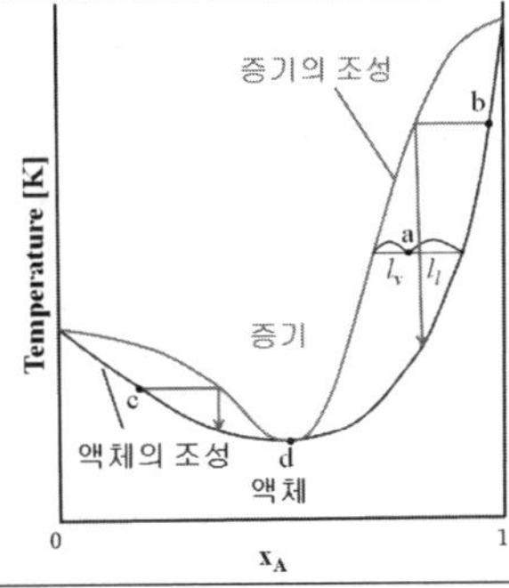

물질 A와 B로 구성된 높은끓음 함께끓는혼합물의 온도-조성 도표를 그림 (4-3-5)에 나타내었다. 점 a에서 이 혼합물을 분별증류하면 물질 B가 나온다. **플라스크에 남는 물질은 조성 c를 갖는 함께끓는혼합물이다.** 점 b에서 이 혼합물을 분별증류하면 물질 A가 나온다. 플라스크에 남는 물질은 조성 c를 갖는 함께끓는혼합물이다. 점 c는 함께끓는혼합물의 조성을 나타내고 또한 그 이성분 혼합물의 끓는점을 나타낸다.

그림 (4-3-5). 물질 *A*와 *B*로 구성된 높은끓음 함께끓는혼합물.

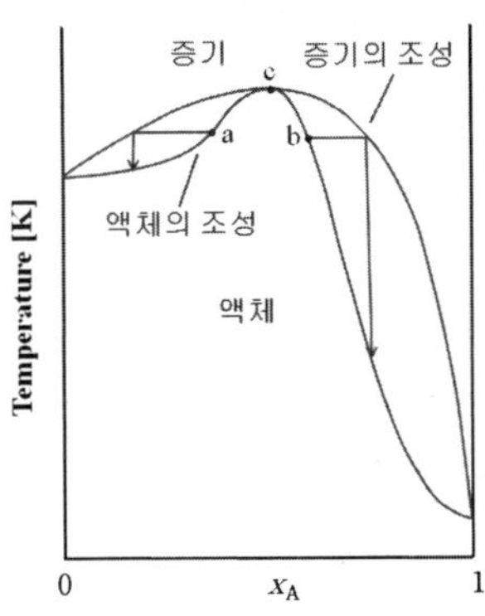

Hexane과 nitrobenzene의 온도-조성도표를 그림 (4-3-6)에 나타내었다. 점 a에서는 상의 수가 하나이다. 점 a의 조성을 갖는 용액을 냉각하여 온도 292 K에 이르면 새로운 상이 생긴다. 더 냉각하여 288 K에 이르면 두 개의 상이 뚜렷하게 생긴다. 그 두 상을 α와 β 상이라고 하자. α**상에서 nitrobenzene의 몰분율은** x_α**이고,** β**상에서 nitrobenzene의 몰분율은** x_β**이다.** 그리고 두 상에서 각 상의 전체몰수의 비율은 아래와 같이 주어진다. 지렛대의 원리와 같은 방정식이다.

$$\ell_\alpha \bullet \alpha\text{상의 전체몰수} = \ell_\beta \bullet \beta\text{상의 전체몰수} \tag{4-3-7}$$

더 냉각하여 **점 d에 이르면 각 상에서 hexane과 nitrobenzene의 몰분율이 1에 가까운 값을 갖는다.** 즉, hexane과 nitrobenzene이 각각 풍부한 두 상이 나타난다.

그림 (4-3-6). Hexane과 nitrobenzene의 온도-조성 도표.

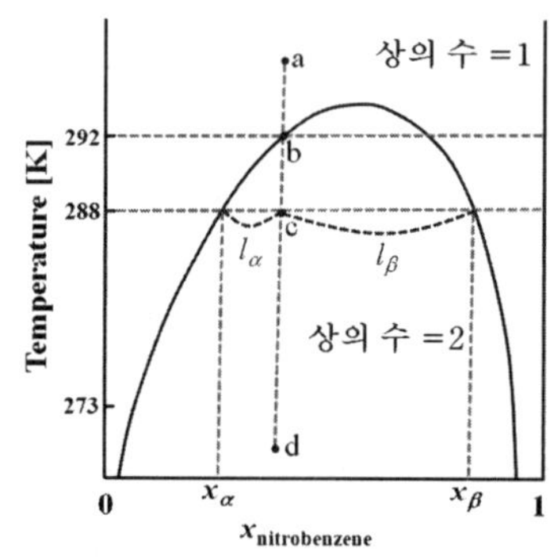

연습문제

(4-1) 연습문제그림 (4-1)에서

(a) 점 b, f, h, k에서의 상의 수는?

(b) 점 i에서 어떤 현상이 일어나는가?

(c) 점 e를 무엇이라고 부르는가?

(d) 점 b에서의 조성은?

(e) 점 f에서의 조성은?

(f) 점 j에서 어떤 현상이 발생하는가?

(4-2) 연습문제그림 (4-2)에 관하여 물음에 답하시오.

(a) 점 a,c,e 에서의 상의 수는?

(b) 점 b에서 무슨 일이 일어나는가?

(c) 점 d에서 무슨 일이 일어나는가?

(d) 점 c에서 조성은?

연습문제그림 (4-1). Sb와 Pb 혼합물의 상도표.

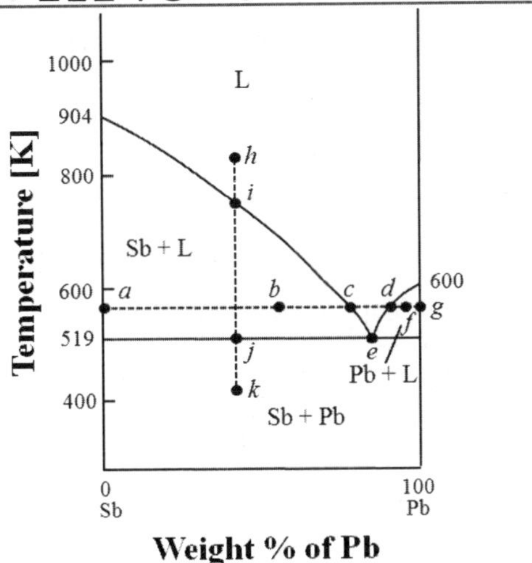

연습문제그림 (4-2). Cu – Ni 혼합물의 상도표.

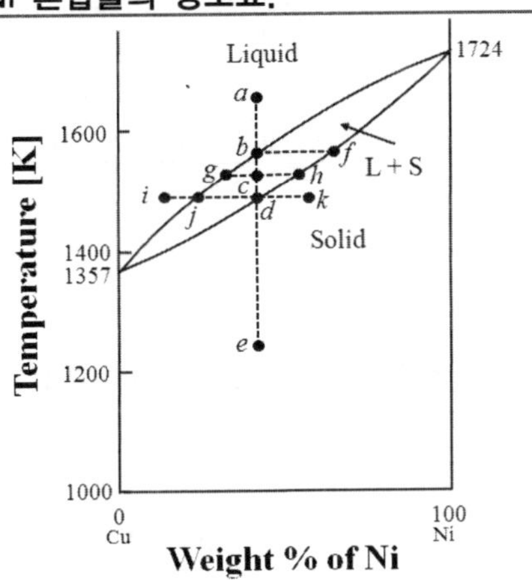

(4-3) Benzene과 toluene은 거의 이상용액을 이룬다. 만약에 300 K에서 순수한 toluene의 증기압력이 32.05 torr이고 순수한 benzene의 증기압력이 103.01 torr일 때

(a) 전체증기압과 benzene의 몰분율과의 관계식을 그림으로 나타내시오.

(b) 증기상에서 benzene의 몰분율과 전체압력의 관계식을 그림으로 나타내시오.

(c) Benzene의 몰분율이 0.6000인 용액에서 증기화-식힘과정을 몇 번 했을 때 최종적으로 증류되어 나온 용액의 benzene의 몰분율이 0.95를 넘는가?

(4-4) 아래 물음에 답하시오.

(a) K^+, Na^+, Li^+ 및 Cl^- 이 들어있는 수용액에서 성분수 (c)는 얼마인가?

(b) 가능한 최대의 상의 수 (p)는?

(4-5) 연습문제그림 (4-3)에 나타낸 상도표를 이용하여 아래 물음에 답하시오.

(a) 점 a, c, e, i에서의 상의 수는?

(b) 점 i에서 증기의 몰수와 액체의 몰수의 비는?

(c) 점 k의 조성을 갖는 용액을 무엇이라고 부르는가?

(d) 점 i의 조성을 갖는 혼합물을 분별증류하면 어떤 물질이 나오며 남는 물질은 무엇인가?

(e) 점 c의 조성을 갖는 혼합물을 분별 증류하면 어떤 물질이 나오며 남는 물질은 무엇인가?

연습문제그림 (4-3). $A - B$ 계의 상도표.

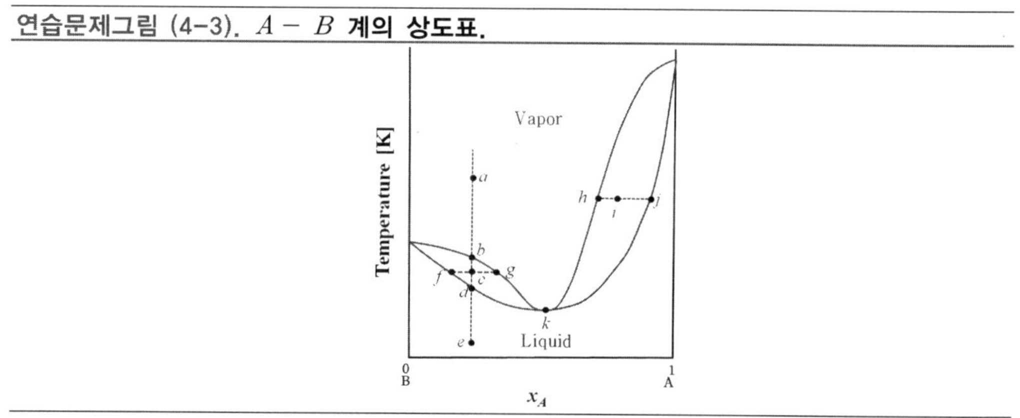

(4-6) $4HCl(g) + O_2(g) \rightleftarrows 2H_2O(g) + 2Cl_2(g)$, $\Delta H^0 = -113\,kJ$에서 다음 변화는 Cl_2의 평형농도에 무슨 영향을 미치겠는가?

(a) 온도증가 (b) 압력감소 (c) O_2의 농도증가 (d) 부피증가 (d) 촉매첨가

(4-7) 연습문제그림 (4-4)는 물질 A와 B로 구성된 어떤 혼합물의 온도-조성 도표이다.

연습문제그림 (4-4). A – B 계의 상도표.

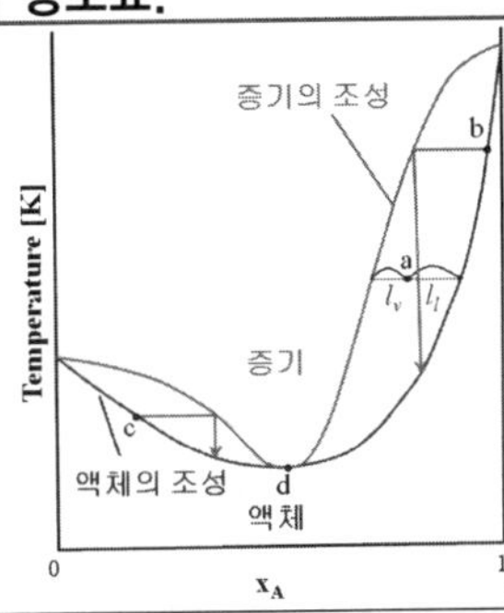

(a) 점 a에서 $\frac{\text{액체의 전체몰수}}{\text{증기의 전체몰수}}$를 ℓ_ℓ과 ℓ_v로 나타내시오.

(b) 점 b에서 분별증류하면 나오는 물질은? 남는 물질은?

(c) 점 c에서 분별증류하면 나오는 물질은? 남는 물질은?

(d) 점 a에서 상의 수는?

(e) 점 d의 조성을 갖는 혼합물을 무엇이라 부르는가?

(4-8) 이황화탄소 (CS_2)와 acetone 용액에서 $x_{CS_2} = 0.5702$일 때 $p_{CS_2} = 419.4$ torr이다. 순수한 이황화탄소의 증기압은 $p^*_{CS_2} = 512.3$ torr이다. 이 용액에서 이황화탄소의 활동도와 활동도계수를 구하시오.

(4-9) Benzene과 toluene은 거의 이상용액을 이룬다. 300 K에서 순수 toluene의 증기압력이 32.05 torr이고 순수 benzene의 증기압력이 103.01 torr이면

(a) 액체상에서 toluene의 몰분율이 0.8000인 용액에서 benzene과 toluene의 각각의 증기압력을 계산하시오.

(b) 증기상에서 benzene의 몰분율을 구하시오.

(c) Toluene의 몰분율이 0.8000인 용액에서 증기화-식힘 과정을 두 번 했을 때 증류되어 나온 용액의 benzene의 몰분율을 구하시오.

연습문제해답

(4-1)

(a) $b \rightarrow 2, f \rightarrow 2, h \rightarrow 1, k \rightarrow 1$

(b) 용액에서 Sb 금속이 석출되기 시작함.

(c) 공융점 (eutectic point).

(d) weight of Sb • $\widehat{ab}$ = weight of liquid • $\widehat{bc}$

(e) weight of Pb • $\widehat{fg}$ = weight of liquid • $\widehat{df}$

(f) 전체액체혼합물이 응고하기 시작함.

(4-2)

(a) $a \rightarrow 1, c \rightarrow 2, e \rightarrow 1$

(b) 혼합 용액으로부터 고체 니켈과 구리가 석출 되기 시작함. 이 혼합고체의 조성은 f를 가리킨다.

(c) 온도를 증가시키는 경우는 혼합고체가 녹기 시작하는 점이고. 온도를 감소시키는 경우는 마지막 용액이 응고하는 점이다.

(d) weight of liquid • $\widehat{gc}$ = weight of solid • $\widehat{ch}$

(4-3)

(a) $p_{total} = p_b + p_t = x_b p_b^* + x_t p_t^* = p_t^* + (p_b^* - p_t^*) x_b$

위 식은 전체압력이 x_b의 1차함수임을 말해주고 있다. 따라서 전체압력은 직선으로 나타나며 두 점 $(0, p_t^*)$ $(1, p_b^*)$을 지난다.

(b) 그림 (4-3-2)에 있음.

(c) 그림 (4-3-2)는 증기화-식힘 과정이 진행됨에 따라 순수한 benzene이 얻어지는 과정을 나타내고 있다. 증기의 조성을 나타내는 곡선은 정확하게 유도한 증기의 조성과 전체증기압력의 관계식으로부터 얻은 것이다. 증기화 식힘과정을 3번 정도하면 benzene의 몰분율이 95% 이상인 용액을 얻을 수 있음을 그림에서 감지할 수 있다. 그러나 아래와 같이 정확하게 유도해야 한다.

1번 했을 때

$$y_b = \frac{103.01 \text{x} 0.6000}{103.01 \text{x} 0.6000 + 32.05 \text{x} 0.4000} = 0.8282$$

2번 했을 때

$$\frac{103.01x0.8282}{103.01x0.8282+32.05x(1-0.8282)} = 0.9394$$

3번 했을 때

$$\frac{103.01x0.9394}{103.01x0.9394+32.05x(1-0.9394)} = 0.9803$$

따라서 증기화-식힘 과정을 3번하면 benzene이 0.95 이상의 몰분율을 갖는 혼합물을 얻을 수 있다.

(4-4)

(a) 물질의 수는 물을 포함해서 5임. 제약의 수는 1임.

$\because\ [K^+]+[Na^+]+[Li^+]=[Cl^-]$

따라서 성분수는 4임.

(b) 최대 상의 수는 $f=c-p+2$ 식으로부터 $f=0$일 때 $p=6$임.

(4-5) (a) $a\rightarrow 1, c\rightarrow 2, e\rightarrow 1, i\rightarrow 2$

(b) $x_{vapor}\bullet \widehat{hi}=x_{liquid}\bullet \widehat{ij}$

(c) 함께끓는혼합물

(d) 나오는 물질 : 함께끓는혼합물, 남는 물질 : A

(e) 나오는 물질 : 함께끓는혼합물, 남는 물질 : B

(4-7) (a) $\dfrac{\text{액체의 전체몰수}}{\text{증기의 전체몰수}}=\dfrac{\ell_v}{\ell_\ell}$

(b) 나오는 물질 : 함께끓는혼합물, 남는 물질 : A

(c) 나오는 물질 : 함께끓는혼합물, 남는 물질 : B

(d) 2

(e) 함께끓는혼합물

(4-8) $p_{CS_2}=p^*_{CS_2}a^{mole\,fraction}_{CS_2}$

$$a^{mole\,fraction}_{CS_2}=\frac{p_{CS_2}}{p^*_{CS_2}}=\frac{419.4}{512.3}=0.8187$$

$$a^{mole\,fraction}_{CS_2}=0.8187=\gamma^{mole\,fraction}_{CS_2}\bullet x_{CS_2}$$

$$\gamma^{mole\,fraction}_{CS_2}=\frac{0.8187}{0.5702}=1.436$$

$\gamma^{mole\,fraction}_{CS_2}=1.436$이 1에서 많이 벗어나므로 이 용액은 이상성에서 많이 벗어난다고 할 수 있다.

(4-9)

(a) Benezene의 증기압은 라울의 법칙으로부터

$p_{benzene} = p^{*}_{benzene}(1-0.8000) = 103.01\text{x}0.2000 = 20.60$ torr. Toluene의 증기압도 라울의 법칙으로부터, $p_{toluene} = p^{*}_{toluene}(1-0.8000) = 32.05\text{x}0.8000 = 25.64$ torr

(b) 증기상에서 benzene의 몰분율

$$= \frac{pressure\ of\ benzene}{total pressure} = \frac{20.60}{20.60 + 25.64} = 0.4455.$$

(c) 증기화-식힘 과정을 2번했을 때, 전체압력

$= 103.01\text{x}0.4455 + 32.05\text{x}(1-0.4455) = 63.66$ torr

Benzene의 몰분율$= \dfrac{103.01\text{x}0.4455}{63.66} = 0.7209$

5장

새·롭·고·이·해·하·기·쉬·운·물·리·화·학

이상용액과 실제용액

1. 혼합물의 열역학적 표현

(a) 분몰량 (partial molar quantities)

① 분몰부피 (partial molar volume)

25 ℃에서 거대한 양의 순수한 물에 1 몰의 순수한 물을 가한다면 부피가 얼마나 늘어날까? 18 cm^3이 늘어날 것이다. **여기서** 18 cm^3/mol**을 물의 몰부피라고 한다.** 그러면 25 ℃ **에서 거대한 양의 순수한 에탄올에 1 몰의 순수한 물을 가한다면 부피가 얼마나 늘어날까?** 14 cm^3**이 늘어날 것이다.** 일반적으로 혼합물에서 어떤 물질 A의 분몰피는 거대한 양의 혼합물에 A의 단위 몰을 가했을 때의 부피변화를 A의 분몰부피 (partial molar volume)라고 한다.

$$V_i = \left(\frac{\partial V}{\partial n_i}\right)_{T,p,n_j(\neq n_i)} \qquad (5\text{-}1\text{-}1)$$

식 (5-1-1)은 일정한 온도 및 압력에서 다른 화학종의 양은 고정하고 i 화학종의 몰수를 무한소만큼 증가했을 때의 부피증가의 비율을 나타낸다. 이와 같은 분몰부피를 결정하려면 커다란 탱크에서 1 몰의 특정물질을 첨가했을 때 부피증가율을 결정하면 구할 수 있다. **이 경우에 각 화학종의 조성 (몰분율)은 거의 변하지 않기 때문이다.**

$$dV = \left(\frac{\partial V}{\partial n_A}\right)dn_A + \left(\frac{\partial V}{\partial n_B}\right)dn_B = V_A\,dn_A + V_B\,dn_B \qquad (5\text{-}1\text{-}2)$$

② 분몰 Gibbs 자유에너지 (partial molar Gibbs free energy)

$$\mu_i = \left(\frac{\partial G}{\partial n_i}\right)_{T, p, n_j(\neq n_i)} \tag{5-1-3}$$

그림 (5-1-1). 물과 에탄올의 분몰부피.

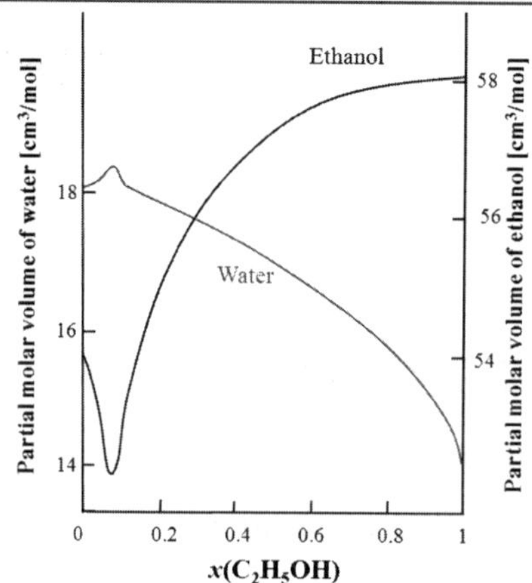

$$G = n_A\mu_A + n_B\mu_B \tag{5-1-4}$$

$$dG = \mu_A dn_A + \mu_B dn_B \tag{5-1-5}$$

식 (5-1-4)를 미분하면

$$dG = \mu_A dn_A + \mu_B dn_B + n_A d\mu_A + n_B d\mu_B \tag{5-1-6}$$

식 (5-1-6)에서 식 (5-1-5)를 빼주면

$$n_A d\mu_A + n_B d\mu_B = 0 \tag{5-1-7}$$

식 (5-1-7)을 Gibbs-Duhem 방정식이라 한다.

(b) 혼합의 열역학

① 이상기체의 혼합

$$\mu = \mu^0 + RT\ln\frac{p}{p^0} \tag{5-1-8}$$

μ^0는 순수한 기체가 1 bar로 존재할 때의 화학퍼텐샬이다. p^0는 1 bar의 압력을 나타낸

다. 두 이상기체가 같은 온도 및 압력 하에 있다고 하자. 두 기체를 혼합하기 전의 자유에너지는 아래와 같이 주어진다.

$$G_i = n_A\mu_A + n_B\mu_B = n_A\left(\mu_A^0 + RT\ln\frac{p}{p^0}\right) + n_B\left(\mu_B^0 + RT\ln\frac{p}{p^0}\right) \qquad (5\text{–}1\text{–}9)$$

여기서 p를 p^0에 대한 상대적인 값으로 정의하면 식 (5-1-9)는 아래와 같이 단순화 된다.

$$G_i = n_A\left(\mu_A^0 + RT\ln p\right) + n_B\left(\mu_B^0 + RT\ln p\right) \qquad (5\text{–}1\text{–}10)$$

두 기체를 혼합하면

$$G_f = n_A\left(\mu_A^0 + RT\ln p_A\right) + n_B\left(\mu_B^0 + RT\ln p_B\right) \qquad (5\text{–}1\text{–}11)$$

여기서 p_A와 p_B는 각각 A와 B의 부분압력이다.

그림 (5–1–2). **두 이상기체의 혼합으로 인한 Gibbs 자유에너지의 변화.**

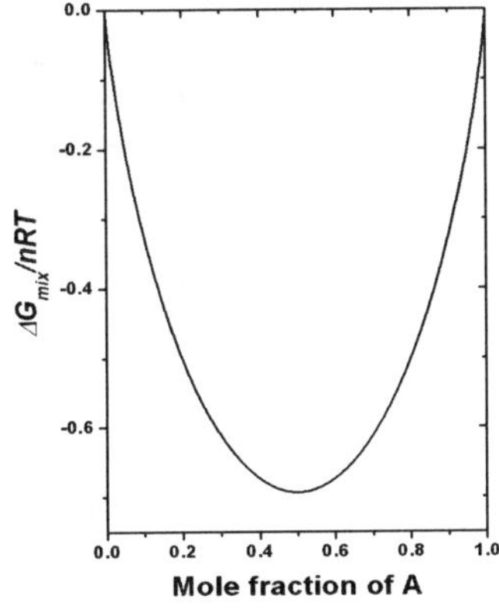

혼합으로 인한 자유에너지변화는

$$\Delta_{mix}G = G_f - G_i = n_A RT\ln\frac{p_A}{p} + n_B RT\ln\frac{p_B}{p} \qquad (5\text{–}1\text{–}12)$$

$$\begin{aligned}\Delta_{mix}G &= \frac{n_A}{n}nRT\ln\frac{p_A}{p} + \frac{n_B}{n}nRT\ln\frac{p_B}{p} \\ &= nRT(x_A\ln x_A + x_B\ln x_B)\end{aligned} \qquad (5\text{–}1\text{–}13)$$

혼합에 의한 엔트로피변화를 살펴보자.

$$\Delta_{mix}S = -\left(\frac{\partial \Delta_{mix}G}{\partial T}\right)_{p,n_A,n_B} = -nR(x_A\ln x_A + x_B\ln x_B) \qquad (5\text{–}1\text{–}14)$$

혼합으로 인한 엔탈피변화를 살펴보자.

$$\begin{aligned}\Delta_{mix}H &= \Delta_{mix}G + T\Delta_{mix}S \\ &= nRT(x_A \ln x_A + x_A \ln x_A) - TnR(x_A \ln x_A + x_A \ln x_A) = 0\end{aligned} \quad (5-1-15)$$

그림 (5-1-3). 두 이상기체의 혼합으로 인한 엔트로피변화.

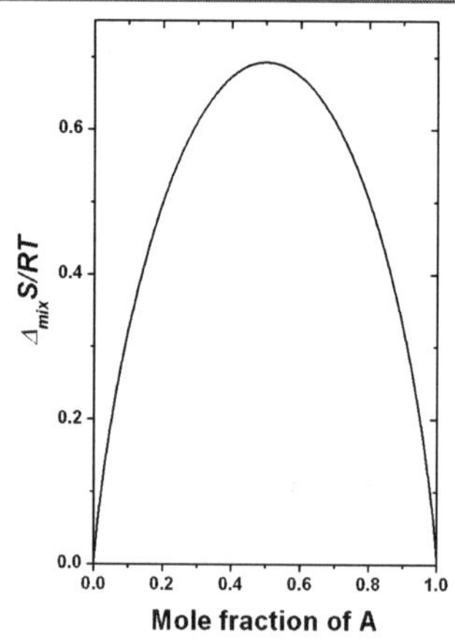

② 이상용액의 혼합

순수한 액체에서 화학퍼텐샬은 아래와 같다.

$$\mu^* = \mu^0 + RT\ln p_A^* \quad (5-1-16)$$

*는 순수물질을 나타낸다. 혼합용액에서 화학퍼텐샬은 부분압력 p_A로 표현된다.

$$\mu_A = \mu_A^0 + RT\ln p_A \quad (5-1-17)$$

식 (5-1-17)에서 식 (5-1-16)을 빼면

$$\mu_A = \mu_A^* + RT\ln\frac{p_A}{p_A^*} \quad (5-1-18)$$

Raoult의 법칙을 이용하면

$$p_A = x_A p_A^* \quad (5-1-19)$$

$$\mu_A = \mu_A^* + RT\ln x_A \quad (5-1-20)$$

그림 (5-1-4). 두 성분으로 된 혼합용액의 평형관계. 평형에서 식 $\mu_A(\ell) = \mu_A(g,p)$이 성립함.

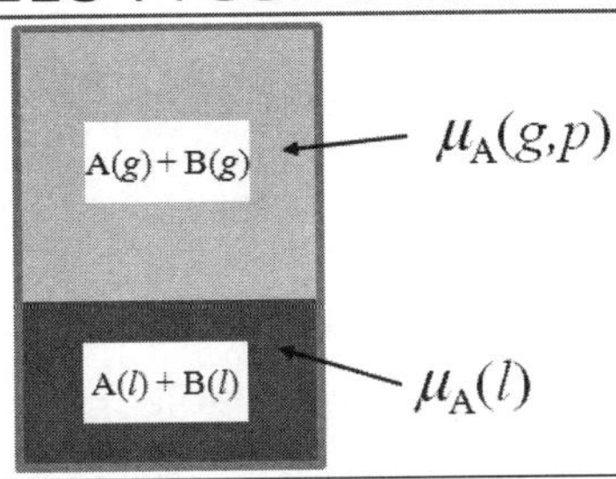

그림 (5-1-5). Benzene – toluene 이 성분으로 된 이상용액의 전체압력의 몰분율의존도.

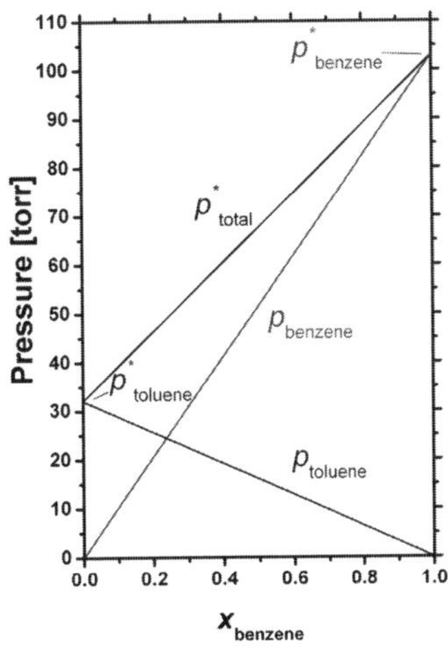

그림 (5-1-6). 몰분율에 따른 이황화탄소와 아세톤 실제 용액의 증기압변화가 이상성으로부터 많이 벗어남을 알 수 있다.

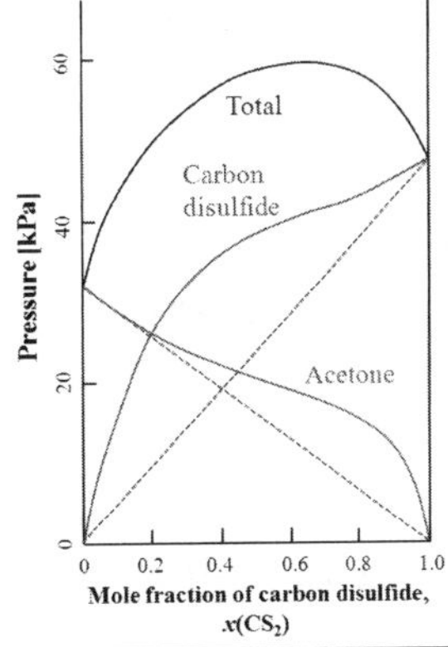

③ 이상묽은용액

묽은 용액에서 용질의 증기압은 용액에서 용질의 몰분율에 비례한다.

$$p_B = K_H^{mole\,fraction} x_B \qquad (5\text{–}1\text{–}21)$$

여기서 p_B는 용질의 증기압이고 x_B는 용액에서의 용질의 몰분율이며 $K_H^{mole\,fraction}$는 몰분율단위로 나타낸 Henry의 법칙의 상수이다. 용질의 증기압은 용질의 몰랄농도에도 비례한다.

$$p_{\mathrm{B}} = K_H^{molality} m_{\mathrm{B}} \qquad (5\text{–}1\text{–}22)$$

$K_H^{molality}$는 몰랄농도단위로 나타낸 Henry의 법칙의 상수이며 m_B는 용질의 몰랄농도이다.

2. 용액의 성질

(a) 액체혼합물

① 이상용액

이상용액의 Gibbs 자유에너지는 기체의 혼합과 유사하게 유도된다.

$$G_i = n_A \mu_A^* + n_B \mu_B^* \qquad (5\text{–}2\text{–}1)$$

$$G_f = n_A\left(\mu_A^* + RT\ln x_A\right) + n_B\left(\mu_B^* + RT\ln x_B\right) \qquad (5\text{–}2\text{–}2)$$

$$\Delta_{mix} G = nRT(x_A \ln x_A + x_B \ln x_B)$$

혼합에 의한 엔트로피변화를 살펴보자.

$$\Delta_{mix} S = -\left(\frac{\partial \Delta_{mix} G}{\partial T}\right)_{p, n_A, n_B} = -nR(x_A \ln x_A + x_B \ln x_B) \qquad (5\text{–}2\text{–}3)$$

혼합으로 인한 엔탈피변화를 살펴보자.

$$\begin{aligned}\Delta_{mix} H &= \Delta_{mix} G + T\Delta_{mix} S \\ &= nRT(x_A \ln x_A + x_A \ln x_A) - TnR(x_A \ln x_A + x_A \ln x_A) = 0\end{aligned} \qquad (5\text{–}2\text{–}4)$$

(b) 총괄성

끓는점오름, 어는점내림 및 삼투압 (滲透壓) 등은 용질의 수 또는 농도에만 관계있고, 분

자의 크기, 모양 및 분자량 등에는 영향을 받지 않는다. 이러한 성질을 총괄성 (colligative properties)이라 한다.

그림 (5-2-1). Raoult과 Henry의 법칙을 설명해주는 그림.

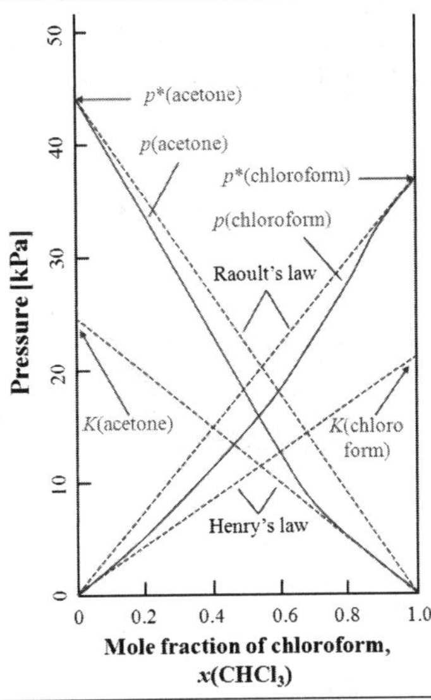

그림 (5-2-2). 용액의 화학퍼텐샬이 용매의 그것보다 낮다. 따라서 어는점은 내려가고 끓는점은 올라간다.

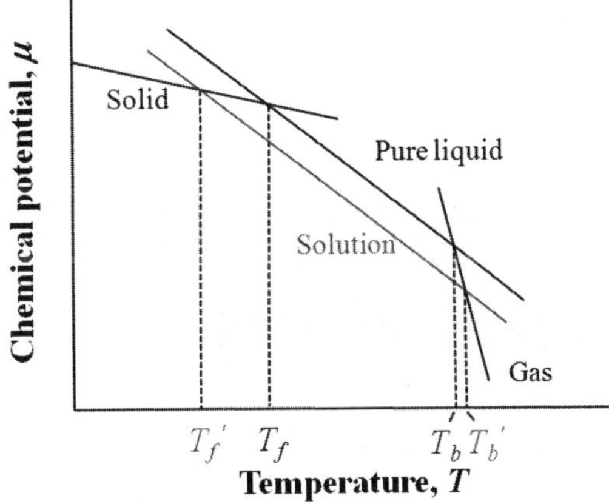

① 끓는점오름 (비등점상승)

$$\mu_A^*(g) = \mu_A^*(\ell) + RT\ln x_A \qquad (5\text{-}2\text{-}5)$$

$$\Delta T = K_b x_B \quad (5\text{-}2\text{-}6)$$

ΔT는 끓는점 상승이고 x_B는 용질의 몰분율이다.

그림 (5-2-3). 휘발성이 없는 용질 B가 A에 녹아있을 때 A의 증기압이 어떻게 변화하는가를 규명하는 그림. 즉, 끓는점오름을 규명하는 계임.

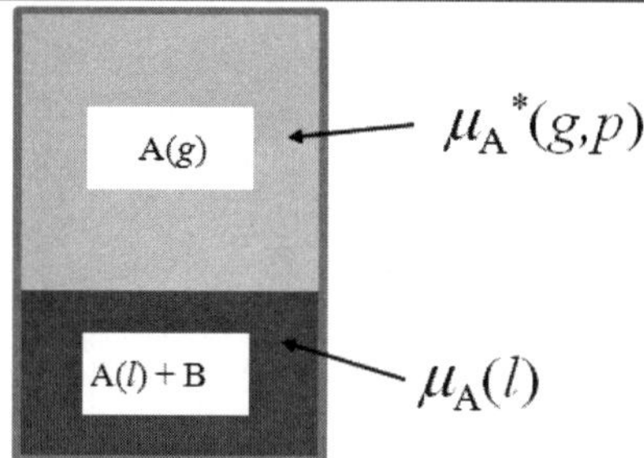

식 (5-2-6)의 증명.

식 (5-2-5)를 변형하면

$$\ln x_A = \frac{\mu_A^*(g) - \mu_A^*(\ell)}{RT} \quad (5\text{-}2\text{-}7)$$

$$\ln(1 - x_B) = \frac{\Delta_{vap} G}{RT} \quad (5\text{-}2\text{-}8)$$

$$\Delta G_{vap} = \Delta H_{vap} - T\Delta S_{vap} \quad (5\text{-}2\text{-}9)$$

식 (5-2-9)를 식 (5-2-8)에 대입하면

$$\ln(1 - x_B) = \frac{\Delta G_{vap}}{RT} = \frac{\Delta H_{vap}}{RT} - \frac{\Delta S_{vap}}{R} \quad (5\text{-}2\text{-}10)$$

$x_B = 0$일 때 T를 정상끓는점이라 한다.

$$\ln(1) = \frac{\Delta H_{vap}}{RT^0} - \frac{\Delta S_{vap}}{R} \quad (5\text{-}2\text{-}11)$$

식 (5-2-10)에서 식 (5-2-11)을 빼주면

$$\ln(1 - x_{\mathrm{B}}) = \frac{\Delta_{vap} H}{R}\left(\frac{1}{T} - \frac{1}{T^0}\right) \quad (5\text{-}2\text{-}12)$$

식 (5-2-6)의 증명 (계속).

$x_B \approx 0$일 때, $\ln(1 - x_B) = -x_B$. 식 (5-2-12)는 아래와 같이 변형된다.

$$x_\mathrm{B} = \frac{\Delta H_\mathrm{vap}}{R}\left(\frac{1}{T^0} - \frac{1}{T}\right) = \frac{\Delta H_{vap}}{R}\frac{T - T^0}{TT^0} \approx \frac{\Delta H_{vap}\Delta T}{RT^2} \quad (5\text{–}2\text{–}13)$$

$$\therefore\ \Delta T = K_b x_B \ \text{ 단, } K_b = \frac{R(T^0)^2}{\Delta_\mathrm{vap} H} \quad (5\text{–}2\text{–}14)$$

$$x_\mathrm{B} = \frac{\frac{w_B}{M_B}}{\frac{w_A}{M_A} + \frac{w_B}{M_B}} \approx \frac{\frac{w_B}{M_B}}{\frac{w_A}{M_A}} = M_A m_B \quad (5\text{–}2\text{–}15)$$

여기서 M_A는 $\frac{\mathrm{kg}}{\mathrm{mol}}$ 단위로 나타낸 분자량이다.

$$\Delta T = K_{b,m} m_B \ \text{ 단, } K_{b,m} = \frac{M_A \cdot R(T^0)^2}{\Delta_{vap} H} \quad (5\text{–}2\text{–}16)$$

② 어는점내림 (빙점강하)

$$\mu_A^*(s) = \mu_A^*(l) + RT\ln x_A \quad (5\text{–}2\text{–}17)$$

$$\Delta T = K_f x_B \quad (5\text{–}2\text{–}18)$$

ΔT는 어는점 내림이고 x_B는 용질의 몰분율이다.

그림 (5-2-4). **휘발성이 없는 용질 B가 A에 녹아있을 때 어는점내림이 어떻게 변하는지를 나타내는 평형도표.**

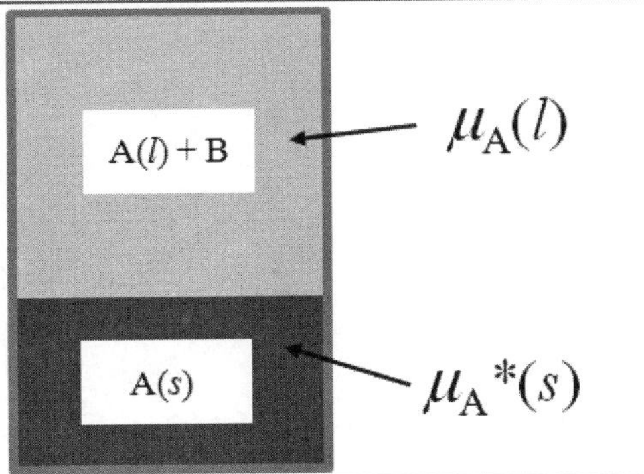

식 (5-2-18)의 증명

식 (5-2-17)을 변형하면

$$\ln x_A = \frac{\mu_A^*(s) - \mu_A^*(\ell)}{RT} \tag{5-2-19}$$

$$\ln(1 - x_B) = -\frac{\Delta_{fus}G}{RT} \tag{5-2-20}$$

$$\Delta_{fus}G = \Delta_{fus}H - T\Delta_{fus}S \tag{5-2-21}$$

식 (5-2-21)을 식 (5-2-20)에 대입하면

$$\ln(1 - x_B) = -\frac{\Delta_{fus}G}{RT} = -\frac{\Delta_{fus}H}{RT} + \frac{\Delta_{fus}S}{R} \tag{5-2-22}$$

$x_{\mathrm{B}} = 0$일 때 T를 정상 어는점이라 한다.

$$\ln(1) = -\frac{\Delta_{fus}H}{RT^0} + \frac{\Delta_{fus}S}{R} \tag{5-2-23}$$

식 (5-2-22)에서 식 (5-2-23)을 빼면

$$\ln(1 - x_B) = -\frac{\Delta_{fus}H}{R}\left(\frac{1}{T} - \frac{1}{T^0}\right) \tag{5-2-24}$$

$x_B \approx 0$일 때 $\ln(1 - x_B) = -x_B$. 식 (5-2-24)는 아래와 같이 변형된다.

$$x_{\mathrm{B}} = \frac{\Delta_{fus}H}{R}\left(\frac{1}{T} - \frac{1}{T^0}\right) = \frac{\Delta_{fus}H}{R}\frac{T^0 - T}{TT^0} \approx \frac{\Delta_{fus}H\Delta T}{RT^2} \tag{5-2-25}$$

$$\therefore\ \Delta T = K_f x_B \tag{5-2-26}$$

단, $K_f = \dfrac{R(T^0)^2}{\Delta_{fus}H}$

$$x_{\mathrm{B}} = \frac{\dfrac{w_B}{M_B}}{\dfrac{w_A}{M_A} + \dfrac{w_B}{M_B}} \approx \frac{\dfrac{w_B}{M_B}}{\dfrac{w_A}{M_A}} = M_A m_B \tag{5-2-27}$$

③ 삼투압

삼투압은 순수한 용매가 반투막을 통해서 용액으로 들어가려고 하는 것을 용액이 막는 압력이다. 이것은 일종의 열역학 제2법칙 (좀 더 무질서 하려고 하는 자연현상)에 의해 일어나는 현상 중의 하나이다. 네덜란드 화학자 J. H. van't Hoff가 삼투압을 계산하는 식을 제안했고 후에 H. N. Morse가 그 식을 향상시켰다. van't Hoff는 1901년 삼투압의 원리와 화학동역학의 기여로 최초 노벨 화학상을 수상하였다. 용액의 농도를 c라고 하면 삼투압은 아래와 같이 주어진다.

$$\Pi = cRT \tag{5-2-28}$$

그림 (5-2-5). 삼투압을 실험하는 실험장치. 순수한 용매가 반투막을 통해서 용액 속으로 들어가려고 함.

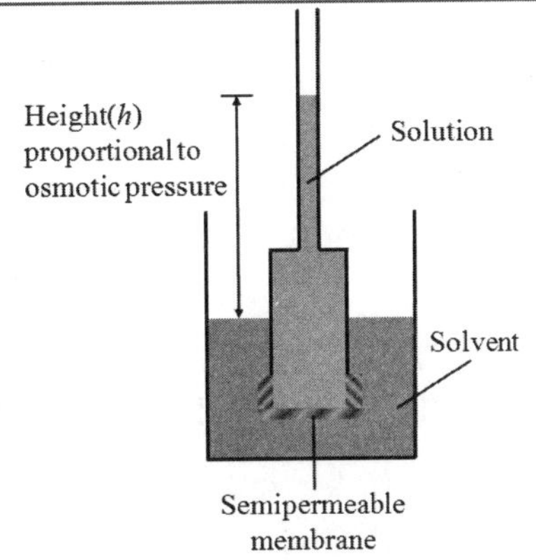

식 (5-2-28)의 증명.

$$\mu_A^*(p) = \mu_A(x_A, p+\Pi) \tag{5-2-29}$$

$$\mu_A(x_A, p+\Pi) = \mu_A^*(p+\Pi) + RT\ln x_A \tag{5-2-30}$$

$$\mu_A^*(p+\Pi) = \mu_A^*(p) + \int_p^{p+\Pi} \overline{V} dp \tag{5-2-31}$$

식 (5-2-29), 식 (5-2-30), 식 (5-2-31)을 합하면 아래 식이 얻어진다.

$$\therefore\ -RT\ln x_A = \int_p^{p+\Pi} \overline{V} dp \tag{5-2-32}$$

x_A가 1에 매우 가까운 값을 가지면 아래식이 성립한다. ☞ Taylor 팽창

$$\ln x_A = \ln(1-x_B) \cong -x_B$$

따라서 식 (5-2-32)는 아래와 같이 변형된다.

$$x_B RT = \Pi \overline{V} \tag{5-2-33}$$

$$x_B = \frac{n_B}{n_A + n_B} \approx \frac{n_B}{n_A}$$

식 (5-2-28)의 증명 (계속).

$$n_B RT = \Pi \overline{V} \cdot n_A = \Pi V \tag{5-2-34}$$

$$\Pi = \frac{n_B}{V} RT = cRT \tag{5-2-35}$$

(c) 활동도

이상용액에서 용매의 화학퍼텐샬은 아래와 같이 주어진다.

$$\mu_A = \mu_A^* + RT\ln\frac{p_A}{p_A^*} \tag{5-2-36}$$

Raoult의 법칙을 이용하면

$$p_A^* x_A = p_A \tag{5-2-37}$$

$$\mu_A = \mu_A^* + RT\ln x_A \tag{5-2-38}$$

실제용액에서는 용매의 증기압은 식 (5-2-37)과 약간 다르게 나타난다.

$$p_A^* a_A = p_A \tag{5-2-39}$$

a_A를 A의 활동도라고 한다.

$$\therefore\ \mu_A = \mu_A^* + RT\ln a_A \tag{5-2-40}$$

활동도는 단위가 없는 값으로서 농도와 비슷한 성질을 갖는다. 농도가 매우 낮을 때의 용매의 활동도는 용매의 몰분율과 비슷한 값을 갖는다.

$$a_A = \gamma_A x_A \tag{5-2-41}$$

γ_A를 용매의 활동도계수라 한다. $x_A \approx 1$이면 $\gamma_A \approx 1$이다.

$$a_A = \gamma_A x_A \tag{5-2-42}$$

농도가 매우 낮을 때의 용매의 활동도는 용매의 몰분율과 비슷한 값을 갖는다.

$$a_B = \gamma_B m_B \tag{5-2-43}$$

γ_B를 용질의 활동도 계수이며, m_B는 용질의 몰랄농도이다. $m_B \approx 0$이면 $\gamma_B \approx 1$이다. 즉, 농도가 매우 낮을 때의 용질의 활동도는 용질의 몰랄농도와 비슷한 값을 갖는다.

① 이상묽은용액의 용질의 화학퍼텐샬

$$\mu_B = \mu_B^* + RT\ln\frac{p_B}{p_B^*} = \mu_B^* + RT\ln\frac{K_H x_B}{p_B^*} = \mu_B^* + RT\ln\frac{K_H}{p_B^*} + RT\ln x_B \tag{5-2-44}$$

$$\mu_B = \mu_B^{*\ominus} + RT\ln\frac{x_B}{p_B^*} \qquad (5-2-45)$$

여기서 $\mu_B^{*\ominus} = \mu_B^* + RT\ln K_H$

② 실제묽은용액의 용질의 화학퍼텐샬

$$\mu_B = \mu_B^* + RT\ln a_B \qquad (5-2-46)$$

$$a_B = \frac{p_B}{K_H} \qquad (5-2-47)$$

용매에서처럼 용질의 활동도도 활동도계수를 써서 표현할 수 있다.

$$a_B = \gamma_B x_B \qquad (5-2-48)$$

γ_B를 용질의 활동도계수라 한다. ※ 용질에 대해서는 용질의 활동도를 몰랄농도 단위로 자주 표시한다.

③ 기체의 화학퍼텐샬에 미치는 기체압력과 fugacity

ⓐ 순수이상기체 : bar 단위로 나타낸 압력

$$\mu(T,p) = \mu^0(T) + RT\ln\frac{p}{p^0} \qquad (5-2-49)$$

여기서 $\mu^0(T)$는 순수이상기체의 표준상태화학퍼텐샬이며, p^0는 1 bar의 압력을 나타낸다.

ⓑ 혼합이상기체 : bar 단위로 나타낸 부분압력. 기체계에서는 용액이라는 용어를 사용하지 않는다. 소량 및 과량의 기체에 똑같이 적용된다.

과량의 기체 : $\mu_A(T,p) = \mu_A^0(T) + RT\ln\frac{p_A}{p^0}$ (5-2-50)

소량의 기체 : $\mu_B(T,p) = \mu_B^0(T) + RT\ln\frac{p_B}{p^0}$ (5-2-51)

여기서 $\mu_A^0(T)$ 및 $\mu_B^0(T)$는 순수이상기체 A와 B의 표준상태화학퍼텐샬이며, p^0는 1 bar의 압력을 나타낸다.

ⓒ 순수실제기체 : fugacity (ϕp) ϕ : fugacity 계수

$$\mu(T,p) = \mu^0(T) + RT\ln\frac{f}{f^0} \qquad (5-2-52)$$

여기서 $\mu^0(T)$는 실제기체의 표준상태화학퍼텐샬이며, f^0는 1 fugacity를 나타낸다.

ⓓ **혼합실제기체 : fugacity (ϕp) ϕ : fugacity 계수**

과량의 기체 : $\mu_A(T,p) = \mu_A^0(T) + RT\ln\frac{f_A}{f_A^0}$ (5-2-53)

소량의 기체 : $\mu_B(T,p) = \mu_B^0(T) + RT\ln\frac{f_B}{f_B^0}$ (5-2-54)

④ 기체를 제외한 여러 물질의 화학퍼텐샬에 미치는 활동도

ⓐ **순수액체 및 순수고체의 활동도와 화학퍼텐샬의 관계**

$$\mu_A = \mu_A^* + RT\ln a_A \quad (5\text{-}2\text{-}55)$$

활동도 : 1 bar의 압력 하에서 순수액체 및 순수고체는 1로 정의한다.

$$\therefore \ \mu_A = \mu_A^* \quad (5\text{-}2\text{-}56)$$

ⓑ **이상용액에서의 용매의 활동도**

$$\mu_A = \mu_A^* + RT\ln a_A^{mole\,fraction} \quad (5\text{-}2\text{-}57)$$

$$a_A^{mole\,fraction} = \frac{p_A}{p_A^*} = x_A \quad (5\text{-}2\text{-}58)$$

여기서 μ_A^*는 순수용매의 표준상태화학퍼텐샬을 나타낸다.

ⓒ **이상용액에서의 용질의 활동도와 화학퍼텐샬의 관계**

$$: \mu_B = \mu_B^* + RT\ln\frac{p_B}{p_B^*} = \mu_B^* + RT\ln\frac{K_H^{mole\,fraction}a_B^{mole\,fraction}}{p_B^*}$$
$$= \mu_B^* + RT\ln\frac{K_H^{mole\,fraction}}{p_B^*} + RT\ln a_B^{mole\,fraction} = \mu_B^{\oplus} + RT\ln a_B^{mole\,fraction}$$

(5-2-59)

식 $\mu_B = \mu_B^* + RT\ln\frac{p_B}{p_B^*}$는 용매의 압력과 화학퍼텐샬의 관계를 나타내는 기본식이다.

$\mu_B^{\oplus} = \mu_B^* + RT\ln\frac{K_H^{mole\,fraction}}{p_B^*}$ 으로서 $a_B^{mole\,fraction}$을 사용했을 때 용질의 표준상태화학퍼텐샬이다. 몰랄농도단위로 표현하면

$$\mu_B = \mu_B^* + RT\ln\frac{p_B}{p_B^*} = \mu_B^* + RT\ln\frac{K_H^{molality}a_B^{molality}}{p_B^*}$$
$$= \mu_B^* + RT\ln\frac{K_H^{molality}}{p_B^*} + RT\ln a_B^{molality} = \mu_B^{\ominus} + RT\ln a_B^{molality}$$

(5–2–60)

여기서 $\mu_B^{\ominus}$ 는 $\mu_B^* + RT\ln\frac{K_H^{molality}}{p_B^*}$ 로서 활동도를 $a_B^{molality}$ 단위로 표현할 때 용질의 표준상태화학퍼텐샬이다. 식 (5-2-60)과 (5-2-61)은 각각 $x_B \to 0, m_B \to 0$일 때 잘 성립하는 식이다.

ⓓ 실제용액에서의 용매의 활동도

$\gamma_A^{mole\,fraction}x_A$ **또는**

$$a_A = \frac{p_A}{p_A^*} \quad \text{그리고} \quad x_A \to 0, \gamma_A^{mole\,fraction} \to 1 \tag{5–2–61}$$

여기서 $\gamma_A^{mole\,fraction}$은 몰분율 단위로 활동도를 나타낼 때 활동도계수이다.

ⓔ 실제용액에서의 용질의 활동도

$a_B^{mole\,fraction} = \frac{p_B}{K_H^{mole\,fraction}}$ 또는 $\gamma_B^{mole\,fraction}x_B$

실제 용액에서의 용질의 활동도를 몰랄농도로 표시할 수 있다. $a_B^{molality} = \frac{p_B}{K_H^{molality}}$ 또는 $\gamma_B^{molality}m_B$. 여기서 $K_H^{mole\,fraction}$과 $K_H^{molality}$는 각각 몰분율과 몰랄농도단위로 나타낸 Henry의 상수이다. 여기서 몰분율과 몰랄농도의 규모를 알아보자.

$$x_B = \frac{n_B}{n_A + n_B} = \frac{m_B}{\frac{1}{M_{w,B}} + m_B} \tag{5–2–62}$$

여기서 $M_{w,A}$는 kg/mol 단위로 나타낸 용매의 분자량이다. $x_B \to 0, m_B \to \frac{x_B}{M_{w,A}}$,

$\therefore\ a_B^{molality} \neq a_B^{mole\,fraction}$

활동도를 어떤 값을 사용하느냐는 표준상태를 어떤 것을 사용하느냐에 달려있다. 몰분율을 사용할 때

$$\mu_B = \overset{*}{\mu}_B + RT\ln\frac{p_B}{\overset{*}{p}_B} = \overset{*}{\mu}_B + RT\ln\frac{K_H^{mole\,fraction} a_B^{mole\,fraction}}{\overset{*}{p}_B}$$
$$= \overset{*}{\mu}_B + RT\ln\frac{K_H^{mole\,fraction}}{\overset{*}{p}_B} + RT\ln a_B^{mole\,fraction} = \mu_B^{\oplus} + RT\ln a_B^{mole\,fraction}$$

(5–2–63)

여기서 $\mu_{\mathrm{B}}^{\oplus} = \overset{*}{\mu}_{\mathrm{B}} + RT\ln\frac{K_H^{mole\,fraction}}{\overset{*}{p}_{\mathrm{B}}}$ 으로서 $a_{\mathrm{B}}^{mole\,fraction}$을 사용했을 때 용질의 표준상태화학퍼텐샬이다. 몰랄농도를 사용할 때

$$\mu_B = \overset{*}{\mu}_B + RT\ln\frac{p_B}{\overset{*}{p}_B} = \overset{*}{\mu}_B + RT\ln\frac{K_H^{molality} a_B^{molality}}{\overset{*}{p}_B}$$
$$= \overset{*}{\mu}_B + RT\ln\frac{K_H^{molality}}{\overset{*}{p}_B} + RT\ln a_B^{molality} = \mu_B^{\ominus} + RT\ln a_B^{molality}$$

(5–2–64)

여기서 $\mu_B^{\ominus} = \overset{*}{\mu}_B + RT\ln\frac{K_H^{molality}}{\overset{*}{p}_B}$ 으로서 $a_B^{molality}$을 사용했을 때 용질의 표준상태화학퍼텐샬이다.

연습문제

(5-1) 어떤 단백질 1.00×10^{-2} g을 물에 녹여 용액 10.0 mL를 만들었다. 이렇게 만든 용액의 삼투압을 측정하였더니 25.0 ℃에서 0.120 torr이었다. 이 단백질의 분자량은?

(5-2) 298 K에서 분자량이 알려져 있지 않은 물질 0.233 g을 물 0.8923 kg에 녹여서 삼투압을 측정하였더니 12.2 torr 이었다. 그 물질의 분자량은 얼마인가?

(5-3) 어떤 순수한 용매의 증기압은 25 ℃ 에서 12.45 torr이다. 어떤 비휘발성 물질을 용매에 녹였더니 용매의 증기압이 11.23 torr로 감소하였다. 용매의 활동도를 구하시오.

(5-4) 수용액에 녹아 있는 산소의 몰랄농도가 25 ℃ 에서 1.00×10^{-2} mol/kg일 때, $O_2(g)$의 평균증기압이 8.31 bar이다. 산소의 활동도와 활동도계수를 구하시오. 용질의 몰랄농도로 나타낸 Henry의 상수는 $K_H^{molality} = 783 \dfrac{\text{bar} \cdot \text{kg} H_2O}{\text{mol}}$이다.

(5-5) 이황화탄소와 아세톤 용액에서 $x_{CS_2} = 0.5702$일 때 $p_{CS_2} = 419.4$ torr이다. 순수한 이황화탄소의 증기압은 $p^*_{CS_2} = 512.3$ torr이다. 이 용액에서 이황화탄소의 활동도와 활동도계수를 구하시오.

연습문제해답

(5-1) $\Pi = \frac{n_B}{V}RT = cRT$에서

$$\frac{1\ \text{atm}}{760.002\ \text{torr}} \text{x}0.120\ \text{torr} = \frac{\frac{1.00\text{x}10^{-2}\ \text{g}}{M_w}}{10.0\text{mL}} 0.08206 \frac{\text{L} \cdot \text{atm}}{\text{mol} \cdot \text{K}} \cdot 298\ \text{K} \cdot \frac{1000\ \text{mL}}{1\ \text{L}}$$

$M_w = 1.54\text{x}10^5 \text{g/mol}$.

(5-2) 398g/mol

(5-3) Raoult의 법칙을 이용하여 계산한다. $a_A = \frac{11.23}{12.45} = 0.9020$

(5-4) 산소의 몰랄농도가 25℃ 에서 $1.00\text{x}10^{-2}\text{mol/kg}$이면 적지 않은 농도이므로 이상성에서 벗어난 Henry의 법칙을 이용한다. $p_B = K_H^{molality} a_B^{molality}$ 식으로부터

$a_B^{molality} = \frac{8.31}{783} = 0.0106$, $a_B^{molality} = \gamma_B^{molality} m$ 식으로부터

$$\gamma_B^{molality} = \frac{a_B^{molality}}{m} = \frac{0.0106}{0.0100} = 1.06$$

여기서 구한 $\gamma_B^{molality} = 1.06$은 1에서 약간 벗어나므로 이 용액은 거의 이상성을 만족한다고 볼 수 있다.

(5-5) 몰분율로 나타낸 Henry의 법칙을 적용한다.

$a_{CS_2} = \frac{419.4}{512.3} = 0.8187$, $a_{CS_2} = \gamma_{CS_2}^{mole\,fraction} x_{CS_2}$로부터 $\gamma_{CS_2} = \frac{0.8187}{0.5702} = 1.436$.

따라서 이 용액은 이상성에서 많이 벗어난다고 볼 수 있다.

6장

화학평형과 Gibbs 자유에너지의 변화

1. 반응의 Gibbs 자유에너지

어떤 화학반응이 평형을 이룰 때 반응물과 생성물은 각각 정반응과 역반응을 일으키지만 전체반응은 정지한 것처럼 보인다. 어떤 물질이 만나면 Gibbs 자유에너지가 감소하는 방향으로 반응이 끝없이 진행한다.

그림 (6-1-1). **정반응이 진행되면서 Gibbs 자유에너지가 급속하게 감소한다. 평형점에 가까워지면 Gibbs 자유에너지가 완만하게 변화한다. 평형점에 도달하면 $\Delta_r G = 0$이 된다.**

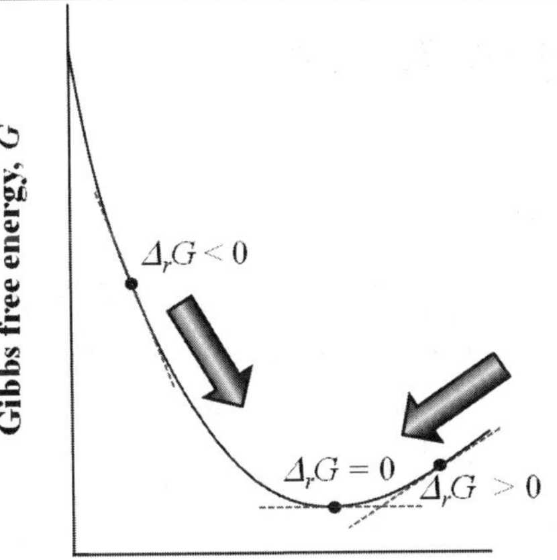

$aA + bB \rightleftarrows cC + dD$ 반응의 진행정도 (extent of reaction)를 ξ라고 하면 ξ는 0에서 1 사이의 값을 가지며 아래의 식을 만족한다.

$$G = c\mu_C d\xi + d\mu_D d\xi - a\mu_A d\xi - b\mu_B d\xi = (c\mu_C + d\mu_D - a_A - b\mu_B)d\xi \tag{6-1-1}$$

$$\Delta_r G = \frac{dG}{d\xi} = (c\mu_C + d\mu_D - a\mu_A - b\mu_B) \tag{6-1-2}$$

그림 (6-1-1)에 나타낸 바와 같이 초기반응에서의 기울기 $\frac{dG}{d\xi}$가 음으로 가파르다. 반응초기에는 $a\mu_A$와 $b\mu_B$가 $c\mu_C$와 $d\mu_D$에 비해 매우 크다. 반응이 진행되면서 C와 D의 몰수가 상대적으로 증가하면서 기울기가 완만해진다. 평형에서는 아래 식이 성립한다.

$$\Delta_r G = 0 \tag{6-1-3}$$

Gibbs 자유에너지의 감소반응과 Gibbs 자유에너지의 증가반응

$\Delta_r G < 0$이면 이 반응은 Gibbs 자유에너지 감소반응 (exoergic)이고 정반응이 자발적이다. $\Delta_r G = 0$이면 평형 반응이다. $\Delta_r G > 0$이면 이 반응은 Gibbs 자유에너지 증가반응 (endoergic)이고 역반응이 자발적이다.

2. 화학평형의 열역학적 표현

(a) 이상기체의 화학평형

$$\begin{aligned}\Delta_r G &= (c\mu_C + d\mu_D - a\mu_A - b\mu_B) = c(\mu_C^0 + RT\ln p_C) + d(\mu_D^0 + RT\ln p_D) \\ &- a(\mu_A^0 + RT\ln p_A) - b(\mu_B^0 + RT\ln p_B) \\ &= (c\mu_C^0 + d\mu_D^0 - a\mu_A^0 - b\mu_B^0) + RT(c\ln p_C + d\ln p_D - a\ln p_A - b\ln p_B) \\ &= \Delta G^0 + RT\ln\frac{p_C^c p_D^d}{p_A^a p_B^b} = \Delta G^0 + RT\ln Q\end{aligned} \tag{6-2-1}$$

여기서 Q를 반응지수 (reaction quotient)라고 한다. 평형에서는 $\Delta_r G = 0$이므로

$$0 = \Delta G^0 + RT\ln\frac{(p_C^c)_{eq}(p_D^d)_{eq}}{(p_A^a)_{eq}(p_B^b)_{eq}} = \Delta G^0 + RT\ln K \tag{6-2-2}$$

(b) 일반적인 화학평형

$$\Delta_r G = (c\mu_C + d\mu_D - a\mu_A - b\mu_B) = c(\mu_C^0 + RT\ln a_C) + d(\mu_D^0 + RT\ln a_D)$$
$$- a(\mu_A^0 + RT\ln a_A) - b(\mu_B^0 + RT\ln a_B) = \Delta G^0 + RT\ln\frac{a_C^c a_D^d}{a_A^a a_B^b} = \Delta G^0 + RT\ln Q$$

(6–2–3)

평형에서는 $\Delta_r G = 0$이므로

$$0 = \Delta G^0 + RT\ln\frac{(a_C^c)_{eq}(a_D^d)_{eq}}{(a_A^a)_{eq}(a_B^b)_{eq}} = \Delta G^0 + RT\ln K \qquad (6\text{–}2\text{–}4)$$

(c) 평형상수와 활동도와의 관계

$$K = \frac{(a_{\mathrm{C}}^c)_{eq}(a_{\mathrm{D}}^d)_{eq}}{(a_{\mathrm{A}}^a)_{eq}(a_{\mathrm{B}}^b)_{eq}} = \frac{(m_{\mathrm{C}}^c)_{eq}(m_{\mathrm{D}}^d)_{eq}}{(m_{\mathrm{A}}^a)_{eq}(m_{\mathrm{B}}^b)_{eq}} \cdot \frac{(\gamma_C^c)_{eq}(\gamma_D^d)_{eq}}{(\gamma_A^a)_{eq}(\gamma_B^b)_{eq}} = K_m K_\gamma \qquad (6\text{–}2\text{–}5)$$

식 (6-2-5)에 나오는 K를 열역학적인 평형상수라 한다. 농도가 매우 묽을 때는 열역학적인 평형상수는 아래와 같이 간단히 나타낼 수 있다. ※ 열역학적인 평형상수에 나오는 변수는 단위가 없음에 주의하시오.

$$K_m = \frac{(m_C^c)_{eq}(m_D^d)_{eq}}{(m_A^a)_{eq}(m_B^b)_{eq}} \qquad (6\text{–}2\text{–}6)$$

많은 경우에 평형상수를 몰농도로 나타내기도 한다. 이때도 평형상수에는 단위가 없다.

$$K_c = \frac{[C]_{eq}^c[D]_{eq}^d}{[A]_{eq}^a[B]_{eq}^b} \qquad (6\text{–}2\text{–}7)$$

(d) 온도에 따른 화학평형의 이동, van't Hoff의 식

온도에 따라 평형점이 이동하는 현상을 열역학적으로 잘 표현한 방정식이 van't Hoff의 식이다.

$$\frac{d\ln K}{dT} = \frac{\Delta_r H^0}{RT^2} \qquad (6\text{–}2\text{–}8)$$

식 (6-2-8)의 증명.

$$\ln K = -\frac{\Delta_r G^0}{RT} \tag{6-2-9}$$

양변을 T로 미분하면

$$\frac{d\ln K}{dT} = -\frac{1}{R}\frac{d(\Delta_r G^0/T)}{dT} = -\frac{1}{R}\left(\frac{d(\Delta_r G^0)}{dT}\frac{1}{T} + \Delta_r G^0 \frac{d(1/T)}{dT}\right)$$
$$= -R\left(-S\frac{1}{T} - \Delta_r G^0 \frac{1}{T^2}\right) = \frac{\Delta_r H^0}{RT^2}$$

(6-2-10)

식 (6-2-8)을 이용하여 아래 식을 구할 수 있다.

$$\frac{d\ln K}{d(1/T)} = \frac{d\ln K}{-\left(\frac{1}{T^2}\right)dT} = -T^2\frac{\Delta_r H^0}{RT^2} = -\frac{\Delta_r H^0}{R} \tag{6-2-11}$$

van't Hoff의 식 (6-2-8)이나 식 (6-2-11)을 이용하여 여러 온도에서 평형상수를 구할 수 있다. $\frac{d\ln K}{d(1/T)} = -\frac{\Delta_r H^0}{R}$으로부터

$$\int_{\ln K_1}^{\ln K_2} d\ln K = -\int_{1/T_1}^{1/T_2} \frac{\Delta_r H^0}{R} d(1/T) \tag{6-2-12}$$

$$\ln K_2 - \ln K_1 = -\frac{\Delta_r H^0}{R}\left(\frac{1}{T_2} - \frac{1}{T_1}\right) \tag{6-2-13}$$

그림 (6-2-1). 온도 변화에 따른 평형상수를 나타내는 식 (6-2-13)을 도시한 그림.

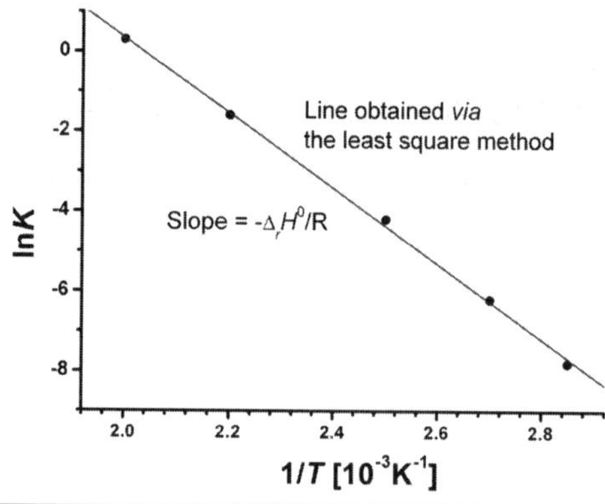

3. 산-염기 반응의 평형

(a) 물에서의 산–염기 평형

$HA(aq) + H_2O(\ell) \rightleftarrows H_3O^+(aq) + A^-(aq)$

$$K_a = \frac{a_{H_3O^+}a_{A^-}}{a_{HA}} \quad (6\text{–}3\text{–}1)$$

여기서 K_a를 산해리 상수라 한다. **이 상수에서 물의 활동도가 빠진 이유는 매우 묽은 수용액에서 용매 물의 활동도가 1에 가깝기 때문이다.**

$B(aq) + H_2O(\ell) \rightleftarrows HB^+(aq) + OH^-(aq)$

$$K_b = \frac{a_{BH^+}a_{OH^-}}{a_B} \quad (6\text{–}3\text{–}2)$$

여기서 K_b를 염기해리상수라 한다.

$$pH = -\log a_{H_3O^+} \quad (6\text{–}3\text{–}3)$$

$$2H_2O(\ell) \rightleftarrows H_3O^+(aq) + OH^-(aq) \quad (6\text{–}3\text{–}4)$$

$$25℃\text{에서 } K_w = a_{H_3O^+}a_{OH^-} = 1.008\text{x}10^{-14} \quad (6\text{–}3\text{–}5)$$

(b) 완충용액

비슷한 농도의 약산과 그 약산의 염의 혼합물은 완충용액이다. 이와 같은 용액에 소량의 산이나 염기를 가해도 pH의 변화가 크지 않으므로 완충용액이라 부른다. **비슷한 농도의 약염기와 그 약염기의 염의 혼합물은 완충용액이다.** 0.50 몰 초산과 0.50 몰 초산나트리움을 1 L의 물에 녹였다. 이 경우의 pH는 다음과 같이 주어진다.

$$CH_3COOH(aq) + H_2O(\ell) \rightleftarrows H_3O^+(aq) + CH_3COO^-(aq) \quad (6\text{–}3\text{–}6)$$

$$CH_3COONa(aq) \rightarrow Na^+(aq) + CH_3COO^-(aq) \tag{6-3-7}$$

$$K_a(CH_3COOH) = \frac{[H_3O^+][CH_3COO^-]}{[CH_3COOH]} \cong \frac{[H_3O^+][CH_3COO^-]_0}{[CH_3COOH]_0} \approx [H_3O^+] \tag{6-3-8}$$

$[CH_3COO^-]_0$ 및 $[CH_3COOH]_0$은 초기농도를 가리킨다. 따라서 이 완충용액에서

$$pH = pK_a(CH_3COOH) = -\log 1.75x10^{-5} = 4.76 \tag{6-3-9}$$

(c) 지시약

대부분의 지시약은 약산이다. 지시약은 양성자를 잃어서 음이온이 되면 색깔이 변한다.

$$HIn(aq) + H_2O \rightleftarrows H_3O^+ + In^-(aq) \tag{6-3-10}$$

$$K_{In} = \frac{a_{H_3O^+} a_{In^-}}{a_{HIn}} \tag{6-3-11}$$

지시약의 10%가 산해리를 하면 색깔이 바뀌므로

$$pH \cong pK_{In} - \log\frac{[HIn]}{[In^-]} = pK_{In} - 1 \tag{6-3-12}$$

따라서 pK_{In} 값보다 1 낮은 pH에서 색깔이 바뀐다.

연습문제

(6-1) 0.50 몰 NH_3와 0.50 몰 HCl을 물에 녹여 부피가 1 L 되도록 하였다. 이 용액의 pH 값을 계산하시오. 단, $K_b(NH_3) = 1.8x10^{-5}$

(6-2) CH_3COO^-의 K_b를 계산하시오. 단, $K_a(CH_3COOH) = 1.75x10^{-5}$

(6-3) 0.10 몰 NH_3와 0.10 몰 NH_4Cl를 물에 녹여 전체부피가 1 L가 되도록 하였다. 이 완충용액의 pH를 계산하시오. 단, $K_b(NH_3) = 1.8x10^{-5}$.

(6-4) 0.10M NH_3 수용액의 pH를 계산하시오.

(6-5) 0.200 몰 CH_3COOH 와 0.100 몰 NaOH를 물에 녹여 전체부피가 1 L가 되도록 하였다. 이 완충용액의 pH를 계산하시오. 단, $K_a(CH_3COOH) = 1.75x10^{-5}$. 힌트: 0.100 M OH^-는 CH_3COOH와 반응하여 0.100 M CH_3COO^-를 형성한다.

(6-6) 0.200 몰 NH_3와 0.100 몰 HCl을 물에 녹여 전체부피가 1 L가 되도록 하였다. 이 완충용액의 pH를 계산하시오. 단, $K_b(NH_3) = 1.8x10^{-5}$

(6-7) 0.100 M CH_3COOH 수용액의 pH를 계산하시오.

단, $K_a(CH_3COOH) = 1.75x10^{-5}$

(6-8) 0.120몰 KH_2PO_4와 0.098몰 K_2HPO_4를 물에 녹여 전체부피가 1 L가 되도록 하였다. 25 ℃에서 이 완충용액의 pH를 계산하시오.

25 ℃에서 $K_a(H_3PO_4) = 6.92x10^{-3}$,

$K_a(H_2PO_4^-) = 6.17x10^{-8}$, $K_a(HPO_4^{2-}) = 4.786x10^{-13}$

(6-9) $1.0x10^{-10}$ 몰 NaOH를 물에 녹여 부피가 1 L가 되도록 하였다. 25 ℃에서 이 용액의 pH를 계산하시오.

연습문제해답

(6-1) $NH_3(aq) + HCl(aq) \rightarrow NH_4^+(aq) + Cl^-(aq)$.

$NH_4^+(aq) + H_2O \rightleftarrows NH_3(aq) + H_3O^+(aq)$. $K_b(NH_3) = \frac{[NH_4^+][OH^-]}{[NH_3]}$

$K_a(NH_4^+) = \frac{[NH_3][H_3O^+]}{[NH_4^+]}$. $\therefore K_a(NH_3) \cdot K_b(NH_4^+) = K_w = 1.008 \mathrm{x} 10^{-14}$

$K_a(NH_4^+) = \frac{K_w}{K_b[NH_3]} = \frac{1.0\mathrm{x}10^{-14}}{1.8\mathrm{x}10^{-5}} = \frac{[H_3O^+]^2}{[NH_4^+]} = \frac{x^2}{0.50}$

$x = 1.7\mathrm{x}10^{-5}$ $\therefore$ pH = 4.8

(6-2) $CH_3COO^-(aq) + H_2O \rightleftarrows CH_3COOH(aq) + OH^-(aq)$

$$K_b(CH_3COO^-) = \frac{[CH_3COOH][OH^-]}{[CH_3COO^-]} = \frac{[CH_3COOH][OH^-][H_3O^+]}{[CH_3COO^-][H_3O^+]}$$

$$= \frac{K_w}{K_a(CH_3COOH)} = \frac{1.0\mathrm{x}10^{-14}}{1.75\mathrm{x}10^{-5}} = 5.7\mathrm{x}10^{-10}$$

(6-3) $NH_4^+(aq) + H_2O \rightleftarrows NH_3(aq) + H_3O^+(aq)$

$$K_a(NH_4^+) = \frac{[NH_3][H_3O^+]}{[NH_4^+]} = \frac{[NH_3][H_3O^+][OH^-]}{[NH_4^+][OH^-]}$$

$$= \frac{K_w}{K_b(NH_3)} = \frac{1.0\mathrm{x}10^{-14}}{1.8\mathrm{x}10^{-5}} = 5.6\mathrm{x}10^{-10}$$

$\frac{[NH_3][H_3O^+]}{[NH_4^+]} = [H_3O^+] = 5.6\mathrm{x}10^{-10}$, $\therefore$ pH = 9.3

(6-4) $NH_3(aq) + H_2O \rightleftarrows NH_4^+(aq) + OH^-(\ell)$

$$K_b(NH_3) = \frac{[NH_4^+][OH^-]}{[NH_3]} = \frac{[OH^-]^2}{[NH_3]_0 - [OH^-]}$$

$$\cong \frac{[OH^-]^2}{0.10} = 1.8 \times 10^{-5}$$

$$\therefore [OH^-] = 1.3 \times 10^{-3} M$$

$$[H_3O^+] = \frac{1.0 \times 10^{-14}}{1.3 \times 10^{-3}} = 8.0 \times 10^{-12} M. \ pH = 11$$

(6-5) $CH_3COOH(aq) + OH^- \rightarrow CH_3COO^-(aq) + H_2O$

$CH_3COO^-(aq) + H_2O \rightleftarrows CH_3COOH(aq) + OH^-(aq)$

$$K_b(CH_3COO^-) = \frac{[CH_3COOH][OH^-]}{[CH_3COO^-]} = \frac{[CH_3COOH][OH^-][H_3O^+]}{[CH_3COO^-][H_3O^+]}$$

$$= \frac{K_w}{K_a(CH_3COOH)} = \frac{1.0 \times 10^{-14}}{1.75 \times 10^{-5}} = 5.7 \times 10^{-10}$$

앞의 식으로부터

$$\frac{[CH_3COOH][OH^-]}{[CH_3COO^-]} \cong \frac{0.100[OH^-]}{0.100} = 5.7 \times 10^{-10}$$

$$\therefore [OH^-] = 5.7 \times 10^{-10} M$$

$$[H_3O^+] = \frac{1.0 \times 10^{-14}}{5.7 \times 10^{-10}} = 1.8 \times 10^{-5} M \ \therefore pH = 4.8$$

(6-6) $NH_3(aq) + HCl(aq) \rightarrow NH_4^+(aq) + Cl^-(aq)$

$NH_4^+(aq) + H_2O \rightleftarrows NH_3(aq) + H_3O^+$

$$K_a(NH_4^+) = \frac{[NH_3][H_3O^+]}{[NH_4^+]} = \frac{[NH_3][OH^-][H_3O^+]}{[NH_4^+][OH^-]} = \frac{K_w}{K_b(NH_3)} = \frac{1.0 \times 10^{-14}}{1.8 \times 10^{-5}} = 5.6 \times 10^{-10}$$

앞의 식으로부터 $\dfrac{[NH_3][H_3O^+]}{[NH_4^+]} \cong \dfrac{0.100[H_3O^+]}{0.100} = 5.6 \times 10^{-10}$

$$\therefore [H_3O^+] = 5.6 \times 10^{-10} M, \ \therefore pH = 9.3$$

(6-7) $CH_3COOH(aq) + H_2O \rightleftarrows CH_3COO^-(aq) + H_3O^+$

$$K_a(CH_3COOH) = \frac{[CH_3COO^-][H_3O^+]}{[CH_3COOH]} \cong \frac{[H_3O^+]^2}{[CH_3COOH]_0}$$

$$= \frac{[H_3O^+]^2}{0.100} = 1.75x10^{-5}$$

$\therefore\ [H_3O^+] = 4.18x10^{-4}M,\ \therefore\ pH = 3.38$

(6-8) $H_2PO_4^-\ (aq) + H_2O \rightleftarrows HPO_4^{2-}(aq) + H_3O^+$

KH_2PO_4와 K_2HPO_4는 물 용매에서 100% 전리한다.

$$K_a(H_2PO_4^-) = 6.17x10^{-8} = \frac{[HPO_4^{2-}][H_3O^+]}{[H_2PO_4^-]} \cong \frac{[HPO_4^{2-}]_0[H_3O^+]}{[H_2PO_4^-]_0}$$

$$= \frac{0.098[H_3O^+]}{0.120}$$

$[H_3O^+] = 7.56x10^{-8}\ M,\ \therefore\ pH = 7.12$

물의 자체해리에서 생긴 H_3O^+ 농도의 교정.

이 문제에서 물의 자체해리에서 생긴 H_3O^+의 농도를 교정할 필요가 있는가? 물의 자체해리에서 생긴 H_3O^+와 OH^-는 HPO_4^{2-}및 $H_2PO_4^-$ 와 각각 반응하여 $H_2PO_4^-$및 HPO_4^{2-}를 형성한다. 따라서 물의 자체해리에서 생긴 H_3O^+와 OH^-의 농도는 아주 낮다.

(6-9) $1.0x10^{-10}$ 몰 NaOH로부터 형성된 OH^-의 농도는 $1.0x10^{-10}$M이다. 물의 자체해리에서 생긴 OH^-의 농도를 계산해보자.

$K_w = 1.008x10^{-14} = [H_3O^+][OH^-] \cong [OH^-]^2,\ [OH^-]_{H_2O} = 1.0x10^{-7}M$

이 농도는 NaOH로부터 형성된 OH^-의 농도 $1.0x10^{-10}\ M$에 비해 훨씬 크다. 따라서 pH = 7.0

7장

새·롭·고·이·해·하·기·쉬·운·물·리·화·학

전기화학

1. 용액에서 이온의 성질

(a) 이온의 활동도

물속에서 수소와 염소기체는 아래와 같이 전리한다.

$$\frac{1}{2}H_2(g)+\frac{1}{2}Cl_2(g) \rightarrow H^+(aq)+Cl^-(aq) \quad (7\text{-}1\text{-}1)$$

반응식에서 $H^+(aq)$와 $Cl^-(aq)$ 이온은 용매화된 이온이다. 이 반응의 반응엔탈피 $\Delta_r H$는 일정한 압력에서 -162.7 kJ이다.

$$\begin{aligned}\Delta_r H &= \Delta_f H^0\{H^+(aq)\} + \Delta_f H^0\{Cl^-(aq)\} - \frac{1}{2}\Delta_f H^0\{H_2(g)\} - \frac{1}{2}\Delta_f H^0\{Cl_2(g)\\ &= \Delta_f H^0\{H^+(aq)\} + \Delta_f H^0\{Cl^-(aq)\} = -162.7\,kJ\end{aligned} \quad (7\text{-}1\text{-}2)$$

여기서 $\Delta_f H^0\{H^+(aq)\} = 0$으로 놓으면 $\Delta_f H^0\{Cl^-(aq)\} = -162.7\,kJ/mol$이 성립한다.

〈규약〉

모든 온도에서 아래와 같이 정의한다.

$$\Delta_f H^0\{H^+(aq)\} = 0 \quad (7\text{-}1\text{-}3)$$

$$\Delta_f G^0\{H^+(aq)\} = 0 \quad (7\text{-}1\text{-}4)$$

$$S_f^0\{H^+(aq)\} = 0 \quad (7\text{-}1\text{-}5)$$

전해질 (electrolyte)이란 적절한 용매에서 양이온과 음이온으로 분해하면서 녹아들어가는 물질을 말한다. 전해질이 아닌 실제 용액에서 성립했던 활동도와 활동도계수는 전해질용액에서는 성립하지 않는다. **전하가 생기므로 먼 거리에서도 작용하는 정전기적 상호작용이 매우 우세하기 때문이다.**

$$\mathrm{NaCl}(s) + \mathrm{H_2O}(\ell) \rightarrow \mathrm{Na^+}(aq) + \mathrm{Cl^-}(aq) \tag{7–1–6}$$

식 (7-1-6)에서 용질과 용질의 상호작용은 정전기적 인력이다. 여기서 용액의 Gibbs 자유에너지는 아래 식으로 표현된다.

$$G = n_{solvent}\mu_{solvent} + n_{solute}\mu_{solute} \tag{7–1–7}$$

$$\begin{aligned} G &= n_{solvent}\mu_{solvent} + n_+\mu_+ + n_-\mu_- \\ &= n_{solvent}\mu_{solvent} + n_{solute}(\nu_+\mu_+ + \nu_-\mu_-) \end{aligned} \tag{7–1–8}$$

$$\mu_{solute} = \nu_+\mu_+ + \nu_-\mu_- \tag{7–1–9}$$

양이온에 대해서

$$\mu_+ = \mu_+^0 + RT\ln a_+ \tag{7–1–10}$$

음이온에 대해서

$$\mu_- = \mu_-^0 + RT\ln a_- \tag{7–1–11}$$

두 이온의 평균화학퍼텐샬은 아래와 같이 산술평균으로 주어진다.

$$\mu_\pm = \frac{\nu_+\mu_+ + \nu_-\mu_-}{\nu} \tag{7–1–12}$$

여기서 $\nu = \nu_+ + \nu_-$

식 (7-1-10)과 (7-1-11)을 식 (7-1-12)에 대입하면

$$\mu_\pm = \frac{\nu_+\mu_+ + \nu_-\mu_-}{\nu} = \frac{\nu_+(\mu_+^0 + RT\ln a_+) + \nu_-(\mu_-^0 + RT\ln a_-)}{\nu}$$

$$= \frac{\nu_+\mu_+^0 + \nu_-\mu_-^0}{\nu} + \frac{\nu_+ RT\ln a_+ + \nu_- RT\ln a_-}{\nu}$$

$$= \mu_\pm^0 + RT\ln\left(a_+^{\nu_+}a_-^{\nu_-}\right)^{\frac{1}{\nu}} = \mu_\pm^0 + RT\ln a_\pm \tag{7–1–13}$$

$$\text{여기서 } a_\pm = (a_+^{\nu_+}a_-^{\nu_-})^{\frac{1}{\nu}} \tag{7–1–14}$$

식 (7-1-13)과 (7-1-14)에서 주목할 점은 전해질에서 평**균화학퍼텐샬은 산술평균으로 얻어지**

고 활동도는 기하평균으로 얻어진다는 것이다. 활동도계수에 대해서 유사한 법칙이 적용된다.

$$a_+ = \frac{m_+}{m^0}\gamma_+ \tag{7-1-15}$$

$$a_- = \frac{m_-}{m^0}\gamma_- \tag{7-1-16}$$

$$a_\pm^\nu = \left(\frac{m_+}{m^0}\gamma_+\right)^{\nu_+}\left(\frac{m_-}{m^0}\gamma_-\right)^{\nu_-} = \left(\frac{m_+}{m^0}\right)^{\nu_+}\left(\frac{m_-}{m^0}\right)^{\nu_-}\gamma_+^{\nu_+}\gamma_-^{\nu_-} \tag{7-1-17}$$

$$a_\pm = \frac{m_\pm}{m^0}\gamma_\pm \tag{7-1-18}$$

여기서 m^0는 1 몰랄농도를 나타낸다.

(b) Debye-Hückel 이론을 이용한 $\gamma_\pm$의 계산

평균활동도계수 $\gamma_\pm$는 이론적으로 아래와 같이 주어진다.

$$\log\gamma_\pm = -0.5092|z_+z_-|\sqrt{I} \tag{7-1-19}$$

여기서 z_+와 z_-는 각각 양이온과 음이온의 전하이다. 여기서 I는 이온세기 (ionic strength)로서 다음과 같이 주어진다.

$$I = \frac{1}{2}\sum_i\left(m_{i+}z_{i+}^2 + m_{i-}z_{i-}^2\right) \tag{7-1-20}$$

(c) 전기화학퍼텐샬

그림 (7-1-1)에 나타낸 바와 같이 Zn 전극의 일부를 $ZnSO_4$ 수용액에 담그면 전극의 Zn 중성원자가 전자 두 개를 전극에 두고 수용액으로 녹아들어간다. 따라서 전극에서는 전자가 넘치게 되고 수용액에서는 전자가 모자라게 되어 전극에서 수용액으로 전자가 이동하게 된다. 이와 같은 과정이 반복하게 되면 전극과 수용액 사이에 1 V 정도의 전위가 형성하게 된다.

그림 (7-1-1). Zn을 물에 담그면 Zn 중성원자가 물에 녹아들어 가면서 두개의 전자를 Zn 금속판에 내놓는다.

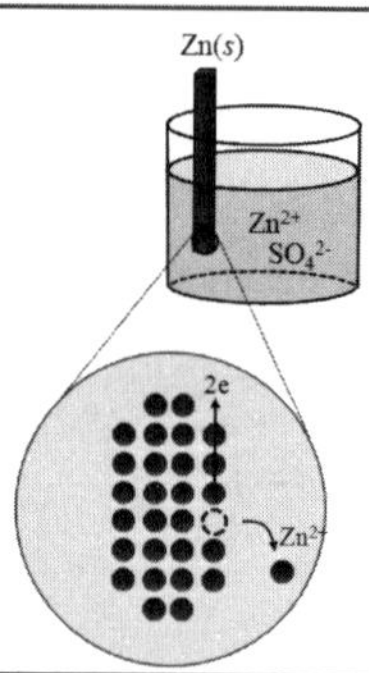

(d) Coulomb의 법칙

전하 q_1 및 q_2가 거리가 r_{12}만큼 떨어져 있을 때 두 전하 사이에 작용하는 인력은 아래와 같이 주어진다.

$$\overrightarrow{F_1} = \frac{1}{4\pi\epsilon_0}\frac{q_1 q_2}{r_{12}^2}\widehat{r_{12}} = -\overrightarrow{F_2} \tag{7-1-21}$$

$\overrightarrow{F_1}$은 전하 q_1에 작용하는 힘이고 $\widehat{r_{12}}$는 전하 q_2가 존재하는 지점으로부터 q_1이 있는 지점을 가리키는 단위벡터이다. $\overrightarrow{F_2}$는 전하 q_2에 작용하는 힘이고 힘의 크기는 $\overrightarrow{F_1}$의 그것과 같으나 부호가 다르다. 그리고 ϵ_0**는 진공에서의 유전율** (permittivity of vacuum) **또는 전기상수** (electric constant)**로서** $8.854187816 x 10^{-12} C^2 J^{-1} m^{-1}$**의 값을 갖는다.** 진공이 아닌 물질 속에서는 식 (7-1-21)은 아래와 같이 변형된다.

$$\overrightarrow{F_1} = \frac{1}{4\pi\epsilon_s}\frac{q_1 q_2}{r_{12}^2}\widehat{r_{12}} = -\overrightarrow{F_2} \tag{7-1-22}$$

여기서 ϵ_s는 그 물질의 유전율을 가리킨다. 어떤 물질의 유전율의 진공의 그것에 대한 비율을 **상대유전율** (relative static permittivity)이라 한다.

$$\epsilon_r = \frac{\epsilon_s}{\epsilon_0} \tag{7-1-23}$$

물은 20 ℃ 에서 80.1의 상대유전율을 갖는다. Q를 갖는 입자로부터 거리 r에서의 전장은 아래와 같이 주어진다.

$$\overrightarrow{E} = \frac{1}{4\pi\epsilon_0}\frac{Q}{r^2}\hat{r} \tag{7-1-24}$$

$\hat{r}$은 전하 Q가 있는 곳에서 흥미 있는 점을 가리키는 단위벡터이다. 어떤 점에 전하 q가 존재할 때 이 전하가 받는 힘은 아래와 같다.

$$\vec{F} = q\vec{E} \tag{7-1-25}$$

힘의 방향과 전장의 방향이 같다는 것을 유의하기 바란다. 전위와 전장의 관계식은 아래와 같이 주어진다. 하나의 전하를 점 a에서 점 b로 운반하는데 한일 $W_{external}$는 아래와 같이 주어진다.

$$W_{external} = -\int_a^b \vec{F} \cdot \vec{ds} \tag{7-1-26}$$

식 (7-1-25)를 식 (7-1-26)에 대입하면 아래 식이 얻어진다.

$$W_{external} = -\int_a^b q\vec{E} \cdot \vec{ds} = -q\int_a^b \vec{E} \cdot \vec{ds} \tag{7-1-27}$$

단위전하를 옮기는데 한일은 아래와 같이 주어진다.

$$W_{external}^{unit} = -\frac{q\int_a^b \vec{E} \cdot \vec{ds}}{q} = -\int_a^b \vec{E} \cdot \vec{ds} \tag{7-1-28}$$

$$-\int_a^b \vec{E} \cdot \vec{ds} = \phi(b) - \phi(a) \tag{7-1-29}$$

어떤 점 p에서의 전위 ϕ_p는 무한대에서 점 p까지 단위전하를 옮기는 데 한 일로 정의한다. 그리고 전장과 전위사이에는 아래와 같은 관계를 갖는다. 식 (7-1-29)에 나타난 적분은 적분경로에 의존하지 않음을 유의하기 바란다.

$$\vec{E} = -\vec{\nabla}\phi \tag{7-1-30}$$

여기서 경사도 (gradient) $\vec{\nabla}$는 아래와 같이 주어진다.

$$\vec{\nabla} = \hat{x}\frac{\partial}{\partial x} + \hat{y}\frac{\partial}{\partial y} + \hat{z}\frac{\partial}{\partial z} \tag{7-1-31}$$

식 (7-1-30)은 전위가 감소하는 방향으로 전장이 생긴다는 것을 말해준다.

식 (7-1-28)의 증명.

$$W^{unit}_{external} = -\int_a^b \vec{E} \bullet \vec{ds} = -\int_a^b \frac{1}{4\pi\epsilon_0}\frac{Q}{r^2}\hat{r} \bullet \vec{ds} \qquad (7\text{-}1\text{-}32)$$

식 (7-1-32)에서 $\hat{r}$과 $\vec{ds}$가 수직일 때는 두 벡터의 스케일러 곱은 영이다. 식 (7-1-32)에서 $\vec{ds}$ 벡터의 세 성분 중에서 방사벡터 $\hat{r}$과 같은 방향으로만 이동할 때만 한 일이 영이 아니다. 즉, 그림 (7-1-2)에서 점 a에서 접선의 방향으로 이동하는 데 한 일은 영이 된다. 그러므로 점 a에서 점 a'으로 단위전하를 옮기는 데 외부에서 한 일은 영이다. 따라서 식 (7-1-32)는 아래와 같이 변형된다.

$$W^{unit}_{external} = -\int_a^b \frac{1}{4\pi\epsilon_0}\frac{Q}{r^2}dr = -\int_{a'}^b \frac{1}{4\pi\epsilon_0}\frac{Q}{r^2}dr = \frac{Q}{4\pi\epsilon_0}\left(\frac{1}{r_b} - \frac{1}{r_{a'}}\right)$$
$$= \frac{Q}{4\pi\epsilon_0}\left(\frac{1}{r_b} - \frac{1}{r_a}\right) \qquad (7\text{-}1\text{-}33)$$

무한대에서 점 p까지 단위전하를 이동하는 데 한 일을 ϕ_p라고 아래와 같이 정의한다.

$$\phi_p = -\int_\infty^p \frac{1}{4\pi\epsilon_0}\frac{Q}{r^2}dr = \frac{Q}{4\pi\epsilon_0}\left(\frac{1}{r_p}\right) \qquad (7\text{-}1\text{-}34)$$

따라서 식 (7-1-33)은 아래와 같이 변형된다.

$$W^{unit}_{external} = \phi(b) - \phi(a) \qquad (7\text{-}1\text{-}35)$$

dQ의 전하를 전위가 ϕ_1인 곳에서 ϕ_2인 곳으로 이동하는데 한 일은 아래와 같다.

$$dw_{rev} = (\phi_2 - \phi_1)dQ \qquad (7\text{-}1\text{-}36)$$

dQ의 전하에 해당하는 이온의 몰수를 dn이라고 하면

$$dQ = zFdn \qquad (7\text{-}1\text{-}37)$$

여기서 F는 Faraday 상수로서 1 몰의 전자의 전하를 나타내며 9.648 530 9(29) x 10^4 C mol^{-1}의 값을 갖는다.

그림 (7-1-2). 단위전하를 점 a에서 점 b로 이동하는데 한 일을 계산하기 위한 개요도.

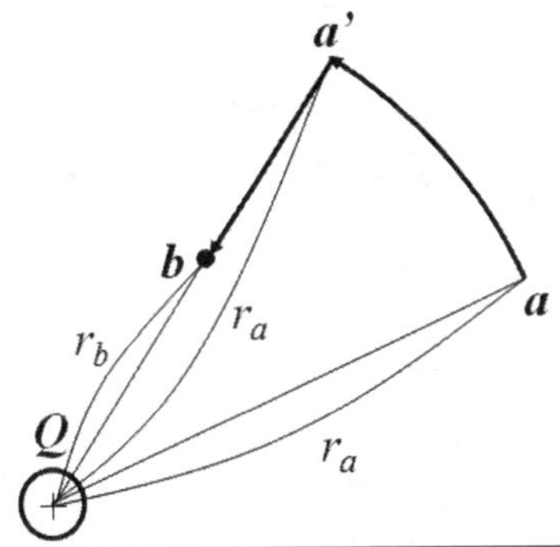

z는 전자의 전하 단위로 나타낸 입자의 전하량이며 +1,-1, +2, -2 등의 값을 갖는다.

$$dG = (\widetilde{\mu_2} - \widetilde{\mu_1})dn \qquad (7-1-38)$$

$\tilde{\mu}$는 전기화학퍼텐샬로서 정상화학퍼텐샬에 새로 생긴 전하 때문에 발생한 퍼텐샬을 더한 값이다.

$$\tilde{\mu} = \mu \ + z\phi F \qquad (7-1-39)$$

여기서 μ는 정상적인 화학퍼텐샬이고, $z\phi F$는 새로 생긴 전하로 인한 전위 때문에 생긴 항이다.

$$\widetilde{\mu_2} - \widetilde{\mu_1} = +z(\phi_2 - \phi_1)F \qquad (7-1-40)$$

여기서 ϕ_1을 0으로 놓으면

$$\widetilde{\mu_2} = \widetilde{\mu_1} + z\phi_2 F \qquad (7-1-41)$$

평형조건은 아래와 같다.

$$\Delta G = \sum_i \nu_i \widetilde{\mu_i} = 0 \qquad (7-1-42)$$

2. 전기화학에서의 규약과 표준상태

그림 (7-2-1)에 있는 전기화학전지를 고찰해 보자. 이 전지는 Daniell이 처음으로 개발 했으므로 Daniell 전지라 부른다. 전극의 의미에는 넓은 뜻과 좁은 뜻이 있는데, 넓은 뜻으로는 전극의 막대기와 용액을 포함한다. 좁은 뜻으로는 전극막대기를 가리킨다. 용질은 다음과 같이 완전해리한다.

그림 (7-2-1). Daniell 전지의 개요도.

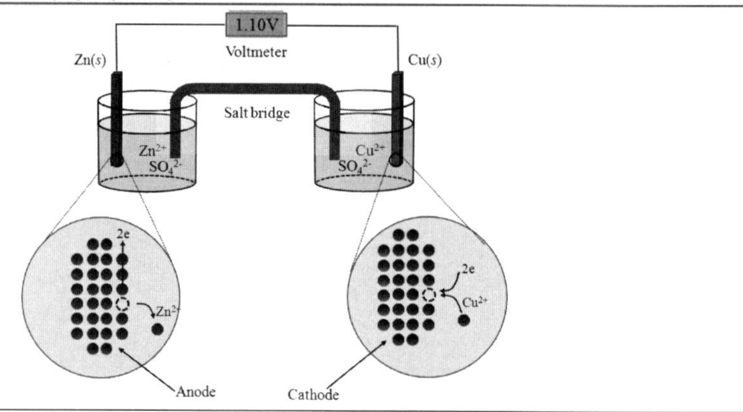

$$ZnSO_4(s) + H_2O(\ell) \rightarrow Zn^{2+}(aq) + SO_4^{2-}(aq) \qquad (7\text{-}2\text{-}1)$$

왼쪽 전극에서 Zn은 $ZnSO_4$ 수용액으로 녹아들어가고 하나의 원자가 녹아들어가면서 전극에 두개의 전하를 남긴다.

$$Zn(s) \rightarrow Zn^{2+}(aq) + 2e \qquad (7\text{-}2\text{-}2)$$

오른쪽 전극에서는 아래와 같은 반응으로 Cu 금속이 석출된다.

$$Cu^{2+}(aq) + 2e \rightarrow Cu(s) \qquad (7\text{-}5\text{-}3)$$

이와 같은 반응이 계속 진행되면서 왼쪽 전극에서 오른쪽 전극으로 전자가 이동하면서 전류가 흐르게 된다. 그러나 이 반응은 더 이상 진행할 수 없다. **전자가 계속이동하게 되면 왼쪽 전극에는 + 전하가 남게 되고 오른쪽 전극에는 - 전하가 생기게 되면서 소위 액체접합전위** (liquid junction potential)**가 생기게 된다. 이것이 전류의 연속적 흐름을 막게 한다.** 계속적으로 전류를 흐르게 하려면 염다리를 사용하면 가능하다. 염다리에는 질산암모니아 (NH_4NO_3)와 같은 염이 포함되어있고 이것을 한천 (agar-agar)이라는 물질에 용해시켜 수용액으로 쉽게 녹아 들어가지 못하도록 한다. 전자가 왼쪽 전극에서 오른쪽 전극으로 전자가 이동하면서 질산염에서 NO_3^- 음이온이 왼쪽 전극으로 이동하면서 전극의 중성화를 유지한다. 용액의 전위는 직접 측정할 수 없으므로 $\phi = 0$으로 놓는다. 용액의 i 이온에 대해서

$$\tilde{\mu}_i = \mu_i \qquad (7\text{-}2\text{-}4)$$

금속전극의 전자에 대해서

$$\widetilde{\mu_{e^-}} = -\phi F \qquad (7\text{-}2\text{-}5)$$

어떤 금속전극이 평형상태에 있다고 하자.

$$M^{z+} + ze^- \rightleftarrows M \tag{7-2-6}$$

M은 중성이므로

$$\widetilde{\mu_M} = \mu_M \tag{7-2-7}$$

$$\mu_M = \widetilde{\mu_{M^{z+}}} + z\widetilde{\mu_{e^-}} \tag{7-2-8}$$

$$\widetilde{\mu_{M^{z+}}} = \mu_{M^{z+}} + zF\phi \tag{7-2-9}$$

식 (7-2-5), (7-2-8) 및 (7-2-9)로부터 아래식이 얻어진다.

$$\mu_M = \mu_{M^{z+}} + zF\phi - zF\phi = \mu_{M^{z+}} \tag{7-2-10}$$

$$\mu_M^0 = \mu_{M^{z+}}^0 \tag{7-2-11}$$

$$\widetilde{\mu_{M^{z+}}} = \mu_{M^{z+}}^0 + zF\phi = zF\phi \tag{7-2-12}$$

표준수소전극

표준수소전극을 그림 (7-2-2)에 나타내었다. 반쪽전지의 평형반응은 아래와 같다.

그림 (7-2-2). 표준수소전극은 HCl ($a=1$) 등과 $H_2(g)(p=1\text{ bar})$를 포함한다. 이 전극의 전위는 많은 전극의 전위의 중간 값을 가지므로 이 전극의 전위를 0으로 놓고 이전극의 전위의 상대적인 값을 전극의 전위로 사용한다.

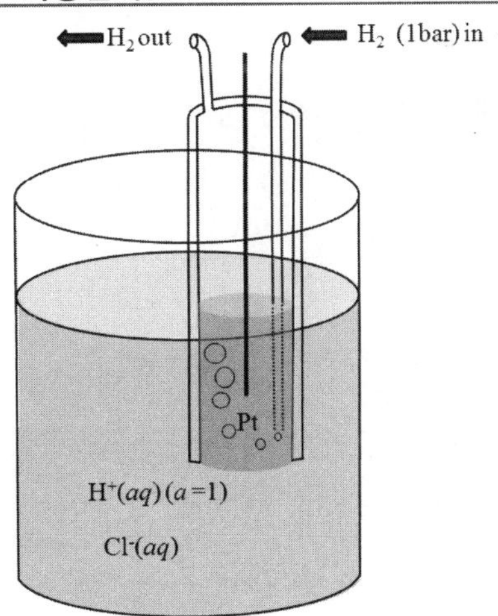

$$\mathrm{H}^+(aq) + \mathrm{e}^- \rightleftarrows \frac{1}{2}\mathrm{H}_2(g) \tag{7-2-13}$$

세 물질이 평형상태에 있으므로 아래와 같은 식이 성립한다.

$$\mu_{\mathrm{H}^+(aq)} + \widetilde{\mu_{\mathrm{e}^-}} = \frac{1}{2}\mu_{\mathrm{H}_2(g)} \tag{7-2-14}$$

$$\mu^0_{\mathrm{H}^+(aq)} + RT\ln a_{\mathrm{H}^+} - F\phi_{\mathrm{H}^+/\mathrm{H}_2} = \frac{1}{2}\mu^0_{\mathrm{H}_2(g)} + \frac{1}{2}RT\ln f_{\mathrm{H}_2} \tag{7-2-15}$$

식 (7-5-14)에서 전자의 전하는 "-" 이므로 전자의 화학퍼텐샬은 $-F\phi_{\mathrm{H}^+/\mathrm{H}_2}$로 주어진 것이다.

$$\phi_{\mathrm{H}^+/\mathrm{H}_2} = \frac{\mu^0_{\mathrm{H}^+} - \frac{1}{2}\mu^0_{\mathrm{H}_2}}{F} - \frac{RT}{F}\ln\frac{f^{1/2}_{\mathrm{H}_2}}{a_{\mathrm{H}^+}} \tag{7-2-16}$$

규약에 의해서 $\mu^0_{\mathrm{H}^+} = \frac{1}{2}\mu^0_{\mathrm{H}_2} = 0$. 따라서 표준상태에서

$$\phi^0_{\mathrm{H}^+/\mathrm{H}_2} = 0 \tag{7-2-17}$$

3. 전극과 전지

(a) 전기화학계열

표 7-11-1. 표준환원전위

반응	$E^0(V)$	반응	$E^0(V)$
$Ca^+ + e^- \rightarrow Ca$	-3.80	$F_2 + 2e^- \rightarrow 2F^-$	2.866
$Li^+ + e^- \rightarrow Li$	-3.0401	$F_2 + 2H^+ + 2e^- \rightarrow 2HF$	3.053

$$\mathrm{F}_2 + 2\mathrm{H}^+ + 2\mathrm{e} \rightarrow 2\mathrm{HF} \quad E^0 = 3.053\,\mathrm{V} \tag{7-3-1}$$

식 (7-3-1)에 나타낸 반응이 ΔG^0가 제일 낮다. 따라서 반응이 잘 일어난다. 산 용액에서 불소기체가 산화력이 제일 강한 것이다. 반면에 식 (7-3-2)가 가장 잘 안 일어나는 반응이다.

$$\mathrm{Ca}^+ + \mathrm{e} \rightarrow \mathrm{Ca} \quad E^0 = -3.80\,\mathrm{V} \tag{7-3-2}$$

Ca^{+}가 가장 산화력이 약하다. 즉, Ca이 가장 환원력이 강한 것이다. 그림 (7-3-1)에 전위차나누기 (voltage divider)가 있다. 전지에서 발생하는 전자의 전위와 dc 원천에서 나오는 전자의 전위가 같아질 때까지 전위차나누기의 전압을 조절한다. 이와 같은 방법으로 전위를 측정해야 전류의 흐름으로 인한 전지의 전위를 변화시키지 않고 정확하게 측정할 수 있다.

그림 (7-3-1). 가역적인 전지 전위를 측정할 수 있는 전위차계.

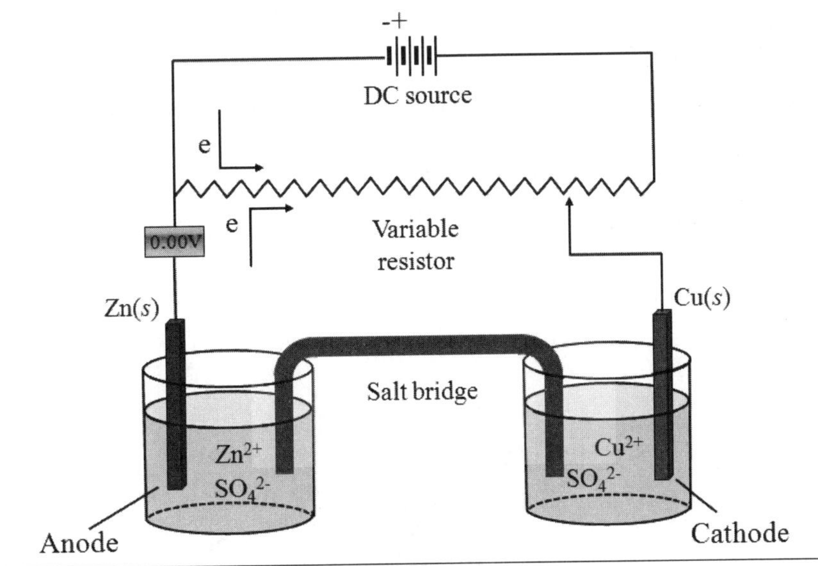

(b) 전극전위로부터 전지전위의 결정

아래에 나타낸 일반적인 전극반응에서 전지전위를 계산해보자.

$M \rightarrow M^{z+}(a=1) + ne,\ E^0_{oxidation}$, $X^{z+}(a=1) + ne \rightarrow X,\ E^0_{reduction}$

전지반응을 아래와 같이 표현할 수 있다. $M + X^{z+}(a=1) \rightarrow M^{z+}(a=1) + X,\ E^0_{cell}$

표준전지전위는 다음과 같이 주어진다. $E^0_{cell} = E^0_{oxidation} + E^0_{reduction}$.

반쪽전지반응을 아래 형태로 표현하면

$M^{z+}(a=1) + ne \rightarrow M,\ E^0_{left}$, $M \rightarrow M^{z+}(a=1) + ne,\ -E^0_{left}$

$X^{z+}(a=1) + ne \rightarrow X,\ E^0_{right}$, $E^0_{cell} = E^0_{right} - E^0_{left}$

(c) 전지도표

Daniell 전지를 도표로 표시해보자. $Zn(s)|ZnSO_4(aq) \parallel CuSO_4(aq)|Cu(s)$. 여기서 “|”

기호는 좁은 의미의 전극과 용액을 분리하는 표시이다. " ‖ "기호는 염다리를 뜻한다. 통상적으로 "**전자가 왼쪽 전극에서 오른쪽 전극으로 외부회로를 통해 흐른다.**"라고 정의하고 있다.

(d) 건전지

산성건전지의 반응은 다음과 같다. 양극 : $Zn(s) \rightarrow Zn^{2+}(aq) + 2e$

음극 : $2NH_4^+(aq) + 2MnO_2(s) + 2e \rightarrow Mn_2O_3(s) + 2NH_3(g) + H_2O(\ell)$

① 알칼리건전지

산성 건전지에서 NH_4Cl 대신 KOH나 NaOH를 사용하면 알칼린 건전지가 된다. 알칼린 건전지에서 전극반응은 다음과 같다.

양극 : $Zn(s) + 2OH^-(aq) \rightarrow ZnO(s) + H_2O(\ell) + 2e \quad E^0 = 1.1V$ (7–3–3)

음극: $2MnO_2(s) + H_2O(\ell) + 2e \rightarrow Mn_2O_3(s) + 2OH^-(aq) \quad E^0 = -0.76\,V$ (7–3–4)

그림 (7–3–2). **일반적인 건전지.**

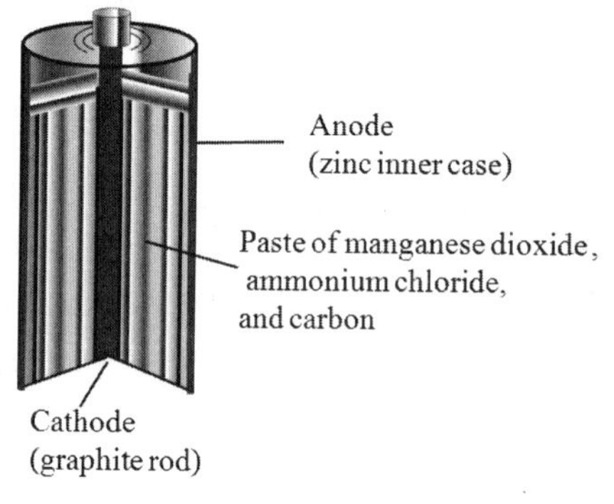

② 리튬건전지

리튬이 배위된 코발트착물 (complex)이 양극으로 작용한다. 이 착물로부터 Li^+ 양이온이 그림 (7-3-3)에 나타낸 것처럼 흑연의 층사이로 삽입된다. 따라서 흑연은 음극으로 작용한다.

양극 : $mLiCoO_2(s) \rightleftarrows mLi_{1-x}CoO_2(s) + nLi^+ + ne$ (7–3–5)

음극 : $mC(s) + nLi^+ + ne^- \rightleftarrows mCLi_x$ (7–3–6)

그림 (7-3-3). **한 종류의 리튬건전지의 개요도.**

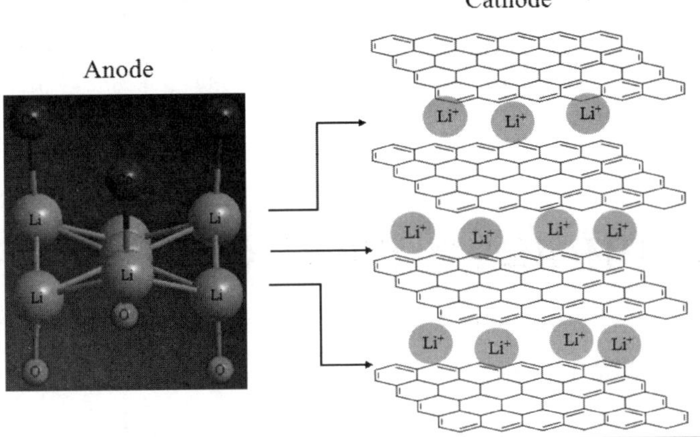

(d) 전기화학전지에서 화학반응과 Nernst의 식

앞에서 다루었던 Daniell 전지의 화학반응을 고찰해보자.

왼쪽 반쪽반응 $Zn(s) \rightarrow Zn^{2+}(aq) + 2e$. 오른쪽 반쪽반응 $Cu^{2+}(aq) + 2e \rightarrow Cu(s)$

전체반응 : $Zn(s) + Cu^{2+}(aq) \rightarrow Zn^{2+}(aq) + Cu(s)$

$$\Delta G = \widetilde{\mu_{Zn^{2+}}} + \widetilde{\mu_{Cu}} - \widetilde{\mu_{Cu^{2+}}} - \widetilde{\mu_{Zn}} = \widetilde{\mu^0_{Zn^{2+}}} - \widetilde{\mu^0_{Cu^{2+}}} + RT\ln\frac{a_{Zn^{2+}}}{a_{Cu^{2+}}} \qquad (7\text{-}3\text{-}7)$$

$$\Delta G = \Delta G^0 + RT\ln\frac{a_{Zn^{2+}}}{a_{Cu^{2+}}} \qquad (7\text{-}3\text{-}8)$$

$$\Delta G = -nF\Delta\phi \qquad (7\text{-}3\text{-}9)$$

여기서 $\Delta\phi$를 ϵ나 E 등으로 표시한다.

$$-nFE = -nFE^0 + RT\ln\frac{a_{Zn^{2+}}}{a_{Cu^{2+}}} \qquad (7\text{-}3\text{-}10)$$

$$\therefore \quad E = E^0 - \frac{RT}{nF}\ln\frac{a_{Zn^{2+}}}{a_{Cu^{2+}}} \qquad (7\text{-}3\text{-}11)$$

식 (7-3-11)을 일반화하면

$$E = E^0 - \frac{RT}{nF}\ln Q \qquad (7\text{-}3\text{-}12)$$

식 (7-3-12)를 Nernst 식이라 부른다.

$$E = E^0 - \frac{RT}{nF}\ln Q = E^0 - \frac{8.314\text{J}/(\text{mol}\cdot\text{K})\cdot 298\text{K}}{n\cdot 96485\text{C}}\frac{\log Q}{\log e}$$
$$= E^0 - \frac{8.314\text{J}/(\text{mol}\cdot\text{K})\cdot 298\text{K}}{n\cdot 96485\text{C}}\frac{\log Q}{0.434} = E^0 - \frac{0.05916}{n}\log Q(\text{V})$$
(7-3-13)

4. 표준전지전위로부터 열역학함수들을 결정하는 법

산화반응형태로 표현했을 때 얻어지는 ΔG는 환원반응형태로 표현했을 때 얻어지는 ΔG와 크기는 같으나 부호는 반대이다. 표준전극전위 E에 대해서도 마찬가지 논리이다. 일례로

$Zn(s) \rightarrow Zn^{2+}(aq) + 2e^-$, $E^0_{oxidation} = 0.7618\,\text{V}$, $\Delta G^0_{oxidation} = -nFE^0_{oxidation}$

$Zn^{2+}(aq) + 2e^- \rightarrow Zn(s)$, $E^0_{reduction} = -0.7618\,\text{V}$, $\Delta G^0_{reduction} = -nFE^0_{reduction}$

$$E^0_{cell} = E^0_{reduction} + E^0_{oxidation} \tag{7-4-1}$$

아래에 나타낸 전지반응의 표준전지전위를 구해보자.

$Zn(s) \rightarrow Zn^{2+}(aq) + 2e$, $E^0_{oxidation} = 0.7618\,\text{V}$.

$Cu^{2+}(aq) + 2e \rightarrow Cu(s)$, $E^0_{reduction} = 0.337\text{V}$.

전체반응 : $Zn(s) + Cu^{2+}(aq) \rightarrow Zn^{2+}(aq) + Cu(s)$ $E^0_{cell} = 1.099\,\text{V}$

반응 Gibbs 자유에너지와 반응엔트로피를 결정하는 것은 쉬운 일이 아니다. 그러나 전기화학적인 방법을 사용하면 이들 값을 비교적 쉽게 결정할 수 있다.

$$\Delta G^0 = -nFE^0 \tag{7-4-2}$$

식 (7-4-2)를 이용하여 표준전지전위를 결정하면 표준반응 Gibbs 자유에너지를 결정할 수 있다. 또한 온도변화에 따른 전위를 측정함으로써 반응엔트로피도 결정할 수 있다.

$$\Delta S^0_{reaction} = -\left(\frac{\partial \Delta G^0_{reaction}}{\partial T}\right)_p = nF\left(\frac{\partial E^0}{\partial T}\right)_p \tag{7-4-3}$$

다음은 표준전지전위로부터 평형상수를 구하는 방법을 모색해보자.

$AgBr(s) + e \rightarrow Ag(s) + Br^-(aq)$, $E^0 = 0.07133\text{V}$

$Ag(s) \rightarrow Ag^+ + e$, $E^0 = -0.7996\text{V}$

전체반응 : $AgBr(s) \rightarrow Ag^+(aq) + Br^-(aq)$ $E^0_{cell} = -0.7283\text{V}$

$$E_{cell} = E^0_{cell} - \frac{0.5916}{n}\log[\mathrm{Ag}^+][\mathrm{Cl}^-] = E^0_{cell} - \frac{0.5916}{n}\log K_{SP} = 0$$
(7-4-4)

식 (7-4-4)로부터 아래와 같은 평형상수가 얻어진다. $K_{SP} = 4.88\mathrm{x}10^{-13}$

또한 활동도계수를 구하는 것이 실험으로나 이론으로 용이하지 않다. 활동도계수를 구하려면 매우 낮은 농도에서 전지전위를 측정하면 된다. 다음과 같은 반응을 고찰해보자.

$$\mathrm{Ag}^+(aq) + \frac{1}{2}\mathrm{H}_2(g) \rightarrow \mathrm{Ag}(s) + \mathrm{H}^+(aq) \qquad (7\text{-}4\text{-}5)$$

여기서 $\mathrm{Ag}^+(aq)$ 이온은 AgNO_3의 전리에 의해 생긴 것이다. 반응식 (7-4-5)에서 $\mathrm{H}_2(g)$, $\mathrm{Ag}(s)$, $\mathrm{H}^+(aq)$의 활동도를 1이라고 가정하자. 그러면 Nernst 식은 다음과 같이 주어진다.

$$E = E^0_{\mathrm{Ag^+/Ag}} - \frac{0.05916}{1}\log\frac{1}{a_{\mathrm{Ag^+}}} = E^0_{\mathrm{Ag^+/Ag}} + 0.05916\log a_{\mathrm{Ag^+}}$$

$$= E^0_{\mathrm{Ag^+/Ag}} + 0.05916\log\left(\frac{m}{m^0}\right) + 0.05916\log\gamma_{\pm} \qquad (7\text{-}4\text{-}6)$$

298 K 에서 Debye-Hückel 극한법칙은 아래와 같다.

$$\log\gamma_{\pm} = -0.5090\sqrt{m_{\pm}} = -0.5090\sqrt{\frac{m}{m^0}} \qquad (7\text{-}4\text{-}7)$$

식 (7-4-7)을 식 (7-4-6)에 대입하여 정리하면

$$E - 0.05916\ V\log\left(\frac{m}{m^0}\right) = E^0_{Ag^+/Ag} - 0.05916\ V(0.5090)\log\sqrt{\frac{m}{m^0}}$$

$$= E^0_{\mathrm{Ag^+/Ag}} - 0.03011\mathrm{V}\log\sqrt{\frac{m}{m^0}} \qquad (7\text{-}4\text{-}8)$$

그림 (7-4-1). 절편으로부터 표준전극전위를 구할 수 있음.

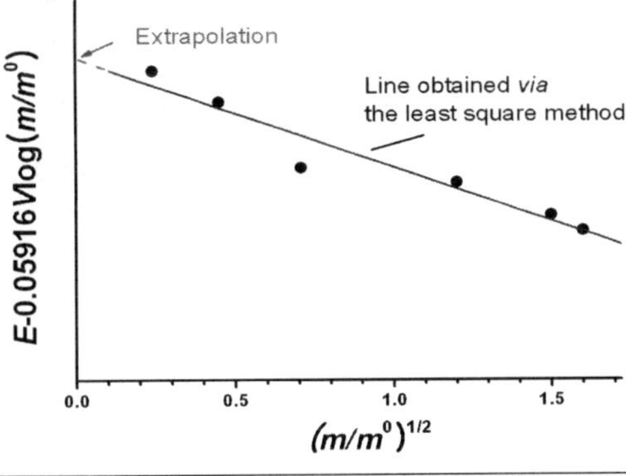

5. 원자규모의 전기화학

(a) 주사턴넬링 현미경

주사턴넬링 현미경 (scanning tunnelling microscope, STM)은 **표면을 주사 (scan)하면서 팁과 표면사이에 흐르는 매우 약한 전류를 검출하며 얻는 비광학 현미경이다.** STM과 주사전자 현미경 (scanning electron microscope, SEM)을 혼동하지 말기 바란다. STM은 1981년에 스위스에 있는 IBM Zurich 연구소의 Binnig과 Rohrer에 의해 발명되었다. 그 공로로 이 두 과학자는 1986년에 노벨물리학상을 받았다. **STM을 사용하면 고도의 전자밀도가 존재하는 지역을 볼 수 있어서 결정격자의 표면에 있는 원자나 분자의 위치를 추정할 수 있다.** 기존의 방법으로는 회절패턴과 같은 힘든 일을 해야 하고 공간적인 격자구조를 해석해야 한다. STM은 원자력간 현미경 (atomic force microscope, AFM)보다 분해능이 좋다. STM과 AFM 둘 다 주사탐침 현미경 (scanning probe microscopes, SPM)의 범주에 든다. STM은 원자규모인 0.2 nm로 전도표면의 영상을 얻어내고 또는 개별 원자를 조작할 수 있고 화학반응을 개시할 수 있고, 전자를 주거나 빼내서 원자나 분자로부터 이온을 발생할 수 있다. 이 현미경에는 표면을 스캔할 수 있는 매우 날카로운 바늘이 있어서 오로지 원자 하나만을 상대할 수 있다. 턴넬링전류는 오직 바늘과 표면이 매우 근접했을 때만 흐른다. STM은 양자역학의 원리를 이용한다. 바늘 끝은 원자 하나가 달린 것처럼 바늘이 재료 표면을 이리 저리 움직인다. 이 때 바늘끝과 표면 사이에 전압을 걸어주면 표면과 바늘끝 사이에 에너지장벽을 뚫고 전자가 턴넬링하여 약한 전류를 발생한다. 전자의 턴넬링의 방향은 가해준 전장의 극성에 달려있다. 이 전류의 세기는 바늘 끝과 표면사이의 거리에 지수적으로 변한다. 턴넬링이 일어나기 위해서는 물질이 전도체이거나 반도체이어야 한다. 절연체인 경우는 전자가 이동해서 채울 수 있는 에너지상태가 없기 때문에 이용할 수가 없다. 팁과 표면사이의 거리를 조절하면서 전류가 일정하게 흐르도록 해준다. 이 거리는 전장의 전압으로 결정된다. 표면 위에서 팁을 주사하고 높이 (전압과 연관됨)를 측정하면서 재료의 표면을 영상화 한다. STM은 단일 원자를 볼 수 있는 분해능을 갖고 시료표면의 나노미터 안에 오게 된다. 팁이 표면과 접촉하면 팁은 붕괴되고 새로 바꿔 끼워야 한다.

그림 (7-5-1). **주사터넬링현미경의 단면도.**

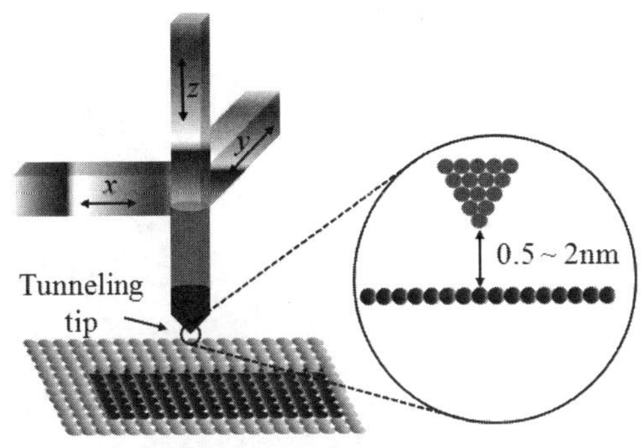

(b) 원자력간 현미경

원자력간 현미경 (atomic force microscope, AFM)**은 고 분해능을 갖는 주사탐침** SPM**이다.** 광학회절한계보다 1000 배나 큰 나노미터의 이하의 분해능을 갖는다. AFM은 1986년에 Binnig, Quate과 Gerber에 의해 발명되었으며 나노규모로 재료의 영상, 측정 및 조작할 수 있는 매우 좋은 도구이다. AFM에는 μm 규모의 cantilever가 있는데 그 안에는 끝이 뾰죽한 팁이 있다. Cantilever는 규소나 질화규소로서 나노미터크기로 곡률반경을 갖고 있다. 팁이 시료표면에 오면 팁과 표면사이에 Hooke의 법칙에 따는 인력이 생겨 cantilever가 휘게 된다. 이 힘은 기계적인 접촉력, van der Waals 힘, 모세관 힘, 화학결합력, 정전기적인 힘, 자기력, Casimir 힘 및 용매화 힘 등일 수 있다. 일정한 높이로 스캔하면 표면과 팁이 충돌하여 팁이 손상을 입을 수 있으므로 팁과 시료사이에 일정한 힘이 생기도록 팁과 시료사이의 거리를 조절할 수 있도록 해준다. 팁과 표면사이에 생기는 힘으로 인하여 cantilever가 휘게 되면 팁이 수직으로 이동하는데 이를 레이저반점 (laser spot)으로 움직인 높이를 측정한다. AFM의 장점은 전도체이건 절연체이건 측정이 모두 가능하다는 것이다.

그림 (7-5-2). **AFM의 단면도.**

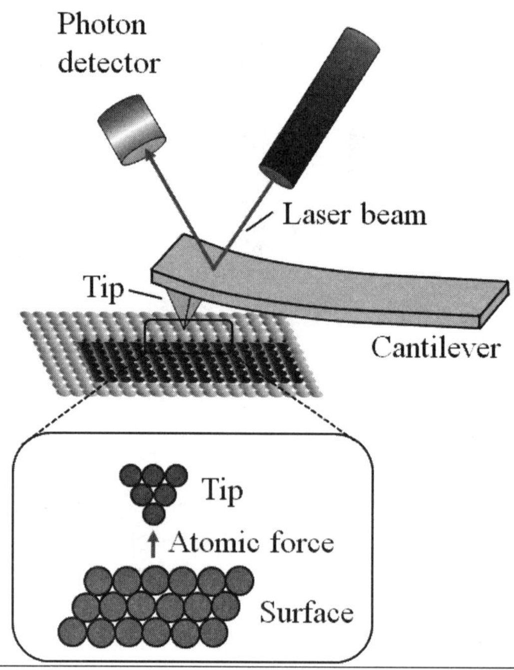

(c) 주사전자 현미경

주사전자 현미경 (scanning electron microscopy, SEM)은 진공 중에 놓인 시료표면에 가속된 전자를 조사시켜 시료표면에서 발생하는 2차전자, 반사전자, 투과전자, 가시광, 적외선, X-선 및 내부기전력 등의 신호를 검출하여 시료의 형태와 미세구조의 관찰이나 구성원소의 분포, 정성 및 정량분석을 하는 기기이다. SEM을 이용하여 주로 **시료의 형태** (morphology)**를 영상화하여 시료를 성분분석한다.**

(d) 투과전자현미경

투과전자 현미경 (transmission electron microscopy, TEM)은 **진공 중에 놓인 시료표면에 가속된 전자를 조사시켜 전자가 시료와 상호작용할 때 생기는 산란흡수, 회절 및 위상을 이용하여 물질의 구조를 규명하는 투과전자현미경이다. SEM에 비해 분해능이 상당히 높기 때문에 물질의 분자 및 원자수준의 미세구조를 관찰할 수 있고, 전자회절영상을 이용하여 물질의 결정구조를 분석 할 수가 있다.** 본 측정법은 주로 물질의 미시구조, 결정구조, 화학조성분석 및 나노튜브 등의 내부구조를 규명하는 데 사용한다.

연습문제

(7-1) 아래의 두 반쪽전지의 표준환원전위로부터 제3의 반쪽전지의 표준환원전위 (E_3^0)를 구하시오.

$Au^{3+}(aq) + 3e \rightarrow Au(s),\ E_1^0 = 1.50V$. $Au^{3+}(aq) + 2e \rightarrow Au^{+}(aq),\ E_2^0 = 1.41V$

$Au^{+}(aq) + e \rightarrow Au(s),\ E_3^0 = ?$

(7-2) 아래에 나타낸 전지도표를 이용하여 아래 물음에 답하시오.

$Pt|H_2(1.00\,bar)|HCl(0.100M)|H_2(0.100\,bar)|Pt$

(a) 이와 같은 전지를 무슨 전지라 부르는가?

(b) 전지반응을 쓰고 표준전지전위를 구하시오.

(c) 전지전위를 구하시오.

(d) 전지반응의 ΔG를 구하시오.

(7-3) 아래 자료를 이용하여 다음의 물음에 답하시오.

$AgCl + e \rightarrow Ag + Cl^-$ $\quad E^0 = 0.222V$. $Ag^+ + e \rightarrow Ag$ $\quad E^0 = 0.799V$.

(a) $AgCl \rightarrow Ag^+ + Cl^-$ 반응의 표준전지전위를 구하시오.

(b) $AgCl \rightarrow Ag^+ + Cl^-$ 반응의 ΔG^0를 구하시오.

(c) 298.15 K에서 용해도곱상수 $K_{SP} = [Ag^+][Cl^-]$를 구하시오.

(7-4) 아래 전지의 전지전위가 0.702 V로 측정되었다. Hg/Hg_2Cl_2의 표준환원전위가 0.270 V일 때 아래 물음에 답하시오.

$Cd|Cd^{2+}(a = 0.1000) \| Cl^-(a = 1.000)|Hg_2Cl_2(s)|Hg$

(a) 전지반응을 쓰시오.

(b) $Cd/Cd^{2+}(a = 0.1000)$전극의 환원 전위를 계산하시오.

(c) Cd/Cd^{2+} 전극의 표준환원전위를 계산하시오.

(7-5) $K_{SP}(AgBr)$을 결정할 수 있는 전지를 도시하고, 아래에 주어진 자료로부터 25 ℃ 에서 $K_{SP}(AgBr)$를 결정하시오.

$AgBr(s) + e \rightarrow Ag(s) + Br^-(aq)$ $\qquad E^0 = 0.095\,V$

$Ag^+ + e \rightarrow Ag(s)$ $\qquad E^0 = 0.7991\,V$

(7-6) 아래 자료를 이용하여 다음의 물음에 답하시오.

$PbSO_4 + 2e \rightarrow Pb + SO_4^{2-}$, $E^0 = -0.36\,V$. $Pb^{2+} + 2e \rightarrow Pb$, $E^0 = -0.13\,V$

(a) $PbSO_4 \rightarrow Pb^{2+} + SO_4^{2-}$ 반응의 표준전지전위를 구하시오.

(b) $PbSO_4 \rightarrow Pb^{2+} + SO_4^{2-}$ 반응의 $\Delta_r G^0$를 구하시오

(c) 298.15 K에서 용해도곱상수 $K_{SP} = [Pb^{2+}][SO_4^{2-}]$를 구하시오.

(7-7) 아래 전지의 전지전위가 0.500 V로 측정되었다. Hg/Hg_2Cl_2의 표준환원전위가 0.270 V일 때 아래 물음에 답하시오.

$M|M^{2+}(a = 0.1000) \parallel Cl^-(a = 1.000)|Hg_2Cl_2(s)|Hg$

(a) 전지반응을 쓰시오.

(b) $M/M^{2+}(a = 0.1000)$ 전극의 환원 전위를 계산하시오.

(c) M/M^{2+} 전극의 표준환원전위를 계산하시오.

(d) 이 전지반응의 ΔG를 구하시오.

(7-8) 아래 전지도표를 이용해서 전지를 도시하고 전지전위를 계산하시오. 전자가 이동하는 방향도 나타내시오.

$Zn(s)|Zn^{2+}(aq, a = 0.00100) \parallel Cu^{2+}(aq, a = 0.100)|Cu(s)$

단, $Zn^{2+}(aq) + 2e \rightarrow Zn(s)$, $E^0 = -0.7618V$.

$Cu^{2+}(aq) + 2e \rightarrow Cu(s)$, $E^0 = 0.337V$

(7-9) 이온전자반쪽반응법을 이용하여 아래 반응식을 완결하시오.

$IO_3^- + I^- + H^+ \rightarrow I_3^- + H_2O$

(7-10) 다음 전지 반응에 관하여 답하시오.

$Pt(s)|Cu^+(0.500M), Cu^{2+}(0.300M) \parallel MnO_4^-(0.800M), Mn^{2+}(0.200M), H^+(1.00M)|Pt(s)$

$E^0(MnO_4^-/Mn^{2+}) = 1.507V$. $E^0(Cu^{2+}/Cu^+) = 0.153V$

(a) 반쪽전지반응들을 쓰고 반쪽전지와 전자의 전압을 계산하시오.

(b) 이 전지의 자발적 작동 여부를 판단하시오.

(7-11) $Cr_2O_7^{2-} + Sn^{2+} + H^+ \rightarrow Cr^{3+} + Sn^{4+}$

(a) 완결된 산화 반쪽반응을 적으시오.

(b) 완결된 환원 반쪽반응을 적으시오.

(c) 완결된 전체반응식을 적으시오.

(d) 위 반응에서 환원제는 무엇인가?

(7-12) 이온전자반쪽반응법을 이용하여 염기성 용액에서 일어나는 반응식을 완결하시오.

$NO_3^- + H_2SO_3 \rightarrow NO + SO_4^{2-}$

(7-13) 어떤 금속 M을 $SnCl_2$ 용액에 넣으면 Sn이 도금된다. 그러나 Ni 막대를 MCl_2 용액에 넣으면 Ni에 금속 M이 도금된다.

(a) 각 경우에 해당하는 반응식을 적으시오.

(b) M^{2+}, Ni^{2+}, Sn^{2+} 중에서 가장 강한 산화제는 무엇이고, 가장 약한 산화제는 무엇인가?

(7-14) 이온전자반쪽반응법으로 산성용액에서 일어나는 반응식을 완결하고자 한다.

$MnO_4^-(aq) + SO_2(g) + H_2O(\ell) \rightarrow Mn^{2+}(aq) + SO_4^{2-}(aq) + H^+(aq)$

다음 물음에 답하시오.

(a) 환원이 되는 화학종은?

(b) 물질보존을 감안한 환원반쪽반응은?

(c) 전하보존을 감안한 환원반쪽반응은?

(d) 산화가 되는 화학종은?

(e) 물질보존을 감안한 산화반쪽반응은?

(f) 전하보존을 감안한 산화반쪽반응은?

(7-15) Daniell 전지의 표준전지전위는 $E^0_{cell} = 1.10\ V$ 이다. 다음 반응의 열역학적 평형상수를 구하시오. $Zn(s) + Cu^{2+}(aq) \rightleftarrows Zn^{2+}(aq) + Cu(s)$

(7-16) 아래 자료를 이용하여 물의 자체해리상수 (ion-product constant, dissociation constant for water) $K_w = (a_{H^+})_{eq}(a_{OH^-})_{eq}$를 구하시오.

$2H^+(aq) + 2e \rightarrow H_2(g) \qquad E^0 = 0.0000\ V$

$2H_2O(\ell) + 2e \rightarrow H_2(g) + 2OH^-(aq) \qquad E^0 = -0.8277\ V$

(7-17) 아래에 나타낸 전지도표를 이용하여 아래 물음에 답하시오.

$Hg|Hg_2Cl_2(s)|Cl^-(aq, a = 1.00) \| Cl^-(aq, a = 0.100)|Hg_2Cl_{2(s)}|Hg$

단, $\frac{1}{2}Hg_2Cl_2(s) + e \rightarrow Hg + Cl^-(aq) \qquad E^0 = 0.268V$

(a) 이러한 전지를 무슨 전지라고 부르는가?

(b) 전체알짜전지반응식을 쓰시오.

(c) 전지를 그리시오.

(d) 표준전지전위를 계산하시오.

(e) 전체반응의 전지전위(E_{cell})를 계산하시오.

(f) ΔG를 구하시오.

(g) (c)번에 그린 전지에서 전자가 흐르는 방향을 나타내시오.

(7-18) 아래에 나타낸 전지 속의 HCl 용액의 pH가 1.00이다. 이 반응의 기전력 (E)을 구하시오.

$Pt(s)|H_2(g, f = 1.000)|HCl(aq)|AgCl(s)|Ag(s)$

단, $AgCl(s) + e \rightarrow Ag + Cl^-(aq)$ $\qquad E^0 = 0.222V$

(7-19) $D^+(aq) + e \rightarrow \frac{1}{2}D_2(g)$ $\qquad E^0 = -0.0034V$

위 실험자료를 이용하여 아래 반응의 열역학적 평형상수를 구하시오.

$2H^+(aq) + D_2(g) \rightarrow H_2(g) + 2D^+(aq)$

(7-20) 제 1 및 2의 전극전위로부터 제 3의 전극전위를 구하시오.

$Fe^{3+}(aq) + e \rightarrow Fe^{2+}(aq),\ E_1^0 = 0.771V.$

$\frac{1}{2}Fe^{2+}(aq) + e \rightarrow \frac{1}{2}Fe(s),\ E_2^0 = -0.440V$

$\frac{1}{3}Fe^{3+}(aq) + e \rightarrow \frac{1}{3}Fe(s) \qquad E_3^0 = ?$

연습문제해답

(7-1)

$Au^{3+}(aq) + 3e^- \rightarrow Au(s),\ E_1^0 = 1.50\ V,\ \Delta G_1^0 = -3F \cdot 1.50\ V = -4.50\ FV$ (7–1)

$Au^{3+}(aq) + 2e^- \rightarrow Au^+(aq),\quad E_2^0 = 1.41\ V.\ \Delta G_2^0 = -2F \cdot 1.41\ V = -2.82\ FV$

(7–2)

식 (7-1)에서 식 (7-2)를 빼주면

$Au^+(aq) + e^- \rightarrow Au(s),\ E_3^0 = ?,\ \Delta G_3^0 = -F \cdot E_3^0 = (-4.50 + 2.82)FV = -1.68FV$

$\therefore\ E_3^0 = 1.68\ V$

(7-2) $Pt|H_2(1.00bar)|HCl(0.10M)|H_2(0.100bar)|Pt$

(a) 농도차전지

(b) 양극 : $\frac{1}{2}H_2(g, 1.00^-$　　　음극 : $H^+(aq, 0.100M) + e^- \rightarrow \frac{1}{2}H_2(g, 0.100^-$

알짜전체반응 : $\frac{1}{2}H_2(g, 1.00bar) \rightarrow \frac{1}{2}H_2(g, 0.100bar)$　　$E_{cell}^0 = 0.000V$

표준전지전위 = 0.000V

(c) 전지반응 : $\frac{1}{2}H_2(g, 1.00bar) \rightarrow \frac{1}{2}H_2(g, 0.100bar)$　　$E_{cell}^0 = 0.000V$

$$E_{cell} = E_{cell}^0 - 0.05916\log\frac{\{f_{H_2}(\text{오른쪽})\}^{1/2}}{\{f_{H_2}(\text{왼쪽})\}^{1/2}} = -0.05916\log\frac{0.100}{1.00} = 0.05916(V)$$

$\therefore$ 전지전위 = 0.05916 V

(d) 전지반응의 $\Delta G = -nFE = -1mol \cdot 96{,}485\frac{C}{1mol} \cdot 0.05916V = -5.71\ kJ$

이 반응의 Gibbs 자유에너지변화는 음수이므로 이 반응은 자발적으로 일어난다. 다시 말하면 농도가 짙은 전극은 농도가 감소하고 묽은 전극은 농도가 짙어지는 반응이 자발적으로 일어난다.

(7-3) $AgCl + e^- \rightarrow Ag + Cl^-\quad E_1^0 = 0.222V,\ Ag^+ + e^- \rightarrow Ag\quad E_2^0 = 0.799V$

(a) $AgCl \rightarrow Ag^+ + Cl^-$ 반응의 표준전지전위 = 0.222 - 0.799 = -0.577 V

(b) $AgCl \rightarrow Ag^+ + Cl^-$ 반응의 표준 Gibbs 자유에너지변화

$\Delta G^0 = -nFE^0 = -1mol \cdot 96{,}485C/mol \cdot (-0.577V) = 55.7kJ$

(c) 298.15 K에서 용해도곱상수 $K = K_{SP}$를 구하기 위하여

$$\Delta G^0 = -RT\ln K \text{에서} \quad K = \exp\left(-\frac{\Delta G^0}{RT}\right) = 1.76\text{x}10^{-10}$$

(7-4) (a) 산화전극반응 : $Cd(s) \rightarrow Cd^{2+}(aq) + 2e^-$

환원전극반응 : $Hg_2Cl_2(s) + 2e^- \rightarrow 2Hg(l) + 2Cl^-(aq)$

전지반응 : $Hg_2Cl_2(s) + Cd(s) \rightarrow 2Hg(l) + Cd^{2+}(aq) + 2Cl^-(aq)$

(b) $Cd(s) \rightarrow Cd^{2+}(aq) + 2e^- \quad E_{Cd/Cd^{2+}}$

$Hg_2Cl_2(s) + 2e^- \rightarrow 2Hg(\ell) + 2Cl^-(a = 1.000) \quad E^0_{Hg_2Cl_2(s)/Hg(l)} = 0.270V$

$Hg_2Cl_2(s) + Cd(s) \rightarrow 2Hg(l) + Cd^{2+}(aq) + 2Cl^-(aq), E_{cell}$

$E_{cell} = 0.702V = 0.270V + E_{Cd/Cd^{2+}}. \quad \therefore E_{Cd/Cd^{2+}} = 0.432\,V$

(c) $Cd^{2+}(aq, a = 0.1000) + 2e^- \rightarrow Cd(s) \quad E_{Cd^{2+}/Cd} = -0.432\,V$

$$E = -0.432\,V = E^0 - \frac{0.05916}{2}\log\frac{1}{a_{Cd^{2+}}} = E^0 - \frac{0.05916}{2}\log\frac{1}{0.1000}$$

$\therefore E^0 = -0.402\,V$

(7-5) $K_{SP}(AgBr)$를 결정하기 위해서 전체반응이 아래와 같아야 한다.

$AgBr(s) \rightarrow Ag^+(aq) + Br^-(aq)$ 따라서 전지도표는 아래와 같이 주어져야 한다.

$Ag|Ag^+(aq) \| Br^-(aq)|AgBr(s)|Ag(s)$

양극 : $Ag(s) \rightarrow Ag^+(aq) + e \qquad E^0 = -0.7991V$

음극 : $AgBr(s) + e \rightarrow Ag(s) + Br^-(aq) \qquad E^0 = 0.095\,V$

전체반응 : $AgBr(s) \rightarrow Ag^+(aq) + Br^-(aq) \quad E^0_{cell} = -0.704V$

$$0 = E_{cell} = E^0_{cell} - 0.05916\log\frac{a^{eq}_{Ag^+(aq)}a^{eq}_{Br^-(aq)}}{a_{AgBr(s)}} = -0.704 - 0.05916\log K_{SP}$$

$K_{SP}(AgBr) = 1.26\text{x}10^{-12}$

(7-6) (a) $E^0_{cell} = -0.36 - (-0.13) = -0.23\,(V)$

(b) $\Delta_r G^0 = -nFE^0 = -2\text{x}96{,}485C\text{x}(-0.23\,V) = 44\text{ kJ}$

(c) $E_{cell} = 0 = E^0_{cell} - \frac{0.05916}{2}\log[Pb^{2+}][SO_4^{2-}] = -0.23 - \frac{0.05916}{2}\log K_{SP}$

$K_{SP} = 1.7\text{x}10^{-8}$

(7-7) (a) 양극 : $M(s) \rightarrow M^{2+}(aq) + 2e$

음극 : $Hg_2Cl_2(s) + 2e \rightarrow 2Hg(l) + 2Cl^-(aq)$

전지반응 : $Hg_2Cl_2(s) + M(s) \rightarrow 2Hg(\ell) + M^{2+}(aq) + 2Cl^-(aq)$

(b) $M(s) \rightarrow M^{2+}(aq, a = 0.1000) + 2e, \quad E_{M/M^{2+}} = ?$

$Hg_2Cl_2(s) + 2e \rightarrow 2Hg(\ell) + 2Cl^-(a = 1.000), E^0_{Hg_2Cl_2(s)/Hg(\ell)} = 0.270\,V$

$Hg_2Cl_2(s) + M(s) \rightarrow 2Hg(l) + M^{2+}(aq) + 2Cl^-(aq), E_{cell}$

$E_{cell} = 0.500V = 0.270V + E_{M/M^{2+}}$

$\therefore\ E^{2+}_{M/M} = 0.230\,V$

(c) $M^{2+}(aq, a = 0.1000) + 2e \rightarrow M(s), E_{M/M^{2+}} = -0.230V$

$$E = -0.230\,V = E^0 - \frac{0.05916}{2}\log\frac{1}{a_{M^{2+}}} = E^0 - \frac{0.05916}{2}\log\frac{1}{0.1000}$$

$\therefore\ E^0 = -0.200V$

(d) 이 전지반응의 $\Delta G = -nFE = -2\text{mol} \cdot \dfrac{96,485\,C}{\text{mol}} \cdot 0.200\ V = -38.6\ kJ$

(7-8) $Zn(s)|Zn^{2+}(aq, a = 0.00100) \parallel Cu^{2+}(aq, a = 0.100)|Cu(s)$

양극 : $Zn(s) \rightarrow Zn^{2+}(aq, a = 0.00100) + 2e \qquad E^0 = 0.7618\ V$

음극 : $Cu^{2+}(aq, a = 0.100) + 2e \rightarrow Cu(s) \qquad E^0 = 0.337\ V$

전체반응 :

$Zn(s) + Cu^{2+}(aq, a = 0.100) \rightarrow Zn^{2+}(aq, a = 0.00100) + Cu(s) \quad E^0_{cell} = 1.099\ V$

$$E = E^0 - \frac{0.05916}{2}\log\frac{a_{Zn^{2+}}}{a_{Cu^{2+}}} = 1.099 - \frac{0.05916}{2}\log\frac{0.00100}{0.100} = 1.158\,(V)$$

$E > 0$이므로 전체반응에 나타낸 반응이 자발적으로 일어난다.

(7-9) 1단계 : 산화 또는 환원이 일어난 화학종을 연결한다.

환원

$IO_3^- + I^- + H^+ \rightarrow I_3^- + H_2O$

산화

2단계 : 반응물과 생성물의 원자수를 맞추어준다.

$3IO_3^- \rightarrow I_3^-$

3단계 : 환원이 일어난 화학종에 산화수가 변한 만큼 전자를 가해준다.

$3IO_3^- + 16e \rightarrow I_3^-$

4단계 : 양변의 전하가 같도록 H^+나 OH^- 화학종을 가해준다.

$$3IO_3^- + 18H^+ + 16e \rightarrow I_3^- + 9H_2O \quad (7\text{–}3)$$

5단계 : 산화가 일어난 화학종에서도 비슷한 방법을 적용한다.

$$3I^- \rightarrow I_3^- + 2e$$

6단계 : 전체반응에서 전자수를 맞추어 주기 위하여 반응식에 어떤 수를 곱해준다.

$$24I^- \rightarrow 8I_3^- + 16e \quad (7\text{–}4)$$

7단계 : 두 반쪽 반응식 식 (7-3)과 (7-4)를 더한다.

$$3IO_3^- + 24I^- + 18H^+ \rightarrow 9I_3^- + 9H_2O \quad (7\text{–}5)$$

식 (7-5)에서 양변을 3으로 나누어준다.

$$IO_3^- + 8I^- + 6H^+ \rightarrow 3I_3^- + 3H_2O \quad (7\text{–}6)$$

반응식 (7-6)이 완결된 전체반응식이다.

(7-10) (a) $MnO_4^-(aq) + 8H^+(aq) + 5e \rightarrow Mn^{2+}(aq) + 4H_2O \quad E^0 = 1.491\ V$

$Cu^{2+}(aq) + e \rightarrow Cu^+(aq) \quad E^0 = 0.153\ V$

$$E = E^0(MnO_4^-/Mn^{2+}) - \frac{0.05916}{5}\log\frac{[Mn^{2+}]}{[MnO_4^-][H^+]^8}$$

$$= 1.491 - \frac{0.05916}{5}\log\frac{0.200}{0.800x1.00^8} = 1.498V$$

$$E = E^0(Cu^{2+}/Cu^+) - 0.05916\log\frac{[Cu^+]}{[Cu^{2+}]}$$

$$= 0.153 - 0.05916\log\frac{0.500}{0.300} = 0.140V$$

$$E_{cell} = E_{reduction} - E_{oxidation} = 1.498 - 0.140 = 1.358(V)$$

(b) $\Delta G = -nFE < 0$이므로 이 전체반응은 자발적으로 일어난다.

(7-11)

환원 ($Cr_2O_7^{2-} \rightarrow Cr^{3+}$)

$$Cr_2O_7^{2-} + Sn^{2+} + H^+ \rightarrow Cr^{3+} + Sn^{4+}$$

산화 ($Sn^{2+} \rightarrow Sn^{4+}$)

(a) $Sn^{2+} \rightarrow Sn^{4+} + 2e$

(b) $Cr_2O_7^{2-} \rightarrow 2Cr^{3+}$, $Cr_2O_7^{2-} + 6e \rightarrow 2Cr^{3+}$, $Cr_2O_7^{2-} + 14H^+ + 6e \rightarrow 2Cr^{3+}$

$Cr_2O_7^{2-} + 14H^+ + 6e \rightarrow 2Cr^{3+} + 7H_2O$

(c) 3x $Sn^{2+} \rightarrow Sn^{4+} + 2e$, $Cr_2O_7^{2-} + 14H^+ + 6e \rightarrow 2Cr^{3+} + 7H_2O$

전체반응 : $Cr_2O_7^{2-} + 3Sn^{2+} + 14H^+ \rightarrow 2Cr^{3+} + 3Sn^{4+} + 7H_2O$

(d) Sn^{2+}

(7-12)

환원

$NO_3^- + H_2SO_3 \rightarrow SO_4^{2-} + NO$

산화

$NO_3^- + 3e \rightarrow NO$, $NO_3^- + 3e \rightarrow NO + 4OH^-$

$$NO_3^- + 2H_2O + 3e \rightarrow NO + 4OH^- \quad (7\text{–}7)$$

$H_2SO_3 \rightarrow SO_4^{2-} + 2e$, $H_2SO_3 + 4OH^- \rightarrow SO_4^{2-} + 2e$

$$H_2SO_3 + 4OH^- \rightarrow SO_4^{2-} + 3H_2O + 2e \quad (7\text{–}8)$$

식 (7-7)에 2를 곱하고 식 (7-8)에 3을 곱해서 합하면 아래 전체반응식이 얻어진다,

$2NO_3^- + 3H_2SO_3 + 4OH^- \rightarrow 2NO + 3SO_4^{2-} + 5H_2O$

(7-13) (a) $M + Sn^{2+} \rightarrow M^{2+} + Sn$, $M^{2+} + Ni \rightarrow M + Ni^{2+}$

(b) 가장 강한 산화제는 Sn^{2+} 이고 가장 약한 산화제는 Ni^{2+} 이다. 산화력이 센 순서는 다음과 같다. $Sn^{2+} > M^{2+} > Ni^{2+}$

(7-14) $MnO_4^-(aq) + SO_2(g) + H_2O(\ell) \rightarrow Mn^{2+}(aq) + SO_4^{2-}(aq) + H^+(aq)$

(a) $MnO_4^-(aq)$

(b) $MnO_4^-(aq) + 8H^+ \rightarrow Mn^{2+}(aq) + 4H_2O$

(c) $MnO_4^-(aq) + 8H^+ + 5e \rightarrow Mn^{2+}(aq) + 4H_2O$

(d) $SO_2(g)$

(e) $SO_2(g) + 2H_2O(\ell) \rightarrow SO_4^{2-}(aq) + 4H^+(aq)$

(f) $SO_2(g) + 2H_2O(\ell) \rightarrow SO_4^{2-}(aq) + 4H^+(aq) + 2e$

(7-15) 양극 : $Zn(s) \rightarrow Zn^{2+}(aq) + 2e$ $\quad E^0 = 0.7618V$

음극 : $Cu^{2+}(aq) + 2e \rightarrow Cu(s)$ $\quad E^0 = 0.337V$

$Zn(s) + Cu^{2+}(aq) \rightleftarrows Zn^{2+}(aq) + Cu(s)$의 반응에서

$$E_{cell} = 0 = E^0_{cell} - \frac{0.05916}{2}\log\frac{(a_{Zn^{2+}})_{eq}}{(a_{Cu^{2+}})_{eq}} = 1.099 - \frac{0.05916}{2}\log K$$

$K = 1.54\text{x}10^{37}$

(7-16) $H_2(g) \rightarrow 2H^+(aq) + 2e \quad E^0 = 0.0000\ V$

$2H_2O(\ell) + 2e \rightarrow H_2(g) + 2OH^-(aq) \qquad E^0 = -0.8277V$

두 식을 합하면

$2H_2O(\ell) \rightarrow 2H^+(aq) + 2OH^-(aq) \qquad E^0_{cell} = -0.8277V$

$$E_{cell} = 0 = E^0_{cell} - \frac{0.05916}{2}\log\frac{(a_{H^+})^2_{eq}(a_{OH^-})^2_{eq}}{(a_{H_2O})_{eq}} = -0.8277 - \frac{0.05916}{2}\log(a_{H^+})^2_{eq}(a_{OH^-})^2_{eq}$$

$$= -0.8277 - \frac{0.05916}{2}\log K_w^2$$

앞 식에서 $a_{H_2O} = 1$로 정의한다.

$\therefore \ K_w = 1.02\text{x}10^{-14}$

(7-17)

(a) 농도차전지

(b) $Hg + Cl^-(aq, a = 1.00) \rightarrow \frac{1}{2}Hg_2Cl_2(s) + e \qquad E^0 = -0.268V$

$\frac{1}{2}Hg_2Cl_2(s) + e \rightarrow Hg + Cl^-(aq, a = 0.100) \qquad E^0 = 0.268V$

전체반응 : $Hg + \frac{1}{2}Hg_2Cl_2(s) + Cl^-(aq, a = 1.00) \rightarrow$

$Hg + \frac{1}{2}Hg_2Cl_2(s) + Cl^-(aq, a = 0.100) \qquad E^0_{cell} = 0.000V$

(d) $E^0_{cell} = 0$

(e)

$$E_{cell} = 0 = E^0_{cell} - 0.05916\log\frac{a_{Cl^-}(\prod uct)}{a_{Cl^-}(reactant)} = -0.05916\log\frac{0.100}{1.00} = 0.0592(V)$$

(f) $\Delta G = -nFE = -1\text{mol} \cdot \frac{96{,}485C}{\text{mol}}(0.0592V) = -5.71kJ$

(g) (c)번에 그린 전지에서 전자가 왼쪽 전극에서 오른쪽 전극으로 흐른다.

(7-18) $Pt|H_2(g, f = 1.000)|HCl(aq)|AgCl(s)|Ag$

$\frac{1}{2}H_2(g) \rightarrow H^+ + e \ \ E^0 = 0.000V$, $AgCl(s) + e \rightarrow Ag + Cl^-(aq) \ \ E^0 = 0.2224V$

전체반응 : $AgCl(s) + \frac{1}{2}H_2 \rightarrow Ag + H^+ + Cl^-(aq)$ $E^0 = 0.2224V$

$$E_{cell} = E_{cell}^0 - 0.05916\log\frac{a_{H^+}a_{Cl^-}}{(f_{H_2})^{1/2}} = 0.2224 - 0.05916\log\frac{(0.1000)^2}{1.000} = 0.3407(V)$$

(7-19) $D_2(g) \rightarrow 2D^+(aq) + 2e$ $E^0 = 0.0034V$

$2H^+(aq) + 2e \rightarrow H_2(g)$ $E^0 = 0.0000V$

전체반응 : $2H^+(aq) + D_2(g) \rightarrow H_2(g) + 2D^+(aq)$ $E_{cell}^0 = 0.0034V$

$$E_{cell} = E_{cell}^0 - \frac{0.05916}{2}\log\frac{(f_{H_2})(a_{D^+})^2}{(a_{H^+})^2(f_{D_2})} = 0.0034 - \frac{0.05916}{2}\log K = 0$$

$\therefore K = 1.30$

(7-20)

$Fe^{3+}(aq) + e \rightarrow Fe^{2+}(aq)$ $E_1^0 = 0.771V$ (7–9)

$\frac{1}{3}Fe^{3+}(aq) + e \rightarrow \frac{1}{3}Fe(s)$ $E_3^0 = ?$

$\frac{1}{2}Fe^{2+}(aq) + e \rightarrow \frac{1}{2}Fe(s)$ $E_2^0 = -0.440V$ (7–10)

식 (7-10)으로부터

$Fe^{2+}(aq) + 2e \rightarrow Fe(s)$ $E_2^0 = -0.440V$ (7–11)

식 (7-9)와 식 (7-11)을 더하면 아래 식이 얻어진다.

$Fe^{3+}(aq) + 3e \rightarrow Fe(s)$ $E_3^0 = ?$

$-1F \cdot 0.771 + (-2F)(-0.440) = -3FE_3^0$

$\therefore E_3^0 = -0.036V$

8장

새·롭·고·이·해·하·기·쉬·운·물·리·화·학

양자론 : 양자론의 기원과 원리

고전역학은 1900년까지 개발된 물리학으로서 **"어떤 입자의 운동량과 위치를 동시에 정확하게 측정가능하다"** 또한 **"에너지 및 각운동량과 같은 물리량은 연속적인 값을 갖는다."** 등의 이론에서 출발한다. 1875년경부터 고전역학으로는 설명이 불가능한 새로운 실험결과들이 나타나기 시작하였다. 그 중 대표적인 것이 흑사체복사 (blackbody radiation) 실험결과이다.

1. 흑사체복사

흑사체는 모든 주파수의 복사를 흡수할 수 있는 물체이다. 따라서 **흑사체는 모든 주파수 영역의 빛을 방출할 수도 있다.** 이 흑사체가 작은 구멍을 갖고 있으며 일정한 온도를 유지한다고 가정하자. **그림 (8-1-1)은 흑사체의 구멍을 통해서 나오는 복사의 온도에 따른 에너지밀도분포곡선의 변화를 나타내고 있다.** 여기서 온도가 올라갈수록 피이크 (peak)의 파장 (λ_{max})의 짧아진다. 즉, 방출된 빛의 피이크의 에너지가 높아진다. 1893년에 Wien이 꼭짓점과 온도와의 관계를 설정하는 식 (8-1-1)을 발견하였다. 이와 같은 법칙을 Wien의 변위의 법칙 (Wien's displacement law)이라고 부른다.

$$T\lambda_{max} = 2.89778 \times 10^{-3}\ \mathrm{m \cdot K} \tag{8-1-1}$$

이 식은 방출된 빛의 파장의 최고점 (λ_{max})으로부터 흑사체의 온도를 결정할 수 있는 매우 중요한 식이다. 일례로 태양표면의 온도를 결정하는데 이 식이 이용된다. 1879년에 Stefan은 흑사체복사밀도가 T^4에 비례한다는 실험적 결과를 발표하였다. Boltzmann은 이 식을 이론적으로 유도하였다.

$$E = aT^4 \qquad (8\text{-}1\text{-}2)$$

따라서 식 (8-1-2)를 Stefan-Boltzmann의 법칙이라고 부른다. Rayleigh는 Jeans의 도움을 받아 **고전역학이론을 이용하여 복사밀도와 파장사이의 관계식을 유도하였다.**

$$dE = \rho d\lambda,\ \ \rho = \frac{8\pi kT}{\lambda^4} \qquad (8\text{-}1\text{-}3)$$

그림 (8-1-1). **흑사체복사의 온도에 따른 에너지분포곡선의 변화. 복사체의 온도가 증가할수록 꼭짓점의 파장이 작아지고 있음.**

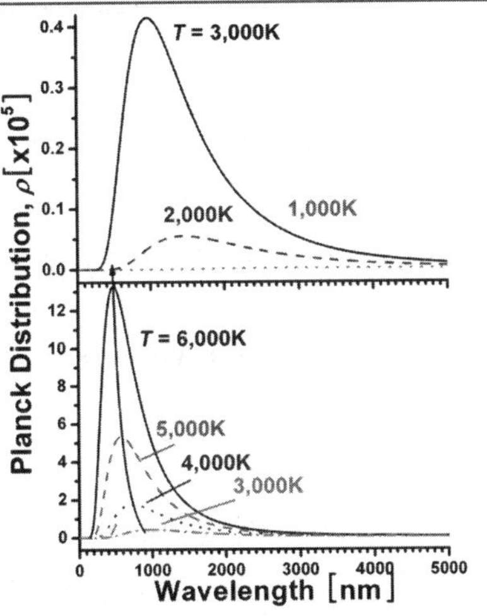

여기서 ρ는 비례상수, k를 Boltzmann 상수 $\left(\frac{R}{N_A}\right)$, R은 이상기체상수, 그리고 N_A는 아보가드로 상수이다. 그림 (8-1-2)에 고전역학이론으로 구한 파장과 에너지밀도의 관계그림을 나타내었다. 고전역학이론으로 얻어진 결과는 긴 파장에서는 실험과 잘 일치하나 짧은 파장에서는 전혀 일치하지 않음을 알 수 있다. **전자기파의 스펙트럼이 자외선 영역에서 실험과 일치하지 않는 현상을 자외선 파국** (ultraviolet catastrophe)**이라 부른다. 고전역학이 더 이상 미시계의 현상을 적절히 설명할 수 없다는 주장이 이때부터 제기되기 시작하였다.**

(a) Planck 분포

1900년 10월 19일 독일물리학회에서 Planck가 자신이 발견한 이론적 연구결과를 발표하였다. "방출된 파장에 따른 에너지밀도분포는 아래와 같이 주어진다"고 주장하였다.

$$dE = -\rho d\lambda,\ \ \rho(\lambda) = \frac{8\pi hc}{\lambda^5(e^{hc/\lambda kT} - 1)} \tag{8-1-4}$$

그림 (8-1-2). **Rayleigh-Jeans의 법칙과 Planck 이론과의 비교. 실험결과는 Planck 결과와 잘 일치함.**

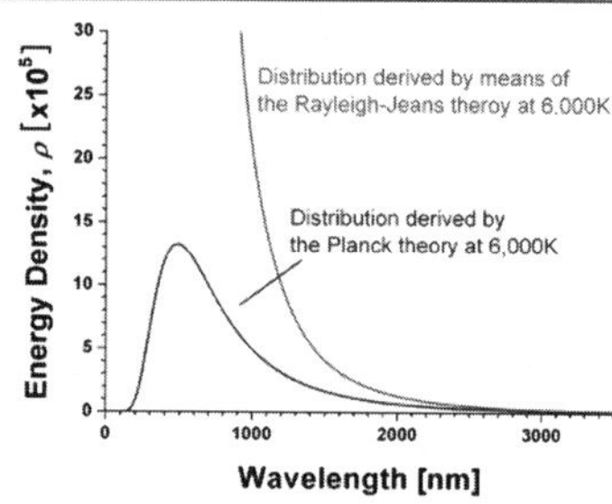

방출된 빛의 에너지가 $\lambda \sim \lambda + d\lambda$에서 증가한 값이 $-\rho d\lambda$이다. 여기서 "-" 부호는 파장이 증가할수록 에너지밀도는 낮아진다는 것이다. 식 (8-1-4)는 높은 온도 또는 긴 파장에서 식 (8-1-3)으로 변형된다. T가 커지면 아래 식 (8-1-5)로부터 식 (8-1-6)이 얻어진다.

$$e^{hc/\lambda kT} \fallingdotseq 1 + hc/\lambda kT + \frac{1}{2!}(hc/\lambda kT)^2 + \ldots.. \tag{8-1-5}$$

$$e^{hc/\lambda kT} \fallingdotseq 1 + hc/\lambda kT \tag{8-1-6}$$

식 (8-1-6)을 식 (8-1-4)에 대입하면 식 (8-1-3)이 얻어진다. 식 (8-1-4)를 λ에 대해 미분하여 0으로 놓으면 Wien의 법칙 {식 (8-1-1)}이 얻어진다. **Planck 식은 전 파장에서 실험결과와 잘 일치함을 알 수 있다.** Planck는 1900년 학회에서 자기가 이론적으로 유도한 식을 청중들에게 어떻게 설명하였을까? **Planck는 흑사체를 수없이 많은 조화진동자 (단진동자, harmonic oscillator)의 합으로 보았을 것이다.** 조화진동자에서 방출한 빛은 흑사체 안에서 수없이 반사되면서 간섭현상을 일으키고 그 결과로 광자의 에너지준위가 그림 (8-1-3)과 같이 결정된다.

그림 (8-1-3). **광자와 단진동의 평형으로 인한 광자준위의 결정.**

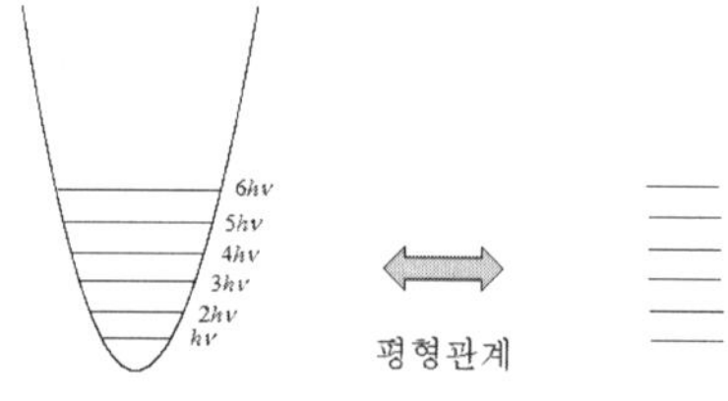

식 (8-1-4) (Planck 분포의 이론)의 유도.

Planck의 분포곡선을 구하려면 양자역학과 통계열역학의 폭넓은 지식이 필요하다. 본 증명 란에 간략하게 그 유도과정을 소개하고자 한다. 우선 단 하나의 자유입자의 양자상태와 에너지를 구할 필요가 있다.

$$i\hbar\frac{\partial\Psi}{\partial t}=\hat{H}\Psi \qquad (8\text{-}1\text{-}7)$$

$$\hat{p}=\frac{\hbar}{i}\overrightarrow{\nabla} \qquad (8\text{-}1\text{-}8)$$

아래와 같은 운동량 (p)과 에너지 (E) 사이의 고전역학적인 관계가 있다.

$$E=\frac{p^2}{2m} \qquad (8\text{-}1\text{-}9)$$

$$\hat{H}=\frac{\widehat{p^2}}{2m}=-\frac{\hbar^2}{2m}\left(\frac{\partial^2}{\partial x^2}+\frac{\partial^2}{\partial y^2}+\frac{\partial^2}{\partial z^2}\right) \qquad (8\text{-}1\text{-}10)$$

식 (8-1-7)의 해를 아래와 같이 놓는다.

$$\Psi=\psi e^{-i\omega t} \qquad (8\text{-}1\text{-}11)$$

식 (8-1-11)을 식 (8-1-7)에 대입하면

$$i\hbar\frac{\partial}{\partial t}\Psi=\psi i\hbar\frac{\partial}{\partial t}e^{-i\omega t}=\hbar\omega\psi e^{-i\omega t} \qquad (8\text{-}1\text{-}12)$$

$$\widehat{H\Psi}=-\frac{\hbar^2}{2m}\left(\frac{\partial^2}{\partial x^2}+\frac{\partial^2}{\partial y^2}+\frac{\partial^2}{\partial z^2}\right)\psi e^{-i\omega t}=-\frac{\hbar^2}{2m}e^{-i\omega t}\left(\frac{\partial^2}{\partial x^2}+\frac{\partial^2}{\partial y^2}+\frac{\partial^2}{\partial z^2}\right)\psi \qquad (8\text{-}1\text{-}13)$$

식 (8-1-13)에서 $\omega=\dfrac{\epsilon}{\hbar}$로 놓으면 아래 식이 성립한다.

$$-\frac{\hbar^2}{2m}\left(\frac{\partial^2}{\partial x^2}+\frac{\partial^2}{\partial y^2}+\frac{\partial^2}{\partial z^2}\right)\psi=\epsilon\psi \qquad (8\text{-}1\text{-}14)$$

식 (8-1-14)의 해는 아래와 같이 주어질 것이다.

$$\psi=Ae^{i(\kappa_x x+\kappa_y y+\kappa_y z)}=Ae^{i\kappa r} \qquad (8\text{-}1\text{-}15)$$

여기서 κ**를 파동벡터 (wave vector)라 하며 벡터의 성질을 갖고 있다.** 식 (8-1-14)와 식 (8-1-15)로부터 아래와 같은 식을 얻을 수 있다.

식 (8-1-4) (Planck 분포의 이론)의 유도 (계속).

식 (8-1-14)의 해는 아래와 같이 주어질 것이다.

$$\frac{\hbar^2}{2m}\left(\kappa_x^2+\kappa_y^2+\kappa_z^2\right)=\frac{\hbar^2}{2m}\boldsymbol{\kappa}^2=\epsilon \tag{8-1-16}$$

그림 (8-1-4)에 나타낸 바와 같이 흑사체를 어떤 물질의 배열로 간주한다.

$$\psi(x+a,y,z)=\psi(x,y,z) \tag{8-1-17}$$

$$\psi(x,y+b,z)=\psi(x,y,z) \tag{8-1-18}$$

$$\psi(x,y,z+c)=\psi(x,y,z) \tag{8-1-19}$$

식 (8-1-15)과 (8-1-17)로부터 아래 식이 얻어진다.

$$\kappa_x a=2\pi n_x \tag{8-1-20}$$

$$\therefore\ \kappa_x=\frac{2\pi n_x}{a},\ \kappa_y=\frac{2\pi n_y}{b},\ \kappa_x=\frac{2\pi n_z}{c} \tag{8-1-21}$$

$$\epsilon=\frac{\hbar^2}{2m}\left(\kappa_x^2+\kappa_y^2+\kappa_z^2\right)=\frac{4\pi^2\hbar^2}{2m}\left(\frac{n_x^2}{a^2}+\frac{n_y^2}{b^2}+\frac{n_z^2}{c^2}\right) \tag{8-1-22}$$

κ_x가 $\kappa_x \sim \kappa_x+d\kappa_x$ 사이에 있을 때 가능한 n_x의 값을 Δn_x라고 하면 아래 식이 성립한다.

$$\Delta n_x=\frac{a}{2\pi}d\kappa_x \tag{8-1-23}$$

$$\Delta n_y=\frac{b}{2\pi}d\kappa_y \tag{8-1-24}$$

그림 (8-1-4). 흑사체를 그림에서 회색으로 표시한 부피의 배열로 이루어진 물체로 간주함.

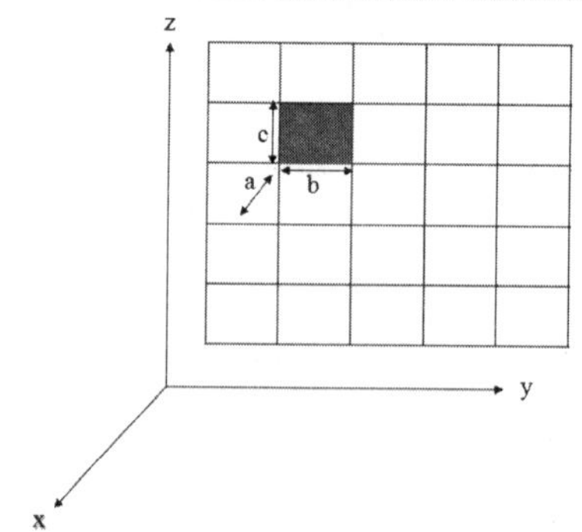

식 (8-1-4) (Planck 분포의 이론)의 유도 (계속).

$$\Delta n_z = \frac{c}{2\pi} d\kappa_z \tag{8-1-25}$$

$$\therefore \ \Delta n_x \Delta n_y \Delta n_y = \left(\frac{a}{2\pi} d\kappa_x\right)\left(\frac{b}{2\pi} d\kappa_y\right)\left(\frac{c}{2\pi} d\kappa_z\right) = \frac{abc}{(2\pi)^3} d\kappa_x d\kappa_y d\kappa_z$$
$$= \frac{V}{(2\pi)^3} d^3\boldsymbol{\kappa} = \rho d^3\boldsymbol{\kappa}$$

(8-1-26)

여기서 $d^3\boldsymbol{\kappa}$은 $\boldsymbol{\kappa}$ 공간에서 무한소 부피이다. ρ는 $\boldsymbol{\kappa}\hbar$ 값을 갖는 광자의 단위부피당 상태의 수이다. 따라서 단위부피당 $\frac{d^3\boldsymbol{\kappa}}{(2\pi)^3}$ 광자상태가 존재하게 된다. 다음은 정준 앙상블에서 에너지가 j라는 상태를 갖는 계의 수를 구한다. 어떤 앙상블에서 어떤 계가 에너지상태 j를 가질 확률은

$$P_j^{\cdot} = \frac{e^{-\beta E_j}}{\sum_j e^{-\beta E_j}} \tag{8-1-27}$$

계 안에는 N 개의 Bose-Einstein 입자가 존재하고 이 입자들은 에너지준위 ϵ_1, ϵ_2, • • ϵ_j 등에 골고루 배치된다. 여기서 입자의 총 개수와 입자의 총 에너지의 제한이 있다.

$$n_1\epsilon_1 + n_2\epsilon_2 + \cdots + n_i\epsilon_i + \cdots = \sum_i n_i\epsilon_i = E_j \tag{8-1-28}$$

$$n_1 + n_2 + \cdots + n_i + \cdots = \sum_i n_i = N \tag{8-1-29}$$

j라는 에너지상태를 갖는 계에서 N개의 입자가 존재하는데 그중에서 i라는 에너지상태를 갖는 입자의 평균수는 식 (8-1-27)로부터 아래와 같이 유도된다.

$$\overline{n_i} = \frac{\sum_{n_1, n_2, \cdots} n_i e^{-\beta(n_1\epsilon_1 + n_2\epsilon_2 + \cdots + n_i\epsilon_i + \cdots)}}{\sum_{n_1, n_2, \cdots} e^{-\beta(n_1\epsilon_1 + n_2\epsilon_2 + \cdots + n_i\epsilon_i + \cdots)}}$$
$$= \frac{\sum_{n_i} n_i e^{-\beta n_i\epsilon_i} \sum^{(i)}_{n_1, n_2, \cdots} e^{-\beta(n_1\epsilon_1 + n_2\epsilon_2 + \cdots)}}{\sum_{n_i} e^{-\beta n_i\epsilon_i} \sum^{(i)}_{n_1, n_2, \cdots} e^{-\beta(n_1\epsilon_1 + n_2\epsilon_2 + \cdots)}}$$

(8-1-30)

식 (8-1-4) (Planck 분포의 이론)의 유도 (계속).

여기서 $\sum_{n_1, n_2, \cdots}^{(i)} e^{-\beta(n_1\epsilon_1 + n_2\epsilon_2 + \cdots)}$ 항은 $n_i\epsilon_i$ 항을 생략한 합계를 뜻한다.

$$\therefore \ \overline{n_i} = \frac{\sum_{n_i} n_i e^{-\beta n_i \epsilon_i}}{\sum_{n_i} e^{-\beta n_i \epsilon_i}} \tag{8-1-31}$$

$$\overline{n_i} = \frac{\sum_{n_i} n_i e^{-\beta n_i \epsilon_i}}{\sum_{n_j} e^{-\beta n_i \epsilon_i}} = \frac{\left(-\frac{1}{\beta}\right)\left(\frac{\partial}{\partial \epsilon_i}\right)\sum_{n_i} e^{-\beta n_i \epsilon_i}}{\sum_{n_j} e^{-\beta n_i \epsilon_i}} = -\frac{1}{\beta}\left(\frac{\partial}{\partial \epsilon_i}\right)\ln\left(\sum_{n_i} e^{-\beta n_i \epsilon_i}\right) \tag{8-1-32}$$

여기서 $\beta = \frac{1}{kT}$

$$\sum_{n_i = 0}^{\infty} e^{-\beta n_i \epsilon_i} = 1 + e^{-\beta\epsilon_i} + e^{-2\beta\epsilon_i} + \cdots = \frac{1}{1 - e^{-\beta\epsilon_i}} \tag{8-1-33}$$

식 (8-1-33)을 이용하면 식 (8-1-32)는 아래와 같이 변형된다.

$$\overline{n_i} = -\frac{1}{\beta}\left(\frac{\partial}{\partial \epsilon_i}\right)\ln\left(\sum_{n_i} e^{-\beta n_i \epsilon_i}\right) = \frac{e^{-\beta\epsilon_i}}{1 - e^{-\beta\epsilon_i}} = \frac{1}{e^{\beta\epsilon_i} - 1} \tag{8-1-34}$$

이와 같은 분포를 Planck 분포라 한다. 광자의 파동벡터가 $\boldsymbol{k} \sim \boldsymbol{\kappa} + d\boldsymbol{\kappa}$의 범주에 있을 때 단위부피당 광자의 평균수를 $g(\boldsymbol{\kappa})d^3\boldsymbol{\kappa}$라고 하면 다음 식이 성립한다.

$$g(\boldsymbol{\kappa})d^3\boldsymbol{\kappa} = \frac{1}{e^{\beta h\nu} - 1}\frac{d^3\kappa}{(2\pi)^3} \tag{8-1-35}$$

다음은 주파수가 $\nu \sim \nu + d\nu$의 범주에 있고 광자의 운동량이 양방향으로 진행하는 광자의 단위부피당 평균수는

$$2g(\boldsymbol{\kappa})d^3\boldsymbol{\kappa} = 2g(\kappa)(4\pi\kappa^2 d\kappa) = \frac{2}{(2\pi)^3\left(e^{\beta h\nu} - 1\right)}(4\pi\kappa^2)d\kappa = \frac{\kappa^2}{\pi^2\left(e^{\beta h\nu} - 1\right)}d\kappa \tag{8-1-36}$$

여기서 좌변에 2를 곱한 것은 광자의 운동방향이 양쪽으로 극화되어 있기 때문이다. 아래 식 (8-1-37)을 이용하면 식 (8-1-36)은 아래에 나타낸 바와 같이 식 (8-1-38)로 변형된다.

$$\kappa = \frac{2\pi\nu}{c} \tag{8-1-37}$$

식 (8-1-4) (Planck 분포의 이론)의 유도 (계속).

$$2g(\kappa)d^3\kappa = \frac{\kappa^2}{\pi^2(e^{\beta h\nu}-1)}d\kappa = \frac{\left(\frac{2\pi\nu}{c}\right)^2}{\pi^2(e^{\beta h\nu}-1)}\left(\frac{2\pi}{c}\right)d\nu = \frac{8\pi\nu^2}{c^3(e^{\beta h\nu}-1)}d\nu \tag{8-1-38}$$

단위부피당 광자의 평균수에 광자의 에너지를 곱하면 전체광자의 에너지가 된다.

$$dE = \frac{8\pi\nu^2}{c^3(e^{\beta h\nu}-1)}d\nu \cdot h\nu = \frac{8\pi h\nu^3}{c^3(e^{\beta h\nu}-1)}d\nu \tag{8-1-39}$$

주파수의 변화에 따른 에너지의 변화는 다음과 같다.

$$\rho(\nu) \equiv \frac{dE}{d\nu} = \frac{8\pi h\nu^3}{c^3(e^{\beta h\nu}-1)} = \frac{8\pi h\nu^3}{c^3(e^{h\nu/kT}-1)} \tag{8-1-40}$$

$dE = \rho(\nu)d\nu$는 $\nu \sim \nu + d\nu$사이에 존재하는 복사에너지이다. 따라서 $\rho(\nu)$ 단위 주파수에서의 복사밀도가 된다. 식 (8-1-41)과 (8-1-42)를 이용하여 파장의 변화에 따른 에너지의 변화를 구할 수 있다.

$$\nu = \frac{c}{\lambda} \tag{8-1-41}$$

$$d\nu = -\frac{c}{\lambda^2}d\lambda \tag{8-1-42}$$

$$\rho(\lambda) \equiv -\frac{dE}{d\lambda} = -\frac{dE}{d\nu}\frac{d\nu}{d\lambda} = \frac{8\pi h\nu^3}{c^3(e^{\beta h\nu}-1)}\left(\frac{c}{\lambda^2}\right) = \frac{8\pi hc}{\lambda^5(e^{hc/\lambda kT}-1)} \tag{8-1-43}$$

Planck는 흑사체가 수없이 많은 진동자로 구성되어있으며 그림 (8-1-3)과 같이 그 진동에너지는 균등하게 분할된 에너지준위를 갖고 있다고 간주하였다. **여기서 방출된 빛은 흑사체 안에서 수 없이 반사되고 간섭현상을 일으켜 광자는 그림 (8-1-3)과 같은 광분포를 갖게 된다.** 흑사체 복사에서 주파수의 변화에 따른 에너지밀도의 변화를 아래 그림 (8-1-5)에 나타내었다. **결론적으로 Planck 분포는 Wien의 법칙, Rayleigh-Jeans의 법칙, 그리고 Stefan의 법칙을 모두 만족하는 합리적인 식이라고 평가한다.**

그림 (8-1-5). 흑사체의 구멍을 통해서 나오는 복사의 온도에 따른 에너지분포곡선의 변화. 복사체의 온도가 증가할수록 꼭짓점의 주파수가 커지고 있음.

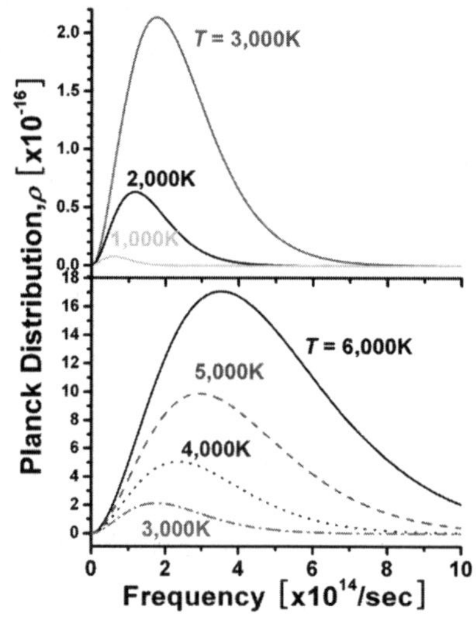

식 (8-1-1) (Wien의 법칙)의 유도.

$$\frac{d\rho}{d\lambda} = 0 = 8\pi hc\left(\frac{hc}{kT\lambda^7}\frac{e^{hc/\lambda kT}}{\left(e^{hc/\lambda kT}-1\right)^2} - \frac{5}{\lambda^6\left(e^{hc/\lambda kT}-1\right)}\right) \qquad (8\text{-}1\text{-}44)$$

식 (8-1-44)를 단순화하면

$$\frac{hc}{\lambda kT}\frac{e^{hc/\lambda kT}}{\left(e^{hc/\lambda kT}-1\right)} - 5 = 0 \qquad (8\text{-}1\text{-}45)$$

$\frac{hc}{\lambda kT} = x$로 놓으면 식 (8-1-45)는 아래와 같이 단순해진다.

$$\frac{xe^x}{e^x - 1} = 5 \qquad (8\text{-}1\text{-}46)$$

식 (8-1-46)의 해는 숫자적으로만 (numerically) 얻을 수 있다.

$$x = 4.965114231744276... \qquad (8\text{-}1\text{-}47)$$

식 (8-1-47)로부터 아래의 Wien의 법칙을 얻을 수 있다.

$$T\lambda_{max} = 2.89778\,\mathrm{x}10^{-3}\ \mathrm{m} \cdot \mathrm{K} \qquad (8\text{-}1\text{-}1)$$

식 (8-1-2) (Stefan과 Planck 이론의 관계식)의 유도.

1879년에 Stefan은 이상적인 흑사체복사에서 전체복사에너지밀도와 온도와의 관계식을 아래와 같이 얻었다.

$$E = \sigma T^4 \tag{8-1-2}$$

흑사체복사의 전체에너지밀도는 아래 식을 적분하면서 얻어지며 T^4에 비례함을 알 수 있다.

$$E = \int_0^\infty \frac{8\pi h\nu^3}{c^3\left(e^{h\nu/kT}-1\right)}d\nu = \frac{8\pi^5 k^4 T^4}{15h^3c^3} = \sigma T^4 \tag{8-1-48}$$

$$\text{단, } \sigma = \frac{8\pi^5 k^4}{15h^3c^3} \tag{8-1-49}$$

식 (8-1-48)의 적분 값을 구하기 위하여 부록 (A-2)의 정적분 공식을 이용하시오.

2. 몰열용량

19세기 초에 프랑스 과학자 Dulong과 Petit는 **단원자로 구성된 고체결정의 몰열용량이 $3R$임을 실험적으로 발견하였다.**

$$\overline{E} = 3N_A kT = 3RT \tag{8-2-1}$$

$$\overline{C_V} = \left(\frac{d\overline{E}}{dT}\right)_V = 3R \tag{8-2-2}$$

Einstein은 **양자론을 이용하여 단원자로 구성된 고체결정의 내부에너지를 규명하였다.** 결정 안에서 주어진 원자가 x, y, z 방향으로 진동한다는 가정을 설정한 후 결정의 내부에너지를 규명하였다. ☞ 유도과정은 16장 통계열역학을 참조할 것.

$$\overline{E} = \frac{3N_A h\nu}{e^{h\nu/kT}-1} \tag{8-2-3}$$

여기서 ν는 결정 안에서 한 원자의 진동주파수에 해당한다.

$$\overline{C_V} = \left(\frac{\partial \overline{V}}{\partial T}\right)_V = 3Rf^2, \qquad f = \frac{\theta_E}{T}\left(\frac{e^{\theta_E/2T}}{e^{\theta_E/T}-1}\right) \tag{8-2-4}$$

여기서 θ_E는 온도 단위를 갖는 Einstein 온도이다. 온도가 매우 높으면 식 (8-2-4)는 아래

근사법 식 (8-2-5)에 의하여 식 (8-2-6)으로 변형된다.

$$e^x = 1 + x + \frac{1}{2!}x^2 + \frac{1}{3!}x^3 + \,.....\qquad (8-2-5)$$

$$f \simeq 1 \qquad (8-2-6)$$

온도가 매우 높지 않을 때는 Einstein 이론에 바탕을 둔 몰열용량은 실험결과보다 그림 (8-2-1)에 나타낸 바와 같이 낮게 나온다. 이것은 Einstein이 원자의 진동주파수를 단일 값으로 사용하였기 때문이다.

그림 (8-2-1). 몰열용량의 실험결과와 Einstein 이론의 비교. Einstein 이론은 실험결과보다 모든 온도에서 낮게 나옴.

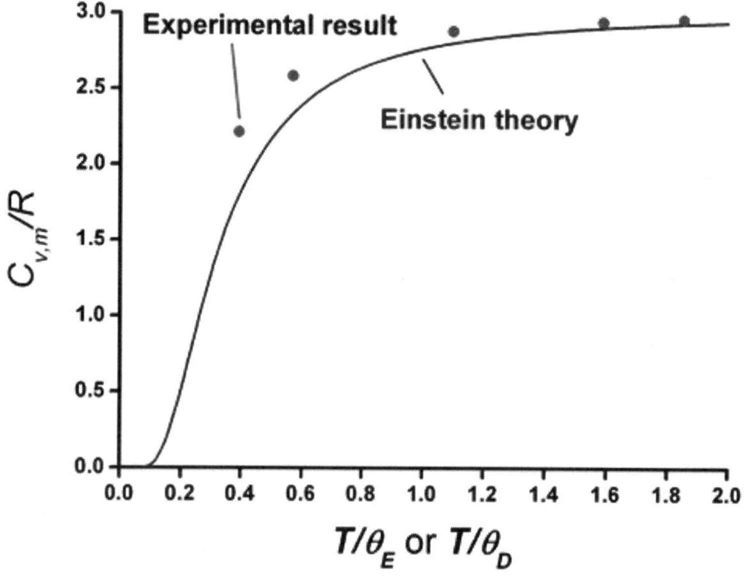

Debye는 다양한 주파수를 사용하여 실험값을 비교적 정확하게 예측하였다. Debye의 변형이론의 결과를 식 (8-2-7)에 나타내었다.

$$\overline{C_V} = 3Rf,\ f = 3\left(\frac{T}{\theta_D}\right)^3 \int_0^{\theta_D/T} \frac{x^4 e^x}{(e^x - 1)^2} dx \qquad (8-2-7)$$

그림 (8-2-2). **몰열용량의 Einstein 이론과 Debye의 변형이론의 비교.**

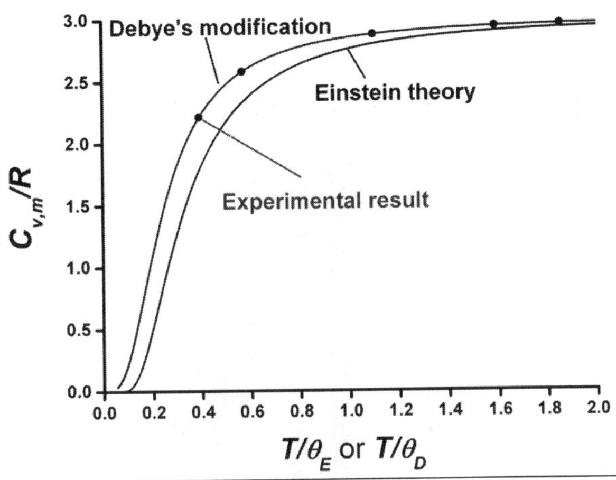

3. 원자 및 분자의 흡수 및 방출에너지의 불연속

원자 및 분자의 방출에너지가 불연속으로 나오는 것이 관찰되었다. 그림 (8-3-1)에서 흡수 피이크가 불연속임을 알 수 있다. 에너지의 불연속이 다시 한 번 입증된다.

그림 (8-3-1). **Diphenylsilane 분자의 진동흡수스펙트럼. 이 분자도 불연속 빛을 흡수함을 알 수 있음.**

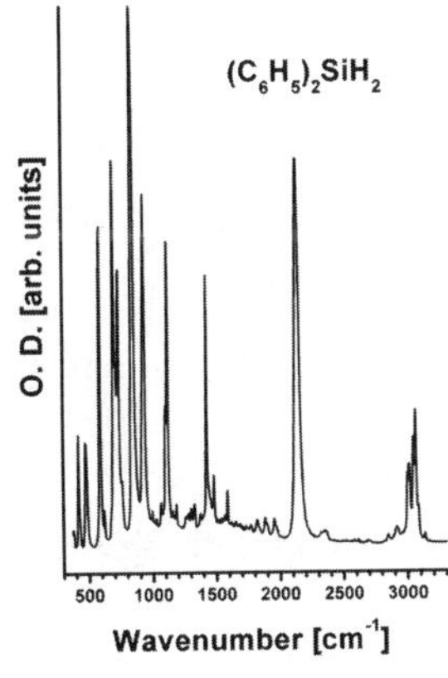

분자계에서 방출에너지가 불연속임을 그림 (8-3-2)에서도 알 수 있다. 분자수준의 미시계의 상태변화가 열역학 제1법칙을 만족함을 알 수 있다. 상태변화에 따른 에너지변화가 광자의 에너지와 같기 때문이다.

$$E_2 - E_1 = h\nu \tag{8-3-1}$$

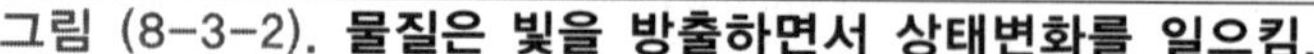

그림 (8-3-2). 물질은 빛을 방출하면서 상태변화를 일으킴.

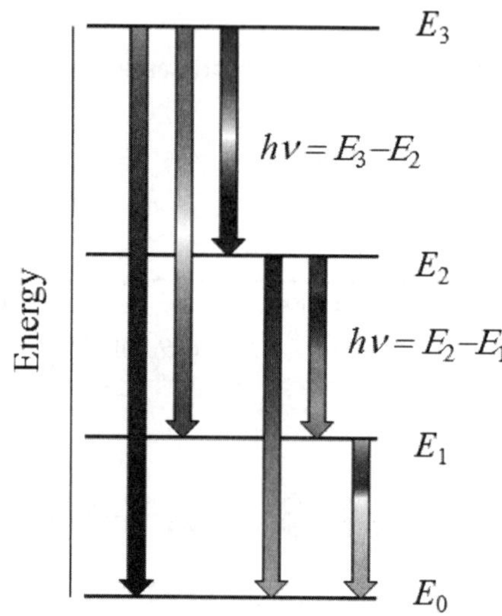

4. 파동과 입자의 이중성

(a) 입자의 파동성

입자의 파동성을 어떻게 설명할 수 있을까? 입자의 파동성을 나타내는 현상의 예를 들어 보자. 이 실험장치를 그림 (8-4-1)에 나타내었다. 금속 벽에는 두 개의 슬릿이 있다. 슬릿이 하나만 있다면 벽의 감지기에 나타난 전자의 밀도는 그림 (8-4-1)에 나타낸 P_1과 같은 분포를 가질 것이다. 두 개의 슬릿이 존재할 경우는 그림 (8-4-1)의 P_{12}처럼 나타난다. **이와 같은 현상을 회절이라고 하며 파동의 성질의 대표적 현상이다.** 기관총을 사용했을 때는 그림 (8-4-2)에서처럼 회절무늬가 보이지 않을 것이다.

그림 (8-4-1). **전자의 파동성을 입증하는 실험.**

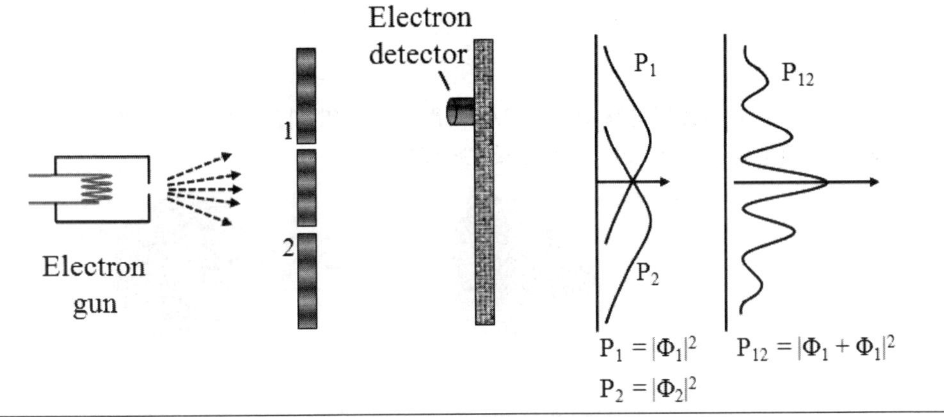

그림 (8-4-2). **기관총알처럼 de Broglie 파가 매우 작은 경우는 파동성을 관찰하기가 불가능함.**

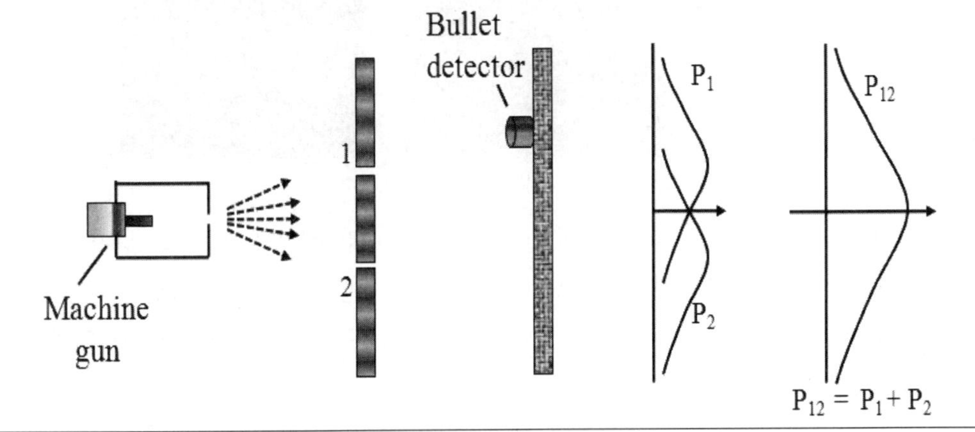

원자의 결합에서 나타나는 파동의 현상을 살펴보자. 그림 (8-4-3)에서처럼 두 원자가 가까워지면 두 원자의 위치의 중간지점에 전자밀도가 반드시 증가할 것으로 생각할 수 있는데 사실은 그렇지 않다. 증가할 수도 있고 감소할 수도 있다. 이것은 순전히 파동의 부호에 의해 결정된다. 파동의 부호가 같으면 즉, 결합이면 중간지점의 전자밀도가 증가하고 파동의 부호가 반대이면 즉, 반결합이면 중간지점의 전자밀도가 감소한다. 모든 입자는 파동성을 갖고 있고 모든 파동은 입자성을 갖고 있다. 그러면 입자의 파동은 어떻게 설명할 수 있을까? 이것을 처음으로 설명 한 과학자가 de Broglie이다. **de Broglie는 입자의 파동을 아래와 같이 나타내었다.**

$$\lambda = \frac{h}{p} \qquad (8\text{-}4\text{-}1)$$

그림 (8-4-3). **수소원자가 접근하면서 파동의 겹침이 파동함수의 부호에 따라 현저히 달라짐. 전자의 파동성을 다시 한 번 입증할 수 있음.**

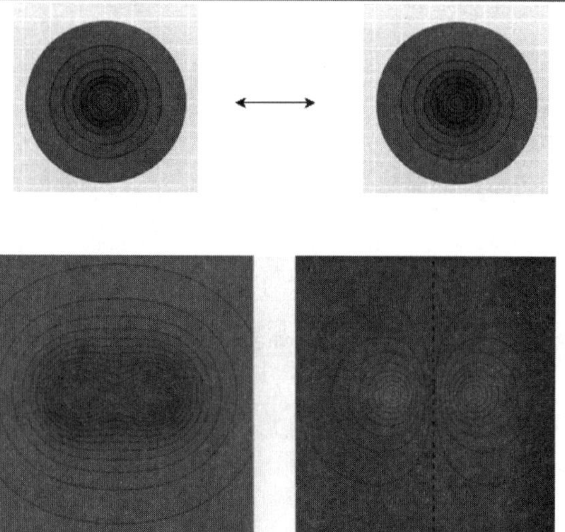

여기서 h는 Planck 상수이고 p는 입자의 운동량이다. **여기서 물질파의 파장 λ는 이 입자를 발견할 수 있는 범위를 뜻한다.** 그림 (8-4-4)에 나타낸 바와 같이 전자빔을 니켈금속결정에 조사하였을 때 전자의 회절무늬가 나타난다. 파동성의 두 가지 성질인 간섭과 회절현상이 나타나는 것이다.

그림 (8-4-4). **결정 표면에 전자빔을 조사하였을 때 나타나는 전자의 회절무늬.**

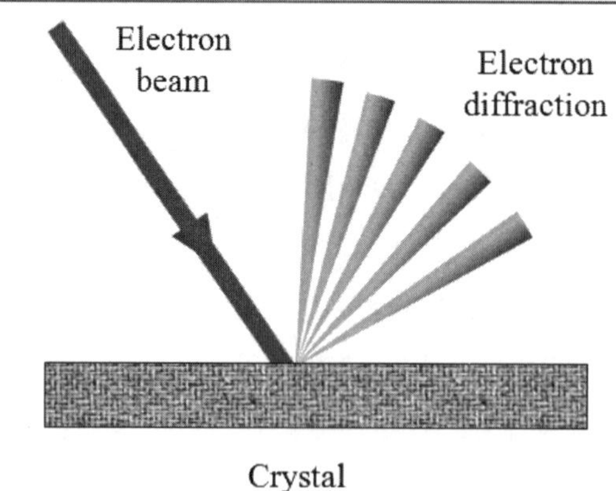

이것은 전자의 위치가 불확정성원리에 의해 불명확하기 때문에 나타나는 것이다. 즉, 전자의 파동성 때문에 나타나는 것이다. 파동과 입자의 이중성을 나타내는 모든 물질을 wavicle (wave-particle의 합성어)이라 부른다.

(b) 파동의 입자성

파동의 입자성은 어떻게 설명할 수 있을까? 여기서도 de Broglie의 식을 이용할 수 있다.

$$p = \frac{h}{\lambda} \tag{8-4-2}$$

광자의 파장으로부터 광자의 운동량을 결정할 수 있다. 광자가 어떤 입자에 충돌하면 광자의 운동량이 줄어들고 파장이 길어지는 현상이 발생한다. Compton이 발견하였으므로 Compton 효과라 부른다.

① 광전효과

파동-입자의 이중성이 광전효과에서도 입증된다. 실험결과를 아래에 나타내었다.

ㅇ 금속박 (箔)에 광자를 입사했을 때 광자의 에너지가 일함수 (work function)보다 낮으면 아무리 강한 빛 (광자밀도가 높은 빛)을 조사하여도 금속박으로부터 광전자가 나오지 않는다. 현대과학에서는 이것은 더 이상 사실이 아니다. 광자의 에너지가 일함수 (work function)보다 낮아도 다광자를 흡수하여 광전자를 발생할 수 있기 때문이다. 광자의 유량 (flux)과 관계있는 현상이다. 과거에는 고밀도 광자를 갖는 레이저기술이 발달되지 못했기 때문이다.

ㅇ 광자의 에너지가 일함수보다 높으면 광전자가 방출한다.

ㅇ 광자의 에너지가 일함수보다 높은 빛의 세기를 증가시키면 광전자가 더 많이 방출된다. 그러나 광전자의 에너지는 불변이다.

ㅇ 광자의 에너지가 일함수보다 높은 빛의 세기를 고정시키고 광자의 에너지를 높이면 방출된 광전자의 수는 변화하지 않으나 광전자의 에너지는 증가한다.

ㅇ 어떠한 경우에도 광전자의 에너지는 불연속이다.

이러한 사실은 광자와 전자가 1 : 1 대응된다는 것을 뜻한다. 즉, 광자의 입자성이 입증되는 것이다. 광전효과는 식 (8-4-3)으로 요약된다.

$$h\nu = \Phi + \frac{1}{2}m_e v^2 \tag{8-4-3}$$

그림 (8-4-5). **입사광의 에너지에 따른 광전자의 방출의 가능성. (a) : 입사광의 에너지 $h\nu$가 일함수보다 낮은 경우, (b) : 입사광의 에너지 $h\nu$가 일함수보다 높은 경우.**

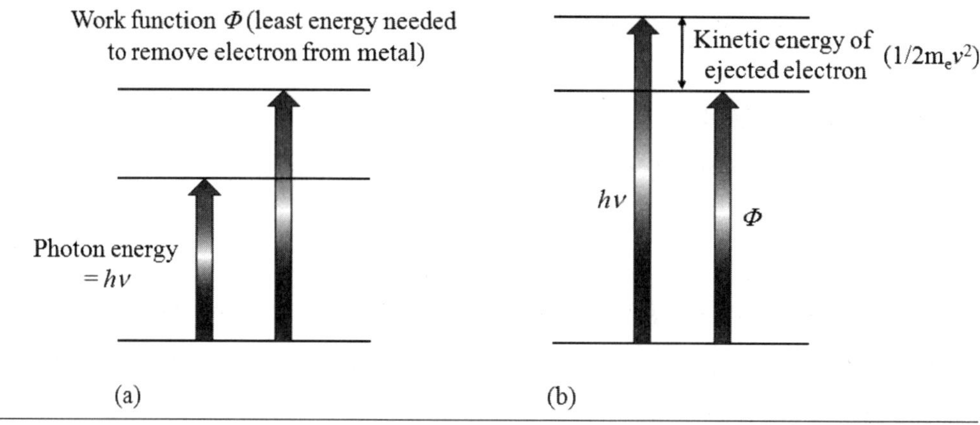

식 (8-4-3)이 뜻하는 바를 아래에 나타내었다.

ㅇ **광자 한 개의 에너지는 $h\nu$이다.**

ㅇ **광전자의 에너지는 $h\nu - \Phi$이다.**

광전자 실험의 결과의 해석은 아래와 같다.

ㅇ **광자는 입자이며 그 에너지는 $h\nu$이다.**

ㅇ **광자와 전자는 1 : 1 대응한다.**

이와 같은 **광전자실험결과에 대한 해석은** Planck **이론을 뒷받침해주는 결과를 낳았고** Planck는 Planck 이론을 발표한지 꾀 오랜 시간 후 1918년에 기본양자발견의 공로로 노벨물리학상을 수상하였다.

5. 미시계의 동역학

(a) Schr dinger 방정식

양자역학의 특이성은 고전역학의 기계변수 (mechanical variable)가 단독으로 표현할 수 없고 파동함수에 연산해서 나온 결과이다. **고전역학에서 기계변수** (mechanical variable)**가 연산자** (operator)**와 1 : 1 대응한다.**

$$p\,(=mv) \leftrightarrow \frac{\hbar}{i}\frac{d}{dx} \tag{8-5-1}$$

여기서 고전역학의 기계변수 E는 어떻게 대응할 수 있을까?

$$E = \frac{p^2}{2m} \leftrightarrow \frac{1}{2m}\frac{\hbar}{i}\frac{d}{dx}\left(\frac{\hbar}{i}\frac{d}{dx}\right) = -\frac{\hbar^2}{2m}\frac{d^2}{dx^2} \tag{8-5-2}$$

퍼텐샬에너지는 숫자처럼 연산자에 첨가하면 된다. de Broglie는 입자의 파동성을 식 (8-4-1)과 같이 간단히 나타내었지만 Schrödinger는 좀 더 일반적으로 식 (8-5-3)과 같이 나타내었다. 이식을 시간독립 Schrödinger 방정식 (time-independent Schrödinger equation)이라 부른다.

$$\frac{-\hbar^2}{2m}\frac{d^2\psi}{dx^2} + V(x)\psi = E\psi \tag{8-5-3}$$

파동함수 ψ는 자체적으로 확률밀도와 밀접하게 관련되어있고 또한 기계변수를 제공할 수 있는 매우 특이한 함수이다. 어떤 함수가 확률밀도와 기계변수 둘 다 제공할 수 있는 것은 참으로 재미있는 현상이다.

(b) 파동함수에 대한 Bonn의 해석

Bonn은 $\psi^*\psi$는 어떤 위치에서 입자를 발견할 수 있는 확률밀도를 나타낸다고 주장하였다. ψ는 다음과 같이 규격화되어야 한다.

$$\int_0^\infty \psi^*\psi d\tau = 1 \tag{8-5-4}$$

파동함수는 그림 (8-5-3)에 나타난 성질을 나타내어야 한다.

① **연속이어야 한다** (continuous).

② **미분이 가능해야한다** (differentiable).

③ **단일값을 가져야한다** (single-valued).

④ **한정된 값을 가져야한다** (finite).

그림 (8-5-1). 파동함수와 확률밀도의 관계. $\Psi^*\Psi$는 확률밀도를 나타냄.

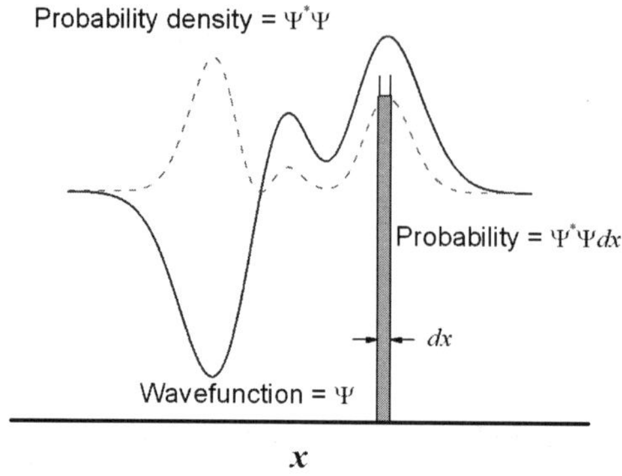

그림 (8-5-2). 양자역학에서는 많은 경우에 Cartesian 좌표 $(x,\ y,\ z)$ 대신 극좌표 (spherical polar coordinate) (r, θ, ϕ)를 사용함.

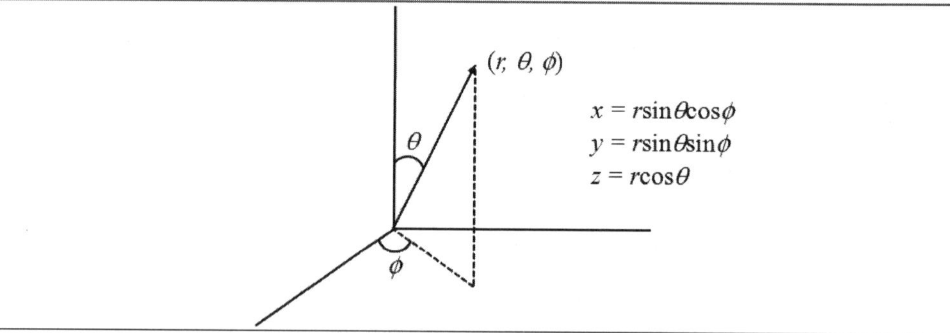

그림 (8-5-3). 파동함수는 아래에 나타낸 성질을 가져선 안 됨.

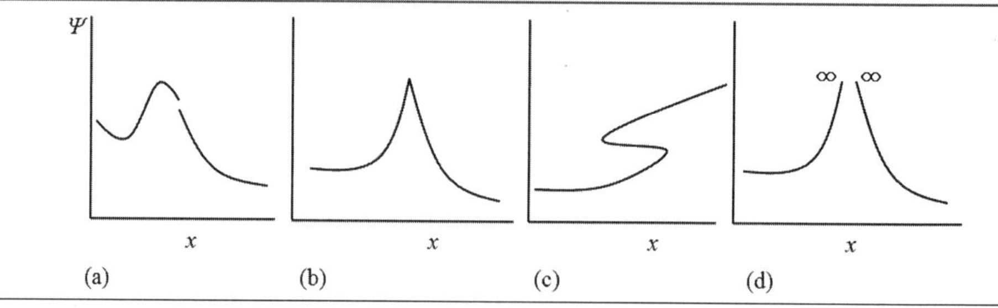

(c) 양자역학의 원리

질량이 m인 입자하나가 공간을 자유롭게 움직인다면 Schrödinger 방정식을 아래와 같이 표현할 수 있다.

$$\frac{-\hbar^2}{2m}\frac{d^2\psi}{dx^2} = E\psi \tag{8-5-5}$$

이 방정식의 해를 식 (8-5-6)으로 나타낼 수 있다.

$$\psi = Ae^{ikx} + Be^{-ikx} \tag{8-5-6}$$

여기서 에너지는 아래와 같이 주어진다.

$$E = \frac{\kappa^2\hbar^2}{2m} \tag{8-5-7}$$

식 (8-5-8)에 나타낸 해도 한 해가 된다.

$$\psi = Ae^{i\kappa x} \tag{8-5-8}$$

$$※\ e^{i\kappa x} = \cos\kappa x + i\sin\kappa x \tag{8-5-9}$$

고전역학에서 에너지는 아래와 같이 주어진다.

$$E = \frac{p^2}{2m} \tag{8-5-10}$$

확률밀도를 계산해보자.

$$\psi^*\psi = A^2e^{i\kappa x}e^{-i\kappa x} = A^2 \tag{8-5-11}$$

확률밀도가 전 공간에서 균일한 값을 갖는다. 그 입자의 운동량도 일정한 값을 갖는다.

$$p = \kappa\hbar \tag{8-5-12}$$

즉, 식 (8-5-12)와 같이 입자의 운동량을 정확하게 표현하려면 입자의 위치는 식 (8-5-11)에 나타낸 바와 같이 모든 공간에 똑 같은 확률로 존재한다. 즉, 입자의 위치가 불확실하게 된다. 식 (8-5-11)과 (8-5-12)로부터 불확정성원리의 타당성을 입증할 수 있다.

그림 (8-5-4). 입자의 위치가 한정된 곳에 존재하는 경우.

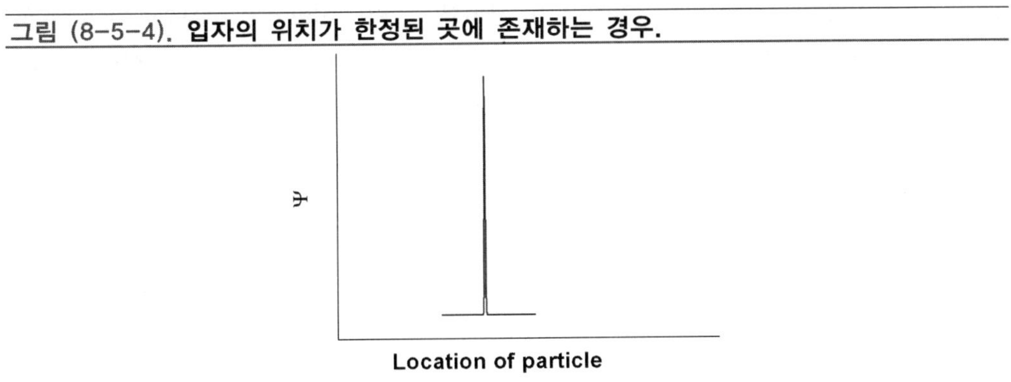

(d) 불확정성원리

위치에 따른 파동함수의 변화가 크면 그 입자의 에너지는 높다. 왜냐하면 식 (8-5-5)와 같이 운동에너지는 파동함수를 두 번 미분해서 나온 결과이기 때문이다. 그 입자의 운동량도 크고 변화폭도 높다. 다시 말해서 **입자가 어느 한곳에 집중적으로 존재하려면 파동함수가 어느 한 지점에 뾰족한 분포를 가져야 한다. 이 경우 이를 한 번 미분해서 얻어진 운동량은 변화가 클 것이다.** 파동함수와 운동량이 불확정성원리와 밀접하게 연관되어있음을 알 수 있다. 그림 (8-5-5)에 나타낸 바와 같이 어떤 입자의 위치를 정확히 표현하려면 많은 파동함수를 중첩시켜야 한다. 이 경우에는 입자의 운동량의 분포가 매우 커지게 된다.

그림 (8-5-5). **입자의 위치를 정확히 표현하려면 다양한 파동함수를 중첩해야함. 이 경우 입자는 다양한 운동에너지를 가짐. 즉, 운동량의 불확정성이 커짐.**

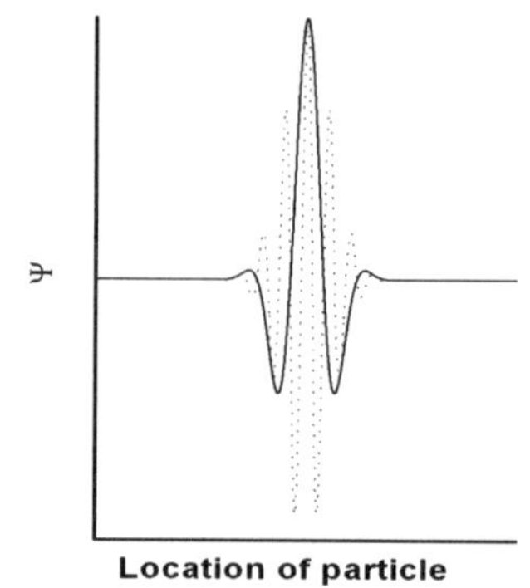

불확정성원리는 이론 및 실험적으로 모두 설명할 수 있다. 실험적으로 설명하면 어떤 입자의 위치를 정확히 측정하려면 광자의 위치가 잘 정의된 짧은 파장의 빛을 조사해야 한다. 이 경우에는 광자의 운동량이 커지게 되어 광자와 입자가 충돌한 후 광자의 운동량이 입자에 전달하게 된다. 따라서 입자의 운동량을 정확히 측정할 수가 없다. 역으로 운동량이 낮은 광자를 조사하면 입자의 위치의 불확정성이 커지게 된다. 불확정성을 이론적으로 표현하면 아래와 같다.

$$\sigma_p \cdot \sigma_q \geq \frac{\hbar}{2} \qquad (8-5-13)$$

여기서 σ는 표준편차 (standard deviation)를 나타내고, p는 운동량 그리고 q는 좌표를 나타낸다. $\sigma_p = (\langle p^2 \rangle - \langle p \rangle^2)^{\frac{1}{2}}$. $\sigma_q = (\langle q^2 \rangle - \langle q \rangle^2)^{\frac{1}{2}}$.

$$\langle p_x \rangle = \int \psi^* \hat{p_x} \psi d\tau \tag{8-5-14}$$

$$\langle p_x^2 \rangle = \int \psi^* \hat{p_x^2} \psi d\tau \tag{8-5-15}$$

식 (8-5-14)의 증명.

$$\sigma_p = \sqrt{\frac{\sum_i (p_i - \langle p \rangle)^2}{N}} = \left(\frac{\sum_i p_i^2}{N} - \frac{2\langle p \rangle \sum_i p_i}{N} + \frac{\sum_i \langle p \rangle^2}{N} \right)$$
$$= (\langle p^2 \rangle - 2\langle p \rangle^2 + \langle p \rangle^2)^{1/2} = (\langle p^2 \rangle - \langle p \rangle^2)^{1/2}$$

8장

양자론 : 양자론의 기원과 원리

연습문제

(8-1) Wien의 변위의 법칙과 태양의 스펙트럼의 최고점 $\lambda_{max} = 5.00 \times 10^2$ nm를 이용하여 태양의 표면온도를 예측하시오.

8장

양자론 : 양자론의 기원과 원리

연습문제해답

(8-1) $T\lambda_{max} = 2.89778 \times 10^{-3}$ m • K 식으로부터 $T = 5.80 \times 10^3$ K.

9장

새·롭·고·이·해·하·기·쉬·운·물·리·화·학

양자론의 전개

1. 상자 속의 입자의 거동

(a) 1–D 상자 속의 입자

그림 (9-1-1)의 1-D 상자 속에 있는 입자는 경계면에서 발견될 확률은 0이다. 따라서 경계조건과 관련된 식은 다음과 같다.

$$\psi_k(0) = A\sin k0 + B\cos k0 = B = 0 \tag{9–1–1}$$

$$\psi_k(L) = A\sin kL = 0 \tag{9–1–2}$$

$$\therefore\ kL = n\pi \tag{9–1–3}$$

$$\therefore\ \psi_k(x) = A\sin\frac{n\pi x}{L} \tag{9–1–4}$$

식 (9-1-4)의 파동함수를 아래와 같이 규격화하면 A를 구할 수 있다.

$$\int_0^L A^2\sin^2\frac{n\pi x}{L}dx = 1 \tag{9–1–5}$$

$$\int_0^L \sin^2\frac{n\pi x}{L}dx = \int_0^L \frac{1-\cos\frac{2n\pi x}{L}}{2}dx = \int_0^L \frac{1}{2}dx - \frac{1}{2}\int_0^L \cos\frac{2n\pi x}{L}dx = \frac{1}{2}L \tag{9–1–6}$$

$$\therefore\ \psi_n(x) = \sqrt{\frac{2}{L}}\sin\frac{n\pi x}{L} \tag{9–1–7}$$

그림 (9-1-1). 1 차원 상자 안에 있는 입자.

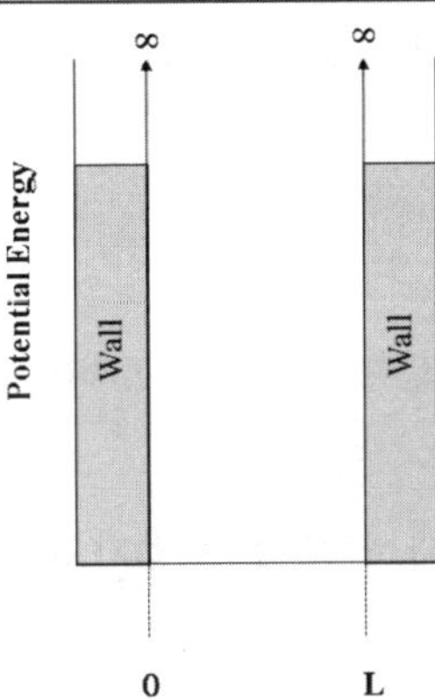

따라서 1차원 상자속의 입자의 에너지는 아래와 같이 주어지며 그 에너지준위는 그림 (9-1-2)에 나타낸 것과 같이 양자화되어 있다.

$$E_n = \frac{n^2 h^2}{8mL^2} \tag{9–1–8}$$

에너지간격이 양자수가 커지면서 증가하고 증가폭도 커진다.

그림 (9-1-2). 1 차원 상자 안에 있는 양자수 n에 따른 입자의 에너지준위도.

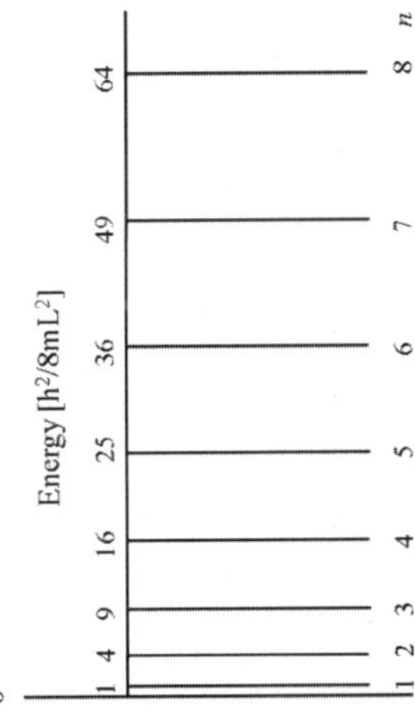

1차원 상자 안에 있는 입자의 파동함수는 아래 그림 (9-1-3)에 나타낸 성질을 갖는다. $n = 1 \sim 5$에서의 확률밀도를 그림 (9-1-4)에 나타내었다. 1 차원 상자 안에 있는 입자의 파동함수는 서로 직교 (orthogonal)하고 규격화 (normalization)되어 있다. 이것을 간단히 "**파동함수가 직교규격화 (orthonormalization)되어있다** "라고 한다. 파동함수는 아래와 같이 규격화 조건이 만족되어야 한다.

$$\int \psi_n^* \psi_n d\tau = 1 \qquad (9\text{–}1\text{–}9)$$

또한 파동함수는 직교조건을 만족하여야 한다.

그림 (9–1–3). 1 차원 상자 안에 있는 입자의 처음 다섯 개의 파동함수의 성질.

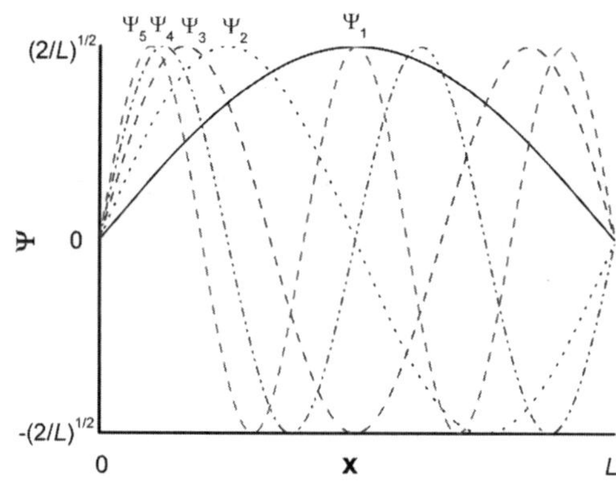

그림 (9–1–4). 양자수에 따른 1차원 상자 안에 있는 입자의 확률밀도.

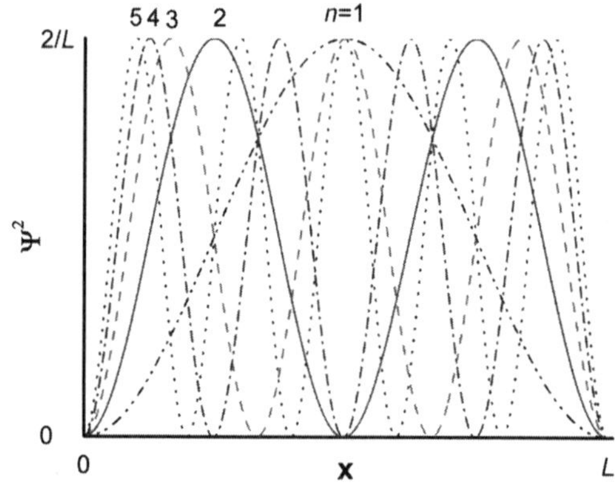

$$\int \psi_m^* \psi_n d\tau = 0 \ \ (m \neq n) \qquad (9\text{–}1\text{–}10)$$

ψ_1과 ψ_3가 직교한다는 것을 그림 (9-1-5)에 나타내었다.

그림 (9-1-5). 1 차원 상자 안에 있는 입자의 파동함수 Ψ_1과 Ψ_2가 직교함을 보여주고 있음. $\Psi_1^*\Psi_2$를 0에서 L까지 정적분하면 0이 됨을 그림에서 알 수 있음.

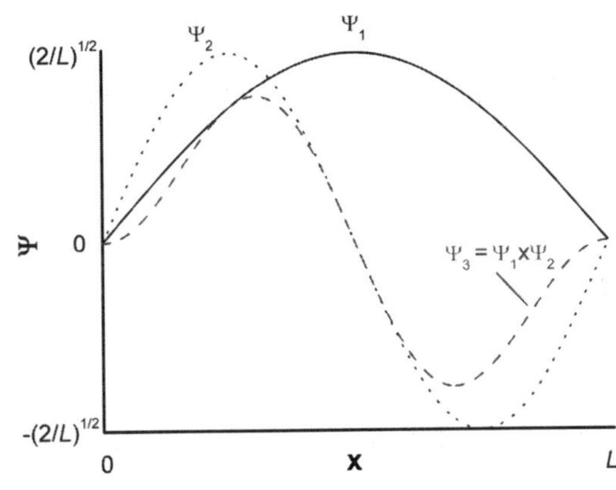

(b) 2-D 상자속의 입자

2 차원 상자 안에 있는 입자의 거동에 대해 알아보자. 입자의 x좌표는 y좌표와 무관하게 변하므로 x, y는 서로 독립이다. 이 경우 전체파동함수 Ψ는 아래와 같이 ψ_x와 ψ_y의 곱으로 표현할 수 있다.

$$\frac{-\hbar^2}{2m}\left(\frac{d^2}{dx^2}+\frac{d^2}{dy^2}\right)\psi = E_{total}\psi \tag{9-1-11}$$

$$\Psi_{total} = \psi_x\psi_y \tag{9-1-12}$$

전체에너지는 E_x와 E_y의 합이다.

$$E_{total} = E_x + E_y \tag{9-1-13}$$

따라서 복잡한 Schrödinger 방정식을 일일이 풀지 않고 2 차원 상자 안에 있는 입자의 파동함수와 에너지를 위와 같이 쉽게 구할 수 있다.

(c) 3차원인 경우

3차원의 파동함수도 2차원에서처럼 파동함수들의 곱으로 나타낸다.

$$\Psi_{n_1,n_2,n_3}(x,y,z) = \left(\frac{8}{L_1L_2L_3}\right)^{1/2}\sin\frac{n_1\pi x}{L_1}\sin\frac{n_2\pi x}{L_2}\sin\frac{n_3\pi x}{L_3} \tag{9-1-14}$$

3차원의 에너지는 1차원의 에너지의 합으로 표현한다.

$$E_{n_1,n_2,n_3} = \left(\frac{n_1^2}{L_1^2} + \frac{n_2^2}{L_2^2} + \frac{n_3^2}{L_3^2}\right)\left(\frac{h^2}{8m}\right) \tag{9-1-15}$$

$L_1 = L_2$ 인 경우 $n_1 = 1, n_2 = 2$의 에너지와 $n_1 = 2, n_2 = 1$ 에너지는 같다. 이와 같은 경우 **"$n_1 = 1, n_2 = 2$의 파동함수와 $n_1 = 2, n_2 = 1$의 파동함수는 축퇴되어있다"** (degenerated)라고 표현한다.

2. 턴넬링효과

양자역학의 두드러진 효과 중에서 입자의 턴넬링효과를 들 수 있다. **턴넬링은 질량이 작고, 속도가 높고, 장벽의 높이가 낮고, 그리고 장벽 (barrier)의 두께가 얇은 경우에 잘 나타난다. 일예로, 핵의 α및 β 붕궤가 턴넬링의 한 현상이다. 턴넬링의 발생은 입자의 불확정성 원리의 한 단면이라고 할 수 있다. 즉, 유한한 퍼텐샬에너지의 장벽 안에 갇힌 입자가 장벽바깥에도 발견될 확률이 있다.** 턴넬링의 발생은 입자의 파동성을 밝혀 주는 현상이라 할 수 있다. 그림 (9-2-1)에 나타낸 바와 같이 강한 핵력 (核力)으로 인해 매우 작은 공간에 구속되어 있는 핵자 (nuclei)들이 턴넬링효과로 핵으로부터 빠져나오고 있다. 이러한 현상이 생기는 이유는 입자의 파동성으로 설명할 수 있다. 위치에 따른 입자의 존재를 나타낼 수 있는 파동함수가 장벽바깥에도 0이 아님을 알 수 있다. **에너지장벽을 통과한 핵자는 장벽바깥의 낮은 위치 때문에 상당한 운동에너지를 갖고 터넬링한다.** 이러한 턴넬링이 일어날 확률은 핵에 따라 현저하게 다른데 터넬링속도가 느린 것은 반감기 (half-life)가 수억 년이 걸리는 핵도 존재한다.

3. 진동운동의 고전역학 및 양자역학적 표현

진동자 (oscillator)의 퍼텐샬에너지와 힘 사이에는 다음과 같은 운동방정식이 있다.

$$\vec{\nabla} V = -\vec{F} \tag{9-3-1}$$

식 (9-3-1)은 **퍼텐샬에너지가 감소하는 쪽으로 힘이 작용한다**는 것을 뜻한다. 일례로, 용수철을 잡아당기면 줄어들려는 쪽으로 힘이 작용한다. 용수철의 퍼텐샬에너지가 그림 (9-3-1)과 같이 포물선형을 가지면 그 위치에너지는 식 (9-3-2)와 같다.

그림 (9-2-1). 강한 핵력에 의해 생긴 에너지장벽 때문에 매우 작은 공간에 갇혀 있는 핵자들 (nuclei)이 턴넬링효과로 에너지장벽을 통과하고 있다.

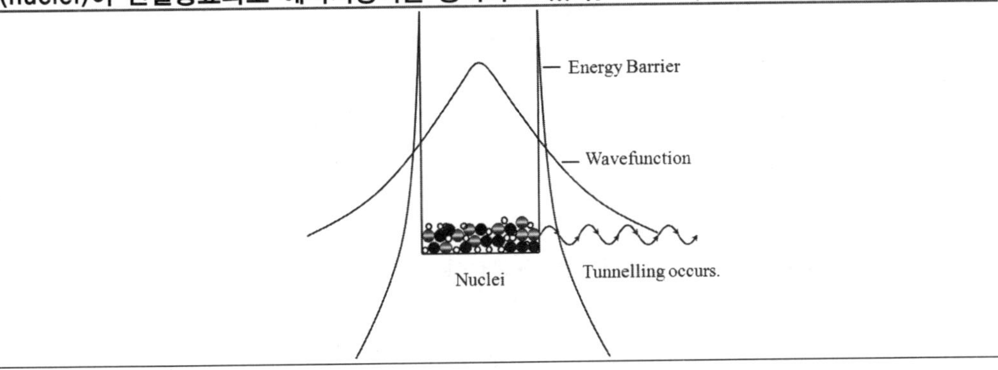

$$V = \frac{1}{2}kx^2 \qquad (9\text{–}3\text{–}2)$$

여기서 x는 평형거리에서 벗어난 변이 (displacement)를, k는 힘상수 (force constant)를 나타낸다. 1차원 운동인 경우 식 (9-3-1)은 아래와 같이 변형된다.

$$\frac{dV}{dx} = kx = -m\ddot{x} \qquad (9\text{–}3\text{–}3)$$

그림 (9-3-1). **변이 (displacement)에 따른 위치에너지가 포물선 형태를 가짐.**

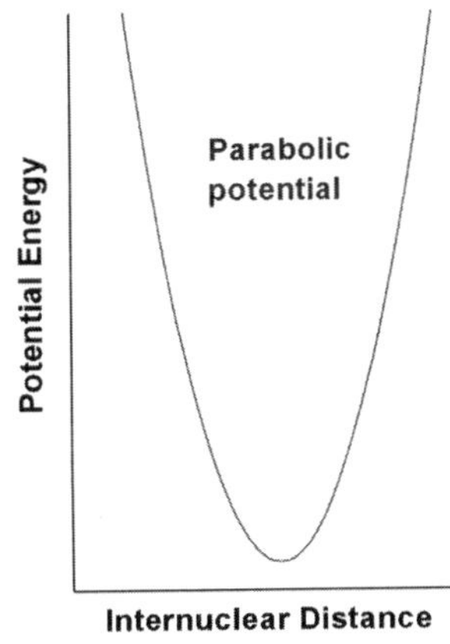

이 진동의 운동방정식을 Hooke**의 법칙이라 부른다.** 이 고전역학의 방정식의 해는 다음과 같다.

$$x = A\sin wt + B\cos wt \qquad (9\text{-}3\text{-}4)$$

$t=0$에서 $x=0$이므로 $B=0$이다.

$$\therefore\ x = A\sin wt \qquad (9\text{-}3\text{-}5)$$

이 식을 식 (9-3-3)에 대입하면 아래의 각속도를 구할 수 있다.

$$\omega = \left(\frac{k}{m}\right)^{1/2} \qquad (9\text{-}3\text{-}6)$$

다음은 조화진동자의 전체에너지를 구해보자.

$$E_{total} = KE + PE = \frac{1}{2}m(\dot{x})^2 + \frac{1}{2}kx^2 = \frac{1}{2}m(\omega A\cos\omega t)^2 + \frac{1}{2}k(A\sin wt)^2$$
$$= \frac{1}{2}kA^2$$
$$(9\text{-}3\text{-}7)$$

이식에서 용수철의 에너지는 보존된다는 것을 알 수 있다. 즉, 외부에서 에너지의 출입이 없으면 용수철의 총에너지는 보존된다. 여기서 A는 용수철의 진폭을 나타내며 연속적인 값을 가질 수 있다. 식 (9-3-7)에서 용수철의 전체에너지는 $\frac{1}{2}kA^2$으로 연속이다. 이것은 고전역학의 대표적인 오류이지만, 우리가 접하는 거시적인 용수철의 에너지는 연속으로 보아도 무방하다. 그러나 분자와 같은 미시세계에서는 식 (9-3-7)은 더 이상 성립하지 않는다. 조화진동 (harmonic oscillation)의 Schrödinger 방정식을 아래와 같이 표현한다.

$$-\frac{\hbar^2}{2\mu}\frac{d^2}{dx^2}\psi + \frac{1}{2}kx^2\psi = E\psi \qquad (9\text{-}3\text{-}8)$$

이 미분방정식은 Schrödinger 방정식 중에서 비교적 쉽게 풀 수 있는 방정식 중의 하나이다. 이식은 아래와 같이 변환될 수 있다.

$$\frac{d^2}{dx^2}\psi + \left(\frac{2\mu E}{\hbar^2} - \frac{\mu kx^2}{\hbar^2}\right)\psi = 0 \qquad (9\text{-}3\text{-}9)$$

편리한 미분방정식을 만들기 위하여 다음 식을 설정한다.

$$\lambda \equiv \frac{2\mu E}{\hbar^2},\ \alpha^2 = \frac{\mu k}{\hbar^2} \qquad (9\text{-}3\text{-}10)$$

식 (9-3-9)는 아래와 같이 변환된다.

$$\frac{d^2\psi}{dx^2} + (\lambda - \alpha^2x^2)\psi = 0 \qquad (9\text{-}3\text{-}11)$$

다음을 가정하자.

$$\alpha^{1/2}x \equiv \xi \tag{9-3-12}$$

$$\frac{d\psi}{dx} = \frac{d\psi}{d\xi}\frac{d\xi}{dx} \tag{9-3-13}$$

$$\frac{d^2\psi}{dx^2} = \frac{d}{dx}\frac{d\psi}{d\xi}\frac{d\xi}{dx} = \alpha^{1/2}\frac{d}{dx}\frac{d\psi}{d\xi} = \alpha^{1/2}\frac{d\xi}{dx}\frac{d}{d\xi}\frac{d\psi}{d\xi} = \alpha\frac{d^2\psi}{d\xi^2} \tag{9-3-14}$$

식 (9-3-11)은 아래와 같이 변형된다.

$$\frac{d^2\psi}{d\xi^2} + \left(\frac{\lambda}{\alpha} - \xi^2\right)\psi = 0 \tag{9-3-15}$$

ξ가 커지면 식 (9-3-15)는 다음과 같은 식으로 수렴한다.

$$\frac{d^2\psi}{d\xi^2} - \xi^2\psi = 0 \tag{9-3-16}$$

식 (9-3-16)의 근사 해는 다음과 같다.

$$\psi(\xi) \cong \exp(-\xi^2/2) \tag{9-3-17}$$

ξ가 매우 크지 않을 때는 이 방정식의 해를 시도함수 (trial function)를 써서 구할 수 있다.

$$\psi(\xi) = H(\xi)\mathrm{e}^{-\xi^2/2} \tag{9-3-18}$$

이 식을 식 (9-3-15)에 대입하여 정리하면

$$H''(\xi) - 2\xi H'(\xi) + \left(\frac{\lambda}{\alpha} - 1\right)H(\xi) = 0 \tag{9-3-19}$$

이 미분방정식을 Hermite 방정식 (Hermite's equation)이라 한다. 이 미분방정식의 해를 구하기 위하여 다음과 같은 다항식을 설정한다.

$$H(\xi) = \sum_{n=0}^{\infty} c_n \xi^n \tag{9-3-20}$$

$$H'(\xi) = \sum_{n=1}^{\infty} n c_n \xi^{n-1} \tag{9-3-21}$$

$$H''(\xi) = \sum_{n=2}^{\infty} n(n-1)c_n\xi^{n-2} = \sum_{n=0}^{\infty}(n+2)(n+1)c_{n+2}\xi^n \tag{9-3-22}$$

식 (9-3-20), 식 (9-3-21), (9-3-22)를 식 (9-3-19)에 대입하여 정리하면 다음과 같은 관계식

을 얻을 수 있다.

$$\sum_{n=0}^{\infty}\left\{(n+2)(n+1)c_{n+2}\xi^n - 2nc_n\xi^n + \left(\frac{\lambda}{\alpha}-1\right)c_n\xi^n\right\}=0 \tag{9-3-23}$$

$$\therefore\ \sum_{n=0}^{\infty}\left\{(n+2)(n+1)c_{n+2} + \left(\frac{\lambda}{\alpha}-1-2n\right)c_n\right\}=0 \tag{9-3-24}$$

식 (9-3-24)로부터 다항식의 계수 사이의 관계를 구할 수 있다.

$$\frac{c_{n+2}}{c_n}=\frac{-\dfrac{\lambda}{\alpha}+1+2n}{(n+2)(n+1)}\sim\frac{2}{n} \tag{9-3-25}$$

이와 같은 관계식을 갖는 다항식을 구해보자. 다음과 같은 함수가 이러한 관계식을 만족한다.

$$e^{\xi^2}=1+\xi^2+\frac{\xi^4}{2!}+\frac{\xi^6}{3!}+\cdots+\frac{\xi^n}{(n/2)!}+\cdots \tag{9-3-26}$$

$$\frac{c_{n+2}}{c_n}=\frac{\{(n/2)\}!}{\{(n/2)+1\}!}\sim\frac{2}{n} \tag{9-3-27}$$

식 (9-3-18)의 진동파동함수는 아래와 같은 값을 가질 것이다.

$$\psi(\xi)=H(\xi)e^{-\xi^2/2}=e^{\xi^2}e^{-\xi^2/2}=e^{\xi^2/2} \tag{9-3-28}$$

식 (9-3-28)에 나타낸 파동함수는 ξ가 커지면 발산한다 (diverge). 따라서 **식 (9-3-25)의 값이 영이 되는 진동양자수 n이 존재해야 한다.** n보다 큰 항들은 저절로 영이 되어 Hermite 다항식은 몇 개의 항으로 구성된 다항식이 된다.

$$-\frac{\lambda}{\alpha}+1+2n=0 \tag{9-3-29}$$

이식과 식 (9-3-10)을 결합하면 다음과 같은 잘 알려진 식을 얻을 수 있다.

$$E_n=\left(n+\frac{1}{2}\right)h\nu \tag{9-3-30}$$

일반적으로 진동에너지는 진동양자수 v (upsilon)으로 표현한다.

$$E_v=\left(v+\frac{1}{2}\right)h\nu \tag{9-3-31}$$

여기서 v를 진동양자수라고 하며 0, 1, 2와 같은 0 정수 또는 자연수이다. **식 (9-3-25)의**

회귀관계식 (recursion relation)**을 이용하면** $\frac{c_2}{c_0}, \frac{c_3}{c_1}, \frac{c_4}{c_2}, \cdots$ **의 값을 구할 수 있다. 따라서** c_0**와** c_1**을 알면** $c_2, c_3, c_4, \cdots$**를 구할 수 있다.** c_0와 c_1는 파동함수의 규격화 조건을 만족하는 과정에서 구할 수 있다. 식 (9-3-25)**에 나타낸 회귀관계식을 써서 파동함수를 구할 수 있지만 직접적으로 구하는 방법이 있다.**

$$H_n(\xi) = (-1)^n e^{\xi^2} \frac{d^n}{d\xi^n} e^{-\xi^2} \tag{9-3-32}$$

결론적으로 **다음과 같은 진동파동함수를 구할 수 있다.**

$$\begin{aligned} \psi_v(x) &= N_v H_v(\alpha^{1/2} x) e^{-\alpha x^2/2}, \quad \alpha = \left(\frac{\mu k}{\hbar^2}\right)^{1/2} \\ N_v &= \frac{1}{(2^v v!)^{1/2}} \left(\frac{\alpha}{\pi}\right)^{1/4} \end{aligned} \tag{9-3-33}$$

여기서 N_v는 규격화상수이다. $v = 1 \sim 6$의 경우의 Hermite 다항식을 표 (9-3-1)에 나타내었다. 표 (9-3-1)에서 주목할 것은 "Hermite **다항식이** v**이 짝수인 경우 우함수** (even function)**이고,** v**가 홀수인 경우 기함수** (odd function)"**라는 것이다. 조화진동에서의 선택규칙** (selection rule)**은** $\Delta v = \pm 1$**이다.**

(a) 조화진동의 에너지준위

포물선형의 위치에너지우물에 갇힌 진동자는 조화진동을 하고 그 진동에너지는 그림 (9-3-2)에 나타낸 바와 같이 **진동에너지의 간격은 균등하게 나타난다.**

표 (9-3-1). Hermite 다항식.

v	H_v
0	1
1	2ξ
2	$4\xi^2 - 2$
3	$8\xi^3 - 12\xi$
4	$16\xi^4 - 48\xi^2 + 12$
5	$32\xi^5 - 160\xi^3 + 120\xi$
6	$64\xi^6 - 480\xi^4 + 720\xi^2 - 120$

그림 (9-3-2). **포물선형 위치에너지우물에 갇힌 입자의 에너지준위도. 에너지간격이 균등하게 나타남.**

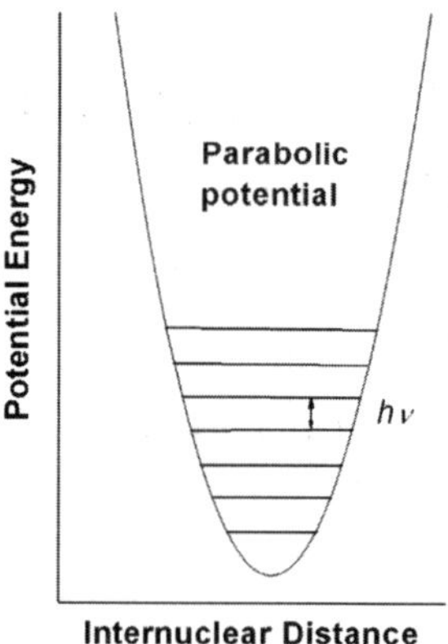

그림 (9-3-3). **(a) : 조화진동에서 파동함수. (b) : 확률밀도.**

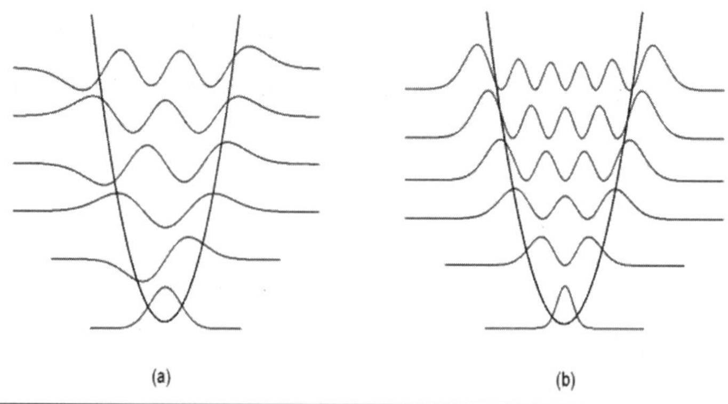

4. 회전운동의 고전역학 및 양자역학적 표현

(a) 2차원에서 회전

xy 평면에서 질량 m, 위치벡터 $\vec{r}$을 갖는 입자의 각운동량 $\vec{L}$은 방향이 z 축이며 크기는 $|\vec{r}\mathrm{x}\vec{p}|$이다. 강체회전자 (rigid rotor)에서 회전에너지는 아래와 같이 주어진다.

$$E_{rot} = \frac{1}{2}m_1 v_1^2 + \frac{1}{2}m_2 v_2^2 = \frac{1}{2}m_1(r_1\omega)^2 + \frac{1}{2}m_2(r_2\omega)^2 = \frac{1}{2}I\omega^2 \qquad (9\text{-}4\text{-}1)$$

I를 관성모멘트 (moment of inertia)라고 부르며 $I = m_1 r_1^2 + m_2 r_2^2$의 값을 갖는다.

그림 (9-4-1). 두 개의 입자로 구성된 물질의 운동을 표현할 때 질량중심좌표와 내부좌표로 표시하는 것이 편리하다.

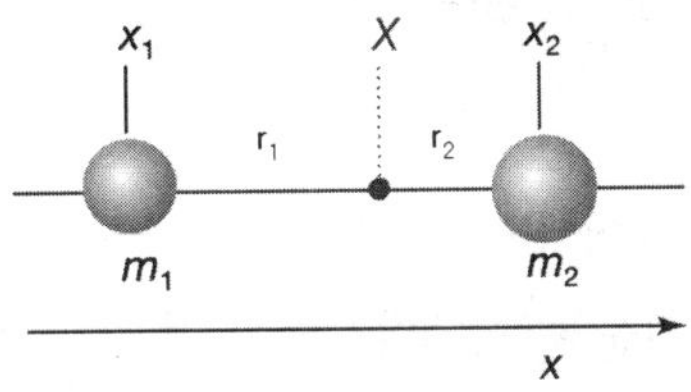

그림 (9-4-2). xy 평면에서 질량 m, 위치벡터 $\vec{r}$을 갖는 입자의 각운동량 $\vec{L_z}$는 방향이 z 축을 가지며 크기는 $|\vec{r} \times \vec{p}|$임.

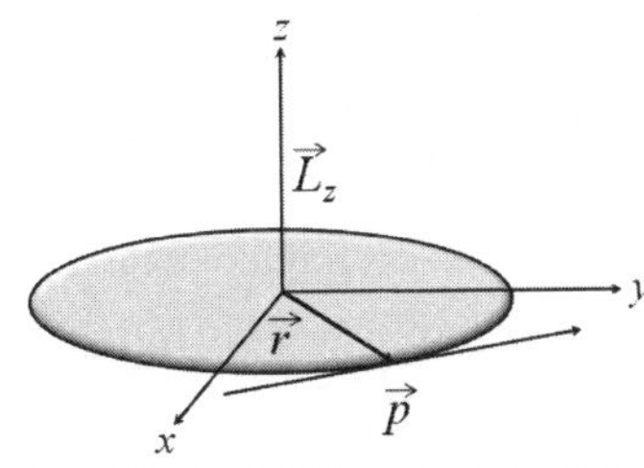

(b) 고전역학에서 각운동량

$$|\vec{L}| = r_1 m_1 v_1 + r_2 m_2 v_2 = m_1 r_1^2 \omega + m_2 r_2^2 \omega = I\omega \qquad (9\text{-}4\text{-}2)$$

(c) 양자역학에서 각운동량

① 수소원자에서 2차원 원운동인 경우

Bohr는 "수소원자에서 전자가 원운동을 한다고 가정하고 전자의 각운동량이 양자화되어 있다"고 주장했다.

$$L = n\hbar \qquad (9\text{-}4\text{-}3)$$

이 식은 "de Broglie의 물질파의 정수배가 원둘레와 같으면 전자가 안정된 궤도를 회전한다"고 가정해서 나온 결과이다.

$$n\lambda = 2\pi r \qquad (9\text{-}4\text{-}4)$$

$$\lambda = \frac{h}{p} = \frac{h}{mv} \qquad (9\text{-}4\text{-}5)$$

식 (9-4-4)과 식 (9-4-5)로부터 식 (9-4-3)가 유도된다.

② 수소원자에서 3차원인 경우

$$L = \{\ell(\ell+1)\}^{1/2}\hbar \quad (9\text{-}4\text{-}6)$$

Schrödinger 방정식을 풀어서 나온 각운동량은 식 (9-4-6)이며 Bohr의 가설과는 확연히 다르다. Bohr의 식에서는 각운동량을 결정하는 것은 주양자수이다. 실제로 Bohr의 이론에서는 주양자수 하나 밖에 없다. Schrödinger 방정식에서 각운동량을 결정하는 것은 부양자수 또는 각운동량양자수이다. 두 가지 서로 다른 방법으로 유도한 수소와 같은 원자의 총에너지가 같게 나오는 것은 우연의 일치 (fortuitous)라 하겠다.

③ 강체회전자인 경우

강체회전자의 각운동량은 아래와 같이 나타낸다.

$$L = \{J(J+1)\}^{1/2}\hbar \quad (9\text{-}4\text{-}7)$$

여기서 J는 회전양자수로서 $J = 0, 1, 2, 3, \ldots$의 값을 갖는다.

(d) 각운동량과 회전에너지와의 관계

① 고전역학

$$E_{rot} = \frac{(I\omega)^2}{2I} = \frac{L^2}{2I} \quad (9\text{-}4\text{-}8)$$

② 양자역학

수소원자에서 전자의 원심에너지 (centrifugal energy)는 다음과 같다.

$$E_{rot} = \frac{\ell(\ell+1)\hbar^2}{2I} \quad (9\text{-}4\text{-}9)$$

※ 식 (9-4-9)는 다시 자세히 다루어진다. 강체회전자에서는 회전에너지가 아래와 같다.

$$E_{rot} = \frac{J(J+1)\hbar^2}{2I} \quad (9\text{-}4\text{-}10)$$

여기서 J는 회전양자수이다.

9장

양·자·론·의·기·술·과·응·용

연습문제

(9-1) 고전역학과 양자역학 측면에서, 질량이 m_1, m_2이고 핵간거리가 r인 이원자분자의 각운동량과 회전에너지를 구하시오.

(9-2) 하나의 고리에 갇혀있는 입자의 운동을 위한 파동함수는 $\Psi = N\mathrm{e}^{\mathrm{i}m_l\phi}$의 형태를 갖는다. 규격화상수 N을 구하시오.

(9-3) 길이가 a인 1차원 단단한 상자에 한 개의 입자가 존재한다.

$n=1$에 대해서 $\langle x \rangle, \langle x^2 \rangle, \langle p_x \rangle$, $\langle p_x^2 \rangle$, σ_x, $\sigma_{p_x}, \sigma_x \bullet \sigma_{p_x}$를 구하시오.

단, $\Psi_n(x) = \sqrt{\dfrac{2}{a}}\sin\dfrac{n\pi x}{a}$.

(9-4) 길이가 a인 1차원 단단한 상자에 한 개의 입자가 존재한다. $n=2$에 대해서 $\langle x \rangle, \langle x^2 \rangle, \langle p_x \rangle$, $\langle p_x^2 \rangle$, σ_x, $\sigma_{p_x}, \sigma_x \bullet \sigma_{p_x}$를 구하시오.

단, $\Psi_n(x) = \sqrt{\dfrac{2}{a}}\sin\dfrac{n\pi x}{a}$

(9-5) 한 변의 길이가 L인 정육면체 상자에 한 개의 입자가 존재한다. 이 입자의 에너지가 0에서 $\dfrac{16h^2}{8mL^2}$사이에 존재하는 상태의 수는 몇 개인가?

(9-2) $\int_0^{2\pi} \Psi^* \Psi d\phi = 1 = N^2 \int_0^{2\pi} \mathrm{e}^{-\mathrm{i}m_l\phi} \mathrm{e}^{\mathrm{i}m_l\phi} d\phi = N^2 \int_0^{2\pi} d\phi = 2\pi N^2$

$\therefore N = \sqrt{\frac{1}{2\pi}}$

따라서 규격화된 파동함수는 $\Psi = \frac{1}{\sqrt{2\pi}} \mathrm{e}^{im_l\phi}$ 이다.

(9-3) $n = 1$에 대해서

$\langle x \rangle = \int_0^a \Psi_1(x)^* x \Psi_1(x) dx = \int_0^a \sqrt{\frac{2}{a}} \sin\frac{\pi x}{a} x \sqrt{\frac{2}{a}} \sin\frac{\pi x}{a} dx =$

$= \frac{2}{a} \int_0^a x \sin^2 \frac{\pi x}{a} dx$

$\frac{\pi x}{a} = t$로 놓으면

$\int_0^a x \sin^2 \frac{\pi x}{a} dx = \int_0^\pi \left(\frac{a}{\pi}\right)^2 t \sin^2 t dt = \frac{a^2}{4}$

$\therefore \langle x \rangle = \frac{a}{2}$

$\langle x^2 \rangle = \int_0^a \Psi_1(x)^* x^2 \Psi_1(x) dx =$

$\int_0^a \sqrt{\frac{2}{a}} \sin\frac{\pi x}{a} x^2 \sqrt{\frac{2}{a}} \sin\frac{\pi x}{a} dx = \frac{2}{a} \int_0^a x^2 \sin^2 \frac{\pi x}{a} dx$

$\frac{\pi x}{a} = t$로 놓으면

$\int_0^a x^2 \sin^2 \frac{\pi x}{a} dx = \left(\frac{a}{\pi}\right)^3 \int_0^\pi t^2 \sin^2 t dt = \left(\frac{a}{\pi}\right)^3 \left(\frac{\pi^3}{6} - \frac{\pi}{4}\right) = \frac{a^3}{6} - \frac{a^3}{4\pi^2}$

$\therefore \langle x^2 \rangle = \frac{2}{a} \int_0^a x^2 \sin^2 \frac{\pi x}{a} dx = \frac{2}{a}\left(\frac{a^3}{6} - \frac{a^3}{4\pi^2}\right) = \frac{a^2}{3} - \frac{a^2}{2\pi^2}$

$$\langle p_x \rangle = \int_0^a \Psi_1(x)^* \left(\frac{\hbar}{i}\frac{d}{dx}\right)\Psi_1(x)dx = \int_0^a \sqrt{\frac{2}{a}}\sin\frac{\pi x}{a}\left(\frac{\hbar}{i}\frac{d}{dx}\right)\sqrt{\frac{2}{a}}\sin\frac{\pi x}{a}dx$$

$$= \frac{2\hbar}{ai}\int_0^a \sin\frac{\pi x}{a}\frac{d}{dx}\sin\frac{\pi x}{a}dx = \frac{2\pi\hbar}{a^2 i}\int_0^a \sin\frac{\pi x}{a}\cos\frac{\pi x}{a}dx$$

$\frac{\pi x}{a} = t$로 놓으면

$$\int_0^a \sin\frac{\pi x}{a}\cos\frac{\pi x}{a}dx = \frac{a}{\pi}\int_0^\pi \sin t\cos t dt = 0$$

$$\therefore \langle p_x \rangle = 0$$

$$\langle p_x^2 \rangle = \int_0^a \Psi_1(x)^* \left(\frac{\hbar}{i}\frac{d}{dx}\right)^2\Psi_1(x)dx = \int_0^a \Psi_1(x)^* \left(\frac{\hbar}{i}\frac{d}{dx}\right)\left(\frac{\hbar}{i}\frac{d}{dx}\right)\Psi_1(x)dx$$

$$= \int_0^a \sqrt{\frac{2}{a}}\sin\frac{\pi x}{a}\left(\frac{\hbar}{i}\frac{d}{dx}\right)\left(\frac{\hbar}{i}\frac{d}{dx}\right)\sqrt{\frac{2}{a}}\sin\frac{\pi x}{a}dx$$

$$= \frac{2\hbar^2}{a}\frac{\pi^2}{a^2}\int_0^a \sin\frac{\pi x}{a}\sin\frac{\pi x}{a}dx = \frac{2\pi^2\hbar^2}{a^3}\int_0^a \sin^2\frac{\pi x}{a}dx$$

$\frac{\pi x}{a} = t$로 놓으면

$$\int_0^a \sin^2\frac{\pi x}{a}dx = \frac{a}{\pi}\int_0^\pi \sin^2 t dt = \frac{a}{\pi}\frac{\pi}{2} = \frac{a}{2}$$

$$\therefore \langle p_x^2 \rangle = \frac{2\pi^2\hbar^2}{a^3}\int_0^a \sin^2\frac{\pi x}{a}dx = \frac{2\pi^2\hbar^2}{a^3}\frac{a}{2} = \frac{\pi^2\hbar^2}{a^2}$$

$$\sigma_x = \{\langle x^2 \rangle - \langle x \rangle^2\}^{1/2} = \left\{\frac{a^2}{3} - \frac{a^2}{2\pi^2} - \left(\frac{a}{2}\right)^2\right\}^{1/2} = \sqrt{\frac{1}{12} - \frac{1}{2\pi^2}}\ a$$

$$\sigma_{p_x} = \{\langle p_x^2 \rangle - \langle p_x \rangle^2\}^{1/2} = \left\{\frac{\pi^2\hbar^2}{a^2} - 0\right\}^{1/2} = \frac{\pi\hbar}{a}$$

$$\sigma_x \cdot \sigma_{p_x} = \sqrt{\frac{1}{12} - \frac{1}{2\pi^2}}\ a \cdot \frac{\pi\hbar}{a} = \sqrt{\frac{1}{12} - \frac{1}{2\pi^2}}\ \pi\hbar = 0.5679\hbar > \frac{\hbar}{2}$$

이 식은 Heisenberg의 불확정성원리 $\left(\sigma_x \cdot \sigma_{p_x} \geq \frac{\hbar}{2}\right)$에 위배되지 않는다.

(9-5) $\frac{h^2}{8mL^2}(n_x^2+n_y^2+n_z^2)<\frac{16h^2}{8mL^2}$ 를 만족하는 (n_x, n_y, n_z) 조 (set)를 구한다.

$n_x = 1, n_y = 1, n_z = 1$ 한 개의 상태.

$n_x = 1, n_y = 1, n_z = 2$ 등의 세 개의 상태.

$n_x = 1, n_y = 2, n_z = 2$ 등의 세 개의 상태.

$n_x = 1, n_y = 1, n_z = 3$ 등의 세 개의 상태.

$n_x = 2, n_y = 2, n_z = 2$ 한 개의 상태.

$n_x = 1, n_y = 2, n_z = 3$ 등의 여섯 개의 상태.

따라서 17 상태수가 존재한다.

10장

새·롭·고·이·해·하·기·쉬·운·물·리·화·학

원자구조 및 원자스펙트라

1. 수소와 같은 원자의 구조와 발광스펙트럼

1885년 Balmer는 수소원자의 발광스펙트럼에서 아래 식을 만족하는 계열을 발견하였다.

$$\tilde{\nu} \propto \left(\frac{1}{2^2} - \frac{1}{n^2}\right) \quad (10-1-1)$$

이 계열을 Balmer 계열이라고 한다. 이 계열이 제일 먼저 발견된 이유는 이 방출스펙트럼의 에너지영역이 가시광선 영역이기 때문이라고 생각한다. 이후 Lyman 및 Paschen 등이 각각 식 (10-1-2)와 (10-1-3)에 나타낸 계열을 발견하였다.

$$\tilde{\nu} \propto \left(\frac{1}{1^2} - \frac{1}{n^2}\right) \quad (10-1-2)$$

$$\tilde{\nu} \propto \left(\frac{1}{3^2} - \frac{1}{n^2}\right) \quad (10-1-3)$$

1890년 Rydberg가 이 계열들을 종합하여 식 (10-1-4)에 나타낸 일반적인 발광파수와 양자수와의 관계식을 확립하였다.

$$\tilde{\nu} = \widetilde{R_H}\left(\frac{1}{n_1^2} - \frac{1}{n_2^2}\right) \quad (10-1-4)$$

여기서 $\widetilde{R_H} = 109\ 677\ \text{cm}^{-1}$ 이다. 수소 원자의 스펙트럼이 위 식을 만족한다는 실험적 사실이 Bohr 이론의 개발의 계기가 되었다. Bohr 이론이 양자역학의 설립에 큰 기여를 하였다. 식 (10-1-4)를 쓰면 수소원자의 스펙트럼을 추론할 수 있는데 계산값과 실험값이 경이롭게도 잘 일치하고 있다. 수소의 발광스펙트럼은 최종상태의 n 값에 따라 명명되며 발견한 과학자의 이름을 따서 $n=1$이면 Lyman 계열, $n=2$이면 Balmer 계열, $n=3$이면 Paschen 계열, $n=4$이면 Brackett 계열, 그리고 $n=5$이면 Pfund 계열이라 부른다.

그림 (10-1-1). **수소원자의 방출스펙트라의 영역.**

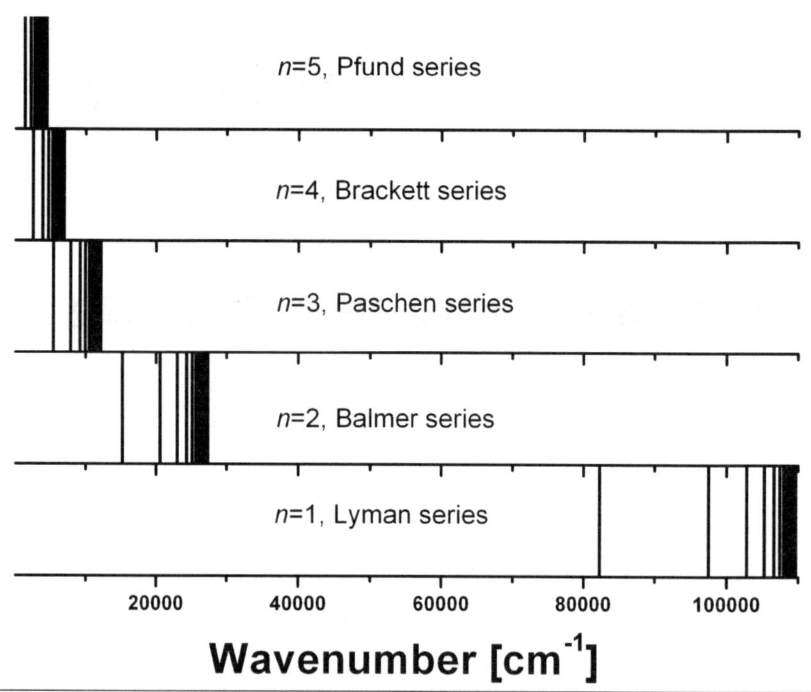

수소원자의 운동을 표시할 때 수소의 핵과 수소의 전자의 좌표를 독립해서 사용하는 것은 불편하다. 그림 (10-1-2)에 나타낸 바와 같이 **두 개의 질량중심의 좌표와 정지한 핵에 대한 전자의 좌표로 표현하는 것이 중요하고 편리하다.** 즉, 질량중심좌표와 내부좌표로 입자의 좌표와 운동을 표시한다.

그림 (10-1-2). **인력이 존재하는 두 개의 입자로 구성된 물질에서 운동을 표현할 때 사용하는 좌표.**

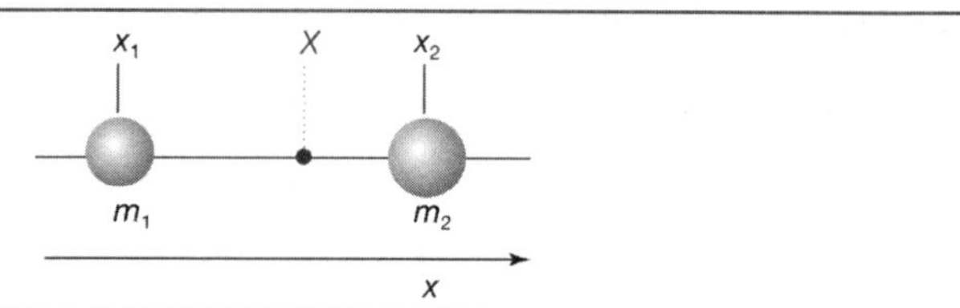

$$E = \frac{p_1^2}{2m_1} + \frac{p_2^2}{2m_2} + V \tag{10-1-5}$$

여기서 질량중심좌표 X를 도입한다.

$$(m_1 + m_2)X = m_1x_1 + m_2x_2 \tag{10-1-6}$$

핵에 대한 전자의 좌표는 아래와 같이 표현할 수 있다.

$$x = x_1 - x_2 \tag{10-1-7}$$

x_1, x_2를 x, X 함수로 표시하면

$$x_1 = X + \frac{m_2}{m}x \tag{10-1-8}$$

$$p_1 = m_1\dot{x}_1 = m_1\dot{X} + \frac{m_1m_2}{m}\dot{x} \tag{10-1-9}$$

$$p_2 = m_2\dot{x}_2 = m_2\dot{X} - \frac{m_1m_2}{m}\dot{x} \tag{10-1-10}$$

$$\therefore E_{total} = \frac{p_1^2}{2m_1} + \frac{p_2^2}{2m_2} + V = \frac{1}{2}m\dot{X}^2 + \frac{1}{2}\mu\dot{x}^2 + V \tag{10-1-11}$$

식 (10-1-11)에 대한 것을 양자역학적으로 표현하면

$$\hat{H} = -\frac{\hbar^2}{2m}\nabla^2_{c.m.} - \frac{\hbar^2}{2\mu}\nabla^2 + V \tag{10-1-12}$$

질량중심좌표와 핵에 대한 전자의 좌표는 서로 독립임을 식 (10-1-12)가 말해주고 있다. 이와 같이 Hamiltonian **연산자를 합으로 나타낼 수 있으면 전체에너지도 합으로 나타낼 수 있으며, 파동함수는 곱으로 나타낼 수 있다.**

$$E_{total} = E_{c.m.} + E_e \tag{10-1-13}$$

$$\Psi_{total} = \Psi_{c.m.}\Psi_e \tag{10-1-14}$$

수소핵에 대한 전자의 Schrödinger 방정식은 식 (10-1-15)이다.

$$-\frac{\hbar^2}{2\mu}\nabla^2\Psi_e - \frac{Ze^2}{4\pi\epsilon_0 r}\Psi_e = E\Psi_e \tag{10-1-15}$$

여기서 ∇^2를 Laplacian 연산자라 한다. 파동함수를 구형극좌표로 표시하면 아래와 같이 변수분리가 가능하다. 여기서 ϵ_0를 진공에서의 유전율이라고 하며

$8.85419 \times 10^{-12} J^{-1} C^2 m^{-1}$의 값을 갖는다. Laplacian 연산자를 직교좌표 (cartesian coordinate)로 표시하면 아래와 같다.

$$\nabla^2 = \frac{\partial^2}{\partial x^2} + \frac{\partial^2}{\partial y^2} + \frac{\partial^2}{\partial z^2} \tag{10-1-16}$$

Laplacian 연산자를 극좌표 (polar coordinate)로 표시하면 다음과 같다.

$$\nabla^2 = \frac{\partial^2}{\partial r^2} + \frac{2}{r}\frac{\partial^2}{\partial r^2} + \frac{1}{r^2}\Lambda^2 \tag{10-1-17}$$

$$\text{단, } \Lambda^2 = \frac{1}{\sin\theta}\frac{\partial}{\partial\theta}\sin\theta\frac{\partial}{\partial\theta} + \frac{1}{\sin^2\theta}\frac{\partial^2}{\partial\phi^2} = \frac{\partial^2}{\partial\theta^2} + \cot\theta\frac{\partial}{\partial\theta} + \frac{1}{\sin^2\theta}\frac{\partial^2}{\partial\phi^2} \tag{10-1-18}$$

식 (10-1-15)를 극좌표로 표시하면 다음과 같다.

$$-\frac{\hbar^2}{2\mu}\left(\frac{\partial^2}{\partial r^2} + \frac{2}{r}\frac{\partial^2}{\partial r^2} + \frac{1}{r^2}\Lambda^2\right)\Psi_e - \frac{Ze^2}{4\pi\epsilon_0 r}\Psi_e = E\Psi_e \tag{10-1-19}$$

식 (10-1-19)는 독립변수 r, θ, ϕ로 구성된 매우 어렵고 복잡한 미분방정식이다. **이 미분방정식을 변수분리하여 비교적 간단한 세 개의 미분방정식으로 바꿀 필요가 있다.** 우선 r만의 함수와 θ와 ϕ의 함수로 바꾸어보자.

$$\Psi_e(r,\theta,\phi) = R(r)Y(\theta,\phi) \tag{10-1-20}$$

$$\therefore\ -\frac{\hbar^2}{2\mu}\left(\frac{\partial^2}{\partial r^2} + \frac{2}{r}\frac{\partial^2}{\partial r^2} + \frac{1}{r^2}\Lambda^2\right)R(r)Y(\theta,\phi) - \frac{Ze^2}{4\pi\epsilon_0 r}R(r)Y(\theta,\phi) = ER(r)Y(\theta,\phi) \tag{10-1-21}$$

이 식을 변수분리하기 하기 위하여 양변에 $-\frac{2\mu r^2}{\hbar^2}$을 곱한 다음 정리한다.

$$\left(r^2\frac{\partial^2}{\partial r^2} + 2r\frac{\partial}{\partial r}\right)R(r)Y(\theta,\phi) + \frac{2\mu r^2}{\hbar^2}\left(E + \frac{Ze^2}{4\pi\epsilon_0 r}\right)R(r)Y(\theta,\phi) = -\Lambda^2 R(r)Y(\theta,\phi) \tag{10-1-22}$$

$R(r)$은 r만의 함수이고 $Y(\theta,\phi)$만의 함수이므로 식 (10-1-22)는 다음과 같이 변형된다.

$$Y(\theta,\phi)\left(r^2\frac{\partial^2}{\partial r^2} + 2r\frac{\partial}{\partial r}\right)R(r) + Y(\theta,\phi)\frac{2\mu r^2}{\hbar^2}\left(E + \frac{Ze^2}{4\pi\epsilon_0 r}\right)R(r) = -R(r)\Lambda^2 Y(\theta,\phi) \tag{10-1-23}$$

양변을 $R(r)Y(\theta,\phi)$로 나누어 주면

$$\frac{1}{R(r)}\left(r^2\frac{\partial^2}{\partial r^2}+2r\frac{\partial}{\partial r}\right)R(r)+\frac{1}{R(r)}\frac{2\mu r^2}{\hbar^2}\left(E+\frac{Ze^2}{4\pi\epsilon_0 r}\right)R(r)=-\frac{1}{Y(\theta,\phi)}\Lambda^2 Y(\theta,\phi) \tag{10-1-24}$$

식 (10-1-24)의 좌변은 r만의 함수이고 우변은 θ,ϕ만의 함수이다. 이 식이 항상 성립하기 위해서는 그 두 변의 값이 상수로서 같아야 한다. 그 값을 β로 놓으면

$$-\frac{1}{Y(\theta,\phi)}\Lambda^2 Y(\theta,\phi)=\beta \tag{10-1-25}$$

식 (10-1-25)을 구체적으로 표현하면

$$\left(\frac{\partial^2}{\partial\theta^2}+\cot\theta\frac{\partial}{\partial\theta}+\frac{1}{\sin^2\theta}\frac{\partial^2}{\partial\phi^2}\right)Y(\theta,\phi)+\beta Y(\theta,\phi)=0 \tag{10-1-26}$$

양변에 $\sin^2\theta$를 곱하면

$$\left(\sin^2\theta\frac{\partial^2}{\partial\theta^2}+\sin\theta\cos\theta\frac{\partial}{\partial\theta}\right)Y(\theta,\phi)+\frac{\partial^2 Y(\theta,\phi)}{\partial\phi^2}+\beta\sin^2\theta\, Y(\theta,\phi)=0 \tag{10-1-27}$$

변수분리를 위하여 식 $Y(\theta,\phi)=\Theta(\theta)\Phi(\phi)$를 설정한다.

$$\Phi(\phi)\left(\sin^2\theta\frac{\partial^2}{\partial\theta^2}+\sin\theta\cos\theta\frac{\partial}{\partial\theta}\right)\Theta(\theta)+\Theta(\theta)\frac{\partial^2\Phi(\phi)}{\partial\phi^2}+\beta\sin^2\theta\Theta(\theta)\Phi(\phi)=0 \tag{10-1-28}$$

양변을 $\Theta(\theta)\Phi(\phi)$로 나누어준다.

$$\frac{1}{\Theta(\theta)}\left(\sin^2\theta\frac{\partial^2}{\partial\theta^2}+\sin\theta\cos\theta\frac{\partial}{\partial\theta}\right)\Theta(\theta)+\beta\sin^2\theta=-\frac{1}{\Phi(\phi)}\frac{\partial^2\Phi(\phi)}{\partial\phi^2} \tag{10-1-29}$$

식 (10-1-29)의 좌변은 r만의 함수이고 우변은 θ,ϕ만의 함수이다. 이 식이 항상 성립하기 위해서는 그 두 변의 값이 상수로서 같아야 한다. 그 값을 m^2로 놓으면

$$\frac{\partial^2\Phi(\phi)}{\partial\phi^2}=-m^2\Phi(\phi) \tag{10-1-30}$$

식 (10-1-30)의 규격화된 해는 다음과 같다.

$$\Phi(\phi)=\frac{1}{\sqrt{2\pi}}e^{im\phi} \tag{10-1-31}$$

식 (10-1-29)는 다음과 같이 변형된다.

$$\frac{1}{\Theta(\theta)}\left(\sin^2\theta\frac{\partial^2}{\partial\theta^2}+\sin\theta\cos\theta\frac{\partial}{\partial\theta}\right)\Theta(\theta)+\ \beta\sin^2\theta-m^2=0 \tag{10-1-32}$$

양변에 $\dfrac{\Theta(\theta)}{\sin^2\theta}$을 곱하고 정리하면

$$\frac{\partial^2\Theta(\theta)}{\partial\theta^2}+\cot\theta\frac{\partial\Theta(\theta)}{\partial\theta}+\left(\beta-\frac{m^2}{\sin^2\theta}\right)\Theta(\theta)=0 \tag{10-1-33}$$

여기서 다음을 설정한다,

$$\Theta(\theta)=P(x),\ \cos\theta=x \tag{10-1-34}$$

$$\frac{d\Theta(\theta)}{d\theta}=\frac{dx}{d\theta}\frac{d\Theta(\theta)}{dx}=-\sin\theta\frac{d\Theta(\theta)}{dx}=-\sin\theta\frac{dP(x)}{dx} \tag{10-1-35}$$

$$\begin{aligned}\frac{d^2\Theta(\theta)}{d\theta^2}&=\frac{d}{d\theta}\left\{-\sin\theta\frac{dP(x)}{dx}\right\}=-\cos\theta\frac{dP(x)}{dx}-\sin\theta\frac{d}{d\theta}\frac{dP(x)}{dx}\\&=-\cos\theta\frac{dP(x)}{dx}-\sin\theta\frac{dx}{d\theta}\frac{d}{dx}\frac{dP(x)}{dx}=-\cos\theta\frac{dP(x)}{dx}+\sin^2\theta\frac{d^2P(x)}{dx^2}\\&=\left(1-x^2\right)\frac{d^2P(x)}{dx^2}-x\frac{dP(x)}{dx}\end{aligned} \tag{10-1-36}$$

식 (10-1-35)와 식 (10-1-36)을 식(10-1-33)에 대입하면 아래 식이 얻어진다.

$$\left(1-x^2\right)\frac{d^2P(x)}{dx^2}-2x\frac{dP(x)}{dx}+\left(\beta-\frac{m^2}{1-x^2}\right)P(x)=0 \tag{10-1-37}$$

$\cos\theta=x$이므로 $-1\le x\le 1$

이 방정식을 Legendre의 방정식 (Legendre's equation)이라고 부른다. $P(x)=\left(1-x^2\right)^{|m|/2}H(x)$ 이라고 놓고 식 (10-1-37)을 변형하면

$$\left(1-x^2\right)\frac{d^2H(x)}{dx^2}-2(|m|+1)x\frac{dH(x)}{dx}+\{\beta-|m|(|m|+1)\}H(x)=0 \tag{10-1-38}$$

위 방정식의 해를 구하기 위하여 다음의 다항식을 설정한다.

$$H(x)=\sum_{i=0}^{\infty}a_ix^i \tag{10-1-39}$$

$$H'(x)=\sum_{i=0}^{\infty}ia_ix^{i-1} \tag{10-1-40}$$

$$H''(x) = \sum_{i=0}^{\infty} i(i-1)a_i x^{i-2} = \sum_{i=0}^{\infty}(i+2)(i+1)a_{i+2}x^i \qquad (10\text{–}1\text{–}41)$$

식 (10-1-39), 식 (10-1-40), 식 (10-1-41)을 식 (10-1-38)에 대입하여 정리하면 다항식의 계수들 사이의 관계식을 얻을 수 있다.

$$\sum_{i=0}^{\infty}\left\{(i+2)(i+1)a_{i+2} + \left(-i^2 - i - 2|m|i + \beta - |m|^2 - |m|\right)a_i\right\}x^i = 0 \qquad (10\text{–}1\text{–}42)$$

$$a_{i+2} = \frac{(i+|m|)(i+|m|+1)-\beta}{(i+2)(i+1)}a_i \qquad (10\text{–}1\text{–}43)$$

이 Legendre의 다항식이 수렴하기 위해서는 식 (10-1-43)이 영이 되는 어떤 i가 존재해야 한다.

$$\beta = (i+|m|)(i+|m|+1) \qquad (10\text{–}1\text{–}44)$$

$i + m = \ell$이라고 놓으면

$$\beta = \ell(\ell+1) \qquad (10\text{–}1\text{–}45)$$

$$m = -\ell, -\ell+1, \cdot\cdot\cdot\ \ell-1, \ell \qquad (10\text{–}1\text{–}46)$$

식 (10-1-37)은 아래와 같이 변형된다.

$$\left(1-x^2\right)\frac{d^2P(x)}{dx^2} - 2x\frac{dP(x)}{dx} + \left\{\ell(\ell+1) - \frac{m^2}{1-x^2}\right\}P(x) = 0 \qquad (10\text{–}1\text{–}47)$$

$m = 0$일 때 식 (10-1-47)의 해를 Lengendre 다항식 (Lengendre polynomial)이라고 부르고 $P_\ell(x)$로 표기한다.

$$P_\ell(x) = \frac{1}{2^\ell \ell!}\frac{d^\ell}{dx^\ell}(x^2-1)^\ell \qquad (10\text{–}1\text{–}48)$$

식 (9-3-43)의 회귀관계식이 영이 되면 계수 a_{i+2} 항 이상은 저절로 영이 된다. **식 (9-3-43)의 회귀관계식을 이용하면** $\frac{a_2}{a_0}, \frac{a_3}{a_1}, \frac{a_4}{a_2}, \cdot\cdot\cdot$ **의 값을 구할 수 있다.** 따라서 a_0와 a_1을 알면 $a_2, a_3, a_4, \cdot\cdot$를 구할 수 있다. a_0와 a_1는 파동함수의 규격화 조건을 만족하는 과정에서 구할 수 있다. **식 (9-3-43)에 나타낸 회귀관계식을 이용하여 파동함수를 구할 수 있지만 직접적으로 구하는 방법이 있다.**

$m \neq 0$일 때 식 (10-1-47)의 해를 부 Lengendre 다항식 (associated Lengendre polynomial)이라고 부르고 $P_\ell^{|m|}(x)$로 표기한다. $P_\ell^{|m|}(x)$는 다음과 같이 구한다.

$$P_\ell^{|m|}(x) = (1-x^2)^{|m|/2}\frac{d^m}{dx^m}P_\ell(x) \tag{10-1-49}$$

각운동량과 관련된 연산자 $\widehat{L^2}$ 는 아래와 같이 주어진다.

$$\widehat{L^2} = -\hbar^2\left(\frac{1}{\sin\theta}\frac{\partial}{\partial\theta}\sin\theta\frac{\partial}{\partial\theta} + \frac{1}{\sin^2\theta}\frac{\partial^2}{\partial\phi^2}\right) \tag{10-1-50}$$

이 식을 이용하여 수소원자에서 각운동량과 강체회전자의 회전에너지 (원심에너지)를 구해보자.

$$L^2 = \widehat{L^2}\,Y(\theta,\phi) = -\hbar^2\left\{\frac{1}{\sin\theta}\frac{\partial}{\partial\theta}\sin\theta\frac{\partial}{\partial\theta} + \frac{1}{\sin^2\theta}\frac{\partial^2}{\partial\phi^2}\right\}Y(\theta,\phi) \tag{10-1-51}$$

이 식의 해를 앞에서 구하였다.

$$L^2 = \widehat{L^2}\,Y(\theta,\phi) = \ell(\ell+1)\hbar^2\,Y(\theta,\phi) \tag{10-1-52}$$

$$\therefore\ L = \sqrt{\ell(\ell+1)}\,\hbar \tag{10-1-53}$$

다음은 강체회전자의 회전에너지 (원심에너지)를 구해보자.

$$\frac{\widehat{L^2}}{2I}Y(\theta,\phi) = \frac{\ell(\ell+1)\hbar^2}{2I}Y(\theta,\phi) \tag{10-1-54}$$

$$\therefore\ \frac{L^2}{2I} = \frac{\ell(\ell+1)\hbar^2}{2I} \tag{10-1-55}$$

식 (10-1-24)와 식 (10-1-45)로부터 아래식이 얻어진다.

$$\frac{1}{R(r)}\left(r^2\frac{\partial^2}{\partial r^2} + 2r\frac{\partial}{\partial r}\right)R(r) + \frac{1}{R(r)}\frac{2\mu r^2}{\hbar^2}\left(E + \frac{Ze^2}{4\pi\epsilon_0 r}\right)R(r) = \ell(\ell+1) \tag{10-1-56}$$

양변에 $-\dfrac{\hbar^2 R(r)}{2\mu r^2}$ 을 곱하고 정리하면 다음과 같은 식을 얻을 수 있다.

$$-\frac{\hbar^2}{2\mu}\left(\frac{\partial^2}{\partial r^2} + \frac{2}{r}\frac{\partial}{\partial r}\right)R(r) + \left\{\frac{\ell(\ell+1)\hbar^2}{2\mu r^2} - E - \frac{Ze^2}{4\pi\epsilon_0 r}\right\}R(r) = 0 \tag{10-1-57}$$

우변에서 두 항의 합을 유효퍼텐샬 (effective potential)이라고 한다.

$$V_{eff} = -\frac{Ze^2}{4\pi\epsilon_0 r} + \frac{\ell(\ell+1)\hbar^2}{2\mu r^2} \tag{10-1-58}$$

식 (10-1-57)을 방사방정식 (radial equation)이라고 한다. 이식의 해를 구하려면 매우 복잡하고 어려운 과정을 거쳐야 한다. 식 (10-1-57)을 간단하게 보이기 위하여 다음을 가정한다.

$$\xi \equiv \frac{\hbar^2}{\mu e^2} \tag{10–1–59}$$

식 (10-1-57)은 다음과 같이 변형된다.

$$-\frac{\xi e^2}{2}R(r)'' - \frac{\xi e^2}{2}\frac{2}{r}R(r)' + \left\{\frac{\xi\ell(\ell+1)e^2}{2r^2} - E - \frac{Z\hbar^2}{(4\pi\epsilon_0)\xi\mu r}\right\}R(r) = 0 \tag{10–1–60}$$

식 (10-1-60)의 양변에 $-\dfrac{2}{\xi e^2}$을 곱하면

$$R(r)'' + \frac{2}{r}R(r)' + \left\{\frac{2E}{\xi e^2} + \frac{2Z}{(4\pi\epsilon_0)\xi r}\ \frac{\ell(\ell+1)}{r^2}\right\}R(r) = 0 \tag{10–1–61}$$

r이 커지면 식 (10-1-61)은 다음과 같이 간단하게 바뀐다.

$$R(r)'' + \frac{2E}{ae^2}R(r) = 0 \tag{10–1–62}$$

식 (10-1-62)의 해는 아래와 같다.

$$R(r) = \exp\{\pm(-2E/\xi e^2)^{1/2} r\} \tag{10–1–63}$$

수소원자에서 묶인상태 (bound state)를 가정하면 $E < 0$**이다. 또한 식 (10-1-63)의 해가** r**이 커질 때 수렴하려면 식 (10-1-63)에서 "-" 부호만을 택해야 한다.** 따라서 방사파동함수는 r이 적당한 값에서는 다음과 같은 형태를 가질 것으로 판단한다

$$R(r) = e^{-kr}U(r) \tag{10–1–64}$$

$$\text{단, } k = \left(-\frac{2E}{\xi e^2}\right)^{1/2} \tag{10–1–65}$$

이 식을 식 (10-1-61)에 대입하여 정리하면

$$r^2U(r)'' + (2r - 2kr^2)U(r)' + \left\{\left(\frac{2Z}{4\pi\epsilon_0\xi} - 2k\right)r - \ell(\ell+1)\right\}U(r) = 0 \tag{10–1–66}$$

다음을 가정하자.

$$U(r) = \sum_{j=0}^{\infty} c_j r^j \tag{10–1–67}$$

이 식을 식 (10-1-66)에 대입하면

$$r^2\left(2c_2 + 6c_3 r + 12c_4 r^2 + \cdot\cdot\cdot\right) + \left(2r - 2kr^2\right)\left(c_1 + 2c_2 r + 3c_3 r^2 + \cdot\cdot\cdot\right)$$
$$+ \left\{\left(\frac{2E}{4\pi\epsilon_0\xi} - 2k\right)r - \ell(\ell+1)\right\}\left(c_0 + c_1 r + c_2 r^2 + \cdot\cdot\cdot\right) = 0 \tag{10-1-68}$$

r의 계수를 살펴보자. 우선 각 항의 상수를 살펴보면 $c_0 = 0$이어야 한다. r의 계수를 살펴보면 $c_1 = 0$의 결론에 도달한다. r^2의 계수를 살펴보면 다음과 같은 결론에 이른다.

$$6c_2 r^2 - \ell(\ell+1)c_2 r^2 = 0 \tag{10-1-69}$$

식 (10-1-69)에서 $c_2 \neq 0$이 되려면 $\ell = 2$이다. 비슷한 방법으로 $c_3 \neq 0$이 되려면 $\ell = 3$이고, $c_4 \neq 0$이 되려면 $\ell = 4$이며, $c_5 \neq 0$이 되려면 $\ell = 5$이다. 처음 몇 개의 계수가 영인 것을 알 수 있었다. 따라서 다음을 가정할 수 있다.

$$U(r) = r^s K(r) \tag{10-1-70}$$

$$K(r) = \sum_{j=0}^{\infty} b_j r^j,\ b_0 \neq 0 \tag{10-1-71}$$

식 (10-1-70)을 식 (10-1-66)에 대입하면

$$r^2 K(r)'' + \left(2sr + 2r - 2kr^2\right)K(r)'$$
$$+ \left\{s^2 + s + \left(\frac{2Z}{4\pi\epsilon_0\xi} - 2k - 2ks\right)r - \ell(\ell+1)\right\}K(r) = 0 \tag{10-1-72}$$

식 (10-1-72)로부터 다음 식이 얻어진다.

$$K(0) = b_0, K'(0) = b_1, K''(0) = 2b_2 \tag{10-1-73}$$

$r = 0$일 때 식 (10-1-72)가 성립하려면

$$\left\{s^2 + s - \ell(\ell+1)\right\}b_0 = 0 \tag{10-1-74}$$

여기서 해는 다음과 같다.

$$s = \ell, s = -\ell - 1 \tag{10-1-75}$$

$s = -\ell - 1$인 경우 방사파동함수는 원점근처에서 무한대의 값을 갖는다. 따라서 $s = \ell$이다. 방사파동함수는 다음과 같이 표현된다.

$$R(r) = e^{-kr} r^{\ell} K(r) \tag{10-1-76}$$

$s = \ell$이므로 식 (10-1-72)는 다음과 같이 변한다.

$$rK''(r) + (2\ell + 2 - 2kr)K'(r) + \left(\frac{2Z}{4\pi\epsilon_0\xi} - 2k - 2k\ell\right)K(r) = 0 \quad (10\text{–}1\text{–}77)$$

다음을 가정하자.

$$K(r) \equiv \sum_{j=0}^{\infty} b_j r^j \quad (10\text{–}1\text{–}78)$$

$$\begin{aligned} K'(r) &= \sum_{j=0}^{\infty} j b_j r^{j-1} = \sum_{j=1}^{\infty} j b_j r^{j-1} \\ &= \sum_{k=0}^{\infty} (k+1) b_{k+1} r^k = \sum_{j=0}^{\infty} (j+1) b_{j+1} r^j \end{aligned} \quad (10\text{–}1\text{–}79)$$

$$\begin{aligned} K''(r) &= \sum_{j=0}^{\infty} j(j-1) b_j r^{j-2} = \sum_{j=1}^{\infty} j(j-1) b_j r^{j-2} \\ &= \sum_{k=0}^{\infty} (k+1)k b_{k+1} r^{k-1} = \sum_{j=0}^{\infty} (j+1) j b_{j+1} r^{j-1} \end{aligned} \quad (10\text{–}1\text{–}80)$$

이식을 식 (10-1-77)에 대입하면 다음 관계식을 얻을 수 있다.

$$\sum_{j=0}^{\infty}\left[\{j(j+1) + 2(\ell+1)(j+1)\}b_{j+1} + \left(\frac{2Z}{4\pi\epsilon_0 a} - 2k - 2k\ell - 2cj\right)b_j\right] = 0 \quad (10\text{–}1\text{–}81)$$

$$b_{j+1} = \frac{-\dfrac{2Z}{4\pi\epsilon_0\xi} + 2k + 2k\ell + 2kj}{j(j+1) + 2(\ell+1)(j+1)} b_j \quad (10\text{–}1\text{–}82)$$

j 값이 커지면 다음과 같은 관계식이 얻어진다.

$$\frac{b_{j+1}}{b_j} \sim \frac{2kj}{j(j+1)} \sim \frac{2k}{j} \quad (10\text{–}1\text{–}83)$$

이와 같은 회귀관계식을 갖는 지수함수를 찾아보자. 다음의 지수함수가 이와 같은 관계식을 갖는다.

$$e^{2kr} = 1 + (2kr) + \frac{(2kr)^2}{2!} + \cdot\cdot\cdot\cdot + \frac{(2kr)^j}{j!} + \frac{(2kr)^{j+1}}{(j+1)!} + \cdot\cdot\cdot \quad (10\text{–}1\text{–}84)$$

계수사이의 관계식을 쓰면

$$\text{Ratio} = \frac{\dfrac{(2k)^{j+1}}{(j+1)!}}{\dfrac{(2k)^j}{j!}} \sim \frac{2k}{j} \quad (10\text{–}1\text{–}85)$$

따라서 방사파동함수는 아래와 같이 쓸 수 있다.

$$R(r) = e^{-kr} r^{\ell} K(r) = e^{-kr} r^{\ell} e^{2kr} = r^{\ell} e^{kr} \qquad (10\text{–}1\text{–}86)$$

이 방사파동함수는 r이 증가함에 따라 급격하게 커지고 결국은 무한대가 된다. 따라서 **다항식으로된 파동함수를 구하려면 어떤 항의 계수가 영이 되어야 한다.** 그러면 그 다음 항들은 저절로 영이 된다.

$$\therefore\ 2k + 2k\ell + 2kh = 2k(\ell + h + 1) = \frac{2Z}{4\pi\epsilon_0 \xi} \qquad (10\text{–}1\text{–}87)$$

n을 다음과 같이 놓고

$$n \equiv \ell + h + 1 \qquad (10\text{–}1\text{–}88)$$

식 (10-1-59), 식 (10-1-65), 식 (10-1-87), 그리고 식 (10-1-88)을 결합하면 식 (10-1-89)를 얻을 수 있다.

$$E_n = -\frac{Z^2 \mu e^4}{32\pi^2 \epsilon_0^2 \hbar^2 n^2} = -\frac{Z^2 \mu e^4}{2(4\pi\epsilon_0)^2 \hbar^2 n^2} = -\frac{Z^2 \mu e^4}{8\epsilon_0^2 h^2 n^2} \qquad (10\text{–}1\text{–}89)$$

$R_{n,\ell}(r)$로부터 수소원자의 전자에너지가 얻어지는데 그 값은 놀랍게도 ℓ의 값과 상관없는 n만의 함수로 밝혀졌다. 여기서 주목할 것은 식 (10-1-89)는 Bohr 이론에서 얻은 결과와 같다는 것이다. 식 (10-1-88)로부터 다음과 같은 부등식이 얻어진다.

$$\ell \le n - 1 \qquad (10\text{–}1\text{–}90)$$

식 (10-1-59)의 ξ 값, 식 (10-1-65)의 k 값을 기초로 하여 식 (10-1-76)을 다시 쓰면

$$R(r) = e^{-Zr/a} r^{\ell} K(r) \qquad (10\text{–}1\text{–}91)$$

$$\text{단, } a \equiv \frac{(4\pi\epsilon_0)\hbar^2}{\mu e^2} = \frac{(4\pi\epsilon_0)\hbar^2}{m_e e^2 \cdot \dfrac{\mu}{m_e}} = \frac{a_0 m_e}{\mu} \qquad (10\text{–}1\text{–}92)$$

$a_0 = \dfrac{(4\pi\epsilon_0)\hbar^2}{m_e e^2}$를 Bohr의 반경 (Bohr radius)이라고 한다. 다음은 $R_{10}(r)$을 구해보자. 식 (10-1-91)로부터

$$R_{10}(r) = b_0 e^{-Zr/a} \qquad (10\text{–}1\text{–}93)$$

이식을 규격화하면 b_0를 구할 수 있다.

$$\int_0^{\infty} R_{10}(r)^2 r^2 dr = b_0^2 \int_0^{\infty} e^{-2Zr/a} r^2 dr = 1 \qquad (10\text{–}1\text{–}94)$$

$$\therefore \ b_0 = 2\left(\frac{Z}{a}\right)^{3/2} \tag{10-1-95}$$

$$\therefore \ R_{10}(r) = 2\left(\frac{Z}{a}\right)^{3/2} \mathrm{e}^{-Zr/a} \tag{10-1-96}$$

참고로 대부분의 교과서에는 예를 들어 식 (10-1-96)을 $R_{10}(r) = 2\left(\frac{Z}{a_0}\right)^{3/2} \mathrm{e}^{-Zr/a_0}$로 표현하고 있다. a와 a_0의 차이는 극미하기 때문이다. 그 차이를 음미해보자. 매우 작다는 것을 쉽게 알 수 있다. 그러나 논리적으로 풀면 방사파동함수는 식 (10-1-96)처럼 되어야 한다.

$$a = \frac{a_0 m_e}{\mu} = \frac{a_0 m_e}{\dfrac{m_e m_p}{m_e + m_p}} = \frac{a_0 m_e}{\dfrac{9.1093897\text{x}10^{-31}\text{kg} \cdot 1.6726231\text{x}10^{-27}\text{kg}}{9.1093897\text{x}10^{-31}\text{kg} + 1.6726231\text{x}10^{-27}\text{kg}}}$$
$$= \frac{a_0}{0.999456} = 1.000545 a_0 \tag{10-1-97}$$

이와 같이 회귀관계식 식 (10-1-82)를 써서 방사파동함수를 구할 수 있으나 직접적으로 구할 수 있는 관계식을 소개하고자 한다.

$$R_{nl}(r) = -\left[\frac{(n-\ell-1)!}{2n\{(n+\ell)!\}^3}\right]^{1/2} \left(\frac{2}{na}\right)^{\ell+3/2} r^{\ell} \mathrm{e}^{-r/na_0} L_{n+\ell}^{2\ell+1}\left(\frac{2r}{na}\right) \tag{10-1-98}$$

$$L_n(r) = \mathrm{e}^r \frac{d^n}{dr^n}\left(\mathrm{e}^{-r} r^n\right) \tag{10-1-99}$$

식 (10-1-99)를 Laguerre 다항식 (Laguerre polynomial)이라고 한다.

$$L_n^{\ell}(r) = \frac{d^{\ell}}{dr^{\ell}} L_n(r) \tag{10-1-100}$$

식 (10-1-100)을 부 Laguerre 다항식 (associated Laguerre polynomial)이라고 한다.

그림 (10-1-3). 수소원자에서 전자의 유효위치에너지. 전자의 각운동량 양자수가 0이 아닌 경우 원심에너지 (centrifugal energy)를 갖는다. $\ell \geq 1$인 경우, 원심에너지 때문에 반경이 짧아질수록 유효위치에너지가 급격하게 증가한다. 즉, 전자가 핵으로 접근하는 것을 막고 있다.

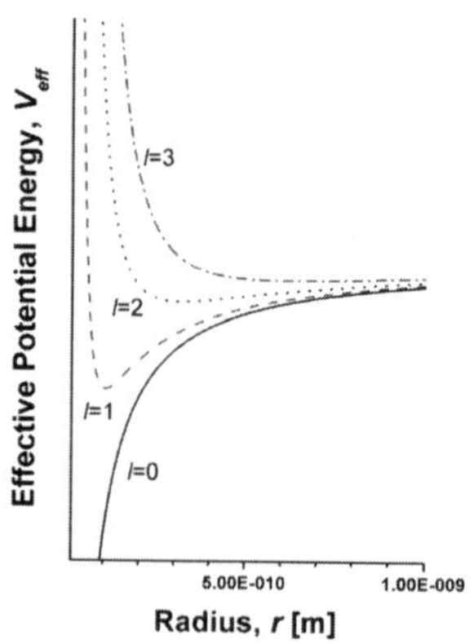

(a) 방사파동함수의 몇 개의 예

Laguerre 다항식으로부터 얻은 방사파동함수 (radial wavefunction)를 몇 개의 양자수에 대해 표 (10-1-1)에 실었다.

표 (10-1-1). 수소와 같은 (hydrogenic, hydrogenlike) 원자의 방사파동함수.

오비털	n	ℓ	$R_{n,\ell}$
1s	1	0	$2\left(\frac{Z}{a}\right)^{3/2} \mathrm{e}^{-\rho/2}$
2s	2	0	$\frac{1}{8^{1/2}}\left(\frac{Z}{a}\right)^{3/2}(2-\rho)\mathrm{e}^{-\rho/2}$
2p	2	1	$\frac{1}{24^{1/2}}\left(\frac{Z}{a}\right)^{3/2}\rho\mathrm{e}^{-\rho/2}$
3s	3	0	$\frac{1}{243^{1/2}}\left(\frac{Z}{a}\right)^{3/2}(6-6\rho+\rho^2)\mathrm{e}^{-\rho/2}$
3p	3	1	$\frac{1}{486^{1/2}}\left(\frac{Z}{a}\right)^{3/2}(4-\rho)\rho\mathrm{e}^{-\rho/2}$
3d	3	2	$\frac{1}{(2430)^{1/2}}\left(\frac{Z}{a}\right)^{3/2}\rho^2\mathrm{e}^{-\rho/2}$

$\rho = 2Zr/na$, $a = 4\pi\epsilon_0\hbar^2/\mu e^2$, $a = \frac{m_e}{\mu}a_0$, a_0 = the Bohr radius.

처음 몇 개의 양자수에 대한 방사파동함수들을 그림 (10-1-4)에 나타내었다.

그림 (10-1-4). 원자번호가 Z인 수소와 같은 원자의 방사파동함수. $a = 4\pi\epsilon_0\hbar^2/\mu e^2$, $a = \frac{m_e}{\mu}a_0$, a_0 = the Bohr radius.

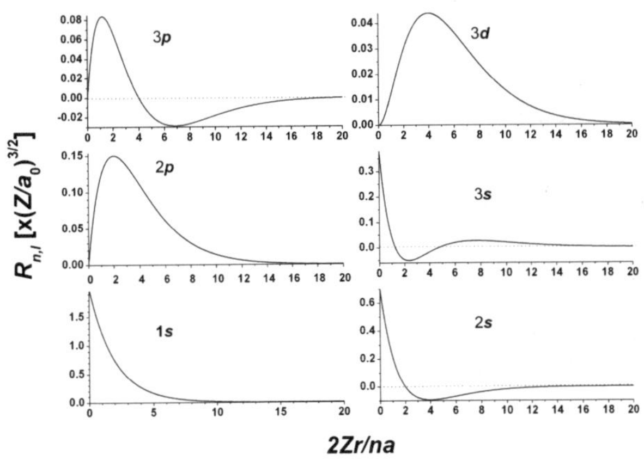

(b) 구형조화함수

수소원자의 각도에 따른 파동함수인 구형조화함수 (spherical harmonics)를 표 (10-1-2)에 나타내었다. 양자수 ℓ과 m_ℓ의 함수로 주어짐을 알 수 있다.

표 (10-1-2). 수소와 같은 원자의 구형조화함수.

오비털	ℓ	m_ℓ	$Y_\ell^{m_\ell}$
$Y_0^0(\theta,\phi)$	0	0	$\frac{1}{(4\pi)^{1/2}}$
$Y_1^0(\theta,\phi)$	1	0	$\left(\frac{3}{4\pi}\right)^{1/2}\cos\theta$
$Y_1^{\pm 1}(\theta,\phi)$	1	± 1	$\left(\frac{3}{8\pi}\right)^{1/2}\sin\theta e^{\pm i\phi}$
$Y_2^0(\theta,\phi)$	2	0	$\left(\frac{5}{16\pi}\right)^{1/2}(3\cos^2\theta - 1)$
$Y_2^{\pm 1}(\theta,\phi)$	2	± 1	$\left(\frac{15}{8\pi}\right)^{1/2}\sin\theta\cos\theta e^{\pm i\phi}$
$Y_2^{\pm 2}(\theta,\phi)$	2	± 2	$\left(\frac{15}{32\pi}\right)^{1/2}\sin^2\theta\, e^{\pm 2i\phi}$

p 오비털의 구형조화함수는 세 종류가 있다.

$$Y_1^0(\theta,\phi)=\left(\frac{3}{4\pi}\right)^{1/2}\cos\theta \tag{10-1-101}$$

$$Y_1^{+1}(\theta,\phi)=\left(\frac{3}{8\pi}\right)^{1/2}\sin\theta e^{i\phi} \tag{10-1-102}$$

$$Y_1^{-1}(\theta,\phi)=\left(\frac{3}{8\pi}\right)^{1/2}\sin\theta e^{-i\phi} \tag{10-1-103}$$

$$2p_{+1}=R_{2,1}(r)Y_1^{+1}(\theta,\phi) \tag{10-1-104}$$

$$2p_{-1}=R_{2,1}(r)Y_1^{-1}(\theta,\phi) \tag{10-1-105}$$

$$2p_x=\frac{1}{\sqrt{2}}(2p_{+1}+2p_{-1}) \tag{10-1-106}$$

$$2p_y=\frac{1}{\sqrt{2}\,i}(2p_{+1}-2p_{-1}) \tag{10-1-107}$$

d 오비털의 각운동량의 크기는 아래와 같이 일정하게 양자화되어 있다.

$$|\vec{L}|=\sqrt{\ell(\ell+1)}\hbar=\sqrt{2(2+1)}\hbar=\sqrt{6}\hbar \tag{10-1-108}$$

$$|\vec{L_z}|=m_\ell\hbar=2\hbar,1\hbar,0\hbar,-1\hbar,-2\hbar \tag{10-1-109}$$

그러나 방향은 5가지 방향으로 양자화되어 있다. 자기장의 방향인 z 축에 기여하는 값은 아래에 나타낸 바와 같이 5가지이다. d 오비털의 모양과 경계면을 그림 (10-1-6)에 나타내었다.

(c) 방사분포함수

입자가 $r \sim r+dr$ 사이에 발견될 확률은 아래와 같이 주어진다.

$$P(r)dr=\int_0^\pi\int_0^{2\pi}R(r)^2|Y(\theta,\phi)|^2r^2dr\sin\theta d\theta d\phi$$
$$=R(r)^2r^2dr\int_0^\pi\int_0^{2\pi}|Y(\theta,\phi)|^2\sin\theta d\theta d\phi=R(r)^2r^2dr \tag{10-1-110}$$

단, $d\tau=dxdydz=r^2\sin\theta drd\theta d\phi$

$$\therefore\ P(r) = R(r)^2 r^2 \tag{10-1-111}$$

그림 (10-1-5). $\ell = 2$일 때 허용된 m_ℓ 값과 각운동량의 공간 배향.

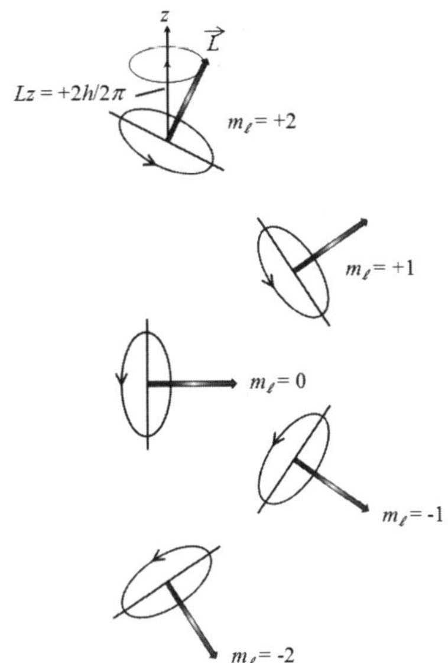

그림 (10-1-6). d 오비털의 경계면. 각 오비털에서 두 개의 마디평면 (nodal plane)이 존재함.

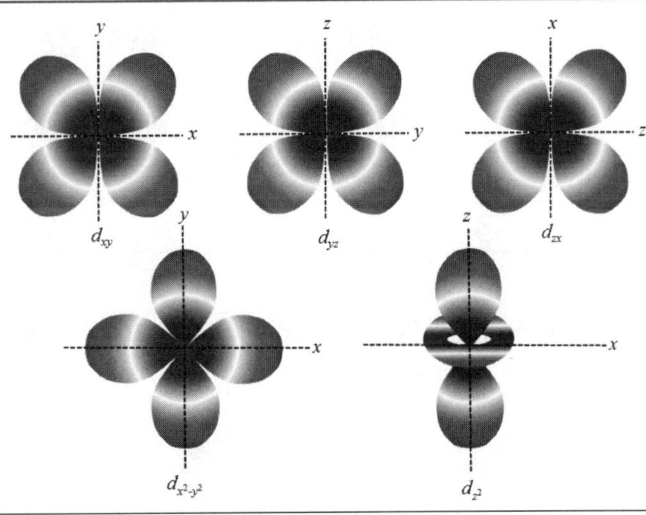

그림 (10-1-7). **수소원자의 에너지준위도.**

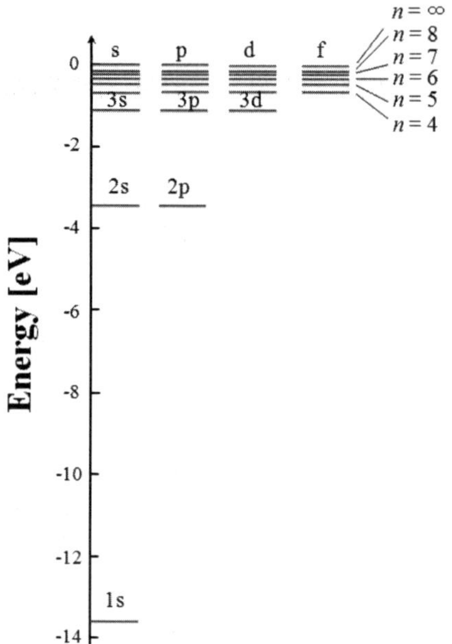

그림 (10-1-8). **수소와 같은 원자의 1s 와 2s 오비털의 표현.**

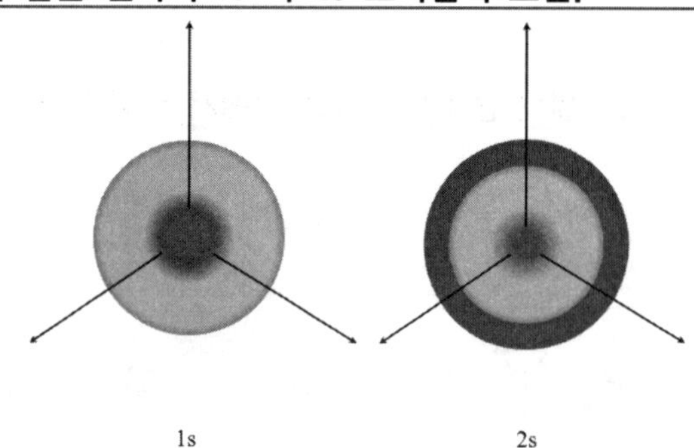

그림 (10-1-9). ***s* 오비털의 경계면. 이 안에 전자가 발견될 확률은 90%이다.**

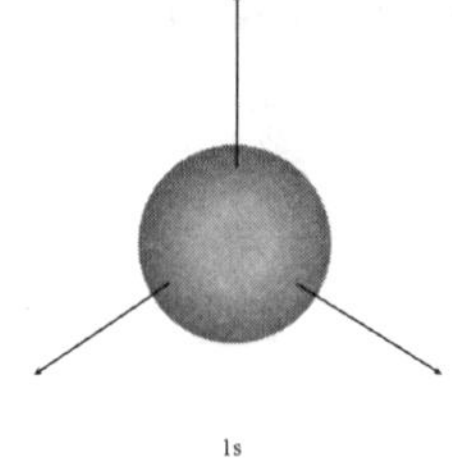

그림 (10-1-10). $r \sim r + dr$ **두께 안에 전자를 발견할 확률은** $P(r)\mathrm{d}r$ **임.** $a = 4\pi\epsilon_0\hbar^2/\mu e^2$,

$a = \dfrac{m_e}{\mu}a_0$, a_0 = the Bohr radius.

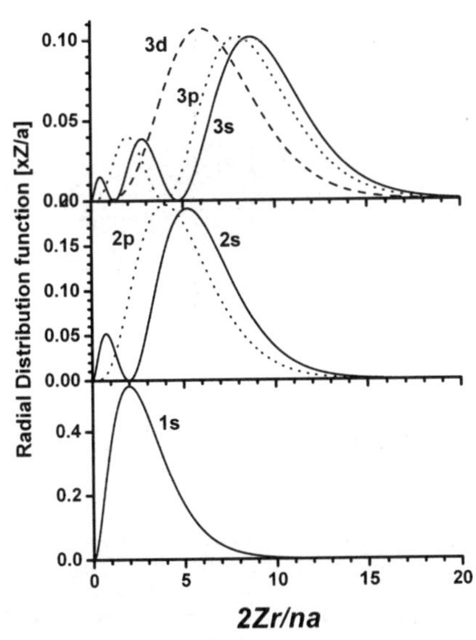

(d) 전자의 내재적인 성질, 스핀

Stern–Gerlach 실험

Stern과 Gerlach은 1922년에 실시한 실험에서 스핀에 관한 양자역학의 기본원리를 규명하였다. 자기장 안에서 전자와 원자 또는 원자구성입자들의 공간적인 방향이 양자화하는 것을 증명하였다. 진공에서 중성의 은을 증발시켜, 몇 개의 정렬된 슬릿을 통과하게 하였을 때 생성된 은 원자들의 빔이 균일하지 않은 자기장을 통과한 뒤 차가운 유리판 위와 아래로 향함을 발견하였다. 빔의 진로가 둘로 갈라지는 현상이 나타나는 이유는 **은 원자에 내재한 스핀자기쌍극자모멘트 (spin magnetic dipole moment)의 영향 때문이다.** 균일한 자기장에서는 자기쌍극자는 외부자기장과 상호작용 {식 (10-1-112)} 하여 토크 (torque)를 발생한다.

$$\vec{N} = \vec{\mu} \times \vec{B} \tag{10-1-112}$$

$\vec{\mu}$: 스핀자기쌍극자모멘트, $\vec{B}$: 외부자기장, $\vec{N}$: 토크. $\vec{\mu}$와 $\vec{B}$의 방향이 같으면 토크가 영이 된다. **$\vec{\mu}$와 $\vec{B}$의 방향이 그림 (10-1-11)과 같이 되면 접선의 방향으로 토크가 생기고 그 결과로 스핀자기쌍극자모멘트는 세차운동을 한다.** $\vec{\mu}$의 방향이 아래로 배향할 경우는 토크가

반대 방향으로 생긴다.

그림 (10-1-11). $\vec{\mu}$와 $\vec{B}$의 상호작용에 의한 토크의 형성과 이로 인한 세차운동.

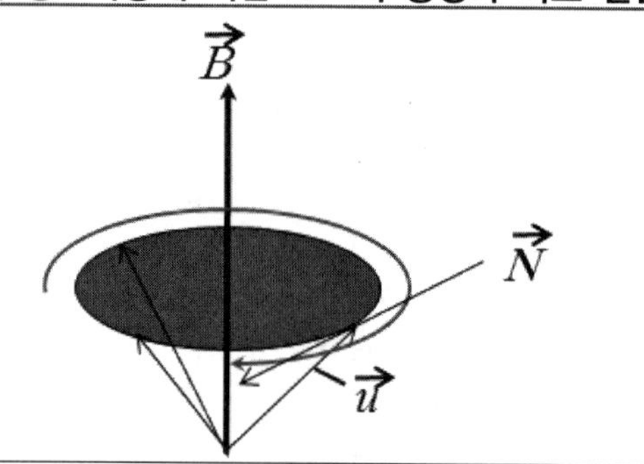

그림 (10-1-12). Stern-Gerlach의 실험의 개요도.

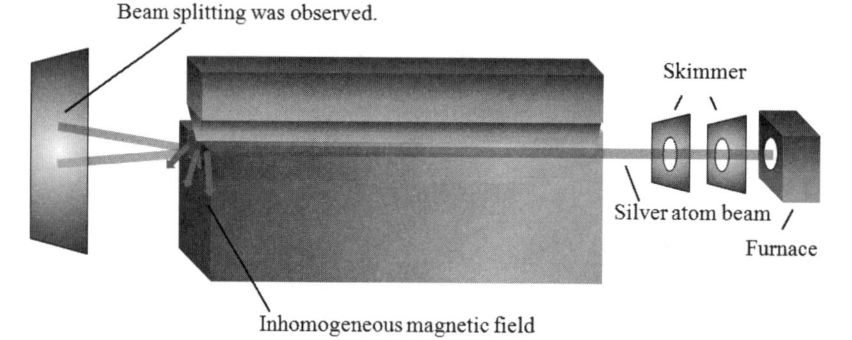

그러나 균일한 자기장에서는 은원자의 진로는 변하지 않는다. 반면에 **균일하지 않은 자기장에서는 두 극에 작용하는 힘이 같지 않기 때문에 은 원자의 진로가 휘어지게 된다.** 이때에 휘는 정도와 방향은 불균일한 자기장과 그 안에 있는 원자의 쌍극자방향과의 상호작용에 따라서, 좀 더 자세히 설명하면 스핀자기쌍극자모멘트와 자기장의 기울기 사이의 힘에 따라서 변한다. 자기장이 없는 상태에서 기기를 통과한 원자빔은 판 위에 슬릿 모양 그대로의 하나의 가는 선을 나타내지만, 불균일한 자기장이 가해지면 두 가지 반대되는 방향에 해당하는 세로의 두 선으로 갈라진다. 만약 은 원자들이 공간적으로 임의의 방향을 가지고 있다면 판 위의 자취는 은 원자들의 여러 가지 다양한 휘어짐에 해당하는 넓은 면적으로 벌어질 것이나 사실은 그렇지 않았다. 이것은 **은 원자의 바닥상태에서 s_z의 각운동량의 z 성분이 $\frac{1}{2}\hbar$ 와**

$-\frac{1}{2}\hbar$**로 양자화되어 있다**는 것을 나타낸다고 해석된다. 이 실험은 후에 분수의 값을 갖는 전자스핀이라는 개념을 낳게 하였다. 그 전에 분수 "$\frac{1}{2}$"의 양자수의 존재는 Pauli가 이론적으로 예측한 바 있다. ※ 은 원자의 전자배치 : $[Kr]4d^{10}5s^1$

스핀궤도함수의 각운동량의 크기는 식 (10-1-113)으로 일정하게 주어진다.

$$|\vec{S}| = \sqrt{s(s+1)}\hbar = \sqrt{\frac{1}{2}(\frac{1}{2}+1)}\hbar = \frac{\sqrt{3}}{2}\hbar \qquad (10-1-113)$$

그러나 방향은 2가지 방향으로 양자화되어 있다. **자기장의 방향인 z 축에 기여하는 각운동량은 그림 (10-1-13)에 나타낸 것처럼 두 가지이다.**

$$|\vec{S_z}| = m_s\hbar = \frac{1}{2}\hbar, -\frac{1}{2}\hbar \qquad (10-1-114)$$

그림 (10-1-13). **전자스핀은 오로지 2개만의 배향을 가짐.**

2. 다전자원자

(a) 침투효과

전자가 둘 이상 존재할 경우는 전자의 에너지는 부양자수 ℓ 값에 의해서도 영향을 받는다. 예를 들어 $1s$에 전자가 존재할 경우 두 번째 전자는 $2s$에 들어갈까 $2p$에 들어갈까? $2s$ **오비털은** $2p$**보다** $1s$ **오비털에 침투 (penetration)를 잘한다.** 그러므로 $2s$의 에너지가 $2p$의 그것보다 낮다. 그림 (10-1-10)에서 볼 수 있듯이 $2s$ **오비털의 전자가** $1s$ **오비털의 안에 약간 존재하고 있다.**

(b) 전자를 채워나가는 원리

전자를 채워나가는 원리 (Aufbau 원리, Aufbau principle)를 아래에 나타내었다. $1s < 2s < 2p < 3s < 3p < 4s < 3d < 4p < 5s < 4d < 5p < 6s < 4f < 5d < 6p$, $6p < 7s < 5f < 6d$. 앞에서 $4s$의 에너지가 $3d$의 그것보다 낮게 나왔는데 사실은 핵의 양성자 수에 따라 $3d$와 $4s$의 에너지의 순서가 달라질 수 있다. **핵의 양자수가 $Z > 25$ 정도로 커지면 $3d$의 에너지가 $4s$의 그것보다 낮다.**

(c) 전자배치의 대칭성

전자배치가 결정되면 각 오비털의 전자수 (occupation number)를 이용하여 전자배치를 나타낸다. 이 경우 $1s^2 2s^2 2p^2$처럼 스핀함수는 생략하여 표현하는데 이 때 궤도함수 대신 스핀궤도함수를 사용하여 전자배치를 묘사하게 되면 주어진 열린껍질형태의 전자배치에서 여러 가능성이 생김을 알 수 있다. 이 경우의 전자배치를 미세상태 (micro state) 혹은 미세전자배치 (microelectronic configuration)라고도 한다. 이처럼 미세전자배치가 여러 개 있는 경우는 대개 주어진 전자배치에 해당하는 항이 여러 개 있을 수 있다. **원자항기호는 일반적으로 스핀다중도 (spin multiplicity)와 기약표현 (irreducible representation)을 기호로 나타내고 있는데 원자와 선형분자인 경우는 기약표현이나 궤도함수각운동량에 의해 나타나므로 전체각운동량에 대한 숫자를 추가하기도 한다.**

원자 : ${}^{2S+1}L_J$

$S = 0, 1/2, 1, 3/2, \cdots \quad L = 1(S), 2(P), 3(D), 4(F), \cdots \quad J = |L-S| \sim |L+S|$

주어진 전자배치의 대칭성을 결정하려면 원자의 경우는 전자가 있는 궤도함수의 각운동량의 벡터합이 필요하다. 이 경우 닫힌껍질전자배치는 스핀은 0, 공간적으로는 완전대칭성 (totally symmetric)인 기약표현에 해당하므로 계산은 열린껍질 부분만 고려하면 된다. Hund의 규칙에 **의하면 주어진 전자배치에서 에너지가 제일 낮은 항은 스핀다중도가 가장 크고 기약표현 혹은 각운동량의 축퇴수 (degeneracy)가 가장 큰 항인데 이 법칙은 바닥상태의 전자배치에서는 비교적 잘 맞지만 들뜬상태에서는 예외가 많다.**

(d) 양자결손과 이온화극한 (quantum defects and ionization limits)

Rydberg 원자는 원자가껍질 (valence shell)에 주양자수가 매우 큰 단하나의 전자만 존재하는 원자이다. Rydberg 원자의 핵심부전자 (core electron, inner-shell electron)들은 핵이 나타내는 전장 (electric field)을 차단하고 있다. 외각전자 하나는 핵과 핵심부전자 전체를 하나의 양성자로 본다. 따라서 이런 원자는 수소원자의 개념과 같다. 따라서 이러한 Rydberg 원자는 식 (10-2-1)의 Rydberg 관계식을 잘 만족할 것 같으나 특별히 **낮은 각운동량을 갖는 외각전자는 이 식을 만족하지 못한다.**

$$E_n = -\frac{hc\widetilde{R}}{n^2} \tag{10-2-1}$$

낮은 각운동량을 갖는 외각전자는 핵 근처에 발견할 확률이 있고 심지어는 이온핵심부 (ion core, **핵과 핵심부전자를 뜻함)를 침투하기도 한다. 양자결손 δ를 도입한 식 (10-2-2)가 Rydberg 원자의 분광학적 성질을 잘 설명하고 있다.**

$$E_n = -\frac{hc\widetilde{R}}{(n-\delta)^2} = -\frac{hc\widetilde{R}}{(n^*)^2} \tag{10-2-2}$$

핵심부오비털에 침투를 잘하는 ns 오비털의 경우에 δ 값이 크다. 다시 말하면 핵심부 전자들이 핵의 전하를 완벽하게 차단하지 못하는 경우 δ 값이 크다. **양자결손 때문에 n 오비털의 전자가 핵에 느끼는 인력이 예상치보다 더 커서 결과적으로 더 작은 n^* 오비털에서의 핵에 대한 인력을 느끼는 것이다.**

표 (10-2-1). **몇 개의 알칼리원자의 최외각전자의 양자결손.**

원자	오비털	$n^* (= n-\delta)$	δ
Li	2s	1.59	0.41
Na	3s	1.63	1.37
K	4s	1.77	2.23
Rb	5s	1.81	3.19
Cs	6s	1.87	4.13

(e) 이온화에너지와 전자친화도

어떤 물질의 이온화에너지는 절대영도에서 측정한 이온화엔탈피 $\Delta_{ion}H^0(0\,\mathrm{K})$ 이다.

$$\Delta_{ion}H^0(T) + \int_0^T C_p(M)dT = \Delta_{ion}H^0(0\mathrm{K}) + \int_0^T C_p(M^+)dT + \int_0^T C_p(\mathrm{e})dT \tag{10-2-3}$$

$$\therefore\ \Delta_{ion}H^0(T) \cong \Delta_{ion}H^0(0\,K) + \int_0^T C_p(\mathrm{e})dT = IE + \frac{5}{2}RT \tag{10-2-4}$$

그림 (10-2-1). **이온화과정은 어떤 물질에서 전자를 떼어내는 하나의 에너지들뜸과정이다.**

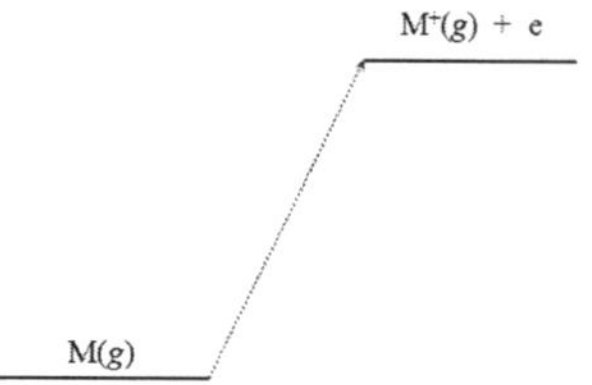

그림 (10-2-2). **온도 *T*에서 이온화엔탈피를 구하기 위한 에너지도표.**

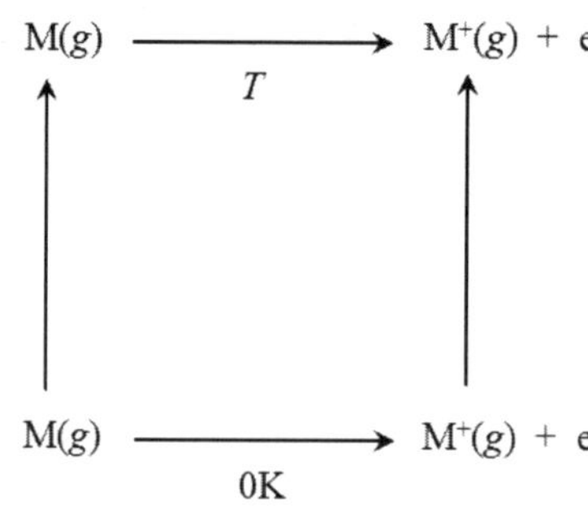

어떤 물질의 전자친화도는 절대영도에서 측정한 전자획득엔탈피 (electron gain enthalpy) $\Delta_{eg}H^0(0\ K)$의 크기와 같으나 부호는 반대이다. 따라서 전자친화도는 $-\Delta_{eg}H^0(0\ K)$로 양수의 값을 갖는다.

그림 (10-2-3). **원자번호에 따른 원자의 첫 번째 이온화에너지변화.**

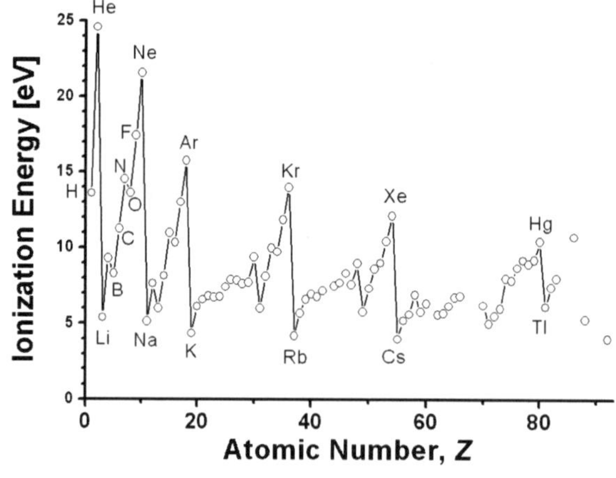

그림 (10-2-4). 전자친화과정은 에너지이완과정임.

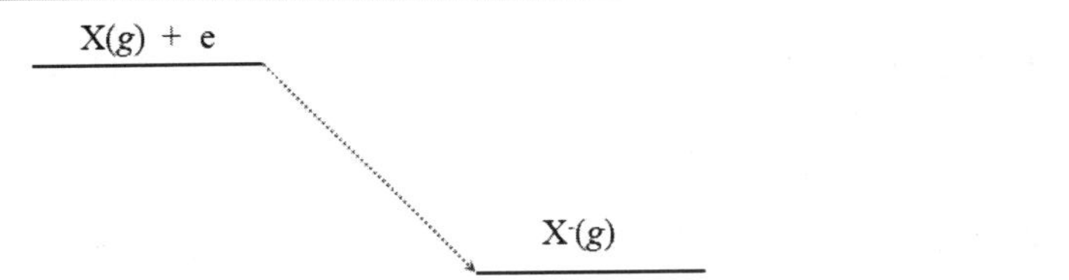

그림 (10-2-5). 온도 T에서 전자친화도를 구하기 위한 에너지도표.

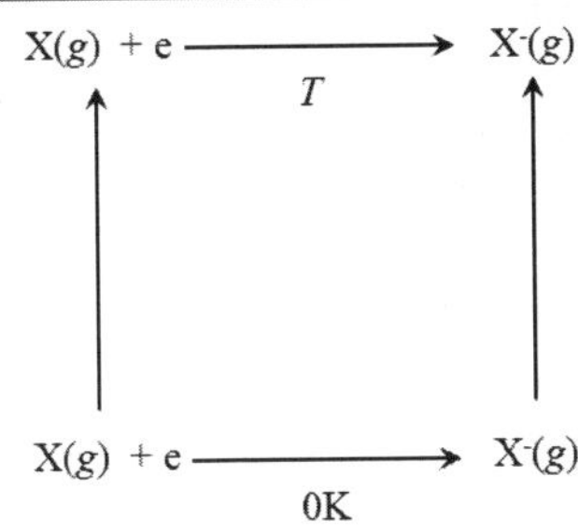

$$\Delta_{eg}H^0(T) + \int_0^T C_p(X)dT + \int_0^T C_p(\mathrm{e})dT = \Delta_{eg}H^0(0\,\mathrm{K}) + \int_0^T C_p(X^-)dT \tag{10-2-5}$$

$$\therefore\ \Delta_{eg}H^0(T) \cong \Delta_{eg}H^0(0\mathrm{K}) - \frac{5}{2}RT = -E_{ea} - \frac{5}{2}RT \tag{10-2-6}$$

(f) 단일항상태와 삼중항상태

이제까지의 내용에서 자주 언급한 스핀-궤도결합에 대하여 알아보자. **소립자의 스핀은 본질적으로 각운동량이다.** 소립자들은 각각의 고유한 스핀을 가지며 그 값에 따라 Fermion과 Boson으로 분류된다. 전자의 스핀은 s로 표시하며, 이것을 양자수 m_s로 구별해 준다. $m_s = +\frac{1}{2}$인 상태는 '위스핀 (up spin)'이라고 부르며, ↑나 α로 표시한다. $m_s = -\frac{1}{2}$인 상태는 '아래스핀 (down spin)'이라고 부르며, ↓나 β로 표시한다. 여러 전자들의 전체스핀은 대문자 S로 표시한다. 스핀-궤도결합은 한 전자의 스핀각운동량과 궤도각운동량 사이의 자기적 상호작용으로서, 항의 여러 준위들의 축퇴를 없앤다. 이제까지의 내용에서 자주 언급한 단일항 및 삼중항에 대하여 알아보자. 단일항상태는 전체전자스핀이 0인 ($S=0$)인 원자나 분자상태이다. 두 개의 전자의 경우에는 단일항상태는 반평행 (짝을 형성한) 스핀의 상태로서 ↑↓와 같이 표시한다. 두 스핀의 단일항상태를 나타내는 파동함수는 $\alpha\beta - \beta\alpha$이며, 이것은

$S=0$과 $M_S=0$에 해당한다. 원자나 분자의 삼중항상태는 전체스핀양자수가 $S=1$이 되는 상태이다. 전자가 두 개인 경우, 삼중항상태는 평행전자스핀에 해당하며 ↑↑로 표시한다. 삼중항상태에는 $\alpha\alpha\left(M_S=+1\right)$, $\frac{1}{\sqrt{2}}(\alpha\beta+\beta\alpha)\left(M_S=0\right)$, $\beta\beta\left(M_S=-1\right)$의 세 상태가 있다. **삼중항상태에서는 전자들이 서로 떨어져서 낮은 Coulomb 반발력을 나타내기 때문에 이 상태에 있는 원자 (그리고 또 많은 분자의 경우)는 일반적으로 단일항상태일 때보다 에너지가 낮다.** 단일항상태와 삼중항상태는 스핀-궤도결합에 의해서 상호변환될 수 있다.

(g) 전자전이의 선택규칙

He 원자의 전자상태를 살펴보자. 전자하나가 $1s$에 있고 나머지 전자하나가 $1s, 2s, 2p, 3s, 3p, 3d$ 등에 있는 상태로 전이할 때를 살펴보자. $\mathrm{He}\,1s^2 \to \mathrm{He}\,1s^1 2s^1$, $\mathrm{He}\,1s^1 2p^1$, etc. 의 전이가 가능하다. 그림 (10-2-7)은 전자가 두 개 존재하는 He의 원자에서 전자의 전이를 보여주고 있다. 들뜬상태의 원자항기호는 다양하게 주어진다. 이 때 전자전이의 선택규칙은 아래와 같이 주어진다.

$$\Delta S=0,\ \Delta L=\pm 1 \tag{10-2-7}$$

He의 이온화에너지는 24.5861 eV로 그림 (10-2-7)의 이온화극한값에 해당한다.

그림 (10-2-6). **두 개의 스핀을 갖고 있는 시스템에서 배열방법은 네 가지가 있음.**

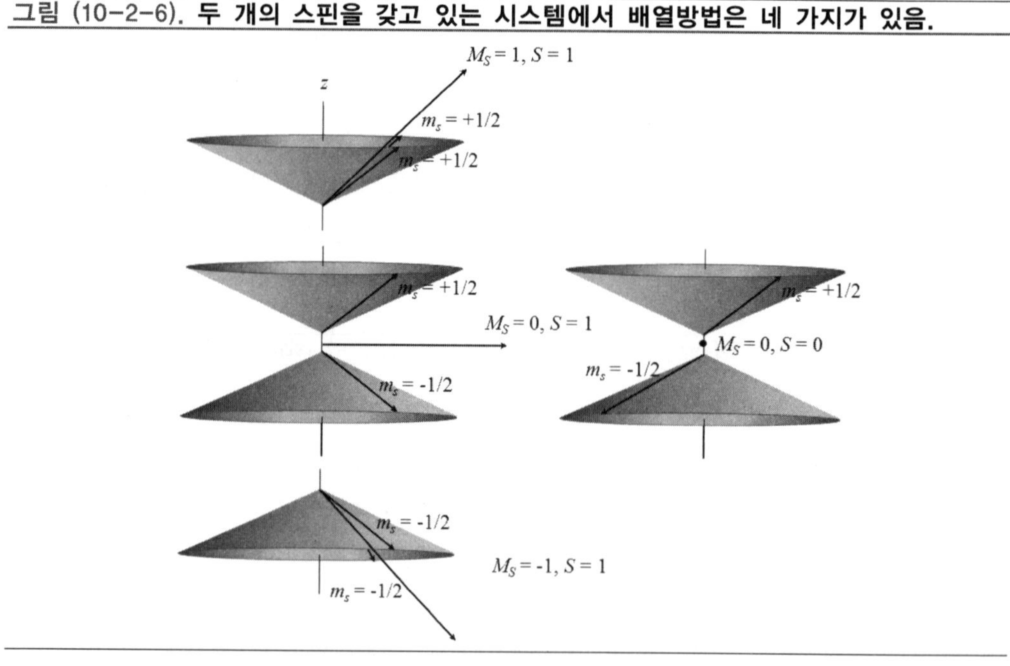

(h) 스핀–궤도함수의 짝지음

전자는 핵의 주위를 돌면서 전자궤도자기쌍극자모멘트를 갖고 또한 자체로 스핀을 하면서 전자스핀쌍극자모멘트를 갖는다. 궤도 및 스핀에 의한 전자자기쌍극자모멘트는 각각 식 (10-2-8)과 식 (10-2-9)와 같이 주어진다.

그림 (10–2–7). He 원자의 Grotrian 도표.

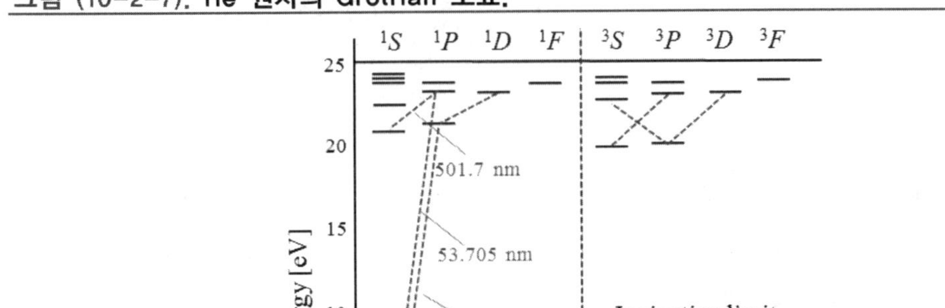

$$\overrightarrow{\mu_\ell} = \gamma_{\ell e}\vec{\ell} \qquad (10\text{–}2\text{–}8)$$

$$\overrightarrow{\mu_s} = \gamma_{se}\vec{s} \qquad (10\text{–}2\text{–}9)$$

여기서 γ**를 자기회전비율 (magnetogyric ratio)이라 한다.** $\vec{\mu}$**와** $\vec{L}$**은 + 전하를 갖는 입자인 경우에 같은 방향을 나타낸다.**

$$\gamma = \frac{\vec{\mu}}{\vec{L}} \qquad (10\text{–}2\text{–}10)$$

고전역학에서는 아래 식이 성립한다.

$$\gamma = \frac{q}{2m} \qquad (10\text{–}2\text{–}11)$$

그림 (10-2-8)에서처럼 전자는 - 전하를 갖기 때문에 전자의 궤도자기쌍극자모멘트의 방향이 궤도각운동량과 스핀각운동량의 방향과 반대이다.

그림 (10-2-8). 자기쌍극자모멘트의 배향에 따라 미세한 에너지분리가 일어남.

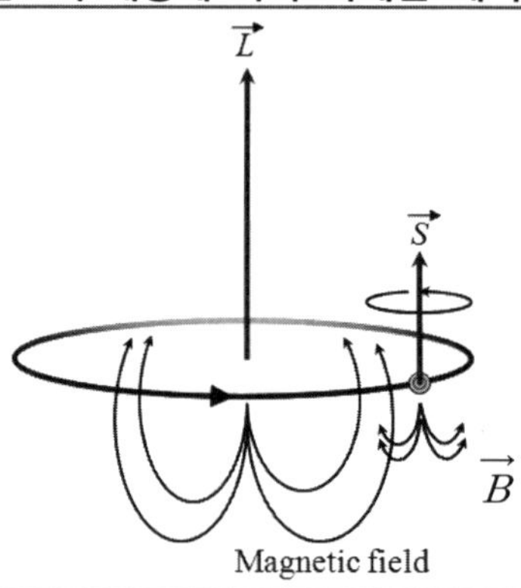

스핀궤도상호작용은 전자의 궤도운동에 의해 발생하는 자기장에 스핀자기쌍극자가 놓임으로써 아래와 같은 에너지가 분리된다. $\Delta E = -\vec{\mu} \cdot \vec{B}$. $\vec{\mu}$**와 벡터가 나란하면 에너지가 낮아진다.** 스핀-궤도함수짝지음에서 그림 (10-2-8)은 바람직하지 않은 짝지음으로 에너지가 높다. 궤도운동에 따라 형성된 자기장이 스핀자기쌍극자모멘트의 머리로 향하고 있기 때문이다. d 궤도함수에 전자가 하나 존재하는 경우에 스핀-궤도함수짝지음으로 발생한 두 종류의 전체각운동량양자수 j가 두 가지로 나타난다. 그림 (10-2-9)가 그 현상을 설명하고 있다.

그림 (10-2-9). 스핀-궤도함수짝지음에 의한 생긴 전체각운동량양자수.

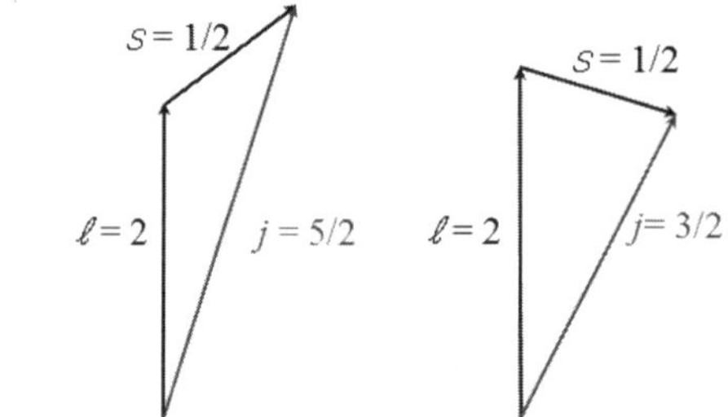

(h) 에너지갈라짐을 일으키는 상호작용

He의 들뜬 전자배치 $1s2s$에서 에너지갈라짐을 살펴보자. $1s$전자와 $2s$ 전자의 스핀이 서로 같은 방향을 가리키면 즉, 삼중항상태가 되면 에너지가 낮아진다. Pauli의 배타원리에 의해 같은 방향의 스핀을 갖는 전자는 서로 아주 가까워져서 같은 n, ℓ, m_ℓ을 가질 수 없다. 이와 같은 전자들은 비교적 멀리 떨어져 있어야 한다. 이렇게 되면 두전자의 반발력은 감소되어 에너지가 낮아진다. 따라서 ^3P **항이** ^1P **항보다 에너지가 낮다.** ^3P항 안에서 스핀-궤도함수짝지음으로 전체각운동량 J가 생기는데 J는 일반적으로 전자가 자기가 속한 오비털에 반 이하로 찼을 경우는 J가 작은 것이 에너지가 낮다. 이와 반대의 현상이 나타나는 경우도 종종 있다. 중요한 것은 "**J값에 따른 에너지의 분리간격은 엄청나게 작다**"는 것이다. 다음은 ^3P_J 항은 $2J+1$ 개의 축퇴된 상태가 있다. 즉, 축퇴수가 $2J+1$이다. 외부에서 자기장을 걸어주면 **M_J 값이 작은 것이 에너지가 가장 낮아지면서** 그림 (10-2-10)에서처럼 $2J+1$개로 분리된다. 갈라짐의 크기는 외부자기장의 세기에 비례한다.

다음은 바닥상태의 탄소원자의 $1s^22s^22p^2$ 전자배치에 대한 원자항기호를 구하고 정량적인 에너지준위도를 도시해 보자. p 오비털에 전자 두 개를 배치하는 경우를 그림 (12-2-11)에 나타내었다. **이 도표를 미세상태도표** (microstate chart)**라 부른다. 다전자의 상태를 전자 하나의 상태처럼 나타내는 것이 원자항기호의 표현의 목적이다.** 그림 (10-2-11)에서 어떤 전체오비털각운동량양자수 M_L과 전체스핀각운동량양자수 M_S를 주는 미세상태의 수를 세어보자. 그 결과를 그림 (12-2-12a)에 나타내었다. 그림 (12-2-12b)에 나타낸 바와 같이 그림 (12-2-12a)를 세 가지 항의 합으로 표현할 수 있다. 그림 (12-2-12c)에는 항이 나타내는 전체오비털각운동량양자수 M_L과 전체스핀각운동량양자수 M_S가 나타나 있다. (12-2-12d)에는 전체각운동량양자수를 포함한 항을 나타내고 있다.

그림 (10-2-10). 전자적으로 들뜬 He (1s2p)의 정성적인 에너지준위도 및 갈라짐에 영향을 주는 요인.

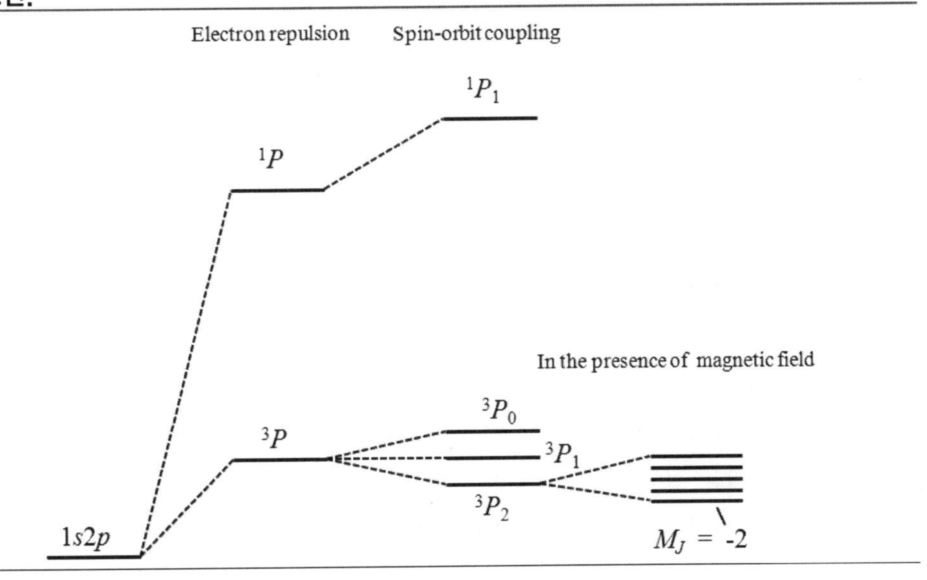

그림 (10-2-11). p^2 전자의 배치를 나타낸 미세상태도표.

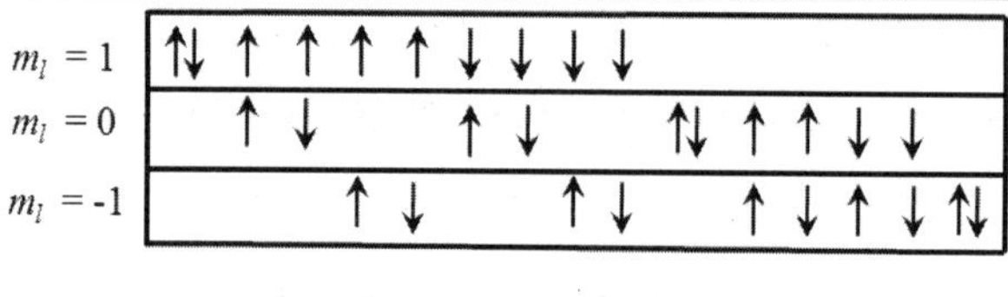

M_L =	2	1	1	0	0	1	1	0	0	0	-1	-1	-1	-1	-2
M_S =	0	1	0	1	0	0	-1	0	-1	0	1	0	0	-1	0

그림 (10-2-12). (a) : 어떤 M_L, M_S를 나타내는 미세상태의 수, (b) : (a)를 세 개의 항으로 나타내고 있음, (c) : 각 항의 L, S의 값, (d) : 항의 표현, 전체각운동량양자수가 표현되어 있음.

(a)

M_S \ M_L	2	1	0	-1	-2
1	0	1	1	1	0
0	1	2	3	2	1
-1	0	1	1	1	0

(b)

M_S \ M_L	2	1	0	-1	-2
0	1	1	1	1	1

M_S \ M_L	1	0	-1
1	1	1	1
0	1	1	1
-1	1	1	1

M_S \ M_L	0
0	1

(c) $L = 2,\ S = 0$ $\quad$ $L = 1,\ S = 1$ $\quad$ $L = 0,\ S = 0$

(d) ${}^1D_2$ $\quad$ ${}^3P_0, {}^3P_1, {}^3P_2$ $\quad$ ${}^1S_0$

그림 (10-2-13)은 각 항의 에너지준위를 비교하고 있다. 항의 에너지를 비교할 때, 에너지가 낮은 항은 아래 순서로 결정된다.

① 스핀다중도가 큰 것.

② 오비털각운동량이 큰 것.

③ 전자가 주어진 오비털에 반 이하로 찼을 경우 J가 작은 것. 전자가 주어진 오비털에 반 이상으로 찼을 경우 J가 큰 것.

그림 (10-2-13)에 나타낸 바와 같이 J **값에 따른 에너지차이는 너무 작아서** 100배로 확대하여 나타내었다. 그림 (10-2-11)과 (10-2-12)에 나타낸 바와 같이 $M_L = 0, M_S = 0$를 나타내는 미세상태의 수가 세 개가 있다. **이 세 개의 상태를 선형결합해서** ${}^3P, {}^1D, {}^1S$ **항의 일부분을 형성한다.**

그림 (10-2-13). 각 항의 에너지준위의 비교. 전체각운동량양자수에 따른 에너지준위도는 100배로 확대한 것이다.

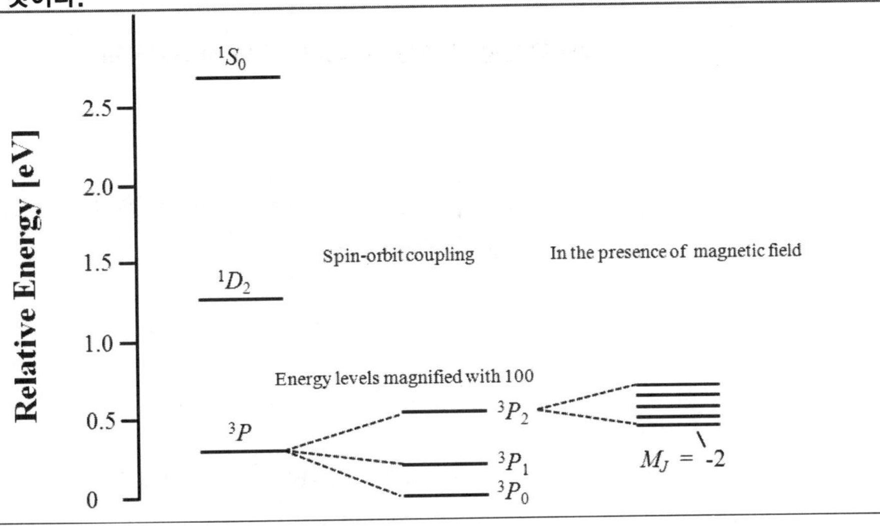

(i) 전체각운동량 j에 따른 에너지분리

스핀-궤도함수짝지음으로 인해 $2p^1$는 그림 (10-2-14)와 같이 분리한다. 나트륨 D 선의 분리가 여기에 해당한다. 위첨자에 있는 수는 전자의 수를 나타낸다. $2p^1$는 $\ell = 1$이고 $s = \frac{1}{2}$이다. 따라서 전체각운동량양자수 j는 아래와 같이 두 가지가 가능하다.

$$j = \frac{1}{2} \text{ or } \frac{3}{2} \tag{10-2-12}$$

이 갈라짐을 결정하는 식을 식 (10-2-13)에 나타내었다.

$$E_{\ell,s,j} = \frac{1}{2}hc\widetilde{A}\{j(j+1) - \ell(\ell+1) - s(s+1)\} \tag{10-2-13}$$

$\widetilde{A}$는 실험적으로 결정되는 상수이다. 그리고 식 (10-2-13)에서 hc를 곱한 것은 파수를 에너지단위로 나타내기 위함이다. 다음은 $\ell = 1$, $s = \frac{1}{2}$ 및 $j = \frac{3}{2}$과 $\ell = 1$, $s = \frac{1}{2}$ 및 $j = \frac{1}{2}$의 상태의 에너지를 비교 계산 해보자.

$$E_{1,\frac{1}{2},\frac{3}{2}} = \frac{1}{2}hc\widetilde{A}\left\{\frac{3}{2}\left(\frac{3}{2}+1\right) - 1(1+1) - \frac{1}{2}\left(\frac{1}{2}+1\right)\right\} = \frac{1}{2}hc\widetilde{A} \tag{10-2-14}$$

$$E_{1,\frac{1}{2},\frac{1}{2}} = \frac{1}{2}hc\widetilde{A}\left\{\frac{1}{2}\left(\frac{1}{2}+1\right) - 1(1+1) - \frac{1}{2}\left(\frac{1}{2}+1\right)\right\} = -hc\widetilde{A} \tag{10-2-15}$$

이러한 스핀궤도상호작용의 결과를 그림 (10-2-14)와 (10-2-15)에 나타내었다.

그림 (10-2-14). 스핀-궤도함수짝지음에 따른 ^2P의 에너지분리.

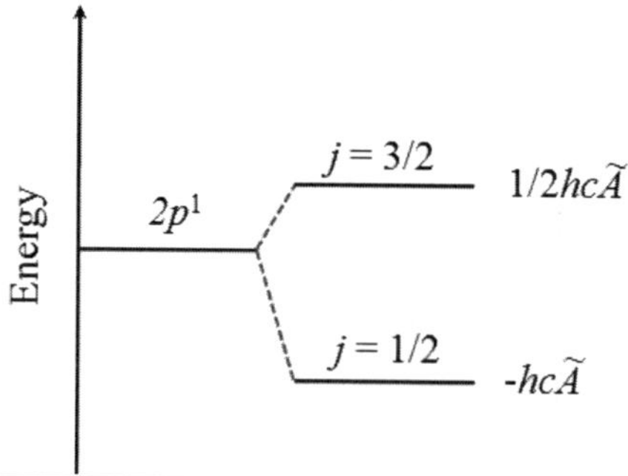

다음은 분광학실험으로 얻어진 에너지분리로부터 $\widetilde{A}$를 계산해보자.

$$\Delta E = \frac{1}{2}hc\widetilde{A} - (-hc\widetilde{A}) = \frac{3}{2}hc\widetilde{A} = hc \cdot 17.196\ \mathrm{cm}^{-1}$$

$$\therefore \widetilde{A} = \frac{2}{3} \cdot 17.196\ \mathrm{cm}^{-1} = 11.464\ \mathrm{cm}^{-1}$$

그림 (10-2-15). 스핀-궤도함수짝지음에 따른 나트륨 D 선의 분리.

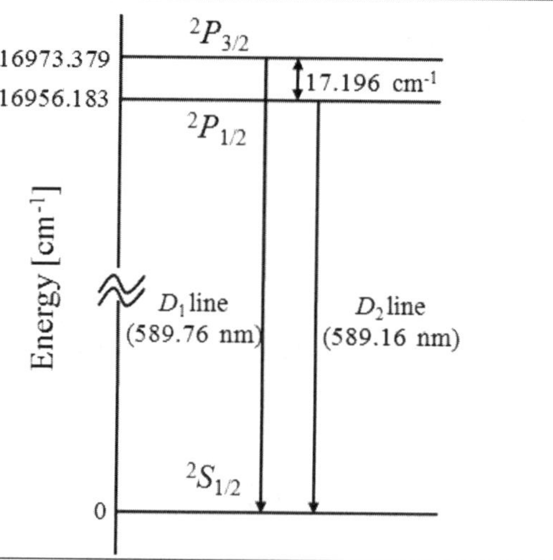

다음은 p 전자와 d 전자가 결합된 전체오비털각운동량양자수를 알아보자. 아래에 나타낸 바와 같이 세 가지가 가능하다.

그림 (10-2-16). p 전자와 d 전자가 결합된 전체각운동량양자수.

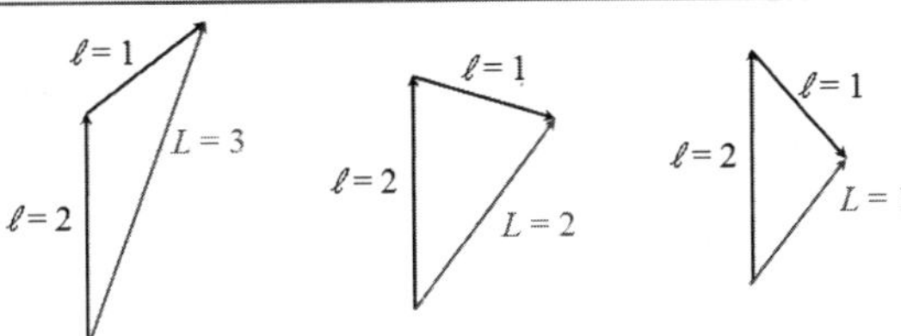

다음은 두 스핀을 갖는 시스템의 전체스핀각운동량양자수를 알아보자. 아래에 나타낸 바와 같이 두 가지가 가능하다.

그림 (10-2-17). 두 스핀을 갖는 시스템의 전체각운동량양자수.

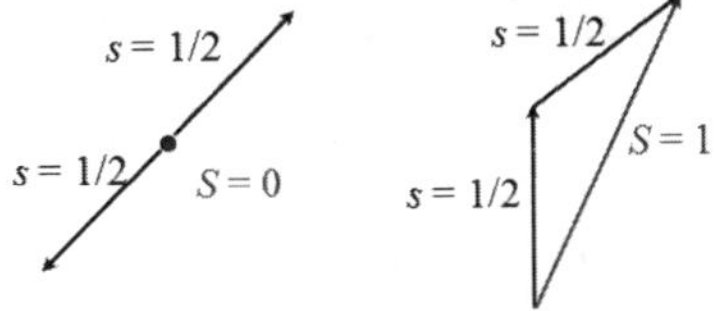

연습문제

(10-1) 수소와 같은 원자에서 $3p$ 오비털에 한 개의 전자가 존재한다.

(a) 스핀각운동량의 크기 $|\vec{s}|(=s)$를 구하시오.

(b) 스핀각운동량의 z축 성분 $\vec{s_z}$를 구하시오.

(c) 오비털각운동량의 크기 $|\vec{\ell}|(=\ell)$을 구하시오.

(d) 오비털각운동량의 z축 성분 $\vec{\ell_z}$를 구하시오.

(e) 전체각운동량의 z축 성분 $\vec{j_z}$를 구하시오.

(10-2) 수소원자에서 $2p$ 전자의 가장 가능한 (most probable) r_{mp}를 구하시오.

단, $R_{2p}=\dfrac{1}{2\sqrt{6}}\left(\dfrac{Z}{a}\right)^{3/2}\left(\dfrac{Zr}{a}\right)\mathrm{e}^{-Zr/2a}$

(10-3) 전자 두개가 $2s$와 $2p$에 각각 하나씩 차있는 $2s^1 2p^1$의 원자에 대한 모든 항기호 (term symbol)들을 구하고 각 항의 에너지준위를 정성적으로 표시하시오. 전체각운동량 양자수 J도 나타내시오.

(10-4) ns^1nd^1의 전자배치를 갖는 계의 원자항을 구하고 각 항을 에너지순서대로 나타내시오. 에너지순위를 결정하는 기준은 무엇인가?

(10-5) ^3D 항에 대해서 모든 가능한 전체전자오비털각운동량과 전체전자스핀각운동량을 나타내시오.

(10-6) ^3P 항이 ^1P 항보다 에너지가 낮은 이유를 설명하시오.

(10-7) 할로겐 원소는 전자친화도와 이온화에너지가 모두 큰 이유를 설명하시오.

(10-8) 스핀-궤도상호작용에 의해 원자항이 분리되는 이유를 간략하게 설명하시오.

(10-9) 들뜬 나트륨 원자의 스펙트럼에서 D 선은 17.2 $\mathrm{cm^{-1}}$의 간격으로 갈라짐을 실험적으로 관찰하였다. 스핀-궤도함수짝지음상수 $\widetilde{A}$를 구하시오.

$E_{\ell,s,j}=\dfrac{1}{2}hc\widetilde{A}\{j(j+1)-\ell(\ell+1)-s(s+1)\}$, $h=6.626\mathrm{x}10^{-34}$ J • s,

$c=2.99792558\mathrm{x}10^{8}$ $\mathrm{ms^{-1}}$.

10장

원·자·구·조·및·원·자·스·펙·트·라

연습문제해답

(10-1) (a) 스핀각운동량 $|\vec{s}|(=s) = \sqrt{\frac{1}{2}\left(\frac{1}{2}+1\right)}\hbar = \sqrt{\frac{1}{2}\left(\frac{1}{2}+1\right)}\hbar = \frac{\sqrt{3}}{2}\hbar$

(b) 스핀각운동량의 z축 성분 $\vec{s_z} = \frac{1}{2}\hbar,\ -\frac{1}{2}\hbar$

(c) 오비털각운동량의 크기 $|\vec{\ell}|(=\ell) = \sqrt{1(1+1)}\hbar = \sqrt{2}\hbar$

(d) 오비털각운동량의 z축 성분 $\vec{\ell_z} = 1\hbar, 0, -1\hbar$.

(e) $j = \ell + s, \bullet \bullet, |\ell - s| = \frac{3}{2}, \frac{1}{2}$

$j = \frac{3}{2}$ 에 대해서 전체각운동량의 z축성분 $\vec{j_z} = \frac{3}{2}\hbar, \frac{1}{2}\hbar, -\frac{1}{2}\hbar, -\frac{3}{2}\hbar$

$j = \frac{1}{2}$ 에 대해서 전체각운동량의 z축성분 $\vec{j_z} = \frac{1}{2}\hbar, -\frac{1}{2}\hbar$

(10-2) 방사파동함수로부터 방사분포함수 $P(r)$을 구할 수 있다.

방사파동함수 : $R_{2p} = \frac{1}{2\sqrt{6}}\left(\frac{Z}{a}\right)^{3/2}\left(\frac{Zr}{a}\right)e^{-Zr/2a}$

방사분포함수 $P(r)$: $(R_{2p})^2 r^2 = \frac{1}{24}\left(\frac{Z}{a}\right)^5 r^4 e^{-Zr/a}$

식 $\frac{dP(r)}{dr} = 0$을 이용하면 식 $r = \frac{4a}{Z}$를 얻을 수 있다.

(10-3) ${}^3P_2, {}^3P_1, {}^3P_0, {}^1P_1$

(10-4) ${}^3D_3, {}^3D_2, {}^3D_1, {}^1D_2$

(10-5) ${}^3D$ 항에 대해서 $L = 2, S = 1$

∴ 전체전자오비털각운동량 $= \sqrt{L(L+1)}\hbar = \sqrt{2(2+1)}\hbar = \sqrt{6}\hbar$

∴ 전체전자스핀각운동량 $= \sqrt{S(S+1)}\hbar = \sqrt{1(1+1)}\hbar = \sqrt{2}\hbar$

$$E_{1,\frac{1}{2},\frac{3}{2}} = \frac{1}{2}hc\widetilde{A}[\frac{3}{2}(\frac{3}{2}+1) - 1(1+1) - \frac{1}{2}(\frac{1}{2}+1)] = \frac{1}{2}hc\widetilde{A} \qquad (10\text{–}1)$$

$$E_{1,\frac{1}{2},\frac{1}{2}} = \frac{1}{2}hc\widetilde{A}\left\{\frac{1}{2}\left(\frac{1}{2}+1\right) - 1(1+1) - \frac{1}{2}\left(\frac{1}{2}+1\right)\right\} = -hc\widetilde{A} \qquad (10\text{–}2)$$

$$\Delta E = \frac{1}{2}hc\widetilde{A} - (-hc\widetilde{A}) = \frac{3}{2}hc\widetilde{A} = 17.2\ \text{cm}^{-1} \bullet hc.\ \therefore \widetilde{A} = 11.5\ \text{cm}^{-1}$$

11장

새·롭·고·이·해·하·기·쉬·운·물·리·화·학

분자구조

1. Born-Oppenheimer 근사법

분자에 포함된 원자의 개수를 N, 전체전자수를 n이라 하면 이 분자의 전체에너지에 해당하는 Hamiltonian $\widehat{H_{MOL}}$은 원자단위를 써서 표현하면 아래와 같다.

$$\widehat{H_{MOL}} = \sum_{A=1}^{N} -\frac{\nabla_A^2}{2M_A} + \sum_{A \geqq B}^{N} \frac{Z_A Z_B}{R_{AB}} + \sum_{i=1}^{n} -\frac{\nabla_i^2}{2} + \sum_{i>j}^{n} \frac{1}{r_{ij}} - \sum_{i=1}^{n}\sum_{A=1}^{N} \frac{Z_A}{r_{A_i}} = H_N^T + V_{NN} + H_e^e + V_{ee} + V_{Ne} \quad (11\text{–}1\text{–}1)$$

위 식에서 A, B는 원자핵을, i, j는 전자를, r은 전자의 좌표를, 그리고 R은 원자핵간의 거리를 나타낸다. 분자의 정확한 에너지는 시간에 무관한 Schrödinger 방정식을 풀면 얻을 수 있다. **원자핵의 좌표와 전자의 좌표를 분리해서 취급하는 방법인 Born-Oppenheimer 근사법 또는 고정핵근사법을 이용하여 Schrödinger 방정식을 풀 수 있다.** Born-Oppenheimer 근사법을 이용해서 얻은 이원자분자의 퍼텐샬에너지곡선을 그림 (11-1-1)과 같이 얻을 수 있다.

2. 원자가결합이론

화학결합을 묘사하는 방법에는 원자가결합이론과 분자궤도함수이론이 있다. **원자가결합이론 (valence bond theory, VBT)은 편재화된 오비털결합방법을 사용하고 있으며 전자의 공유를 하나의 결합에 국한한다.** 그리고 이온성을 나타내는 항을 무시하고 있다. **수정된 원자가결합이론에서는 이온성을 나타내는 항이 첨가되어 실험결과를 비교적 잘 설명하고 있다.** 또한 원자오비털의 선형결합으로 이루어진 분자궤도함수 (linear combination of atomic orbitals-molecular orbital, LCAO-MO)보다는 유리한 면이 있다. VBT에서는 Lewis 구조에서 볼 수 있듯이 분자의 결합을 전자쌍과 관련시킨다. 우선 VBT를 간단히 살펴보자. 이 이론에서는 기본조 (basis set)를 단순한 원자오비털이 아니고 원자오비털의 곱으로 표시한다. 간단한 수소분자의 결합을 살펴본다.

$$\phi_1 = 1s_a(1)1s_b(2) \tag{11-2-1}$$

그림 (11-1-1). 핵간거리 R에 따른 분자의 위치에너지곡선.

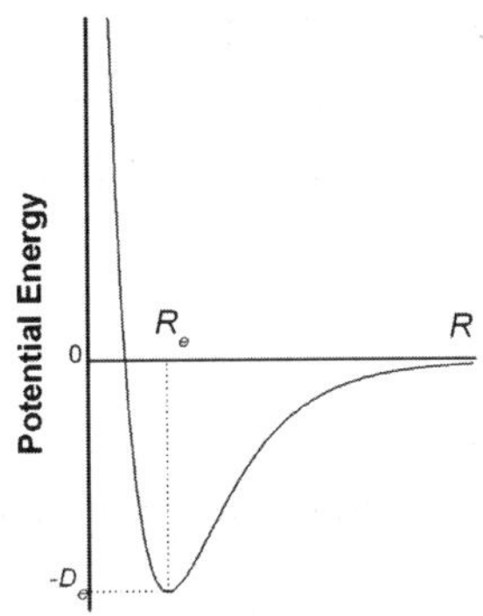

여기서 a와 b는 두 핵을 나타내고 1과 2는 두 전자를 가리킨다. 두 수소원자가 가까이 다가오면 두 전자는 서로 구별이 되지 않기 때문에 이 오비털은 문제가 있다. 따라서 이 분자오비털에 새로운 오비털의 첨가가 요구된다.

$$\phi_2 = 1s_a(2)1s_b(1) \tag{11-2-2}$$

위 두 함수는 축퇴되어 있다. 이 두 함수를 선형결합한 아래의 두 파동함수 중의 하나가 좀 더 정확하다.

$$\Psi_1(VB) = \frac{1}{\sqrt{2}}(\phi_1 + \phi_2) \tag{11-2-3}$$

$$\Psi_2(VB) = \frac{1}{\sqrt{2}}(\phi_1 - \phi_2) \tag{11-2-4}$$

이러한 함수를 원자가결합함수 또는 이를 개척한 사람이름을 따서 Heitler-London 함수라고 한다. 식 (11-2-3)은 전자의 교환에 대해서 대칭이고 식 (11-2-4)는 반대칭이다. 이 원자가결합함수는 스핀함수를 포함하지 않기 때문에 완전한 기본조 (basis set)라고 볼 수 없다. Pauli의 원리를 만족하기 위하여 대칭스핀함수 (삼중항함수, triplet function)는 반대칭공간함수와 결합해야 하고 반대칭스핀함수 (단일항함수, singlet function)는 대칭공간함수와 결합해야 한다.

$$^{1}\Psi_1(VB) = \frac{1}{\sqrt{2}}(\phi_1 + \phi_2) \cdot \frac{1}{\sqrt{2}}\{\alpha(1)\beta(2) - \alpha(2)\beta(1)\} \tag{11-2-5}$$

$$^{3}\Psi_1(VB) = \begin{cases} \frac{1}{\sqrt{2}}(\phi_1 - \phi_2) \cdot \alpha(1)\alpha(2) \\ \frac{1}{\sqrt{2}}(\phi_1 - \phi_2) \cdot \frac{1}{\sqrt{2}}\{\alpha(1)\beta(2) + \alpha(2)\beta(1)\} \\ \frac{1}{\sqrt{2}}(\phi_1 - \phi_2) \cdot \beta(1)\beta(2) \end{cases} \tag{11-2-6}$$

바닥상태에 있는 수소분자는 영 (zero)의 스핀각운동량을 가지므로 바닥상태의 파동함수는 $^{1}\Psi_1(VB)$이다.

(a) VBT의 결점과 수정

VB 함수와 분자궤도함수의 공간부분을 상호비교해 보자.

$$\Psi(VB) = 1s_a(1)1s_b(2) + 1s_a(2)1s_b(1) \tag{11-2-7}$$

$$\Psi(MO) = (1s_a + 1s_b)(1)(1s_a + 1s_b)(2) = 1s_a(1)1s_b(2) + 1s_b(1)1s_a(2) + 1s_a(1)1s_a(2) + 1s_b(1)1s_b(2) \tag{11-2-8}$$

식 (11-2-8)의 오른쪽 변의 마지막 두 항은 이온성을 나타내는 항이다. 왜냐하면 두 전자가 하나의 원자에 국한되어 있기 때문이다. 이점이 두 이론의 큰 차이 중의 하나이다. 이온성 항을 포함한 수정된 VBT가 실험결과와 잘 일치한다는 것이 알려져 있다.

$$\Psi_{MVB} = c_{VB}\Psi_{VB} + c_I\Psi_I \tag{11-2-9}$$

$$\Psi_I = \{1s_a(1)1s_a(2) + 1s_b(1)1s_b(2)\}\{\alpha(1)\beta(2) - \alpha(2)\beta(1)\} \tag{11-2-10}$$

VBT는 편재화된 결합방법을 사용하므로 분자의 구조를 적절히 묘사할 수 없는 단점이 있으나 분자가 매우 크고 대칭성이 작은 분자에는 비교적 많이 이용된다. Benzene 분자의 예를 들어보자.

그림 (11-2-1). VBT의 단점을 보완할 수 있는 benzene의 공명구조.

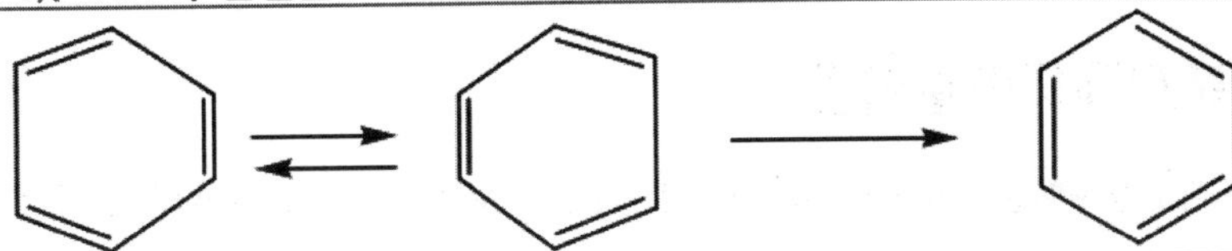

이중결합의 길이는 단일결합의 길이보다 짧다. 그러므로 benzene의 구조는 그림 (11-2-1)에서처럼 뒤틀린 육각형이 될 것이다. 그러나 실제는 정육각형이므로 VBT는 한계에 부딪힌다. 이를 보완하기 위하여 공명이론이 주장되었다. 두 개의 benezne 구조가 50% 씩 기여하므로 benzene의 구조는 오른쪽에 나타낸 구조가 되고 결합길이도 모두 같게 된다.

(b) 혼성궤도함수이론

VBT의 **대표적인 것이 혼성궤도함수이론이다.** 분자의 구조를 적절하게 나타내는 것이 분자궤도함수이론이긴 하지만 분자가 매우 큰 경우는 결합을 편재화한 VBT가 잘 쓰인다. 탄소원자에서 sp^3 혼성궤도에 대해 알아보자. $2s$**의 전자하나가** $2p$**로 승진** (promotion)**하면서 새로운** sp^3 **혼성궤도함수를 형성하고 있다.**

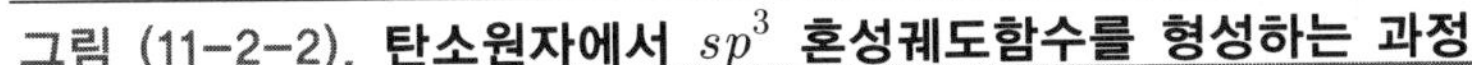

그림 (11-2-2). **탄소원자에서** sp^3 **혼성궤도함수를 형성하는 과정.**

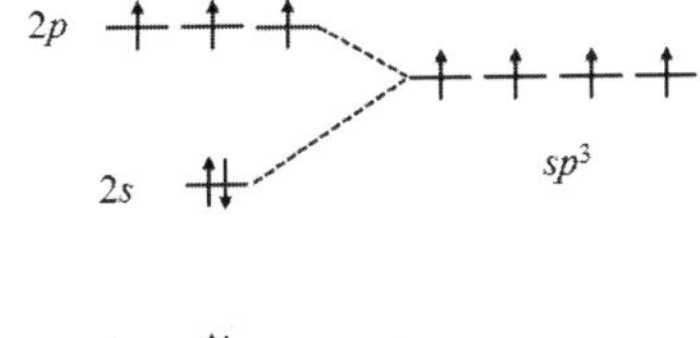

그림 (11-2-3). sp^3 **혼성궤도함수.**

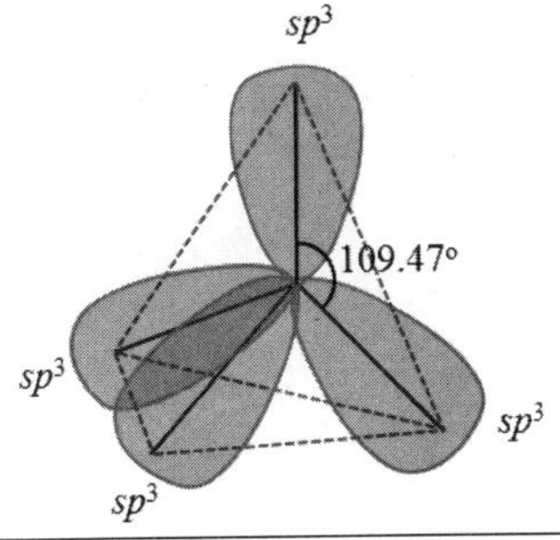

3. 분자궤도함수이론

분자궤도함수이론 (molecular orbital theory, MOT)**은 비편재화된 오비털결합방법을 사용한다.** 예를 들어 methane 분자에서 중심탄소원자가 네 개의 리간드 수소원자와 결합할 때, 리간드원자 네 개를 이 분자의 대칭성에 맞게 선형결합한 몇 개의 조 (set)를 만들고 이를 중심원자의 개별 오비털과 결합시킨다. **리간드원자 단독으로 중심원자와 결합에 참가할 수 없다.** 이 분야는 나중에 자세히 설명하겠다.

MO와 에너지준위를 결정하기 위한 Hückel 근사법

공액분자 (conjugated molecule)의 MO와 그 준위를 결정하기 위한 방법 중에 1931년에 Hückel이 개발한 근사법이 있다. Ethene 분자를 예로 들어보자. Ethene 분자의 π 궤도함수를 탄소의 p 오비털로부터 만든다. 변분법 (variation method)을 써서 가장 낮은 에너지를 주는 계수 c_1과 c_2를 결정한다. ϕ_1과 ϕ_2는 규격화된 p 오비털이라 하면 다음과 같은 식을 얻을 수 있다.

$$\psi = c_1\phi_1 + c_2\phi_2 \tag{11-3-1}$$

ϕ_1과 ϕ_2는 규격화되어야 한다.

$$\therefore \int \phi_1\phi_1 d\tau = 1 \tag{11-3-2}$$

$$\int \phi_1\phi_2 d\tau = S \tag{11-3-3}$$

식 (11-3-3)을 겹침적분 (overlap integral)이라 한다.

$$\langle E\rangle = E = \frac{\int \psi^* \hat{H}\psi\, d\tau}{\int \psi^* \psi\, d\tau} \tag{11-3-4}$$

식 (11-3-2)와 (11-3-3)을 만족하면서 식 (11-3-5)와 식 (11-3-6)을 만족하는 계수 c_1과 c_2를 구해야 한다.

$$\frac{\partial E}{\partial c_1} = 0 \tag{11-3-5}$$

$$\frac{\partial E}{\partial c_2} = 0 \tag{11-3-6}$$

$$\hat{H}\psi = E\psi \tag{11-3-7}$$

$$\hat{H}\psi = c_1\hat{H}\phi_1 + c_2\hat{H}\phi_2 = c_1E\phi_1 + c_2E\phi_2 \tag{11-3-8}$$

이항하여 정리하면 아래 식이 성립한다.

$$c_1(\hat{H} - E)\phi_1 + c_2(\hat{H} - E)\phi_2 = 0 \tag{11-3-9}$$

양변에 ϕ_1을 곱한 다음 적분을 하면

$$c_1\int \phi_1(\hat{H} - E)\phi_1 d\tau + c_2\int \phi_1(\hat{H} - E)\phi_2 d\tau = 0 \tag{11-3-10}$$

$$c_1(\alpha - E) + c_2(\beta - ES) = 0 \tag{11-3-11}$$

이와 같은 방법으로 식 (11-3-9)에 ϕ_2을 곱한 다음 적분을 하면

$$c_1(\beta - ES) + c_2(\alpha - E) = 0 \tag{11-3-12}$$

식 (11-3-11)과 식 (11-3-12)를 만족하는 식을 구하는데 0이 아닌 해 (nontrivial solution)를 구해야 한다. 2원 1차 연립방정식의 해를 행렬식으로 구할 수 있다.

$$c_1 = \frac{\begin{vmatrix} 0 & \beta - ES \\ 0 & \alpha - E \end{vmatrix}}{\begin{vmatrix} \alpha - E & \beta - ES \\ \beta - ES & \alpha - E \end{vmatrix}} = 0 \tag{11-3-13}$$

식 (11-3-13)의 해는 일반적으로 0인데, 만일에 분모가 0이면 0이 아닌 c_1 해를 구할 수 있다.

$$\begin{vmatrix} \alpha - E & \beta - ES \\ \beta - ES & \alpha - E \end{vmatrix} = 0 \tag{11-3-14}$$

이 식을 Secular 방정식이라 한다. 여기서 두 해를 구할 수 있다.

$$\therefore\ E = \frac{\alpha + \beta}{1 + S},\ \frac{\alpha - \beta}{1 - S} \tag{11-3-15}$$

식 (11-3-15)를 식 (11-3-11)과 식 (11-3-12)에 대입하면 다음과 같은 계수의 관계식을 구할 수 있다.

$$c_1 = c_2 \tag{11-3-16}$$

$$c_1 = -c_2 \tag{11-3-17}$$

따라서 두 개의 MO를 구할 수 있다.

$$\psi = c_1(\phi_1 + \phi_2) \tag{11-3-18}$$

$$\psi = c_1(\phi_1 - \phi_2) \tag{11-3-19}$$

아래와 같은 규격화 조건을 만족하는 c_1을 구할 수 있다.

$$\int_0^\infty \{c_1(\phi_1 + \phi_2)\}^* \{c_1(\phi_1 + \phi_2)\} = 1 \tag{11-3-20}$$

$$\int_0^\infty \{c_1(\phi_1 - \phi_2)\}^* \{c_1(\phi_1 - \phi_2)\} = 1 \tag{11-3-21}$$

식 (11-3-20)과 식 (11-3-21)로부터

$$c_1 = \frac{1}{\sqrt{2+2S}} \tag{11-3-22}$$

$$c_1 = \frac{1}{\sqrt{2-2S}} \tag{11-3-23}$$

따라서 우리가 원하는 MO는

$$\Psi_1 = \frac{1}{\sqrt{2+2S}}(\phi_1 + \phi_2) \tag{11-3-24}$$

$$\Psi_2 = \frac{1}{\sqrt{2-2S}}(\phi_1 - \phi_2) \tag{11-3-25}$$

식 (11-3-24)의 Ψ_1은 **결합오비털**이고 식 (11-3-25)의 Ψ_2는 **반결합오비털이다**. 이 오비털과 관련된 분자오비털과 에너지준위를 그림 (11-3-1)에 나타내었다.

그림 (11-3-1). Ethene 분자의 π Hückel 분자오비털과 에너지준위.

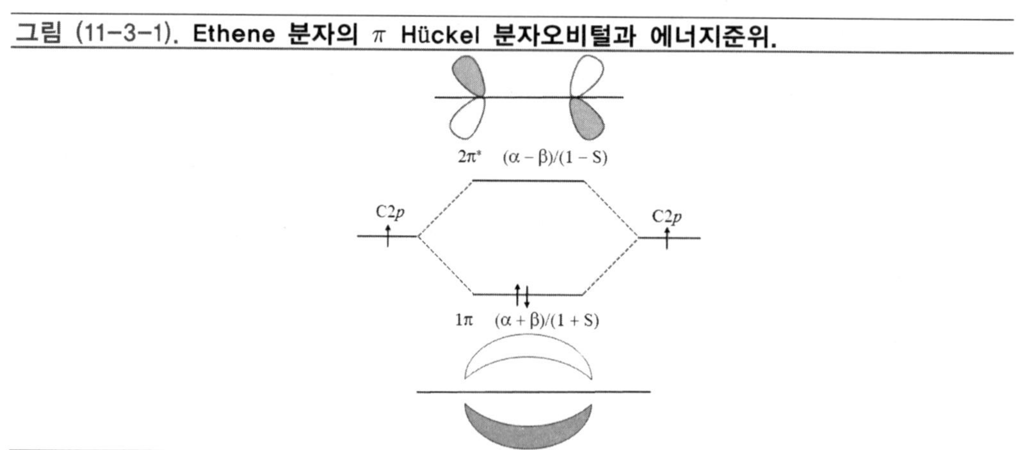

우선 분자의 대칭성에 합당한 선형결합 (symmetry-adapted linear combination, SALC)

MO를 설정해야한다. 이와 같은 방법으로 benzene의 π MO를 구할 수 있다. SALC를 구하기 위하여 투사연산자 (projection operator) $\hat{P}$를 사용한다. Benzene의 점군 D_{6h} 대신 그것의 부그룹 (subgroup)인 C_6를 사용한다.

$$\hat{P}\phi_1 = \chi(E)\hat{E}\phi_1 + \chi(C_6)\hat{C}_6\phi_1 + \chi(C_6^2)\hat{C}_6^2\phi_1 + \chi(C_6^3)\hat{C}_6^3\phi_1 + \chi(C_6^4)\hat{C}_6^4\phi_1 + \chi(C_6^5) \tag{11-3-26}$$

$$\psi_1 = \frac{1}{\sqrt{6}}(\phi_1 + \phi_2 + \phi_3 + \phi_4 + \phi_5 + \phi_6) \tag{11-3-27}$$

$$\psi_2 = \frac{1}{\sqrt{6}}(\phi_1 - \phi_2 + \phi_3 - \phi_4 + \phi_5 - \phi_6) \tag{11-3-28}$$

$$\psi_3 = \frac{1}{\sqrt{6}}(\phi_1 + \epsilon\phi_2 - \epsilon^*\phi_3 - \phi_4 - \epsilon\phi_5 + \epsilon^*\phi_6) \tag{11-3-29}$$

$$\psi_4 = \frac{1}{\sqrt{6}}(\phi_1 + \epsilon^*\phi_2 - \epsilon\phi_3 - \phi_4 - \epsilon^*\phi_5 + \epsilon\phi_6) \tag{11-3-30}$$

$$\psi_5 = \frac{1}{\sqrt{6}}(\phi_1 - \epsilon^*\phi_2 - \epsilon\phi_3 + \phi_4 - \epsilon^*\phi_5 - \epsilon\phi_6) \tag{11-3-31}$$

$$\psi_6 = \frac{1}{\sqrt{6}}(\phi_1 - \epsilon\phi_2 - \epsilon^*\phi_3 + \phi_4 - \epsilon\phi_5 - \epsilon^*\phi_6) \tag{11-3-32}$$

여기서 $\epsilon = \cos\frac{\pi}{3} + i\sin\frac{\pi}{3}$ 이고 $\epsilon^* = \cos\frac{\pi}{3} - i\sin\frac{\pi}{3}$ 이다. 식 (11-3-29)와 (11-3-30)을 선형결합하여 실수로 표현한 규격화된 π MO를 구할 수 있다.

$$\psi(E_1a) = \frac{1}{\sqrt{12}}(2\phi_1 + \phi_2 - \phi_3 - 2\phi_4 - \phi_5 + \phi_6) \tag{11-3-33}$$

$$\psi(E_1b) = \frac{1}{2}(\phi_2 + \phi_3 - \phi_5 - \phi_6) \tag{11-3-34}$$

또한 식 (11-3-31)과 (11-3-32)로부터 실수로 표현한 π MO를 구할 수 있다.

$$\psi(E_2a) = \frac{1}{\sqrt{12}}(2\phi_1 - \phi_2 - \phi_3 + 2\phi_4 - \phi_5 - \phi_6) \tag{11-3-35}$$

$$\psi(E_2b) = \frac{1}{2}(\phi_2 - \phi_3 + \phi_5 - \phi_6) \tag{11-3-36}$$

ψ_1의 에너지를 구하면

$$E_1 = \int \left\{ \frac{1}{\sqrt{6}} (\phi_1 + \phi_2 + \phi_3 + \phi_4 + \phi_5 + \phi_6) \right\} \hat{H} \left\{ \frac{1}{\sqrt{6}} (\phi_1 + \phi_2 + \phi_3 + \phi_4 + \phi_5 + \phi_6) \right\} d\tau$$
$$= \frac{1}{6}(6\alpha + 12\beta) = \alpha + 2\beta \tag{11-3-37}$$

이 계산결과를 그림 (11-3-2)에 나타내었다. 비편재화된 MO를 사용했을때 π MO의 에너지는 다음과 같다.

$$\pi \text{MO energy} = (\alpha + 2\beta)\text{x}2 + (\alpha + \beta)\text{x}4 = 6\alpha + 8\beta \tag{11-3-38}$$

편재화된 MO를 사용했을 때는 이보다 조금 높다.

$$\pi \text{MO energy} = (\alpha + \beta)\text{x}6 = 6\alpha + 6\beta \tag{11-3-39}$$

비편재화된 MO를 사용했을 때 MO의 에너지가 편재화된 원자가결합오비털의 그것보다 비편재화에너지 (delocalization energy) $|2\beta|$ 만큼 더 낮다. ※ β는 음수임에 유의하시오.

그림 (11-3-2). **Benzene의 π Hückel MO와 그 에너지준위.**

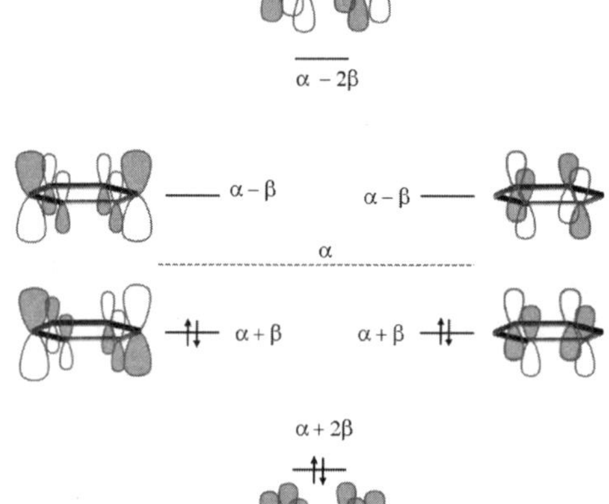

4. 결합의 형태

(a) 극성결합

극성결합은 아래 식에서 계수의 값이 같지 않을 때 나타난다.

$$\Psi = c_A \psi_A + c_B \psi_B \tag{11-4-1}$$

여기서 낮은 에너지를 갖는 원자의 궤도함수의 계수가 큰 값을 갖는다.

그림 (11-4-1). HF 분자의 MO 에너지준위.

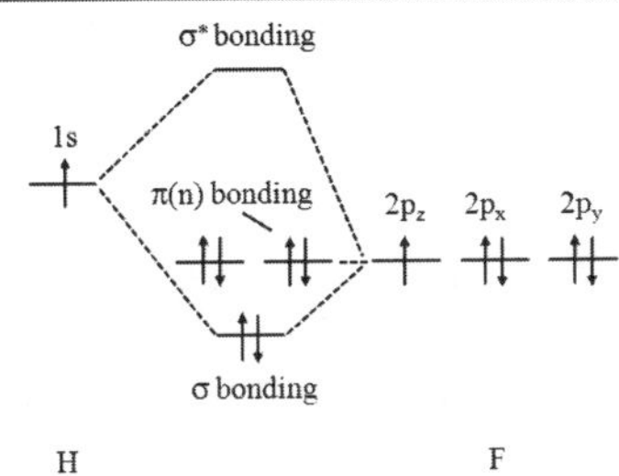

그림 (11-4-1)에서 결합궤도함수는 거의 F에 의한 것이고, 반결합궤도함수는 거의 수소에 의한 것이다. DFT로 계산한 HF의 결합과 반결합 MO는 우리가 생각했던 것과 확연히 다름을 알 수 있다. σ 결합궤도함수를 식 (11-4-2)에 나타내었다.

$$\Psi_{MO}(O) = -0.519\Psi_{1s}(H) - 0.268\Psi_{2s}(H) + 0.553\Psi_{2p_z}(F) + 0.359\Psi_{3s}(F) + 0.335\Psi_{3p_z}(F) \qquad (11-4-2)$$

식 (11-4-2)에서 "O"는 결합궤도함수를 나타낸다.

$$\Psi_{MO}(V) = 0.176\Psi_{1s}(H) + 1.296\Psi_{2s}(H) + 0.325\Psi_{2p_z}(F) - 0.867\Psi_{3s}(F) + 0.448\Psi_{3p_z}(F) \qquad (11-4-3)$$

식 (11-4-3)에서 "V"는 실재하는 (virtual) 반결합궤도함수를 나타낸다.

그림 (11-4-2). Gaussian 프로그램으로 계산한 HF 분자의 궤도함수의 계수로부터 결합 (a)과 반결합 (b)에 참여하는 MO를 밝힐 수 있음.

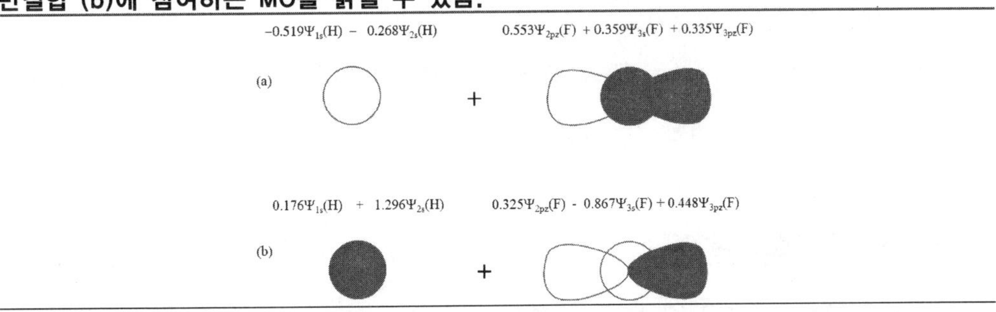

식 (11-4-2)와 식 (11-4-3)에서 MO의 계수를 고려하면 각 원자의 궤도함수의 겹침을 알 수 있다. **결합에 참여하는 원자궤도함수가 수소에서는** $1s$ **오비털만이 아니고** $2s$ **오비털도 충분**

히 결합에 참여하고 있다. 또한 불소원자에서는 $3s$와 $3p_z$ 오비털도 결합에 충분히 참가하고 있음을 알 수 있다.

(b) 전기음성도

Pauling은 전기음성도를 결합에너지의 차이로 아래와 같이 정의하였다.

$$|\chi_A - \chi_B| = 0.102\left[D(A-B) - \frac{1}{2}\{D(A-A) + D(B-B)\}\right]^{1/2} \tag{11-4-4}$$

식 (11-4-4)에서 $D(A-B)$가 $D(A-A)$와 $D(B-B)$의 평균값과 같다면 A와 B의 전기음성도는 같게 된다. $D(A-B)$가 $D(A-A)$와 $D(B-B)$의 평균값보다 크다면 χ_A와 χ_B 차이는 커지게 된다. **$D(A-B)$가 $D(A-A)$와 $D(B-B)$의 평균값보다 커지게 하는 요인은 바로 그 결합이 이온결합성질을 다소 갖기 때문이다.** Mulliken은 전기음성도를 약간 다르게 표현하였다.

$$\chi_M = \frac{1}{2}(I + E_{ea}) \tag{11-4-5}$$

두 정의사이의 관계식은 아래와 같은 관계를 갖는다.

$$\chi_P = 1.35\chi_M^{1/2} - 1.37 \tag{11-4-6}$$

5. 분자항기호

분자항기호 (molecular term symbol)는 일반적으로 스핀다중도와 기약표현의 기호로 나타내고 있는데 선형분자인 경우는 기약표현이 궤도함수각운동량에 의해 나타나므로 전체각운동량에 대한 숫자를 추가하기도 한다.

선형분자 : $^{2S+1}\Lambda_\Omega$: $\Lambda = \Sigma, \Pi, \Delta, \Phi, \Gamma..., \Omega = \Lambda + \Sigma .....|\Lambda - \Sigma|$

일반분자 : ^{2S+1}R, R은 기약표현의 부호.

6. 양자역학계산법

원자와 분자의 성질을 계산하는 선험적 (ab-initio) MOT는 양자역학의 기본법칙으로 전개된다. 파동역학방정식을 풀기 위해서 다양한 수학적 변환과 근사법을 사용한다. 여기에서는 전자구조 결정법의 기초가 되는 양자역학방정식과 가정들을 간단하게 서술하고자 한다.

(a) Schrödinger 방정식

아래에 나타낸 Schrödinger 방정식, 식 (11-6-1)은 한 입자의 파동함수이다.

$$\left\{-\frac{\hbar^2}{2m}\nabla^2 + V(r)\right\}\Psi(r,t) = i\hbar\frac{\partial\Psi(r,t)}{\partial t} \tag{11-6-1}$$

이 방정식에서 Ψ는 파동함수, m은 입자의 질량, 그리고 V는 입자의 움직임에 의존하는 위치에너지를 나타낸다. Ψ의 제곱은 입자의 확률 밀도를 나타낸다. 분자와 같은 입자의 집합체에 대한 Schrödinger 방정식도 이와 유사하게 표현된다. 여기서 Ψ는 시간 t뿐만 아니라 계에 속하는 모든 입자의 좌표를 함유한다. 분자의 경계조건을 Schrödinger 방정식에 적용함으로써 분자의 파동함수와 에너지를 구할 수 있다. Schrödinger 방정식의 해는 다양한 종류의 에너지 등을 나타내는 파동함수로 이루어지며, 각각의 파동함수는 정지점 (stationary point)을 나타낸다. 변수 분리법을 적용하면 Schrödinger 방정식은 비교적 간단한 형태의 미분 방정식으로 바뀐다. 파동함수를 공간적인 항과 시간에 의존하는 항의 곱으로 표현하면 식 (11-6-2)와 같은 식으로 바꿀 수 있다.

$$\Psi(r,t) = \psi(r) \cdot \phi(t) \tag{11-6-2}$$

이 식 (11-6-2)에 의하면 입자의 위치와 시간에 의존하는 식과 시간의 함수를 고정시켜 놓고 입자의 위치만을 고려하여 표현하는 두 가지 방법이 가능하다. 시간의 함수를 고정시켜 놓은 Schrödinger 방정식은 식 (11-6-3)과 같이 표현할 수 있는데 대부분의 양자 역학적인 식을 풀 때에는 식 (11-6-3)을 이용한다.

$$\hat{H}\psi(r) = E\psi(r) \tag{11-6-3}$$

여기서 E는 입자의 에너지이고, $\hat{H}$는 Hamiltonian 연산자이며, r은 입자의 좌표를 나타낸다.

$$\hat{H} = -\frac{\hbar^2}{2m}\nabla^2 + V(r) \tag{11-6-4}$$

식 (11-6-3)의 다양한 해가 분자의 다양한 정지상태 (stationary state)를 만든다. 이들 중 가장 낮은 에너지상태를 바닥상태라고 한다.

(b) Hartree-Fock (HF) 이론

MO는 원자궤도함수의 조합으로 이루어진다. 각각의 원자궤도함수 ($\phi_1, \phi_2 \cdot\cdot\cdot$) 에 대한 조건을 만족시키기 위해서 직교규격화 (orthonormalization)를 한다.

$$\iiint \phi_i \phi_j = \delta \tag{11-6-5}$$

MO를 만드는 가장 간단한 방법은 Hartree 적 (Hartree product)을 형성하는 것이다.

$$\psi(r) = \phi_1(r_1)\phi_2(r_2) \cdot\cdot\cdot \phi_n(r_n) \tag{11-6-6}$$

그러나 이것은 파동함수가 반대칭해야 되는 것에 위배되는 등 문제가 있어서 적당한 파동함수로 볼 수 없다. 따라서 HF 계산에서 사용하는 파동함수는 스핀을 고려한 행렬식이다.

$$\Psi(1,2,\cdot\cdot\cdot 2N) = \frac{1}{\sqrt{2N!}} \begin{vmatrix} \phi_1\alpha(1) & \phi_1\beta(1) & \cdot\cdot\cdot & \phi_N\alpha(1) & \phi_N\beta(1) \\ \phi_1\alpha(2) & \phi_1\beta(2) & \cdot\cdot\cdot & \phi_N\alpha(2) & \phi_N\beta(2) \\ \cdot & \cdot & \cdot\cdot\cdot & \cdot & \cdot \\ \cdot & \cdot & \cdot\cdot\cdot & \cdot & \cdot \\ \cdot & \cdot & \cdot\cdot\cdot & \cdot & \cdot \\ \phi_1\alpha(2N) & \phi_1\beta(2N) & \cdot\cdot\cdot & \phi_N\alpha(2N) & \phi_N\beta(2N) \end{vmatrix} \tag{11-6-7}$$

양자역학과 관련된 모든 물리적 양들은 계산을 간단히 하기 위해 소위 원자단위 (atomic unit)를 사용한다. Bohr의 반경 $a_0 = \dfrac{4\pi\epsilon_0\hbar^2}{m_e e^2} = 1$, 전자의 질량 $m_e = 1$, 전자의 전하 $|e| = 1$, $\hbar = 1$, 그리고 $4\pi\epsilon_0 = 1$이다. 이와 같이 표현했을 때 원자단위로 나타낸 에너지는 $E = \dfrac{m_e e^4}{16\pi^2\epsilon_0^2\hbar^2} = 1$ 이 된다. **이러한 에너지의 원자단위를 hartree (h)라 부른다. 이런 단위를 쓰면 바닥상태의 수소원자의 에너지는** $-\dfrac{1}{2}$h**가 된다.** 실제로 이러한 원자단위는 양자역학과 관련된 분야에서 통상적으로 사용되고 있다. ※ hartree 단위변환은 부록 표 (A-6)에 있다.

(c) Post-SCF 방법

분자에서 전자 움직임을 다룰 때는 HF 이론이 부적합하다. **HF 이론은 분자간의 전자상관관계에너지 (electron correlation energy)가 고려되지 않았기 때문이다.** 전자상관에너지는 식 (11-6-8)로 정의한다.

$$\text{Correlation energy} = E_{exact} - E_{HF} \tag{11-6-8}$$

특히 유발전기쌍극자모멘트에 의해 약하게 결합 되어 있는 van der Waals 분자인 경우 HF 계산값은 실험값에 많이 벗어난다. SCF 방법에서 전자들의 상관관계에너지를 고려하여 계산한 방법이 post-SCF 방법이다.

① Møller-Plesset 섭동이론

전자의 상관관계를 비교적 잘 고려하는 선험적 양자역학이론이 Møller-Plesset (MP) 섭동(perturbation) 이론이다. 이 섭동이론은 Hamiltonian을 아래와 같이 두 부분으로 나눈다.

$$\widehat{H} = \widehat{H_0} + \lambda V \tag{11-6-9}$$

$\widehat{H_0}$는 섭동이 가해지기 전의 값이고 V는 $\widehat{H_0}$에 대한 섭동에 해당한다. 이러한 가정을 바탕으로 섭동된 에너지와 파동함수를 거듭제곱계열 (power series)로 놓을 수 있다. 이렇게 생성된 에너지와 파동함수가 각각 식 (11-6-10)과 식 (11-6-11)이다.

$$E = E^{(0)} + \lambda E^{(1)} + \lambda^2 E^{(2)} + \lambda^3 E^{(3)} + \cdot \cdot \cdot \tag{11-6-10}$$

$$E = E^{(0)} + \Delta E \tag{11-6-11}$$

$$\Psi = \Psi^{(0)} + \lambda \Psi^{(1)} + \lambda^2 \Psi^{(2)} + \lambda^3 \Psi^{(3)} + \cdot \cdot \cdot \tag{11-6-12}$$

$$\Delta E = \int \Psi^{(0)} \widehat{H^{(1)}} \Psi^{(0)} d\tau \tag{11-6-13}$$

이러한 에너지 항을 몇 차까지 고려하는지에 따라 MP2, MP3 및 MP4 등으로 구분된다.

② 밀도범함수이론

대략 1995년경부터 밀도범함수이론을 이용한 양자역학 계산이 획기적으로 발전하고 있다. **밀도범함수이론 (density functional theory, DFT)은 HF에서 다루지 못했던 전자상관관계에너지를 어느 정도 고려하고 있을 뿐만 아니라 계산시간이 HF 계산시간과 유사하게 짧은 것으로 알려져 있다.** 그러나 분산 (dispersion) 또는 정전기적인 인력으로 약하게 결합되어 있는 분자의 경우는 이 방법은 유용하지 않다고 알려져 있다. **이 이론은 바닥상태분자의 에너지와 그 외 모든 물리적 성질은 바닥상태의 전자 확률 밀도 $\rho(x,y,z)$에 의해 특이하게 규정된다는 것에 기초를 두고 있다.** DFT에서는 기존의 HF 방법과 유사하지만, HF 방법에서 사용한 단일행렬식 (single determinant)을 위한 정확한 교환항 대신 계산하기 편한 교환에너지항과 전자상관(electron correlation)항을 사용한다.

$$E^{DFT} = E^{Core} + E^{Coulomb} + E_x[P] + E_c[P] + E^{nuclear} \tag{11-6-14}$$

$E_x[P]$와 $E_c[P]$는 각각 교환과 상관범함수 (correlation functional)들이고, $[P]$는 밀도행렬 (density matrix)이다. $E_x[P]$는 전자밀도와 전자밀도의 경사도 (gradient)의 적분으로 아래와 같이 표현된다.

$$E_x[P] = \int f\{\rho(r), \nabla\rho(r)\}dr \qquad (11\text{-}6\text{-}15)$$

7. 간단한 분자의 구조 및 에너지계산

(a) 이원자분자의 MO 에너지준위

① 질소분자의 MO 에너지준위

사중항질소원자는 세 개의 열린껍질의 존재로 인하여 스핀분극 (spin polarization) 현상이 일어난다. 따라서 위스핀 (α 스핀)의 에너지가 아래스핀 (β 스핀)의 그것보다 에너지가 낮다. 단일항질소분자의 MO 에너지준위를 살펴보자. **질소원자는 열린껍질을 갖고 있기 때문에 제한 없는 Hartree-Fock (unrestricted Hartree-Fock, UHF) 방법을 이용하여 에너지준위를 계산해야 한다. 반면에 질소분자는 닫힌껍질을 갖고 있기 때문에 제한된 Hartree-Fock (restricted Hartree-Fock, RHF) 방법을 사용한다.** 이렇게 해서 구한 질소 원자 및 분자의 에너지준위를 그림 (11-7-1)에 나타내었다. **따라서 위스핀 (α스핀)의 에너지가 아래스핀 (β 스핀)의 그것보다 에너지가 낮다.** 질소분자처럼 닫힌껍질에서 같은 오비털 안의 위스핀과 아래스핀의 에너지는 같다. 이러한 에너지갈라짐이 그림 (11-7-1)에 잘 나타나 있다. 그리고 에너지갈라짐의 크기가 오비털에 따라 현격하게 차이가 남을 이론적 계산에서 알 수 있다.

② 산소분자의 MO 에너지준위

삼중항산소의 MO 에너지준위를 살펴보자. RHF 방법으로 계산한 산소원자 및 분자의 궤도함수에너지준위를 (11-7-2)에 나타내었다. 에너지준위의 갈라짐이 잘 나타나 있다. 여기서도 에너지갈라짐의 크기가 오비털에 따라 크게 차이 남을 알 수 있다. 다음은 제2행 (second row) 원소의 동핵이원자분자 (homonulclear diatomic molecule)의 원자가전자 (valence electron)의 에너지준위를 살펴보자. DFT로 구한 원자가전자의 에너지준위를 그림 (11-7-3 ~ 6)에 나타내었다. **질소분자에서는 $1\pi_u$의 에너지가 $3\sigma_g$의 그 것보다 낮다. 질소에서 산소로 옮아가면서 그 에너지준위가 역전된다.** 이와 같은 에너지준위의 변화는 광전자분광실험으로 입증되었다.

그림 (11-7-1). DFT로 계산한 질소원자 및 분자의 에너지준위. 각 질소원자에 대해 제한 없는 UB3LYP/cc-pVTZ 방법과 그리고 질소분자에 대해 제한된 RB3LYP/cc-pVTZ 방법을 사용하였음.

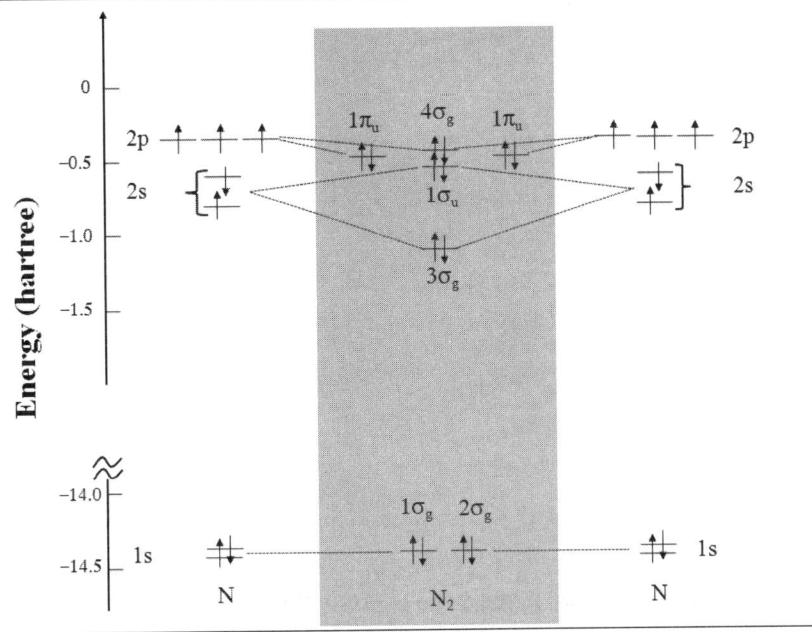

그림 (11-7-2). DFT로 계산한 산소원자 및 분자의 에너지준위. 각 산소원자 및 분자에 대해 제한 없는 UB3LYP/cc-pVTZ 방법을 사용하였음.

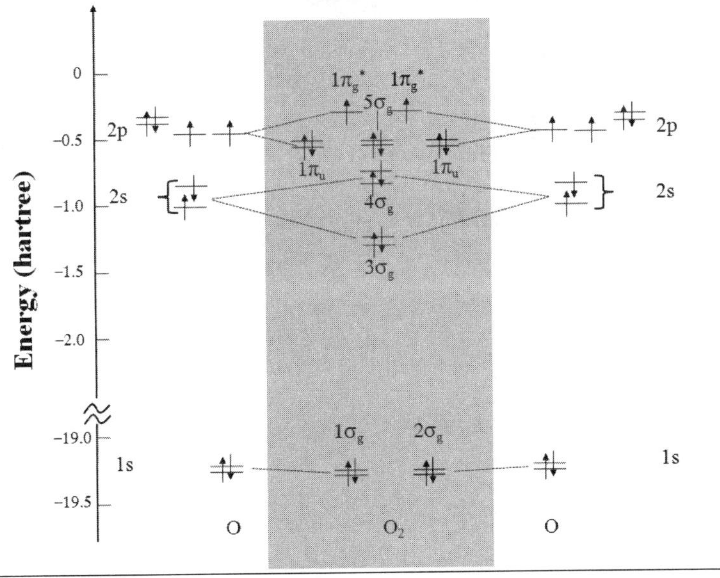

그림 (11-7-3). DFT R(U)B3LYP/cc-pVTZ 방법으로 계산한 H_2와 Li_2 분자의 MO 에너지준위.

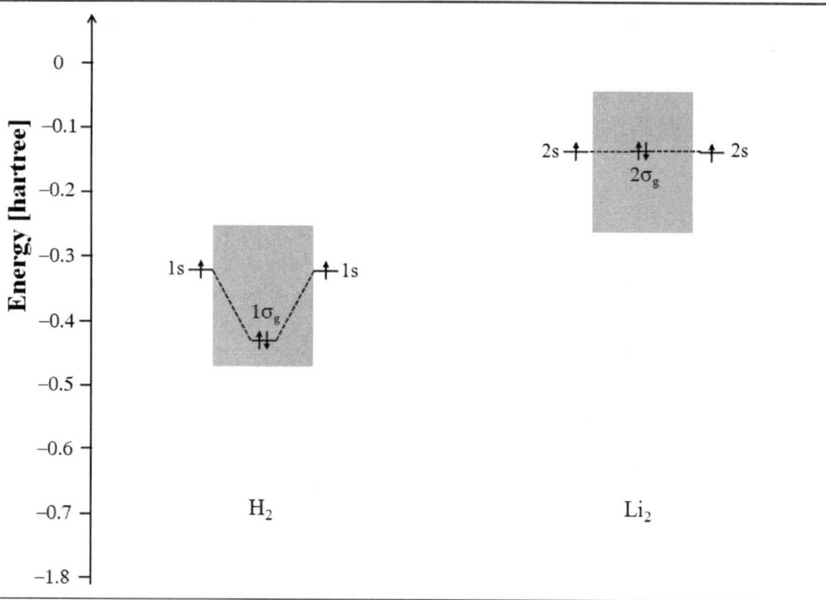

그림 (11-7-4). DFT R(U) B3LYP/cc-pVTZ 방법으로 계산한 Be_2와 B_2의 MO 에너지준위.

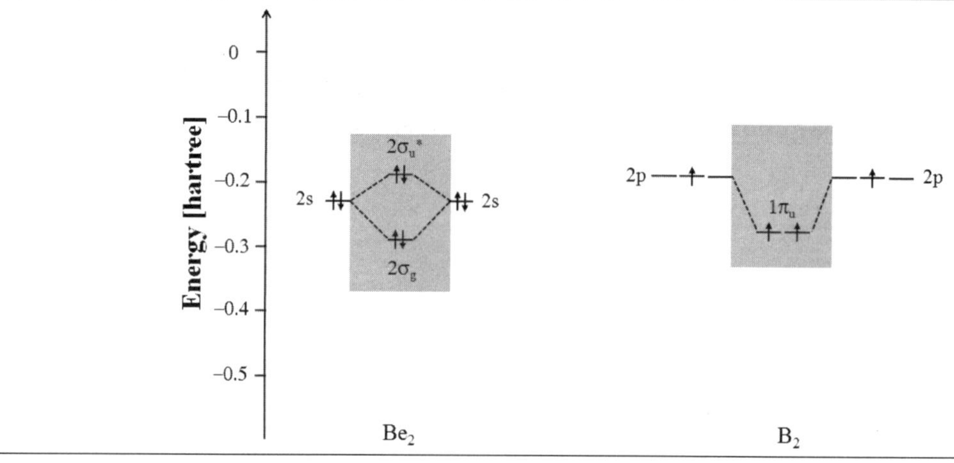

그림 (11-7-5). DFT R(U)B3LYP/cc-pVTZ 방법으로 계산한 C_2와 N_2의 MO 에너지준위.

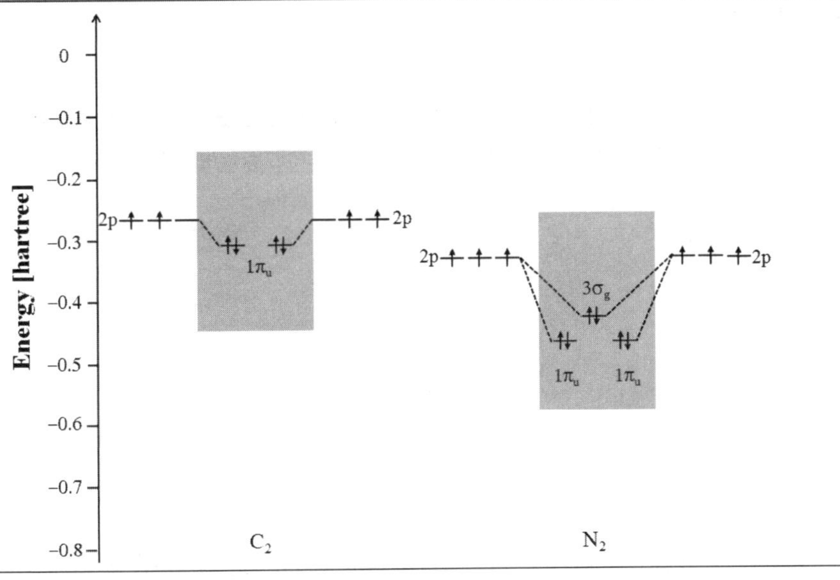

그림 (11-7-6). DFT 중의 하나인 R(U)B3LYP/cc-pVTZ 방법으로 계산한 O_2와 F_2의 MO 에너지준위.

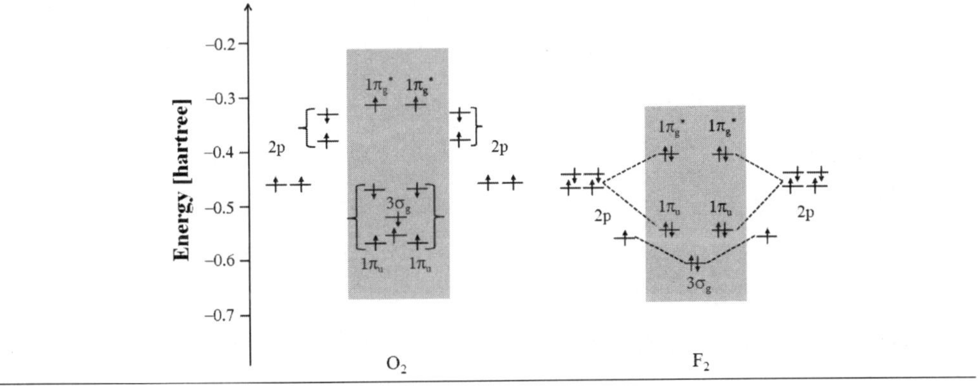

(b) 삼원자분자의 MO 에너지준위

Carbene $(:CH_2)$에는 8개의 전자가 있으므로 에너지가 낮은 오비털부터 전자를 2개씩 채워나가면 C_{2v} 점군에서 삼중항 carbene은 $(1a_1)^2(2a_1)^2(1b_2)^2(3a_1)^1(1b_1)^1$의 전자배치를 갖고, 단일항 carbene은 $(1a_1)^2(2a_1)^2(1b_2)^2(3a_1)^2$의 전자배치를 갖는다. 삼중항 carbene은 두 개의 열린껍질을 갖는다. 단일항 carbene은 분자항기호가 $^1A_1$이고 삼중항 carbene은 $^3B_1$이다. 수없이 많은 연구를 통해서 삼중항상태의 carbene의 에너지가 단일항의 그것보다 낮다는 것이 밝혀진 바 있다. 간단한 HF)계산 {HF/6-31G(d)}을 통해서도 삼중항상태가 에너지가 낮게 나타났다. 그 계산 결과를 그림 (11-7-7)에 나타내었다.

그림 (11−7−7). **삼중항 및 단일항 carbene의 결합각에 따른 전자에너지의 변화 (결합각에 따른 퍼텐샬에너지곡선)를 R(U)HF/6−31G(d) 방법으로 계산하였음.**

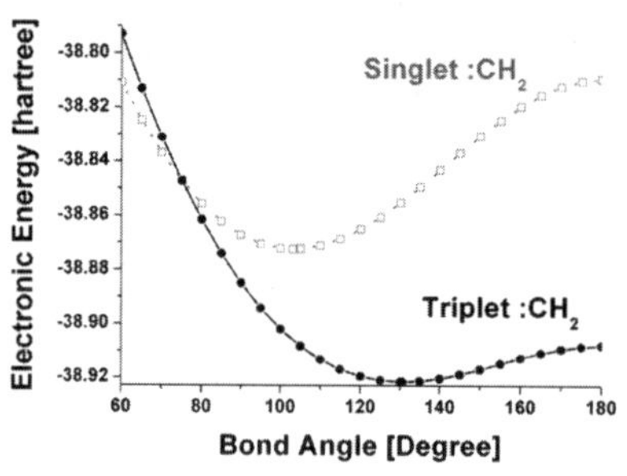

양쪽에너지를 비교해보면 **굽은 형태의 carbene의 에너지가 모두 낮다.** HF/6-31G(d) 계산에서 삼중항 carbene은 결합각이 130.6°이고 결합길이가 107.11 pm (1.0711 Å)일 때 에너지가 제일 낮다. 반면에 단일항 carbene은 결합각이 103.0°이고 결합길이가 109.71 pm (1.0971 Å)에서 에너지가 제일 낮다. 다음은 삼중항 carbene의 MO 에너지준위를 살펴보자. 삼중항 carbene은 두 개의 열린껍질의 존재로 인하여 스핀분극현상이 일어난다. 따라서 위스핀의 에너지가 아래스핀의 그것보다 에너지가 낮다. 물분자처럼 닫힌껍질계에서 같은 오비털 안의 위스핀과 아래스핀의 에너지는 같다. 그러나 열린계에서는 위스핀과 아래스핀의 에너지가 다르다. 이러한 에너지준위의 갈라짐이 그림 (11-7-8)에 잘 나타나 있다. 에너지갈라짐의 크기가 오비털에 따라 현격하게 차이가 남을 다시 한 번 UHF 이론적 계산에서 알 수 있다. 다음은 결합각에 따라 분자오비털의 에너지가 어떻게 변화하는지를 살펴보자. 그림 (11-7-9)에 단일항 carbene의 결합각에 따른 분자오비털의 에너지의 변화를 나타내었다. 이 분자는 닫힌껍질계이므로 위스핀의 에너지와 아래스핀의 에너지가 같다. **이와 같은 도표를 Walsh 도표 (Walsh diagram)라 한다.** 이 그림에서 $1a_1$에 해당하는 핵심부전자 (core electron, inner-shell electron)의 에너지는 결합각에 크게 의존하지 않음을 알 수 있다. 반면에 **원자가 전자의 에너지는 결합각에 따라 현저하게 변화한다.** 전체전자에너지는 각 오비털의 에너지의 합이므로 적당한 각에서 전체에너지가 최소가 된다. 다음은 삼중항 carbene의 오비털에너지가 결합각에 따라 어떻게 변화하는지를 알아보자.

그림 (11-7-8). **삼중항 carbene의 MO 에너지준위를 UHF/6-31G(d) 방법으로 계산하였음.**

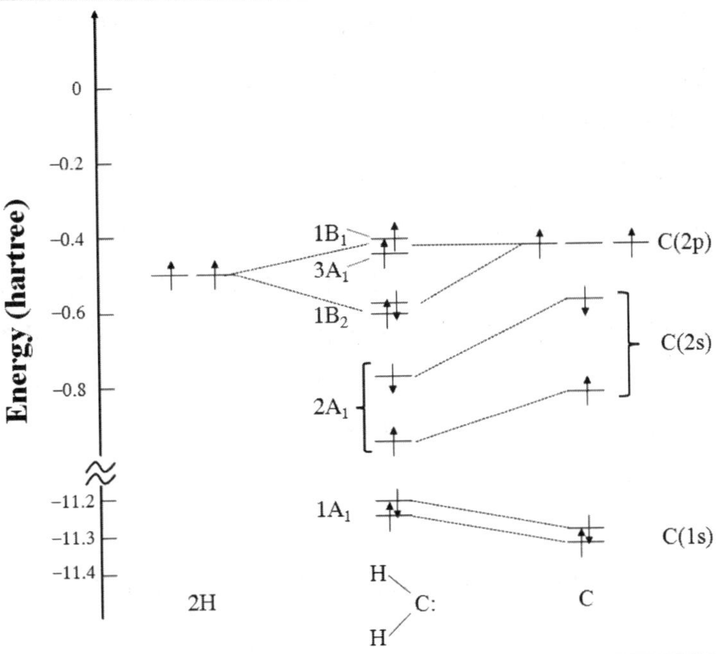

그림 (11-7-9). **단일항 : CH_2의 결합각에 따른 에너지준위의 변화를 RHF/6-31G(d) 방법으로 계산하였음.**

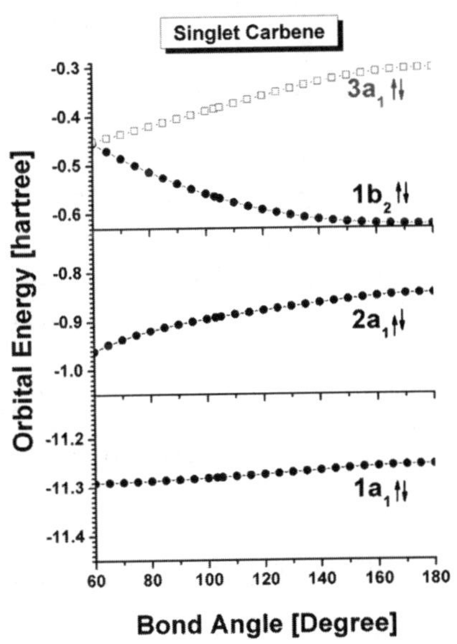

그림 (11-7-10)에 나타낸 바와 같이 주어진 한 오비털의 위스핀과 아래스핀의 에너지가 현저하게 차이가 남을 알 수 있다. 여기서도 $1a_1$에 해당하는 핵심부전자의 에너지는 각도에 따라 크게 변화하지 않음을 알 수 있다. 반면에 이 외의 오비털에너지가 각도에 따라 현저하게 변화한다. **열린껍질에 해당하는 $3a_1$ 오비털에너지는 각도가 증가함에 따라 크게 증가하고 $1b_1$ 오비털에너지는 매우 완만하게 변화함을 알 수 있다.** 여기서 흥미 있는 것은 그 두 개의 오비털의 에너지간격이 각도의 증가로 인하여 크게 감소함을 알 수 있다. 각도가 작으면 $1b_1$ 오비털의 전자는 $3a_1$ 오비털로 들어와서 닫힌껍질계의 단일항상태로 변화할 것이다. **Carbene의 전자상태를 결정하는데 중요한 관건은 전자가 ↑↓와 같이 짝을 짓는데 필요한 짝지음에너지 (pairing energy)이다.** 즉, $3a_1$과 $1b_1$의 오비털의 에너지 간격이 짝지음에너지보다 클 경우에는 단일항상태가 에너적으로 낮을 것이고, 반면에 작을 경우에는 삼중항상태가 안정할 것이다.

그림 (11-7-10). 삼중항 : CH_2의 Walsh 도표. 에너지준위를 UHF/6-31G(d) 방법으로 계산하였음.

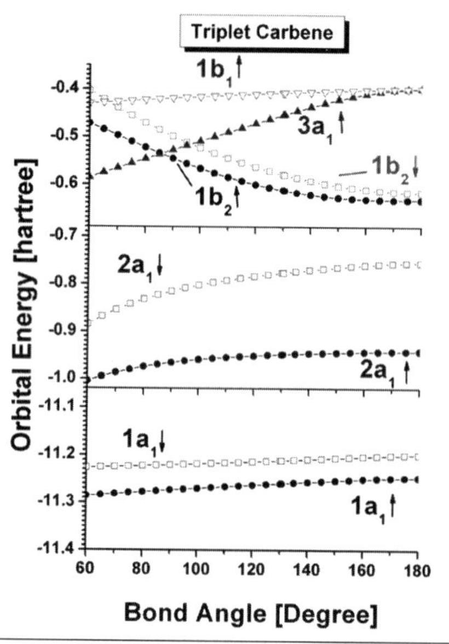

다음은 각도에 따라서 오비털의 에너지가 어떻게 변화하는 지를 오비털겹침으로 설명하고자 한다. 그림 (11-7-11)에 결합각에 따른 분자오비털의 형태변화와 겹침을 나타내었다. **이 그림은 carbene의 굽은 형에서 선형으로 변화할 때 오비털겹침이 어떻게 변화하는지를 묘사하**

고 있다. $1a_1$에 관여하는 C(1s) 원자오비털의 에너지는 H(1s) 원자오비털의 그 것보다 훨씬 낮아 오비털겹침이 비교적 작다. 반면에 C(2s) 오비털의 에너지는 H(1s))의 그것과 비슷하여 오비털겹침이 비교적 클 것이다. 굽은 형에서 선형으로 분자구조가 바뀜에 따라 오비털 겹침이 감소하여 $2a_1$ 오비털에너지가 증가한다. $3a_1$ 오비털에서는 각도에 따라 오비털겹침이 극명하게 차이난다. C_{2v} 구조 (굽은 형)에서는 겹침이 크나 $D_{\infty h}$ 구조에서는 겹침이 없어짐을 알 수 있다. $1b_2$ 및 $1\sigma_u$ 오비털에서 모두 겹침이 있으나 p 오비털은 s 오비털에 비해 널리 퍼져 있어서 (extensive) $1\sigma_u$ 오비털에서 겹침이 약간 증가할 것이다. $1b_1$ 오비털은 각도에 무관하게 겹침이 거의 없다. 실제계산결과 {그림 (11-7-10)}에서도 그 오비털 에너지가 각도에 따라 크게 증가하지 않는다는 것을 알 수 있다. **이 그림에 나타낸 겹침묘사는 정성적인 것이므로 겹침의 정량적인 표현은 양자역학계산 결과를 기초로 해야 할 것이다.**

그림 (11-7-11). : CH_2에서 결합각에 따른 분자오비털의 변화. 왼쪽 오비털은 굽은 형의 분자오비털이고 오른쪽 오비털은 선형의 분자오비털임.

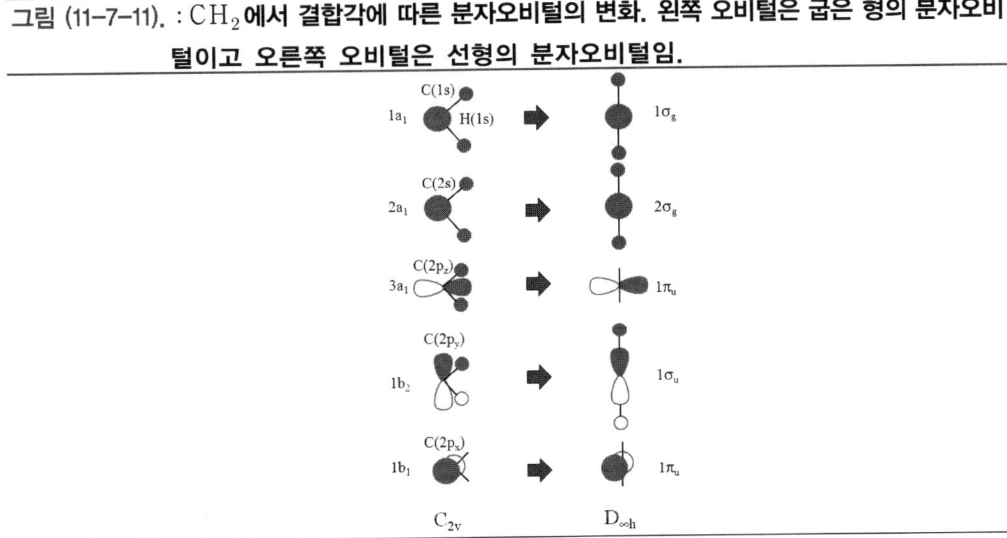

(c) 다원자분자의 MO와 에너지준위

방향족성 (aromaticity)을 나타내는 가장 간단한 물질 중에 cyclopropenyl 양이온이 있다. 일반적으로 **한 분자 내의 π-전자가** $(4n+2)$ $(n=0,1,2,3\cdot\cdot)$ **개이면 그 물질은 방향족성을 나타낸다고 한다.** $n=0$인 경우 π-전자는 2개로 여기에 속하는 물질 중의 하나로 cyclopropenyl 양이온이 있다. $n=1$이면 π-전자는 6개로 여기에 속하는 물질은 잘 알려진 바와 같이 benzene 등이 있다. $n=2$이면 π-전자는 10개로 여기에 속하는 물질에는 naphthalene 등이 있다.

그림 (11-7-12)에 나타낸 바와 같이 DFT로 최적화한 (optimized) $C_3H_3^+$ 양이온은 그 이온 안에 존재하는 3개의 탄소 및 수소원자가 각각 정삼각형을 이루고 있음을 알 수 있다. 2개의 p 전자가 하나의 π-결합을 이루고 있다. 즉, $C_3H_3^+$ 양이온은 하나의 이중결합을 갖는 삼원자고리 (three-membered ring) 화합물이다. 이러한 계를 **삼중심/이전자계** (three-center/two-electron system)라 한다.

그림 (11-7-12). R(U)B3LYP/6-31G(d) 방법으로 계산한 cyclopropenyl 양이온 및 래디컬중성의 입체구조.

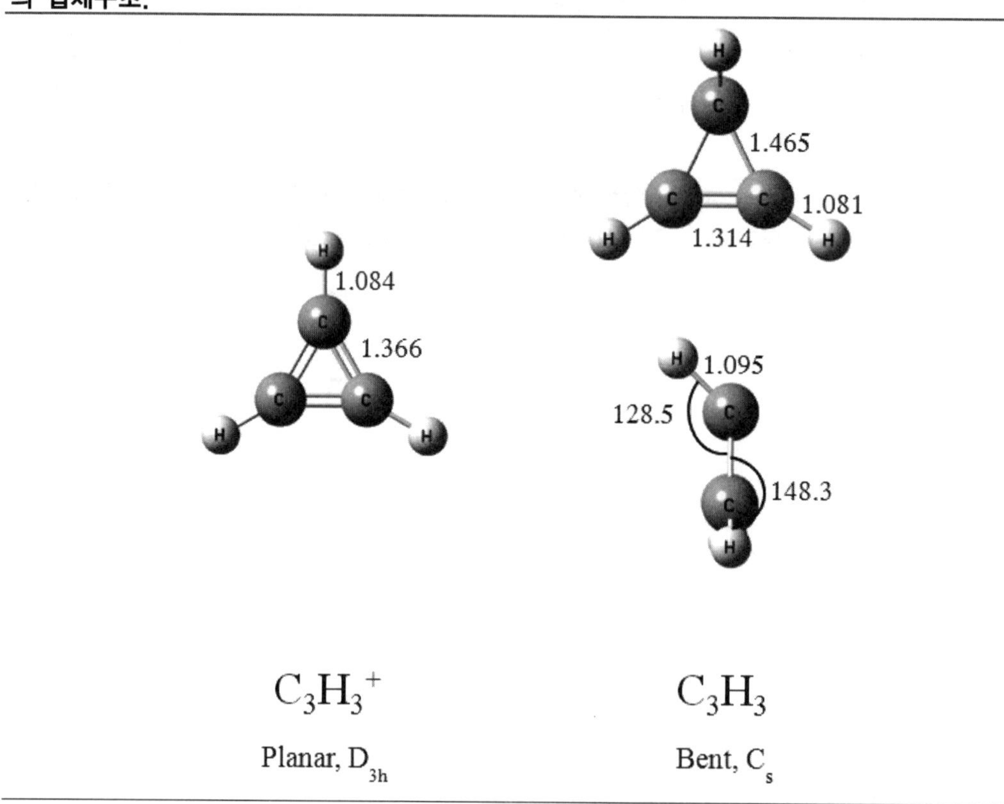

R(U)HF 방법으로 계산한 $C_3H_3^+$의 MO 에너지준위도를 그림 (11-7-13)에 나타내었다. 이 양이온에 전자하나를 추가하면 평면에서 굽힌 구조로 바뀐다. 또한 **전자하나를 추가하여 얻어진 C_3H_3 중성물질의 MO 에너지준위도가 그 양이온의 그 것과 다름을 알 수 있다.** C_3H_3 중성물질은 열린껍질을 갖고 있으므로 같은 오비털의 에너지준위가 약간 변함을 알 수 있다. 핵심부전자는 스핀분극에 크게 영향을 받지 않는다.

그림 (11-7-13). R(U)HF/6-31G(d) 방법으로 계산한 cyclopropenyl 양이온 및 래디컬중성의 MO 에너지준위도.

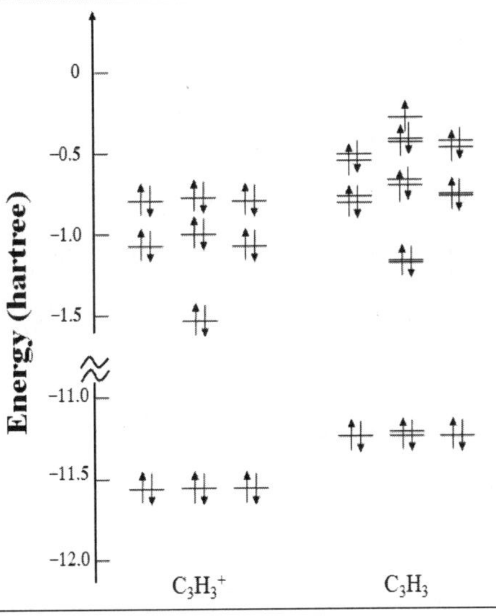

연습문제

(11-1) BeH_2 분자의 MO들의 대칭성을 나타내고 각 MO의 에너지준위를 표시하시오. 또한 결합각 $<HBeH$의 함수로서 Walsh 도표를 나타내고, 각에 따른 BeH_2의 전자상태(삼중항 또는 단일항) 및 바닥상태에서의 전자상태를 나타내시오.

(11-2) B_2 및 O_2^{2+}의 MO 에너지준위도를 도시하고 결합차수를 예측하시오. 상자성인지 반자성인지도 나타내시오.

(11-3) Cl_2의 MO 에너지준위도를 나타내시오.

(11-4) 변분법을 이용하여 수소원자의 궤도함수 ϕ_1과 ϕ_2로부터 수소분자의 MO를 구하시오.

(11-5) 아래 분자들의 혼성궤도함수를 나타내고 구조를 도시하시오.

(a) BeH_2 (b) $CH_2 = CH_2$ (c) NH_3 (d) PF_5

(11-6) C_{2v} 분자에서 아래에 나타난 적분이 영 (zero)인지 아닌지를 결정하시오.

$$\iiint_{-\infty}^{\infty} (d_{x^2-y^2})y(d_{z^2})dxdydz$$

(11-7) 혼성궤도함수이론을 이용하여 BeH_2 및 BH_3 분자의 결합과 구조를 설명하시오. 단, Be 및 B의 전자배치는 각각 $1s^22s^2$, $1s^22s^22p^1$이다.

(11-8) 전자들뜬상태에서 에너지가 가장 낮은 He_2^* 분자의 MO와 결합차수를 나타내시오.

(11-9) I_2 분자의 바닥상태분자항기호를 나타내시오.

I의 전자배치 = $[Kr]4d^{10}5s^25p^5$

(11-10) 일산화탄소분자의 MO 에너지준위도를 도시하고 결합차수를 나타내시오.

(11-11) CH_4 분자의 MO를 도시하시오. MOT와 sp^3 혼성궤도함수이론의 차이를 논하고 sp^3 혼성궤도함수를 비판하시오.

(11-12) CN^- 분자의 MO를 도시하시오.

(11-13) 낮은 전자에너지를 갖는 C_2 분자의 분자항기호를 나타내시오.

(11-14) 가장 낮은 전자에너지를 갖는 B_2 분자의 분자항기호를 나타내시오.

연습문제해답

(11-9) $^1\Sigma_g^+$

(11-10) DFT로 계산된 CO의 전자배치 : $(\sigma)^2(\sigma)^2(\sigma)^2(\sigma)^2(\pi)^2(\pi)^2(\sigma)^2$

연습문제그림 (11-1). **일산화탄소분자의 MO 에너지준위도.**

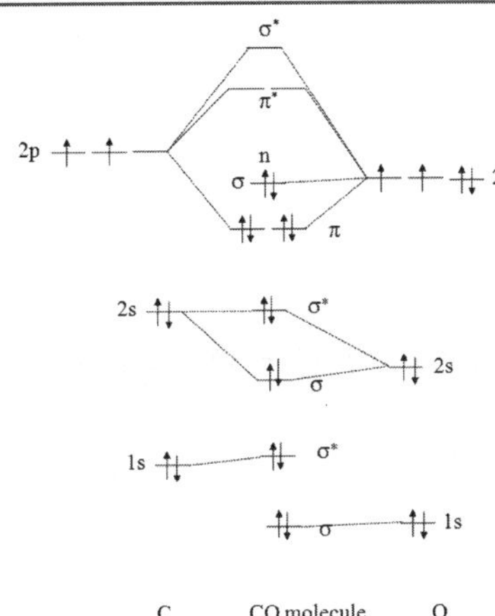

결합차수는 2이다. 그림에서 볼 수 있듯이 비결합 MO의 준위 (σ)의 에너지가 산소의 p 오비털의 에너지준위보다 약간 낮게 위치하고 있다. 이와 같은 MO 에너지준위도로는 결합차수를 정확하게 예측할 수 없다. 특히 결합차수와 결합에너지는 정확하게 비례하지 않음을 유의하시오. Lewis 구조로 나타낸 결합차수로 결합의 정확한 에너지를 추정할 수 없다.

(11-11) DFT로 계산된 CH_4의 전자배치는 아래와 같다. $(1a_1)^2(2a_1)^2(t_2)^6$. 이러한 전자배치는 실험적으로 얻어진 광전자분광학결과와 일치한다.

연습문제그림 (11-2). **Methane 분자의 MO 에너지준위도.**

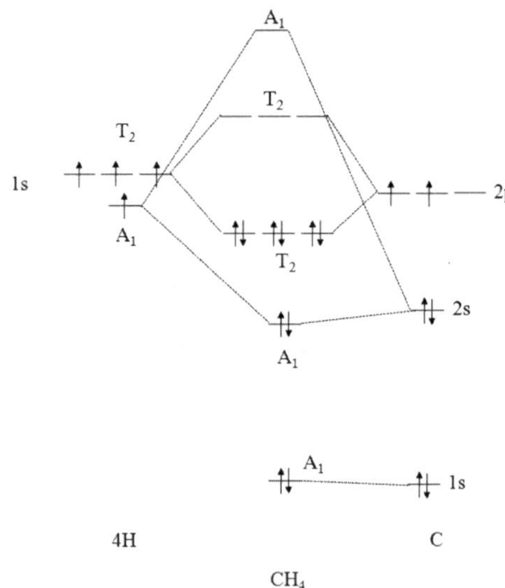

연습문제그림 (11-3). **중심탄소원자의 궤도함수와 수소리간드의 그것과의 대칭성.**

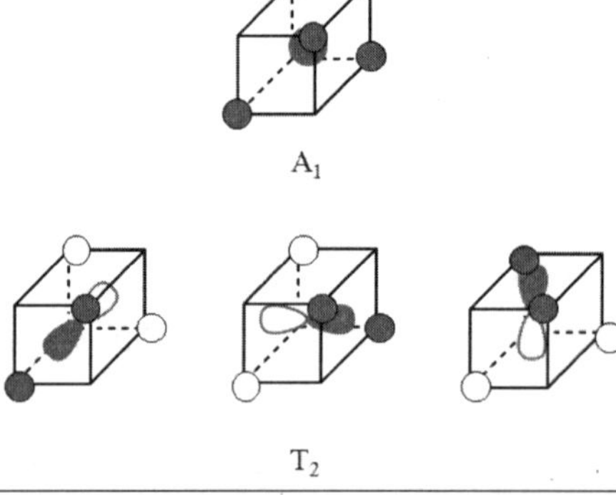

연습문제그림 (11-4). **혼성궤도함수이론을 이용한 methane 분자의 에너지준위도. 광전자분광 스펙트럼의 결과와 상치됨.**

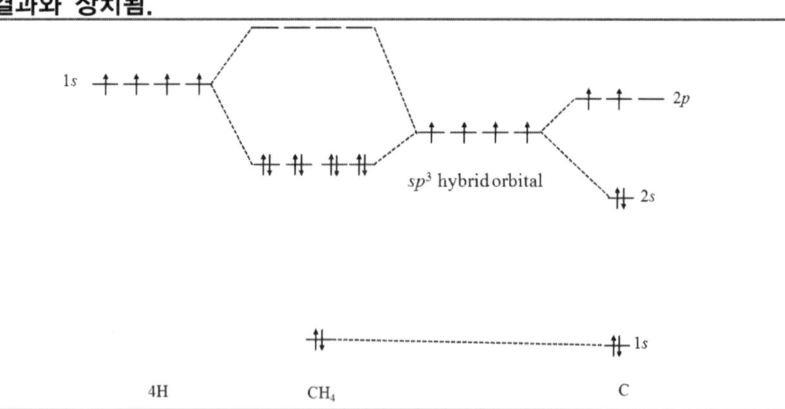

(11-12)

연습문제그림 (11-5). CN^- 이온의 MO 에너지준위도. RHF/6-31G(d) 방법으로 상대적 에너지 준위를 계산하였음.

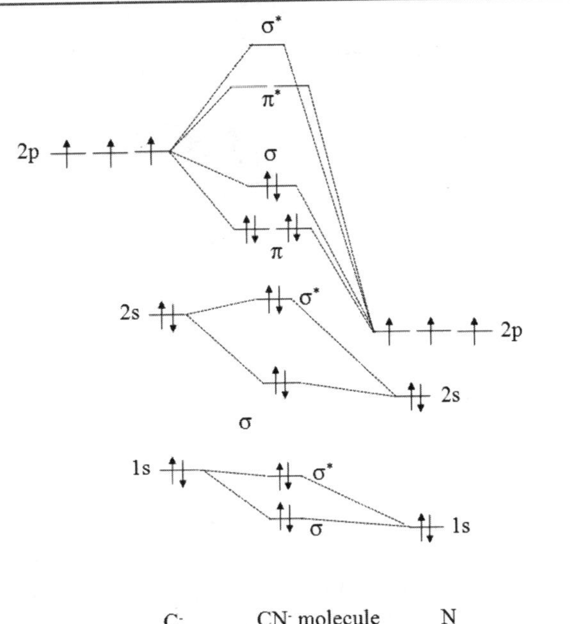

(11-13)

연습문제그림 (11-6). 세 개의 낮은 에너지상태를 갖는 C_2 분자의 전자배치, 분자항기호 및 상대적 에너지.

C_2 분자의 전자배치, 분자항부호 및 상대적 에너지

(1) 에너지가 제일 낮은 상태

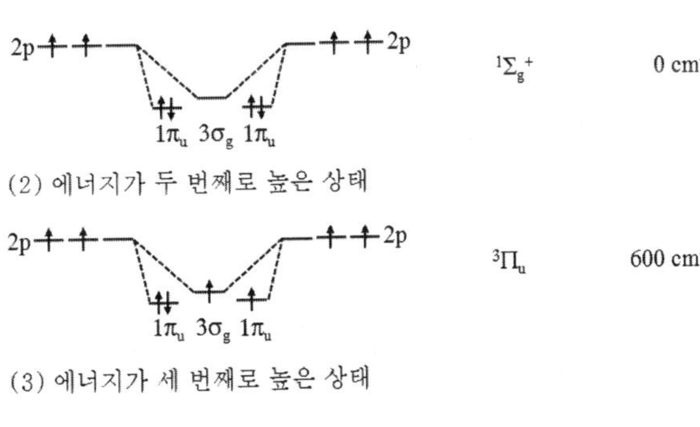

(3) 에너지가 세 번째로 높은 상태

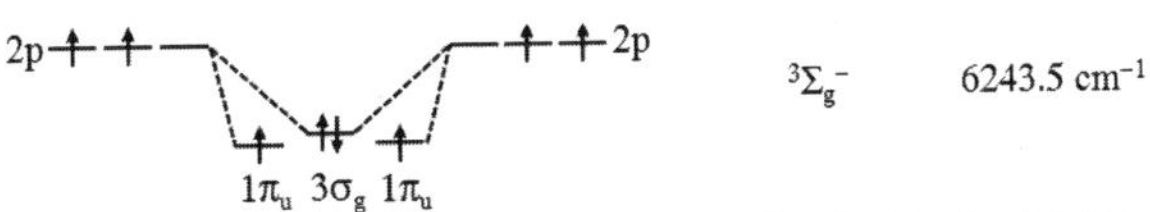

(11-14)

연습문제그림 (11-7). **가장 낮은 에너지상태를 갖는 B_2 분자의 전자배치 및 분자항기호.**

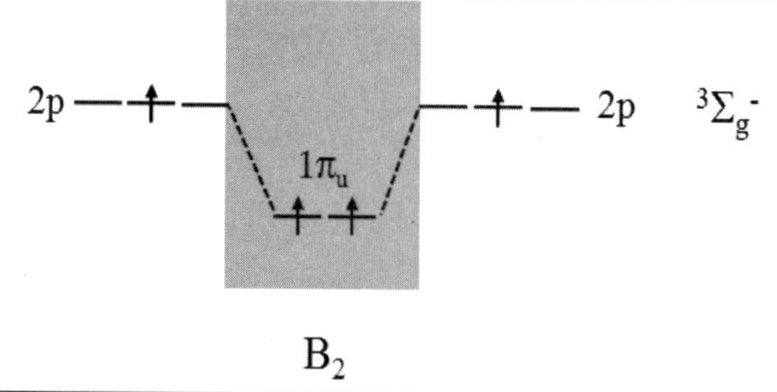

12장

분자대칭론

1. 물체의 대칭요소

암모니아 분자는 주축 (principal axis)을 중심으로 120^{0} 회전했을 때 처음 모습과 같은 구조가 재생된다. 이러한 경우 이 분자는 C_3 회전요소를 갖는다고 한다. C_n에서 n의 의미는 $\frac{360^{0}}{n}$ 으로 회전한다는 뜻이다. 대칭요소에 의해 물체에 작용하는 조작 (operation)을 대칭조작 (symmetry operation)이라고 하며 $\widehat{C}_n$으로 표현한다. Ammonia 분자는 C_3, C_3^2 의 회전대칭요소 (rotational symmetry element)들과 $\sigma_v, \sigma_v', \sigma_v''$의 반사대칭요소 (reflection symmetry element)들을 갖고 있다. 그 대칭요소들을 그림 (12-1-1)에 나타내었다.

그림 (12-1-1). Ammonia 분자의 대칭요소들.

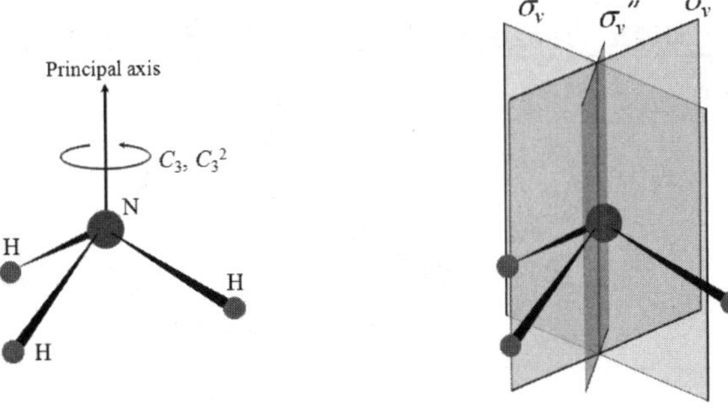

Benzene 분자는 두 개 (위와 아래)의 C_6 회전축과 3개의 $C_2'(\perp C_6)$ 회전축 그리고 3개

의 $C_2''(\perp C_6)$ 회전축을 포함하고 있다. **이러한 경우 가장 큰 수를 포함하는 C_6 회전축을 주 축 (principal axis)이라 한다.** 이 분자는 대칭중심을 갖고 있다. 이러한 분자를 점대칭분자 (centrosymmetric molecule)라 한다. 점대칭조작을 $\hat{i}$라 하면 그 대칭성질은 다음과 같다.

$$\hat{i}(x, y, z) = (-x, -y, -z) = (x, y, z) \tag{12-1-1}$$

또한 이 분자는 주축에 수직한 σ 평면 (σ plane)을 갖고 있다. 이 평면을 σ_h라고 한다. 여기서 h는 수평 (horizontal)을 나타낸다. C_2와 수평거울면 σ_h가 있으면 i 대칭요소가 있음을 유의하시오.

그림 (12-1-2). **Benzene 분자는 다양한 대칭요소를 갖고 있음.**

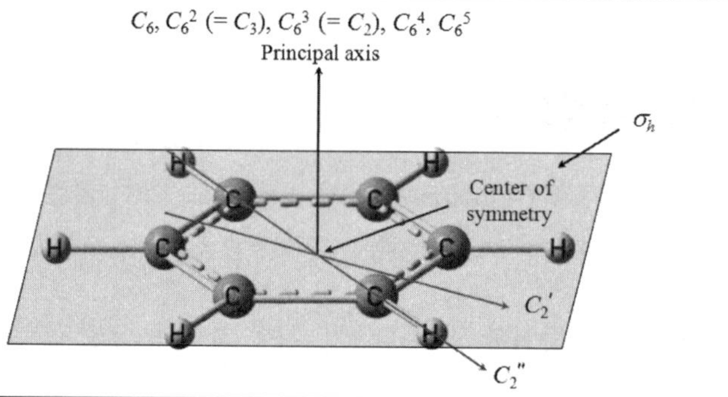

이 분자는 σ_v, σ_d 대칭면을 갖고 있다. v는 **수직** (vertical)을 **나타내고** d는 **이면각** (dihedral angle)을 **나타낸다.** 그림 (12-1-2)에서 σ_v 는 C_2''를 포함하며 σ_h 에 수직인 면을 나타낸다. σ_d는 C_2'를 포함하며 σ_h 에 수직인 면을 나타낸다.

그림 (12-1-3). **이외에도 benzene 분자는 다양한 대칭요소를 갖고 있음.**

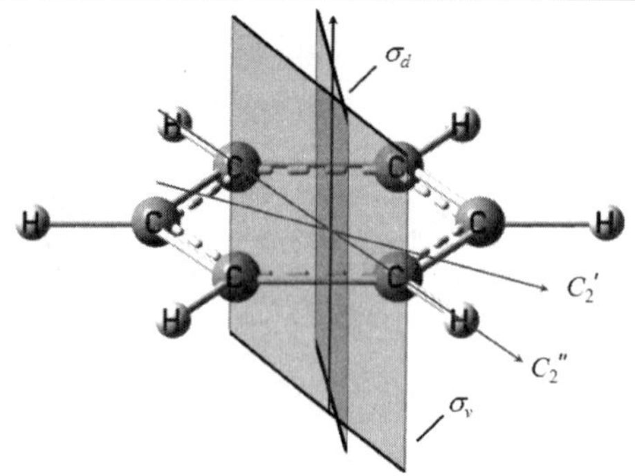

다음은 단순회전축 (proper axis)과 회전반사축 (improper axis)에 대해 알아본다. Methane 분자는 C_2와 C_3 대칭요소 등을 갖고 있다. 회전반사대칭요소인 S_n의 의미는 무엇인가? 회전반사대칭작용은 아래와 같이 정의한다.

$$\hat{S}_n = \hat{\sigma}_h \hat{C}_n \tag{12-1-2}$$

$$\therefore\ \hat{S}_4 = \hat{\sigma}_h \hat{C}_4 \tag{12-1-3}$$

Methane 분자는 그림 (12-1-4)에서 알 수 있듯이 S_4 대칭요소를 갖고 있다. 이 분자는 S_4와 C_3 대칭요소를 갖고 있는데 이 경우에도 S_4 축을 주축으로 인정한다.

그림 (12-1-4). $\hat{S}_4$ 대칭조작은 $\hat{\sigma}\hat{C}_4$ 와 같음.

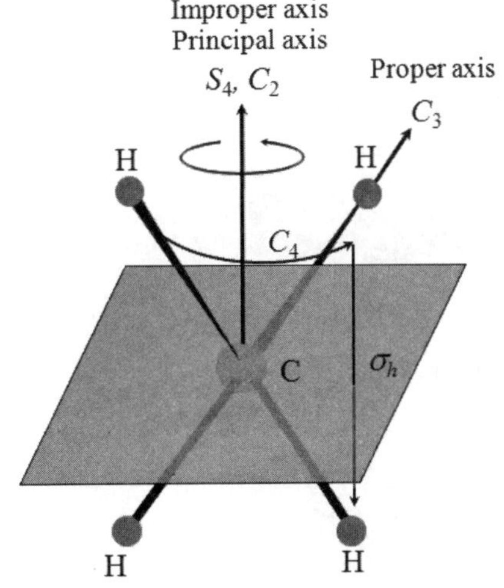

2. 점군

물 분자는 네 가지 대칭요소 E, $C_2, \sigma_v(xz), \sigma_v{}'(yz)$를 갖고 있다. 이 네 개의 대칭요소는 점군 (point group)을 형성한다. **이 대칭요소가 모두 공유하는 것이 있는 데 이것이 점 (point)이다.** 그러므로 이와 같은 군을 점군이라 한다.

(a) 군을 형성하기 위한 네 가지 조건

① $\hat{A}$와 $\hat{B}$가 어떤 군의 요소가 되려면 $\hat{A}\,x\hat{B} = \hat{C}$ 가 이 군의 요소가 되어야 한다.

② $\hat{A}\,x\hat{X} = \hat{X}\,x\hat{A}$ 가 성립하는 $\hat{X}$가 이 군에 한 요소로 있어야 한다.

③ 결합법칙 $(\hat{A}\,\mathrm{x}\hat{B})\,\mathrm{x}\,\hat{C} = \hat{A}\,\mathrm{x}(\hat{B}\,\mathrm{x}\,\hat{C})$이 성립해야 한다.

④ 어떤 요소의 역 (reciprocal)이 이 군에 존재해야 한다. $\hat{A}\,\mathrm{x}\hat{X} = \hat{E}$을 만족하는 $\hat{X}$가 이 군의 한 요소가 되어야 한다. ※ $\hat{A}\,\mathrm{x}\hat{X}$ 의 의미 : 오른쪽부터 작용해야 함. $\hat{X}$ 를 조작한 다음 $\hat{A}$ 를 조작해야 함.

(b) C_{2v} 점군의 대칭요소

C_{2v} 점군에는 $E,\ C_2, \sigma_v(zx), \sigma_v{}'(yz)$ 네 가지 대칭요소가 있다. 이 대칭조작을 그림 (12-2-1)에 나타내었다.

그림 (12-2-1). C_{2v} 점군의 4가지 대칭조작.

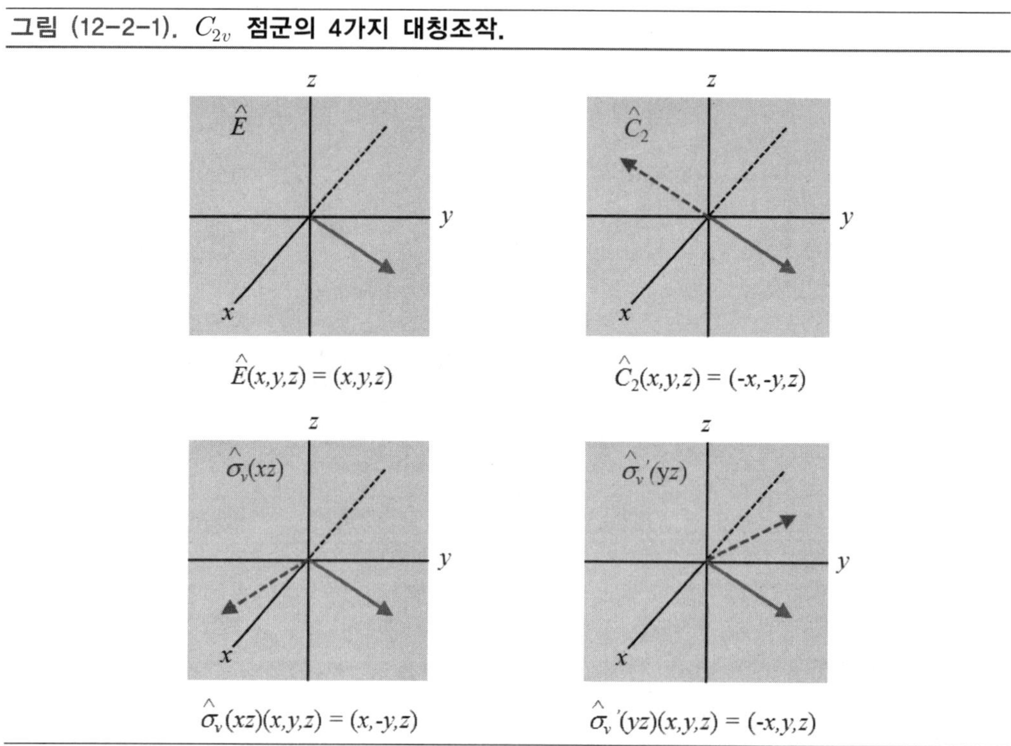

그림 (12-1-2)에 나타낸 benzene 분자는 주축 C_n에 수직한 면에 거울면이 있고 또한 $nC_2(\perp C_6)$가 존재한다. 따라서 이 분자는 D_{nh} 점군에 속한다. 다음은 D_{nd} 점군 중에서 제일 간단한 D_{2d} 점군에 속하는 분자를 고찰해본다. Allene (C_3H_4) 분자가 D_{2d}에 점군에 속하는 간단한 분자이다. 이 분자에 속하는 대칭요소는 $E,\ 2S_4,\ C_2, 2C_2{}', 2\sigma_d$이다. σ_d는 $C_2{}'$축과 또 하나의 $C_2{}'$ 축이 이루는 각을 반으로 나누면서 C_2축을 포함하는 거울면이다. D_{3d}에 속하는 분자 중에 dodecamethylcyclohexasilane $(SiMe_2)_6$ 분자가 있다. 그림 (12-2-3)에 수소원자를 생략한 이 분자의 모델을 나타내었다.

그림 (12-2-2). Allene의 분자모델과 그 분자가 갖는 대칭요소들.

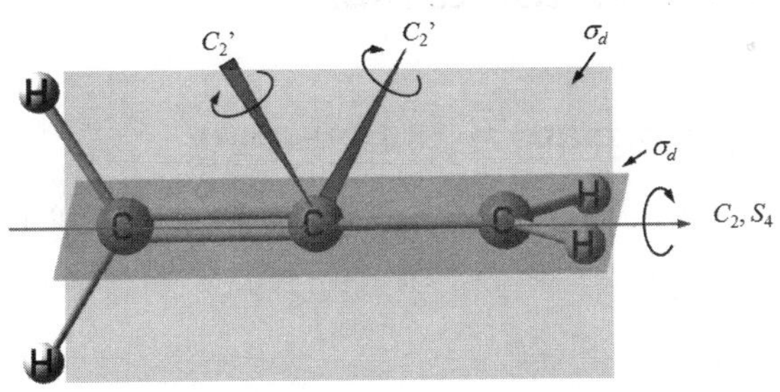

그림 (12-2-3). Dodecamethylcyclohexasilane $(SiMe_2)_6$의 분자모델과 그 분자에 할당된 대칭요소들. 이 분자모델에서 수소원자를 나타내지 않았음.

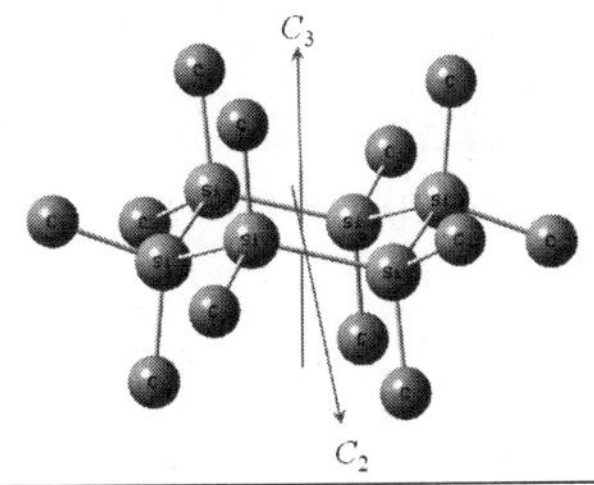

S_4 점군을 갖는 분자 중에 tetraphenylmethane $\{C(Ph)_4\}$이 있다. 이 분자에서 페닐고리(phenyl ring)의 π 전자의 반발로 인하여 phenyl 고리들의 입체구조가 마주보는 형에서 약간 뒤틀린 구조로 바뀐다. 이 분자는 E와 S_4 대칭요소만을 갖고 있다.

그림 (12-2-4). DFT로 예측한 tetraphenylmethane $(C(C_6H_5)_4)$의 분자모델과 그 분자에 할당된 대칭요소.

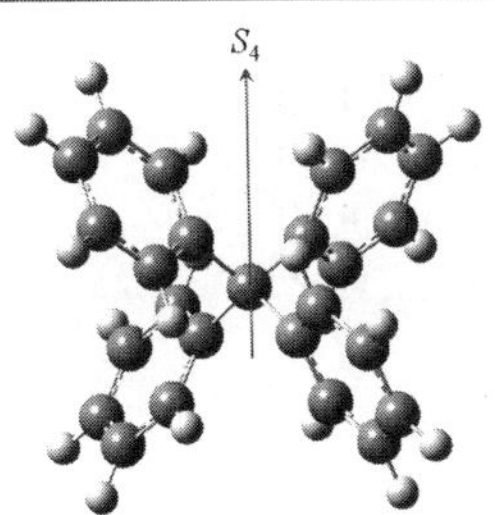

어떤 물질의 점군을 체계적으로 알아내는 흐름 도표를 그림 (12-2-5)에 나타내었다. I_h는 정이십면체 (icosahedron)가 갖는 점군으로 C_5를 포함하고 있으며 각 면은 정삼각형이다.

3. 지표표 (character table)

(a) 가약표현을 기약표현으로 변환하는 방법

유니타리변환 (unitary transformation) 을 통해서 **가약표현** (reducible representation)을 **기약표현으로 바꾸는 길고 긴 과정**을 설명하고자한다. 아래에 나타낸 바와 같이 대칭요소를 행렬로 표현할 수 있다.

$$\hat{E}\begin{pmatrix} x \\ y \\ z \end{pmatrix} = \begin{pmatrix} x \\ y \\ z \end{pmatrix} = \begin{pmatrix} 1 & 0 & 0 \\ 0 & 1 & 0 \\ 0 & 0 & 1 \end{pmatrix}\begin{pmatrix} x \\ y \\ z \end{pmatrix}, \qquad \widehat{C_2}\begin{pmatrix} x \\ y \\ z \end{pmatrix} = \begin{pmatrix} -x \\ -y \\ z \end{pmatrix} = \begin{pmatrix} -1 & 0 & 0 \\ 0 & -1 & 0 \\ 0 & 0 & 1 \end{pmatrix}\begin{pmatrix} x \\ y \\ z \end{pmatrix},$$

$$\sigma_v\widehat{(xz)}\begin{pmatrix} x \\ y \\ z \end{pmatrix} = \begin{pmatrix} x \\ -y \\ z \end{pmatrix} = \begin{pmatrix} 1 & 0 & 0 \\ 0 & -1 & 0 \\ 0 & 0 & 1 \end{pmatrix}\begin{pmatrix} x \\ y \\ z \end{pmatrix},$$

$$\sigma_v'\widehat{(yz)}\begin{pmatrix} x \\ y \\ z \end{pmatrix} = \begin{pmatrix} -x \\ y \\ z \end{pmatrix} = \begin{pmatrix} -1 & 0 & 0 \\ 0 & 1 & 0 \\ 0 & 0 & 1 \end{pmatrix}\begin{pmatrix} -x \\ y \\ z \end{pmatrix}$$

대칭요소와 행렬을 1 : 1 대응시킬 수 있다.

$$\hat{E} \leftrightarrow \begin{pmatrix} 1 & 0 & 0 \\ 0 & 1 & 0 \\ 0 & 0 & 1 \end{pmatrix} \quad \widehat{C_2} \leftrightarrow \begin{pmatrix} -1 & 0 & 0 \\ 0 & -1 & 0 \\ 0 & 0 & 1 \end{pmatrix} \quad \widehat{\sigma_v} \leftrightarrow \begin{pmatrix} 1 & 0 & 0 \\ 0 & -1 & 0 \\ 0 & 0 & 1 \end{pmatrix} \quad \widehat{\sigma_v}' \leftrightarrow \begin{pmatrix} -1 & 0 & 0 \\ 0 & 1 & 0 \\ 0 & 0 & 1 \end{pmatrix}$$

네 가지 대칭요소에 대해 전혀 바뀌지 않는 좌표는 z이다. 따라서 z는 C_{2v} 점군의 A_1 기약표현에 속한다. 어떤 행렬 A를 다음과 같은 유니타리변환법을 사용하여 대각화 (diagonalization) 할 수 있다.

$$U^{-1}AU = \begin{pmatrix} \lambda_1 & 0 & 0 & 0 & 0 & 0 & 0 \\ 0 & \lambda_2 & 0 & 0 & 0 & 0 & 0 \\ 0 & 0 & \lambda_3 & 0 & 0 & 0 & 0 \\ 0 & 0 & 0 & \cdot & 0 & 0 & 0 \\ 0 & 0 & 0 & 0 & \cdot & 0 & 0 \\ 0 & 0 & 0 & 0 & 0 & \cdot & 0 \\ 0 & 0 & 0 & 0 & 0 & 0 & \lambda_n \end{pmatrix} \tag{12-3-1}$$

여기서 U는 유니타리행렬이다. 식 (12-3-1)의 양변 왼쪽에 U를 곱하면 그림 (12-2-5). **분자의 점군을 결정하기 위한 흐름도표 (flow diagram).**

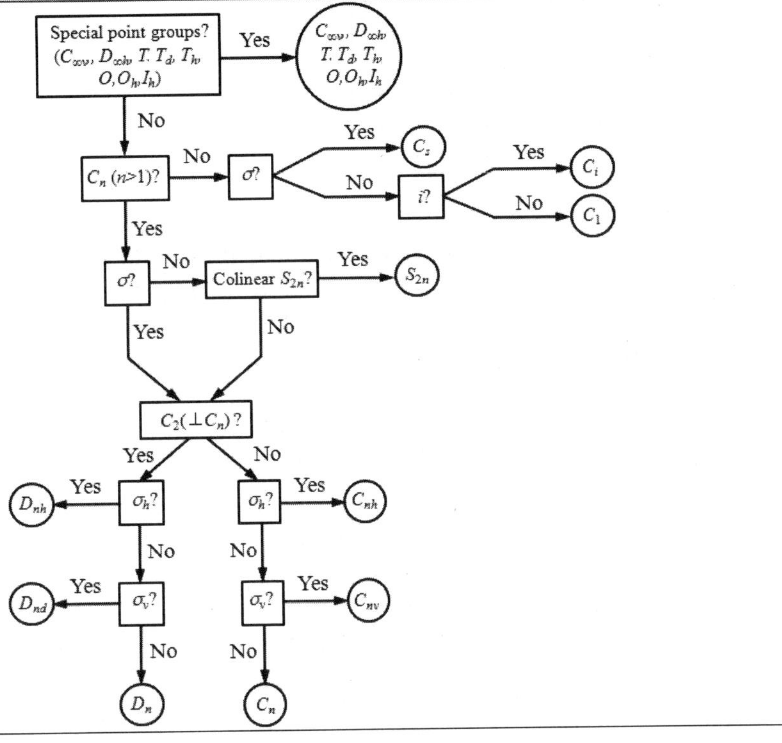

$$UU^{-1}AU = U\begin{pmatrix} \lambda_1 & 0 & 0 & 0 & 0 & 0 & 0 \\ 0 & \lambda_2 & 0 & 0 & 0 & 0 & 0 \\ 0 & 0 & \lambda_3 & 0 & 0 & 0 & 0 \\ 0 & 0 & 0 & \cdot & 0 & 0 & 0 \\ 0 & 0 & 0 & 0 & \cdot & 0 & 0 \\ 0 & 0 & 0 & 0 & 0 & \cdot & 0 \\ 0 & 0 & 0 & 0 & 0 & 0 & \lambda_n \end{pmatrix} \qquad (12\text{–}3\text{–}2)$$

식 (12-3-2)는 아래와 같이 간략하게 할 수 있다.

$$AU = U\begin{pmatrix} \lambda_1 & 0 & 0 & 0 & 0 & 0 & 0 \\ 0 & \lambda_2 & 0 & 0 & 0 & 0 & 0 \\ 0 & 0 & \lambda_3 & 0 & 0 & 0 & 0 \\ 0 & 0 & 0 & \cdot & 0 & 0 & 0 \\ 0 & 0 & 0 & 0 & \cdot & 0 & 0 \\ 0 & 0 & 0 & 0 & 0 & \cdot & 0 \\ 0 & 0 & 0 & 0 & 0 & 0 & \lambda_n \end{pmatrix} \qquad (12\text{–}3\text{–}3)$$

유니타리 행렬 $\boldsymbol{U}$를 다음과 같이 표시하면

$$
\boldsymbol{U} \equiv \begin{pmatrix} x_{11} & x_{12} & \bullet & \bullet & \bullet & \bullet & x_{1n} \\ x_{21} & x_{22} & \bullet & \bullet & \bullet & \bullet & x_{2n} \\ x_{31} & x_{32} & \bullet & \bullet & \bullet & \bullet & \bullet \\ \bullet & \bullet & \bullet & \bullet & \bullet & \bullet & \bullet \\ \bullet & \bullet & \bullet & \bullet & \bullet & \bullet & \bullet \\ \bullet & \bullet & \bullet & \bullet & \bullet & \bullet & \bullet \\ x_{n1} & x_{n2} & \bullet & \bullet & \bullet & \bullet & x_{nn} \end{pmatrix} \qquad (12\text{–}3\text{–}4)
$$

$$
\therefore \ \boldsymbol{AU} = \begin{pmatrix} x_{11} & x_{12} & \bullet & \bullet & \bullet & \bullet & x_{1n} \\ x_{21} & x_{22} & \bullet & \bullet & \bullet & \bullet & x_{2n} \\ x_{31} & x_{32} & \bullet & \bullet & \bullet & \bullet & x_{3n} \\ \bullet & \bullet & \bullet & \bullet & \bullet & \bullet & \bullet \\ \bullet & \bullet & \bullet & \bullet & \bullet & \bullet & \bullet \\ \bullet & \bullet & \bullet & \bullet & \bullet & \bullet & \bullet \\ x_{n1} & x_{n2} & \bullet & \bullet & \bullet & \bullet & x_{nn} \end{pmatrix} \begin{pmatrix} \lambda_1 & 0 & 0 & 0 & 0 & 0 & 0 \\ 0 & \lambda_2 & 0 & 0 & 0 & 0 & 0 \\ 0 & 0 & \lambda_3 & 0 & 0 & 0 & 0 \\ 0 & 0 & 0 & \bullet & 0 & 0 & 0 \\ 0 & 0 & 0 & 0 & \bullet & 0 & 0 \\ 0 & 0 & 0 & 0 & 0 & \bullet & 0 \\ 0 & 0 & 0 & 0 & 0 & 0 & \lambda_n \end{pmatrix}
$$

$$
= \begin{pmatrix} \lambda_1 x_{11} & \lambda_2 x_{12} & \bullet & \bullet & \bullet & \bullet & \lambda_n x_{1n} \\ \lambda_1 x_{21} & \lambda_2 x_{22} & \bullet & \bullet & \bullet & \bullet & \lambda_n x_{2n} \\ \lambda_1 x_{31} & \lambda_2 x_{32} & \bullet & \bullet & \bullet & \bullet & \lambda_n x_{3n} \\ \bullet & \bullet & \bullet & \bullet & \bullet & \bullet & \bullet \\ \bullet & \bullet & \bullet & \bullet & \bullet & \bullet & \bullet \\ \bullet & \bullet & \bullet & \bullet & \bullet & \bullet & \bullet \\ \lambda_1 x_{n1} & \lambda_2 x_{n2} & \bullet & \bullet & \bullet & \bullet & \lambda_n x_{nn} \end{pmatrix} \qquad (12\text{–}3\text{–}5)
$$

식 (12-3-5)를 다음과 같은 행렬로 표현할 수 있다.

$$
\begin{pmatrix} a_{11} & a_{12} & \bullet & \bullet & \bullet & \bullet & a_{1n} \\ a_{21} & a_{22} & \bullet & \bullet & \bullet & \bullet & a_{2n} \\ a_{31} & a_{32} & \bullet & \bullet & \bullet & \bullet & a_{3n} \\ \bullet & \bullet & \bullet & \bullet & \bullet & \bullet & \bullet \\ \bullet & \bullet & \bullet & \bullet & \bullet & \bullet & \bullet \\ \bullet & \bullet & \bullet & \bullet & \bullet & \bullet & \bullet \\ a_{n1} & a_{n2} & \bullet & \bullet & \bullet & \bullet & a_{nn} \end{pmatrix} \begin{pmatrix} x_{11} & x_{12} & \bullet & \bullet & \bullet & \bullet & x_{1n} \\ x_{21} & x_{22} & \bullet & \bullet & \bullet & \bullet & x_{2n} \\ x_{31} & x_{32} & \bullet & \bullet & \bullet & \bullet & x_{3n} \\ \bullet & \bullet & \bullet & \bullet & \bullet & \bullet & \bullet \\ \bullet & \bullet & \bullet & \bullet & \bullet & \bullet & \bullet \\ \bullet & \bullet & \bullet & \bullet & \bullet & \bullet & \bullet \\ x_{n1} & x_{n2} & \bullet & \bullet & \bullet & \bullet & x_{nn} \end{pmatrix}
$$

$$
= \begin{pmatrix} \lambda_1 x_{11} & \lambda_2 x_{12} & \bullet & \bullet & \bullet & \bullet & \lambda_n x_{1n} \\ \lambda_1 x_{21} & \lambda_2 x_{22} & \bullet & \bullet & \bullet & \bullet & \lambda_n x_{2n} \\ \lambda_1 x_{31} & \lambda_2 x_{32} & \bullet & \bullet & \bullet & \bullet & \lambda_n x_{3n} \\ \bullet & \bullet & \bullet & \bullet & \bullet & \bullet & \bullet \\ \bullet & \bullet & \bullet & \bullet & \bullet & \bullet & \bullet \\ \bullet & \bullet & \bullet & \bullet & \bullet & \bullet & \bullet \\ \lambda_1 x_{n1} & \lambda_2 x_{n2} & \bullet & \bullet & \bullet & \bullet & \lambda_n x_{nn} \end{pmatrix} \qquad (12\text{–}3\text{–}6)
$$

식 (11-3-6)은 다음과 같은 n 개의 방정식으로 분리해서 표현할 수 있다.

$$\boldsymbol{A}\begin{bmatrix} x_{11} \\ x_{21} \\ x_{31} \\ \bullet \\ \bullet \\ \bullet \\ x_{n1} \end{bmatrix} = \lambda_1 \begin{bmatrix} x_{11} \\ x_{21} \\ x_{31} \\ \bullet \\ \bullet \\ \bullet \\ x_{n1} \end{bmatrix} \tag{12-3-7}$$

$$\boldsymbol{A}\begin{bmatrix} x_{12} \\ x_{22} \\ x_{32} \\ \bullet \\ \bullet \\ \bullet \\ x_{n2} \end{bmatrix} = \lambda_2 \begin{bmatrix} x_{12} \\ x_{22} \\ x_{32} \\ \bullet \\ \bullet \\ \bullet \\ x_{n2} \end{bmatrix} \tag{12-3-8}$$

$$\boldsymbol{A}\begin{bmatrix} x_{1n} \\ x_{2n} \\ x_{3n} \\ \bullet \\ \bullet \\ \bullet \\ x_{nn} \end{bmatrix} = \lambda_n \begin{bmatrix} x_{1n} \\ x_{2n} \\ x_{3n} \\ \bullet \\ \bullet \\ \bullet \\ x_{nn} \end{bmatrix} \tag{12-3-9}$$

식 (12-3-7), (12-3-8), (12-3-9)에서 $\lambda_1, \lambda_2, \bullet\bullet\bullet, \lambda_n$ 은 고유값 (eigenvalue)이고

$\begin{bmatrix} x_{11} \\ x_{21} \\ x_{31} \\ \bullet \\ \bullet \\ \bullet \\ x_{n1} \end{bmatrix}, \begin{bmatrix} x_{12} \\ x_{22} \\ x_{32} \\ \bullet \\ \bullet \\ \bullet \\ x_{n2} \end{bmatrix}, \bullet\bullet\bullet, \begin{bmatrix} x_{1n} \\ x_{2n} \\ x_{3n} \\ \bullet \\ \bullet \\ \bullet \\ x_{nn} \end{bmatrix}$ 는 열로 나타낸 고유벡터 (eigenvector)이다.

식 (12-3-7) 등은 다음과 같이 변형할 수 있다.

$$\begin{pmatrix} a_{11}-\lambda_1 & a_{12} & \bullet\bullet\bullet\bullet\bullet & a_{1n} \\ a_{21} & a_{22}-\lambda_2 & \bullet\bullet\bullet\bullet\bullet & a_{2n} \\ a_{31} & a_{32} & \bullet\bullet\bullet\bullet\bullet & a_{3n} \\ \bullet & \bullet & \bullet\bullet\bullet\bullet\bullet & \bullet \\ \bullet & \bullet & \bullet\bullet\bullet\bullet\bullet & \bullet \\ \bullet & \bullet & \bullet\bullet\bullet\bullet\bullet & \bullet \\ a_{n1} & a_{n2} & \bullet\bullet\bullet\bullet\bullet & a_{nn}-\lambda_n \end{pmatrix} \begin{pmatrix} x_{11} \\ x_{21} \\ x_{31} \\ \bullet \\ \bullet \\ \bullet \\ x_{n1} \end{pmatrix} = \begin{pmatrix} 0 \\ 0 \\ 0 \\ \bullet \\ \bullet \\ \bullet \\ 0 \end{pmatrix} \tag{12-3-10}$$

식 (12-3-10)을 만족하는 열행렬 (column matrix) $\begin{pmatrix} x_{11} \\ x_{21} \\ x_{31} \\ \bullet \\ \bullet \\ \bullet \\ x_{n1} \end{pmatrix}$을 구한다.

식 (12-3-10)에서 우변이 영행렬이므로 식 (12-3-10) 방정식의 영이 아닌 해를 갖기 위해서는 좌변 왼쪽 행렬의 행렬식이 0이어야 한다.

$$\begin{vmatrix} a_{11}-\lambda_1 & a_{12} & \bullet\bullet\bullet\bullet\bullet & a_{1n} \\ a_{21} & a_{22}-\lambda_2 & \bullet\bullet\bullet\bullet\bullet & a_{2n} \\ a_{31} & a_{32} & \bullet\bullet\bullet\bullet\bullet & a_{3n} \\ \bullet & \bullet & \bullet\bullet\bullet\bullet\bullet & \bullet \\ \bullet & \bullet & \bullet\bullet\bullet\bullet\bullet & \bullet \\ \bullet & \bullet & \bullet\bullet\bullet\bullet\bullet & \bullet \\ a_{n1} & a_{n2} & \bullet\bullet\bullet\bullet\bullet & a_{nn}-\lambda_n \end{vmatrix} = 0 \qquad (12\text{–}3\text{–}11)$$

식 (12-3-11)을 풀면 n 개의 λ 근이 나오는데 그 근이 대각선 행렬의 요소가 된다. 식 (12-3-11)을 간단한 식으로 나타내면

$$|\boldsymbol{A}-\lambda\boldsymbol{E}| = 0 \qquad (12\text{–}3\text{–}12)$$

여기서 $\boldsymbol{A}$는 식 (12-3-6)에 나타낸 행렬이고, $\boldsymbol{\lambda}$는 대각선행렬이고, $\boldsymbol{E}$는 단위행렬 (unit matrix)이다. 식 (12-3-11) 또는 (12-3-12)를 만족하는 가장 간단한 직교규격화된 (orthonormal) n 개의 열행렬을 구한다. 이 n개의 열행렬로 이루어진 행렬이 유니타리행렬이다. 이와 같은 행렬의 성질을 이용하여 다음에서 얻어진 가약표현을 대각화한다.

(b) 가약 및 기약표현을 이용한 분자의 운동모드의 결정법

한 예로 C_{2v}에 속하는 formaldehyde (H_2CO) 분자의 운동모드를 구해보자.

그림 (12-3-1). Formaldehyde를 구성하는 원자의 운동좌표. 12 개의 운동좌표가 존재함.

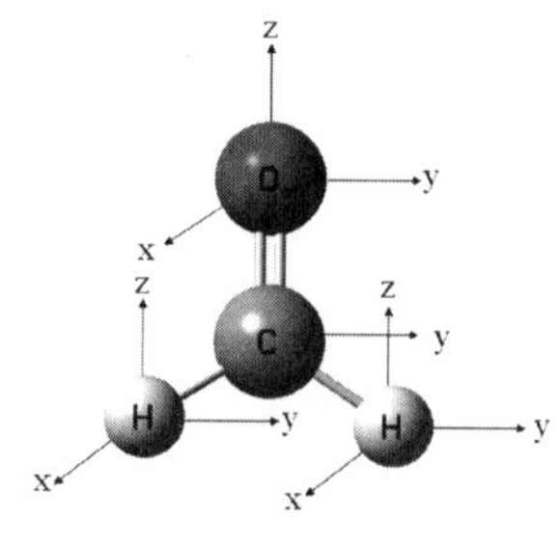

Formaldehyde의 가약표현을 고찰해보자. Formaldehyde 분자는 C_{2v} 점군에 속하며 $\widehat{E}, \widehat{C_2}, \widehat{\sigma_v}(zx), \widehat{\sigma_v}(yz)$ 4개의 대칭조작을 갖는다.

$$\widehat{E}\begin{pmatrix} x_{\mathrm{O}} \\ y_{\mathrm{O}} \\ z_{\mathrm{O}} \\ x_{\mathrm{C}} \\ y_{\mathrm{C}} \\ z_{\mathrm{C}} \\ x_{\mathrm{H_1}} \\ y_{\mathrm{H_1}} \\ z_{\mathrm{H_1}} \\ x_{\mathrm{H_2}} \\ y_{\mathrm{H_2}} \\ z_{\mathrm{H_2}} \end{pmatrix} = \begin{pmatrix} x_{\mathrm{O}} \\ y_{\mathrm{O}} \\ z_{\mathrm{O}} \\ x_{\mathrm{C}} \\ y_{\mathrm{C}} \\ z_{\mathrm{C}} \\ x_{\mathrm{H_1}} \\ y_{\mathrm{H_1}} \\ z_{\mathrm{H_1}} \\ x_{\mathrm{H_2}} \\ y_{\mathrm{H_2}} \\ z_{\mathrm{H_2}} \end{pmatrix} = \begin{pmatrix} 1 &&&&&&&&&&& \\ & 1 &&&&&&&&&& \\ && 1 &&&&&&&&& \\ &&& 1 &&&& 0 &&&& \\ &&&& 1 &&&&&&& \\ &&&&& 1 &&&&&& \\ &&&&&& 1 &&&&& \\ &&&&&&& 1 &&&& \\ &&& 0 &&&&& 1 &&& \\ &&&&&&&&& 1 && \\ &&&&&&&&&& 1 & \\ &&&&&&&&&&& 1 \end{pmatrix} \begin{pmatrix} x_{\mathrm{O}} \\ y_{\mathrm{O}} \\ z_{\mathrm{O}} \\ x_{\mathrm{C}} \\ y_{\mathrm{C}} \\ z_{\mathrm{C}} \\ x_{\mathrm{H_1}} \\ y_{\mathrm{H_1}} \\ z_{\mathrm{H_1}} \\ x_{\mathrm{H_2}} \\ y_{\mathrm{H_2}} \\ z_{\mathrm{H_2}} \end{pmatrix} \qquad (12\text{–}3\text{–}13)$$

여기서 $\Gamma_{\boldsymbol{R}}(\widehat{E})$는 단위행렬을 나타내는 기약표현이다.

$$\Gamma_{\boldsymbol{R}}(E) = \begin{pmatrix} 1 &&&&&&&&&&& \\ & 1 &&&&&&&&&& \\ && 1 &&&&&&&&& \\ &&& 1 &&&& 0 &&&& \\ &&&& 1 &&&&&&& \\ &&&&& 1 &&&&&& \\ &&&&&& 1 &&&&& \\ &&&&&&& 1 &&&& \\ &&& 0 &&&&& 1 &&& \\ &&&&&&&&& 1 && \\ &&&&&&&&&& 1 & \\ &&&&&&&&&&& 1 \end{pmatrix} \qquad (12\text{–}3\text{–}14)$$

식 (12-3-14)의 행렬의 지표 X는 12이다.

$$\widehat{C_2}\begin{pmatrix} x_O \\ y_O \\ z_O \\ x_C \\ y_C \\ z_C \\ x_{H_1} \\ y_{H_1} \\ z_{H_1} \\ x_{H_2} \\ y_{H_2} \\ z_{H_2} \end{pmatrix} = \begin{pmatrix} -x_O \\ -y_O \\ z_O \\ -x_C \\ -y_C \\ z_C \\ -x_{H_2} \\ y_{H_2} \\ z_{H_2} \\ -x_{H_1} \\ -y_{H_1} \\ z_{H_1} \end{pmatrix} = \begin{pmatrix} -1 & & & & & & & & & & & \\ & -1 & & & & & & & & & & \\ & & 1 & & & & & & 0 & & & \\ & & & -1 & & & & & & & & \\ & & & & -1 & & & & & & & \\ & & & & & 1 & & & & & & \\ & & & & & & 0 & 0 & 0 & 1 & 0 & 0 \\ & & & & & & 0 & 0 & 0 & 0 & -1 & 0 \\ & & & & & & 0 & 0 & 0 & 0 & 0 & 1 \\ & & 0 & & & & 1 & 0 & 0 & 0 & 0 & 0 \\ & & & & & & 0 & -1 & 0 & 0 & 0 & 0 \\ & & & & & & 0 & 0 & 1 & 0 & 0 & 0 \end{pmatrix} \begin{pmatrix} x_O \\ y_O \\ z_O \\ x_C \\ y_C \\ z_C \\ x_{H_1} \\ y_{H_1} \\ z_{H_1} \\ x_{H_2} \\ y_{H_2} \\ z_{H_2} \end{pmatrix} \tag{12-3-15}$$

$$\boldsymbol{\Gamma_R}(\widehat{C_2}) = \begin{pmatrix} -1 & & & & & & & & & & & \\ & -1 & & & & & & & & & & \\ & & 1 & & & & & & 0 & & & \\ & & & -1 & & & & & & & & \\ & & & & -1 & & & & & & & \\ & & & & & 1 & & & & & & \\ & & & & & & 0 & 0 & 0 & 1 & 0 & 0 \\ & & & & & & 0 & 0 & 0 & 0 & -1 & 0 \\ & & & & & & 0 & 0 & 0 & 0 & 0 & 1 \\ & & 0 & & & & 1 & 0 & 0 & 0 & 0 & 0 \\ & & & & & & 0 & -1 & 0 & 0 & 0 & 0 \\ & & & & & & 0 & 0 & 1 & 0 & 0 & 0 \end{pmatrix} \tag{12-3-16}$$

단, $X = -2$.

$$\widehat{\sigma_v(zx)}\begin{pmatrix} x_O \\ y_O \\ z_O \\ x_C \\ y_C \\ z_C \\ x_{H_1} \\ y_{H_1} \\ z_{H_1} \\ x_{H_2} \\ y_{H_2} \\ z_{H_2} \end{pmatrix} = \begin{pmatrix} x_O \\ -y_O \\ z_O \\ x_C \\ -y_C \\ z_C \\ x_{H_2} \\ -y_{H_2} \\ z_{H_2} \\ x_{H_1} \\ -y_{H1} \\ z_{H_1} \end{pmatrix} = \begin{pmatrix} 1 & & & & & & & & & & & \\ & -1 & & & & & & & & & & \\ & & 1 & & & & & & & & & \\ & & & 1 & & & & & 0 & & & \\ & & & & -1 & & & & & & & \\ & & & & & 1 & & & & & & \\ & & & & & & 0 & 0 & 0 & 1 & 0 & 0 \\ & & & & & & 0 & 0 & 0 & 0 & -1 & 0 \\ & & & 0 & & & 0 & 0 & 0 & 0 & 0 & 1 \\ & & & & & & 1 & 0 & 0 & 0 & 0 & 0 \\ & & & & & & 0 & -1 & 0 & 0 & 0 & 0 \\ & & & & & & 0 & 0 & 1 & 0 & 0 & 0 \end{pmatrix} \begin{pmatrix} x_O \\ y_O \\ z_O \\ x_C \\ y_C \\ z_C \\ x_{H_1} \\ y_{H_1} \\ z_{H_1} \\ x_{H_2} \\ y_{H_2} \\ z_{H_2} \end{pmatrix} \tag{12-3-17}$$

$$\Gamma_R\{\sigma_v(zx)\} = \begin{pmatrix} 1 & 0 & 0 & 0 & 0 & 0 & 0 & 0 & 0 & 0 & 0 & 0 \\ 0 & -1 & 0 & 0 & 0 & 0 & 0 & 0 & 0 & 0 & 0 & 0 \\ 0 & 0 & 1 & 0 & 0 & 0 & 0 & 0 & 0 & 0 & 0 & 0 \\ 0 & 0 & 0 & 1 & 0 & 0 & 0 & 0 & 0 & 0 & 0 & 0 \\ 0 & 0 & 0 & 0 & -1 & 0 & 0 & 0 & 0 & 0 & 0 & 0 \\ 0 & 0 & 0 & 0 & 0 & 1 & 0 & 0 & 0 & 0 & 0 & 0 \\ 0 & 0 & 0 & 0 & 0 & 0 & 0 & 0 & 0 & 1 & 0 & 0 \\ 0 & 0 & 0 & 0 & 0 & 0 & 0 & 0 & 0 & 0 & -1 & 0 \\ 0 & 0 & 0 & 0 & 0 & 0 & 0 & 0 & 0 & 0 & 0 & 1 \\ 0 & 0 & 0 & 0 & 0 & 0 & 1 & 0 & 0 & 0 & 0 & 0 \\ 0 & 0 & 0 & 0 & 0 & 0 & 0 & -1 & 0 & 0 & 0 & 0 \\ 0 & 0 & 0 & 0 & 0 & 0 & 0 & 0 & 1 & 0 & 0 & 0 \end{pmatrix} \qquad (12\text{-}3\text{-}18)$$

여기서 $X = 2$.

$$\widehat{\sigma_v'(yz)} \begin{pmatrix} x_{\mathrm{O}} \\ y_{\mathrm{O}} \\ z_{\mathrm{O}} \\ x_{\mathrm{C}} \\ y_{\mathrm{C}} \\ z_{\mathrm{C}} \\ x_{\mathrm{H_1}} \\ y_{\mathrm{H_1}} \\ z_{\mathrm{H_1}} \\ x_{\mathrm{H_2}} \\ y_{\mathrm{H_2}} \\ z_{\mathrm{H_2}} \end{pmatrix} = \begin{pmatrix} -x_{\mathrm{O}} \\ y_{\mathrm{O}} \\ z_{\mathrm{O}} \\ -x_{\mathrm{C}} \\ y_{\mathrm{C}} \\ z_{\mathrm{C}} \\ -x_{\mathrm{H_1}} \\ y_{\mathrm{H_1}} \\ z_{\mathrm{H_1}} \\ -x_{\mathrm{H_2}} \\ y_{\mathrm{H_2}} \\ z_{\mathrm{H_2}} \end{pmatrix} = \begin{pmatrix} -1 & & & & & & & & & & & \\ & 1 & & & & & & & & & & \\ & & 1 & & & & & & & & & \\ & & & -1 & & & & & 0 & & & \\ & & & & 1 & & & & & & & \\ & & & & & 1 & & & & & & \\ & & & & & & -1 & & & & & \\ & & & & & & & 1 & & & & \\ & & & 0 & & & & & 1 & & & \\ & & & & & & & & & -1 & & \\ & & & & & & & & & & 1 & \\ & & & & & & & & & & & 1 \end{pmatrix} \begin{pmatrix} x_{\mathrm{O}} \\ y_{\mathrm{O}} \\ z_{\mathrm{O}} \\ x_{\mathrm{C}} \\ y_{\mathrm{C}} \\ z_{\mathrm{C}} \\ x_{\mathrm{H_1}} \\ y_{\mathrm{H_1}} \\ z_{\mathrm{H_1}} \\ x_{\mathrm{H_2}} \\ y_{\mathrm{H_2}} \\ z_{\mathrm{H_2}} \end{pmatrix} \qquad (12\text{-}3\text{-}19)$$

$$\Gamma_R\{\widehat{\sigma_v(yz)}\} = \begin{pmatrix} -1 & & & & & & & & & & & \\ & 1 & & & & & & & & & & \\ & & 1 & & & & & & & & & \\ & & & -1 & & & & & 0 & & & \\ & & & & 1 & & & & & & & \\ & & & & & 1 & & & & & & \\ & & & & & & -1 & & & & & \\ & & & & & & & 1 & & & & \\ & & & 0 & & & & & 1 & & & \\ & & & & & & & & & -1 & & \\ & & & & & & & & & & 1 & \\ & & & & & & & & & & & 1 \end{pmatrix} \qquad (12\text{-}3\text{-}20)$$

여기서 $X = 4$이다. 여기서 알 수 있듯이 $\Gamma_R(\widehat{E})$ 및 $\Gamma_R\{\sigma_v'(yz)\}$는 이미 대각화가 되어 있다. 그러나 $\Gamma_R(\widehat{C_2})$ 및 $\Gamma_R\{\widehat{\sigma_v(zx)}\}$는 비대각요소 (off-diagonal element)가 영이 아닌 수가 존재하므로 **유니타리변환을 통해서 가약표현을 대각화해야 한다.** A를 $\Gamma_R(\widehat{C_2})$라고 하자.

행렬 $\boldsymbol{A}$를 유니타리변환을 하면 다음과 블록대각형의 행렬로 감소시킬 수 있다.

$$\boldsymbol{U}^{-1}\boldsymbol{A}\boldsymbol{U}=\begin{pmatrix} \lambda_1 & 0 & 0 & 0 & 0 & 0 & 0 \\ 0 & \lambda_2 & 0 & 0 & 0 & 0 & 0 \\ 0 & 0 & \lambda_3 & 0 & 0 & 0 & 0 \\ 0 & 0 & 0 & \bullet & 0 & 0 & 0 \\ 0 & 0 & 0 & 0 & \bullet & 0 & 0 \\ 0 & 0 & 0 & 0 & 0 & \bullet & 0 \\ 0 & 0 & 0 & 0 & 0 & 0 & \lambda_n \end{pmatrix} \tag{12-3-21}$$

여기서 근 $\lambda_1, \lambda_2, \lambda_3, \bullet\bullet\bullet, \lambda_n$을 구하려면 행렬식으로 구성된 방정식을 풀어야 한다.

$$|\boldsymbol{A}-\lambda\boldsymbol{E}|=0 \tag{12-3-22}$$

$$\begin{vmatrix} -1-\lambda & & & & & & & & & & & \\ & -1-\lambda & & & & & & & & & & \\ & & 1-\lambda & & & & & & & & & \\ & & & -1-\lambda & & & & & 0 & & & \\ & & & & -1-\lambda & & & & & & & \\ & & & & & 1-\lambda & & & & & & \\ & & & & & & -\lambda & 0 & 0 & -1 & 0 & 0 \\ & & & & & & 0 & -\lambda & 0 & 0 & -1 & 0 \\ & & & 0 & & & 0 & 0 & -\lambda & 0 & 0 & 1 \\ & & & & & & -1 & 0 & 0 & -\lambda & 0 & 0 \\ & & & & & & 0 & -1 & 0 & 0 & -\lambda & 0 \\ & & & & & & 0 & 0 & 1 & 0 & 0 & -\lambda \end{vmatrix}= \tag{12-3-23}$$

$$\therefore\ \mathrm{Det}=(-1-\lambda)^4(1-\lambda)^2\left(-\lambda+\frac{1}{\lambda}\right)^3(-\lambda)^3=0$$

7개의 중근 (degenerate roots) $\lambda=-1$, 5개의 중근 $\lambda=1$, 우선 $\lambda=-1$에 대해서 식 (12-3-7)을 푼다. 식 (12-3-7)로부터

$$\begin{pmatrix} -1 & & & & & & & & & & & \\ & -1 & & & & & & & & & & \\ & & 1 & & & & & & & 0 & & \\ & & & -1 & & & & & & & & \\ & & & & -1 & & & & & & & \\ & & & & & 1 & & & & & & \\ & & & & & & 0 & 0 & 0 & 1 & 0 & 0 \\ & & & & & & 0 & 0 & 0 & 0 & -1 & 0 \\ & & & & & & 0 & 0 & 0 & 0 & 0 & 1 \\ & & 0 & & & & 1 & 0 & 0 & 0 & 0 & 0 \\ & & & & & & 0 & -1 & 0 & 0 & 0 & 0 \\ & & & & & & 0 & 0 & 1 & 0 & 0 & 0 \end{pmatrix} \begin{bmatrix} x_{11} \\ x_{21} \\ x_{31} \\ x_{41} \\ x_{51} \\ x_{61} \\ x_{71} \\ x_{81} \\ x_{91} \\ x_{10,1} \\ x_{11,1} \\ x_{12,1} \end{bmatrix} = -1 \begin{bmatrix} x_{11} \\ x_{21} \\ x_{31} \\ x_{41} \\ x_{51} \\ x_{61} \\ x_{71} \\ x_{81} \\ x_{91} \\ x_{10,1} \\ x_{11,1} \\ x_{12,1} \end{bmatrix} \qquad (12\text{–}3\text{–}24)$$

이 식을 풀면 12개의 연립방정식이 나오고, 그 연립방정식을 풀면 여러 개의 근이 존재함을 알 수 있다. 그러나 이 중에서 가장 간단한 열행렬을 만들면 된다.

$-x_{11} = -x_{11}$, $-x_{21} = -x_{21}$, $x_{31} = -x_{31}$, $-x_{41} = -x_{41}$, $-x_{51} = -x_{51}$, $x_{61} = -x_{61}$, $-x_{10,1} = -x_{71}$, $-x_{11,1} = -x_{81}$, $x_{12,1} = -x_{91}$, $-x_{71} = -x_{10,1}$, $-x_{81} = -x_{11,1}$, $x_{91} = x_{12,1}$

여기서 $x_{31} = 0, x_{61} = 0$. 이와 같은 식을 만족하는, 또 가장 간단한 열행렬인 고유벡터(eigenvector)는 다음과 같다.

$$\begin{bmatrix} x_{11} \\ x_{21} \\ x_{31} \\ x_{41} \\ x_{51} \\ x_{61} \\ x_{71} \\ x_{81} \\ x_{91} \\ x_{10,1} \\ x_{11,1} \\ x_{12,1} \end{bmatrix} = \begin{bmatrix} 1 \\ 0 \\ 0 \\ 0 \\ 0 \\ 0 \\ 0 \\ 0 \\ 0 \\ 0 \\ 0 \\ 0 \end{bmatrix} \qquad (12\text{–}3\text{–}25)$$

똑 같은 방법으로 12개의 eignevector들을 만들 수 있다.

$$\begin{bmatrix}1\\0\\0\\0\\0\\0\\0\\0\\0\\0\\0\\0\end{bmatrix},\begin{bmatrix}0\\1\\0\\0\\0\\0\\0\\0\\0\\0\\0\\0\end{bmatrix},\begin{bmatrix}0\\0\\1\\0\\0\\0\\0\\0\\0\\0\\0\\0\end{bmatrix},\begin{bmatrix}0\\0\\0\\1\\0\\0\\0\\0\\0\\0\\0\\0\end{bmatrix},\begin{bmatrix}0\\0\\0\\0\\1\\0\\0\\0\\0\\0\\0\\0\end{bmatrix},\begin{bmatrix}0\\0\\0\\0\\0\\1\\0\\0\\0\\0\\0\\0\end{bmatrix},\begin{bmatrix}0\\0\\0\\0\\0\\0\\1/\sqrt{2}\\0\\0\\1/\sqrt{2}\\0\\0\end{bmatrix},\begin{bmatrix}0\\0\\0\\0\\0\\0\\1/\sqrt{2}\\0\\0\\-1/\sqrt{2}\\0\\0\end{bmatrix},\begin{bmatrix}0\\0\\0\\0\\0\\0\\0\\1/\sqrt{2}\\0\\0\\1/\sqrt{2}\\0\end{bmatrix},$$

$$,\begin{bmatrix}0\\0\\0\\0\\0\\0\\0\\1/\sqrt{2}\\0\\0\\-1/\sqrt{2}\\0\end{bmatrix},\begin{bmatrix}0\\0\\0\\0\\0\\0\\0\\0\\1/\sqrt{2}\\0\\0\\1/\sqrt{2}\end{bmatrix},\begin{bmatrix}0\\0\\0\\0\\0\\0\\0\\0\\1/\sqrt{2}\\0\\0\\-1/\sqrt{2}\end{bmatrix}$$

따라서 단일행렬 $\boldsymbol{U}$를 다음과 같이 표현한다.

$$\boldsymbol{U}=\begin{pmatrix}1&&&&&&&&&&&\\&1&&&&&&&&&&\\&&1&&&&&&&0&&\\&&&1&&&&&&&&\\&&&&1&&&&&&&\\&&&&&1&&&&&&\\&&&&&&1/\sqrt{2}&1/\sqrt{2}&0&1&0&0\\&&&&&&0&0&1/\sqrt{2}&1/\sqrt{2}&0&0\\&&&&&&0&0&0&0&1/\sqrt{2}&1/\sqrt{2}\\&&0&&&&0&1/\sqrt{2}&-1/\sqrt{2}&0&0&0\\&&&&&&0&0&1/\sqrt{2}&-1/\sqrt{2}&0&0\\&&&&&&0&0&0&0&1/\sqrt{2}&-1/\sqrt{2}\end{pmatrix} \qquad (12\text{–}3\text{–}26)$$

식 (12-3-25)에 나타낸 $\boldsymbol{U}$는 반드시 다음 조건을 만족한다.

$$\boldsymbol{U}\boldsymbol{U}^{+}=\boldsymbol{E} \qquad (12\text{–}3\text{–}27)$$

단, $\boldsymbol{U}^{+} \equiv \widetilde{\boldsymbol{U}}^{*}$

※ '~' 표시는 행렬의 대각선을 중심으로 전치 (transpose)하라는 의미이며, '*' 표시는 공액복소수를 만들라는 의미이다. 이와 같은 유니타리행렬을 사용하여 유니타리 변환을 하면 아래와 같은 결론을 얻을 수 있다.

$$\boldsymbol{U}^{-1}\boldsymbol{\Gamma_R}(E)\boldsymbol{U}=\begin{pmatrix} 1 &&&&&&&&&&& \\ & 1 &&&&&&&&&& \\ && 1 &&&&&&&&& \\ &&& 1 &&&& 0 &&&& \\ &&&& 1 &&&&&&& \\ &&&&& 1 &&&&&& \\ &&&&&& 1 &&&&& \\ &&&&&&& 1 &&&& \\ &&& 0 &&&&& 1 &&& \\ &&&&&&&&& 1 && \\ &&&&&&&&&& 1 & \\ &&&&&&&&&&& 1 \end{pmatrix} \qquad (12\text{–}3\text{–}28)$$

여기서 $X = 12$.

$$\boldsymbol{U}^{-1}\boldsymbol{\Gamma_R}(\widehat{C_2})\boldsymbol{U}=\begin{pmatrix} -1 &&&&&&&&&&& \\ & -1 &&&&&&&&&& \\ && 1 &&&&&&&&& \\ &&& -1 &&&&& 0 &&& \\ &&&& -1 &&&&&&& \\ &&&&& 1 &&&&&& \\ &&&&&& -1 &&&&& \\ &&&&&&& 1 &&&& \\ &&& 0 &&&&& -1 &&& \\ &&&&&&&&& 1 && \\ &&&&&&&&&& 1 & \\ &&&&&&&&&&& -1 \end{pmatrix} \qquad (12\text{–}3\text{–}29)$$

여기서 $X = -2$.

$$U^{-1}\Gamma_R(\widehat{\sigma_v}(zx))U=\begin{pmatrix}1&&&&&&&&&&&\\&-1&&&&&&&&&&\\&&1&&&&&&&&&\\&&&1&&&&&&&&\\&&&&-1&&&&&&&\\&&&&&1&&&&&&\\&&&&&&1&&&&&\\&&&&&&&-1&&&&\\&&&&&&&&-1&&&\\&&&&&&&&&1&&\\&&&&&&&&&&1&\\&&&&&&&&&&&-1\end{pmatrix} \quad (12-3-30)$$

여기서 $X=2$.

$$U^{-1}\Gamma_R(\widehat{\sigma_v'}(yz))U=\begin{pmatrix}-1&&&&&&&&&&&\\&1&&&&&&&&&&\\&&1&&&&&&&&&\\&&&-1&&&&&&&&\\&&&&1&&&&&&&\\&&&&&1&&&&&&\\&&&&&&-1&&&&&\\&&&&&&&-1&&&&\\&&&&&&&&1&&&\\&&&&&&&&&1&&\\&&&&&&&&&&1&\\&&&&&&&&&&&1\end{pmatrix} \quad (12-3-31)$$

여기서 $X=4$이다. 이와 같은 유니타리변환을 통하여 가약표현을 기약표현으로 바꿀 수 있다. 또한 유니타리변환을 통하여 지표가 변하지 않는다는 것을 알았다. 12x12 기약표현 행렬의 요소가 1 아니면 -1인데 이것 자체가 기약표현이 될 수 있고 또한 기약지표 (irreducible character)가 될 수 있다. 지금부터 기약표현의 요소들을 각각의 대칭요소에 따라 기입해보기로 한다. Γ_i 기약표현이 존재하는 수를 a_i라고 하면 표 (12-3-1)로부터 아래 식이 얻어진다. 즉 12개의 운동모드 중에서 대칭성이 아래와 같이 주어진다.

$a(A_1)=4$
$a(A_2)=1$
$a(B_1)=3$
$a(B_2)=4$

다음에는 어떤 좌표나 회전이 위와 같은 대칭성을 갖는지 알아보자. 표 (12-3-2)에서 x, y, z 좌표는 대칭성이 각각 B_1, B_2, A_1에 속한다.

표 (12-3-1). 대칭요소에 따른 지표 및 기약표현의 종류들.

Irreducible representation	E	C_2	$\sigma_v(zx)$	$\sigma_v'(yz)$
B_1	1	−1	1	−1
B_2	1	−1	−1	1
A_1	1	1	1	1
B_1	1	−1	1	−1
B_2	1	−1	−1	1
A_1	1	1	1	1
B_1	1	−1	1	1
A_2	1	1	−1	−1
B_2	1	−1	1	1
A_1	1	1	1	1
A_1	1	1	1	1
B_2	1	−1	−1	1

표 (12-3-2). 기약표현과 이에 해당하는 기초함수들.

Irreducible representation	E	C_2	$\sigma_v(zx)$	$\sigma_v'(yz)$	Base function
B_1	1	−1	1	−1	x
B_2	1	−1	−1	1	y
A_1	1	1	1	1	z

지표표를 이용하여 분자의 거동을 표현할 수 있다. C_{2v} 점군의 지표표와 C_{2v} 분자의 기약표현으로부터 분자의 회전, 진동, 병진운동의 대칭성을 결정할 수 있다.

표 (12-3-3). C_{2v} 점군의 지표표.

Irreducible representation	E	C_2	$\sigma_v(zx)$	$\sigma_v'(yz)$	기초 함수	
A_1	1	1	1	1	z	x^2, y^2, z^2
A_2	1	1	−1	−1	R_z	xy
B_1	1	−1	1	−1	x, R_y	xz
B_2	1	−1	−1	1	y, R_x	yz

표 (12-3-4). Formaldehyde에 해당하는 C_{2v} 점군의 가약 지표표.

C_{2v}	E	C_2	$\sigma_v(xz)$	$\sigma_v(yz)$
$\chi_R(R)$	12(=3x4)	−2(=−1x2)	2(=1x2)	4 (=1x4)

※ 표 (12-3-4)에서 4, 2, 2, 4의 수들은 대칭조작에 대해 움직이지 않는 원자의 수를 나타낸다.

$$a_i = \frac{1}{h}\sum_R \chi_i(R)\chi_R(R) \tag{12-3-32}$$

여기서 a_i는 i **번째 기약표현이 몇 번 나오는가 하는 회수를 나타낸다.** h**는 이 점군의 차수 (order)를 나타낸다.** $\chi_i(R)$**는** R **대칭요소의 기약표현의 지표이고,** $\chi_R(R)$**은 표 (12-3-4)에 있는 가약표현의 지표에 해당한다.**

$$a(A_1) = \frac{1}{4}\{1\text{x}12 + 1\text{x}(-2) + 1\text{x}2 + 1\text{x}4\} = 4 \tag{12-3-33}$$

$$a(A_2) = \frac{1}{4}[1\text{x}12 + 1\text{x}(-2) + (-1)\text{x}2 + (-1)\text{x}4] = 1 \tag{12-3-34}$$

$$a(B_1) = \frac{1}{4}[1\text{x}12 + (-1)\text{x}(-2) + 1\text{x}2 + (-1)\text{x}4] = 3 \tag{12-3-35}$$

$$a(B_2) = \frac{1}{4}[1\text{x}12 + (-1)\text{x}(-2) + (-1)\text{x}2 + 1\text{x}4] = 4 \tag{12-3-36}$$

따라서 formaldehyde는 아래와 같은 운동모드를 갖는다. $\Gamma_{total} = 4A_1 + A_2 + 3B_1 + 4B_2$. 병진모드는 $\Gamma_{translation} = A_1 + B_1 + B_2$, 회전모드는 $\Gamma_{rotation} = A_2 + B_1 + B_2$, 진동모드는 $\Gamma_{vibration} = 3A_1 + B_1 + 2B_2$. 여섯 개의 진동모드

를 그림 (12-3-2)에 나타내었다.

그림 (12-3-2). 진동모드를 결정하기 위한 내부좌표.

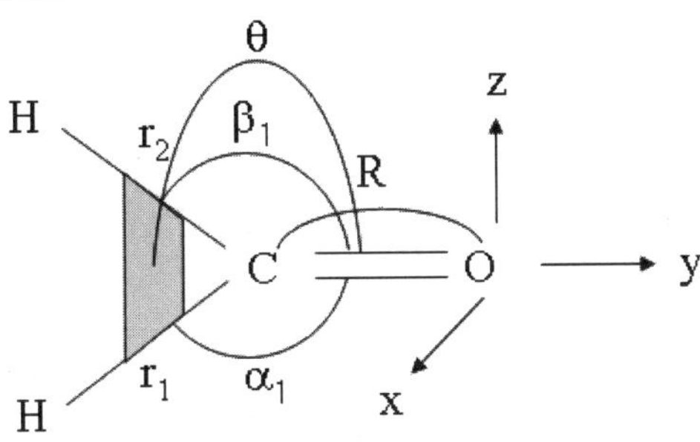

(c) Formaldehyde의 6개의 진동방식

6개의 진동모드가 있고 6개의 내부좌표가 존재한다.

① 평면바깥굽힘방식 (out-of-plane mode)

$\Delta\theta$, $\hat{E}\Delta\theta = (+1)\Delta\theta$, $\hat{C_2}\Delta\theta = (-1)\Delta\theta$, $\hat{\sigma_v}(zx)\Delta\theta = (+1)\Delta\theta$, $\hat{\sigma_v}'(yz)\Delta\theta = (-1)\Delta\theta$이므로 $\Delta\theta$ 평면바깥 굽힘 모드는 B_1 방식에 해당한다.

② 대칭신축방식 (symmetric stretching mode) : $\Delta r_1 + \Delta r_2 + R$, A_1 모드에 해당

③ 대칭신축방식: $\Delta r_1 + \Delta r_2 - R$, A_1 방식에 해당

④ 반대칭신축방식 : $\Delta r_1 - \Delta r_2$, B_2 방식에 해당

⑤ 대칭굽힘방식 : $\Delta\alpha_1 + \Delta\alpha_2$, A_1 방식에 해당

⑥ 대칭굽힘방식 : $\Delta\alpha_1 - \Delta\alpha_2$, B_2 방식에 해당

연습문제

(12-1) 대칭에 합당한 선형결합방법을 이용하여 H_2O의 MO를 도시하시오. C_{2v} 지표표를 이용하시오.

(12-2) C_{2v} 지표표를 이용하여 cyclobutadiene (C_4H_4)의 MO와 에너지를 구하시오. 대칭성에 합당한 선형결합방법을 이용하시오.

(12-3) 다음 분자의 대칭요소들과 점군들을 구하시오.

(a) NH_3 (b) C_2H_4 (c) HC≡CH (d) cis-FN=NF e) trans-FN=NF

(12-4) 아래 지표표를 이용하여 물분자의 진동, 회전 및 진동의 대칭성을 나타내시오.

표시 예 : 어떤 진동 → A_1 등. C_{2v} 지표표를 이용하시오.

(12-5) 에너지가 가장 낮은 F2 분자의 MO 에너지준위도를 도시하고 그 분자의 분자항기호를 나타내시오. F : $1s^2 2s^2 2p^5$

(12-6) 아래에 나타낸 C_{3v} 지표표를 이용하여 NH_3 분자의

(a) 운동 모드를 구하시오.

(b) 진동모드를 그리시오.

13장

새·롭·고·이·해·하·기·쉬·운·물·리·화·학

회전 및 진동분광학

1. 분광스펙트럼에 미치는 요인

분광학은 빛과 물질의 상호작용을 연구하는 학문이다. **상호작용에는 크게 세 가지 종류, 흡수 (absorption), 산란 (scattering) 및 통과 (transmittance)가 있다. 산란도 매우 빠른 흡수 및 방출의 일환이므로 물질은 빛을 흡수하거나 통과시킨다고 말할 수 있다.** 물질이 빛을 흡수하면 물질은 에너지적으로 특정 들뜬상태에 있게 된다. 흡수된 빛의 에너지와 광자수를 측정하면 물질의 에너지구조를 규명할 수 있다. 그림 (13-1-1)에 전자기파의 파장에 따른 명칭과 그것의 물질과의 상호작용을 특정질 수 있는 분광학분야를 나타내었다. 가시광선은 전이 금속착물에서 $d-d$ 전이 ($d-d$ transition)를 일으킨다, 진공자외선 (vacuum violet, 10 ~ 200 nm)은 극단자외선 (extreme violet)과 근자외선 (near violet)에 걸쳐있는 자외선 (10 ~ 380 nm)의 일부로서 좀 더 자주 쓰이는 전자기파의 명칭이다. 진공자외선을 이용하려면 그 빛이 지나가는 통로를 진공으로 만들어주어야 한다. 진공자외선은 공기를 만나면 공기 중의 질소와 산소를 이온화하기 때문에 빔의 세기가 줄어들 수 있다. 그래서 **그 빛을 진공자외선이라 부른다.**

근래에 많이 사용하고 있는 이중빔 자외선-가시광선 흡수분광기 (double beam UV-visible absorption spectrometer)의 장치 개요도를 그림 (13-1-3)에 나타내었다. 광원에서 나오는 다양한 파장의 빛은 회절격자 (diffraction grating)를 지나 슬릿을 통과하면서 특수한 파장의 빛만이 선택된다. 회절격자는 프리즘과 같은 역할을 하는 매우 좋은 분광기이다. **매우 가는 슬릿을 통과하면서 좁은 영역의 파장의 빛만이 선택된다.** 회절격자를 회전하면서 전영역의 파장을 점진적으로 선택할 수 있다. **회전디스크는 세 종류의 디스크로 구성되어있다.**

그림 (13-1-1). 전자기파의 파장에 따른 명칭과 물질과의 상호작용의 능력. 아주 좁은 영역의 가시광선 (380~750nm)도 표시하였다.

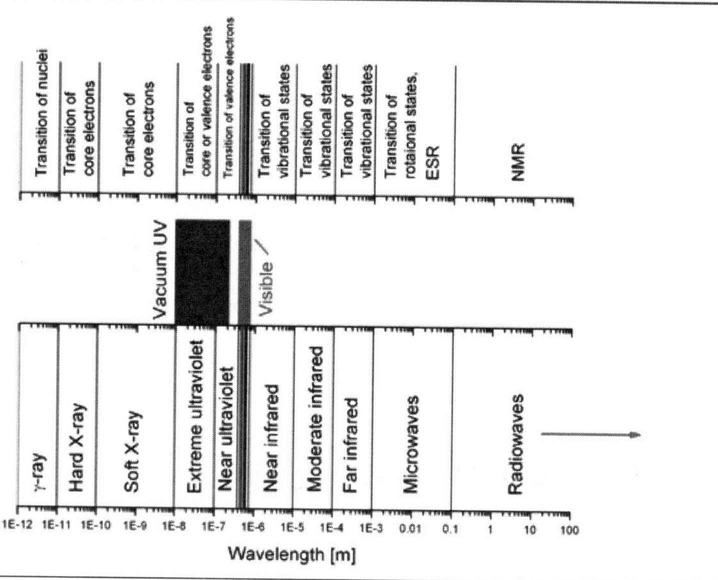

그림 (13-1-2). 가시광선의 파장에 따른 명칭. 남색 (indigo)은 420~450nm의 파장을 갖는데, 현대 색을 연구하는 과학자들은 450nm 이하부터 350nm의 빛을 보라색 (자색, violet)으로 통일하고 있다. 즉, 가시광선 영역을 이 그림에서 알 수 있듯이 여섯 개로 나누고 있다.

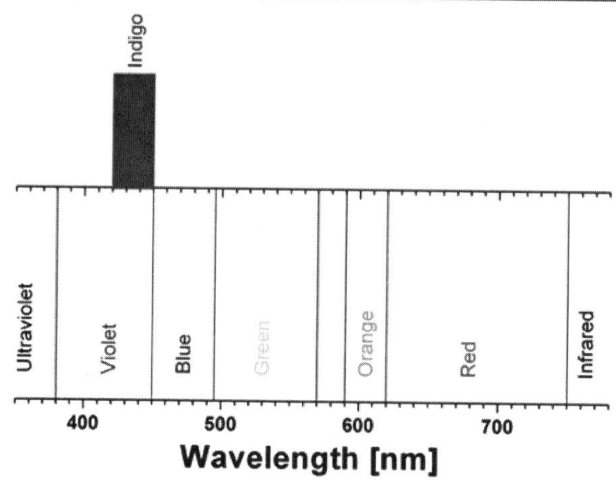

하나는 투명부분으로, 선택된 빛이 이 부분을 통과하면 모든 빛이 통과한다. 회전디스크를 통과한 빛은 시료가 들어있는 셀을 통과하고 두 번째 회전디스크를 친다. 이 때 두 번째 회전디스크는 거울부분으로 설정되어 있다. 여기서 빛은 검출기로 반사되어 시료의 투과도 (transmittance)가 결정된다. 이번에는 회절격자를 나온 빛이 첫 번째 회전디스크의 거울부분을 때리면 그 빛은 반사되어 좌하 부분의 거울을 때리고 그 결과로 빛은 참조셀 (reference cell)을 통과한다. 통과한 빛은 회전디스크의 투명부분 (transparent section)을 때리고 검출기로 이동하여 참조 물질의 투과도가 결정된다. 이번에는 회절격자를 나온 빛이 회전디스크의 차단부분 (block section)을 때리면 빛은 분광기 속으로 들어갈 수 없다. 검출기는 빛의 세기를 전류의 세기로 바꾸는 역할을 한다. 참조셀에는 어떤 용매만이 있고, 시료셀에는 그 용매와 시료가 있다. 참조셀을 통과한 빛의 세기를 I_0라고 하고 시료 셀을 통과한 빛의 세기를 I 라고 하면 흡광도 (A)는 아래와 같이 결정된다.

$$A = \log\frac{I_0}{I} \tag{13-1-1}$$

흡광도가 결정되면 또 다른 파장에서 같은 과정을 반복한다. 이렇게 해서 파장의 함수로 또는 파수의 함수로 흡광도가 결정된다. 이것이 흡수스펙트럼 (absorption spectrum)이다.

그림 (13-1-3). **이중 빔 자외선-가시광선 흡수분광기. 시료와 기준물질의 흡광도를 비교함.**

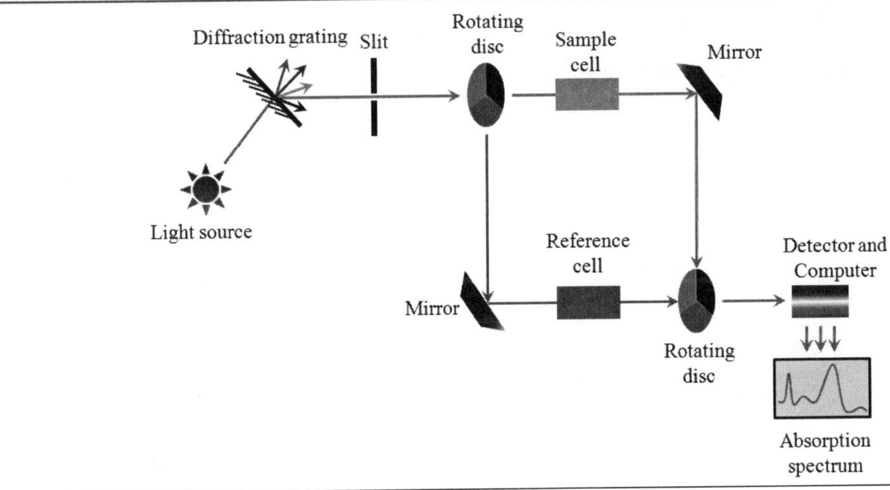

(a) 흡수와 농도 및 길이의 상관관계

투과도는 아래 식 (13-1-2)으로 주어진다.

$$T = \frac{I}{I_0} \tag{13-1-2}$$

투과도와 흡광도는 아래와 같은 관계를 갖는다.

$$A = \log\frac{1}{T} = \epsilon c\ell \qquad (13\text{-}1\text{-}3)$$

A는 흡광도 (absorbance), c는 시료셀의 농도, 그리고 ℓ은 셀의 길이이다. ϵ을 몰흡수계수 (molar absorptivity, 전에는 molar extinction coefficient라고 하였음.)라 한다. ϵc를 **광학밀도 (optical density, o. d.)라 한다.**

그림 (13-1-4). Beer-Lambert의 법칙을 증명하기 위한 그림.

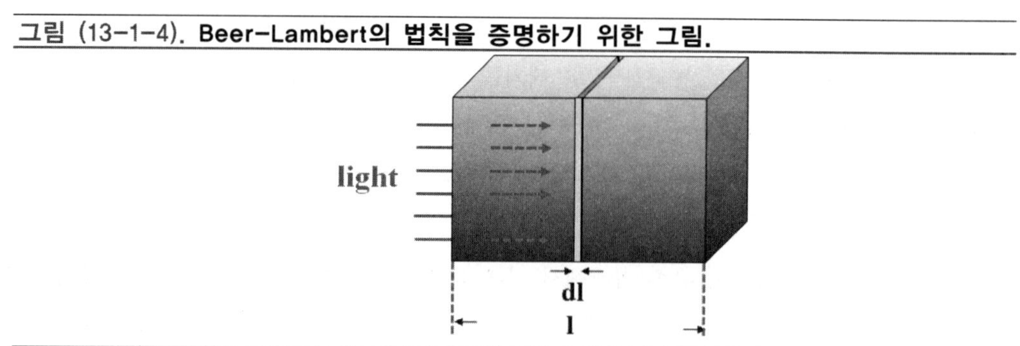

식 (13-1-3)의 증명.

$$dI \propto -I \cdot c \cdot d\ell \qquad (13\text{-}1\text{-}4)$$

비례상수를 사용하여 표현하면

$$dI = -kIcd\ell \qquad (13\text{-}1\text{-}5)$$

$$\int_{I_0}^{I}\frac{dI}{I} = -\int_0^{\ell} kcdl \qquad (13\text{-}1\text{-}6)$$

$$\ln\frac{I}{I_0} = -k \cdot c \cdot l \qquad (13\text{-}1\text{-}7)$$

$$A = \log\frac{I_0}{I} = (\log e)kcl = \epsilon c\ell \qquad (13\text{-}1\text{-}8)$$

(b) 선폭

① Doppler 선폭넓어지기

기체계의 분광학에서 선폭 (linewidth, half-width, full width at half maximum, fwhm)이 넓어지게 하는 요인 중에 가장 대표적인 것이 Doppler 선폭넓어지기 (Doppler broadening)이다. 움직이는 기체분자는 어떤 빛을 흡수할 때 정지한 분자보다 에너지가 높거나 낮은 빛을 흡수한다. 아래의 두 가지 경우를 살펴보자.

ⓐ 복사원천 (radiation source)이 전자기파를 방출하면서 검출기에 다가가는 경우

그림 (13-1-5). 복사원천이 검출기로 다가오는 경우.

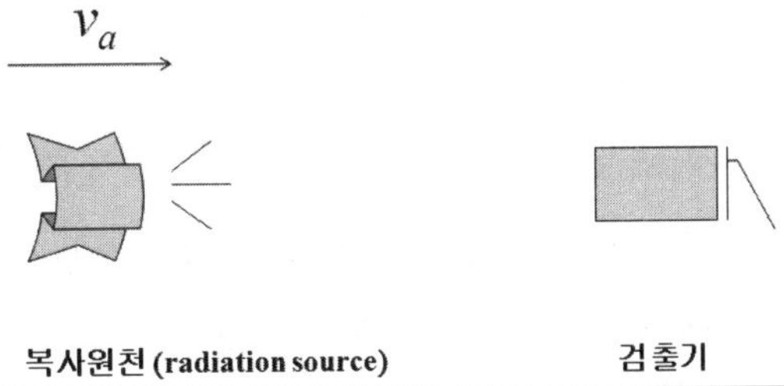

v_a

복사원천 (radiation source)　　검출기

그림 (13-1-5)의 경우, 관측한 발광주파수는 아래와 같이 증가한다.

$$\nu_a = \frac{\nu_0}{1 - \dfrac{v_a}{c}} \qquad (13\text{-}1\text{-}9)$$

여기서 ν_0는 복사원천이 정지하고 있을 때의 발광주파수이고, ν_a는 복사원천이 검출기로 다가오는 속도이다. 기차가 기적소리를 내면서 사람 앞으로 다가올 때 주파수가 커짐을 참고하시오.

ⓑ 복사원천은 정지하고 있고 흡수물질이 그 원천에 다가가는 경우

그림 (13-1-6). 복사원천은 중지하고 있고 흡수물질이 그 원천에 다가가는 경우. 이 경우는 흡수주파수가 감소함.

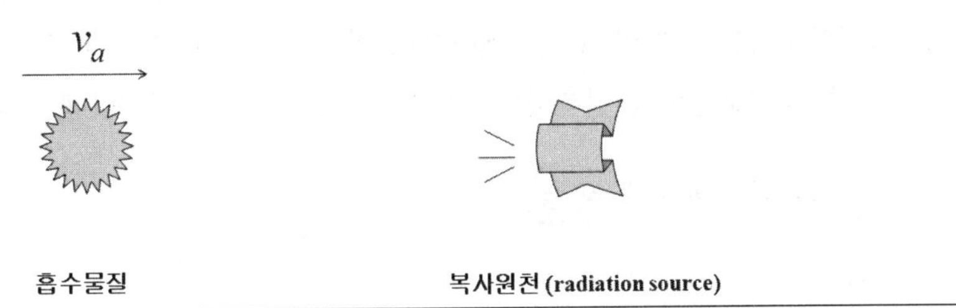

그림 (13-1-6)의 경우, 흡수주파수는 다음과 같이 감소한다.

$$\nu_a = \frac{\nu_0}{1 + \frac{v_a}{c}} \qquad (13\text{–}1\text{–}10)$$

어떤 분자들이 들어있는 계의 온도가 증가하면 분자들의 속력이 증가한다. 따라서 온도가 증가하면 Doppler 폭이 넓어질 것이다. **온도에 따른 Doppler 이동의 분포가 정량적으로 아래와 같이 얻어진 바 있다.**

$$I(\nu_{obs}) \propto e^{-mc^2(\nu_{obs}-\nu_0)^2/2\nu_0^2kT} \qquad (13\text{–}1\text{–}11)$$

여기서 c는 광속도, ν_0는 그 분자가 정지하고 있을 때 흡수한 광자의 주파수, ν_{obs}는 Doppler 효과로 그 분자가 흡수한 광자의 주파수, k는 볼츠만 상수, 그리고 T는 그 분자계의 절대온도이다. 온도에 따른 Doppler 이동의 분포 {식 (13-1-11)}을 그림 (13-1-7)에 나타내었다. 역으로 **Doppler 이동의 분포로부터 기체계의 온도를 측정할 수 있다.** 식 (13-1-11)과 그림 (13-1-7)로부터 Doppler 이동의 상대적 크기 ($\Delta\nu/\nu_0$)를 구할 수 있는데, 1000 K에서 구한 $\Delta\nu/\nu_0$는 다음과 같다.

$$\frac{\Delta\nu}{\nu_0} = \frac{1.5952\text{x}10^5}{10^{10}} = 1.5952\text{x}10^{-5}$$
$$= 15.952\,\text{ppm}\,(\text{part per million}) \qquad (13\text{–}1\text{–}12)$$

여기서 선폭 ($\Delta\nu$)은 피이크의 중반이 되는 지점에서의 주파수 (full-width at half maximum, fwhm) 간격을 나타낸다. Doppler 이동의 상대적 크기는 십만분의 1로 매우 크지는 않으나 분광학적 선폭넓어지기에 적지 않은 효과를 준다. 이와 같은 **Doppler 선폭넓어지기를 없애는 방법 중에 분자빔 기술이 있음을 유념하기 바란다.** ☞ 제 23장 분자빔기술.

② 소멸시간 선폭넓어지기

기체의 선폭에 영향을 주는 것이 소멸시간 선폭넓어지기 (lifetime broadening)이다. 어떤 들뜬상태소멸시간을 τ라고 하면 바닥상태의 흡수선폭은 식 (13-1-13)과 같이 주어진다. **이러한 폭넓어지기는 물질의 고유성질이므로 인위적으로 제거할 수 없다. 그러나 다른 선폭넓어지기보다 전체분광학적 선폭넓어지기에 미치는 영향은 엄청나게 작다.**

$$\Delta E\,(linewidth) \sim \frac{\hbar}{2\tau} \qquad (13\text{–}1\text{–}13)$$

유도과정 ☞ 참고 (13-1-2).

그림 (13-1-7). **Doppler 효과로 폭넓은 Gaussian 형의 스펙트라가 얻어짐. 수소분자가 정지하고 있을 때 흡수한 광자의 주파수가 $1.0000\text{x}10^{10}$ Hz라고 가정해서 얻은 스펙트라임.**

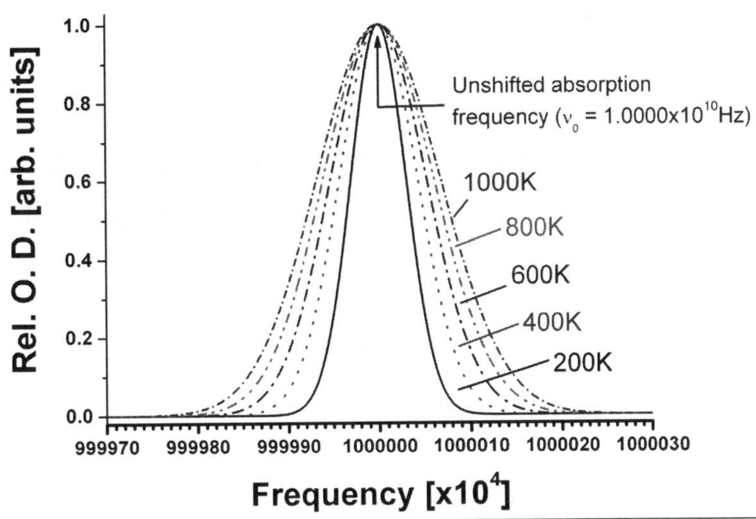

참고 (13-1-1). **레이저를 이용한 기체입자의 냉각.**

어떤 입자가 복사원천에 대하여 정지하고 있을 때 흡수주파수를 ν_0라고 하자. 그 입자가 복사원천으로 v_a 속도로 다가오면 식 (13-1-10)에 의해 그 입자는 ν_a 광자를 흡수할 것이다. 따라서 흡수한 운동량만큼 이 기체시료는 속도가 복사원천에 대해 줄어들게 된다. 여기서 중요한 점은 **복사원천의 주파수를 ν_0보다 약간 작은 ν_a 복사선을 기체시료에 조사하는 것이다. 이와 같은 방법으로 입자의 속도를 줄일 수가 있다. 결국은 이 입자가 정지하게 되면 그 입자는 복사원천으로부터 나오는 빛을 더 이상 흡수하지 못하게 된다. 이와 같은 방법으로 기체의 운동에너지를 줄일 수 있어서 기체의 병진온도를 낮출 수 있다. 이와 같은 냉각을 레이저냉각 (laser cooling)이라 한다.** 이와 같은 방법으로 어떤 기체의 온도를 $\approx 10^{-9}$K 까지 낮출 수 있다. 상온에서 공기를 구성하는 원자나 분자는 대략 4,000 km/hr의 속도를 갖는다, 온도가 백만분의 1K로 떨어지면 속도는 1 km/hr (= 25 cm/s) 이하로 떨어진다. 미국국립표준 및 기술연구소의 Phillips가 기체의 레이저냉각의 공로로 1997년에 노벨물리학상을 수상하였다. 계란으로 바위치기와 같은 방법으로 바위를 정지시키는 현상과 유사하다. 다만 바위가 정지하고 있을 때는 계란은 바위와 충돌하지 말아야 한다!! 계란에서는 불가능하나 광자충돌에서는 가능하다!!

참고 (13-1-2). 시간과 에너지에 대한 불확정성원리.

어떤 계가 서로 약하게 작용하는 두 개의 부분으로 구성되어있다고 하자. 어떤 순간에 두 부분의 에너지를 각각 E_1, E_2라고 하고, 어떤 시간 Δt 후, 두 부분의 에너지를 각각 E_1', E_2'라고 하면, 아래와 같은 관계식을 얻을 수 있다.

$$|E_1 + E_2 - E_1' - E_2'|\Delta t \sim \frac{\hbar}{2} \qquad (13\text{-}1\text{-}14)$$

여기서 E_2를 측정장치 (또는 측정입자)의 에너지라고 하고, E_2, E_2'를 정확하게 측정할 수 있다고 하면 $\Delta E_2 = 0, \Delta E_2' = 0$. 여기서 Δ는 측정오차이다. 이 경우에 식 (13-1-14)는 다음과 같이 변형된다.

$$\Delta|E_1 - E_1'| \sim \frac{\hbar}{2\Delta t} \qquad (13\text{-}1\text{-}15)$$

여기서 Δt를 소멸시간이라고 하면 $\Delta|E_1 - E_1'|$는 흡수선폭 ΔE가 된다.

$$\Delta E \sim \frac{\hbar}{2\tau} \qquad (13\text{-}1\text{-}16)$$

예제 (13-1-1).

어떤 들뜬상태의 소멸시간이 5 ns이면 이 상태의 흡수선폭 (ΔE)은 얼마인가? 파수로 나타내시오. 그 결과를 논의하시오.

예제 (13-1-1)의 풀이.

$$\Delta\widetilde{E} = \frac{\Delta E}{hc} \sim \frac{\frac{\hbar}{2}}{\tau hc} = \frac{1}{4\pi\tau c}$$

$$= \frac{1}{4\pi \cdot 5\text{x}10^{-9}\ \text{s} \cdot 3\text{x}10^{8}\ \text{m/s}} \cdot \frac{1\ \text{m}}{100\ \text{cm}} = 5.3\text{x}10^{-4}\ \text{cm}^{-1}$$

이 흡수선폭은 다른 선폭에 비해서 매우 작은 값이다!

③ 충돌 선폭넓어지기

액체의 선폭에 영향을 많이 주는 것이 충돌 선폭넓어지기 (collision broadening)이다. **들뜬 분자가 용매나 용질분자와 충돌하면 충돌과 관계된 분자들은 에너지를 서로 주고받아서 다양한 상태에 있게 된다.** 따라서 이러한 분자는 다양한 에너지의 광자를 흡수하거나 방출한다. 이러한 결과로 흡수 스펙트라의 피이크의 선폭이 넓어진다.

2. 회전분광학

회전분광학 (rotational spectroscopy)는 마이크로파 분광학이라고도 하는데 이 분광학과 관련된 전자기파가 마이크로파 영역이기 때문이다. 참고로 마이크로파의 파장은 1 mm에서 1 m까지이다. **이 분광학은 분자의 전자기파의 흡수와 방출을 측정하여 분자의 회전상태의 변화를 규명하는 학문이다.** 분자의 전자기파의 흡수와 방출이 일어나려면 회전양자수의 변화가 있어야 한다. 회전분광학은 회전상태가 양자화되어있는 기체계에서만 가능하다. 고체나 액체에서는 회전운동이 제약을 받기 때문이다. 회전자 (rotor)의 종류를 그림 (13-2-1)에 나타내었다. 크게 다섯 종류의 회전자가 존재한다.

그림 (13-2-1). **회전자의 종류와 명칭.**

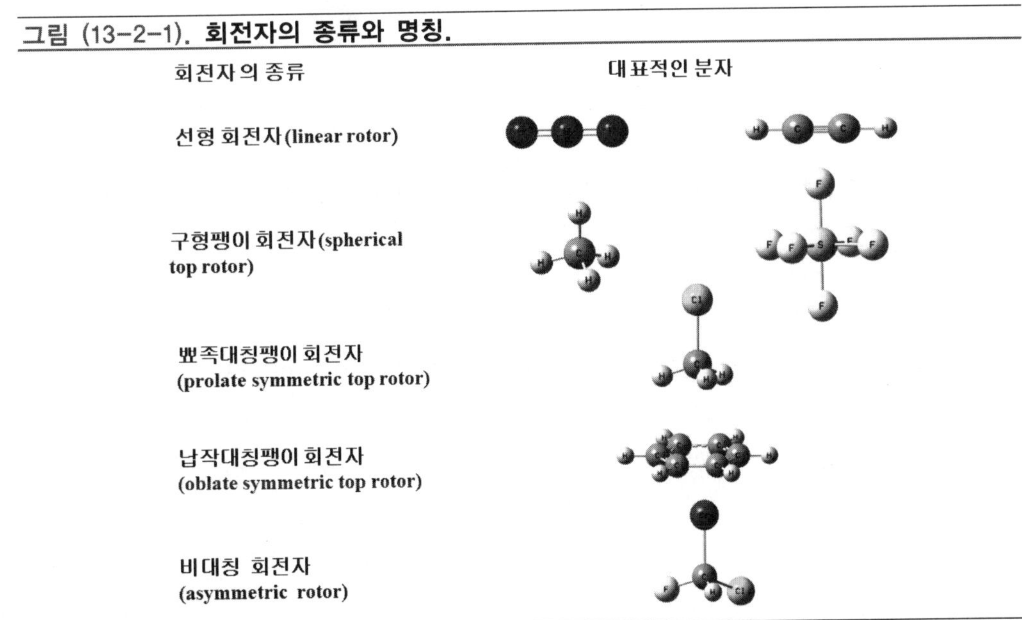

(a) 2차원에서 회전

xy 평면에서 질량 m, 위치벡터 $\vec{r}$을 갖는 입자의 각운동량 $\vec{L}$은 방향이 z 축을 나타내며 크기는 $|\vec{r}\mathrm{x}\vec{p}|$이다. 강체회전자에서 회전에너지는 아래와 같다.

$$E_{rot} = \frac{1}{2}m_1 v_1^2 + \frac{1}{2}m_2 v_2^2 = \frac{1}{2}m_1 (r_1\omega)^2 + \frac{1}{2}m_2 (r_2\omega)^2 = \frac{1}{2}I\omega^2 \qquad (13\text{–}2\text{–}1)$$

I를 관성모멘트라고 부르며 회전자에서 아래와 같이 표현한다.

$$I = m_1r_1^2 + m_2r_2^2 \tag{13-2-2}$$

일반적으로 관성모멘트는 아래와 같이 주어진다.

$$I = \int_m r^2 dm \tag{13-2-3}$$

적분기호 아래에 있는 m은 모든 질량에 대해 적분한다는 뜻이다.

그림 (13–2–2). 두 개의 입자로 구성된 물질의 운동을 표현할 때는 질량중심에서 바라본 내부좌표로 표시하는 것이 편리함.

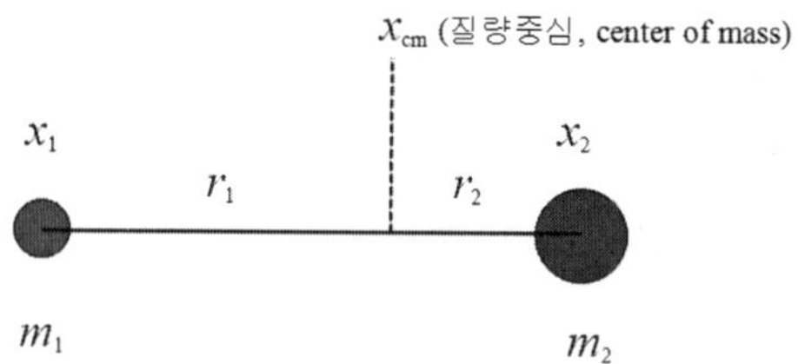

질량중심으로부터 입자까지의 거리는 식 (13-2-4)와 (13-2-5)에 의해 결정된다.

$$r_1 + r_2 = r \tag{13-2-4}$$

$$m_1r_1 = m_2r_2 \tag{13-2-5}$$

식 (13-2-4)와 식 (13-2-5)의 연립방정식으로부터 아래 식을 얻는다.

$$r_1 = \frac{m_2}{m_1 + m_2}r \tag{13-2-6}$$

$$r_2 = \frac{m_1}{m_1 + m_2}r \tag{13-2-7}$$

식 (13-2-6)과 (13-2-7)을 식 (13-2-2)에 대입하면 아래 식이 얻어진다.

$$\begin{aligned} I &= m_1r_1^2 + m_2r_2^2 = m_1\left(\frac{m_2}{m_1 + m_2}r\right)^2 + m_2\left(\frac{m_1}{m_1 + m_2}r\right)^2 \\ &= \frac{m_1m_2}{m_1 + m_2}r^2 = \mu r^2 \end{aligned} \tag{13-2-8}$$

$\mu = \dfrac{m_1m_2}{m_1 + m_2}$이며 다음과 같은 성질을 갖는다.

$\mu < m_1,\ \mu < m_2$

따라서 μ를 환산질량 (reduced mass, 엄밀히는 감소질량이라고 해야 할 것임)이라고 한다. 따라서 회전에너지는 아래와 같이 주어질 수 있다.

$$E_{rot} = \frac{1}{2}m_1(r_1\omega)^2 + \frac{1}{2}m_2(r_2\omega)^2 = \frac{1}{2}\mu(r\omega)^2 \equiv \frac{1}{2}\mu(v)^2 \qquad (13\text{–}2\text{–}9)$$

여기서 $v = rw = r_1w + r_2w = v_1 + v_2$.

그림 (13-2-3). xy 평면에서 질량 m, 위치벡터 $\vec{r}$을 갖는 입자의 각운동량 $\vec{L_z}$는 방향이 z 축을 가지며 크기는 $|\vec{r} \text{x} \vec{p}|$이다.

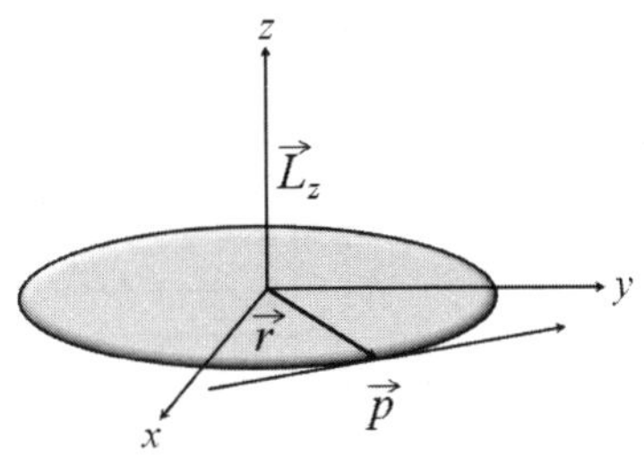

식 (13-2-9)의 의미는 다음과 같다. 두 물체 (two-body) 시스템에서 m_1과 m_2 질량을 갖는 물체가 질량중심을 회전할 때 **m_2 물체는 가만히 있고 m_1 물체가 질량 μ와 반경 r을 갖고 속도 $v_1 + v_2$로 회전한다고 말 할 수 있다.**

(b) 고전역학에서 각운동량

고전역학에서 두 물체 계의 각운동량은 아래와 같이 주어지며 그 양은 연속적이다.

$$L = r_1m_1v_1 + r_2m_2v_2 = m_1r_1^2\omega + m_2r_2^2\omega = I\omega \qquad (13\text{–}2\text{–}10)$$

(c) 구형회전자의 에너지

$$E = \frac{L_a^2 + L_b^2 + L_c^2}{2I} = \frac{L^2}{2I} \qquad (13\text{–}2\text{–}11)$$

구형회전자 (spherical top rotors)의 에너지는 식 (13-2-11)로 주어진다. L은 전체각운동량이다. 강체회전자에서 각운동량과 회전양자수와 관계는 다음과 같다. **※ 관성모멘트 I가 작은 것부터 아래 첨자 a, b, c를 사용한다.**

$$L^2 = J(J+1)\hbar^2 \qquad (13\text{–}2\text{–}12)$$

여기서 J를 회전양자수 (rotational quantum number)라고 한다.

$$E_J = \frac{1}{2}I\omega^2 = \frac{(I\omega)^2}{2I} = J(J+1)\frac{\hbar^2}{2I} = hc\widetilde{B}J(J+1) \quad (13\text{-}2\text{-}13)$$

그림 (13-2-4). 구형회전자의 회전운동에너지준위.

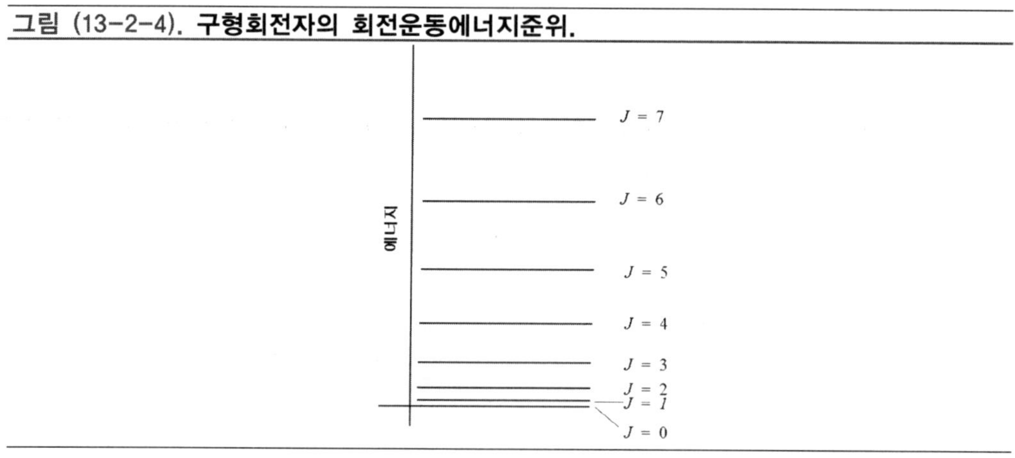

여기서 $\widetilde{B} = \frac{\hbar}{4\pi cI}$. 많은 경우에 회전상수 (rotational constant) B를 파수나 주파수로 표현한다.

$$F(J) = \widetilde{B}J(J+1) \quad (13\text{-}2\text{-}14)$$

(d) 대칭형회전자의 에너지

뾰족형 (prolate) (예 : 럭비공, CH_3Cl)과 납작형 (oblate) (예 : 원반, 동전, benzene 분자) 회전자가 있다.

$$\begin{aligned} E &= \frac{L_b^2 + L_c^2}{2I_\perp} + \frac{L_a^2}{2I_\parallel} = \frac{L_b^2 + L_c^2 + L_a^2}{2I_\perp} + \frac{L_a^2}{2I_\parallel} - \frac{L_a^2}{2I_\perp} \\ &= \frac{L^2}{2I_\perp} + L_a^2\left(\frac{1}{2I_\parallel} - \frac{1}{2I_\perp}\right) \end{aligned} \quad (13\text{-}2\text{-}15)$$

$$F(J, K) = \widetilde{B}J(J+1) + (\widetilde{A} - \widetilde{B})K^2 \quad (13\text{-}2\text{-}16)$$

식 (13-2-16)에서 두 번째 항은 회전축에서 주축에 투사한 성분의 회전에너지이다.

여기서 $\widetilde{A} = \frac{h}{8\pi^2 cI_\parallel}$, $\widetilde{B} = \frac{h}{8\pi^2 cI_\perp}$ (13-2-17)

회전자의 각운동량 $\vec{J}$와 z축에 기여하는 각운동량 $\overrightarrow{M_J}$ 과의 관계를 살펴보자. 여기서 z축은 자기장이나 전장의 방향을 나타낸다. $J=1$인 경우 회전자의 각운동량은 세 가지 방향으로 배향되어있다. ☞ 그림 (13-2-5). 그 각운동량의 크기는 $\sqrt{J(J+1)}\,\hbar = \sqrt{1(1+1)}\,\hbar = \sqrt{2}\,\hbar$ 이다. $|\overrightarrow{M_J}| \equiv M_J$는 아래와 같이 세 가지 값을 갖는다.

$|\overrightarrow{M_J}| \equiv M_J = 1\hbar, 0\hbar, -1\hbar$

그림 (13-2-5). **회전자의 회전양자수 $J=1$인 경우 회전자의 각운동량 $\vec{J}$와 z축에 기여하는 각운동량 $\overrightarrow{M_J}$ 과의 관계.**

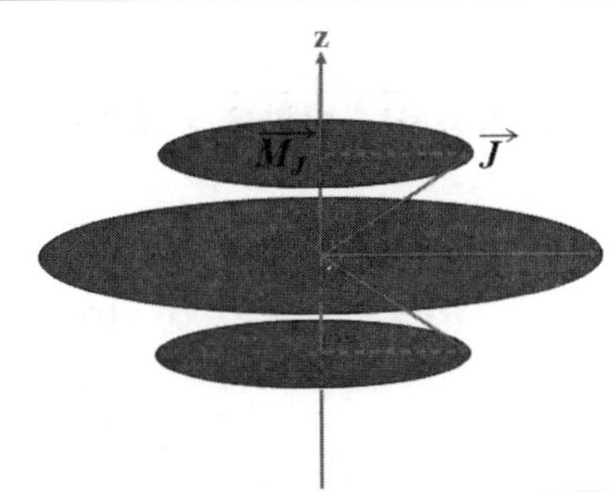

다음은 $\vec{J}$와 $\vec{K}$의 관계를 살펴보기로 한다. $\vec{K}$는 $\vec{J}$를 **물질의 주축에 수선으로 내렸을 때의 성분을 나타낸다.** ☞ 그림 (13-2-6). 여기서 주목할 것은 회전자의 회전축이 회전자의 주축과 일치하지 않는다는 것이다. 그림 (13-2-7a)에서 회전축은 주축과 거의 일치하고 있다. 즉 $K \approx J$이다. 그림 (13-2-7b)에서 회전축은 주축과 수직으로 만나고 있어서 $K=0$이다.

그림 (13-2-6). **회전자의 각운동량 $\vec{J}$과 $\vec{K}$의 관계. $\vec{K}$는 $\vec{J}$를 입자의 주축에 수선을 내렸을 때의 값을 나타낸다.**

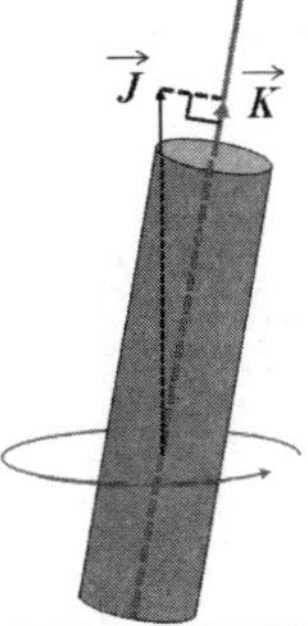

그림 (13-2-7). (a) 물질의 주축회전에 해당하는 것이 K이며 $K \approx J$, (b) $K = 0$.

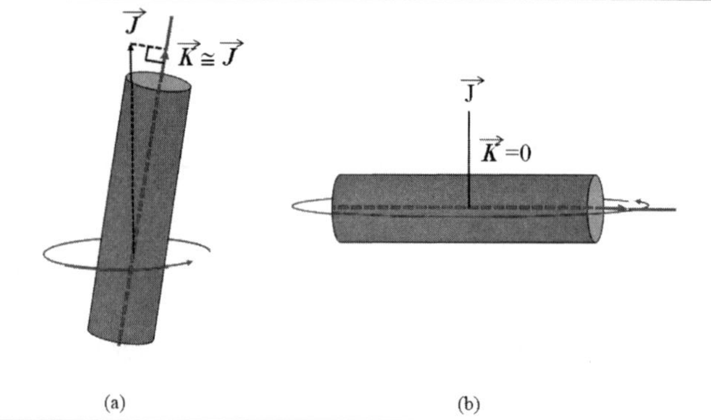

그림 (13-2-8). 자기장이 작용하는 방향을 z 축이라고 할 때 (a) : M_J가 최대값을 가짐. (b) : $M_J = 0$.

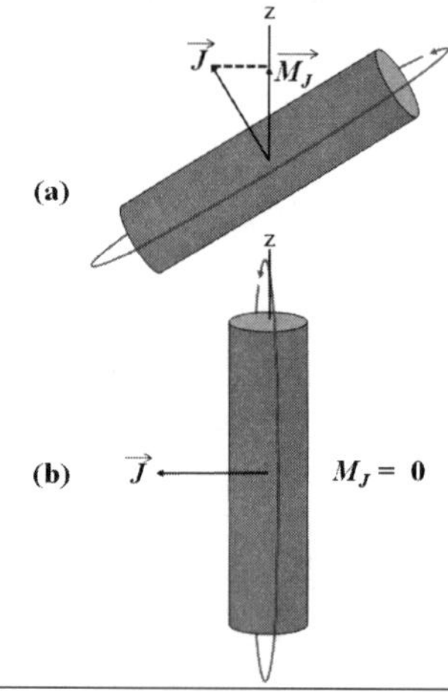

(e) 선형회전자의 회전에너지

선형회전자는 $L_a = 0$인 뾰족 형의 대표적인 물질이다. 각운동량이 가징 작은 축을 z 축으로 놓아야 한다.

$$\therefore\ E = \frac{L_b^2 + L_c^2}{2I_\perp} = \frac{L_b^2 + L_c^2 + L_a^2}{2I_\perp} = \frac{L^2}{2I_\perp} \tag{13-2-18}$$

$$E(J) = \tilde{B}J(J+1) \tag{13-2-19}$$

(f) 회전선택규칙과 회전스펙트럼

회전상태간에 전이를 위한 전이쌍극자모멘트 (transition dipole moment)를 고찰해본 결과 **아래와 같은 결과가 얻어졌다.**

$$\Delta J = \pm 1, \Delta M_J = 0, \pm 1 \qquad (13\text{–}2\text{–}20)$$

여기서 $\Delta J = +1$은 흡수를 나타내고 $\Delta J = -1$은 방출을 나타낸다. 흡수조건에 맞는 선택규칙을 그림 (13-2-9a)에 나타내었다. **하나의 회전에너지** E_J**에** $M_J = -J, -J+1, \cdot\cdot, J-1, J$**인** $2J+1$ **개의 축퇴된 상태 (degenerated states)가 존재한다.** $J=0$ 상태에 있는 분자의 수를 N_0, $J=J$ 상태에 있는 분자의 수를 N_J라고 하면 Boltzmann 분포로부터 아래 식이 얻어진다.

$$N_J \propto N_0 \cdot g_J \cdot e^{-E_J/kT} \qquad (13\text{–}2\text{–}21)$$

여기서 $g_J = 2J+1$로서 축퇴수를 나타낸다. 따라서 어떤 선형분자가 J라는 회전상태에 존재할 확률은 아래와 같이 주어진다.

$$P(J,T) = C(2J+1)e^{-\tilde{B}J(J+1)/kT} \qquad (13\text{–}2\text{–}22)$$

여기서 C는 J와 온도에 무관한 상수이다. $\tilde{B} = 200\ \text{cm}^{-1}$, $T = 800$ K 에서 이론적으로 모사한 스펙트럼을 그림 (13-2-9b)에 나타내었다.

그림 (13–2–9). (a) : 선형회전자의 에너지준위, (b) : $\tilde{B} = 200\ \text{cm}^{-1}$, $T = 800$ K **에서 이론적으로 모사한 회전스펙트럼.**

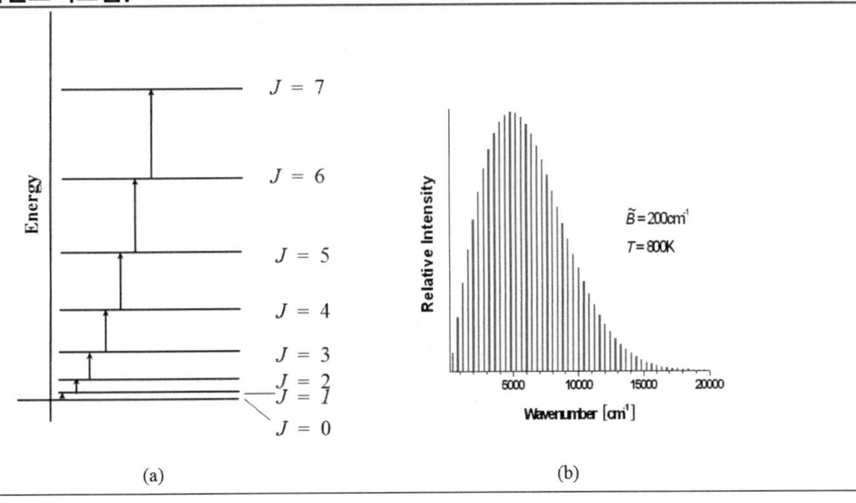

여기서 주목해야 할 것은 J가 매우 커지면 $\widetilde{B}$가 작아진다는 것이다. 그림 (13-2-9b)에서는 $\widetilde{B}$를 상수로 하여 얻어진 것이다. 그림 (13-2-9b)에서 꼭짓점을 구하기 위해서는 식 (13-2-22)의 분포함수를 미분하면 된다. 즉, **최대의 피이크를 갖는 J를 구하기 위하여 식 (13-2-22)을 미분해서 0으로 놓으면 $J_{\max}$를 구할 수 있다.** 여기서 주의할 것은 최대값을 갖는 $J_{\max}$를 구한 다음 바로 근처의 두 자연수를 식 (13-2-22)에 대입하여 최대값을 주는 자연수를 찾아야 한다.

$$J_{\max} \approx \left(\frac{kT}{2hc\widetilde{B}}\right)^{1/2} - \frac{1}{2} \qquad (13\text{–}2\text{–}23)$$

회전스펙트럼의 흡수영역과 양상이 온도에 민감하게 변한다는 것이 잘 알려져 있다. 여러 온도에서 이론적으로 모사한 어떤 기체분자의 회전스펙트라를 그림 (13-2-10)에 나타내었다. 온도가 높아지면 분자들은 높은 J 상태에 존재하게 되어 흡수폭이 매우 넓어지게 된다. **이러한 분광학적 실험자료로부터 어떤 기체계의 온도를 예측할 수 있다.** 그림 (13-2-9)와 (13-2-10)은 선폭을 무시하여 얻은 것이다. 실제로는 회전스펙트럼은 0이 아닌 선폭을 갖는다. 그 이유는 여러 가지가 있겠는데 이 중에 Doppler 폭넓어지기와 분광기기의 분해능 등이 있다. 선폭을 가미하여 얻어진 회전스펙트럼을 그림 (13-2-11)에 나타내었다.

그림 (13-2-10). **여러 온도에서 모사한 회전스펙트라.**

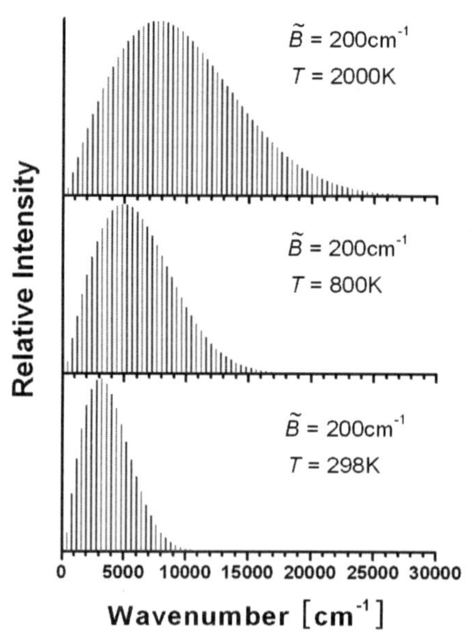

그림 (13-2-11). **선폭을 가미하여 얻은 모사한 회전스펙트럼.**

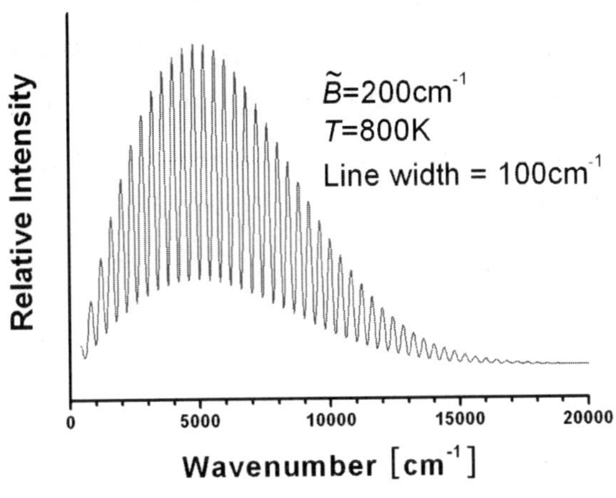

(g) Stark 효과

선형회전자에 전장을 걸어주면 $2J+1$**개가 축퇴되었던** J **회전상태의 에너지가** $J+1$**개로 분리된다.** 이것을 Stark가 처음으로 발견했으므로 Stark 효과라고 부른다.

$$E(J, M_J) = hc\widetilde{B}\,J(J+1) + a(J,\,M_J)\mu^2 E^2 \qquad (13\text{-}2\text{-}24)$$

$$a(J, M_J) = \frac{J(J+1) - 3M_J^2}{2hc\widetilde{B}J(J+1)(2J-1)(2J+3)} \qquad (13\text{-}2\text{-}25)$$

Stark **효과가 나타나려면 선형회전자에서 영구전기쌍극자모멘트** (permanent electric dipole moment)**가 있어야 한다.** 예로 HCl 분자는 Stark 효과가 있고, Cl2 분자는 Stark 효과가 없다.

그림 (13-2-12). **전장의 효과로 생긴 극성선형분자의 회전에너지의 분리.** $J=5$**인 분자에서** $M_J = 0, \pm 1, \pm 2, \pm 3, \pm 4, \pm 5$**로 여섯 개의 에너지준위로 바뀜.**

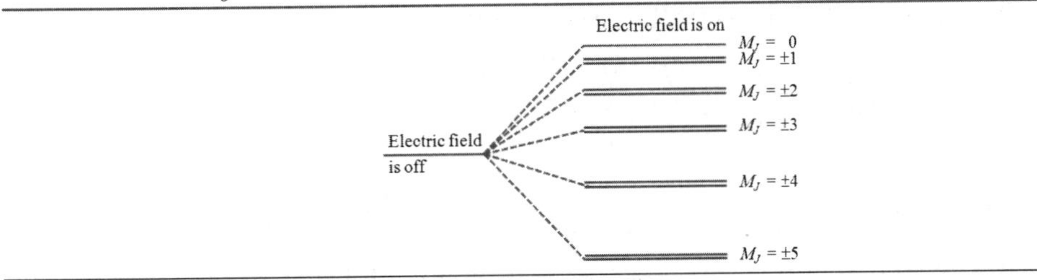

(h) 원심력에 의한 분자의 뒤틀림 (distortion)

지금까지는 분자를 강체회전자 (rigid rotor)로 보았는데 분자의 회전이 커지면 원심력에 의해 분자가 뒤틀린다. 이렇게 되면 분자에서 결합길이가 늘어나고 관성모멘트가 커지고 결과로 회전상수 (rotational constant)가 작아진다. **이와 같은 보정을 관성모멘트에 하지 않고 하나의 항을 넣어서 보정한다.**

$$F(J)=\widetilde{B}J(J+1)-\widetilde{D}_J J^2(J+1)^2 \qquad (13\text{-}2\text{-}26)$$

여기서 $\widetilde{D}_J=\dfrac{4\widetilde{B}^3}{\widetilde{\nu}^2}$

$\widetilde{\nu}$는 그 결합의 진동파수를 나타낸다.

(i) 회전라만분광학

어떤 물질에 전장을 가하면 전자구름이 전장의 반대 방향으로 대부분 쏠리나 다른 방향으로도 약간은 쏠린다. 이 때 유발전기쌍극자모멘트는 아래 식으로 주어진다.

$$\overrightarrow{\mu_{ind}}=\alpha\overrightarrow{E_{ext}} \qquad (13\text{-}2\text{-}27)$$

그림 (13-2-13). 회전에 의해 분자의 구조가 변형됨.

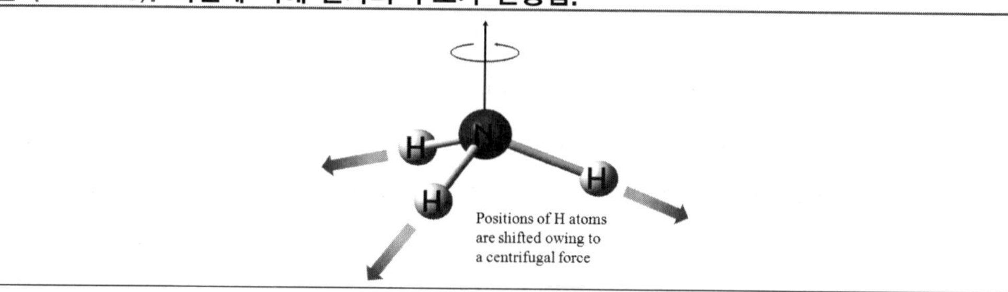

α를 편극율 (polarizability)이라 한다. 편극은 전자가 많은 물질에서 크게 일어난다. 식 (13-2-27)을 좀 더 상세하게 나타내면 아래와 같다.

$$\begin{pmatrix}\mu_x\\ \mu_y\\ \mu_z\end{pmatrix}=\begin{pmatrix}\alpha_{xx} & \alpha_{yx} & \alpha_{zx}\\ \alpha_{xy} & \alpha_{yy} & \alpha_{zy}\\ \alpha_{zx} & \alpha_{zy} & \alpha_{zz}\end{pmatrix}\begin{pmatrix}E_x\\ E_y\\ E_z\end{pmatrix} \qquad (13\text{-}2\text{-}28)$$

따라서 **편극율은 3x3인 텐서 (tensor)이다.** 그래서 α를 편극율 텐서 (polarizability tensor)라고 부른다. 일례로 α_{yx}**는 x축으로 오는 전장을 받아서 전자구름을 y축으로 얼마나**

쏠리게 하는가를 결정하는 편극율이다.

그림 (13-2-14) 전장에 의한 전자구름의 이동.

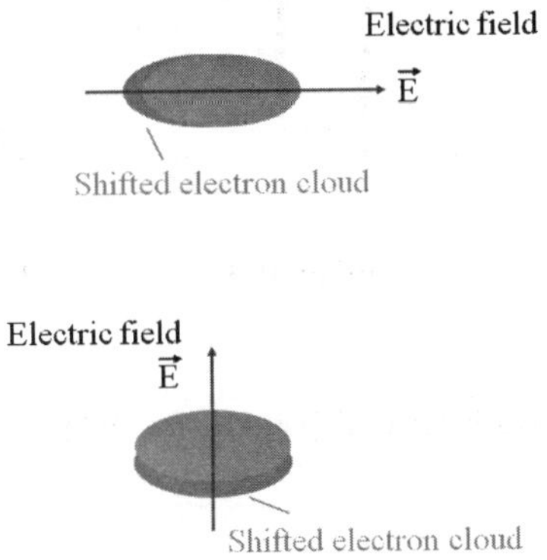

Electric field
$\vec{E}$
Shifted electron cloud

Electric field
$\vec{E}$
Shifted electron cloud

(j) Stokes 및 anti-Stokes 복사

어떤 물질에 강한 레이저를 조사하면 입사광자의 주파수 (에너지)보다 높게 산란되어 나오는 것을 anti-Stokes 선, 입사광자의 에너지보다 낮게 산란되어 나오는 것을 Stokes 선이라 한다. 대부분은 입사광의 주파수와 산란광의 주파수가 같다. 주파수가 변해서 나오는 즉, 라만이동해서 나오는 비율은 대략 10^{-6}으로 물질에 따라 여러 값을 나타낸다.

그림 (13-2-15) 밖에서 가해진 전장에 따른 전자구름의 이동양상이 분자의 회전에 의해 영향 받음. $\alpha_{\parallel}$ 는 분자의 장축에 전장을 걸어주었을 때의 편극율을 나타내고 $\alpha_{\perp}$ 는 분자의 단축에 전장을 걸어주었을 때의 편극율을 말한다. $0^{\circ}, 180^{\circ}, 360^{\circ}$ 에서 $\alpha_{\parallel}$ 값이 같다.

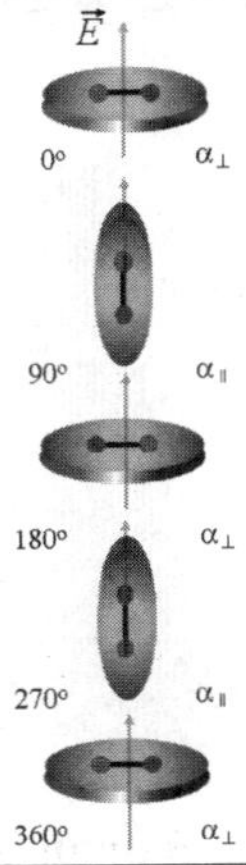

그림 (13-2-16). Stokes 선과 anti-Stokes 선.

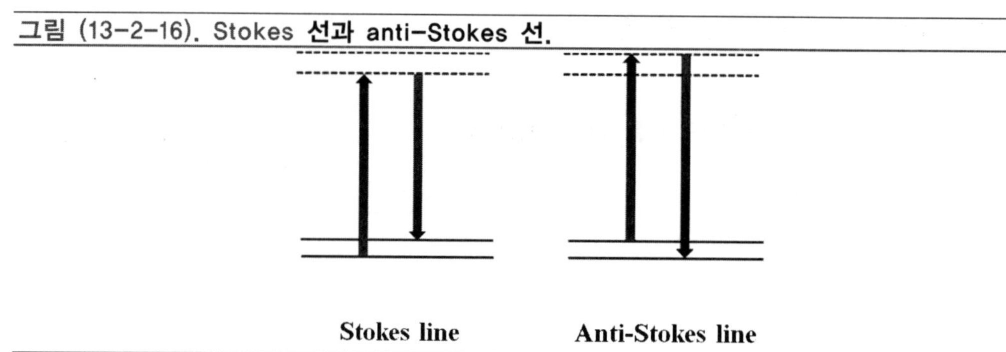

그림 (13-2-17). 선형회전자의 회전양자수의 변화. Stokes 선 : $\Delta J=2$, anti-Stokes 선 : $\Delta J=-2$.

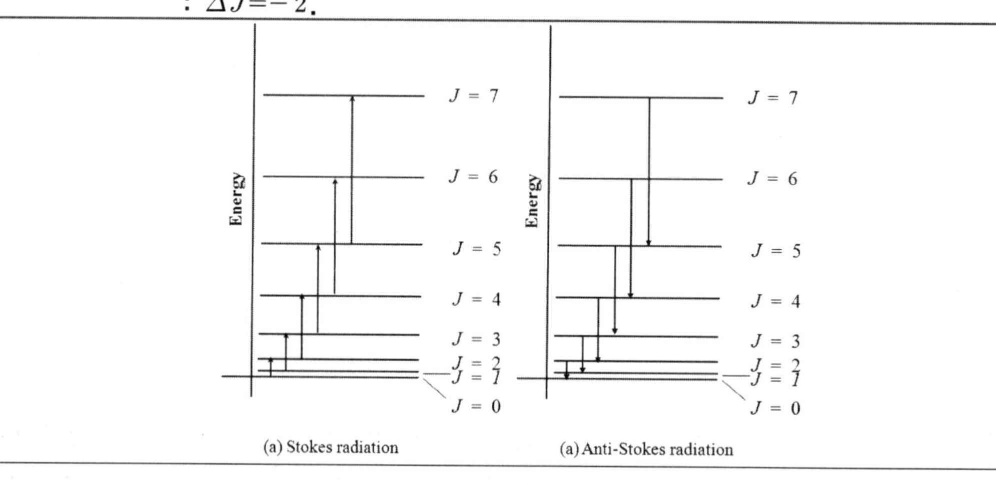

그림 (13-2-18). 이론적으로 모사한 회전라만스펙트럼.

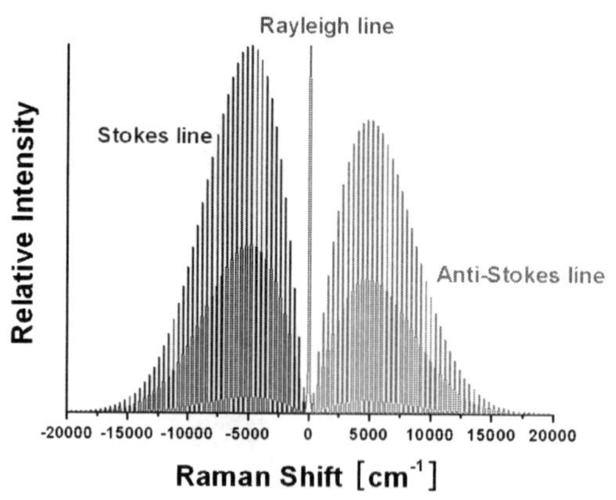

(k) 회전양자수와 핵스핀의 상호작용

동핵 이원자분자 (homonuclear diatomic molecule)에서 전체파동함수는 핵을 서로 자리 바꿈 했을 때 반대칭이어야 한다. 이것은 실험적으로 입증된 사실로 일종의 자연현상이다.

$$\Psi_{total} = \psi_{rotation}\psi_{spin} \qquad (13\text{-}2\text{-}29)$$

수소분자에서 핵의 스핀상태와 회전상태가 어떻게 짝지어있는지 살펴보기로 하자. 두 개의 수소핵의 핵스핀상태는 네 개가 가능한데 그 중 세 개는 삼중항이고 나머지 하나는 단일항이다. 이것을 스핀함수로 표현하면 다음과 같다.

① 삼중항

$\alpha(1)\alpha(2)$

$\frac{1}{\sqrt{2}}\{\alpha(1)\beta(2)+\alpha(2)\beta(1)\}^{1/2}$

$\beta(1)\beta(2)$

② 단일항

$\frac{1}{\sqrt{2}}\{\alpha(1)\beta(2)-\alpha(2)\beta(1)\}$

삼중항에 있는 스핀함수는 두 개의 핵의 교환에 대해서 대칭이고 단일항에 있는 스핀함수는 두 개의 핵의 교환에 대해서 반대칭임을 알 수 있다. 이 스핀함수를 도시해보자.

그림 (13-2-19). 수소분자의 두 핵스핀상태. $I=1$이면 $2I+1=3$, 3개의 축퇴상태가 존재한다. $I=0$이면 $2I+1=1$, 1개의 축퇴상태가 존재한다.

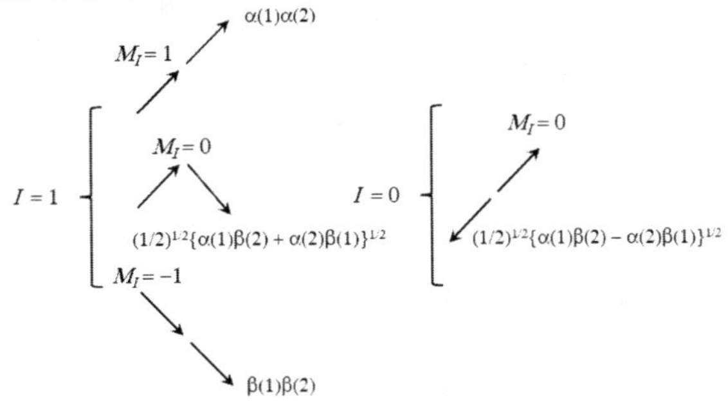

대칭핵스핀함수는 식 (13-2-29)에서 **반대칭회전파동상태** (antisymmetric rotational state)와 **짝을 지어야 한다. 따라서 삼중항을 갖는** ortho-H_2**는** J=**홀수인 반대칭회전상태와 짝을 지어야 한다. 반면에 단일항을 갖는** para-H_2**는** J=**짝수인 대칭회전상태와 짝을 지어야 한다.** 온도에 따른 ortho-수소분자와 para-수소분자의 분포를 그림 (13-2-20)에 나타내었다.

그림 (13-2-20). **온도에 따른 ortho-수소분자와 para-수소분자의 분포.**

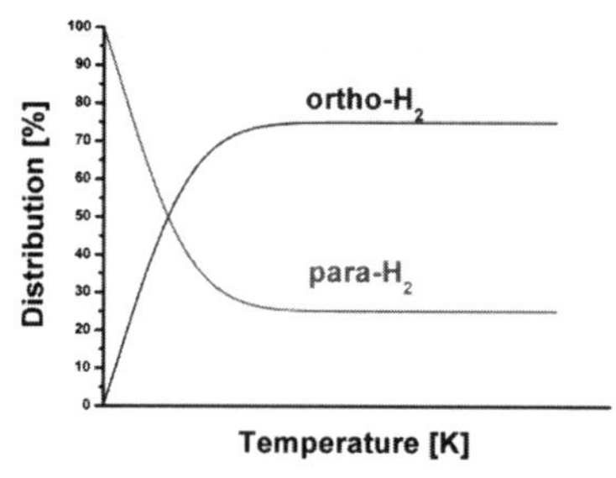

이 분포로부터 어떤 계의 온도를 예측할 수 있다. 이와 같은 이론을 적용해서 별똥별의 온도를 예측할 수 있다. **별똥별에서 분출되는 기체 중에서 수소기체의** ortho$-H_2$**의 분포를 측정하면 그 별똥별의 온도를 측정할 수 있다.**

3. 진동분광학

(a) Morse 퍼텐샬

분자의 진동에서 진동의 진폭이 커지면 퍼텐샬에너지는 그림 (13-3-1)에 나타낸 바와 같이 **포물선에서 벗어나 Morse 퍼텐샬에 가까워진다.**

$$V = hc\widetilde{D}_e\{1 - e^{-a(R-R_e)}\}^2 \tag{13-3-1}$$

여기서 $$a = \left(\frac{\mu\omega^2}{2hc\widetilde{D}_e}\right)^{1/2} \tag{13-3-2}$$

μ는 환산(감소)질량 (reduced mass), $\omega = 2\pi\nu$, 그리고 ν는 이원자분자의 진동수이다.

그림 (13-3-1). 분자의 퍼텐샬에너지곡선. 퍼텐샬에너지는 핵간거리가 평형거리에 가까울 때는 포물선에 가까우나 핵간거리가 멀어지면 그림과 같이 Morse 퍼텐샬에 가까워짐.

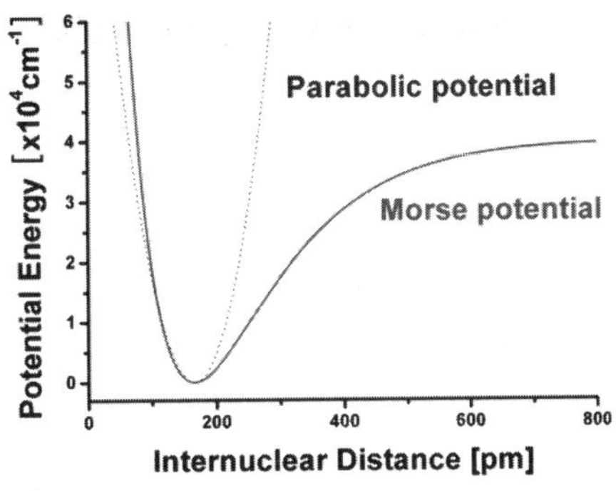

어떤 특정 이원자분자의 Morse 퍼텐샬을 그림 (13-3-2)에 나타내었다. 그림에서 퍼텐샬에너지가 최소가 되는 핵간거리 r_e를 평균핵간거리 (equilibrium internuclear distance)라 한다. 이 점에서의 에너지와 $r = \infty$인 곳에서의 에너지의 차이를 평균분해(해리)에너지 (equilibrium dissociation energy)라 한다.

그림 (13-3-2). 핵간거리가 평형핵간거리에서 많이 벗어났을 때의 위치에너지를 잘 표현해주는 어떤 특정 동핵이원자분자의 Morse 퍼텐샬.

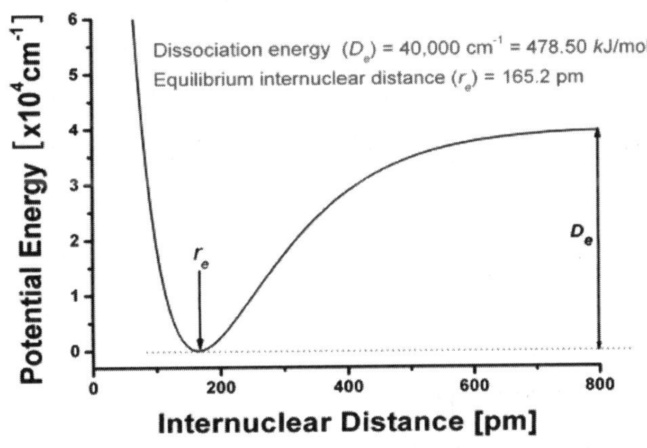

(b) 해리에너지의 두 가지 표현

D_0는 $v = 0$인 진동상태에서 해리극한까지의 에너지에 해당하고 D_e는 평형점에서부터

해리극한까지의 에너지에 해당한다. ☞ 그림 (13-3-3).

그림 (13-3-3). Morse 퍼텐샬 곡선에서 진동에너지준위. D_0와 D_e의 비교.

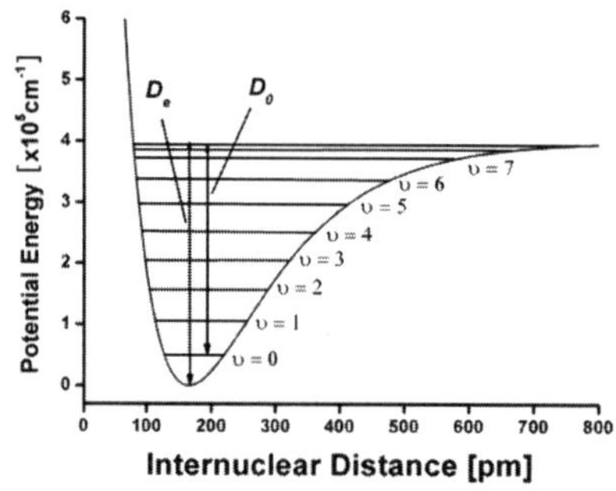

(c) 진동의 선택규칙

v인 진동상태의 진동에너지는 아래와 같이 주어진다.

$$\widetilde{G}(v) = \left(v + \frac{1}{2}\right)\widetilde{\nu} - \left(v + \frac{1}{2}\right)^2 x_e \widetilde{\nu} + \left(v + \frac{1}{2}\right)^3 y_e \widetilde{\nu} + \cdot\cdot\cdot \quad (13\text{-}3\text{-}3)$$

$\widetilde{\nu}$는 $v = 0 \rightarrow v = 1$ 에서 기본진동의 파수를 나타낸다. x_e**를 비조화상수** (anharmonicity constant)**라고 하며, 보통** 0.002 ~ 0.02**의 값을 갖는다.** $v = 0 \rightarrow v = 1$인 진동전이를 기본진동 (fundamental), $v = v \rightarrow v = v + 2$을 배진동 (overtone), 그리고 $v = 0 \rightarrow v = 2$인 진동전이를 첫 번째 배진동 (first overtone)이라고 한다. 퍼텐샬에너지가 포물선형이면 선택규칙 (selection rule)은 $\Delta v = \pm 1$이고, 퍼텐샬에너지가 포물선형에서 벗어나면 $\Delta v = \pm 2, 3$ 전이도 가능하다. D_0 {영점 (zero point)에서의 분해에너지}는 아래와 같이 주어진다. ☞ 그림 (13-3-4).

$$D_0 = h_1 + h_2 + h_3 + h_4 + h_5 + h_6 + h_7 + \cdot\cdot + h_n = \sum_n h_k \quad (13\text{-}3\text{-}4)$$

(d) Birge-Sponer 도시 (plot)

$\widetilde{\Delta G}_{v+\frac{1}{2}}$ 를 아래와 같이 정의한다.

$$\widetilde{\Delta G}_{v+\frac{1}{2}} \equiv \widetilde{G}_{v+1} - \widetilde{G}_v \quad (13\text{-}3\text{-}5)$$

$$\therefore\ \widetilde{D_0} = \widetilde{\Delta G_{\frac{1}{2}}} + \widetilde{\Delta G_{\frac{3}{2}}} + \ldots\ldots = \sum_{v} \widetilde{\Delta G_{v+\frac{1}{2}}} \tag{13-3-6}$$

식 (13-3-3)과 식 (13-3-5)로부터 아래 식들이 얻어진다.

그림 (13-3-4). **분해에너지는 진동에너지 간격의 총합임을 보여주는 그림.**

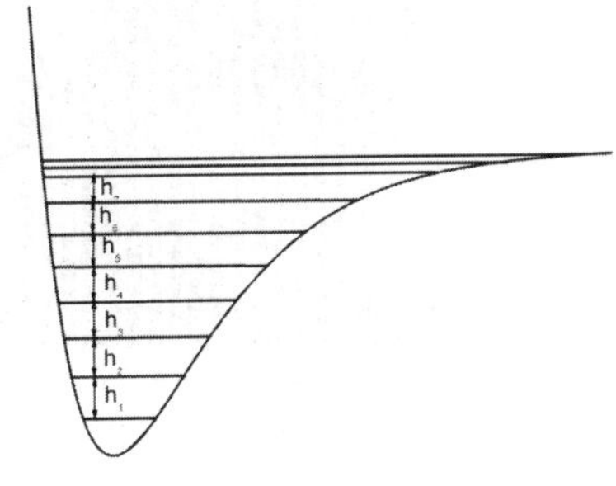

$$\widetilde{\Delta G_{\frac{1}{2}}} = \widetilde{G_1} - \widetilde{G_0} = \tilde{\nu} - 2x_e\tilde{\nu} + \cdot\cdot = (1-2x_e)\tilde{\nu} + \cdot\cdot \tag{13-3-7}$$

$$\widetilde{\Delta G_{\frac{3}{2}}} = \widetilde{G_2} - \widetilde{G_1} = \tilde{\nu} - 4x_e\tilde{\nu} + \cdot\cdot = (1-4x_e)\tilde{\nu} + \cdot\cdot \tag{13-3-8}$$

$$\widetilde{\Delta G_{v+\frac{1}{2}}} = \widetilde{G_{v+1}} - \widetilde{G_v} = \tilde{\nu} - 2(v+1)x_e\tilde{\nu} = \{1-2(v+1)x_e\}\tilde{\nu} \tag{13-3-9}$$

이와 같이 $\widetilde{\Delta G_{v+\frac{1}{2}}}$의 값이 그림 (13-3-5)에 나타낸 바와 같이 $2x_e\bar{\nu}$ 씩 줄어든다. v 값이 매우 커지면 식 (13-3-3)에 나타낸 세 번째 항 때문에 간격이 더 줄어든다. 따라서 그림 (13-3-5)에서 볼 수 있듯이 **실제곡선이 외삽곡선** (extrapolated curve)에서 **현저하게 벗어난다.**

그림 (13-3-5). Birge-Sponer 도시 (plot)의 면적의 합은 분자의 분해에너지와 같음. 진동양자수가 커지면 실제곡선은 선형모양에서 벗어나게 됨.

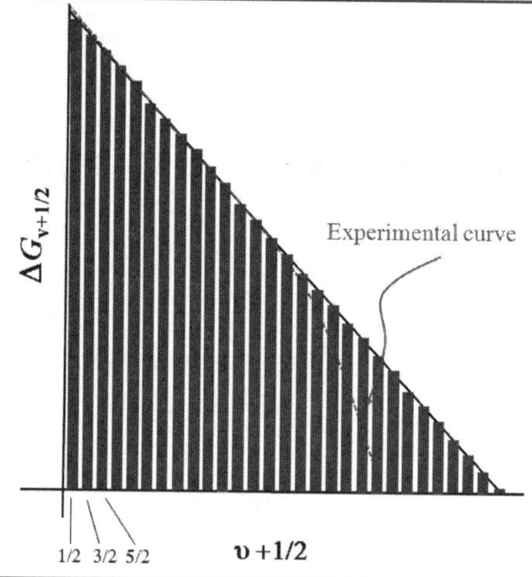

(e) 진동스펙트라의 분석

시중에 널리 통용되는 Gaussian프로그램 (Gaussian program)을 이용하여 실험적으로 얻은 적외선 및 라만진동스펙트라를 분석해보자. 우선 그림 (13-3-6)에 도시한 bis(4,4-dimethyl-2,5-cyclohexadien-1-ylidene) (BDCY) 분자의 실험적 적외선스펙트럼을 이론의 그것과 비교해보자. DFT로 계산한 진동수에 0.963 척도인자 (scaling factor)를 곱해서 얻은 진동수와 그것들의 세기가 실험결과와 잘 일치함을 알 수 있다. 그 실험과 이론의 비교를 그림 (13-3-7)에 나타내었다. C-H 신축에 해당하는 고 진동수 범위를 제외하고 전 영역에서 이론과 실험이 잘 일치한다.

그림 (13-3-6). Bis(4,4-dimethyl-2,5-cyclohexadien-1-ylidene)의 분자모형.

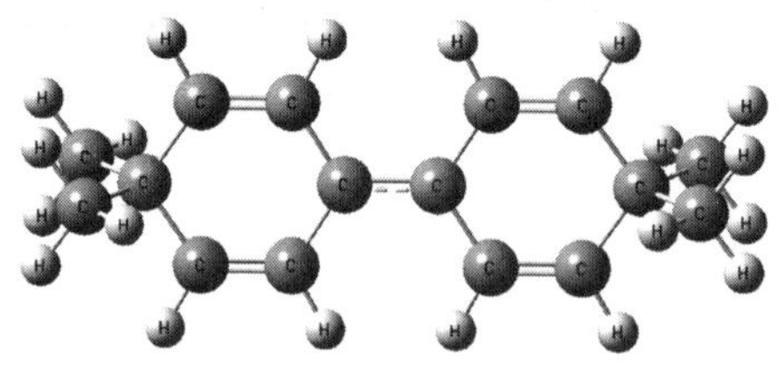

그림 (13-3-7). BDCY의 적외선스펙트럼과 DFT로 모사한 스펙트럼의 비교.

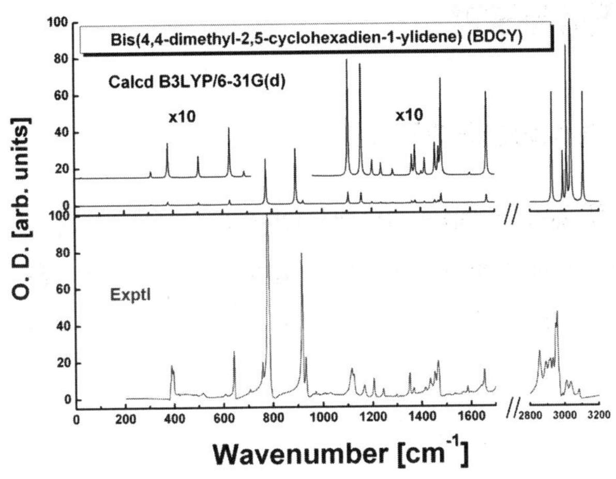

같은 분자에 대해서 라만스펙트럼을 분석한 연구결과가 나와 있다. HF 방법으로 계산한 진동수에 척도인자 0.8929를 곱해서 얻은 진동수와 그 것들의 세기가 실험결과와 잘 일치한다. 그림 (13-3-8)에 BDCY의 라만스펙트럼과 HF 방법으로 모사한 스펙트럼을 비교하였다. **이론적 스펙트럼은** Lorentzian **선형함수** (Lorentzian line shape function)**로 모사한 것이며 선폭은** 4 cm^{-1}**이다.** 이러한 이론적 연구로부터 실험적으로 얻은 진동수에 해당하는 진동모드를 규명할 수 있다. ☞ 부록 수학적 고찰 A-1. 분광자료의 모사.

그림 (13-3-8). BDCY의 라만스펙트럼과 HF 방법으로 모사한 스펙트럼의 비교.

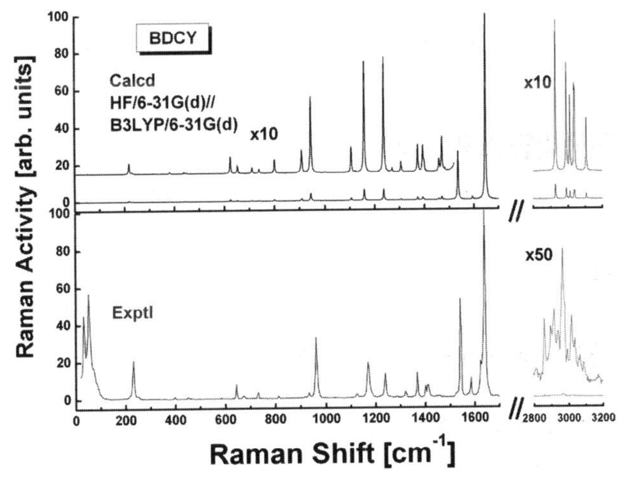

4. 회전-진동분광학

(a) 회전–진동적외선스펙트라

① 분광학적 갈래들 (spectral branches)

진동분광스펙트럼에서 회전전이도 같이 관찰할 수 있다. 이것은 진동전이과정에서 회전전이가 수반되기 때문이다. 회전-진동적외선스펙트럼의 피이크의 파수는 아래의 두개의 함수로 주어진다.

$$\widetilde{S(v, J)} = \widetilde{G(v)} + \tilde{F}(J) \tag{13-4-1}$$

진동에너지는 진동양자수 v, 회전에너지는 회전양자수 J로 특정지어진다. 선택규칙은 $\Delta v=+1$, $\Delta J= \pm 1$이다. 특정 진동의 전이에서 두 가지 회전전이 $\Delta J= -1$ 를 P 갈래 (P branching), $\Delta J= +1$을 R 갈래 (R branching)라 한다.

ⓐ P 갈래 (P branching)

$\Delta v=+1$, $\Delta J= -1$

$$\widetilde{\nu_P} = \tilde{S}(v+1, J-1) - \tilde{S}(v, J) \tag{13-4-2}$$

ⓑ R 갈래

$\Delta v=+1$, $\Delta J= +1$

$$\widetilde{\nu_R} = \tilde{S}(v+1, J+1) - \tilde{S}(v, J) \tag{13-4-3}$$

(b) 회전–진동라만스펙트라

진동분광라만스펙트럼에서도 회전전이를 같이 관찰할 수 있다.

① 선택규칙

ⓐ O 갈래 (O branching) : $\Delta v=+1$, $\Delta J= -2$

ⓑ Q 갈래 (Q branching) : $\Delta v=+1$, $\Delta J= 0$

ⓒ S 갈래 (S branching) : $\Delta v=+1$, $\Delta J= +2$

그림 (13-4-1). (a) : 진동-회전들뜸의 메커니즘. (b) : 진동-회전스펙트럼. P 와 R 갈래가 나타남. 여기서 Q 갈래는 실제로 스펙트럼에 나타나지 않음.

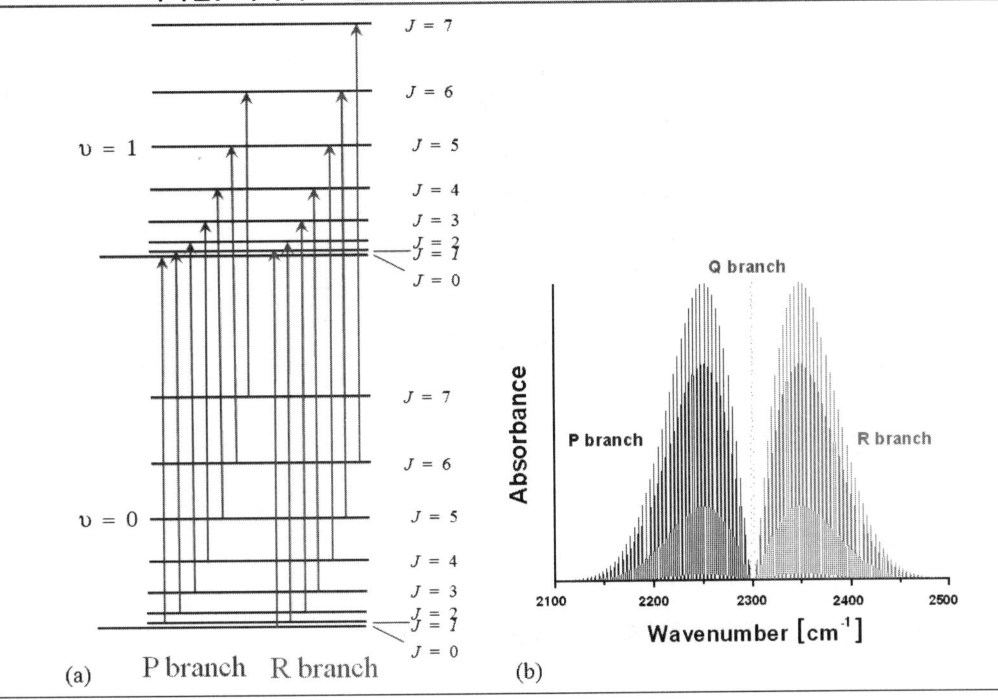

그림 (13-4-2). 진동-회전라만스펙트럼에서 나타나는 O와 S 갈래의 선택규칙과 에너지영역.

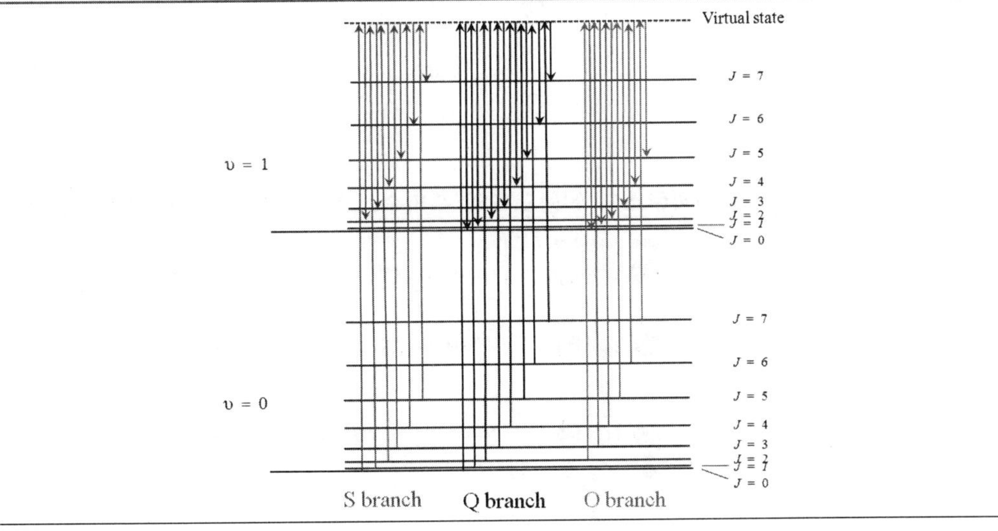

그림 (13-4-3). 이론적으로 모사한 진동-회전라만스펙트럼의 개요도.

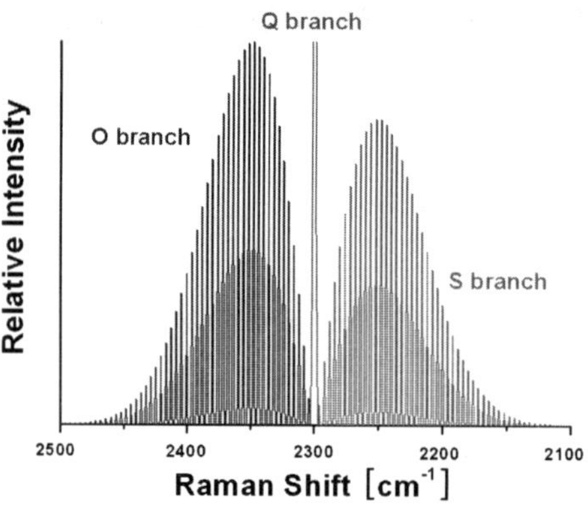

(c) 진동모드와 파수

이산화탄소 및 물분자의 진동모드와 파수를 그림 (13-4-4)에 나타내었다. 그 그림에 적외선 및 라만활성여부를 표시하였다.

(d) 비편극율 측정으로부터 진동모드 규명

비편극율

비편극율 ρ는 어떤 물질이 편극화된 빛을 흡수하여 최초편극화의 방향에 수직한 방향의 빛을 얼마나 많이 방출하는가를 나타내는 척도이다.

$$\rho = \frac{I_{\perp}}{I_{\parallel}} \tag{13-4-4}$$

그림 (13-4-4). 이산화탄소의 진동모드와 주파수, 그리고 적외선 및 라만활성여부.

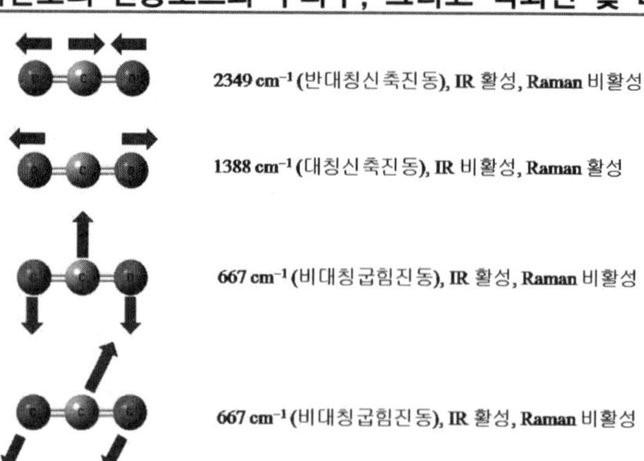

그림 (13-4-5). **물분자의 진동모드와 주파수, 그리고 적외선 및 라만활성여부.**

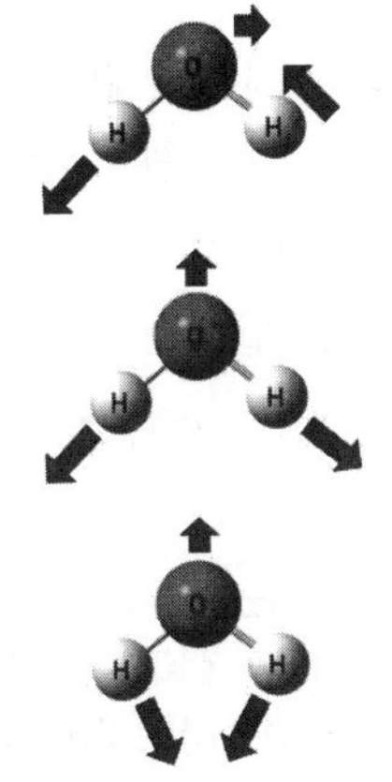

3756 cm^{-1} (반대칭신축진동), **IR** 활성, **Raman** 활성

3652 cm^{-1} (대칭신축진동), **IR** 활성, **Raman** 활성

1595 cm^{-1} (대칭굽힘진동), **IR** 활성, **Raman** 활성

라만분광학에서 ρ **값이** 0.75**보다 크면 그 라만선은 비편극화되어 있다고 한다. 반면에** ρ **값이** 0.75**보다 작으면 그 라만선은 편극화되어 있다고 한다.** 이 ρ 값으로부터 진동라만 피이크가 전체적으로 대칭적인지 (totally symmetric) 아닌지를 말해준다. 즉, 전체적으로 대칭피이크 (예를 들면 물분자에서 a_1 진동은 전체적으로 대칭적이다)는 편극화된 빛을 흡수하여 같은 방향의 편극화된 빛을 방출한다. 즉, ρ **값이** 0**에 가까워진다. 지표표에서 제일 위에 있는 기약표현에 해당하는 것이 전체적으로 대칭적이다.** 부록에 있는 $D_{\infty h}$ **지표표에서** Σ_g^+**에 해당하는 진동은 전체적으로 대칭적이다.** 이 전체적으로 대칭적인 진동모드는 0에 가까운 ρ 값을 갖는다.

그림 (13-4-6). **입사광을 흡수한 분자는 분자자체의 진동 등의 거동에 의해** $I_{\parallel}$ **와** $I_{\perp}$ **의 비율이 달라짐.**

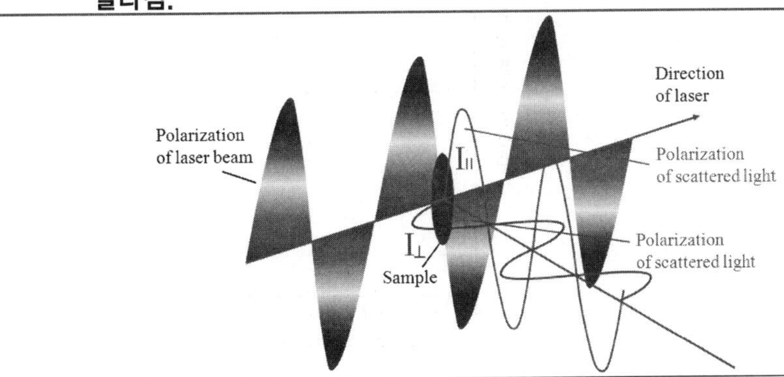

(e) 정상라만과 공명라만

라만이동을 측정할 때 입시광의 에너지가 어떤 물질의 전자전이에너지와 유사하면 이와 관련된 라만피이크는 증대될 수 있다. 이와 같은 원리를 이용해서 생물질의 피이크를 단순화 할 수 있고 특정 피이크의 세기를 증대할 수 있다. 좀 더 자세히 설명하면 들뜸레이저의 파장이 어떤 분자의 전자흡수파장과 일치하면 그 들뜸파를 흡수한 발색단과 관련된 라만피이크가 $10^2 \sim 10^4$ 정도 증대된다. 사용되는 들뜸레이저는 들뜸파장을 바꿀 수 있는 가변레이저이다.

그림 (13-4-7). **(a) : 정상라만, (b) : 공명라만. 정상라만에서는 입사광의 에너지가 들뜬상태의 에너지와 다름. 즉, 가상상태 (virtual state)로의 전이임. 반면에 공명라만에서는 입사광의 에너지가 들뜬상태의 그것과 같거나 비슷하여 라만피이크 세기가 현저함.**

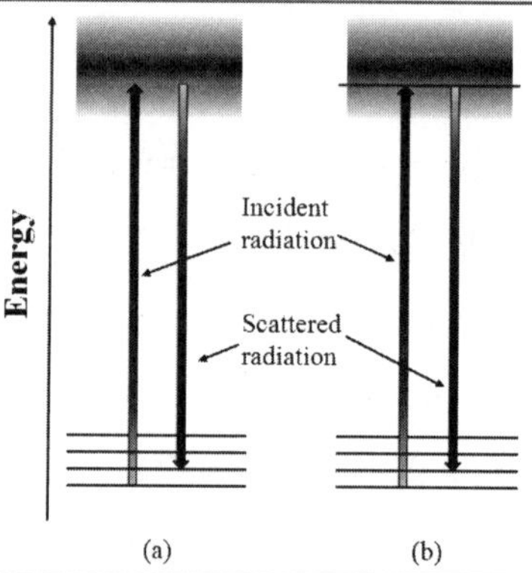

그림 (13-4-8). **(a) : 정상라만, (b) : 공명라만.**

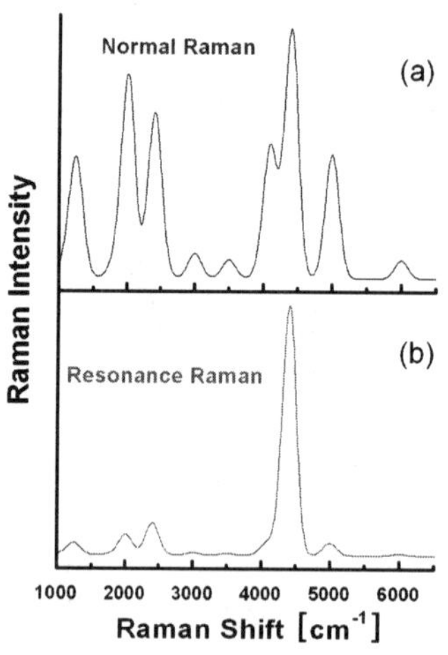

(f) 결맞은 anti-Stokes 라만분광학의 원리 및 분광학에의 응용

결맞은 anti-Stokes **라만분광학** (coherent anti-Stokes Raman spectroscopy, CARS)**을 이용하여 약한 신호를 강하게 만들 수 있다.** 표면을 연구하는 경우, 라만신호는 매우 약해서 배경 잡음신호와 진짜신호를 구별하기가 용이하지 않다. 이러한 경우 특정신호를 CARS 방법으로 증대할 수 있다. 주파수가 서로 다른 두 레이저를 어떤 물질의 한 곳에 조사하면 그림 (13-4-9) 및 (13-4-10)에 나타난 바와 같이 흡수와 방출을 일으켜 **새로운 주파수인** ν_3**를 갖는 신호가 나온다.**

$$\nu_1 - \nu_2 = \Delta\nu = \nu_K = \nu_3 - \nu_1 \tag{13-4-5}$$

$$\nu_3 = 2\nu_1 - \nu_2 \tag{13-4-6}$$

두 입사레이저의 주파수의 차이가 그 물질의 진동수가 같으면 이에 해당하는 특정 피이크의 세기만 증대할 수 있다. 두 레이저를 어떤 물질에 결맞게 조사해서 특정 피이크만 증대할 수 있다. 잡음 신호는 불규칙하게 나오므로 평균해서 없어지게 된다.

그림 (13-4-9). CARS 신호를 얻기 위한 두 레이저 주파수 간의 관계를 설명하는 개요도.

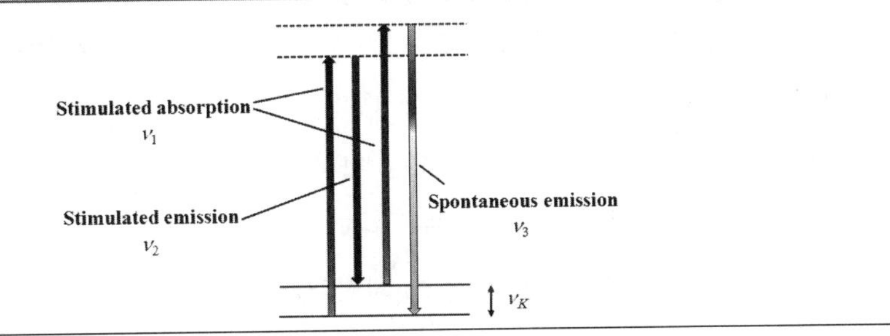

그림 (13-4-10). CARS 실험장치. 레이저에서 방출된 ν_1 빛을 염료레이저를 통과시켜 두 개의 주파수 ν_1과 ν_2의 빛을 선택한다. 초점이 있는 렌즈 (focal lens)를 이용하여 이 두 빛을 시료의 한 곳에 조사한다. 이 시료에서 나온 ν_3의 빛은 검출기 (detector)에서 검출된다.

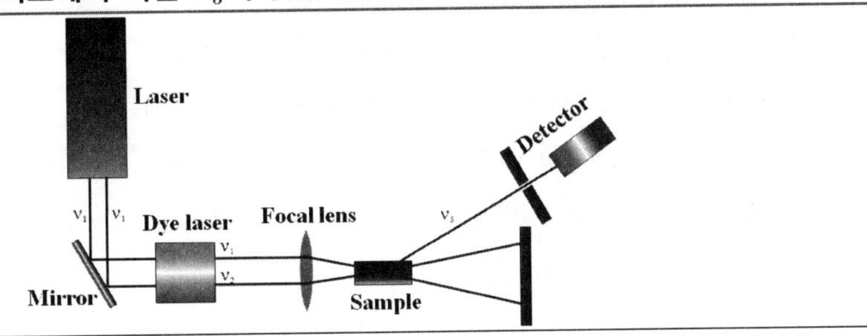

연습문제

(13-1) 분자에서 적외선흡수조건 및 라만활성조건을 나타내시오.

(13-2) 결맞은 anti-Stokes 라만분광학의 응용분야를 나타내시오.

(13-3) 분광학에서 선폭넓어지기에 영향을 주는 요인을 열거하고 설명하시오.

(13-4) 라만산란의 종류와 에너지변화에 관해 논하시오.

(13-5) HCl 분자는 바닥상태에서 영구전기쌍극자모멘트가 1.1085 debye이다. 핵간거리가 127.455 pm이면 이 분자의 퍼센트이온성은 얼마인가?

단, 1 debye $= 3.335641 \times 10^{-30}$ C • m, 전자의 전하 $= 1.602\ 177\ 33 \times 10^{-19}$ C.

(13-6) 아래 분자의 진동모드를 나타내시오. C_2H_2에 대해서는 적외선 및 라만활성여부도 나타내시오.

(a) N_2O (b) H_2S (c) C_2H_2

(13-7) 회전분광학에서 회전자에 전장을 걸어주면 축퇴되어있던 회전에너지준위가 변하는 Stark 효과를 설명하시오. 회전양자수 J에 대해 피이크가 갈라지는 현상을 나타내시오.

(13-8) Ortho$-H_2$와 para$-H_2$에 대해 아래 물음에 답하시오.

(a) Ortho$-H_2$의 스핀궤도함수를 나타내시오.

(b) Para$-H_2$의 스핀궤도함수를 나타내시오.

(c) Ortho$-H_2$가 가질 수 있는 회전파동함수의 양자수는?

(d) Para$-H_2$가 가질 수 있는 회전파동함수의 양자수는?

(e) 온도에 따른 ortho$-H_2$와 para$-H_2$의 분포를 나타내시오.

(13-9) 부록의 $D_{\infty h}$ 지표표를 이용하여 CO_2 분자의 진동이 적외선 및 라만이 활성인지 또는 비활성인지를 판명하시오.

(13-10) 회전-라만분광학의 선택규칙을 나타내시오.

(13-11) 적외선스펙트라에서 피이크가 나타나는 분자는?

(a) N_2, (b) NO, (c) CO, (d) Cl_2, (e) CO_2, (f) HCl, (g) OCS

(13-12) OCS 분자에 전장을 걸어줬을 때 $J=2$에서 $J=3$으로의 전이에서 나타나는 피이크의 수를 나타내시오.

(13-13) 아래 분자의 진동모드를 나타내고 적외선 및 라만활성인지를 나타내시오.

(a) OCS (선형분자임) (b) $:CH_2$ (carbene, 굽은 형)

(13-14) Doppler 효과가 존재하지 않는 스펙트라 (Doppler free spectra)를 얻는 기술을 열거하고 설명하시오.

(13-15) Birge-Sponer 도시를 설명하고, 외삽선 (extrapolated line)이 큰 회전양자수 v에서 직선에서 곡선으로 바뀌는 이유를 설명하시오.

(13-16) CO 및 N_2 분자에 전장을 걸어줬을 때 $J=2$에서 $J=3$으로의 전이에서 나타나는 피이크의 수를 나타내시오.

(13-17) $^{1}H\,^{19}F$의 기본진동주파수 (fundamental vibrational frequency)는 4138.52 cm^{-1}이고, $^{2}D\,^{19}F$의 그 것은 2998.25 cm^{-1}이다. 이 두 분자의 D_e는 모두 5.86 eV이다. 두 분자의 결합에너지 (D_0)의 차이를 구하시오.

(13-18) Acetylene은 선형대칭분자이다. 이 분자는 7개의 진동의 정상모드 (normal modes of vibration)를 갖는다. 아래 그림에서

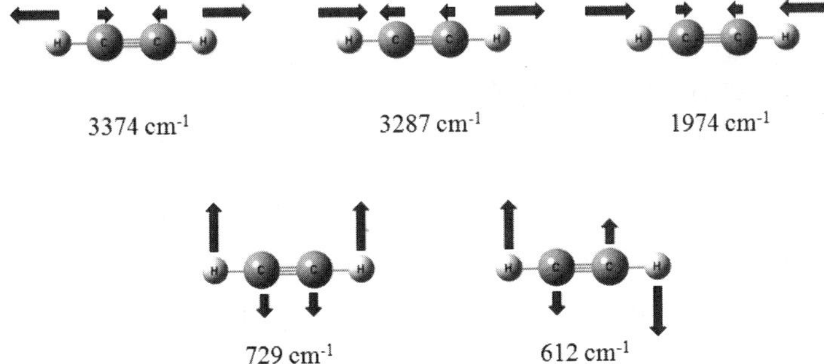

(a) 2중 축퇴된 진동모드 2개를 골라서, 위에 나타내지 않은 진동모드를 나타내시오.

(b) 적외선활성진동모드를 고르시오.

(c) 라만활성진동모드를 고르시오.

(13-19). 결합길이가 r이고 원자의 질량이 m인 정4각형 분자가 있다고 가정하자. 이 분자의 $I_{\parallel}$와 $I_{\perp}$를 구하시오. 이와 같은 물질을 무슨 회전자라고 부르는가?

(13-20) CO_2 분자에서 C=O의 결합길이는 1.162×10^{-10} m이다. 질량중심과 관성모멘트를 구하시오.

(13-21) 630 nm에서 어떤 물질의 몰흡수계수는 $\epsilon = 6.88 \times 10^{3}$ L • $mol^{-1}cm^{-1}$ 이다. 이 파장에서 이 물질의 흡광도 (absorbance)는 1.00 cm의 셀을 사용했을 때 0.521이었다. 이 물질의 농도는 얼마인가?

연습문제해답

(13-1) 적외선의 흡수조건 : $\dfrac{\partial \mu}{\partial q} \neq 0$, 여기서 q는 진동에 따른 좌표, μ는 영구전기쌍극자모멘트이다. 라만의 활성조건 : $\dfrac{\partial \alpha}{\partial q} \neq 0$, 여기서 q는 진동에 따른 좌표, α는 편극율이다.

(13-5) HCl 분자가 완전한 이온결합을 이루고 있다고 가정했을 때 전기쌍극자모멘트는

$$\mu = 1.60217733\text{x}10^{-19}\text{C} \bullet 127.455\text{x}10^{-12}\text{m} = 2.042054\text{x}10^{-29}\text{Cm}$$
$$= 2.042054\text{x}10^{-29}\text{Cm} \bullet \frac{1\text{debye}}{3.335641\text{x}10^{-30}\text{Cm}} = 6.1220\text{debye}$$

이 분자의 퍼센트이온성은 $= \dfrac{1.1085\text{debye}}{6.122\text{debye}}\text{x}100 = 18.107(\%)$

(13-9)

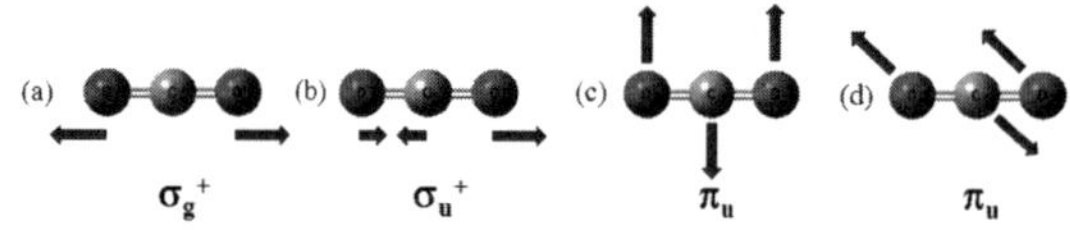

(a) 적외선비활성, 라만활성 (b) 적외선활성, 라만비활성

(c) 적외선활성, 라만비활성 (d) 적외선활성, 라만비활성

(13-12) 아래 그림에 나타낸 바와 같이 여덟 개의 피이크가 나타날 것이다.

연습문제그림 (13-1). $J=2 \rightarrow J=3$으로의 전이가 가능한 경우. 선택규칙 : $\Delta J = \pm 1, \Delta M_J = 0, \pm 1$.

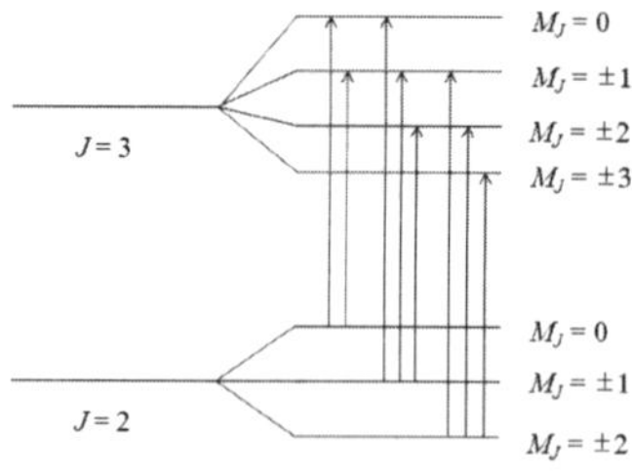

(13-13)

(a)

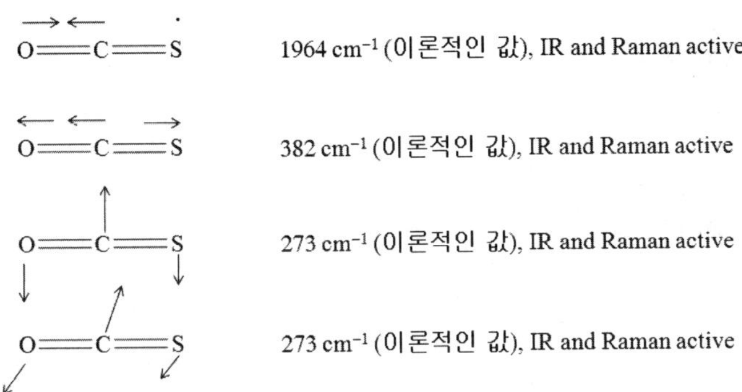

(b) : CH_2 분자의 진동모드는 모두 적외선과 라만활성.

(13-16) CO 분자는 영구전기쌍극자모멘트가 있으므로 아래 그림에 나타낸 바와 같이 여덟 개의 피이크가 나타날 것이다. 선택규칙 : $\Delta J = \pm 1, \Delta M_J = 0, \pm 1$.

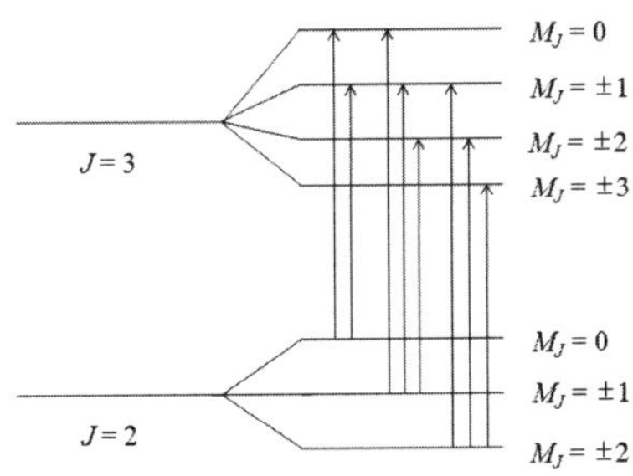

N_2 분자는 영구전기쌍극자모멘트가 없으므로 아래 그림에 나타낸 바와 같이 한 개의 피이크가 나타날 것이다. 선택규칙 : $\Delta J = \pm 1$.

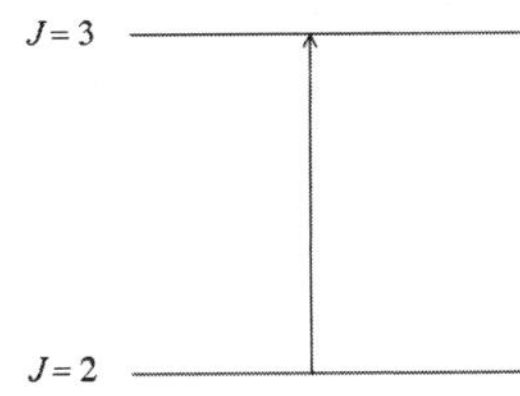

(13-17) $\Delta(D^0) = \Delta\left(\frac{1}{2}h\nu\right) = \frac{1}{2}hc(\Delta\tilde{\nu}) = \frac{1}{2} \cdot 6.626\text{x}10^{-34}\ \text{J} \cdot \text{s} \cdot 2.998\text{x}10^{8}\ \text{m/s}$
$\text{x}(4138.52 - 2998.25)\ \text{cm}^{-1} = 1.133\text{x}10^{-20}\ \text{J}$

(13-18) (a) 2중 축퇴된 진동모드들

Two doubly-degenerated modes of vibration

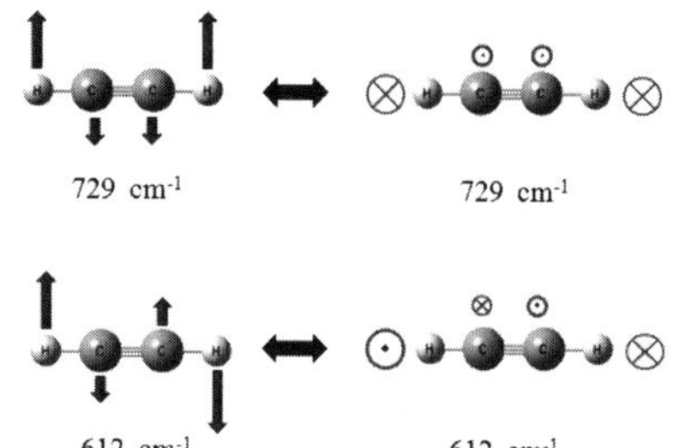

(b) IR 활성진동모드들

Infrared-active modes of vibration

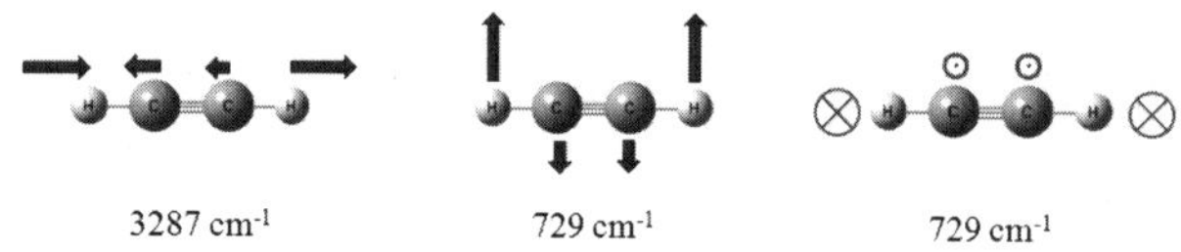

(c) 라만활성진동모드들

Raman-active modes of vibration

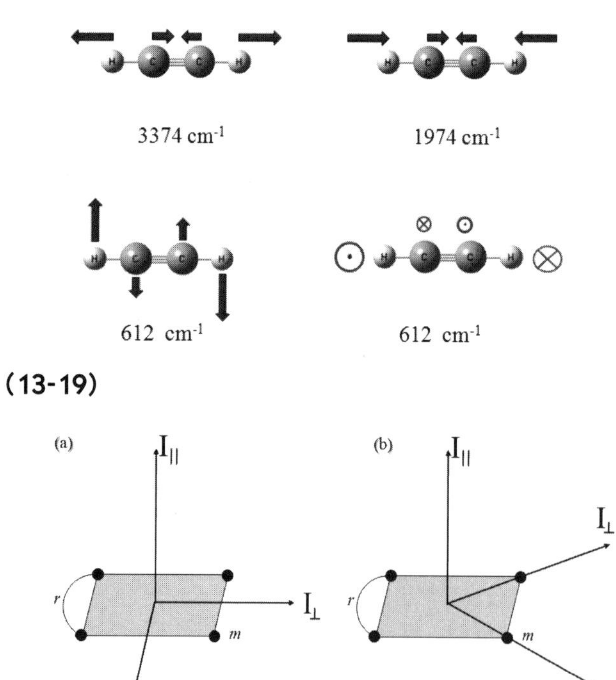

(13-19)

(a)의 경우 $I_{\parallel} = \int_m r^2 dm = \left(\frac{\sqrt{2}}{2}r\right)^2 m\text{x}4 = 2mr^2$,

$$I_{\perp} = \int_m r^2 dm = \left(\frac{1}{2}r\right)^2 m\text{x}4 = mr^2$$

(b)의 경우 $I_{\parallel} = \int_m r^2 dm = \left(\frac{\sqrt{2}}{2}r\right)^2 m\text{x}4 = 2mr^2$

$$I_{\perp} = \int_m r^2 dm = \left(\frac{\sqrt{2}}{2}r\right)^2 m\text{x}2 = mr^2$$

두 개 모두가 같은 결론을 갖는다. $I_{\parallel} > I_{\perp}$ 이므로 이 회전자는 납작대칭팽이회전자이다.

(13-20) 질량중심은 탄소원자의 위치와 같다.

$$I = 2\left(\frac{16.00}{6.022\text{x}10^{23}} \cdot \frac{1}{1000}\text{kg}\right) \cdot (1.162\text{x}10^{-10}\text{m})^2 = 3.587\text{x}10^{-45}\ \text{kg} \cdot \text{m}^2$$

(13-21) 식 $A = \epsilon c\ell$을 이용한다. $0.521 = 6.88\text{x}10^3\ \text{L} \cdot \text{mol}^{-1}\text{cm}^{-1} \cdot \text{c} \cdot 1.00\,\text{cm}$.

$$\therefore\ c = 7.57\text{x}10^{-5}\frac{\text{mol}}{\text{L}} = 7.57\text{x}10^{-5}M$$

14장

새·롭·고·이·해·하·기·쉬·운·물·리·화·학

전자분광학

1. 원자나 분자에서 전자의 들뜸

(a) 산소분자의 전자들뜬상태

산소분자의 MO 에너지준위도를 그림 (14-1-1)에 나타내었다. π_g^* 궤도함수에 전자 2개를 채우는 방법이 표 (14-1-1)에 나타낸 것처럼 여러 가지 방법이 있다. 그림 (14-1-1)에서 π_g^* 궤도함수의 자기양자수는 $m_\ell = 1, -1$ 이다. 산소분자에서 전체분자오비털각운동량양자수 $\Lambda = |\Sigma m_\ell| = 0$ 이다. 산소분자에서 전체분자전자스핀각운동량양자수 $S = |\Sigma m_s|$는 1이다. 따라서 스핀다중도 $2S+1 = 3$ 이다. **어떤 분자가 점대칭구조를 가질 때, 그 분자의 파동함수는 대칭점을 중심으로 반전 (inversion)하면 그 파동함수의 기호가 바뀌거나 바뀌지 않을 수가 있다.**

$$\hat{i}\psi(x,y,z) = \psi(-x,-y,-z) = \psi(x,y,z) \tag{14-1-1}$$

식 (14-1-1)이 성립하면 **이 파동함수는 짝수반전성 (even parity)을 갖는다고 하고 아래 첨가로 "g (gerade)"로 표시한다. 참고로 gerade는 짝수를 나타낸다. 반면에 식 (14-1-2)가 성립하면 그 파동함수는 홀수반전성 (odd parity)을 갖는다고 하고 아래 첨가로 "u (ungerade)"로 표시한다.**

$$\hat{i}\psi(x,y,z) = \psi(-x,-y,-z) = -\psi(x,y,z) \tag{14-1-2}$$

홀수반전성을 갖는 파동함수에 다음과 같은 연산의 결과는 어떻게 될 것인가? $\hat{i} \cdot \hat{i}\psi(x,y,z) = \hat{i}\psi(-x,-y,-z) = \hat{i}\,[-\psi(x,y,z)] = -\hat{i}\psi(x,y,z) = \psi(x,y,z)$. 따라서

다음과 같은 직적 (direct product)이 성립한다.

$$g \otimes g = g \tag{14-1-3}$$

$$u \otimes u = g \tag{14-1-4}$$

그림 (14-1-1)에서 **전자의 교환에 의해서 스핀의 대칭성이 변하지 않으므로 분자항기호는 Σ^-이다.** 그림 (14-1-1)에 나타낸 전체적으로 가장 안정한 산소분자의 분자항기호는 $^3\Sigma_g^-$이다. 자외선 영역에서 여러 가지의 전자전이가 가능하다. 낮은 전자상태의 산소분자의 전자배치를 표 (14-1-1)에 나타내었다.

전체전자오비털각운동량양자수 Λ에 따른 분자항기호.

$$\begin{array}{lcccc} \Lambda = & 0 & 1 & 2 & 3 \\ & \Sigma & \Pi & \Delta & \Phi \end{array}$$

그림 (14-1-1). **산소분자의 MO 에너지준위도.**

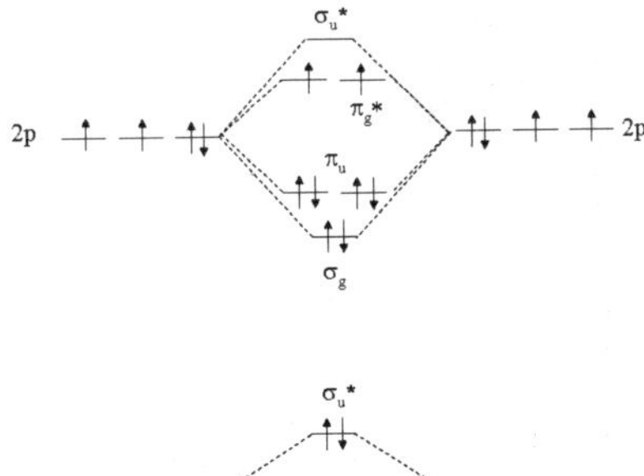

표 (14-1-1). **낮은 전자상태의 산소분자의 분자항기호, 전자배치, 진동수 및 핵간거리.**

전자배치	항	상대 에너지 (cm^{-1})	진동수 (cm^{-1})	핵간거리 (pm)
$\pi_u^2\pi_u^2\pi_g{*}^1\pi_g{*}^1$	$^3\Sigma_g^-$	0	1580.19	120.74
$\pi_u^2\pi_u^2\pi_g{*}^2\pi_g{*}^0$	$^1\Delta_g$	7,882.39	1509.3	121.55
$\pi_u^2\pi_u^2\pi_g{*}^1\pi_g{*}^1$	$^1\Sigma_g^+$	13,120.91	1432.6661	122.68
$\pi_u^2\pi_u^1\pi_g{*}^2\pi_g{*}^1$	$^3\Sigma_u^+$	35,007.15	799.08	142
$\pi_u^2\pi_u^1\pi_g{*}^2\pi_g{*}^1$	$^3\Sigma_u^-$	49,358.15	709.05770	160

그림 (14-1-2). **Gerade 분자오비털과 ungerade 분자오비털의 예들. Gerade 오비털은 중심점에 대해 대칭이고 ungerade 오비털은 중심점에 반대칭이다.**

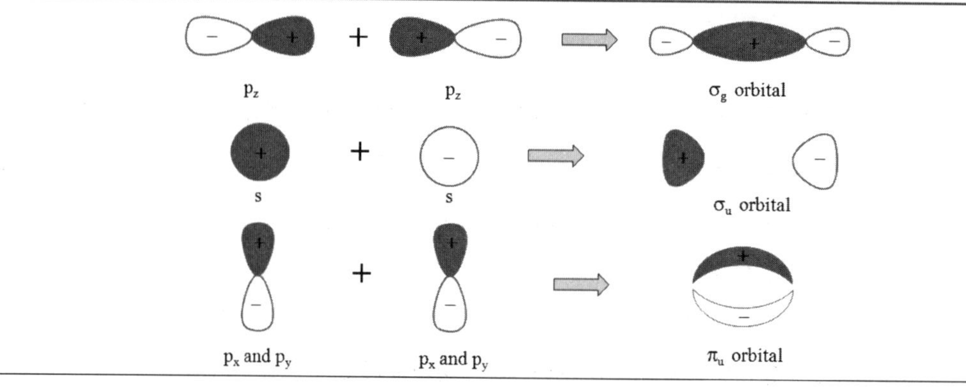

그림 (14-1-3). **산소분자의 여러 전자상태, 결합길이 및 에너지. 퍼텐샬곡선은 Morse 퍼텐샬곡선임을 유의할 것.**

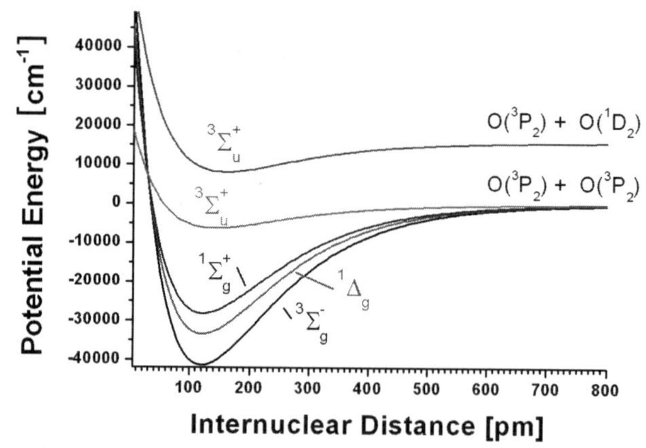

(b) 각운동량의 짝지음

전자오비털각운동량과 전자스핀각운동량을 갖는 분자의 회전준위를 분석하는 일은 매우 어렵다. 그 이유는 분자의 공간에서 회전하고 전자는 분자 내에서도 회전과 비슷한 운동을 하기 때문이다. 실험적으로 다섯 가지 짝지음 경우가 있다. 이 중에서 Hund의 짝지음의 경우만 아래에 소개하기로 한다.

Hund의 짝지음의 경우

선형분자에서 스핀-궤도각운동량짝지음을 그림 (14-1-4)에 나타내었다. L을 분자축에 투사한 값을 Λ라고 하고, S를 분자축에 투사한 값을 Σ라고 한다. 그리고 다음을 정의한다.

$$\Lambda + \Sigma = \Omega \qquad (14-1-5)$$

분자의 회전각운동량은 분자축을 포함하는 평면에 수직이며 Ω와 짝지음 하여 전체각운동량 J를 형성한다. 전자오비털각운동량 L과 전자스핀각운동량 S는 선형분자의 축과 무관하게 여러 방향으로 가질 수 있으므로 전자전이를 일으킬 때 선택규칙은 $S, \Lambda, \Sigma, \Omega$에서 결정된다. **$S$와 분자축에 기여하는 성분 Λ, Σ, Ω만이 좋은 양자수** (good quantum number)**이다.**

그림 (14-1-4). **이원자분자에서 스핀과 궤도각운동량의 짝지음. S와 분자축에 기여하는 성분 Λ, Σ, Ω만이 좋은 양자수임.**

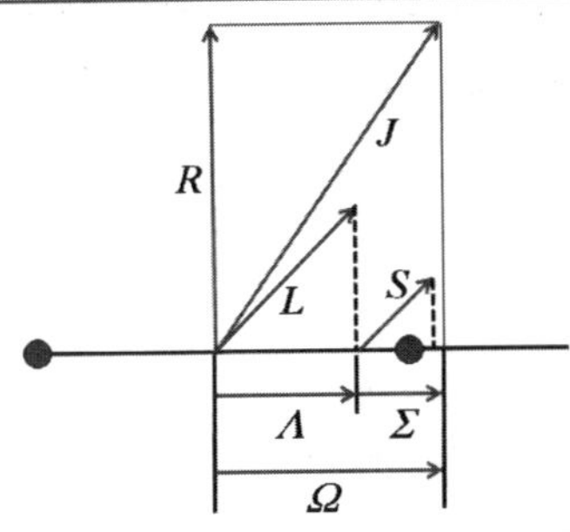

전자전이선택규칙 : $\Delta\Lambda = 0, \pm 1$, $\Delta S = 0$, $\Delta\Sigma = 0$, $\Delta\Omega = 0, \pm 1$

여기서 $\Omega = \Lambda + \Sigma$이다. 대칭성과 관련해서 두 가지 전자전이선택규칙이 있다.

① **Σ를 갖는 항에 대해서 $\Sigma^+ \leftrightarrow \Sigma^+$, $\Sigma^- \leftrightarrow \Sigma^-$만이 전자전이가 허용된다.**

② **전자전이에서 반전성의 변화가 있어야 한다. 이것을 Laporte 선택규칙이라 한다.** $g \to u$, $u \to g$ 는 쌍극자전이허용 (dipole-allowed)이고, $g \to g$, $u \to u$ 는 쌍극자전이금지 (dipole-forbidden)이다.

(c) Franck–Condon 원리

Franck-Condon 원리는 진동구조의 상대적 세기를 설명하는 원리로 전자는 양성자보다 1836 배만큼 작아서 움직임이 양성자보다 훨씬 빠르다. **전자전이가 일어난 직 후 원자핵의 위치는 변하지 않는다는 원리이다. Franck-Condon 원리는 진동구조의 상대적 세기를 설명하는 원리를 제공한다.** 이 원리는 이론적 계산을 단순화시켜 주기 때문에 보편적으로 이용되고 있다. 즉, 전자의 궤도함수와 진동의 그것을 독립적으로 구할 수 있다. Franck-Condon 원리는 양자역학적으로도 개념을 설명할 수 있으며, 이 원리를 이용하여 분자의 전자상태가 들뜰 때 일어나는 이러한 상이한 진동준위로의 전이세기까지도 계산할 수 있다. 그림 (14-1-5)에서 보는 바와 같이 전자전이가 핵간거리의 변함없이 수직으로 일어나고 있음을 알 수 있다.

(d) 비결합 및 π 결합궤도함수에서 π^* 반결합궤도함수로의 전이

일산화탄소에서는 자외선 영역에서 $\pi^* \leftarrow n$과 $\pi^* \leftarrow \pi$ 등의 전이가 가능하다. $\pi^* \leftarrow n$ 전이는 낮은 에너지에서 일어나나 쌍극자전이가 금지되므로 흡광도가 낮다. 반면에 **$\pi^* \leftarrow \pi$ 전이는 높은 에너지에서 일어나지만 쌍극자전이가 허용된다.** 따라서 흡광도가 비교적 매우 크게 나타난다. CO의 MO 에너지준위도를 그림 (14-1-6)에 나타내었다.

그림 (14-1-5). Franck-Condon 원리의 설명. 전자전이가 핵간거리의 변화 없이 수직으로 일어나고 있음을 보여주고 있다. 진동파동함수의 위상이 같으면 흡수피이크의 세기가 강함.

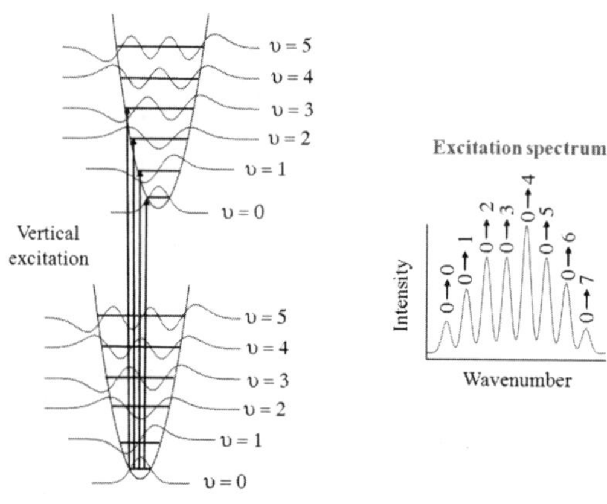

그림 (14-1-6). CO의 정성적인 MO 에너지준위도.

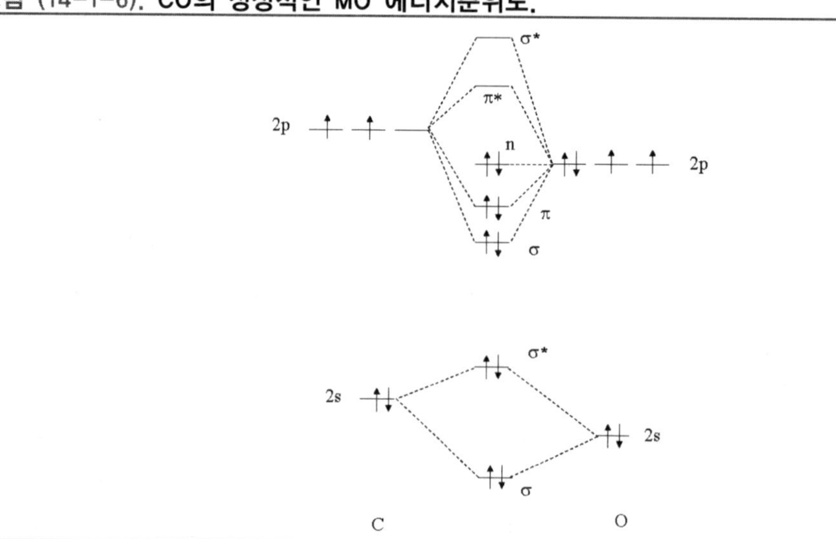

그림 (14-1-7). Acetone 유사체에서 전자가 비결합에서 π^* 결합으로 전이함. $\pi^* \leftarrow n$으로 표시함.

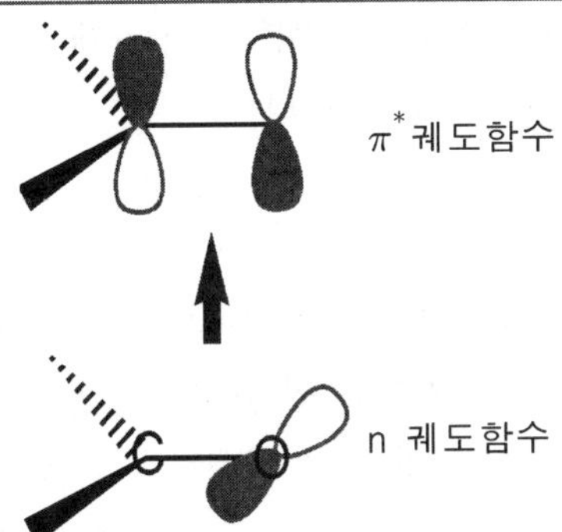

2. 전자들뜬상태의 이완

(a) 형광방출이완

형광 (fluorescence)과 인광 (phosphorescence)은 전자적으로 들뜬 분자가 여분의 에너지를 방출하는 방법 중의 한가지인 복사성붕괴의 한 현상이다. 형광은 스핀이 단일항 사이의 전이에서 방출되는 복사선인 반면에 인광은 들뜬삼중항상태 (excited triplet state)에서 바닥단일항상태로의 전이에서 나오는 복사선이다.

$S_1 \rightarrow S_0 +$ 형광, $T_1 \rightarrow S_0 +$ 인광

전이복사선이 꺼지면 자발적인 형광방출복사선이 거의 즉시 멈춘다. 반면에 인광에서는 자발적 방출이 비교적 긴 시간 동안 유지된다. 형광방출메커니즘을 그림 (14-2-1)에 나타내었다. 형광은 흡수된 빛의 재방출에너지로의 즉각적인 변화이고, 인광은 여분의 에너지가 빛으로 천천히 빠져나가는 과정이다. 형광은 시료에다 전자기복사를 조사하는 동안에 복사파가 방출하는 현상이다. 형광은 그 광원을 제거하자마자 멈추며, 입사복사선보다 긴 파장의 복사선을 방출한다. 형광스펙트럼의 진동구조는 시료의 바닥전자상태에 따른 고유한 것이라는 특징을 나타낸다. 그림 (14-2-2)는 흡수와 형광스펙트럼은 많은 경우에 서로 거의 거울상임을 보여주고 있다. 흡수는 바닥단일항전자상태의 영점상태에서 출발하고 형광방출은 들뜬단일항상태의 영점에서 출발하기 때문이다. 그리고 아래에 나타낸 전자진동전이와 관련된 진동겹침적분 (vibrational overlap integral)이 흡수와 방출에서 최종진동상태의 진동양자수 v가 같으면 거의 같은 값을 갖기 때문이다.

$$S = \int \left(\phi_f^{vibrational}\right)^* \left(\phi_i^{vibrational}\right) d\tau \tag{14-2-1}$$

전자-진동전이의 세기 I는 진동겹침적분의 제곱에 비례한다. 이 제곱값을 Franck-Condon 인자 (Franck-Condon factor)라 한다.

$$I \propto S^2 = \left\{ \int \left(\phi_f^{vibrational}\right)^* \left(\phi_i^{vibrational}\right) d\tau \right\}^2 \tag{14-2-2}$$

전이복사선을 흡수하면, 분자는 들뜬 전자상태로 되고, **들뜬 분자는 주위의 분자들과 충돌하면서 여분의 진동준위를 차례로 잃는다. 이 과정을 진동이완이라고 부른다. 이 과정을 통해 분자는 진동에너지를 대부분 잃고 가장 낮은 상태로 내려오게 되는데, 주위의 분자들은 이 상태에서 바닥상태로 분자를 낮추는 데 필요한 여분의 에너지를 받아들이기 어렵다. 그러므로 분자는 남은 잉여의 에너지를 복사선으로 방출하게 된다.** 형광염료의 밝은 주황색과 녹색은 이 효과로 인한 것이다. 그것들은 자외선이나 푸른색을 흡수하고 가시광선을 형광으로 방출한다. 이 메커니즘에서 형광의 세기는 용매분자가 전자와 진동양자를 받아들일 수 있는 능력에 의존한다. 실제로 간격이 넓은 진동준위를 가진 분자로 구성된 용매 (예를 들어 물)는 전자에너지의 큰 양자를 받아들일 수 있어 형광을 멈추게 할 수 있다.

그림 (14-2-1). **형광방출의 메커니즘.**

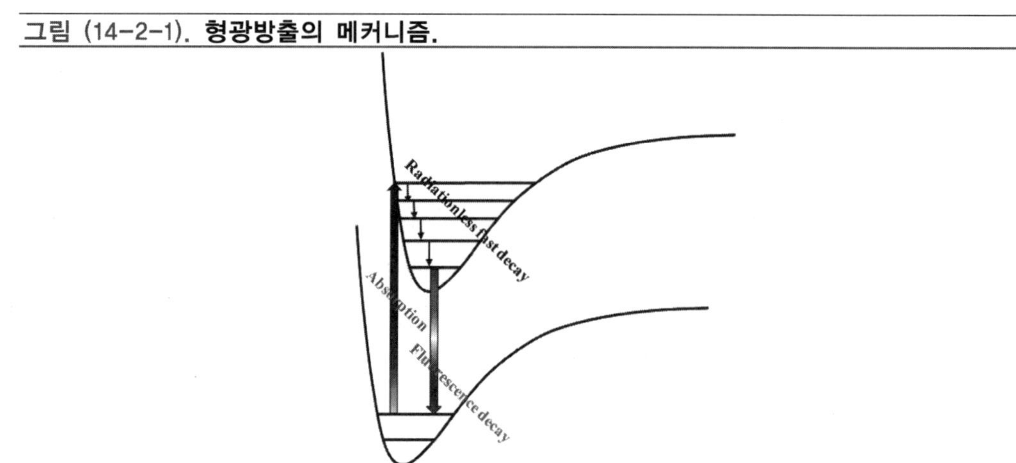

그림 (14-2-3)에 나타낸 바와 같이 어떤 물질이 들뜨면 용매의 극성과 들뜬 물질의 그것이 일치하도록 용매가 재배열한다. 따라서 용매가 들뜬상태의 에너지를 낮추어준다.

(b) 인광방출이완

분자가 형광을 발하기 전에 다른 과정이 일어날 수 있다. 분자가 화학반응을 하거나, 다른 분자와의 충돌로 에너지를 잃어 다른 전자들뜬상태로 전이할 수 있다. 단일항상태에서 다른 단일항상태로의 비복사전이와 같이 일반적으로 같은 다중도를 갖는 상태 사이의 비복사전이를 내부전환 (internal conversion)이라 하며, 다른 다중도를 갖는 상태 사이의 비복사전이를 계간교차 (intersystem crossing)라 한다. 계간교차는 전자스핀과 전자궤도각운동량의 상호작용인 스핀-궤도짝지음에 의해 일어난다. 계간교차는 내부전환보다 현저하게 느리다. 두 전자상태 사이의 에너지차를 포함하여 여러 요인이 비복사전이의 속도에 영향을 미치기 때문이다. 계간교차가 일어나면, 분자는 계속적인 진동이완이 일어나 들뜬삼중항상태의 가장 낮은 진동상태에 이르게 된다.

그림 (14-2-2). **흡수와 형광스펙트럼은 많은 경우에 서로 거의 거울상임. 흡수 또는 들뜸스펙트럼에서 A_0^4 는 전자적 바닥상태로부터 전자적 들뜬상태로 들뜰 때 A라는 진동모드를 갖고 $\upsilon=0 \rightarrow \upsilon=4$로 들뜸을 나타낸다. 반면에 A_4^0 기호는 전자적 들뜬상태로부터 전자적 바닥상태로 이완할 때 A라는 진동모드를 갖고 $\upsilon=0 \rightarrow \upsilon=4$로 이완함을 뜻한다.**

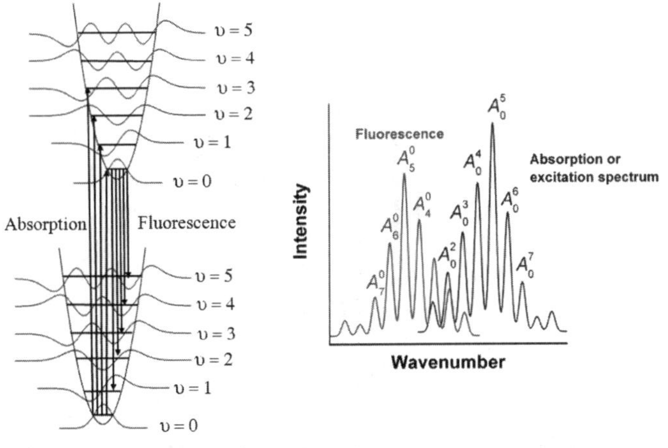

그림 (14-2-3). **용매가 들뜬상태의 에너지를 낮추어줌. 들뜬 물질의 극성에 맞추어서 용매가 재배열 할 수 있음.**

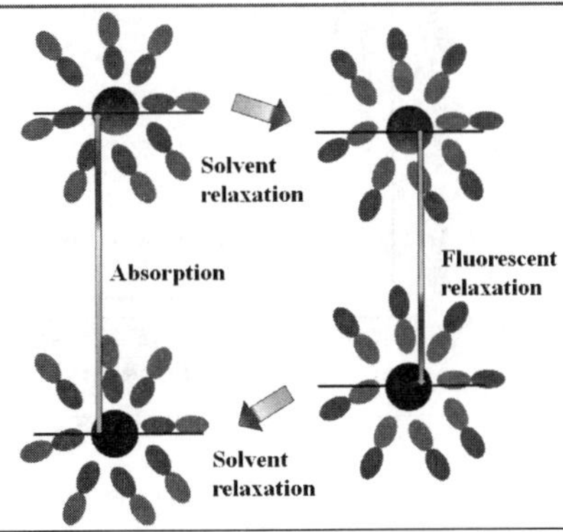

용매는 큰 전자전이의 에너지를 받아들일 수 없고, 분자는 바닥상태로 돌아가는 것이 금지되어 있기 때문에 그것의 에너지를 복사선으로 방출할 수 없다. 삼중항상태는 전자스핀이 전이에서 뒤집힐 수 없기 때문에 단일항상태로 전이될 수 없다. 그러나 계간교차의 원인이 되는 메커니즘도 역시 선택 규칙에 어긋나는 것이기 때문에 **복사전이가 완전하게 금지되어 있지는 않다**. 그러므로 분자는 약하게 복사선을 방출할 수 있고, 들뜬상태로 전이되는 첫 과정 이후 오랫동안 방출이 유지될 것이다. 인광은 고체시료에서 가장 세다는 것이 실험적으로 확인된 바 있다. 이 경우 에너지전달이 덜 효과적이므로 단일항들뜬상태가 진동에너지를 잃을 때 계간교차가 일어날 수 있는 시간을 갖게 된다. 적당히 무거운 원자가 존재하면 인광 효율은 커진다. 인광 또한 흡수한 복사선보다 긴 파장의 빛을 방출한다.

그림 (14-2-4). **형광과 인광이 방출되는 메커니즘을 나타냄.**

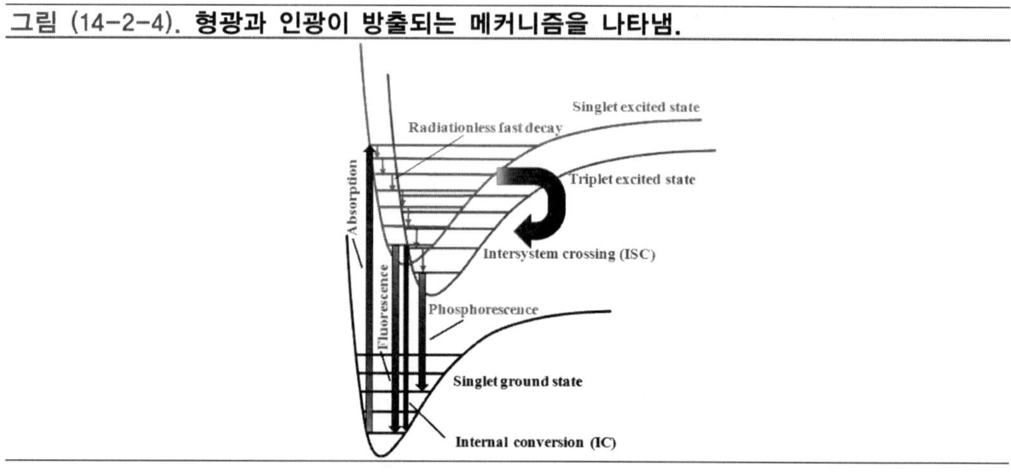

그림 (14-2-5). **형광과 인광의 소멸시간의 비교. 인광소멸시간은 형광의 그것보다 훨씬 김.**

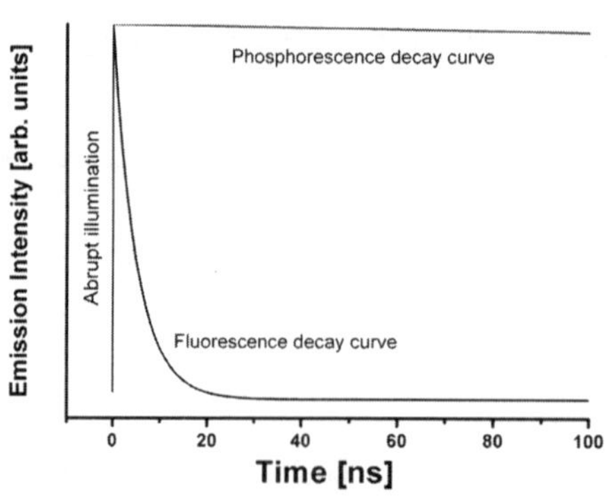

(c) 지체된 형광방출

많은 유기발광체의 경우 전자들뜬물질의 형광방출은 수 나노초 이내에 끝난다. 그러나 전자들뜬물질이 수 마이크로초 이후에도 형광을 방출하는 것을 관찰할 수 있다. 이러한 현상은 삼중항상태의 물질이 서로 충돌하여 한 물질은 S_1 상태로 들뜨고, 다른 물질은 S_0 상태로 이완한다. 그 반응식을 아래에 나타내었다.

$$T_1 + T_1 \rightarrow S_1 + S_0 \tag{14-2-3}$$

이렇게 해서 생성된 S_1 상태의 물질은 형광을 방출하면서 바닥상태로 이완한다.

$$S_{1_1} \rightarrow S_0 + \text{fluorescence}$$

따라서 이러한 형광방출을 **지체된 형광방출** (delayed fluorescence)이라 한다. 그림 (14-2-6)에 나타낸 bis(9-fluorenyl)methane (BFM) 분자는 그림 (14-2-7)에 나타낸 바와 같이 전자 들뜬 상에서 정상형광과 엑사이머형광을 방출하는 것으로 알려져 있다. Cyclohexane 용액 속에서 BFM 분자의 정상형광의 소멸시간은 4.6 나노초이고 엑사이머형광의 소멸시간은 비교적 긴 29 나노초이다.

그림 (14-2-6). **분자내엑사이머를 형성할 수 있는 bis(9-fluorenyl)methane 분자의 모델.**

그림 (14-2-8)의 gauche-gauche 형이 들뜬상태에서 묶인상태로 존재하는 구조라고 밝혀져 있다. 그림 (14-2-9)에 나타낸 실험결과를 설명하고자 한다. BFM 분자를 들뜨게 한 후 대략 20 마이크로 초 후에 지체된 형광방출을 관찰할 수 있다. 이러한 형광방출이 100 마이크로 초 이상까지 계속되는 것을 관찰할 수 있다. 그림 (14-2-10)에 BFM의 cyclohexane 용액에서의 지체된 형광스펙트럼과 지체되지 않은 그것을 비교하고 있다. 엑사이머형광피이크의 상대적 세기가 현저하게 증가함을 알 수 있다. 이렇게 엑사이머형광의 세기가 증대되는 이유는 **삼중항상태에서 엑사이머구조가 에너지 적으로 비교적 안정하기 때문이다.** 실제로 양자역학계산에서 샌드위치형의 구조가 비교적 안정하다는 것이 밝혀져 있다.

그림 (14-2-7). (a) : Bis(9-fluorenyl)methane의 cyclohexane 용액의 흡수스펙트럼, (b) : 형광스펙트라. 매우 약한 엑사이머형광이 관찰되고 있음.

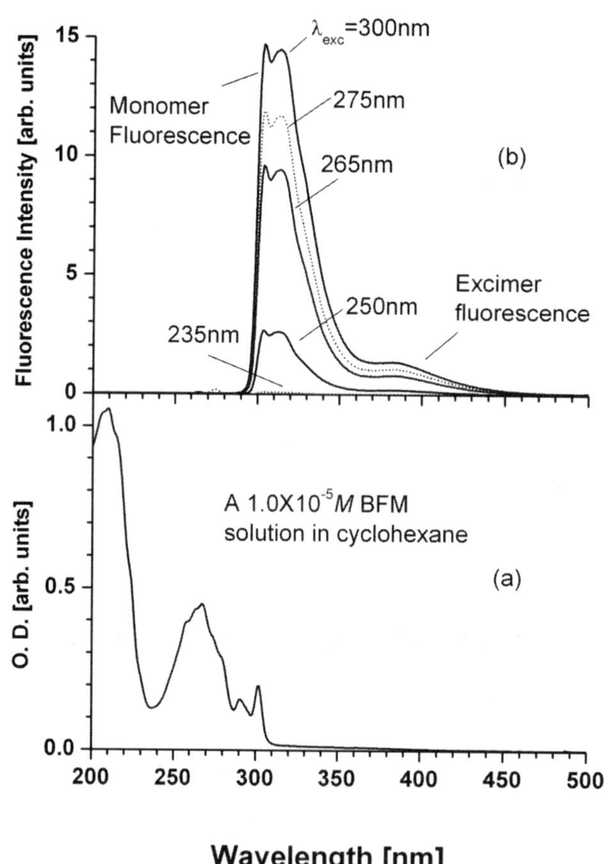

그림 (14-2-8). DFT로 최적화한 BFM 분자의 세 가지 구조.

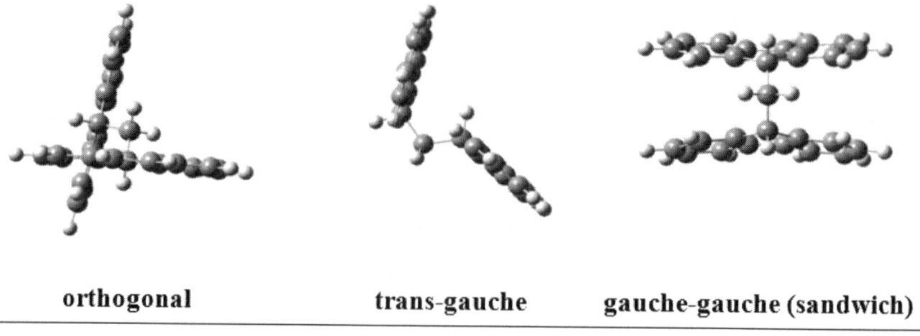

orthogonal | trans-gauche | gauche-gauche (sandwich)

그림 (14-2-9). 1.19x10^{-5} *M* bis(9- fluorenyl)methane의 cyclohexane 용액에서의 지체된 형광방출이 100 마이크로초 이상까지 계속되는 것을 관찰할 수 있음.

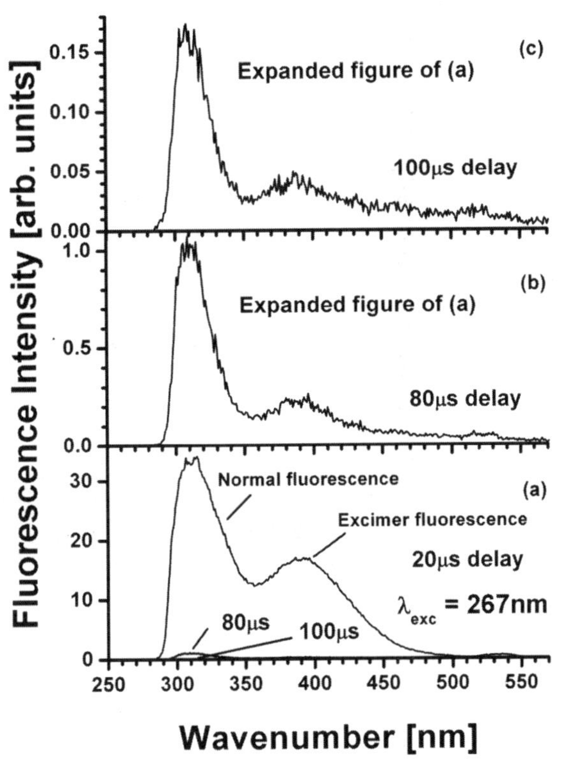

(d) 계간교차

계간교차는 한 전자상태에 있는 분자가 비복사방식에 의해서 상이한 다중도의 다른 전자상태로 변하는 것을 말한다. 계간교차의 예로서는 **인광메커니즘의 한 단계가 되는 단일항 → 삼중항전이를 들 수 있다. 계간교차가 일어나려면 전자의 스핀각운동량이 변해야 하는데, 이것은 궤도각운동량을 스핀계로 이전시킬 수 있는 스핀-궤도결합에 의해서 일어날 수 있다.** 이 과정은 두 스핀이 그들의 궤도각운동량에 기인하는 자기장의 작용을 받기 때문에 일어난다고 해석할 수 있다. 즉, 이 두 자기장은 일반적으로 서로 다르며, 그리하여 한 스핀이 다른 스핀에 대해서 상대적으로 세차 운동을 하지 않을 수 없게 된다. 스핀의 이 상대적 세차운동은 그들의 상대적 배향에 해당하며, 그래서 단일항상태가 삼중항상태로 전환될 수 있는 것이다. 계간교차는 무거운 원자가 들어 있는 분자 속에서 가장 빠르게 일어나는데, 이것은 이들이 센 스핀-궤도상호작용을 나타내기 때문이다.

그림 (14-2-10). Bis(9-fluorenyl)methane의 cyclohexane 용액에서 지체된 형광방출과 지체되지 않은 형광방출의 비교.

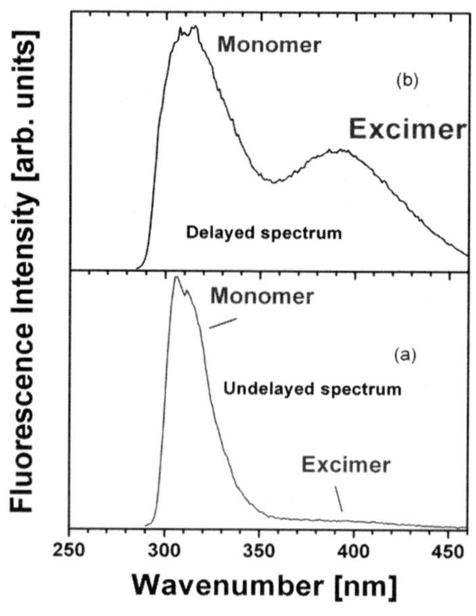

(e) 선분해

일반적으로 화학결합이 해리되는 메커니즘은 열적과정 (thermal process)과 전자적 과정 (electronic process)으로 분류된다. 고전적인 교과서적 기술에 따르면 열적과정에서 에너지는 진동모드를 통해 주입된다. 즉, 화학결합의 신축운동에 의해 화학결합이 약화되면서 결합이 끊어지게 되는 것이다. 전자적 과정에 의한 화학결합의 해리는 전자, 광자 또는 다른 에너지원에 의해 얽매인 묶인상태의 전자가 여기 되는 과정을 지칭한다. 따라서 **전자는 불안정하고 얽매이지 않은 상태로 갑자기 전이되어 결합이 해리되게 된다.** 어떤 분자가 들뜬상태로 전자전이 하면 어떤 묶인상태로 갈 수 있다. 이 경우 들뜬상태의 분해극한 (dissociation limit)에 다다르면 이 분자는 일반적인 분해를 일으킨다. 만일에 그림 (14-2-11b)처럼 이 묶인상태곡선이 반발상태곡선과 만나고 두 상태의 대칭성이 유사하면 비교차규칙 (noncrossing rule)에 의해 두 상태의 곡선이 서로 교차를 못해서 그림 (14-2-11b)에서처럼 **단열퍼텐샬곡선** (adiabatic potential curve)**을 통해서 분해한다. 이러한 분해를 정상분해보다 낮은 에너지를 흡수해서 일어나므로 선분해** (predissociation)**라 한다. 이 선분해가 일어나는 경우에는 들뜸곡선에서 진동구조가 사라진다.** 그러나 어느 정도 높은 에너지를 받으면 진동구조가 위에 묶인곡선 (upper bound curve)에서 다시 살아난다.

그림 (14-2-11). (a) : 정상분해. (b) : 선분해.

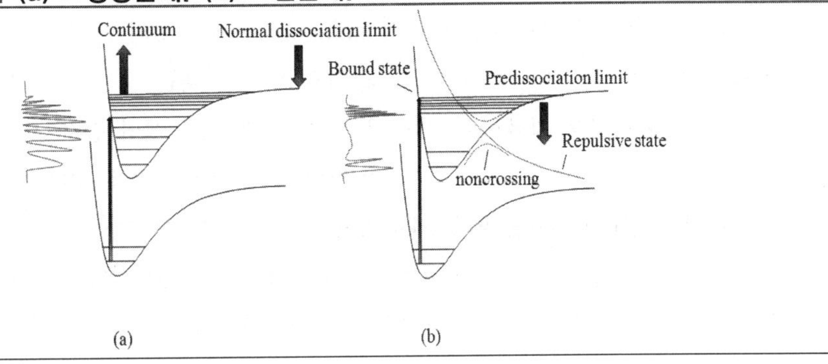

3. 전자전이를 이용한 레이저의 발진

레이저는 매질의 성질에 따라 고체레이저, 기체레이저 액체레이저 등이 있다. 이들은 그 특성에 따라 다른 용도로 사용되며 응용도 각각이다.

(a) 레이저의 특성

레이저 (laser)는 light amplification by stimulated emission of radiation의 줄인 말로서 유도방출 (stimulated emission)이라는 과정을 통해서 광방출을 일으키는 기기이다. **레이저는 직선적이며** (directional), **밝고** (bright), **단색광이며** (monochromatic), **그리고 결이 맞다** (coherent).

(b) 레이저발진의 원리

정상온도에서는 많은 원자들이 낮은 상태에 있다. 많은 원자가 모여 있는 기체, 고체 및 액체 등의 물질은 그것을 구성하는 개개 원자의 일부분은 높은 에너지상태에 있지만 거의 대부분은 여전히 바닥상태에 안주하고 있다. 온도가 올라가면 들뜬상태의 원자가 점차 많아지기는 하지만 여전히 바닥상태로 있는 원자의 개수는 많다. 극단적으로 무한대의 온도가 된다면 비로소 모든 에너지준위에 있을 가능성이 같아진다. 한편 음수의 온도가 있을 수 있다면 역전이 가능하기는 하지만 열적인 평형상태에서는 이러한 일이 벌어질 수 없다.

① **유도방출 : 유도방출 (stimulated emission)은 원자가 높은 에너지상태에 있다가 외부의 빛에 자극을 받아서 빛을 방출하는 것을 말한다.** 이때 자극을 시킬 수 있는 빛은 방출될 빛과 파장이 같아야 한다. 이 경우 방출되는 빛은 자극시킨 빛과 결맞아 있다. 이를 자극방출 (stimulated emission)이라고도 한다. 이 과정이 빛의 증폭을 가능하게 한다.

② **밀도반전 : 결맞은 빛을 방출하기 위해서는 대부분의 빛을 자극에 의한 방출로 채워야**

하고 이러기 위해서는 높은 에너지준위에 있는 원자의 수를 많게 해야 한다. 이를 밀도반전이라고 한다. 물질이 이러한 밀도반전 (population inversion)의 상태가 되면 수많은 높은 에너지상태의 원자 중 한 개가 어쩌다가 자발적으로 빛을 내는 순간 여기서 방출된 빛이 주변의 다른 들뜬 원자 하나를 자극하여 빛을 내게 하여 결국 두 개의 광자가 된다. 또 이 두개는 다른 두 원자를 자극하여 네 개가 된다. **이러한 연쇄적인 과정에 의해 기하급수적으로 결맞는 빛의 개수가 성장하게 된다. 이를 레이저발진이라 한다.** 이러한 일이 일어날 수 있도록 물질의 상태를 만드는 일은 바로 레이저를 가능하게 하는 관건이 된다. 그러나 통상적인 열적평형상태에 이렇게 밀도를 반전시키는 것은 불가능하다. 이용할 정도의 밝기의 빛을 내기위해서는 이에 관여하는 원자의 수가 아보가드로 수 정도로 매우 많아야 하고, 따라서 에너지준위의 상태에 있을 확률은 그 에너지값과 온도에 의해 결정된다. 열적 평형상태에 있는 물질이 j라는 상태에 있을 확률은 식 (14-3-1)로 주어진다.

$$p_j(T) = C(T)e^{-E_j/kT} \qquad (14\text{-}3\text{-}1)$$

여기서 k는 Boltzmann 상수로 1.38×10^{-38} J/K 이고, $C(T)$는 온도에 따른 상수로 아래와 같이 주어진다,

$$\sum_j p_j(T) = 1 = \sum_j C(T)e^{-E_j/kT} = C(T)\sum_j e^{-E_j/kT} \qquad (14\text{-}3\text{-}2)$$

$$C(T) = \frac{1}{\sum_j e^{-E_j/kT}} \qquad (14\text{-}3\text{-}3)$$

이렇게 에너지값이 커지면 그 확률이 지수함수적으로 줄어든다는 것은 Boltzmann이 규명한 것이다. 이에 의하면 E_1과 E_2의 두 에너지준위에 있는 원자수의 비는 아래와 같이 주어진다.

$$\frac{n_2}{n_1} = e^{-(E_2 - E_1)/kT} \qquad (14\text{-}3\text{-}4)$$

따라서 온도가 올라가면 높은 에너지준위에 더 많은 수의 물질이 있게 되나, 온도가 무한대가 되더라도 모든 에너지준위의 물질의 수는 그 에너지의 높고 낮음에 관계없이 같고 따라서 밀도반전은 일어나지 않는다. 통상적인 원자의 에너지준위사이에서는 반전이 결코 일어날 수 없고, 특별히 어떤 원자에서 에너지준위 사이를 특이하게 전이가 선택적으로 일어나는 경우에만 가능하다.

③ 2 준위만으로는 반전 불가 : 아래 그림에서 오직 두 개의 준위만 개입시켜 반전을 만드는 것을 생각해보자. 낮은 에너지준위에서 높은 에너지준위로 올려주기 위하여 외부에서 빛 에너지를 공급하는 것을 광펌핑 (optical pumping)이라 한다. 광펌핑을 맹렬히 하면 높은 상

태로 많이 올라가기는 하나, 들뜬 물질이 많아질수록 그 물질의 수에 비례하여 낮은 에너지상태로 더 큰 확률을 갖고 자발적으로 떨어진다. 2준위 원자의 에너지준위 두개 사이에서 다른 준위와 독립적으로 전이를 하는 상황에서 언제나 낮은 에너지준위에 더 많은 물질이 존재한다. 이는 열적 평형조건 때문으로 이러한 경우는 유도방출의 비율이 낮아 레이저발진이 일어나지 않는다.

그림 (14-3-1). **2준위를 이용한 레이저발진은 불가능함.**

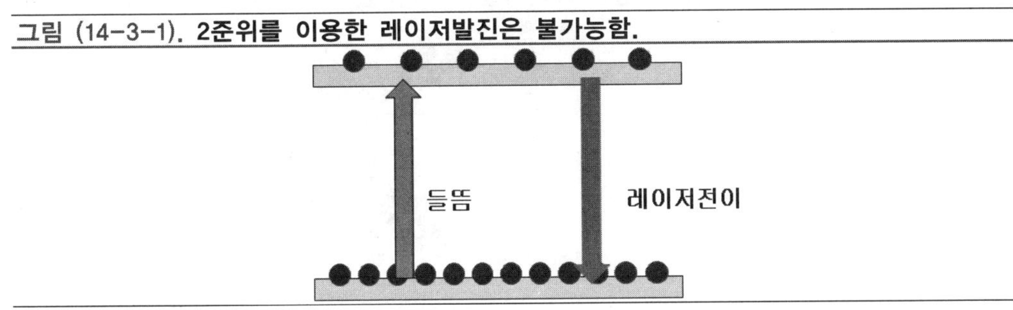

④ **3준위 - 반전가능** : 그림 (14-3-2)는 3준위 물질의 펌핑과 밀도반전의 과정에서 여러 물질이 놓여있는 에너지 상태를 표현한 것이다. 바닥상태의 물질이 펌핑에 의해 맨 위 준위로 올라가서 빠르게 두 번째로 전이한다. 두 번째 준위에 머물고 있는 원자들은 외부의 자극에 의해 일거에 유도방출을 하게 된다. 그림처럼 레이저전이가 연속적이지 않고 일시에 일어나게 되면 레이저는 짧은 시간동안 지속되어 펄스레이저가 된다. 반면에 그림과는 달리 이러한 순환과정이 연속적으로 일어나게 되면 레이저가 지속적으로 나오는 연속발진레이저가 된다.

그림 (14-3-2). **3준위를 이용한 레이저발진은 가능함.**

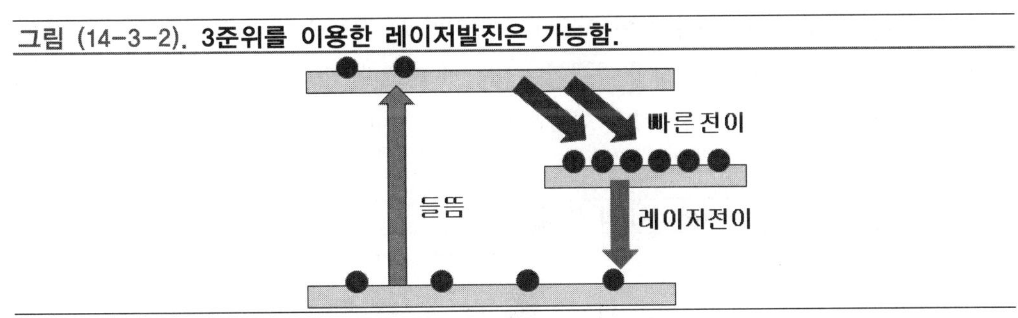

⑤ **4준위 - 반전가능** : 그림 (14-3-3)은 4 준위 원자의 펌핑과 밀도반전의 과정으로 여러 원자가 놓여있는 에너지 상태를 나타낸 것이다. 여기서는 맨 위 준위로부터 그 아래 준위로의 전이와 세 번째의 준위로부터 바닥상태로의 전이는 빠르게 일어나고, 가운데 두 준위에서는 전이가 금지되어 있다. 따라서 언제나 두 번째에는 많은 원자가, 세 번째에는 적은 수의 원자

가 있어 밀도반전의 정도가 심해진다. 두 번째 준위를 갖는 원자들은 외부의 자극에 의해 일거에 유도방출을 하게 된다. 그림처럼 레이저전이가 연속적이지 않고 일시에 일어나게 되면 레이저는 짧은 시간동안 지속되어 펄스레이저가 된다. 한편, 그림과는 달리 이러한 순환과정이 연속적으로 일어나게 되면 레이저가 지속적으로 나오는 연속발진 (continuous wave, CW) 레이저가 된다.

그림 (14-3-3). **4준위를 이용한 레이저발진. 가장 많이 활용되는 레이저발진시스템이다.**

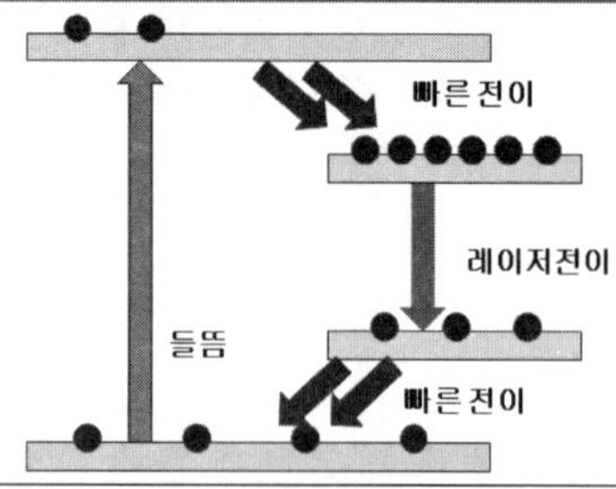

(c) 펄스레이저의 출현

Q-전환 (Q-switching)은 전기적으로 제어된 pockel cell 또는 수동적으로 표백할 수 있는 염료셀 (passive bleachable dye cell)을 사용해서 얻는다. **큐-전환은 통상적으로 약 5 ns 폭의 레이저를 발생한다.**

Pockel Cell을 이용한 펄스레이저의 구현

Pockel 셀은 전기적 신호를 광학신호로 바꾸는 디바이스의 일종으로 빛을 굴절하는 전자광학 결정을 갖고 있다. **전압이 이 결정에 가해지면 이 결정은 빛의 극성과 위상을 바꾸어준다.** 결정의 위치에 따라서 극성이 바뀌거나 위상이 바뀐다. Pockel 셀은 일종의 가변 파를 늦추어주는 판이다. 전압이 가해지면 입사레이저의 극성이 바뀐다.

그림 (14-3-4). **Pockel cell의 원리.**

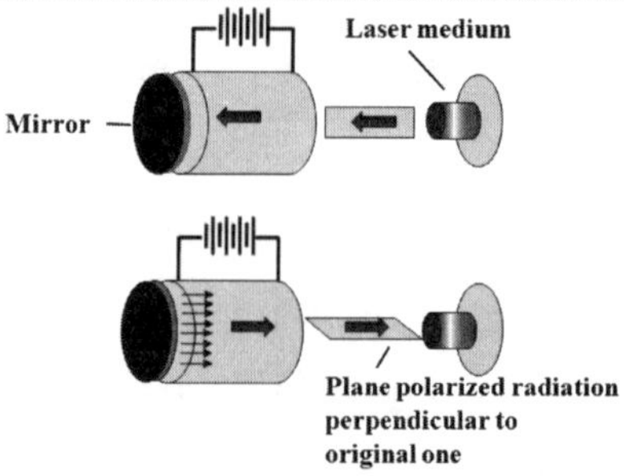

Laser medium
Mirror
Plane polarized radiation perpendicular to original one

펨토초영역 (<100 펨토초)의 짧은 펄스를 얻기 위해서는 **성분잠금법** (mode-locking) 기술을 이용한다. **주어진 레이저 공동 안에서 가능한 한 많은 수의 세로모드 (longitudinal mode)가 동시에 레이징 (lasing)할 수 있도록 해주고, 각 세로모드의 위상이 같도록 조절 해주면 모드간의 간섭현상에 의해 레이저 공동 안에 펄스가 형성된다.** 이렇게 형성된 펄스는 빛의 레이저공동왕복소요시간마다 output coupler를 통하여 나오게 된다 (예를 들면 레이저공동의 길이가 2 m인 레이저의 경우 출력펄스의 되풀이 속도는 75 MHz가 된다). **세로모드의 위상을 같게 해주는 것을 성분잠금법이라 부르는데** 크게 레이저 스스로 성분잠금법을 일으키도록 유도하는 수동형과 레이저의 이득 (gain)을 밖에서 변조시키는 능동형 성분잠금법이 있다.

그림 (14-3-5). 성분잠금된 레이저의 방출피이크 및 폭.

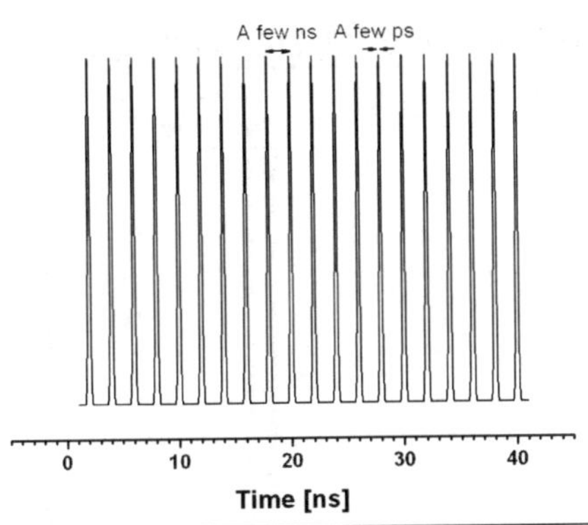

그림 (14-3-6). 효과적인 레이저를 발생할 수 있는 시스템의 종합개요도.

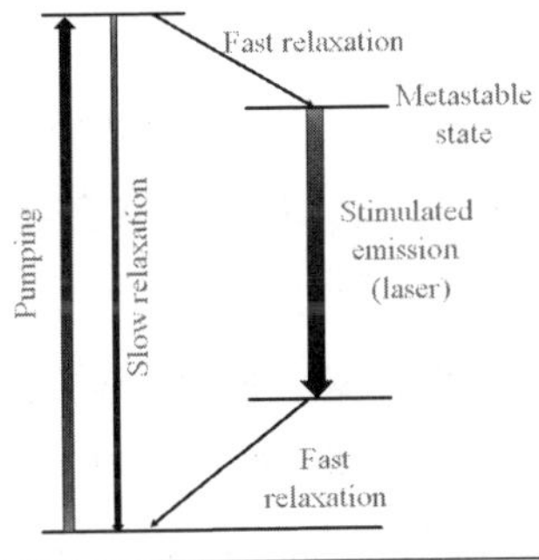

(d) 레이저의 종류

① **홍옥 레이저** : 1960년 Maiman이 처음으로 발진에 성공한 이 레이저는 홍옥 (紅玉)을 사용하였다. 처음의 이 레이저에 사용한 홍옥은 0.05%의 Cr_2O_3를 불순물로 가지고 있는 Al_2O_3의 결정체였다. 이렇게 주인 역할을 하는 결정을 주인 결정 (host crystal)이라고 한다. **순수한** Al_2O_3**는 무색투명하나 크롬이 적당한 농도로 Al에 치환되면 이것이 색중심** (color center)의 **역할을 하여, 맑고 투명한 붉은 색을 띄는 보석이 된다.** 이와 같이 **순수한** Al_2O_3**에 소량의 Al 대신 Cr이 치환되어있는 물질을 홍옥 (붉은 색을 띠는 보석의 뜻, 영어로는 ruby) 이라한다.** Al_2O_3는 육각기둥형태를 기본 구조로 하여 결정을 이루고 있다. 홍옥 속의 크롬이 레이저매질이다. 홍옥 막대의 양쪽을 평행하게 연마하여 공진기로 삼고, 주변에 나선형의 기체방전 등을 둘러싸서 방전시키면 섬광이 나와 광펌핑을 시킨다. 섬광에 의해 펌핑(pumping)된 Cr^{3+}은 굵은 청색으로 표시한 흡수대로 들뜨게 되고 순간적으로 이 들뜬 에너지는 준안정상태의 에너지준위로 떨어진다. 홍옥레이저는 694.3 nm와 692.9 nm의 붉은 빛을 낸다. 이 홍옥레이저는 섬광에 의해 펌핑되어 순간적으로 레이저발진이 일어나는 펄스형의 레이저를 낸다.

그림 (14-3-7). **홍옥 레이저의 개요도.** Al_2O_3**의** Al^{3+} **위치에** Cr^{3+}**가 도핑되어 있음.**

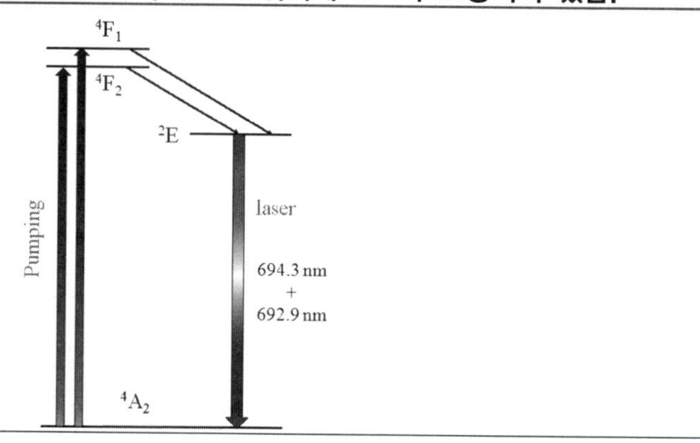

② Nd:YAG **레이저와** Nd:Glass **레이저** : 이 레이저는 홍옥레이저와 더불어 대표적인 고체 레이저로 손꼽힌다. **화학적인 조성은** Nd^{3+} **이온이** Y^{3+} **대신에 약 1% 정도로 YAG (yttrium aluminium garnet) 결정에 들어 있는** $Nd:Y_3Al_5O_{12}$**로서 근적외선파장을 발진하는데 크립톤기체가 봉입된 아크램프로 광펌핑하여 밀도반전이 이루어진다.** 펄스발진에서는 Xe 기체의 섬광램프를 사용한다. **펄스동작뿐만 아니라 연속발진도 가능하다. 방출파장이 1.064** μ**m 이므로 2차조화생성 (second harmonic generation)이라는 비선형광학기술을 이용하면 파장이 절반으로 줄어들어 532 nm의 초록색 가시광선영역이 되고 또한 3차조화생성 (third harmonic generation)의 기술을 이용하면 355 nm의 자외선영역에도 도달할 수 있다.** 그러나 YAG는 결정이므로 대형 증폭기의 제작은 불가능한 결점이 있다. Nd:glass 레이저는 YAG 대신에 유리를 사용하며 발진파장은 Nd:YAG와 비슷한 1.064 μm 이다. 또한 Nd^{3+}의 양을 쉽게 조정할 수 있다. 현재 레이저핵융합 등의 고출력발진레이저장치는 대체로 Nd : glass 봉이 증폭기로 이용된다. 이때는 보통 펄스로 동작되는데 순간출력이 1012 W에 달하는 것도 있다.

그림 (14-3-8). Nd:YAG 레이저의 개요도.

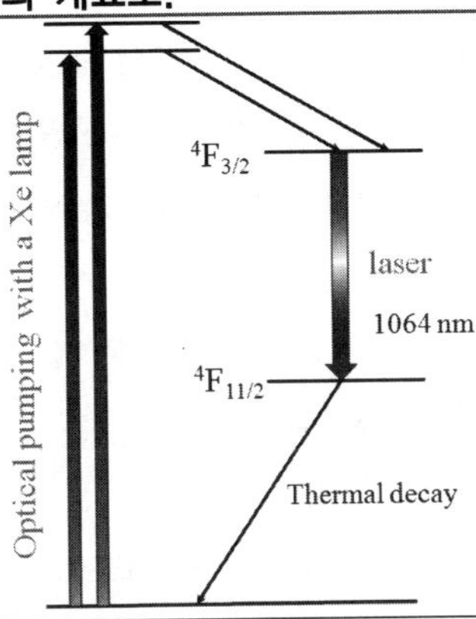

③ **타이타니움사파이어 레이저** : 사파이어 (sapphire)는 광물강석 (鑛物鋼石) 중의 하나인 불순물이 도핑된 알파-산화알루미늄 ($\alpha-\mathrm{Al_2O_3}$)을 통틀어서 나타낸다. 여기서 소량의 Al 대신 Cr이 치환되면 홍옥이 되고 Fe나 Ti가 도핑되면 붉은 색이 아닌 푸른색 또는 연분홍-오렌지색 등이 된다. 연분홍-오렌지색의 강석을 특별히 사파이어라 한다. 이 보석은 강도가 높은 것으로 알려져 있다. **타이타니움사파이어 레이저는 $\alpha-\mathrm{Al_2O_3}$에 타이타늄을 도핑시킨 타이타니움사파이어를 레이저매개체 (medium)로 사용하는 레이저로서 이득물질을 사용하여 700 ~ 1100 nm의 파장 영역에서 연속적으로 파장 가변이 가능한 고체레이저이다.** 레이저전이는 $^2E \rightarrow {}^2T_2$에서 일어나며 레이저파장은 0.66 ~ 1.178 μm로 넓은 범위를 포함한다.

④ **He-Ne 레이저** : He-Ne 레이저는 가장 보편적으로 쓰는 레이저이다. 1961년 Javan, Bennett 및 Herriott은 헬륨과 네온의 혼합기체를 이용하여 처음으로 1152.3 nm의 적외선의 연속발진에 성공하였다. 오늘날에는 이 레이저가 수 밀리와트의 가시광선 (132.8 nm)을 내게 하여 실험실에서 간섭을 이용한 측정 및 홀로그래피의 제작 등에 널리 쓰이고 있다. 이 레이저에서 헬륨은 네온을 들뜨게 하는 매개물질로서 작용하여 실제의 발진은 네온에서 이루어진다. 0.8 torr He과 0.1 torr Ne의 혼합기체를 가늘고 긴 관속에 넣어 방전시킨다. 한 방향으로의 편광에 대해서지만 100% 투과시키기 위해 브루스터 창을 설치하여 빛의 손실을 줄인다. 직류 또는 교류의 방전에 의해 들뜬 He은 Ne과 충돌하여 에너지를 제공한다. 한편 충돌에 의해 여기 된 네온은 바닥상태로 바로 떨어지는 것은 금지되어 있어 중간단계로 몇 가지 파장의 빛을 내면서 떨어지게 된다. 이 중간단계에서는 빠르게 바닥상태로 떨어져서 점유밀도가 항상 작게 유지된다.

632.8 nm의 붉은 파장을 가지는 이 레이저는 대표적인 레이저로서 처음의 기체레이저이기도 하다. 이 레이저의 매질은 He와 Ne의 혼합기체로서 Ne가스에서 레이저가 발진된다. 길

이가 수십 cm 되는 모세관에 약 수 torr 이하의 He과 Ne을 채우고 수 천 볼트의 직류고전압을 가하여 방전시키면 전자가 He원자와 충돌하여 He이 $1s^1 2s^1(^3S)$ 또는 $1s^1 2s^1(^1S)$의 높은 에너지상태로 들뜨게 된다. **이 들뜬 He 원자는 Ne 원자와 충돌하여 He의 에너지가 Ne에 전달된다. 충돌 후 He은 낮은 에너지상태로 떨어지고 Ne은 각각 $5s$와 $4s$ 상태로 들뜬다.** 에너지가 낮은 $4p$와 $3p$ 상태는 이들보다 수명이 짧아서 쉽게 아래로 떨어지므로 결국 $5s$와 $4p$ 사이에 밀도반전이 일어나고 $4s$와 $3p$ 또는 $5s$와 $4p$ 사이에서도 밀도반전이 일어난다. 이 때 공진기 선택하기에 따라서 $5s$와 $4p$ 사이에 적외선인 3.99 um 파장을, $5s$와 $3p$사이의 632.8 nm의 붉은 파장 또는 $4s$와 $3p$ 사이의 1.15 um 적외선을 택할 수 있다.

⑤ 아르곤 레이저 : 아르곤레이저는 청색 (488.0 nm)과 녹색 (514.5 nm)에서 가장 강력한 레이저 빛을 발생한다. 이 외에도 351.1 nm 등의 자외선을 포함하여 476.5 nm 및 496.5 nm 등 여러 파장의 빛이 발진된다. 아르곤레이저는 색소레이저의 들뜸용으로 많이 쓰이고 있다. 아르곤레이저는 길이 약 1 m, 내경 약 수 nm의 작은 모세관에 수 torr의 Ar 기체를 채운 후 수 백 V의 직류전압을 가하여 방전시킨다. 모세관에 흐르는 전류는 보통 수십 A가 흐른다. 이는 Ar^+ 이온에서 레이저가 발진되므로 모세관의 전류밀도가 수백 A/cm 이상이어야 충분히 밀도반전이 일어나기 때문이다.

그림 (14-3-9). He-Ne 레이저의 발진 메커니즘. 스핀-궤도짝지음 때문에 다양한 상태가 관여되어 넓은 범위의 레이저가 방출됨.

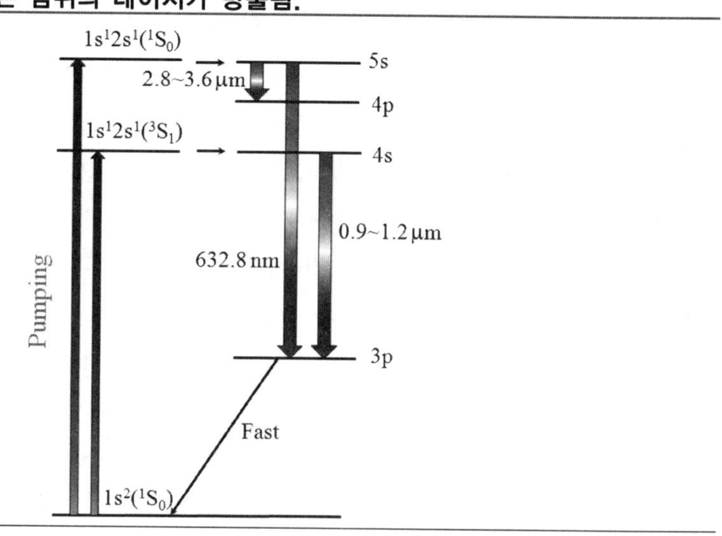

⑥ 이산화탄소 레이저 : 이 CO_2 레이저는 1964년 미국의 Patel이 처음으로 연속발진에 성공하였다. **이 레이저는 강력한 적외선을 발진한다. 이 레이저는 특이하게 CO_2 분자의 진동에너지준위를 이용하므로 9.6 μm와 10.6 μm의 적외선을 발진하며 연속발진에서의 출력**

은 수백 kW에 이르러 금속의 가공 등 산업용으로 널리 쓰인다. 이 레이저는 효율을 높이기 위해 매개물질인 N_2와 Ne을 첨가하여 거의 15% 의 높은 효율로 동작시킨다. 이산화탄소는 점대칭의 구조를 하고 있고 세 가지의 진동 모드가 있다. (001) **모드는 반대칭신축모드로 진동수는** 2349 cm^{-1}, (100) **모드는 대칭신축모드로 진동수는** 1388 cm^{-1}, (010) **모드는 굽힘진동모드로 진동수는** 667 cm^{-1}**이다.** 헬륨-네온레이저에서의 He의 역할처럼 N_2는 단지 펌핑시키는 매개물질로서 작용한다.

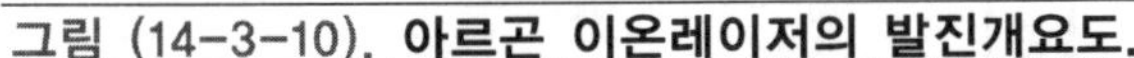

그림 (14-3-10). 아르곤 이온레이저의 발진개요도.

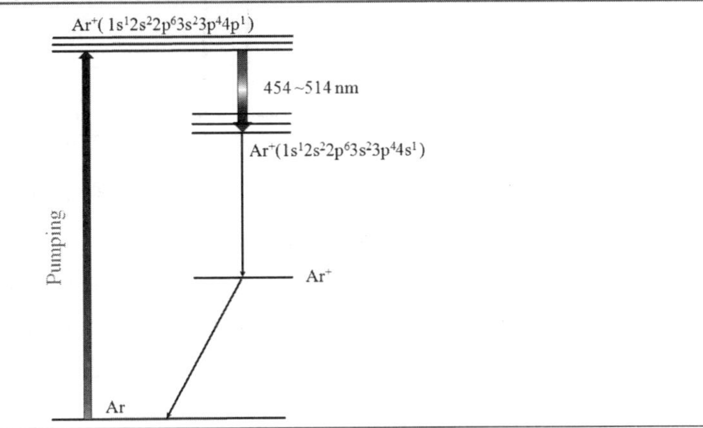

N_2는 단지 신축진동상태만 존재하고, 이의 첫 번째 들뜬상태는 이산화탄소의 (001) 모드와 비슷한 에너지를 갖는다. 방전에 의해 들뜬 질소는 CO_2와 충돌하여 들뜨게 한다. 들뜬 진동은 에너지가 낮은 진동준위로 떨어지면서 레이저를 방출한다. (001) → (100) (10.6 μm), (001) → (020) (9.6 μm). 여기서 (100) 모드는 $v = 1$ 대칭신축모드를 나타내고 (020)는 $v = 2$의 굽힘진동이다. 약 1 m 길이의 파이렉스 유리관에 CO_2, He 및 N_2를 일정비로 흘리면서 10 kV 정도의 직류전압을 가하면 글로우 방전이 일어난다. He 가스의 혼합으로 아래 준위인 (001) 준위를 쉽사리 없앨 수 있기 때문에 밀도반전이 쉽게 일어날 수 있으므로 효율이 증대된다. 따라서 N_2와 He을 혼합하면 순수 CO_2만이 있을 때의 출력에 비해 매우 큰 출력을 얻을 수 있다. 일반적으로 1 m 길이의 방전관은 최적조건에서 100 W까지의 출력을 얻을 수 있다.

⑦ **엑사이머 레이저 : 묶인상태에 있지만 전자에너지적으로는 들뜬상태에 있는 소위 엑사이머상태에서 바닥상태로 전이하면서 레이저가 발생한다.** 단일 파장, 고출력 및 고효율 등의 특징이 있고 기체를 바꿈으로써 원하는 파장의 레이저를 쉽게 얻을 수 있다. 예로 비활성기체 Xe가 고에너지전자와 충돌하면 Xe의 일부가 전자적으로 들뜬다.

$$Xe + e \rightarrow Xe^*$$

그림 (14-3-11). **이산화탄소 레이저의 발진개요도.**

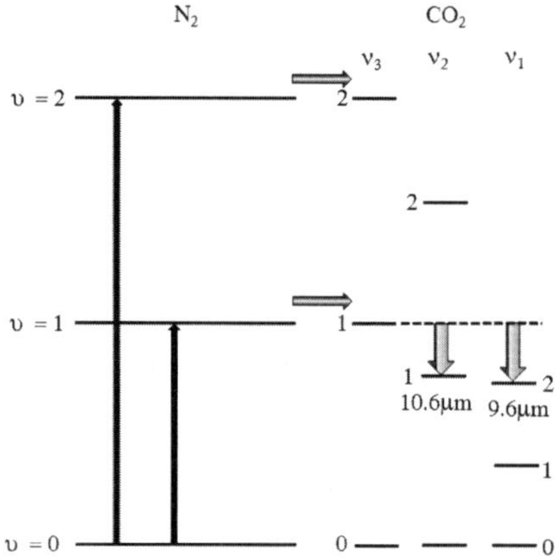

들뜬 Xe 기체는 할로겐분자와 충돌하여 $XeCl^*$ 엑사이머를 형성한다.

$$Xe^* + Cl_2 \rightarrow XeCl^* + Cl$$

$XeCl^*$ 엑사이머가 바닥상태로 떨어지면 아래와 같이 분해한다. 분해로 인하여 XeCl 농도는 매우 약해지고 따라서 밀도반전이 형성된다. 여기서 엑사이머형광이 방출된다.

$$XeCl^* \rightarrow Xe + Cl + h\nu$$

표 (14-3-1). **엑사이머의 종류와 파장.**

엑사이머의 종류	레이저의 파장 (nm)
ArF	193
KrCl	222
KrF	248
XeCl	308
XeF	351

그림 (14-3-12). **엑사이머 레이저의 개요도.**

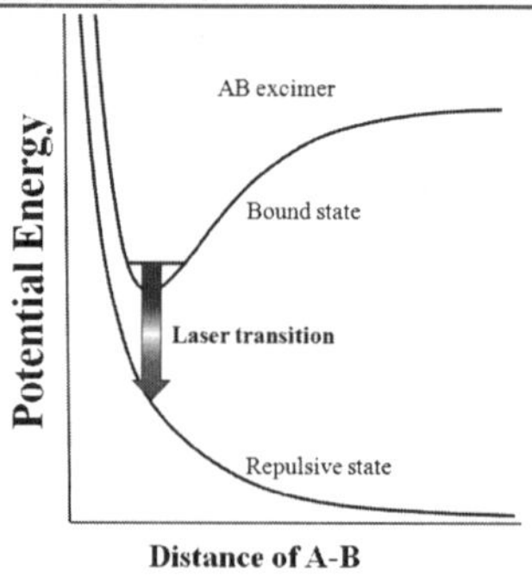

⑧ 반도체 레이저 : 반도체 레이저는 다이오드레이저라고도 하며 p 형 반도체와 n 형 반도체의 접합으로 되어 있으며 p-n 접합의 양쪽 끝은 평행한 평면이다. 만약 면이 평면이 아니거나 평행하지 않으면 반도체 레이저가 될 수 없다. 이 두 면은 매우 큰 굴절율 때문에 반사경의 역할이 가능하게 된다. 재료는 GaAs나 GaAlAs 또는 GaAlAsP 등이 개발되어 있으며 발진파장은 매질의 종류에 따라 다르나 GaAs인 경우 840 nm의 적외선이다. 크기가 매우 작기 때문에 회절효과가 두드러져 지향성이 다른 레이저에 비해 좋지 않은 결점이 있으나 높은 효율, 빠른 변조율 및 작은 크기 등의 특성이 있어서 광통신, 광기록 및 전기광학소자 등 광공학에서 핵심적인 역할을 한다. 반도체 레이저는 광다이오드가 발견된 직후인 1962년에 발명되었다.

그림 (14-3-13). **Bias가 없을 때 의 다이오드의 접합구조.**

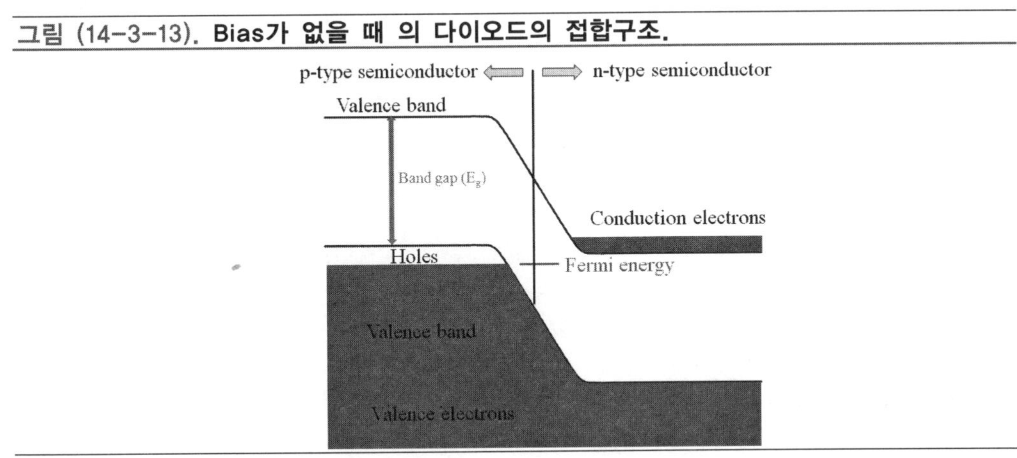

그림 (14-3-14)에 나타낸 바와 같이 n-형 반도체에 - 전위가 걸리고 p-형 반도체에 + 전위가 걸리면 n-형 반도체의 전도띠 (conduction band)에 자유전자가 풍부하게 된다. **이 전자들은 서로 반발하게 되어 전도띠를 따라 언덕을 넘어 p-형반도체로 이동하거나 언덕 중간에서 전이하여 그림과 같이 빛을 방출한다.** 전자의 경우를 다이오드 (diode), 후자의 경우를 발광다이오드 (light-emitting diode, LED)라 한다.

그림 (14-3-14). **Bias가 있을 때 다이오드발광메커니즘의 개요도.**

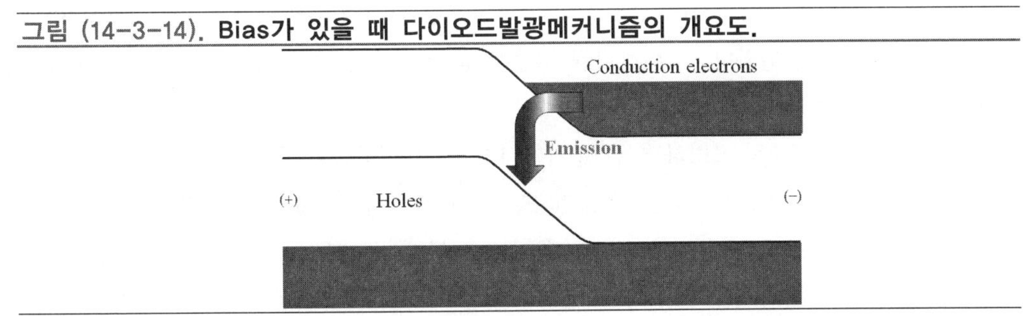

⑨ **색소레이저** : 색소레이저는 다른 레이저와 매우 다른 독특한 성질을 지니고 있다. 다른 레이저는 단일파장만을 발생하는데 비해 색소레이저는 일정한 범위내의 모든 파장의 레이저를 발진한다. 이것을 가변파장레이저 (tunable laser)라고 한다. 여러 가지 염료가 레이저물질로 사용되고 있지만 그 중에서도 Rhodamine-6G라는 붉은 염료가 효율이 높고 파장영역이 분광학적 실험에 적합하므로 가장 많이 사용한다.

그림 (14-3-15). Rhodamin-6G 염료의 흡수 및 형광방출스펙트라.

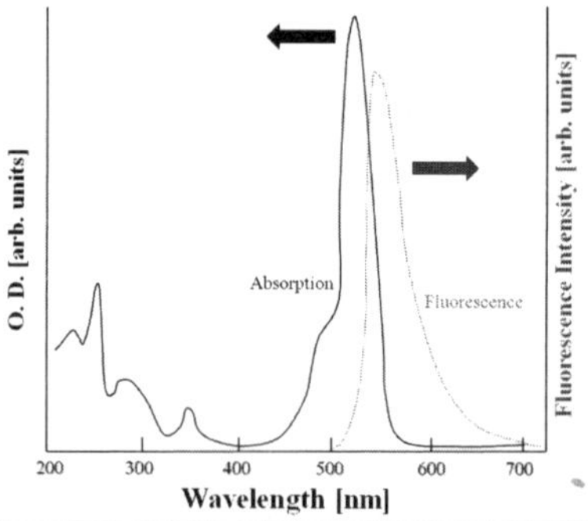

4. 레이저를 이용한 분광학

레이저유발형광을 이용한 들뜬상태의 광물리현상의 규명

레이저유발형광 (laser-induced fluorescence, LIF)**은 형광의 들뜸광원으로 레이저를 사용하는 방법인데, 감도와 선택성이 높기 때문에 복잡한 생체혼합물 내에 극미량으로 존재하는 생화합물을 분석하는 데에 매우 유용하다.** 이런 방법에서 검출할 수 있는 형광분자의 수 (검출한계)는 10^3개에서 10^6개 정도이다. 검출한계가 더 낮은 형광분석법이 개발되면 분석화학, 생명과학 및 의학분야에서 지금까지 할 수 없었던 많은 연구가 가능하게 되므로 레이저유발형광 (laser-induced fluorescence, LIF)의 검출한계를 낮추려는 연구가 꾸준히 수행되어 왔다. **현재는 기체상태의 원자나 이온 하나를 검출할 뿐만 아니라 용액 중의 용질분자 하나를 검출할 정도로 검출한계가 낮아졌다.** 흡광으로 들뜬 분자의 형광양자효율이 1이라 하더라도 들뜬 분자의 형광소멸시간을 고려하면 한 분자가 1초 동안에 방출할 수 있는 형광의 광자수는 10^8개 정도일 것이다. 참고로 이온성염료분자들 중에 형광양자효율이 1에 가까운 것들이 있다. 대표적으로 fluorescein과 rhodamine-6G를 들 수 있다. 분자는 원자와는 달리 광자를 무한정 흡수할 수 없고, 어느 정도 흡수하면 화학적 성질이 바뀌어 정지된 시료의 형광세기는 시간에 따라 지수적으로 감소하게 된다. 이러한 광표백에 기인한 형광분자의 광화학 수명은 흡광속도와 광표백양자효율의 곱의 역수와 같다. 광표백양자효율의 값은 염료분자와 용매에 따라 달라지는데, 일반적으로 10^{-5} - 10^{-7}이다. 그러므로 광화학 수명은 10 ms 정도밖에 되지 않는다. ※ 광표백 (photobleaching)은 광학적으로 형광발산물질을 제거하는 과정을 나타낸다.

5. 레이저를 이용한 동위원소의 분리

(a) 분해능이 좋은 레이저를 이용한 동위원소이성질체의 분리

동위원소이성질체 (isotopomer)는 동위원소의 (isotopic) 이성질체 (isomer)의 약자로 각 동위원소의 수는 같으나 동위원소가 삽입된 위치가 다른 화합물을 말한다. 예로 CH_3CHDCH_3과 $CH_3CH_2CH_2D$와 같은 분자가 여기에 속한다. 분해능이 좋은 레이저를 이용하여 동위원소 이성질체를 분리할 수 있다.

그림 (14-5-1). **분해능이 훌륭한 레이저를 사용하여 동위원소 이성질체를 분리할 수 있음. 동위원소 이성질체 1번만 선택적으로 들뜨게 할 수 있음.**

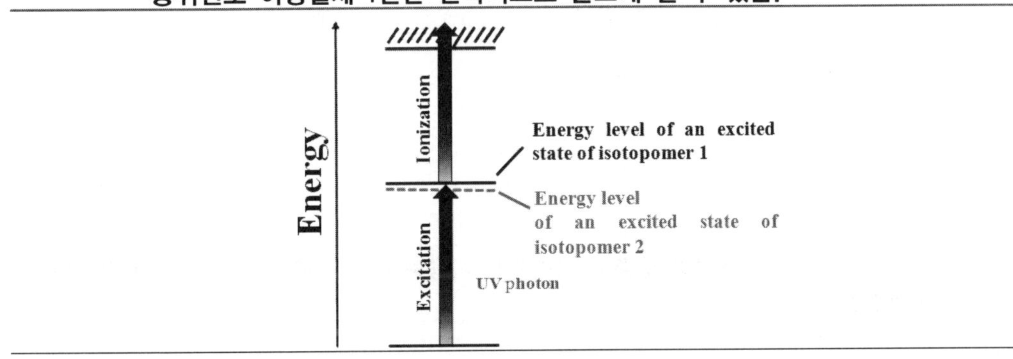

(b) 분해능이 좋은 레이저를 이용한 동위원소의 분리

그림 (14-5-2)는 분해능이 매우 훌륭한 레이저를 사용해서 ^{235}U를 ^{238}U으로부터 분리하는 메커니즘을 나타내고 있다. 그림 (14-5-3)에 나타낸 바와 같이 ^{238}U 원자의 중성자는 ^{235}U 원자보다 중성자 3개가 더 많다. 따라서 **핵스핀양자수가 다른 관계로 원자의 스핀각운동량이 약간 다르고, 그 결과로 전체에너지가 약간 다르게 나타난다.** U의 핵스핀 때문에 ^{235}U의 전자에너지준위가 ^{238}U의 그것과 다르다. 그러나 전자에너지의 차이는 매우 작으므로 분해능이 매우 좋은 레이저를 사용해야 한다. 그림 (14-5-4)와 같이, 일단 특정원자가 이온화하면 이온은 전장에 끌려 휜다.

그림 (14-5-2). 분해능이 좋은 레이저를 사용해서 ^{235}U를 ^{238}U로부터 분리할 수 있음.

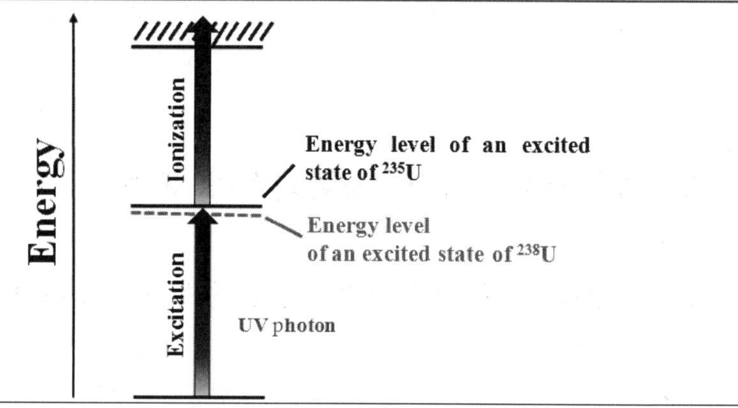

그림 (14-5-3). 서로 다른 핵스핀각운동량 ($\vec{I}$)의 존재로 인하여 전체각운동량 $\vec{F}$가 약간 다르게 나타남.

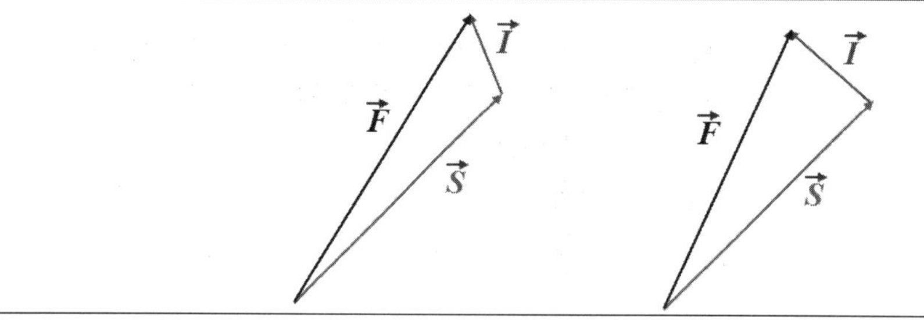

그림 (14-5-4). 분해능이 훌륭한 레이저를 사용해서 ^{235}U를 ^{238}U로부터 분리하는 실험장치의 개요도.

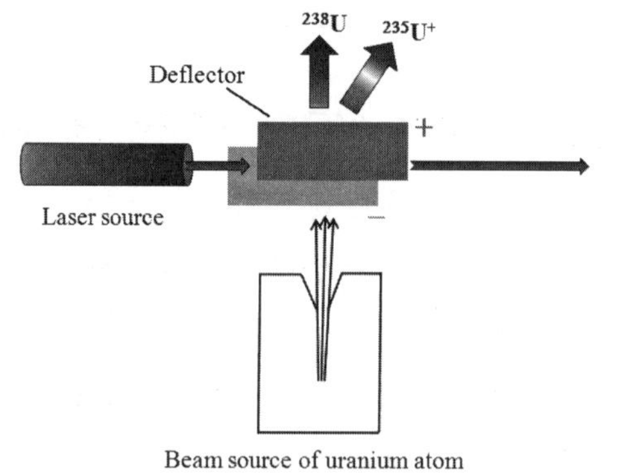

(c) 다른 동위원소를 포함하는 화합물의 광이성질화를 이용한 분리

CH_3CN^{14}로부터 CH_3CN^{15}를 어떻게 분리할 것인가? 분해능이 좋은 레이저를 이용하면 CH_3CN^{15}만 선택적으로 진동 들뜨게 할 수 있고 이렇게 들뜬 CH_3CN^{15}은 $CH_3N^{15}C$로 광 이성질화를 일으킨다. CH_3NC는 CH_3CN과 **화학적으로 다른 형태이므로 화학적으로 분리가능하다.** 또는 그림 (14-5-5)에서와 같이 특정 동위원소이성질체 1만 들뜨고 들뜬 1은 자외선을 흡수하여 분해한다. 이렇게 해서 특정 동위원소이성질체만을 분리할 수 있다.

6. 회전결맞음분광학

회전결맞음분광학 (rotational coherence spectroscopy, RCS)은 **들뜬상태의 구조를 밝히는데 매우 중요한 비교적 첨단연구분야 중의 하나이다.** RCS의 연구는 CIT의 Felker, Baskin 및 Zewail 연구팀의 선구적인 연구를 시발점으로 하여 현재 2010년까지 약 20 년의 짧은 역사를 갖고 있고 또한 이를 이용한 분자의 입체 및 회전·전자의 규명도 수백 여 개의 분자 밖에 이루어지지 못한 - 앞으로 많은 분자와 방법에서 해결해야 할 - 비교적 첨단연구라 할 수 있다. 이러한 연구가 많은 발전을 하지 못한 이유 중의 하나는 우리가 보통 접하는 응집체에서는 분자의 회전운동에서 제약을 받고 또한 분자상호간에 분산작용을 많이 하기 때문에 RCS 효과를 볼 수 없다. 분자빔의 기술의 개발과 응용이 비교적 오랜 역사를 가지고 있다 하더라도 분자의 회전의 결맞음을 효과적으로 규명할 수 있는 피코초 및 펨토초 레이저의 설치와 응용이 용이하지 않았다는 점이다. 더 나아가 RCS와 관련된 양자역학적 규명도 비교적 난해하다는 것이다.

그림 (14-5-5). **동위원소를 포함하는 분자의 진동에너지의 차이를 이용해서 동위원소 이성질체 (isotopomer) 1만 선택적으로 들뜨게 한 다음 분리할 수 있음.**

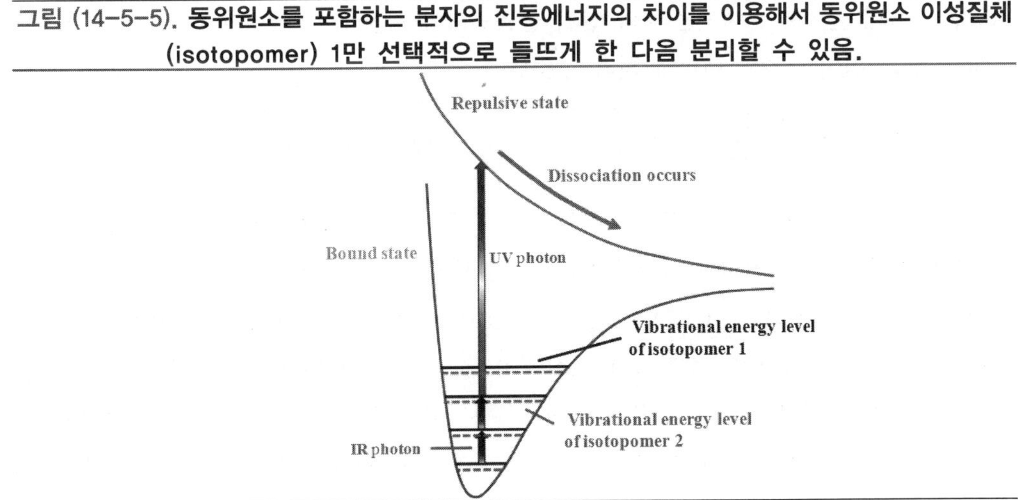

RCS의 연구가 들뜬 물질의 구조를 알아내는데 강력한 도구로서 사용되는 이유는, 첫째, **회전결맞음신호가 반복적으로 날카롭게 나타나서 피이크의 분석이 용이하다는 것이다. 분자가 클수록 관성모멘트가 커지고 그 결과로 피이크 사이의 간격도 크게 나타나 특이하게도 분석이 용이하다.** 둘째, 회전결맞음효과에 따른 피이크의 Doppler 폭넓어지기는 전자-진동공명 주파수에 비례하지 않고 오히려 아주 작은 회전주파수 간격에 비례하기 때문에 **Doppler 폭넓어지기는 무시할 수 있다는 점이다.** 셋째, **회전결맞음분광자료로부터 쉽게 회전상수를 유도해 낼 수 있다는 점이다.** 일본 교또대학의 Kajimoto 교수는 분자빔에서 bianthryl 분자가 들뜬상태에서 꼬인 (twisted) 구조를 형성하는 것까지 이 방법으로 알아내었을 뿐만 아니라 bianthryl에 붙어있는 Ar이나 물분자의 정확한 위치까지 알아내고 있을 정도이다. 이는 Ar 분자가 붙어있는 위치에 따라서 이 vdW 컴플렉스의 회전상수가 다르게 나타난다는 점을 이용한 것이다. 따라서 다른 분광학적 방법으로는 용이하지 않은 들뜬 분자의 구조를 규명할 수 있다. 넷째, **진동·전자공명전이에서 바닥상태의 회전결맞음도 규명할 수 있다**는 점이다. 이러한 결맞음은 들뜬상태의 소멸시간과 관련된 스펙트럼의 폭넓어지기에 영향을 받지 않기 때문에 분해능이 매우 뛰어난 분광스펙트라를 제공해줄 수 있다. 양자 비이트실험개요도를 그림 (14-6-1)에 나타내었다.

분자빔에서 분자가 편극 레이저를 흡수하여 들떠 있을 때에 방출하는 형광의 편극은 그 분자가 형광을 방출할 당시의 회전상태 및 분자의 배향과 밀접하게 관련되어 있어서 형광의 편극은 주기적으로 위상분산 (dephasing) 하면서 반복한다. 우리가 이러한 편극의 주기를 실험적으로 측정하는 것은 바로 그 들뜬 분자의 회전양자상태를 알려주고, 그 결과로 그 들뜬 분자의 회전상수를 알 수 있게 해주며, 이로부터 관성모멘트를 규명할 수 있게 된다. 이 관성모멘트는 그 들뜬 분자의 입체적 구조에 관한 정보를 준다. 그림 (14-6-2)에서 RCS의 세기 $I(t)$는 아래 식에서 보여주는 바와 같이 들뜬상태의 회전에너지차이와 $|e> \rightarrow |f>$ 전이와 관련된 전이쌍극자모멘트에 의해 결정된다.

$$I(t) \sim C + \sum_{e' > e = 1}^{\infty} |\mu_{eg}||\mu_{g e'}||\mu_{fe}||\mu_{e' f}| \cos\{(E'_e - E_e)t/\hbar\} \qquad (14\text{-}6\text{-}1)$$

여기서 C는 상수, μ는 전이쌍극자모멘트, $E'e$는 전자 들뜬상태에서의 다양한 회전양자상태이며 E_e는 $e = 0$인 전자들뜬상태에서 회전에너지가 가장 낮은 회전양자상태에 해당한다. 이러한 입체적 정보 이외에도 RCS로부터 분자의 전자전이에 있어서 평행전이 $(\Delta J = 0, \pm 1, \Delta K = 0)$, 수직전이 $(\Delta J = 0, \pm 1, \Delta K = \pm 1)$ 및 이 두 가지가 서로 혼합해서 발생하는 혼성전이의 전자들뜸에 관한 정보도 얻을 수 있다. 여기서 J는 공간적으로 고정된 축에 따른 전체각운동량양자수이고, K는 대칭팽이분자에 있어서 분자의 대칭팽이축에 따른 각운동량양자수이다. 전자스핀의 변화가 없을 경우는 분자의 전체오비털운동량양자수 Λ 에 해당한다.

그림 (14-6-1). 양자비이트 실험의 개요도. $|g>, |f>, |1>, |2>,,,|N>$ **는 화학종의 고유상태 (eigenstate),** $|g>$ **는 바닥상태,** $|1>, |2>,,,|N>$ **는 레이저펄스들뜸으로** $|g>$ **로부터 생성된 상태들이다.**

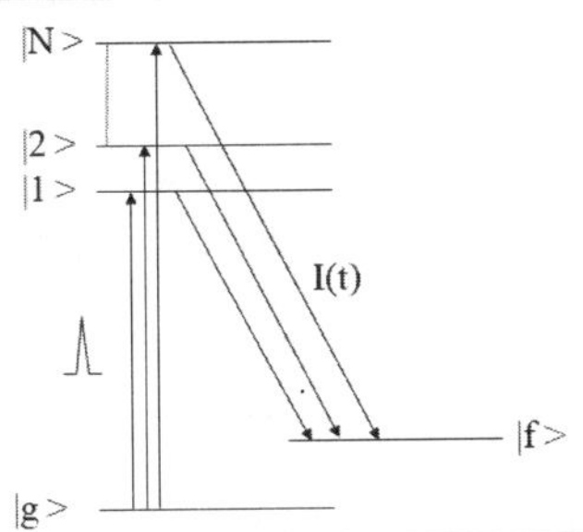

그림 (14-6-2). 양자비이트에 의한 피이크의 순환.

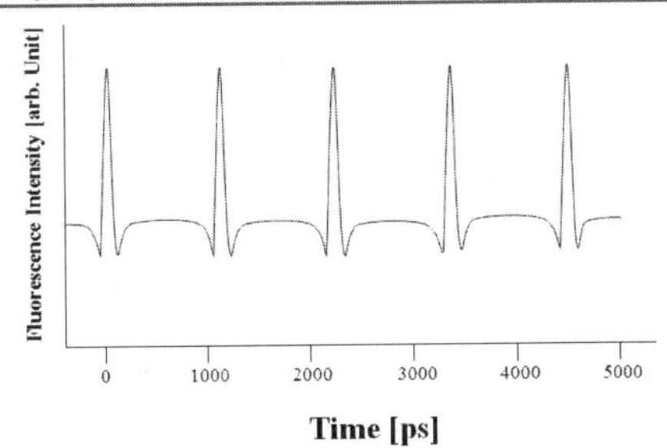

뾰족타원체대칭끝 분자의 들뜬상태의 입체구조를 결정할 수 있는 RCS를 설명하고자 한다. K 값은 같고 J 값이 다른 상태 사이의 결맞음으로부터 발생하는 회전양자비이트 (rotational quantum beat)의 경우, 즉, J 형 과도상태 (J-type transient)를 살펴보면 레이저의 편광과 나란한 형광의 검출되는 시간은 $t = n/(2B)$이다. 여기서 n은 정수이며 B는 대칭팽이 축에 수직한 두 축에 따른 회전상수이다. 즉, $B = \dfrac{h^2}{8\pi^2 I_\perp}$. 여기서 $I_\perp$는 대칭팽이축에 수직한 방향의 회전에서의 관성모멘트를 나타낸다. 그림 (14-6-2)에 나타낸 바와 같이 n =1,2,3...인 곳에서 회전결맞음신호가 약간씩 위상분산하면서 규칙적으로 나타난다. 이외에도 분자의 특성상, K-형, 혼성-형, A-형 및 B-형 과도상태가 있다. K-형 과도상태의 경우 $t = \dfrac{n}{4(A-B)}$인 곳에서 신호가 반복적으로 나타난다. 여기서 A는 대칭끝축 (symmetric top axis)에 따른 회전상수를 나타낸다.

7. 구멍-연소분광학

다양한 이성질체 또는 전자상태의 존재로 인하여 들뜸스펙트럼에서 복잡한 피이크가 나타날 경우 이를 단순화하기 위하여 특정 이성질체 또는 전자상태에 해당하는 주파수를 맞추어 제일레이저로 들뜨게 하면 들뜬 물질은 그림 (14-7-1)에 나타낸 바와 같이 곧바로 이완한다. 이렇게 전자적으로 바닥상태에 있는 물질은 그림 (14-7-1)에서 알 수 있듯이 진동적으로는 다양한 상태에 존재하게 된다. 이때 제이레이저를 이용하여 일정 주파수범위를 주사하면 이 물질은 특정의 한 상태만으로 들뜨지 못한다. 따라서 흡수피이크의 세기가 감소하게 된다. **다양한 물질 중에서 특정한 물질만을 들뜨게 해서 다른 물질의 흡수의 관찰하기 때문에 이와 같은 분광학을 구멍-연소분광학 (hole-burning spectroscopy)이라 한다.** 구멍 (hole)은 특정 한 물질을 나타내고 연소 (burning)는 들뜨게 한다는 뜻이다. 이와 같은 분광학은 다양한 이성질체나 다양한 상태가 존재하는 분광학계의 분석연구를 수행하는데 필수적이나 실험은 용이하지 않다. 그림 (14-7-2)에 나타낸 1,3-diphenylpropane (DPP)의 경우를 예로 설명하고자 한다. 이 분자는 trans-trans (tt), trans-gauche (tg), gauche-gauche (gg) 형으로 존재한다는 것이 양자역학 계산에서 알려져 있다. g^+g^- 형은 샌드위치 형으로 전자적 바닥상태에서는 불안정하고 전자적으로 들뜬상태에서는 묶인상태로 존재하는 이성질체이다. 그림 (14-7-3)에 DPP의 분자빔 위에서 측정한 형광들뜸스펙트럼을 나타내었다. 이렇게 복잡한 스펙트럼을 분석하기 위하여 구멍-연소스펙트라를 측정하였다. 제일레이저로 A 띠를 들뜨게 하면서 제이레이저로 주사하면 A 띠와 관계된 피이크들은 비슷한 크기로 현저하게 감소한다. 이와 같은 실험적 현상이 그림 (14-7-4)에 잘 나타나 있다. 비슷하게 B 띠를 들뜨게 하면서 다른 레이저로 주사하면 B와 D 피이크가 현저하게 감소한다. 따라서 B와 D 띠는 같은 이성질체에서 나온 것으로 판명한다. C 띠를 들뜨게 하면서 다른 레이저로 주사하면 C 피이크가 뚜렷하게 감소한다. 이와 같은 구멍-연소분광학연구와 양자역학 계산을 통해서 B와 D 띠는 tg, A 띠는 gg, C띠는 tt에 해당한다는 것을 알 수 있다.

그림 (14-7-1). **구멍-연소분광학의 개요도.**

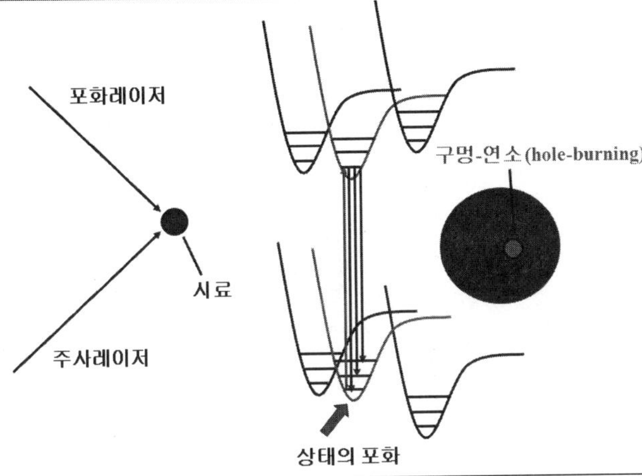

그림 (14-7-2). **1,3-Diphenylpropane (DPP)의 다양한 이성질체.**

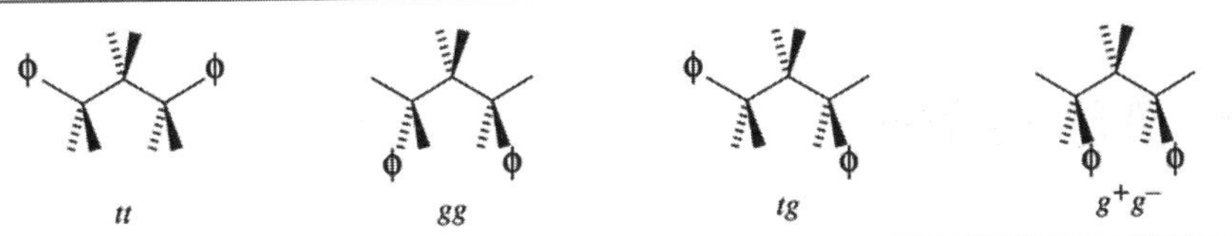

그림 (12-7-3). **DPP의 다양한 이성질체의 형광들뜸스펙트럼.** T_1, T_2**는 진동전진 (vibrational progression)을 나타낸다.**

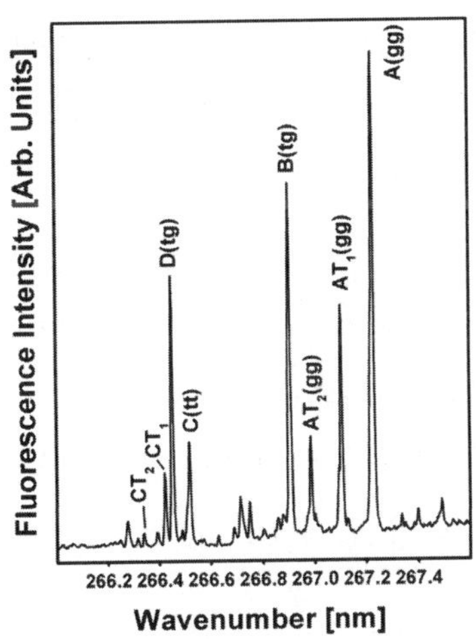

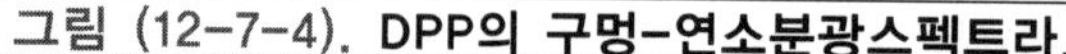

그림 (12-7-4). DPP의 구멍-연소분광스펙트라.

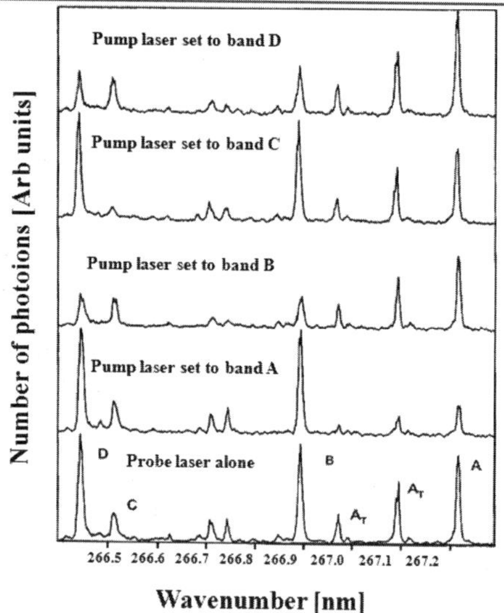

8. 광전자분광학

(a) 광전자분광법의 원리와 응용

전자들은 전자기 복사선과의 상호 작용에 의해서 이온화에너지가 IE인 결합상태로부터 방출되는데 이 때 **그 전자의 운동에너지 eKE를 측정하면 결합에너지 (binding energy) IE를 규명할 수 있다. AB 분자의 IE는 AB의 영점 진동에너지로부터 AB^+의 영점 에너지까지의 에너지를 나타낸다.** 즉, AB의 영점 진동에너지로부터 전자 하나를 끄집어내는데 필요한 최소한의 에너지를 나타낸다.

$$eKE = h\nu - IE \tag{14-8-1}$$

여기서 ν는 복사선의 진동수이다. 식 (14-8-1)은 AB의 전자 및 진동바닥상태에서 AB^+의 그것으로 전이하는 특별한 경우에만 적용된다. 일반적인 경우를 그림 (14-8-1)에 나타내었다. 이 경우에는 전자의 운동에너지는 아래와 같이 주어진다.

$$eKE = h\nu - IE + E_i(AB) - E_i(AB^+) \tag{14-8-2}$$

여기서 $E_i(AB)$는 이온화 전의 AB의 진동 등의 상태를 나타내고, $E_i(AB^+)$는 이온화 후의 AB^+의 진동 등의 상태를 뜻한다. 따라서 eKE는 AB^+의 진동 등의 상태를 적절히 반영하여, 양자화된 분포를 나타낼 것이다.

그림 (14-8-1). **광전자분광학의 원리를 설명하는 개요도.**

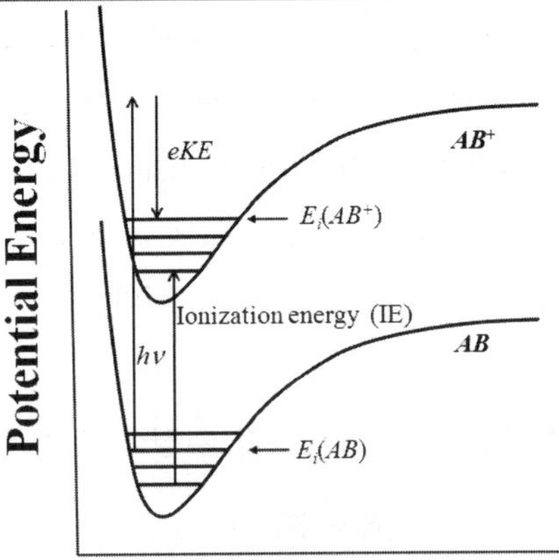

X-선광전자분광학 (XPS)은 일차복사선의 에너지에서만 UPS와 다를 뿐이다. UPS에서는 20 ~ 40 eV인 데 비하여 XPS는 약 1 keV을 사용하거나 또는 싱크로트론 (synchrotron) 복사선을 이용한다. 광전자분광학의 응용분야를 아래에 나타내었다.

① 핵심부전자의 결합에너지를 이용하여 표면의 화학 분석을 하는 분야

② 핵심부전자의 결합에너지의 "화학적이동"으로부터 원자의 전하에 관한 지식을 얻는 분야

③ 원자가-전자의 상태밀도를 결정하는 분야

분야 (1)은 XPS로만 가능하며 지금까지 체계적인 조사가 이루어지지는 않았지만, 현재까지의 자료에 의하면 이 방법을 이용하여 하단분자층범위의 표면농도를 측정할 수 있다. 그러나 이 방법은 전자충격 Auger 전자분광학보다 감도가 훨씬 떨어진다. 1차 X-선에 의해서도 Auger 전자가 들뜨며 그리하여 이것이 XPS 스펙트럼에 나타나기는 하지만 역시 표면연구에서는 Auger 전자분광학이 더 편리하다. X-선광전자스펙트럼을 얻는 데 사용되는 X-선관은 양극 물질에 따라 고유한 복사선을 bremsstshlung 바탕과 함께 내놓는다. 지금까지는 Al-Kα (1486.6 eV)와 Mg-Kα (1253.6 eV) 선이 가장 많이 쓰이고 있다. 이 두 광원은 전환쌍둥이양극으로 되어 있으며, 그 운동에너지가 광에너지에 의존하는 광전자와 에너지가 고정된 Auger 전자를 분리시킬 수 있게 되어 있다. 132 eV의 고유복사선을 내놓는 이트륨광원이 표면연구에 매력적이지만 아직 조금 더 개발이 되어야 한다.

X-선 광전자를 해석하는 여러 가지 장치 중 아래의 세 종류가 대표적이다. 그 중에서도 가장 널리 이용되는 장치는 **구형전향장치** (spherical deflector)이다. X-선에 의해 그림의 시료에서 광전자들이 각각의 속도를 갖고 튀어나오고 입구슬릿 (entrance slit)을 통해 구형전향장치로 안으로 들어간다. 이때 구형부채꼴축전기 (spherical-sector capacitor)에 일정한 전압을

가해 주면 축전기의 동심 방향으로 구심력이 작용한다. 그림에서와 같이 그 구심력에 상응하는 원심력을 갖는 전자만이 출구슬릿 (exit slit)을 통과하고 구심력보다 크거나 작은 전자는 슬릿을 통과하지 못한다. 에너지에 따라 선택된 전자는 **채널트론증배장치** (channeltron multiplier, CEM)나 **마이크로통로판** (microchannel plate, MCP)과 같은 전자증배장치 (electron multiplier)로 검출한다. 전자의 흐름이 밖에 존재하는 지구 등의 자기장 때문에 차단될 수 있어서 Helmholtz 코일의 설치가 요구된다.

그림 (14-8-2). 광전자의 운동에너지를 측정할 수 있는 구형전향장치의 개요도.

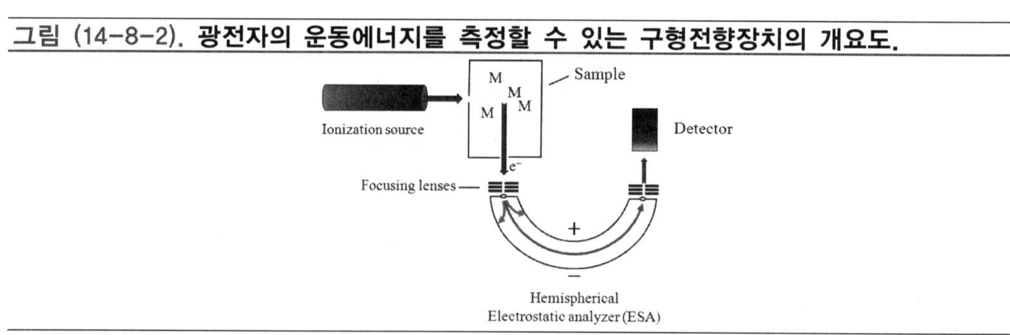

(b) 광전자스펙트럼

HBr의 광전자스펙트럼을 그림 (14-8-3)에 나타내었다. 결합에너지가 15 ~ 17 eV에 나타난 것은 σ 결합에 의한 것이다. 여기에 **이온화상태의 진동구조가 잘 나타나 있다.** 이것은 이온화에 따른 퍼텐샬에너지곡선이 그림 (14-8-5)에서처럼 오른 쪽으로 이동하기 때문에 나타나는 것이다. 이온화가 진행되면서 결합길이가 늘어나는 것은 결합의 약화 때문이다.

그림 (14-8-3). HBr의 광전자스펙트럼.

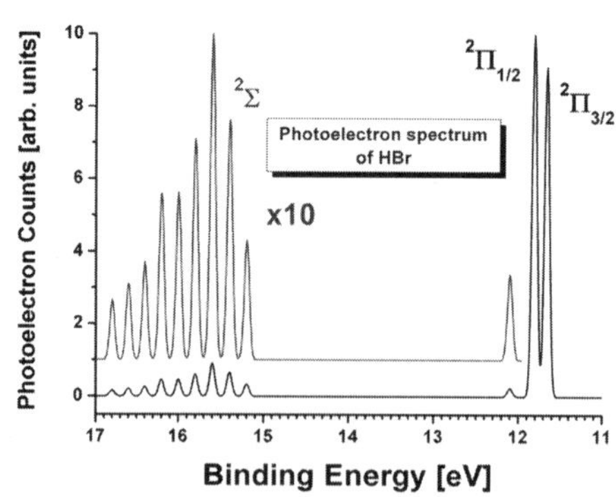

그림 (14-8-4)에서 σ **오비털에서 전자를 끄집어내면 결합이 약화됨을 알 수 있다. 반면에 비결합오비털 (nonbonding orbital)에서 전자를 끄집어내면 결합은 크게 약화되지 않는다.** 그림 (14-8-3)의 11 ~ 12 eV에서 거의 단일피이크 만이 관찰되고 있다. **여기서 강한 피이크가 두 개가 나타난 것은 스핀-궤도상호작용 때문이다.** n 오비털의 자기양자수는 $m_\ell = \pm 1$ 이다. n 오비털에서 전자가 한 개 빠지면 $\Lambda = \left|\sum m_\ell\right| = 1$, $S = \frac{1}{2}$, $\Omega = |\Lambda - S| \bullet \bullet \bullet |\Lambda + S| = \frac{1}{2}, \frac{3}{2}$.

따라서 두 개의 분자항기호는 ${}^2\Pi_{\frac{1}{2}}$, ${}^2\Pi_{\frac{3}{2}}$ 이다.

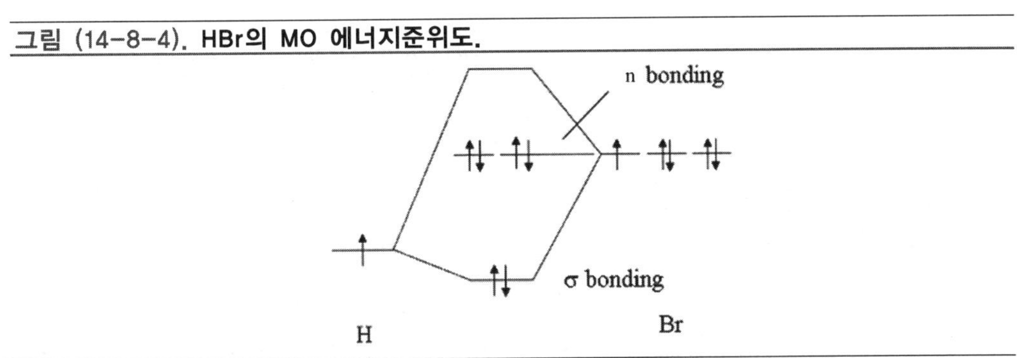

그림 (14-8-4). HBr의 MO 에너지준위도.

(c) 광전자스펙트럼에서 화학적이동

화합물에서 다양한 환경의 원자들이 결합에너지가 약간 씩 변화하면서 나타난다. 그림 (14-8-7)에서 두 개의 다른 환경의 질소원자의 결합에너지가 두 곳에서 나타나고 있다.

그림 (14-8-5). 이온화에 따른 결합세기의 약화로 퍼텐샬곡선의 이동이 생기며, 이로 인하여 진동들뜸이 다양하게 생김.

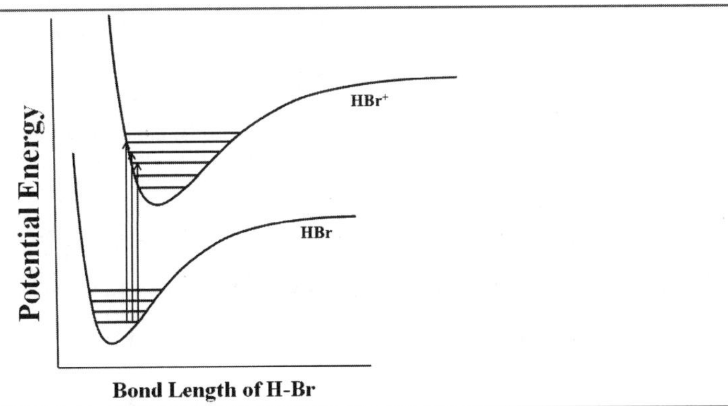

그림 (14-8-6). 이온화에 따른 결합세기의 약화가 미미하면 진동들뜸이 그림과 같이 단순할 수가 있다.

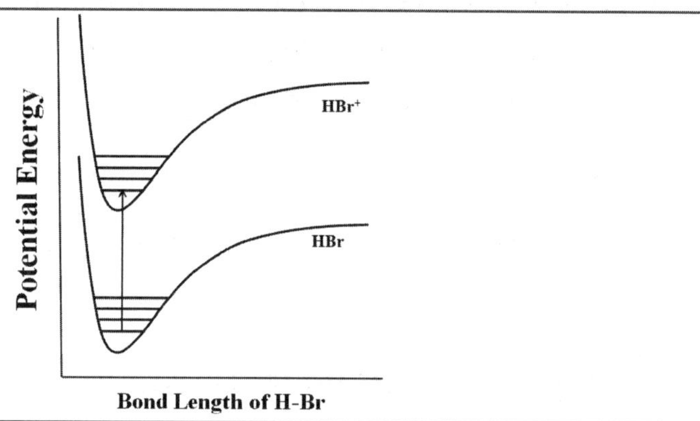

피이크의 크기를 보면 피이크의 면적도 원자수를 거의 정량적으로 반영한다. **+ 전하가 존재하는 원자에 결합에너지가 크게 나온다.** 즉 + 전하의 존재로 전자가 핵으로 더 강하게 끌리기 때문이다. 피이크의 면적은 이온수를 반영하고 있다.

그림 (14-8-7). Sodium azide (NaN_3)의 광전자스펙트럼. DFT로 계산한 N_3^- 내의 각 원자의 전하가 분자모델에 표시되어 있음.

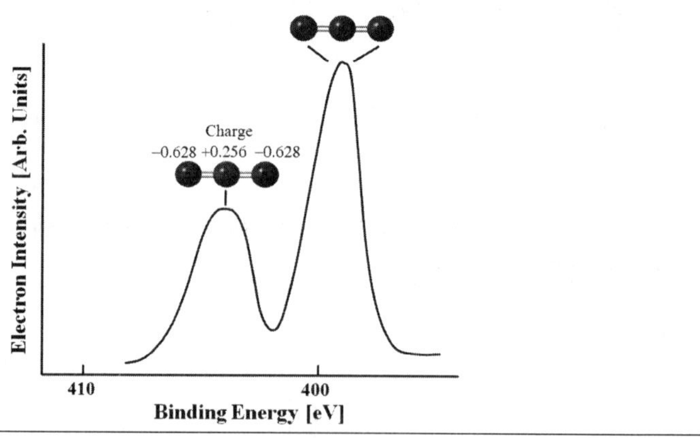

그림 (14-8-8)에 azide 음이온의 질소원자들의 전하와 핵간거리를 나타내었다. 이 자료는 DFT를 이용하여 얻어진 것이다. 그림 (14-8-7)과 (14-8-8)에 나타낸 질소원자의 전하는 Lewis 이론으로 예측한 -1, +1, -1 의 값과 상당히 벗어나고 있다.

그림 (14-8-8). DFT를 이용하여 얻어진 azide 음이온의 질소원자들의 전하와 핵간거리.

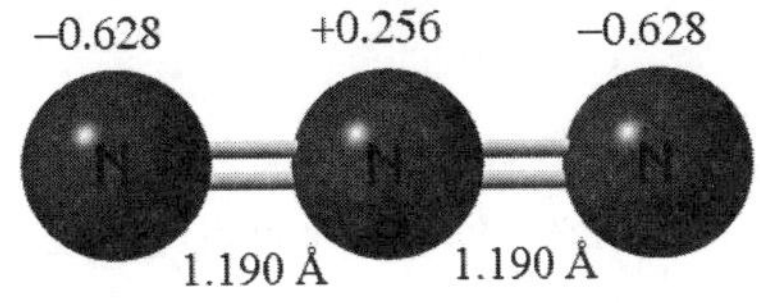

화합물에서 화학적 환경이 다른 원자들의 결합에너지와 피이크의 수로부터 서로 다른 환경의 탄소의 개수를 예측할 수 있다.

(d) Auger 광전자분광학

Auger 광전자분광학은 표면의 구조를 연구하는데 주로 많이 쓰이는 연구분야로서 어떤 원자의 핵심부전자 (core electron)를 전자나 X-선으로 충격으로 끄집어냈을 때 그 에너지준위 위에 있던 전자가 핵심부구멍 (core-hole)을 채우는 과정에서 원자가전자가 튀어 나온다. 그 과정을 식 (14-8-3)와 (14-8-4)에 나타내었다.

$$A + h\nu \rightarrow A^{2+} + 2e^- \qquad (14\text{-}8\text{-}3)$$

$$A + e^- \rightarrow A^{3+} + 3e^- \qquad (14\text{-}8\text{-}4)$$

여기서 구멍을 계속 채우는 과정에서 더 많은 전자를 방출할 수 있다. 우리가 관심을 갖는 것은 **두 번째로 방출되는 전자인 Auger 전자의 에너지이다.** 첫 번째 방출되는 전자의 에너지는 입사하는 전자나 광자의 에너지와 관련이 있기 때문에 고체표면에 존재하는 기체의 구조를 결정하는 데에는 두 번째 전자의 에너지에 관심이 많다. 그림 (14-8-9)에서 방출되는 전자의 에너지는 아래 식으로 주어진다.

$$E_{3n} - E_{1s} = BE_{3n} + \frac{1}{2}m_e v^2 \qquad (14\text{-}8\text{-}5)$$

표면에 존재하는 원자의 Auger 스펙트럼은 그 원자의 주위환경에 영향을 받기 때문에 표면을 분석하는데 지문 (指紋)으로 많이 사용된다. 철과 산화철의 Auger 분광스펙트라의 개요도를 그림 (14-8-10)에 나타내었다. **세게흔듦 (shake up)과정은 핵심부궤도함수 (core orbital)에서 급속하게 방출되는 전자가 핵의 인력으로부터 벗어나면서 핵에 구속된 전자를 들뜨게 한다.** 일종의 핵심부전자에 의한 들뜸과정이다. 따라서 광전자 eKE가 감소된 것은 아니다.

그림 (14-8-9). Auger 전자의 방출메커니즘과 에너지.

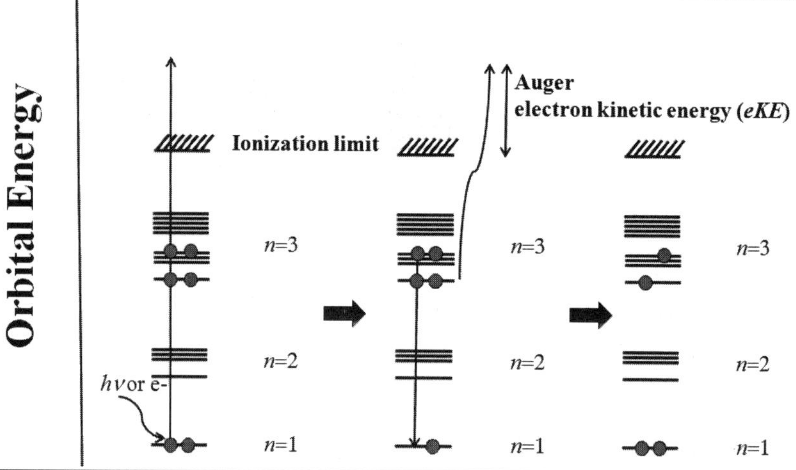

그림 (14-8-10). 고체표면에 흡착된 다양한 원자들의 분석을 위한 광전자분광스펙트라. 다양한 산화상태의 철이온의 결합에너지 (binding energy)를 보여주고 있음. 실험적으로 얻은 결과를 이론적으로 모사하여 얻은 스펙트라임.

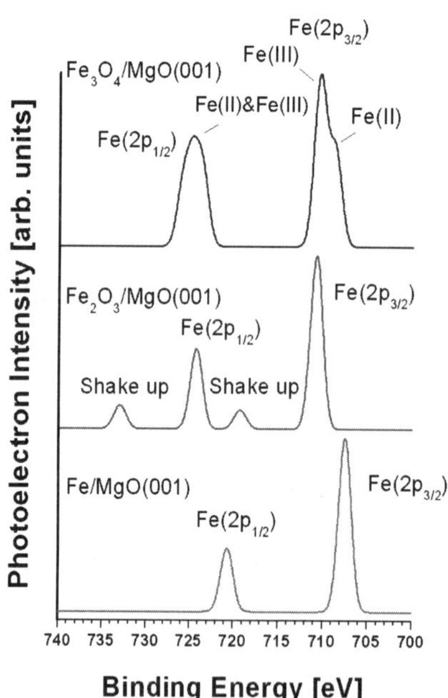

연습문제

(14-1) 산소분자의 전자배치에 따른 분자항기호를 나타내시오.

(14-2) 에너지가 가장 낮은 C_2 분자의 MO 에너지준위도를 도시하고 분자항기호를 나타내시오.

(14-3) 공명증대다광자이온화가 줄 수 있는 정보를 제시하시오.

(14-4) 시간에 따른 형광세기를 측정함으로써 얻을 수 있는 정보를 나타내시오.

(14-5) 엑사이머 레이저의 원리와 특성에 대해서 설명하시오.

(14-6) 분자의 입체 및 전자구조를 결정하는 데 광전자분광학의 중요성을 열거하시오.

(14-7) N_2, O_2 및 F_2 분자의 광전자 분광스펙트라를 예측하시오. 각 피이크에 해당하는 분자항기호를 나타내시오.

연습문제그림 (14-1). **질소, 산소 및 불소의 광전자 분광스펙트라.**

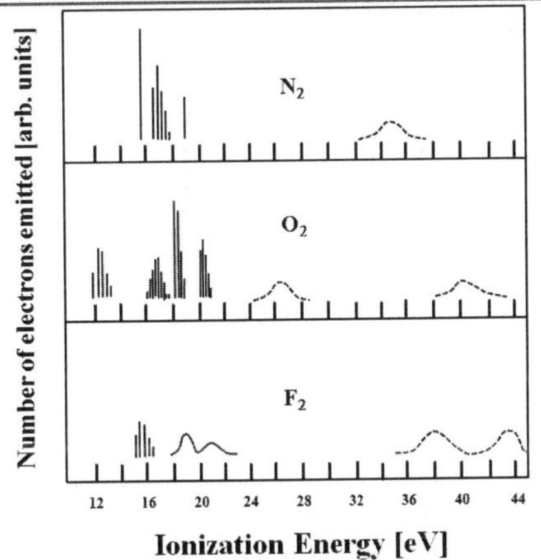

(14-8) 반도체 레이저의 발진원리와 응용에 대해 설명하시오.

(14-9) Benzophenone에서 $\pi^* \leftarrow n$와 $\pi^* \leftarrow \pi$ 전이를 설명하시오.

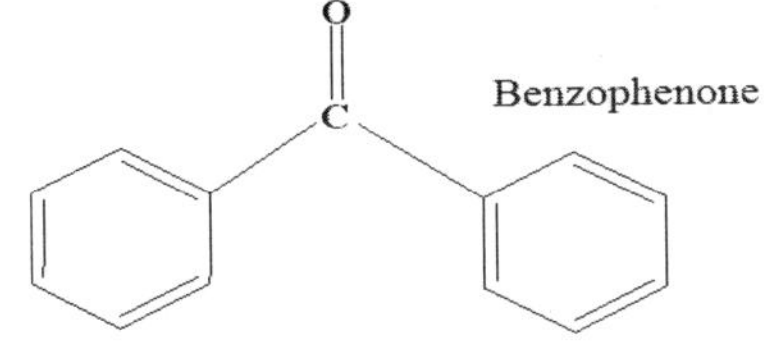

(14-10) N_2의 UPS 스펙트럼을 연습문제그림 (14-2)에 나타내었다. 각 피이크를 지정 (assign) 하시오.

(14-11) $HCl(g)$, $H_2(g)$, $Cl_2(g)$의 분해에너지가 분광학적으로 각각 4.431, 4.476, 2.476 eV로 측정되었다, 절대영도에서 $HCl(g)$의 생성엔탈피 $\left(\Delta_f H_0^0\right)$를 결정하시오.

(14-12) 수소분자의 광전자분광학에서 가장 강한 피이크는 아래 전이에서 일어난다. $H_2(v=0)+h\nu \rightarrow H_2^+(v=2)+e$. 입사광의 에너지는 21.22 eV, H_2^+의 진동수는 2297 cm^{-1}, 0-0 이온화에너지는 15.45 eV이다. 앞 반응식에서 전자의 운동에너지를 구하시오. 1 eV = 8065.73 cm^{-1}

(14-13) Formaldehyde의 전자배치와 MO를 나타내고, 흡수스펙트럼에서 $\pi^* \leftarrow n$와 $\pi^* \leftarrow \pi$ 전이의 허용여부, 에너지에 대해 논의하시오. 참고로 formaldehyde 분자의 점군은 C_{2v}이다. 부록의 C_{2v}의 지표표를 이용하시오.

연습문제그림 (14-2) **질소분자의 광전자분광스펙트럼의 개요도.**

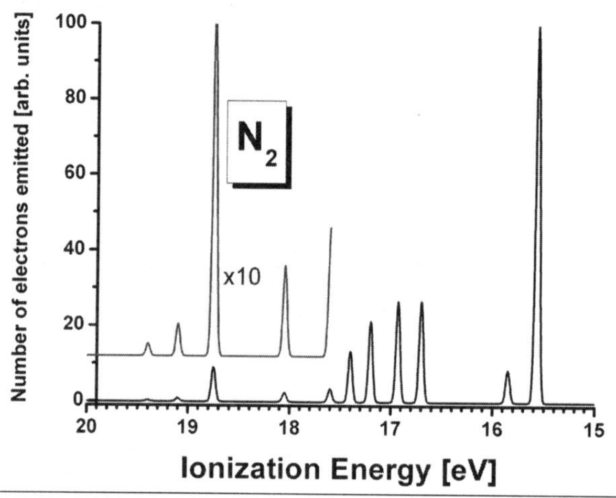

(14-14) 일산화탄소 분자의 광전자분광스펙트럼을 연습문제그림 (14-3)에 나타내었다. 피이크를 지정 (assign)하시오.

연습문제그림 (14-3). **일산화탄소분자의 광전자분광스펙트럼의 개요도.**

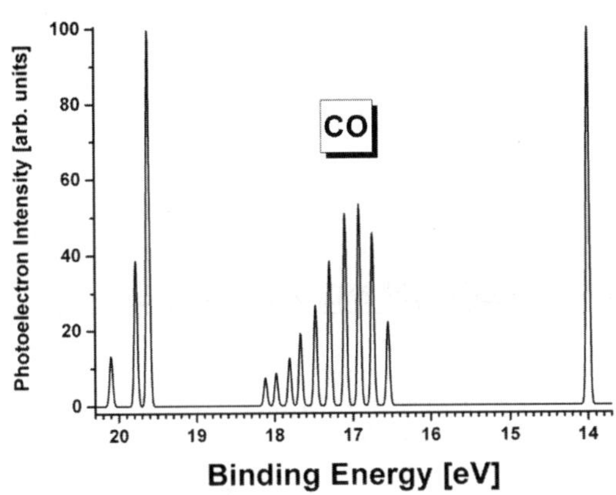

(14-15) B 원자의 전자배치는 $1s^2 2s^2 2p^1$이다. B_2 분자의 바닥상태의 분자항기호는 $^3\Sigma_g^-$이다. 이를 바탕으로 바닥상태의 B_2의 MO 에너지준위도를 정성적으로 그리시오.

(14-16) Br_2 기체분자의 연속흡수의 극한 (limit of continuous absorption)은 19750 cm^{-1}에서 일어난다. 그 분해반응은 아래와 같다.

Br_2(바닥상태)→Br(바닥상태)+ Br(들뜬상태)

Br의 들뜸 (아래 반응)은 3685 cm^{-1}에서 일어난다.

Br(바닥상태)→Br(들뜬상태)

이러한 경우, 아래 반응을 위하여 얼마만한 에너지가 필요한가?

Br_2(바닥상태)→2Br(바닥상태)

연습문제해답

(14-1)

연습문제그림 (14-4). 산소분자의 MO 에너지준위도.

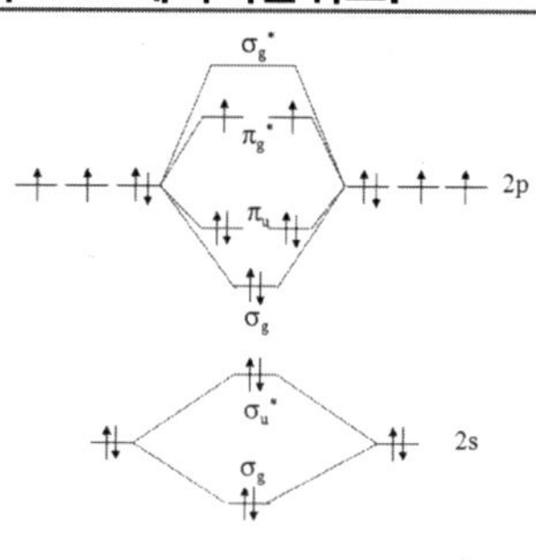

전자배치	항
$\pi_u^2\pi_u^2\pi_g{*}^1\pi_g{*}^1$	$^3\Sigma_g^-$
$\pi_u^2\pi_u^2\pi_g{*}^2\pi_g{*}^0$	$^1\Delta_g$
$\pi_u^2\pi_u^2\pi_g{*}^1\pi_g{*}^1$	$^1\Sigma_g^+$
$\pi_u^2\pi_u^1\pi_g{*}^2\pi_g{*}^1$	$^3\Sigma_u^+$
$\pi_u^2\pi_u^1\pi_g{*}^2\pi_g{*}^1$	$^3\Sigma_u^-$

(14-2)

연습문제그림 (14-5). 탄소이원자분자 C_2의 MO 에너지준위도.

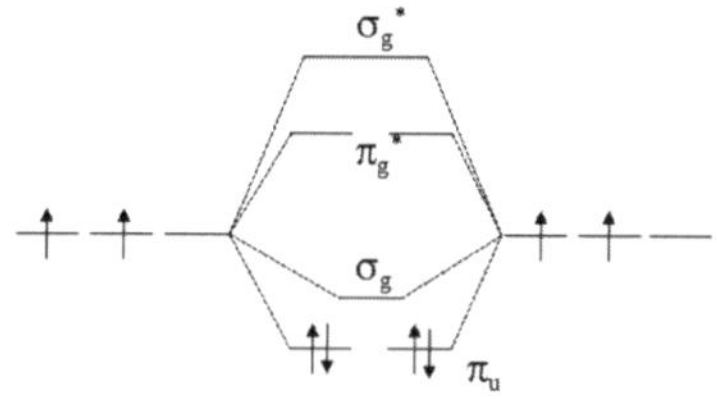

전자배치	항
$\pi_u^2\pi_u^2\pi_g{}^*\pi_g{}^*$	${}^1\Sigma_g^+$
$\pi_u^2\pi_u^1\sigma_g^1\pi_g{}^{*0}$	${}^3\Pi_u$

(14-3) 다광자 이온화에서 바닥상태와 이온상태 사이에 들뜬 전자상태가 존재하면 전자전이가 이와 같은 들뜬 에너지준위를 거쳐 일어난다. 이와 같은 공명이 일어나면 다광자수득률이 높아진다. 따라서 들뜬상태의 에너지상태를 알 수 있다.

(14-4) 들뜬상태의 이완과정과 소멸시간을 알 수 있다.

(14-5) 반결합성의 기저상태에 있는 분자의 천이로 인해 자외선 영역 (126 ㎚ ~ 558 ㎚)에서 발진하는 희토류가스할로겐화합물레이저이다. 레이저의 발진은 화합물의 들뜬상태에 의한 불완전한 묶인상태와 기저상태 간의 천이에 의해 생긴다. 단파장, 고출력 및 고효율 등의 특징이 있고 기체를 바꿈으로써 원하는 파장의 레이저를 쉽게 얻을 수 있다. Xe 비활성기체가 고에너지전자와 충돌하면 Xe의 일부가 전자적으로 들뜬다. $\mathrm{Xe} + e^- \rightarrow \mathrm{Xe}^* + e^=$. 들뜬 Xe 기체는 할로겐분자와 충돌하여 XeCl^* 엑사이머를 형성한다.

$\mathrm{Xe}^* + \mathrm{Cl}_2 \rightarrow \mathrm{XeCl}^* + \mathrm{Cl}$. XeCl^* **엑사이머가 바닥상태로 떨어지면 아래 반응과 같이 분해한다. 분해로 인하여** XeCl **농도는 매우 약해지고 따라서 밀도반전이 일어난다. 여기서 엑사이머형광이 방출된다.** $\mathrm{XeCl}^* \rightarrow \mathrm{Xe} + \mathrm{Cl} + h\nu$. **원하는 비활성기체와 할로겐원소를 선택하면 다양한 파장의 레이저를 구현할 수 있다.** 이것이 엑사이머 레이저의 장점 중의 하**나이다.**

(14-6) 광전자분광학을 통해서 MO 에너지준위도를 결정할 수 있다. $h\nu = IE + \frac{1}{2}m_e v^2$ 식에서 전자의 운동에너지를 결정하면 이온화에너지 IE를 결정할 수 있다.

(14-7)

연습문제그림 (14-6). 질소분자의 MO 에너지준위도.

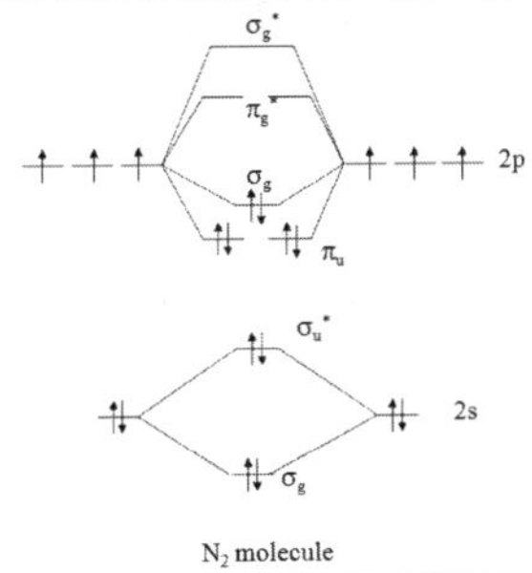

연습문제그림 (14-7). 산소분자의 MO 에너지준위도.

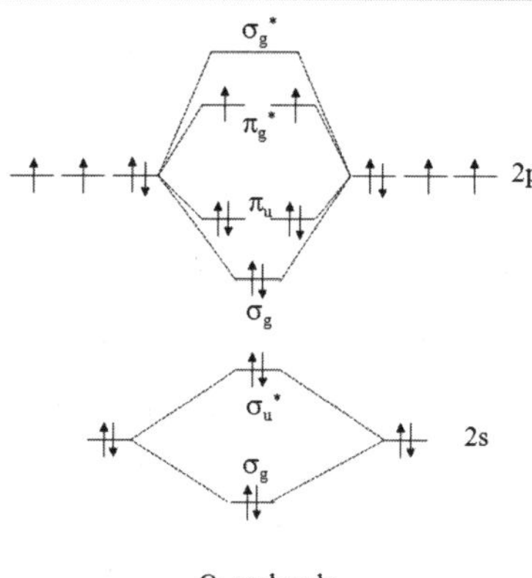

O_2 molecule

연습문제그림 (14-8). 불소분자의 MO 에너지준위도.

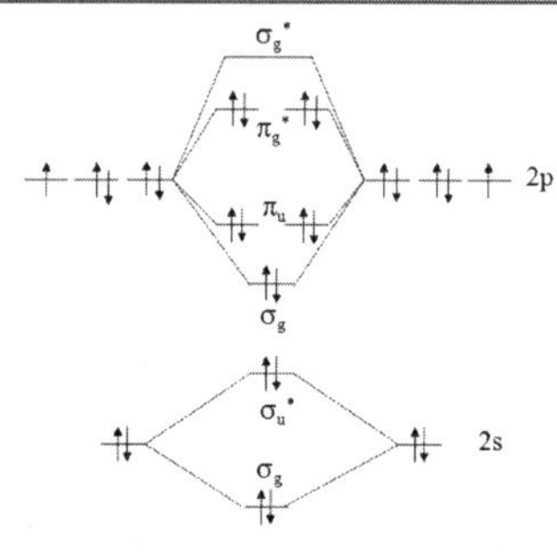

F_2 molecule

연습문제그림 (14-9). 질소, 산소 및 불소 분자들의 광전자분광스펙트라의 개요도.

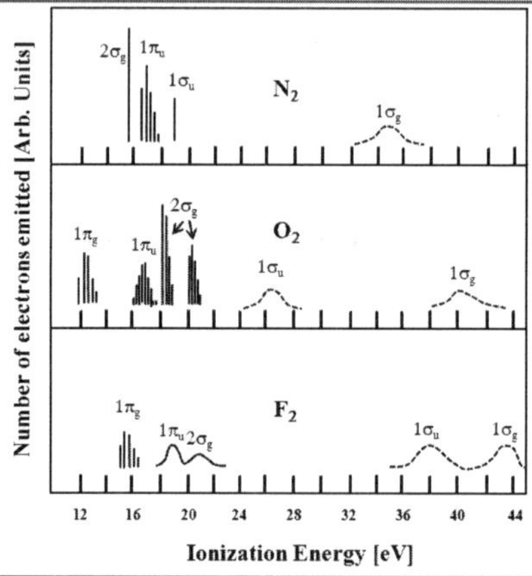

※ 광전자분광스펙트라에서 오비털기호 앞에 쓰인 번호는 에너지순서를 나타낸다.

(14-8) p형 반도체와 n형 반도체의 접합으로 되어 있으며 p-n접합의 양쪽 끝은 평행한 평면이다. n형 반도체에 - 극이 걸리면 - 극에서 공급된 전자는 n형 반도체의 전도띠로 이동한다. 전자와 전자의 반발로 전자들은 p-n접합 부분으로 이동하다가 원자가 띠로 떨어지면서 레이저 빛을 방출한다.

(14-10)

연습문제그림 (14-10). **질소의 광전자분광스펙트럼의 개요도와 각 피이크의 지정.**

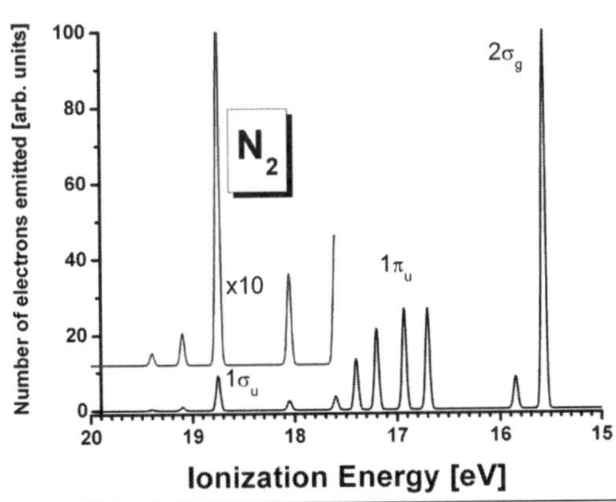

(14-11) 0 K에서 $\frac{1}{2}H_2(g)+\frac{1}{2}Cl_2(g)\rightarrow HCl(g)$ 의 반응의 ΔH_0가 $\Delta_f H_0^0(HCl)$이다.

H(g) + Cl(g)

$1/2D_0{}^0(H_2)+$
$1/2D_0{}^0(Cl_2)$

$D_0{}^0(HCl)$

$1/2H_2(g)\ +\ 1/2Cl_2(g)$ → HCl(g)

$\Delta_f H_0{}^0(HCl)$

$$\Delta_f H_0^0(HCl)=\frac{1}{2}D_0^0\{H_2(g)\}+\frac{1}{2}D_0^0\{Cl_2(g)\}-D_0^0\{HCl(g)\}$$
$$=\frac{1}{2}x4.476+\frac{1}{2}x2.476-4.431=-0.955\,(eV)$$

(14-12) 입사광의 에너지 $=0-0$ 이온화에너지$+2h\nu(H_2^+)+\frac{1}{2}m_e v^2$

전자의 운동에너지$=21.22\ eV-15.45\ eV-2297\ cm^{-1}x2x\dfrac{1\ eV}{8065.73\ cm^{-1}}=5.200\ eV$

(14-13) DFT로 계산한 formaldehyde의 전자배치를 아래에 나타내었다. 오른 쪽으로 갈수록 MO 에너지가 증가한다. $(1a_1)^2(2a_1)^2(3a_1)^2(4a_1)^2(1b_2)^2(5a_1)^2(1b_1)^2(2b_2)^2$

연습문제그림 (14−11). HF 이론으로 예측한 삼중항 carbene의 MO 에너지준위도. 스핀편극 때문에 생기는 오비털의 에너지분리는 고려하지 않았음.

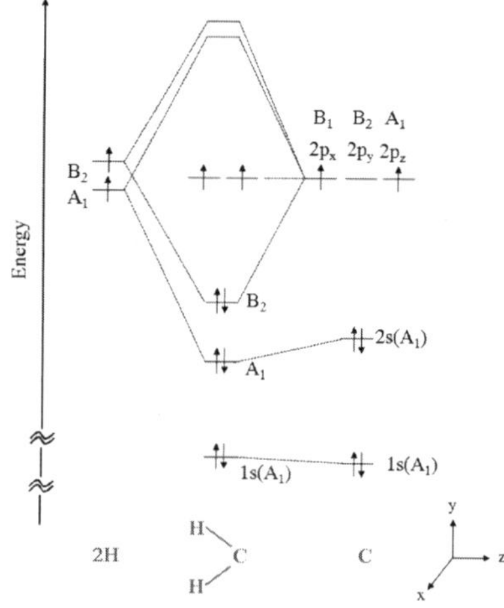

그림에서 두 개의 수소원자와 한 개의 탄소원자가 결합해서 생기는 삼중항 carbene의 MO를 먼저 결정하고 그 다음에 carbene과 산소원자의 반응에서 생기는 formaldehyde의 MO를 결정하는 것이 용이하다.

연습문제그림 (14−12). 중심탄소원자와 수소분자의 궤도함수의 대칭성.

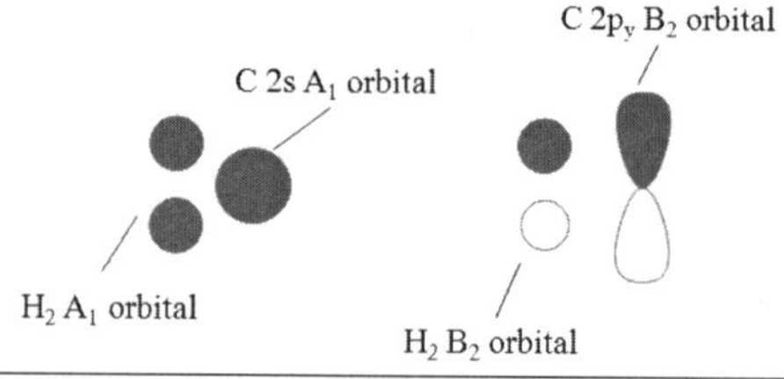

수소분자는 수소원자의 부호가 똑 같은 A_1 오비털과 부호가 다른 B_2 오비털이 있다. A_1 수소분자오비털은 연습문제그림 (14-12)에 나타낸 바와 같이 중심원자인 탄소의 $1s$ 및 $2s$ 오비털의 대칭성과 같다. 그러므로 결합이 이루어진다. 탄소의 $1s$의 에너지는 수소분자의 A_1 오비털의 그것보다 훨씬 낮아서 결합오비털의 에너지의 낮아짐은 거의 이루어지지 않는다. 다음은 삼중항 carbene과 산소원자의 결합을 MOT로 살펴보자. 연습문제그림 (14-13)에 MO 에너지준위도를 나타내었다. 같은 대칭성을 갖는 오비털의 상호작용으로 formaldehyde의 MO 에너지준위가 높아지거나 낮아진다.

연습문제그림 (14-13). HF 이론으로 예측한 formaldehyde의 MO 에너지준위도. 스핀편극 때문에 생기는 오비털의 에너지분리는 고려하지 않았음.

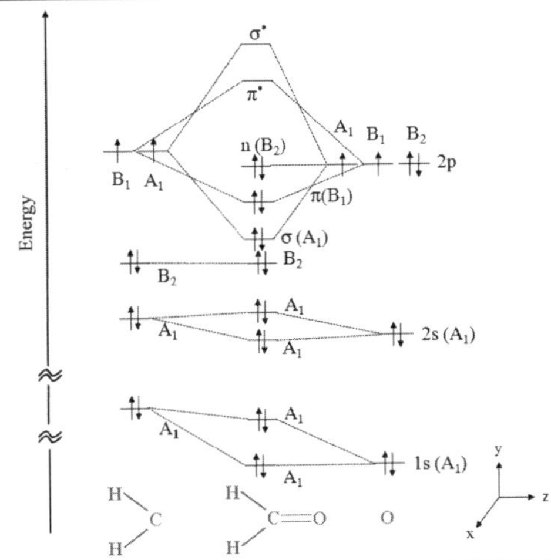

앞 그림은 혼성궤도함수를 사용하지 않고 나타낸 MO 에너지준위도이다. **MO는 대칭성에 맞게 그려야 하고** 또한 혼성궤도함수를 사용할 필요가 없다. 그림에서 n 궤도함수는 대칭성이 B_2에, π 및 π^* 궤도함수는 B_1에 속한다. $\pi^* \leftarrow n$ 전이가 일어나려면 아래에 나타낸 전이**쌍극자 모멘트의 적분값이 0이 아니어야 한다.**

$$\int \Psi(B_1)\mu\Psi(B_2)d\tau \neq 0$$

이 두 기약표현의 직적 (direct product)은 A_2이다. 따라서 지표표에서 A_2에 속하는 오비털이 존재하지 않으므로 이 적분 값은 0으로 $\pi^* \leftarrow n$ 전이는 일어나지 않는다. 다음은 $\pi^* \leftarrow \pi$ 전이가 일어나는지 알아보자. 위 그림에서 π 오비털은 대칭성이 B_1에 속하며, π^* 오비털도 B_1에 속한다. 이 두 가역표현의 직적은 A_1이다. 따라서 지표표에서 A_1에 속하는 기초함수가 z이므로 이 적분값은 영구전기쌍극자모멘트가 z일 때 적분 값이 0이 아니다. 따라서 $\pi^* \leftarrow \pi$ 전이는 z 축으로 편극된 빛을 흡수하여 전이가 일어난다. 연습문제그림 (14-14)는 탄소의 $2s$ 오비털과 $2p$ 오비털이 sp^2 혼성궤도함수를 이룬다고 설명하고 있다. **혼성궤도함수는 VBT를 적절히 설명하기 위한 이론으로 VBT의 꽃이라 하겠다.** 그러나 VBT로 분자의 궤도함수를 표현할 경우 실험 및 이론결과와 부합하지 않을 경우가 있다. ※ 혼성궤도함수이론을 이용한 formaldehyde의 에너지준위도가 DFT로 계산한 결과와 상치된다.

(14-14) 일산화탄소의 MO 에너지준위도를 연습문제그림 (14-15)에 나타내었다. 여기서 에너지가 비교적 높은 준위에서 전자가 방출될 수 있다. 전자가 방출된 후의 양이온의 전자상태를 그림 (14-16)에 나타낸 광전자스펙트럼을 통해서 알 수 있다. 연습문제그림 (14-16)에서

$A\,^2\Pi$에 해당하는 피이크가 진동전진을 보여주고 있다. 그림 (14-15)에서 볼 수 있듯이 π 오비털에서 전자가 방출되면 이 일산화탄소분자는 결합궤도함수에서 전자가 방출되어서 결합이 약해진다.

연습문제그림 (14-14). **혼성궤도함수이론을 이용한 formaldehyde의 에너지준위도.**

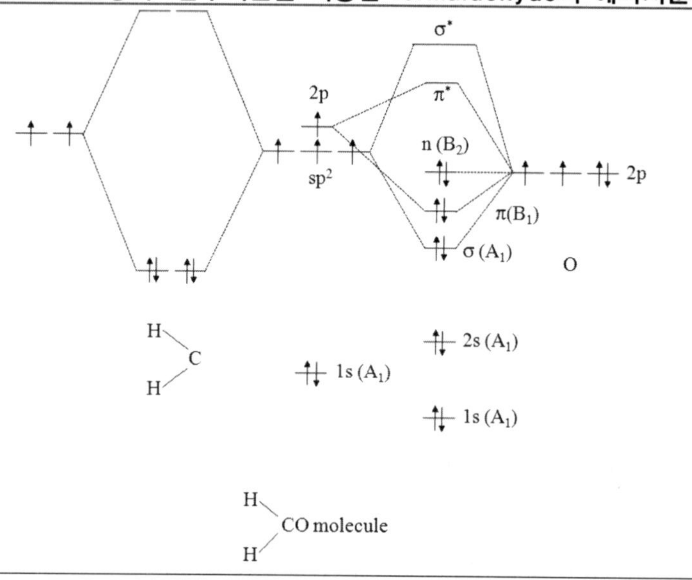

따라서 그림 (14-17)에서처럼 일산화탄소의 양이온의 퍼텐샬에너지곡선이 오른쪽으로 이동한다. Franck-Condon 원리에 의해 다양한 진동전이가 가능하고, 연습문제그림 (14-16)에 나타난 진동전지도 보여진다.

연습문제그림 (14-15). **일산화탄소의 MO 에너지준위에서 에너지가 비교적 높은 준위에서 전자가 방출될 수 있음.**

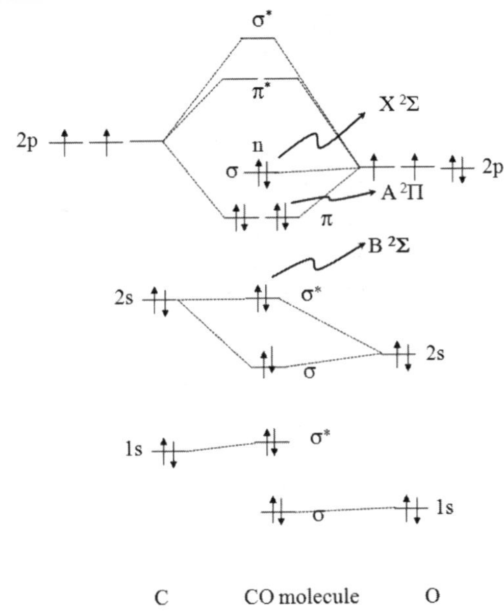

연습문제그림 (14-16). **일산화탄소의 광전자스펙트럼에서 피이크의 지정.**

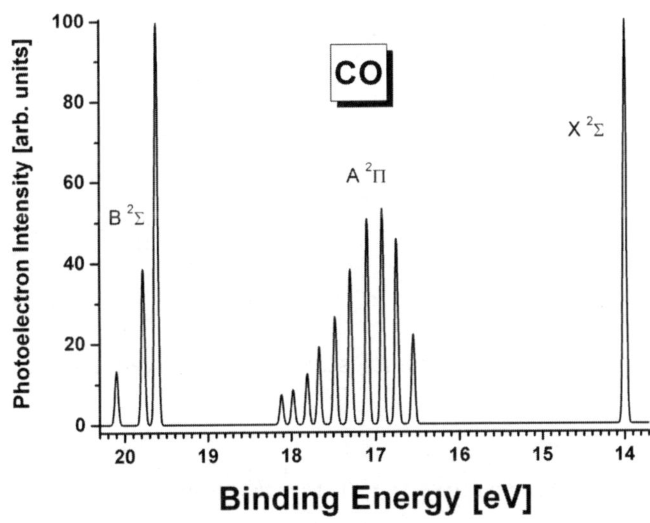

연습문제그림 (14-17). 일산화탄소의 이온화에 따른 퍼텐샬에너지곡선의 이동. 따라서 다양한 진동전진을 관찰할 수 있음.

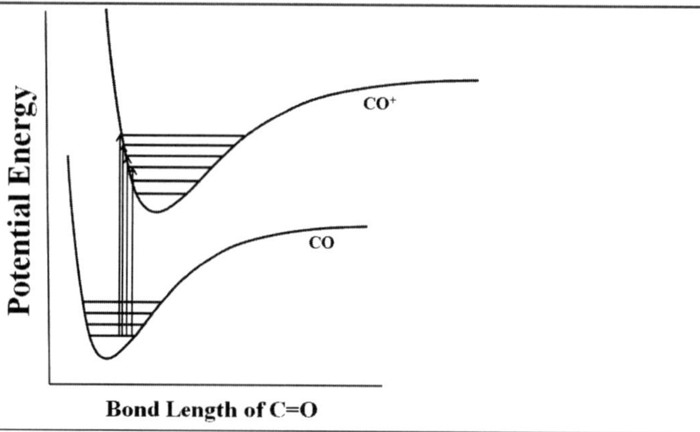

(14-15) $^3\Sigma_g^-$ 분자항기호를 갖는 B_2 분자의 에너지준위도를 연습문제그림 (14-18)에 나타내었다.

연습문제그림 (14-18). B_2 분자의 MO 에너지준위도.

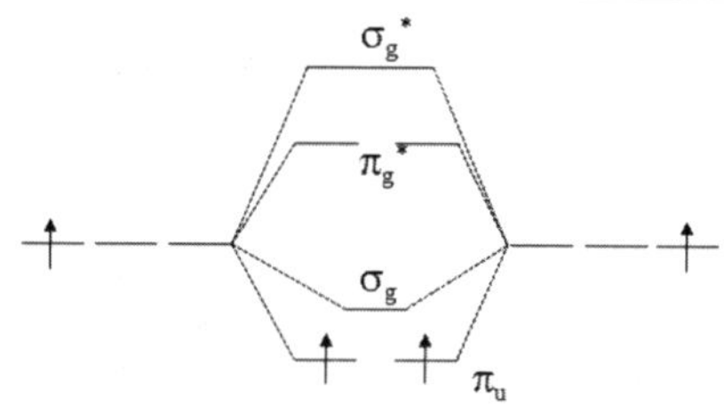

B_2 molecule

(14-16)

$$Br_2(\text{ground state}) \rightarrow Br(\text{ground state}) + Br(\text{excited state})\ E_1 = 19750\ \text{cm}^{-1} \quad (14\text{–}1)$$

$$Br(\text{ground state}) \rightarrow Br(\text{excited state})\ \ E_2 = 3685\ \text{cm}^{-1} \quad (14\text{–}2)$$

식 (14-1)에서 식 (14-2)를 빼주면 아래 결론이 나온다.

$Br_2(\text{ground state}) \rightarrow 2Br(\text{ground state})\ E = 16065\ \text{cm}^{-1}$

15장

새·롭·고·이·해·하·기·쉬·운·물·리·화·학

자기공명분광학

1. 이론적 배경

전자와 핵은 각각의 스핀각운동량 때문에 다양한 종류의 자기쌍극자모멘트를 갖는다. **다양한 방향으로 배향된 자기쌍극자모멘트는 밖에서 걸어준 자기장과 상호작용하여 다양한 에너지를 나타낸다.** 우리가 흥미를 갖는 전자, 양성자 및 ^{13}C 핵 등은 특이한 자기쌍극자모멘트들을 갖고 또한 화합물이나 래디컬 등에서 앞에 열거한 **입자들이 밖에서 걸어준 자기장을 흡수하는 정도가 주위 환경에 따라 변하기 때문에 자기공명에너지가 백만분의 1 정도의 차이로 변한다.** 이와 같은 현상을 화학적이동 (chemical shift)이라 한다. 이를 이용하여 화합물이나 래디컬의 입체적구조를 규명할 수 있다. 자기공명분광학이 화학에 기여한 바는 실로 지대하다 하겠다. 근래에는 핵자기공명분광학이 의학에도 크게 기여하고 있다. 예를 들어 위(stomach)액의 pH를 위액을 체취하지 않고도 결정할 수 있다. 위 속의 ATP의 ^{31}P NMR의 화학적이동을 결정하면 위의 pH를 결정할 수 있다. 물 용액에서 ^{31}P 의 화학적이동이 pH 의 함수이기 때문이다. 또한 자기공명영상 (magnetic resonance imaging. MRI) 측정법을 이용하여 세포조직을 3차원으로 촬영할 수 있다.

자기공명에는 핵자기공명 (nuclear magnetic resonance, NMR)과 전자스핀공명 (electron spin resonance, ESR)이 있다. 특히 전이금속의 경우 ESR을 전자상자기성공명 (electron paramagnetic resonance, EPR)이라고 한다. 특히 핵자기공명분광학은 물질의 화학적 환경 및 결합하고 있는 원자의 수에 대한 정보를 제공해주므로 새로운 물질의 구조규명에 많이 이용된다. 전자스핀분광학은 래디컬 및 전이금속화합물 등의 구조규명에 이바지한다. 자기공명분광학은 물질의 이미지를 측정하는데도 도움을 준다. 어떤 입자의 각운동량 $\vec{L}$과 자기쌍극자모멘트 $\vec{\mu}$의 관계식을 살펴보자. 입자의 각운동량벡터는 아래와 같이 정의한다. $\vec{r}$은 방사벡터이고 $\vec{p}$는 운동량벡터이다.

$$\vec{L} = \vec{r} \times \vec{p} \qquad (15\text{–}1\text{–}1)$$

그림 (15–1–1). 전자의 궤도운동에 의한 전자오비털각운동량 L.

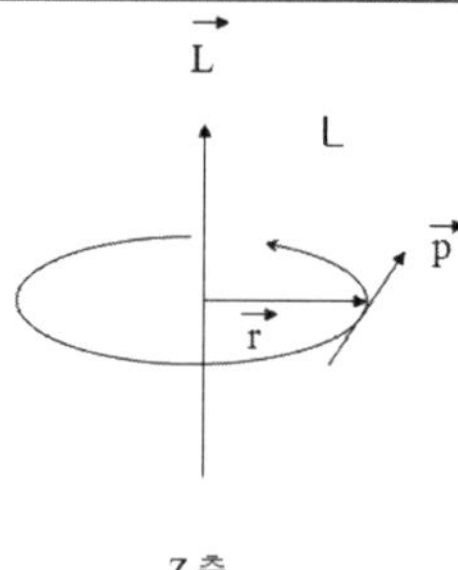

각운동량은 아래와 같이 양자화되어 있다. 원자에서 오비털각운동량의 크기는 아래와 같다.

$$|\vec{L}| = \sqrt{\ell(\ell+1)}\,\hbar \qquad (15\text{–}1\text{–}2)$$

원자에서 전자와 핵의 각운동량에는 **전자오비털각운동량** (electronic orbital angular momentum), **전자스핀각운동량** (electronic spin angular momentum), **핵스핀각운동량** (nuclear spin angular momentum) 세 가지가 있다. 전자오비털각운동량양자수는 ℓ이다. 전자오비털양자수의 z 성분 (자기양자수)은 m_ℓ이다. m_ℓ은 $m_\ell = \ell, \ell-1, 0, -\ell+1, -\ell$의 값을 갖는다. 따라서 $2\ell+1$ 개의 성분이 있다. 전자스핀양자수는 s이고, 전자스핀양자수의 z 성분은 m_s이다.

$$\vec{L_z} = (z \text{ component of } \vec{\mathrm{L}}) = -\ell\hbar, (-\ell+1)\hbar, \ldots\ldots (\ell-1)\hbar, \ell\hbar \qquad (15\text{–}1\text{–}3)$$

그림 (15–1–2). $\ell = 1$일 때 각운동량의 세 가지 배향. 각 각운동량은 z 축을 중심으로 세차운동을 하고 있음.

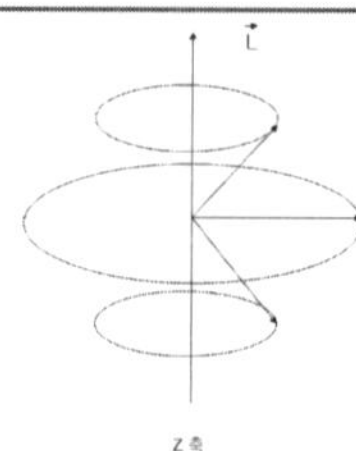

$$\overrightarrow{S_z} = (z \text{ component } of\ \vec{S}) = m_s\hbar = -\frac{1}{2}\hbar,\ \frac{1}{2}\hbar \qquad (15\text{–}1\text{–}4)$$

하나의 전자에 대해 두 개의 성분이 가능하다.

$$S = |\vec{S}| = \sqrt{s(s+1)}\,\hbar = \sqrt{\frac{1}{2}(\frac{1}{2}+1)}\,\hbar = \frac{\sqrt{3}}{2}\hbar \qquad (15\text{–}1\text{–}5)$$

그림 (15-1-3). **스핀운동에 의한 전자스핀각운동량의 두 가지 배향.** $m_s = -\frac{1}{2}, \frac{1}{2}$ **두 개의 성분이 있음.**

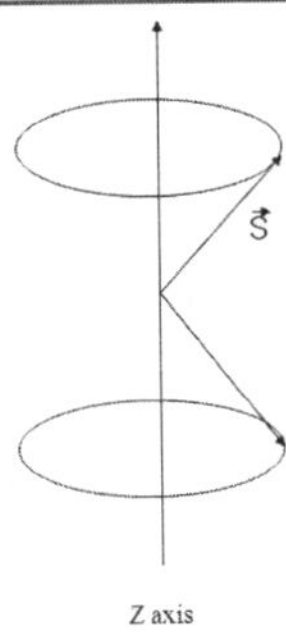

핵스핀각운동량은 아래와 같이 주어진다.

$$|\vec{I}| = \sqrt{I(I+1)}\,\hbar \qquad (15\text{–}1\text{–}6)$$

여기서 I는 핵스핀각운동량양자수이다.

그림 (15-1-4). $I = \frac{1}{2}$ **의 핵스핀각운동량의 두 가지 배향.**

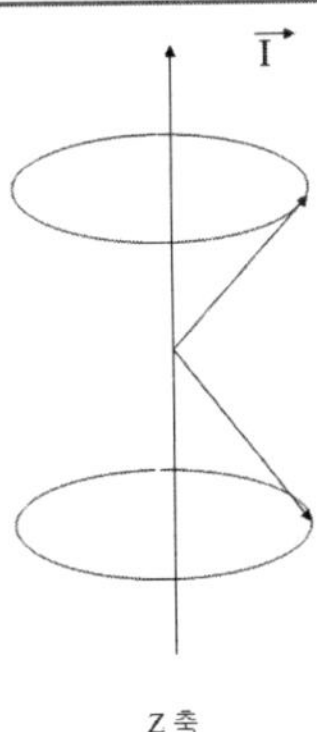

그림 (15-1-5). 핵스핀각운동량에 따른 핵스핀자기쌍극자모멘트.

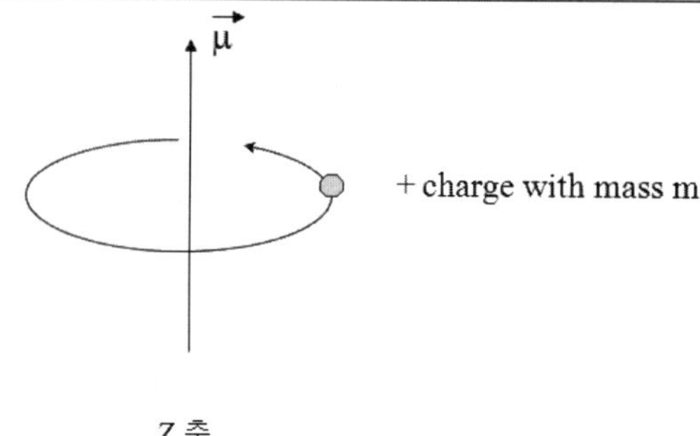

$$\vec{I_z} = (z \text{ component of } \vec{I}) = -I\hbar, (-I+1)\hbar, \ldots..(I-1)\hbar, I\hbar \qquad (15\text{-}1\text{-}7)$$

$\vec{\mu} = \gamma\vec{L}$, $\vec{\mu}$와 $\vec{L}$ 벡터의 방향은 같다. ※$\gamma = \dfrac{\vec{\mu}}{\vec{L}} = \dfrac{q}{2m}$

$$\ell \text{ 궤도함수에 대해서 } |\vec{\mu}| = \mu = \frac{q}{2m}\sqrt{\ell(\ell+1)}\,\hbar \qquad (15\text{-}1\text{-}8)$$

$$|\vec{\mu_z}| = \mu_z = \frac{q}{2m} m_\ell \hbar \qquad (15\text{-}1\text{-}9)$$

다음은 핵스핀자기쌍극자모멘트를 살펴보자. 핵은 점질량이 아니므로 계수 G, 즉 핵 G 인자 (nuclear G factor)를 도입한다. 이 계수는 실험적으로 얻어진다.

$$\vec{\mu} = G\frac{q}{2m}\vec{I} \qquad (15\text{-}1\text{-}10)$$

$$\mu = |\vec{\mu}| = G\frac{q}{2m}\sqrt{I(I+1)}\,\hbar \quad \text{Am}^2 \qquad (15\text{-}1\text{-}11)$$

$$\mu_z = |\vec{\mu_z}| = G\frac{q}{2m} I_z \hbar \quad \text{Am}^2 \qquad (15\text{-}1\text{-}12)$$

여기서 I_z는 $-I, -I+1, \ldots, \ldots 0, I-1, I$를 나타낸다.

※ $\text{Am}^2 \equiv (\text{kg} \cdot \text{s}^{-2}\text{T}^{-1})\text{m}^2 = \text{JT}^{-1}$(joules per tesla) ※1T = 10,000 gauss.

$$\begin{aligned} \mu_z = |\vec{\mu_z}| &= G\frac{q}{2m} I_z\hbar = G\frac{p|e|}{2M} I_z\hbar = G\frac{p|e|m_p}{2Mm_p} I_z\hbar \\ &= G\beta_N \frac{pm_p}{M} I_z = g_N\beta_N I_z \end{aligned} \qquad (15\text{-}1\text{-}13)$$

여기서 $\beta_N = \frac{|e|\hbar}{2m_p} = 5.501\text{x}10^{-27}\text{JT}^{-1}$, $g_N = \frac{Gpm_p}{M}$ 이다. g_N은 핵의 특정상수로 실험적으로 얻어진다. 다음은 전자의 스핀자기쌍극자모멘트를 살펴보자. Dirac이 상대성원리를 적용해서 전자스핀의 양을 설명하였다.

$$\mu = |\vec{\mu}| = g_e \frac{q}{2m} |\vec{S}| = -g_e \frac{|e|}{2m} \sqrt{s(s+1)}\hbar = -g_e \beta \sqrt{s(s+1)} \qquad (15\text{-}1\text{-}14)$$

여기서 $\beta = \frac{|e|\hbar}{2m} = 9.274\text{x}10^{-24}\,\text{JT}^{-1}$를 Bohr 마그네톤 (magneton)이라 한다. g_e는 **Landè 갈라짐인자 (splitting factor), g-값 또는 변칙스핀인자** (anomalous spin factor)**라 한다.** $g_e = 2.002319$로 L, S, J 값으로부터 구할 수 있다. 이 값을 계수로 적용하는 이유는 "전자가 점질량이 아니고 구름과 같은 밀도분포를 갖는다"라는 양자역학가설에 기인한다.

$$\mu_z = -g_e \beta m_s \qquad (15\text{-}1\text{-}15)$$

※ G, g_e 및 g_N은 모두 수치를 나타내고 있다.

표 (15-1-1). 핵의 자기적 성질.

핵	% 존재비	핵스핀양자수	g_N
^{1}H	99.9	1/2	5.585
^{2}D	0.01	1	0.857
^{7}Li	92.5	3/2	2.171
^{13}C	1.11	1/2	1.405
^{14}N	99.6	1	1.403
^{15}N	0.4	1/2	−0.567
^{17}O	0.04	5/2	−0.757
^{19}F	100	1/2	5.257
^{31}P	100	1/2	2.2634

양성자수 및 중성자수에 따른 핵스핀양자수에 대해 알아보자. $p, n=$ even $I=0$ $p, n=$ odd $I=$integral spin. ※ $^{2}H(D)$ 및 ^{14}N 에 대해 $I=1$. $^{10}_{5}B$ 에 대해서 $I=3$. $p=$ odd $n=$ even, $p=$ even $n=$ odd인 경우 $I=$반정수스핀. ※ ^{1}H, ^{15}N, ^{13}C에 대해서 $I=\frac{1}{2}$, ^{17}O 에 대해서는 $I=\frac{5}{2}$ 이다.

표 (15-1-2). **양성자수, 중성자수 및 스핀양자수의 관계**

양성자수	중성자수	핵스핀양자수	핵
Even	Even	0	^{12}C, ^{16}O, ^{32}S
Odd	Even	1/2	^{1}H, ^{19}F, ^{29}Si, ^{31}P
Odd	Even	3/2	^{11}B, ^{35}Cl, ^{79}Br
Even	Odd	1/2	^{13}C
Even	Odd	3/2	^{127}I
Even	Odd	5/2	^{17}O
Odd	Odd	1	$^{2}H(=D)$, ^{14}N

요약

전자에 대해서 $\mu_z = -g_e \beta m_s$.

핵에 대해서 $\mu_z = g_N \beta_N I_z$.

예) 질소핵에 대해서, $I = 1$. $\therefore I_z = 1, 0, -1$

자기쌍극자모멘트와 외부자기장의 상호작용에너지$= \vec{\mu} \cdot \vec{B_z} = |\vec{\mu_z}||\vec{B_z}| = \mu_z B_z$

$\Delta E = -\mu_z B_z$

$$\Delta E = E(I_z) - E(I_z - 1) = |g_N \beta_N I_z B_z - g_N \beta_N (I_z - 1) B_z| = |g_N \beta_N B_z| (\mathrm{J}) \quad (15\text{-}1\text{-}16)$$

그림 (15-1-6). **진동하는 자기장의 흡수에 의한 위스핀이 아래스핀으로의 전이.**

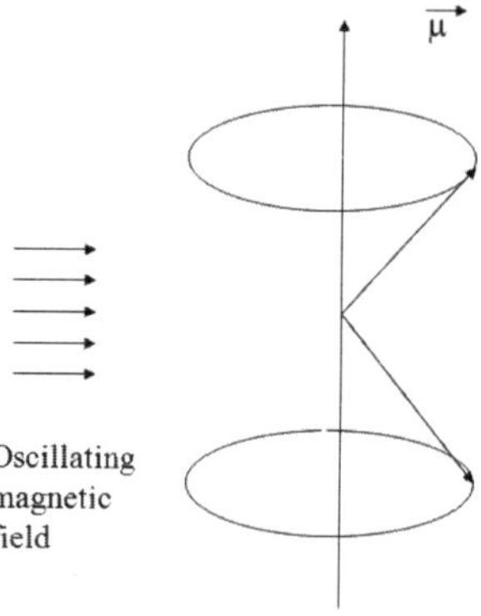

B_z를 Tesla로 표현할 경우에 $\frac{\Delta E}{h} = \left|\frac{g_N \beta_N B_z}{h}\right|$(Hertz). $\beta_N = 5.05 x 10^{-27} J \cdot T^{-1}$,

수소의 g_N 인자 = 5.585. $B_z = 2.3487\,Tesla$일 때

$$\frac{\Delta E}{h} = \frac{5.585 x 5.05 x 10^{-27} x 2.3487}{6.626 x 10^{-34}} = 100\ MHz$$

전자에 대해서 $\beta = 9.273 x 10^{-24} J \cdot T^{-1}$, 그리고 $B_z = 0.33\,T$일 때

$$\frac{\Delta E}{h} = \frac{2 x 9.273 x 10^{-24} x 0.33}{6.626 x 10^{-34}} = 9000 MHz$$

2. Larmor 세차운동

세차운동 (precession)**은 회전축의 위치가 변하는 것을 말한다. 고전역학적으로는 "자기쌍극자모멘트는 z축을 중심으로 회전하고 있다"고 본다. 외부의 진동하는 자기장의 주파수가 핵스핀쌍극자모멘트의** Larmor **주파수가 일치하면 이 핵스핀자기쌍극자모멘트는 이 진동하는 자기장을 흡수하고 뒤집혀서 회전하게 된다.** 이때의 자기쌍극자모멘트의 각속도는 아래와 같이 주어진다.

$$\frac{\text{magnetic dipole moment } x B_z}{\text{angular momentum}} = \text{angular frequency } w$$

$$= \frac{g_N \beta_N \sqrt{I(I+1)}\, B_z}{\sqrt{I(I+1)}\,\hbar} = \frac{2\pi g_N \beta_N B_z}{h}$$

$hw = 2\pi g_N \beta_N B_z$. 양변을 2π로 나누면

$$h\nu = g_N \beta_N B_z = \Delta E \qquad (15-2-1)$$

여기서 고전역학과 양자역학의 이론이 일치함을 알 수 있다. "**전이에너지와 전자기파의 에너지가 일치하면 공명이 일어난다.**"는 양자역학의 평범한 이론을 뒷받침하고 있다.

그림 (15-2-1). **진동하는 자기장의 흡수로 인한 바닥상태가 들뜬상태로의 전이를 나타낸 양자역학개념.**

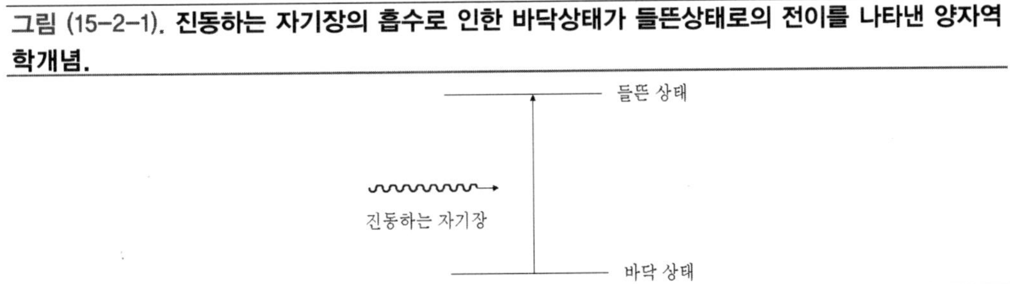

들뜬상태의 에너지$=+\frac{1}{2}g_N\beta_N B_z$, 바닥상태의 에너지$=-\frac{1}{2}g_N\beta_N B_z$, 에너지 간격 $= h\nu = g_N\beta_N B_z = \Delta E$

3. 화학적이동

어떤 물질에 자기장을 가하면 그 물질은 그 자기장을 상쇄하는 방향으로 전하가 움직인다. **이를 반자성회전 (diamagnetic circulation)이라 한다.** 따라서 그 물질이 실제로 느끼는 자기장 $B_{effective}$는 아래와 같이 주어진다.

$$B_{effective} = B_{applied} - B_{induced} \qquad (15\text{–}3\text{–}1)$$

$$B_{induced} = \sigma B_{applied} \qquad (15\text{–}3\text{–}2)$$

$$B_{effective} = B_{applied}\left(1 - \frac{B_{induced}}{B_{applied}}\right) = B_{applied}(1-\sigma) \qquad (15\text{–}3\text{–}3)$$

여기서 σ를 방어상수 (shielding constant)라 하며 100만 분의 1 근처의 값을 갖는다. NMR에서는 σ 대신 δ를 많이 사용하며 ppm 단위로 표현한다. δ는 tetramethylsilane (TMS)에 대한 화학적이동의 차이를 나타낸다. $\delta = \frac{\nu - \nu^0}{\nu^0}$. ν^0는 표준물질 TMS의 공명주파수이다.

그림 (15–3–1). 외부에서 자기장을 걸어주면 이 자기장을 상쇄할 새로운 자기장이 내부의 전자의 흐름에 의해 생긴다. 이러 자기장이 생기도록 반자성회전이 일어남.

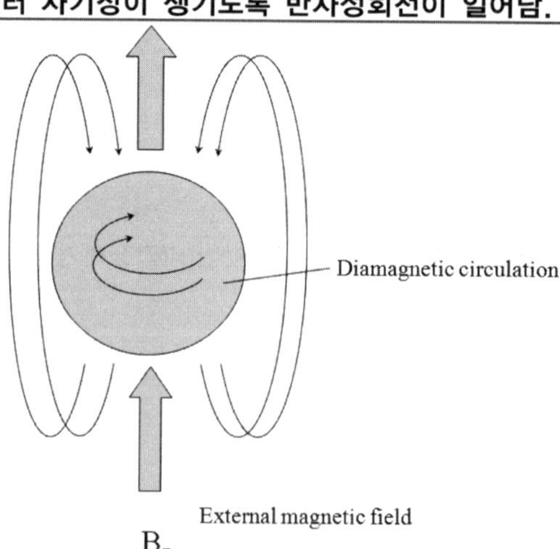

$$\Delta\delta = \delta_{\mathrm{OH}} - \delta_{\mathrm{CH_3}} = \frac{\dfrac{g_N\beta_N B_z(1-\sigma_{\mathrm{OH}})}{h} - \dfrac{g_N\beta_N B_z(1-\sigma_{\mathrm{TMS}})}{h}}{\dfrac{g_N\beta_N B_z(1-\sigma_{\mathrm{TMS}})}{h}}$$

$$-\frac{\dfrac{g_N\beta_N B_z(1-\sigma_{\mathrm{CH_3}})}{h} - \dfrac{g_N\beta_N B_z(1-\sigma_{\mathrm{TMS}})}{h}}{\dfrac{g_N\beta_N B_z(1-\sigma_{\mathrm{TMS}})}{h}} = \frac{\sigma_{\mathrm{CH_3}} - \sigma_{\mathrm{OH}}}{1-\sigma_{\mathrm{TMS}}} \cong \sigma_{\mathrm{CH_3}} - \sigma_{\mathrm{OH}}$$

$$\Delta\delta = \delta_{\mathrm{OH}} - \delta_{\mathrm{CH_3}} = \frac{\dfrac{g_N\beta_N B_z(1-\sigma_{\mathrm{OH}})}{h} - \dfrac{g_N\beta_N B_z(1-\sigma_{\mathrm{TMS}})}{h}}{\dfrac{g_N\beta_N B_z(1-\sigma_{\mathrm{TMS}})}{h}}$$

$$-\frac{\dfrac{g_N\beta_N B_z(1-\sigma_{\mathrm{CH_3}})}{h} - \dfrac{g_N\beta_N B_z(1-\sigma_{\mathrm{TMS}})}{h}}{\dfrac{g_N\beta_N B_z(1-\sigma_{\mathrm{TMS}})}{h}} = \frac{\sigma_{\mathrm{CH_3}} - \sigma_{\mathrm{OH}}}{1-\sigma_{\mathrm{TMS}}} \cong \sigma_{\mathrm{CH_3}} - \sigma_{\mathrm{OH}}$$

(15–3–4)

유사한 방법으로 다음 식을 얻을 수 있다.

$$\Delta\delta = \delta_{\mathrm{OH}} - \delta_{\mathrm{TMS}} \cong \sigma_{\mathrm{TMS}} - \sigma_{\mathrm{OH}} \qquad (15\text{–}3\text{–}5)$$

그림 (15–3–2). 외부에서 자기장을 걸어주면 이 자기장을 상쇄할 새로운 자기장이 benzene 고리의 전류의 회전에 의해 생긴다. 이렇게 생긴 자기장은 수소핵에 가하는 자기장에 보탬이 된다. 일례로 benzene 고리의 수소는 chloroform 용액에서 낮은 장 (downfield)의 영역인 $\delta = 7.15$ 값을 가짐.

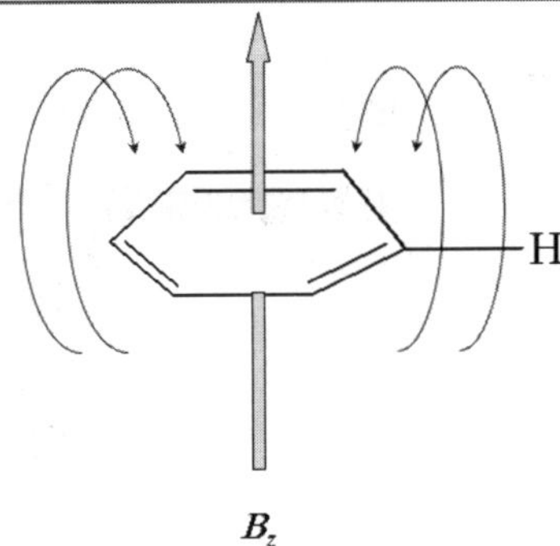

δ는 밖에서 걸어준 자기장에 비례한다. 그러나 "δ를 Hertz로 나타내느냐 또는 ppm으로 나타내느냐"에 따라 δ 값이 달라진다. ppm으로 나타내는 경우는 밖에서 걸어진 자기장 B_z에

불변이다. ※ 100 MHz의 고정 장 (static field)에서 methanol의 CH_3는 TMS의 CH_3보다 139 Hz만큼 Larmor 주파수가 크다. 그러므로 $\delta = \frac{139\,\text{Hz}}{100\text{MHz}} = 1.39\text{x}10^{-6} = 1.39\text{ppm}$. 600MHz 고정 장에서는 $\delta = \frac{834\ \text{Hz}}{600\ \text{MHz}} = 1.39\text{x}10^{-6} = 1.39\ (\text{ppm})$. 이와 같이 δ는 B_z에 무관함을 알 수 있다. 식 (15-3-6)에 나타낸 바와 같이 δ 대신에 τ를 사용하는 경우가 있다.

$$\tau = 10 - \delta \tag{15-3-6}$$

그림 (15-3-3). σ, δ 및 Larmor 주파수의 관계.

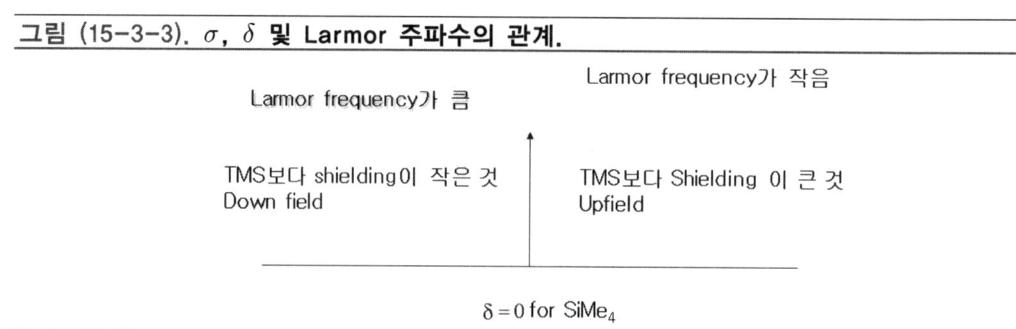

$\delta = 0$ for $SiMe_4$, $\delta = 7.15$ ppm for H of phenyl ring

그림 (15-3-4). 다양한 종류의 수소핵의 화학적이동.

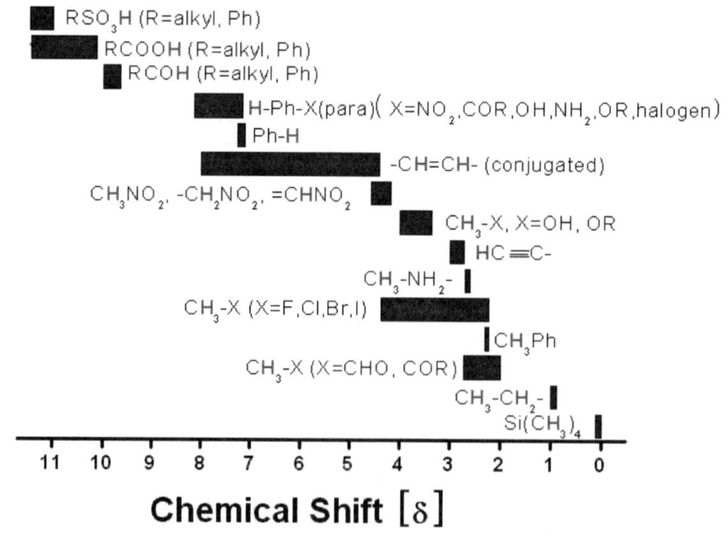

4. 핵스핀의 짝지음

(a) 이론적 고찰

밖에서 걸어준 자기장 외에 주변의 원자핵 A에서 발생하는 매우 약한 자기장 때문에 X의 피이크가 약간이나마 영향을 받는다. 즉 A의 핵스핀상태 때문에 X의 에너지갈라짐이 영향을 받는다는 것이다.

그림 (15-4-1). AX 계의 짝지음모형.

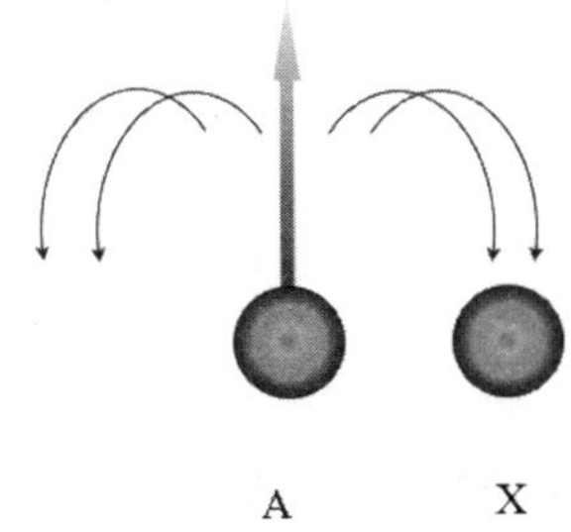

여기서 AX 계는 두개의 핵의 화학적이동이 매우 다른 경우이다. 반면에 AB**계는 두개의 핵의 화학적이동이 비슷한 경우를 뜻한다.** 그림 (15-4-2)에서는 AB 계에 가까운 경우이다. 왜냐하면 가운데 피이크는 크고 바깥 피이크는 작기 때문이다.

그림 (15-4-2). AB 계의 피이크의 위치와 세기.

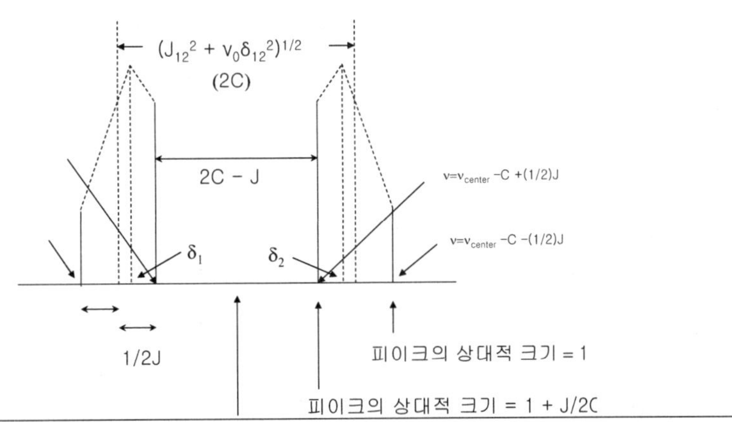

AB 계에서 4개의 피이크의 위치와 세기가 그림 (15-4-2)에서처럼 주어진다. 안쪽의 피이크의 크기는 크고 바깥쪽의 피이크의 크기는 작다. 크기의 상대적 비율은 $1 + J/2C$과 $1 - J/2C$ 값에 따라 주어진다. 따라서 고자기장 NMR에서는 피이크의 크기가 1 : 1로 주어진다. 이 개념은 NMR 분석에 큰 도움을 준다.

$$C \equiv \frac{1}{2}\left(J_{12}^2 + \nu_0^2\delta_{12}^2\right)^{\frac{1}{2}} \tag{15-4-1}$$

그림 (15-4-3)에서 스핀양자수의 부호가 같으면 작용에너지는 양의 값을 갖고 부호가 다르면 작용에너지는 음의 값을 갖는다. 이외에도 Q 값에 따라 갈라짐에 영향을 준다. 짝지음 상수에 대한 양자역학이론을 고찰해보자. I_1과 I_2를 스핀각운동량 연산자라고 하고 J를 간접적인 스핀-스핀짝지음상수라 하자.

$$\phi_1 = \alpha(1)\alpha(2),\ \phi_2 = \beta(1)\beta(2),\ \phi_3 = \frac{1}{\sqrt{2}}\{\alpha(1)\beta(2) + \beta(1)\alpha(2)\},$$
$$\phi_4 = \frac{1}{\sqrt{2}}\{\alpha(1)\beta(2) - \beta(1)\alpha(2)\}$$

그림 (15-4-3). 짝지음에 의한 AB 계의 갈라짐현상.

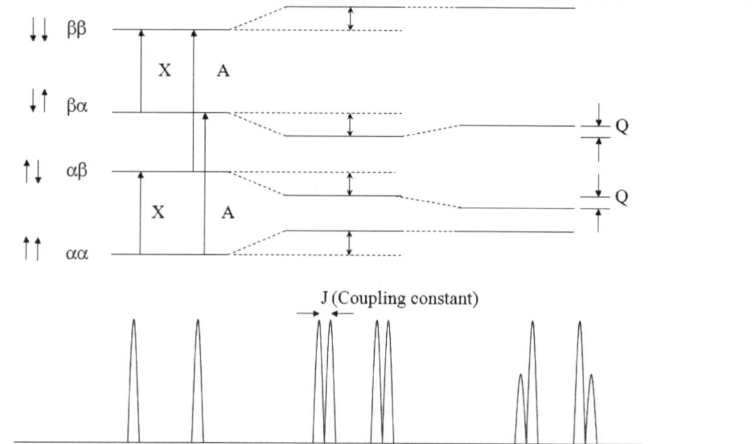

$$E_{12}^{(1)} = \int \phi_i^* H_{12}' \phi_i d\tau = \frac{hJ}{2\hbar^2}\int \phi_i^*(I^2 - I_1^2 - I_2^2)\phi_i d\tau \tag{15-4-2}$$

$$E_{12}^{(1)} = \frac{hJ}{2}\{I(I+1) - I_1(I_1+1) - I_2(I_2+1)\}\int \phi_i^*\phi_i d\tau$$

$$= \frac{hJ}{2}\{I(I+1) - I_1(I_1+1) - I_2(I_2+1)\}$$

$I_1 = I_2 = \frac{1}{2}$, $I = I_1 + I_2 = 1$ or 0이므로 $E_{12}^{(1)} = \frac{1}{4}hJ$ or $-\frac{3}{4}hJ$. 실제적인 계의 NMR 스펙트럼의 피이크를 예측해보자. AB계의 피이크를 그림 (15-4-4)에서 비교적 쉽게 찾을 수 있다.

그림 (15-4-4). AB계의 NMR 피이크의 분석. 화살표로 표시한 것이 AB계를 나타낸다.

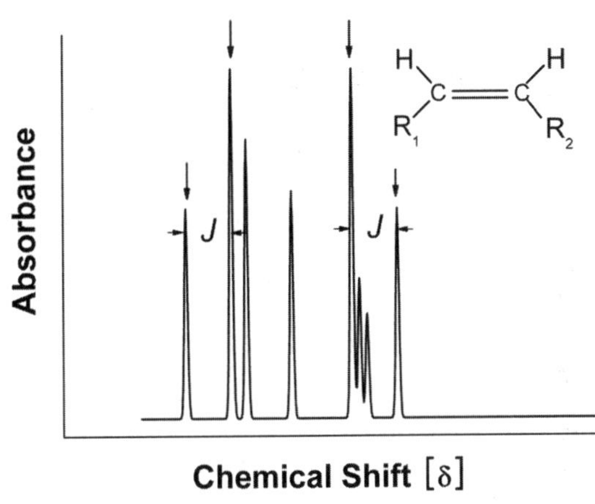

그림 (15-4-5). $\Delta\delta$와 J의 상대적 값에 따른 AB 계의 위치와 세기.

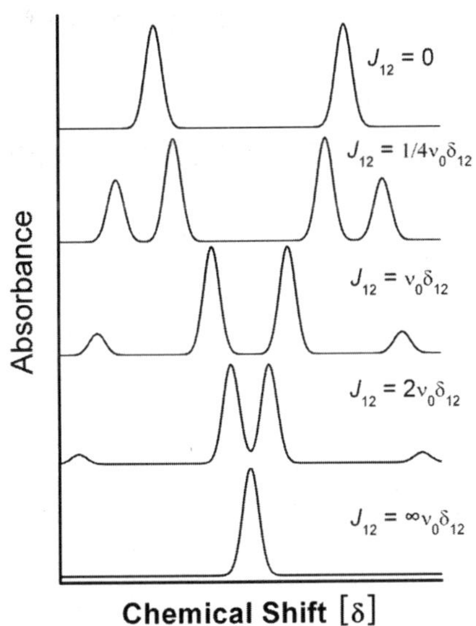

(b) 여러 개의 핵스핀짝지음

A_3X_2 계

그림 (15-4-7)에서 위스핀이 아래스핀으로 전이할 때 주어진 스핀의 환경은 바뀌지 않는다. 따라서 네 개의 전이가 가능하며 피이크의 상대적 크기는 그림 (15-4-6)에 나타낸 바와 같이 1:3:3:1로 나타난다.

그림 (15-4-6). Ethanol의 ^{1}H NMR 스펙트럼.

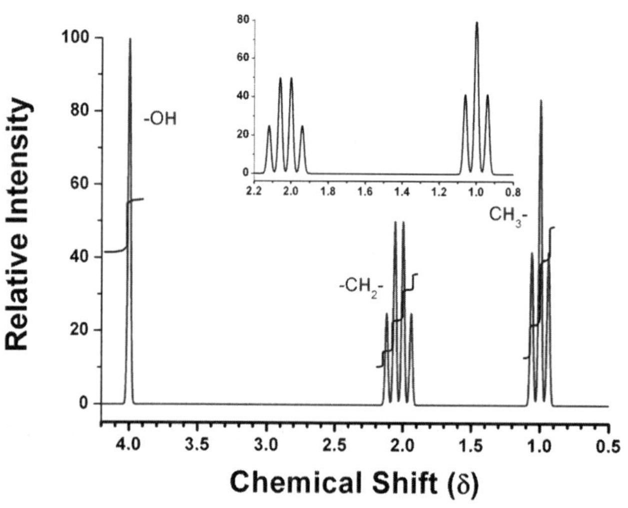

그림 (15-4-7). A_3X_2계의 갈라짐현상을 설명하는 스핀짝지음.

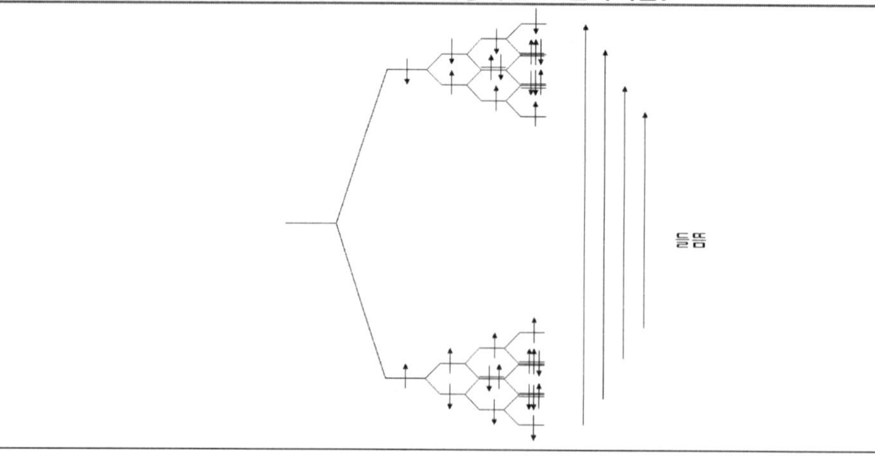

그림 (15-4-8). A_3X_2 계의 갈라짐현상.

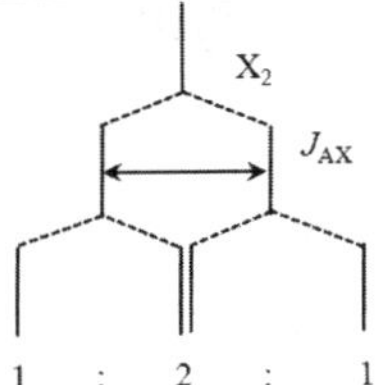

표 (15-4-1). **스핀짝지음에 의한 피이크의 수를 나타내는 수열.**

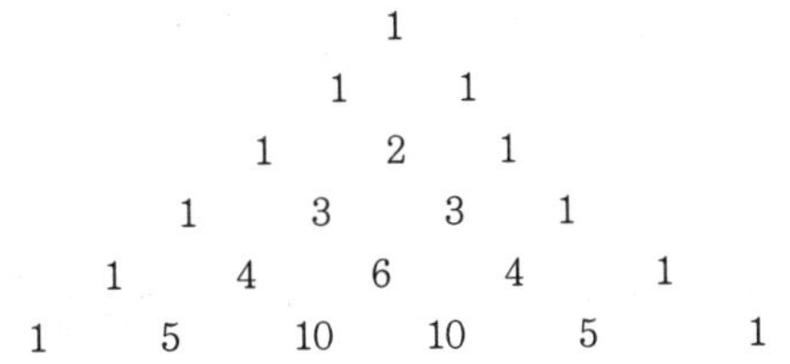

일반적인 수열은 nC_r 이다. 즉, $nC_0, nC_1, nC_2, \ldots.. nC_r, nC_{n-1}, nC_n$

5. ^{13}C 핵자기공명분광학

^{13}C 핵자기공명분광학은 탄소화합물의 구조를 규명하는데 필수적인 분광학 중의 하나이다. 여기에는 **완전히 짝풀린 ^{13}C NMR 분광학** (completely decoupled ^{13}C NMR spectroscopy) 및 **공명비킴 짝풀린 ^{13}C NMR 분광학** (off-resonance ^{13}C NMR spectroscopy) **등이 있어 탄소화합물의 뼈대구조와 특정 탄소에 결합된 원자의 종류와 원자수를 규명하는데 이러한 분광학이 이용된다.** 화학적이동은 0 ~ 250 ppm 의 범위를 갖는다.

그림 (15-5-1). **여러 종류의 기의** ^{13}C **NMR의 화학적이동.**

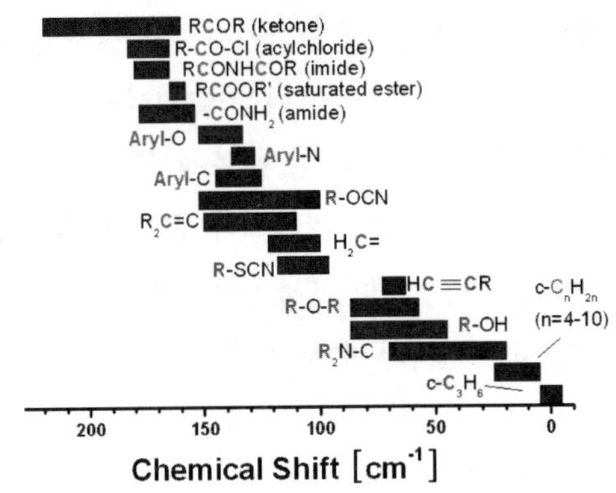

(a) 완전히 짝풀린 ^{13}C NMR 분광학

^{13}C 핵과 그 주위의 양성자와의 짝지음으로 인하여 매우 복잡한 ^{13}C 스펙트라를 접하게 된다. 가끔은 한 분자에서 몇 종류의 탄소가 존재하는 지를 알아볼 필요가 있다. 이와 같은 단순한 스펙트럼을 얻으려면 ^{13}C 핵과 그 주위의 양성자와의 짝지음을 풀어줘야 한다. 이를 짝풀림 (decoupling)이라한다. 이를 위하여 **특정양성자의 공명주파수들에 맞추어 라디오주파수 자기장을 조사해 주면서 ^{13}C 스펙트럼을 측정하면 된다.** 그림 (15-5-2)에 ethyl crotonate의 완전히 짝풀린 ^{13}C NMR 분광스펙트럼을 나타내었다. 이 스펙트럼에서 용매와 TMS 참조물질의 피이크를 제외하고 6개의 피이크를 관찰할 수 있다.

그림 (15-5-2). Ethyl crotonate의 완전히 짝풀린 ^{13}C NMR 분광스펙트럼.

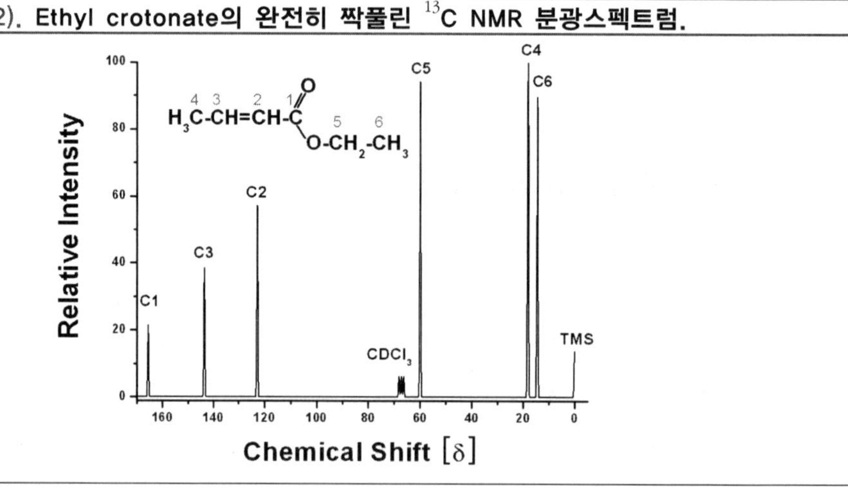

(b) 공명비킴 짝풀린 ^{13}C NMR 분광학

양성자-짝지음분광학에서 특정탄소에 결합하는 수소원자의 수를 알아내기 위하여 공명비킴 짝풀림 ^{13}C NMR 분광기술을 이용한다. **이 기술에서는 특정 양성자의 공명주파수보다 약간 높거나 낮은 주파수를 갖는 자기장을 이 시료에 조사한 다음 ^{13}C NMR을 측정하면 특정 짝지음상수는 매우 작아지고 그 결과로 피이크의 중첩이 최소화된다.** 그림 (15-5-3)에 ethyl crotonate의 공명비킴 짝풀림 ^{13}C NMR 분광스펙트럼을 나타내었다. **각각의 탄소에 바로 붙어있거나 근처에 붙어있는 수소원자의 수에 따라 갈라짐의 양상이 달라진다.** 그림 (15-5-3)을 확대한 그림을 그림 (15-5-4)에 나타내었다, C3 원자는 바로 옆에 붙어있는 한 개의 수소원자 때문에 피이크가 두 개로 갈라지고 하나 건너서 붙어있는 세 개의 수소원자 때문에 네 개로 갈라진다. 놀랍게도 C2에 붙어있는 수소 때문에는 갈라짐이 일어나지 않는다.

그림 (15-5-3). Ethyl crotonate의 공명비킴 짝풀린 ^{13}C NMR 분광스펙트럼.

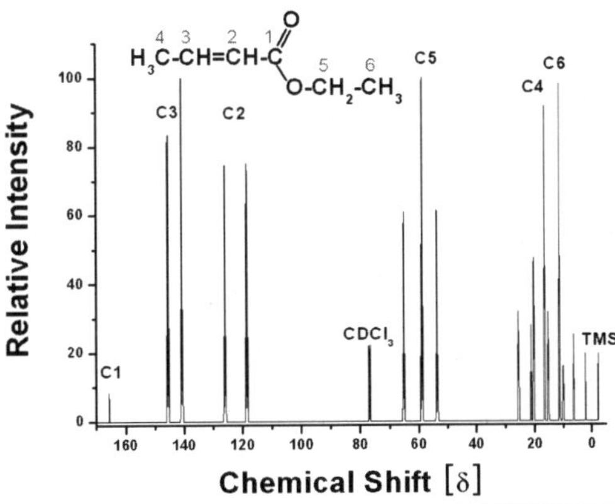

그림 (15-5-4). (a) : Ethyl crotonate C3 탄소의 공명영역의 공명비킴 짝풀림 ^{13}C NMR 분광스펙트럼. (b) : 스핀-스핀짝지음상수를 이용하여 그림 (a)의 스펙트럼을 설명하고 있음.

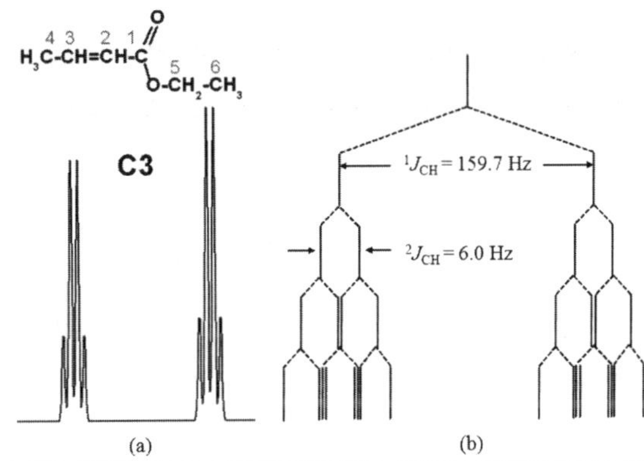

6. 스핀이완동역학

(a) 회전시키는 힘 (토크, torque)의 형성

① 토크의 정의

토크 (torque)를 아래와 같이 정의한다.

$$\overrightarrow{N} = \overrightarrow{\mu} \times \overrightarrow{B} \tag{15-6-1}$$

$\overrightarrow{N}$: 토크, $\overrightarrow{\mu}$: 자기쌍극자모멘트, $\overrightarrow{B}$: 외부자기장의 세기. 일반역학에도 유사한 관계식이 나온다.

$$\overrightarrow{N} = \overrightarrow{r} \times \overrightarrow{F} \tag{15-6-2}$$

단, $\overrightarrow{N}$: 토크, $\overrightarrow{r}$: 방사벡터, $\overrightarrow{F}$: 외부에서 작용한 힘.

자화 (magnetization)는 물체가 자성을 지니는 현상이다. 자기장 안의 물체가 자화되는 양상에 따라 강자성체 (ferromagnetic substance), 상자성체 (paramagnetic substance), 반자성체 (diamagnetic substance) 및 페리자성체 (ferrimagnetic substance)로 나뉜다. 자성물질이 자기장 내에 놓이면 자성을 띠게 된다. **자화는 단위부피당의 자기쌍극자모멘트들의 합으로 표현한 벡터량이다. 자화를 자기분극 및 자화강도 등으로도 불리며, 대자율과 자기장의 세기의 곱으로 표현한다.**

$$\overrightarrow{M} = k\overrightarrow{B} \tag{15-6-3}$$

여기서 k를 대자율이라 하며 SI 단위계에서 ampere/meter이다.

그림 (15-6-1). **자기쌍극자모멘트, 외부자기장 및 토크의 관계식. 자기쌍극자모멘트에 수직하게 자기장을 걸어주면 두 축이 이루는 평면에 수직한 방향으로 토크 $\overrightarrow{N}$이 생긴다.**

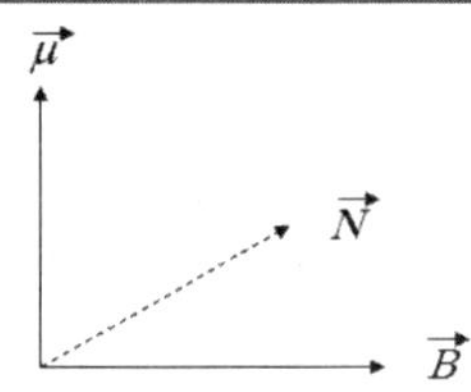

자기쌍극자모멘트에 수직하게 자기장을 걸어주면 두 축이 이루는 평면에 수직한 방향으로 토크 (torque)가 생긴다. $\overrightarrow{B}$는 고정자기장에 90° 방향으로 진행하는 진동하는 자기장이다. 스핀 편극화 때문에 생기는 자화 $\overrightarrow{M}$은 90° 자기장펄스 때문에 $\overrightarrow{M'}$으로 눕게 된다. 이 $\overrightarrow{M'}$은 진동하는 자기장의 주파수와 같은 회수로 xy 평면을 회전한다. 이 주파수가 Larmor 주파수이다. 90° 자기장펄스를 한 번 더 가하면 $\overrightarrow{M'}$은 180°로 뒤집히게 된다. 이러한 180° 자기장펄스의 도입은 T_1을 규명하는데 이용된다.

그림 (15-6-2). 자화가 외부자기장 $\vec{B}$에 의해 어떻게 배향하는지를 설명하고 있음.

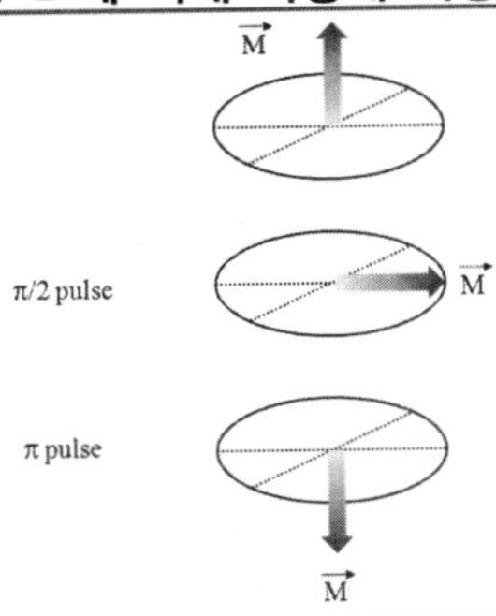

그림 (15-6-3). 자화 $\overrightarrow{M'}$이 시간에 따라 변하여 결국 $\vec{M}$으로 돌아옴.

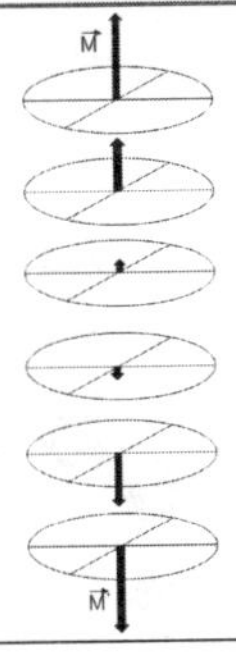

(b) 스핀이완

90° 펄스를 두 번 받으면 그림 (15-6-3)에서처럼 $\vec{M}$이 $\overrightarrow{M'}$으로 뒤집힌다. 시간이 어느 정도 지나면 $\overrightarrow{M'}$이 $\vec{M}$으로 이완한다. 이 때 **세로이완상수** (longitudinal relaxation time) 또는 종단이완상수가 도입된다.

$$\{M_z(t) - M_0\} \propto e^{-t/T_1} \qquad (15\text{–}6\text{–}4)$$

여기서 M_0은 180° 자기장펄스를 가하기 전, 즉, $t = \infty$ 인 데서의 자화이다.

(c) 형태변환

핵의 주위환경이 얼마나 빨리 변하느냐에 따라 NMR 피이크의 개수와 모양이 바뀐다. 일례로, N,N-dimethylformamide 분자의 NMR을 고찰해보자. 그림 (15-6-4)에서 두 개의 이형태체 (conformer)가 빠른 속도로 서로 변환하고 있다. 식 (15-6-5)가 성립하면 두 개의 피이크가 하나로 뭉치게 된다.

$$\tau = \frac{\sqrt{2}}{\pi \delta \nu} \tag{15-6-5}$$

τ : 한 이형태체 (conformer)의 소멸시간, $\delta\nu$: 주파수로 나타낸 화학적이동의 차이. $\tau' > \tau$ 이면 두 개의 피이크가 나타난다. **이와 같은 변환속도는 온도가 증가함에 따라 빨라질 것으로 예상되므로 온도에 따른 NMR 스펙트라를 측정하면 활성화에너지를 구할 수 있다.** N,N'-dimethylformamide 분자를 예로 들어 설명하겠다. 여기서 N-C 및 C-O 결합이 1~2 사이의 결합차수를 갖고 있다. 따라서 C-N 결합을 중심으로 회전하는데 제약이 있다. 그러므로 N에 결합하고 있는 두 methyl 기는 화학적 환경이 다르다. 따라서 두 methyl 기의 수소핵의 화학적이동은 다르게 나타난다. 온도가 높아지면 C-N 결합을 중심으로 회전이 빨라져서 두 methyl 기의 수소핵의 화학적이동은 같아지게 된다. 온도에 따른 수소핵의 화학적이동을 측정함으로써 C-N 결합을 중심으로 회전하는데 필요한 활성화에너지를 구할 수 있다.

그림 (15-6-4). 두 개의 methyl 기가 뚜렷하게 서로 다른 주위 환경을 갖고 있음. Torsional 회전이 얼마나 빠르냐에 따라 methyl 피이크의 개수가 달라짐.

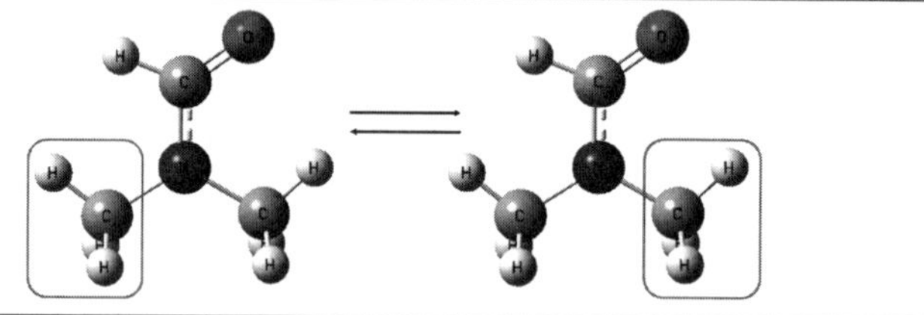

7. NMR에서 펄스기술

현대 NMR은 펄스기술을 많이 이용하고 있다. Fourier 변환방법이 이 범주에 속한다.

(a) Fourier 변환

그림 (15-7-2a)와 같이 외부자기장이 없을 경우에는 α 스핀과 β 스핀의 수가 같아서 순 자화는 0이다. 외부자기장이 가해질 경우에는 α 스핀이 β 스핀보다 많아서 순 자화는 0이 아닌 값을 갖는다.

그림 (15-7-1). 온도가 증가함에 따라 화학적이동이 다른 두 개의 피이크가 하나로 붕괴되는 과정이 나타나 있음.

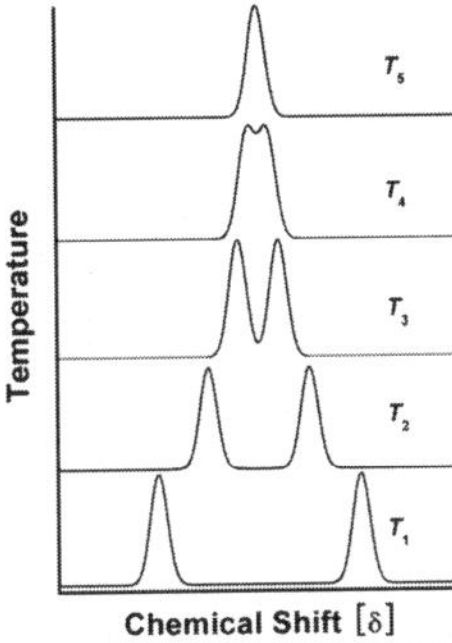

그림 (15-7-2). (a) 외부자기장이 없을 경우에는 α 스핀과 β 스핀의 수가 같아서 순 자화는 0이다. (b) 외부자기장이 가해질 경우에는 존재할 경우에는 α 스핀이 β 스핀보다 많아서 순 자화는 0이 아닌 값을 가짐.

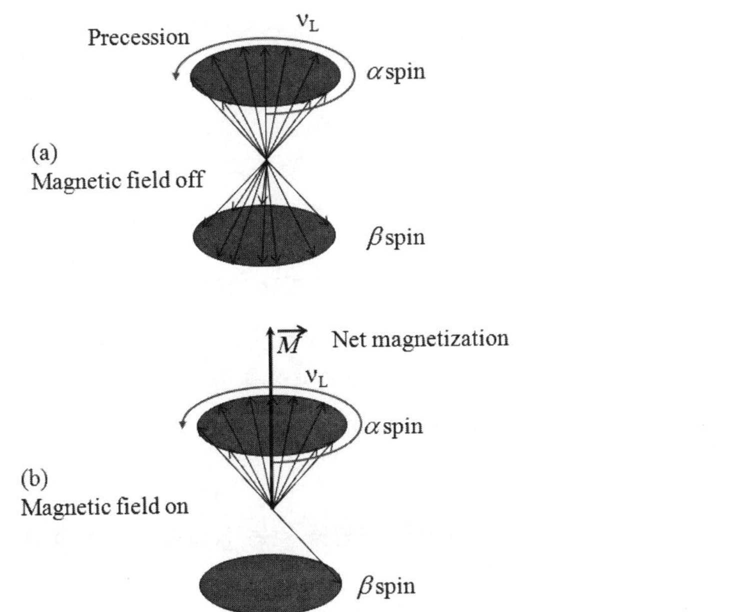

그림 (15-7-3)과 (15-7-4)에 나타낸 바와 같이 90° 자기장펄스 B_1을 받은 자화는 외부고정자기장 B_0에 수직하게 눕고 B_0 축을 중심으로 세차운동을 하게 된다. 그 결과로 검출코일에 유도전류를 일으킨다. 현대 NMR은 다양한 진동수를 갖는 진동하는 자기장을 펄스형태로 내보내면서 유도전류를 측정한다.

그림 (15-7-3). 진동하는 자기장 B_1이 펄스로 작용할 경우에 자화가 눕는다. 자화가 B_1 방향으로 회전함.

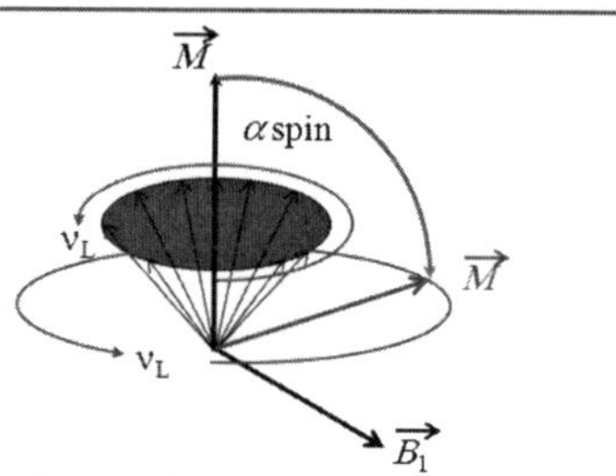

그림 (15-7-4). 90° 진동하는 펄스자기장에 의해 형성된 $\vec{M}$ 자화가 Larmor 주파수를 가지면서 이완되는 과정을 나타내고 있음.

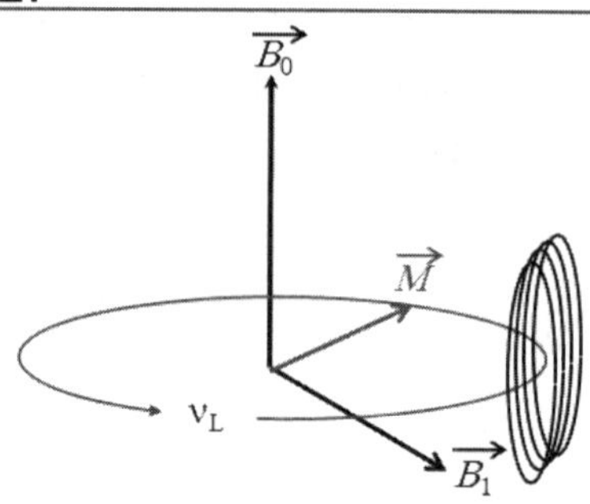

시간이 지나면서 다양한 주파수를 갖는 M의 크기는 수축하여 그림 (15-7-5)와 같이 유도전류가 줄어든다. **이와 같은 전류를 자유유도이완전류** (free induction decay current)**라 한다.** 시간에 따른 자유유도이완곡선이 1초에 몇 번 나타나는가를 결정하면 Larmor 주파수를 알아낼 수 있고 그 결과 δ값을 결정할 수 있다.

그림 (15-7-5). 단 하나의 공명을 갖는 물질의 FID 흔적 (trace).

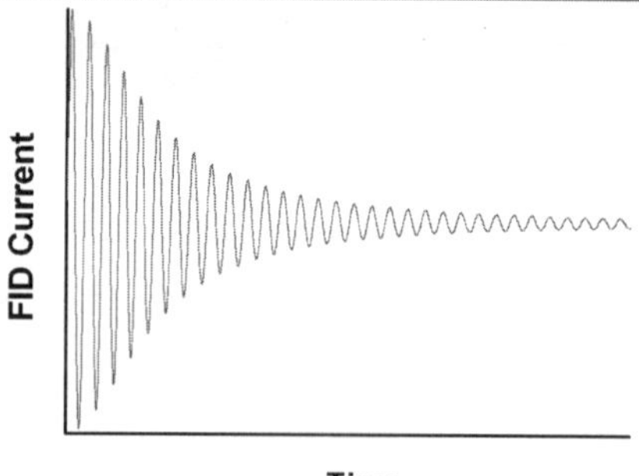

시간에 따른 FID 전류의 변화인 식 (15-7-1)에 $\sin(2\pi\nu t)$**나** $\cos(2\pi\nu t)$**를 곱해서 적분하면 주파수 영역의 함수 (15-7-2)를 얻을 수 있다.**

$$S(t) = \int_{-\infty}^{\infty} I(\nu) e^{-2\pi i\nu t} d\nu \tag{15-7-1}$$

$$I(\nu) = e\,Re \int_{0}^{\infty} S(t) e^{-2\pi i\nu t} dt \tag{15-7-2}$$

식 (15-7-2)와 같은 전환을 Fourier 변환이라고 부른다. 이와 같은 변환은 NMR 기기의 프로그램으로 쉽게 가능하다. **$S(t)$와 $\sin(2\pi\nu t)$의 주파수가 같으면 식 (5-7-2)에서의 적분 값은 0이 아니다.** 그림 (15-7-6)에서는 최소 두 가지 중첩된 FID 전류가 있음을 알 수 있다. 그러나 이러한 시간에 따른 FID 피이크의 수를 샌다는 것은 어려운 일이나 Fourier 변환으로 가능하다.

그림 (15-7-6). 두 개 및 세 개의 공명을 갖는 물질의 FID 흔적.

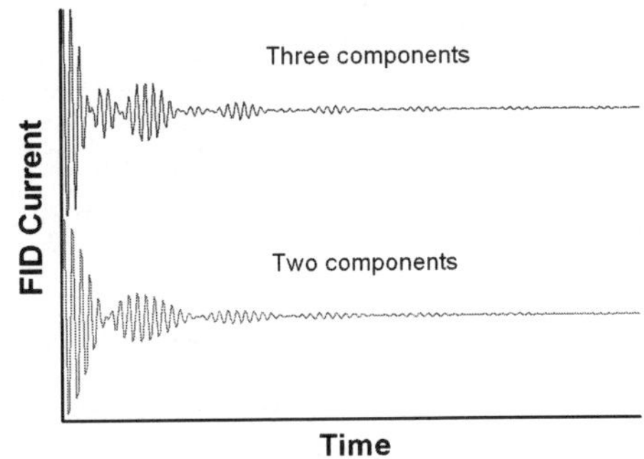

주파수 영역의 함수로 얻어진 함수를 그림 (15-7-7)에 나타내었다.

그림 (15-7-7). (a) : FID 곡선을 Fourier 전환하여 얻은 주파수영역의 두 개의 피이크. (b) : 세 개의 피이크.

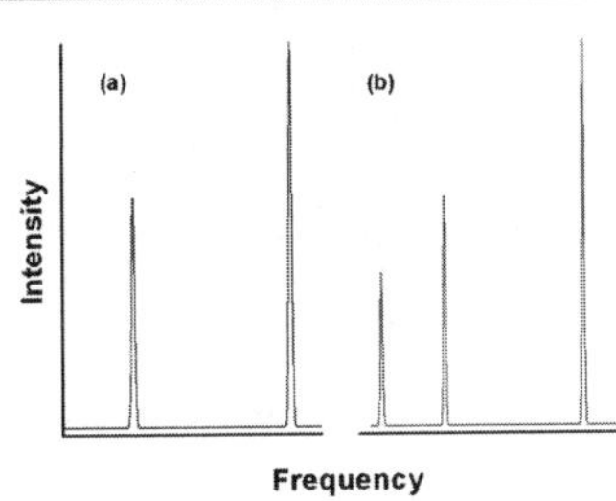

8. 전자스핀공명분광학

NMR과는 달리 ESR은 그림 (15-8-1a)에 나타낸 **스펙트럼을 미분해서 그림 (15-8-1b)와 같이 표현한다.** 그림 (15-8-1b)에서 자기장 축과 만나는 점이 그림 (15-8-1a)의 꼭짓점이 된다. Benzene 래디컬음이온의 ESR 스펙트럼을 그림 (15-8-2)에 나타내었다. 짝짓지 않은 전자하나가 benzene의 여섯 개의 수소핵과 상호작용하여 일곱 개의 피이크로 갈라진다. 여기서 **전자의 스핀밀도가 여섯 개의 수소 핵 주위에 균등하게 분포함을 알 수 있다. 이와 같은 현상은 비편재화된 MO를 사용하는 것이 타당함을 알려준다.**

그림 (15-8-1). ESR 스펙트럼은 일반적인 곡선 (a)를 미분하여 (b)와 같은 형태로 표현함.

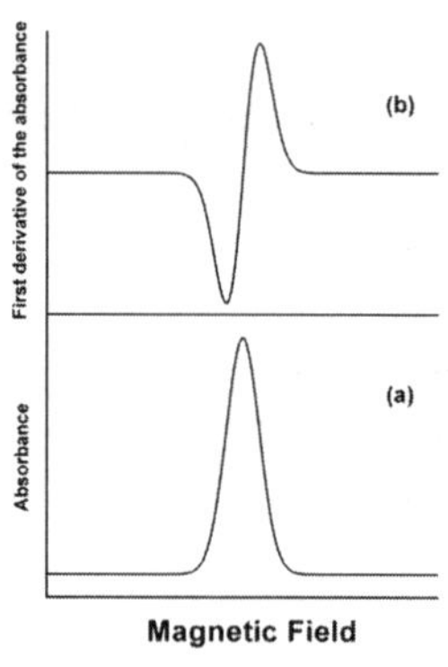

그림 (15-8-2). Benzene 래디컬음이온의 ESR 스펙트럼. a를 초미세갈라짐상수 (hyperfine splitting constant)라고 한다.

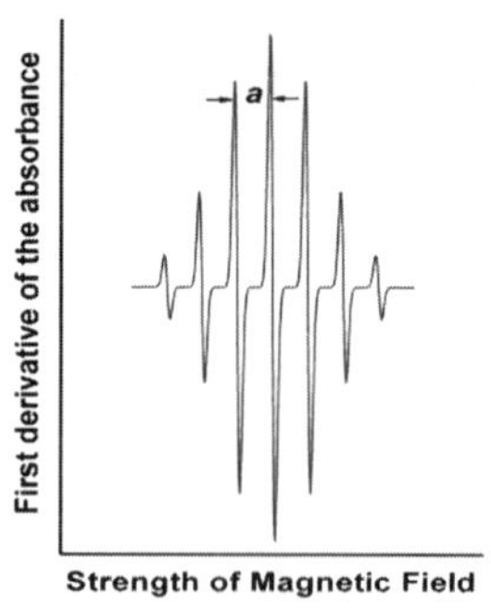

그림 (15-8-3)에 $\cdot NH_2$ 래디컬의 ESR 갈라짐을 나타내었다. N의 핵스핀양자수 $I=1$이다. 따라서 질소핵에 의해 전자스핀은 세 개의 환경을 갖게 되고 더 나아가 수소핵스핀 $I=\frac{1}{2}$에 의해 두 개의 두 개로, 즉, 1 : 2 : 1로 나뉜다. N_3^- 이온의 ESR 스펙트럼을 그림 (15-8-4)에 나타내었다. 전자는 질소핵 3개와 짝지음하여 균일하게 나누어진다. 그 결과로 전체 일곱 개의 피이크, 세기가 1:3:6:7:6:3:1인 스펙트럼을 관측할 수 있다. 그림 (15-8-5)에 naphthalene과 anthracene 래디컬음이온의 전자스핀밀도를 나타내었다. **스핀밀도는 초미세갈라짐상수에 비례적인 영향을 준다.**

$$d = Q\rho \qquad (15\text{–}8\text{–}1)$$

식 (15-8-1)을 McConnell 식이라 한다. 여기서 d는 초미세갈라짐상수, Q는 2.25mT, ρ는 스핀밀도이다.

그림 (15–8–3). $\cdot NH_2$ 래디컬의 ESR 스펙트럼. 질소핵에 의해 피이크가 세 개로 갈라지고 두 개의 수소에 의해 두 개의 두 개로 갈라짐.

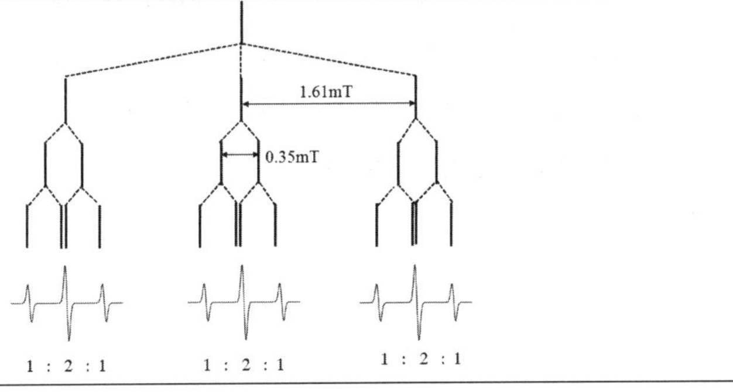

그림 (15–8–4). $\cdot N_3$ 래디컬의 ESR 스펙트럼. ESR 피이크가 세 개의 질소 핵에 의해 세 개씩 균등하게 나뉘어진다. 세 개의 질소원자의 스핀밀도가 균일함을 나타냄.

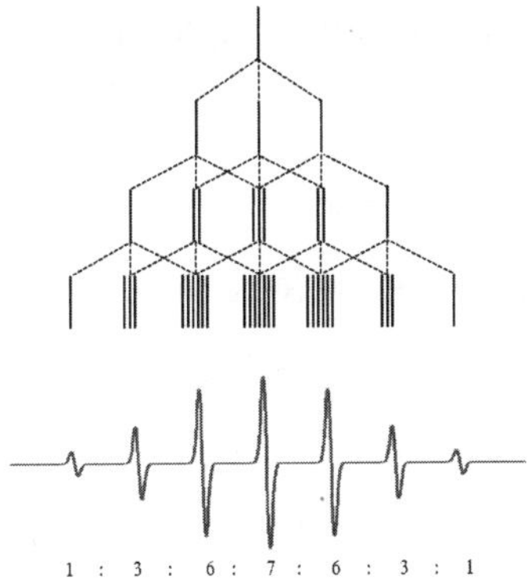

1 : 3 : 6 : 7 : 6 : 3 : 1

그림 (15-8-5). **Benzene 및 anthracene 래디컬음이온의 스핀밀도. 스핀밀도는 짝지음 상수에 직접적인 영향을 줌.**

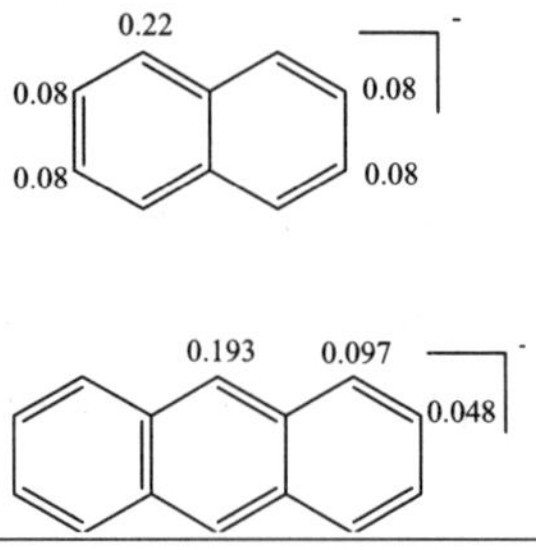

0.22
0.08 0.08
0.08 0.08

0.193 0.097
0.048

15장

자·기·공·명·분·광·학

연습문제

(15-1) AB 계의 화학적이동은 δA=7.04 ppm, δB=7.01 ppm이고 짝지음 상수는 각J=10Hz 이다.

(a) 200MHz NMR에서 각각의 Larmor 주파수를 구하시오.

(b) Larmor 주파수 차이와 짝지음상수를 비교하면서 NMR 스펙트라를 60, 200, 600 MHz NMR 기기에서 정성적으로 예측하시오.

(15-2)

$$\begin{array}{ccccc} & & O & & CH_3 \\ & & \| & & | \\ CH_3 & - & C & - & CH \\ & & & & | \\ & & & & CH_3 \end{array}$$

의 NMR스펙트럼을 예측하시오.

(15-3) 방어상수 σ와 화학적이동 δ와의 관계를 유도하시오.

(15-4) 어떤 핵의 핵스핀각운동량양자수가 I이고, 핵의 질량은 M이고, 양자수는 p이다. 아래 값들을 결정하시오.

(a) $|\vec{I}|$ (nuclear spin angular momentum)

(b) $\overrightarrow{I_z}$ (z component of the spin angular momentum

(c) $|\vec{\mu}|$ (nuclear magnetic dipole moment)

(d) $\overrightarrow{\mu_z}$ (z component of the nuclear magnetic dipole moment)

(15-5) NMR에서 Larmor 주파수의 정의를 쓰고 그 주파수의 양자역학적 의미와 고전적 의미를 설명하시오.

(15-6) • ND_2 래디컬의 ESR 스펙트럼을 예측하시오. 단, 질소와 중수소의 핵스핀각운동량 양자수는 1이다.

(15-7)

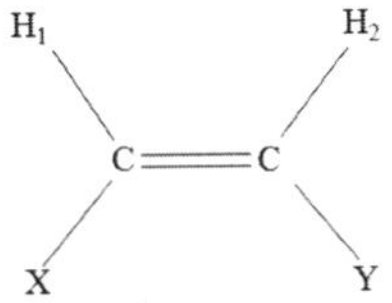

계에서 $\delta_{12} = 0.05\,\text{ppm}, J = 12\,\text{Hz}$ 이다.

60 및 600 MHz NMR에서의 NMR 스펙트럼을 예측하시오.

(15-8)

$CH_3O-\overset{\overset{\displaystyle O}{\|}}{C}-CH_2-CH_3$ 및 $CH_3CH_2OCH_2CH_3$

의 NMR스펙트럼을 예측하시오.

(15-9) NMR에서 세로이완상수를 결정하기 위한 실험방법을 제시하시오.

(15-10) 다음 분자의 NMR 스펙트럼을 (a) 80 MHz, (b) 300 MHz, (c) 1G Hz NMR에서 예측하시오.

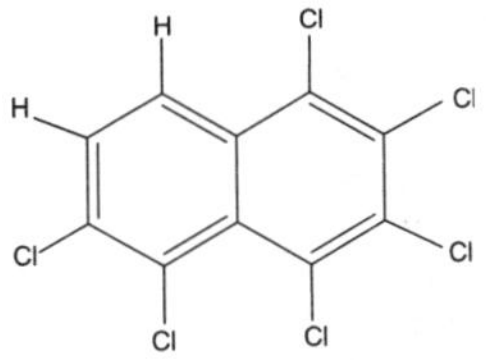

(15-11) • NH_2 래디칼의 ESR 스펙트럼을 예측하시오.

(15-12) CH_3CH_2 • 래디컬의 ESR 스펙트럼을 예측하시오.

단, CH_3 양성자와의 짝지음상수는 CH_2 양성자와의 그 것보다는 약간 크다.

(15-13) Anthracene 래디컬음이온의 ESR 스펙트럼을 예측하시오.

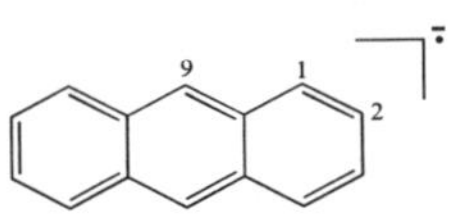

단, 짝지음상수: $a_1 = 0.27\,\text{mT}$, $a_2 = 0.15\,\text{mT}$, $a_9 = 0.53\,\text{mT}$

(15-14) p-Methoxytoluene의 600MHz NMR 스펙트럼을 예측하시오.

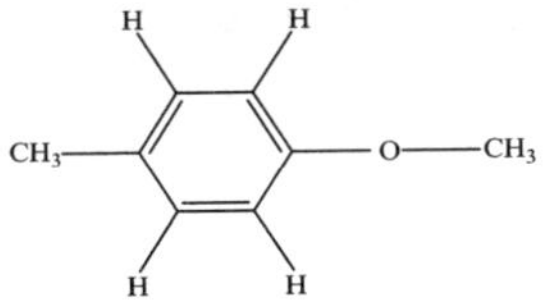

(15-15) 시간영역스펙트라의 Fourier 변환에 대해 설명하시오.

(15-16) NMR에서 자유유도이완 (FID)을 설명하시오.

(15-17) 어떤 핵의 핵스핀각운동량양자수가 $\frac{1}{2}$이고, 핵의 질량은 M이며, 양성자수는 p이다. 아래 값들을 결정하시오.

(a) 핵스핀각운동량 $|\vec{I}|$

(b) 핵스핀각운동량의 z 축 성분 $\vec{I_z}$

(c) 핵스핀자기쌍극자모멘트 $|\vec{\mu}|$

(d) 핵스핀자기쌍극자모멘트의 z 축 성분 $\vec{\mu_z}$

(15-18) 아래 화합물의 NMR 스펙트럼을 그리시오.

$$CH_3CH_2-\overset{\overset{\displaystyle O}{\|}}{C}-O-CH_2CH=CH_2$$

(15-19) 연습문제그림 (15-1)에 나타낸 p-benzoquinone 래디컬음이온의 ESR 스펙트럼을 예측하시오.

연습문제그림 (15-1). **p-Benzoquinone 래디컬음이온의 모델. 이 래디컬의 점군은 DFT로 계산했을 때 D_{2h}임이 밝혀졌다. 각 원자의 전하를 그림에 나타내었다.**

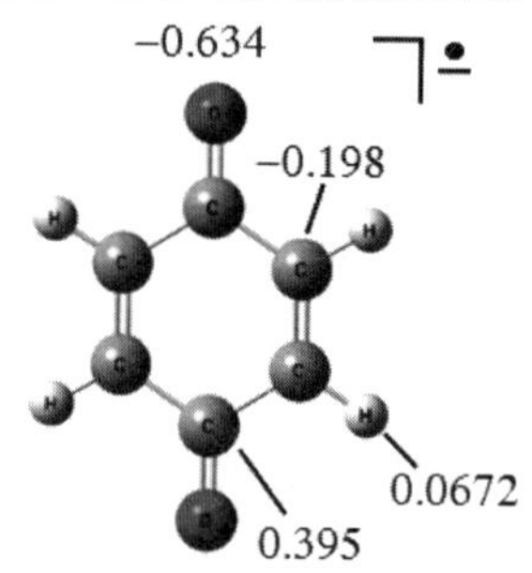

(15-20) 750 MHz NMR에서 어떤 물질의 수소핵의 자기쌍극자모멘트를 전이하기 위한 자기장을 구하시오. 단, $h = 6.626 \text{x} 10^{-34}$ J • s, nuclear magneton= $\beta_N = 5.05 \text{x} 10^{-27}$ J/T, $g_N = 5.585$.

(15-21) 100 및 600 MHz NMR에서 $\delta = 1$일 때 δ를 Hz로 표현하시오.

(15-22) HD 화합물의 NMR 스펙트럼을 그리시오.

(15-23) • CD_3의 ESR 스펙트럼을 예측하시오. 상대적 피이크의 세기를 나타내시오.

(15-24) 수소의 공명주파수가 500 MHz인 NMR 기기에서 불소 ^{19}F의 공명주파수를 나타내시오. 단, ^{1}H의 $g_N = 5.585$, ^{19}F의 $g_N = 5.256$.

연습문제해답

(15-1) (a) 200 MHz NMR에서 $\delta_A = 7.04\,\text{ppm}$ 인 경우,

Larmor 주파수 $= 2\text{x}10^8(1 + 7.04\text{x}10^{-6}) = 100{,}001{,}408\text{Hz}$

$\delta_B = 7.01\,\text{ppm}$ 인 경우, Larmor 주파수 $= 2\text{x}10^8(1 + 7.01\text{x}10^{-6}) = 100{,}001{,}402\text{Hz}$

$\therefore\ \Delta\delta = 6\text{H}_z,\ J_{AB} = 10\text{Hz}$

(b) 60, 200 및 600MHz NMR에서 스페트라는 다음과 같다.

연습문제그림 (15-2). **NMR의 성능에 따른 AB계의 ^{1}H NMR 스펙트라의 정성적인 개요도.**

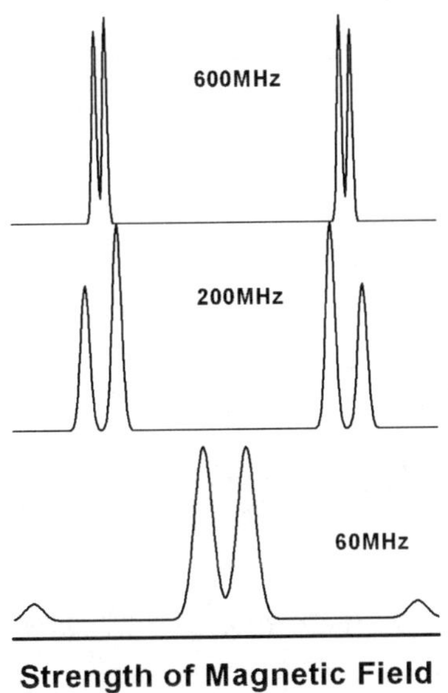

(15-2)

$$\begin{array}{c} \quad\ \ \text{O}\ \ \text{CH}_3 \\ \quad\ \ \|\ \ \ \ | \\ \text{CH}_3-\text{C}-\text{CH} \\ \qquad\quad\ \ | \\ \qquad\quad\ \ \text{CH}_3 \end{array}$$

의 NMR스펙트럼.

연습문제그림 (15-3). $CH_3COCH(CH_3)_2$**의 NMR스펙트럼.**

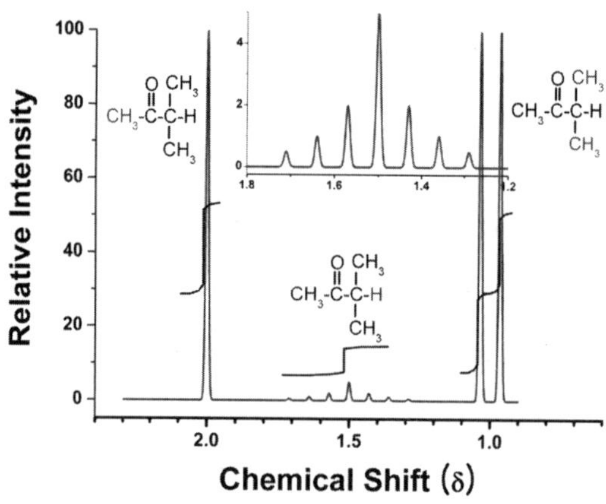

(15-3)

$$\Delta\delta = \delta_{OH} - \delta_{CH_3} = \frac{\dfrac{g_I\beta_N B_z(1-\sigma_{OH})}{h} - \dfrac{g_I\beta_N B_z(1-\sigma_{CH_3})}{h}}{\dfrac{g_I\beta_N B_z(1-\sigma_{TMS})}{h}}$$

$$= \frac{\sigma_{CH_3} - \sigma_{OH}}{1-\sigma_{TMS}} \cong \sigma_{CH_3} - \sigma_{OH}$$

(15-4) (a) $|\vec{I}| = \sqrt{I(I+1)}\,\hbar$ (b) $\vec{I_z} = I\hbar, (I-1)\hbar, \ldots..(-I+1)\hbar, -I\hbar$

(c) $|\vec{\mu}| = G\dfrac{q}{2M}|\vec{I}| = G\dfrac{p|e|}{2M}|\vec{I}| = G\dfrac{p|e|}{2M}\sqrt{I(I+1)}\,\hbar$

(d) $\vec{\mu_z} = G\dfrac{q}{2M}\vec{I_z} = G\dfrac{p|e|}{2M}I\hbar,\ G\dfrac{p|e|}{2M}(I-1)\hbar, \ldots.\ G\dfrac{p|e|}{2M}(-I+1)\hbar,\ G\dfrac{p|e|}{2M}(-I)\hbar,$

(15-5) 고전적 의미

핵스핀은 z축을 중심으로 회전하고 있다. 회전수는 밖에서 걸어준 자기장에 비례한다. 이 회전주파수를 Larmor 주파수라 한다. Larmor 주파수와 같은 진동하는 자기장을 위스핀이 흡수하면 아래스핀으로 배향하여 회전한다.

$$\frac{\text{magnetic dipole moment x } B_z}{2\pi \cdot \text{angular momentum}} = \text{Larmor frequency } \nu$$

$$= \frac{g_N\beta_N\sqrt{I(I+1)}\,B_z}{2\pi\sqrt{I(I+1)}\,\hbar} = \frac{g_N\beta_N B_z}{h}$$

양자역학적 의미

어떤 계의 두 에너지준위의 간격에 해당하는 전자기파를 흡수하면 흡수가 일어난다.

$h\nu = \Delta E = g_I \beta_N B_z$. 두 의미가 본질적으로는 같다는 것을 알 수 있다.

(15-9) 90° 펄스를 두 번 받으면 연습문제그림 (15-4)에서처럼 $\overrightarrow{M}$이 $\overrightarrow{M'}$으로 뒤집힌다. 시간이 어느 정도 지나면 $\overrightarrow{M'}$이 $\overrightarrow{M}$으로 이완한다. 이 때 세로이완상수 T_1이 도입된다. $\{M_z(t) - M_0\} \propto e^{-t/T_1}$. 여기서 M_0은 180° 자기장펄스를 가하기 전 즉, $t = 0$ 및 $t = \infty$ 인 데서의 자화이다.

연습문제그림 (15-4). $\overrightarrow{M'}$가 이완되는 과정.

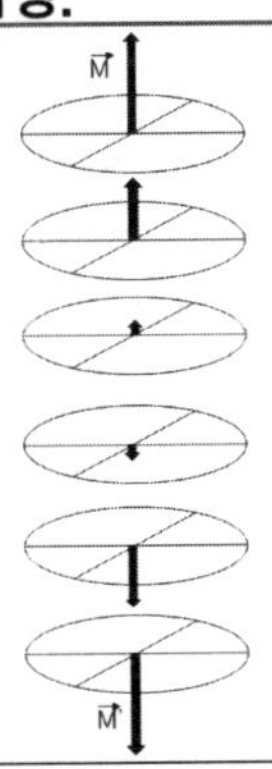

(15-11) • NH_2 래디칼의 ESR 스펙트럼

연습문제그림 (15-5). • NH_2 래디컬의 ESR 스펙트럼. 질소핵에 의해 피이크가 세 개로 갈라지고 두 개의 수소에 의해 두 개의 두 개로 갈라짐.

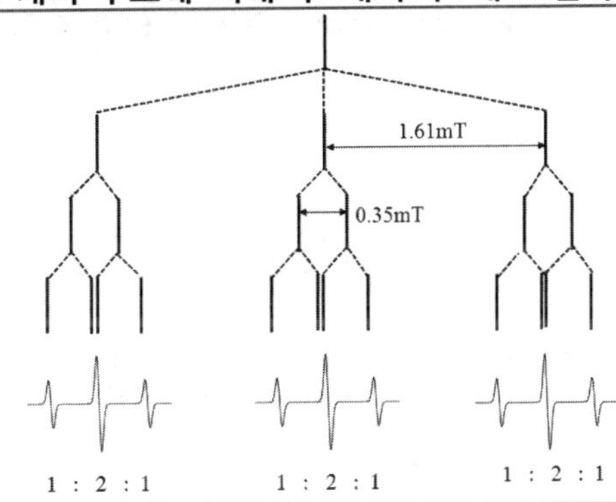

(15-17) (a) $|\overrightarrow{I}| = \sqrt{\frac{1}{2}(\frac{1}{2}+1)}\,\hbar = \frac{\sqrt{3}}{2}\hbar$ (b) $\overrightarrow{I_z} = \frac{1}{2}\hbar, -\frac{1}{2}\hbar$

(c) $|\overrightarrow{\mu}| = G\frac{q}{2M}|\overrightarrow{I}| = G\frac{p|e|}{2M}|\overrightarrow{I}| = G\frac{p|e|}{2M}\frac{\sqrt{3}}{2}\hbar = \frac{\sqrt{3}}{4}G\frac{p|e|}{M}\hbar$

(d) $\overrightarrow{\mu_z} = G\frac{q}{2M}\overrightarrow{I_z} = \frac{1}{4}G\frac{p|e|}{M}\hbar, -\frac{1}{4}G\frac{p|e|}{M}\hbar$

(15-19)

연습문제그림 (15-6). p-Benzoquinone 래디컬음이온의 여러 가지 공명구조. DFT로 계산했을 때 전자의 밀도가 산소에 치우쳐있음을 주의하시오.

하이퍼컨쥬게이션 (hyperconjugation)에 의해 4 개의 methine 탄소에 균등하게 비편재화 되어 있다. 따라서 ESR 피이크는 1:4:6:4:1의 상대적 세기로 5 개로 갈라진다. 피이크의 갈라짐 양상과 그 ESR 스펙트럼을 각각 아래에 나타내었다.

연습문제그림 (15-7). p-Benzoquinone 분자의 ESR 피이크의 갈라짐 양상.

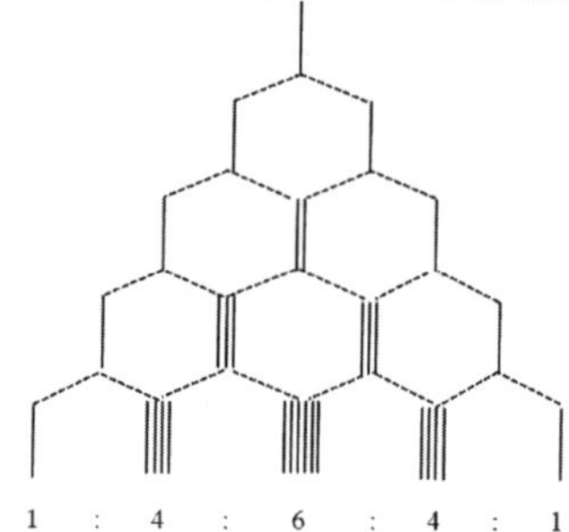

연습문제그림 (15-8). p-Benzoquinone 분자의 ESR 스펙트럼의 개요도.

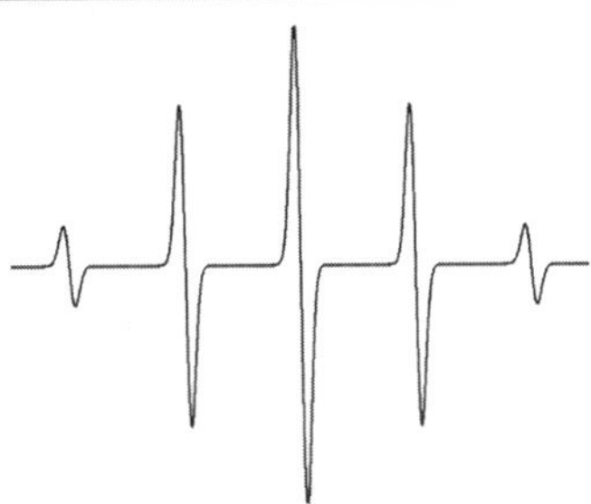

(15-20) $g_I = 5.585$, $g_N \beta_N B_z = h\nu$

$g_N \beta_N B_z = 5.585 \mathrm{x} 5.05 \mathrm{x} 10^{-27}$ J/T • $B_z = 750 \mathrm{x} 10^6$Hz • $6.626 \mathrm{x} 10^{-34}$ J • s

$\therefore \quad B_z = 17.6$ Tesla

(15-21) 100 MHz NMR에서 $\delta = 1 = 100 \mathrm{x} 10^6 \mathrm{x} 1.0 \mathrm{x} 10^{-6} = 100$ (Hz).

600 MHz NMR에서 $\delta = 1 = 600 \mathrm{x} 10^6 \mathrm{x} 1.0 \mathrm{x} 10^{-6} = 600$ (Hz).

(15-22) ^{1}H의 $g_N = 5.585$, ^{2}D의 $g_N = 0.857$. 두 핵의 공명주파수를 비교하면 ^{1}H의 경우가 6.52배로 크다. 따라서 두 핵의 NMR 피이크는 $\delta = 0 \sim 10$의 범위에서 측정하는 통상적인 NMR 스펙트라에서는 나타나지는 않는다. ^{1}H의 피이크는 ^{2}D로 인해 세 개로 갈라지고 ^{2}D의 피이크는 ^{1}H로 인해 두 개로 갈라진다.

(15-23) 1:3:6:7:6:3:1의 상대적 세기로 일곱 개의 피이크로 갈라진다.

(15-24) $\nu(^1\mathrm{H}) = \dfrac{g_N(^1\mathrm{H})\,\beta_N B_z}{h} = 5.585\dfrac{\beta_N B_z}{h} = 500 \mathrm{x} 10^6$ Hz

$$g_N(^1\mathrm{F})\,\beta_N B_z = \frac{5.256}{5.585} \mathrm{x} 500 \mathrm{x} 10^6 = 471 \mathrm{x} 10^6 \text{ (Hz)}$$

16장

새·롭·고·이·해·하·기·쉬·운·물·리·화·학

통계열역학

1. 통계열역학에서 앙상블과 열역학

열역학의 목적은 평형에 있는 거시계, 즉, 10^{20} 또는 그 이상의 많은 분자들을 갖는 계의 서로 다른 실험적 성질들 (p, V, T, E, H, G, A, etc.)을 연관하는 수학적 관계식을 유도해 내는데 있다. 통계열역학의 목적은 분자론을 제공하거나 거시계의 평형성질을 해석하는데 있다. 근래에는 통계열역학은 비평형영역까지 확대되고 있다. 통계열역학은 양자역학의 기초 위에서 출발한다. 많은 분자를 포함하는 계의 성질들을 분자입장에서 해석하려면 우선 그 계를 구성하는 각개의 분자의 성질들을 알아야 하며 또한 분자들 간의 상호작용의 근본성질들을 이해하여야 한다. 양자역학이 통계열역학에 필수불가결하지만 다행히도 양자역학상태, 에너지준위 및 분자간의 힘, 이외에 다른 양자역학적 개념이 없어도 통계열역학을 만족할만하게 설명할 수 있다.

(a) 앙상블과 가정

분자들의 성질로부터 거시계의 성질을 규명하기 위하여 압력, 에너지, 부피, 분자 수 등의 역학적 성질과 관련된 가정을 세운다. 온도, 엔트로피, 자유에너지 및 화학퍼텐샬 등의 비역학적 성질은 열역학의 도움을 얻어 간접적으로 처리한다. 전형적인 역학변수인 압력을 예로 설명하고자 한다. 고전역학적으로 압력은 단위면적에 미치는 힘으로 정의한다. 힘자체는 시간의 함수이다. 따라서 우리가 알고자하는 것은 충분히 긴 시간동안 힘의 평균값이다. 전형적인 계에서는 많은 분자간의 상호작용 때문에 이러한 계산을 양자역학이나 고전역학으로 할 수 없다. 충분히 긴 시간동안의 역학변수의 평균값을 구하기 위하여 Gibbs의 **앙상블방식**을 적용한다. 우선 앙상블 (ensemble)의 개념을 알아야 한다. **하나의 앙상블은 매우 많은 수의**

계의 가상적인 집합체이다. 관심의 대상이 되는 열역학적 성질, 예로 분자수, 부피 및 온도를 포함하는 실제 계를 수 없이 많이 복제한 가상적인 집합체가 앙상블이다. 관심의 대상이 되는 계가 부피 V, 분자수 N을 갖는다고 하고 이러한 계를 수없이 많이 복제한 집합체가 온도 T인 큰 열탕 (heat bath)에 놓인다고 가정하자. 이 앙상블은 N 개의 계로 구성되어있다. 어느 한 순간 이 앙상블안의 계의 양자역학상태가 서로 다르게 나타날 수 있다. 예로 압력이라는 역학변수도 이 앙상블 안의 모든 계에서 다르게 나타날 수 있다. 첫 번째 가정은 압력의 앙상블 평균치는 어느 한계의 매우 긴 시간동안의 평균치인 시간평균과 일치한다. 실제로 우리가 알고자하는 역학변수는 어떤 계의 매우 긴 시간동안의 평균치이기 때문에 시간 평균치를 앙상블평균치로 대치한다면 수학적으로 매우 편리하다.

그림 (16-1-1). 세 종류의 앙상블. μ는 화학퍼텐샬을 나타낸다.

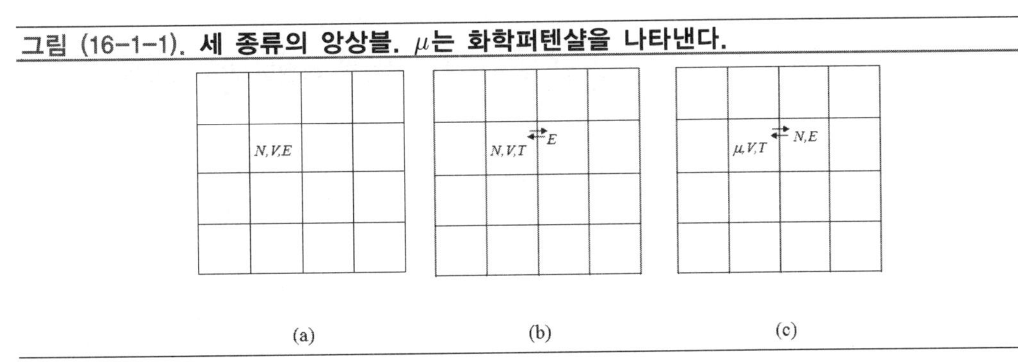

① **소정준앙상블** (microcanonical ensemble) : **주어진 한 계는 주위와 물질 및 에너지교환이 없다.** 고립계의 열역학성질을 규명하는데 이용된다.

② **정준앙상블** (canonical ensemble) : **주어진 한 계는 주위와 에너지교환이 있다.** 닫힌계의 열역학성질을 규명하는데 이용된다.

③ **대정준앙상블** (grand canonical ensemble : **주어진 한 계는 주위와 물질 및 에너지교환이 있다. 열린계의 열역학성질을 규명하는데 이용된다. 두 번째 가정은 다음과 같다. 고립계에서 앙상블 ($N_{en} \to \infty$)을 구성하는 모든 계는 N, V, E를 나타낼 수 있는 모든 양자역학상태에 똑 같은 확률로 머물 수 있다는 것이다.** 여기서 N_{en}은 앙상블을 구성하는 계의 수를 나타낸다. 계의 이러한 고립계는 에너지가 모두 같으므로 축퇴된 계가 되고 이 축퇴된 양자역학상태가 존재하게 된다. 이 하나 하나의 축퇴된 다양한 상태에 똑 같은 확률로 머무를 수 있다는 것이다. 첫 번째 가정은 세 가지 모든 앙상블에 적용되고 두 번째 가정은 소정준앙상블에만 적용된다. 앙상블을 구성하는 계의 수가 4 개인 간단한 경우를 예로 들어보자. 네 개의 계를 A, B, C, D라고 명시한다. 각계의 가능한 에너지상태를 E_1, E_2, E_3라고 하자. 그리고

에너지는 다음 조건을 만족한다고 하자.

$$E_1 + 2E_2 + E_3 = E_t \tag{16-1-1}$$

그림 (16-1-2)에 나타낸 바와 같이 12개의 배열방법이 있다. 가능한 배열방법은 수학적으로 쉽게 구할 수 있다.

$$\Omega = \frac{4!}{2!} = 12 \tag{16-1-2}$$

일반적으로 쓰면

$$\Omega(n) = \frac{(n_1 + n_2 + ...)!}{n_1!n_2!....} \tag{16-1-3}$$

그림 (16-1-2). $E_1 + 2E_2 + E_3 = E_t$인 조건하에서 가능한 배열방법이 12개임.

앙상블의 종류	A	B	C	D
I	E_2	E_2	E_3	E_1
II	E_2	E_2	E_1	E_3
III	E_2	E_1	E_2	E_3
IV	E_2	E_3	E_2	E_1
V	E_2	E_1	E_3	E_2
VI	E_2	E_3	E_1	E_2
VII	E_1	E_2	E_2	E_3
VIII	E_3	E_2	E_2	E_1
IX	E_1	E_2	E_3	E_2
X	E_3	E_2	E_1	E_2
XI	E_1	E_3	E_2	E_2
XII	E_3	E_1	E_2	E_2

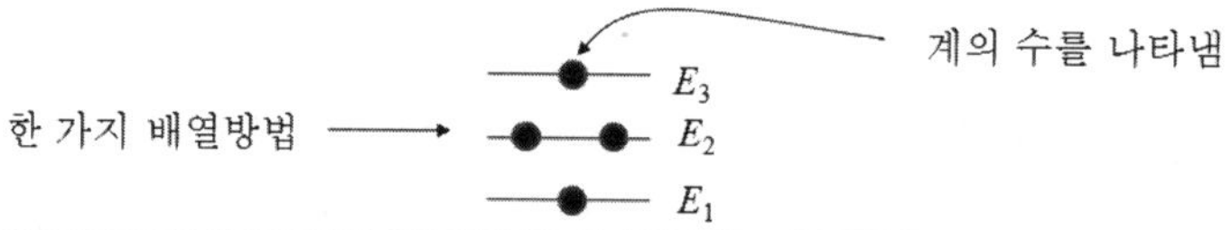

계의 수를 나타냄

한 가지 배열방법

E_3

E_2

E_1

그림 (16-1-2)에서 어느 계가 E_1을 가질 확률은 $\frac{1}{4}$로 똑 같음을 알 수 있다. 이것은 가정 2가 성립한다는 것을 뜻한다. 어떤 계가 E_1, E_2, E_3의 에너지 중의 하나를 가질 수 있고, $E_2 - E_1 = E_3 - E_2$의 조건을 만족한다고 가정하자. 이 때 다음과 같은 배열이 가능하다.

그림 (16-1-3). 전체에너지가 똑 같은 조건을 만족하는 세 가지 배열방법.

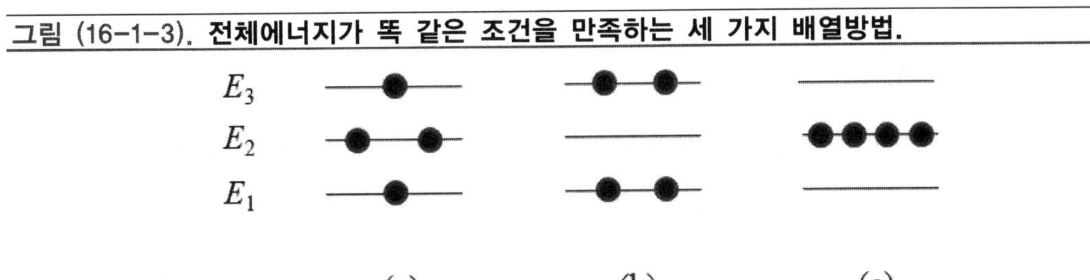

만약에 한 계의 에너지가 그림 (16-1-3b)의 경우, 배열방법은 아래와 같이 주어진다.

$$\Omega(n) = \frac{4!}{2!2!....} = 6 \tag{16-1-4}$$

이 앙상블 안의 각계의 에너지분포를 아래와 같이 나타낼 수 있다.

그림 (16-1-4). 그림 (16-1-3b)의 경우, 각 앙상블의 에너지분포도.

앙상블의 종류	A	B	C	D
I	E_1	E_1	E_3	E_3
II	E_1	E_3	E_1	E_3
III	E_1	E_3	E_3	E_1
IV	E_3	E_1	E_1	E_3
V	E_3	E_1	E_3	E_1
VI	E_3	E_3	E_1	E_1

그림 (16-1-3c)의 경우, 배열방법은 아래와 같이 주어진다.

$$\Omega(n) = \frac{4!}{4!} = 1 \tag{16-1-5}$$

임의로 선택한 A 계가 E_1을 가질 확률은 그림 (16-1-2)에서 $\frac{1}{4}$로 나타났고 그림 (16-1-4)에서 $\frac{1}{2}$로 나타났다. 그림 (16-1-3)의 세 가지 분포에서 임의로 선택한 계가 E_1을 가질 확률을 계산해보자. 세 가지 분포에서 얻어지는 총 경우의 수는 12 + 6 + 1 = 19이다. 그림 (16-1-3a) 분포에서 12개가 있고, 그림 (16-1-3b) 분포에서 12개, 그림 (16-1-3c) 분포에서 0개가 있다. 총 24개의 계가 E_1의 상태를 갖는다. 따라서 아래와 같은 식이 성립한다.

$$\overline{n_1} = \frac{24}{19} \tag{16-1-6}$$

이것은 4개의 계로 구성된 앙상블에서 $\frac{24}{19}$개의 계가 E_1의 에너지상태를 갖는다는 것이다. 따라서 확률은 다음과 같이 주어진다.

$$P_1 = \frac{\overline{n_1}}{N_{ensemble}} = \frac{\frac{24}{19}}{4} = \frac{6}{19} \tag{16-1-7}$$

이것은 "하나의 임의의 계가 E_1을 가질 확률이 $\frac{6}{19}$이다"를 뜻한다. 참고로 P_2와 P_3를 계산해보자.

$$P_2 = \frac{\overline{n_2}}{N_{ensemble}} = \frac{\frac{12x2 + 12x0 + 1x4}{19}}{4} = \frac{7}{19} \tag{16-1-8}$$

$$P_3 = \frac{\overline{n_3}}{N_{\mathrm{en}}} = \frac{\frac{12+12}{19}}{4} = \frac{6}{19} \tag{16-1-9}$$

따라서 전체확률은

$$P = \frac{6+7+6}{19} = 1 \tag{16-1-10}$$

일반적으로 표현하면

$$\overline{n_j} = \frac{\sum_n \Omega(n) n_j}{\sum_n \Omega(n)} \tag{16-1-11}$$

여기서 n은 분포의 수를 나타낸다.

$$\therefore \ \overline{n_j} = \frac{\overline{n_j}}{N_{en}} = \frac{\sum_n \Omega(n) n_j}{N_{en} \sum_n \Omega(n)} \tag{16-1-12}$$

한 앙상블의 임의의 한 계가 E_j라는 에너지상태를 가질 확률을 모든 상태 위에서 합하면

$$\sum_j P_j = 1 \tag{16-1-13}$$

$\sum_j$를 "sum over states"라 한다. 따라서 다음과 같은 앙상블평균이 얻어진다. 에너지의

앙상블평균은

$$\overline{E} = \sum_j E_j P_j \tag{16-1-14}$$

압력의 앙상블평균은

$$\overline{p} = \sum_j p_j P_j \tag{16-1-15}$$

[예제 16-1]

어떤 앙상블이 8개의 계로 구성되어있고 각 계가 취할 수 있는 에너지상태를 E_1, E_2, E_3라고 하자. 단 $E_2 - E_1 = E_3 - E_2$ 조건이 있다. $\overline{n_1}, \overline{n_2}, \overline{n_3}, P_1, P_2, P_3$를 구하시오.

[해답]

아래와 같은 에너지상태의 분포가 가능하다.

그림 (16-1-5). 앙상블의 에너지분포도. 전체에너지는 똑 같음에 유의하기 바람.

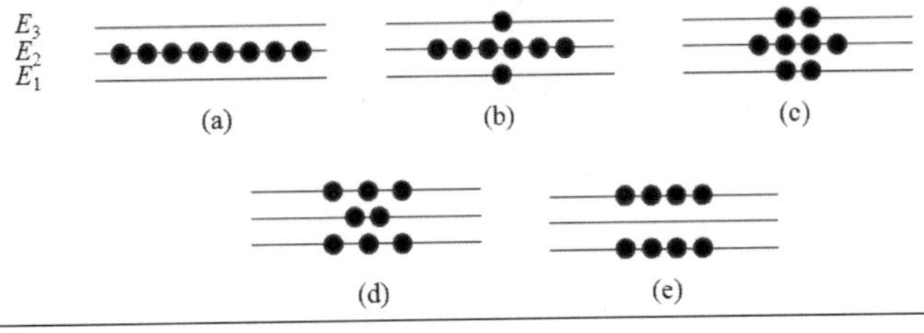

E_3 E_2 E_1

(a) (b) (c)

(d) (e)

$$\sum_n \Omega(n) n_1 = \frac{8!}{6!} \text{x}\,1 + \frac{8!}{2!4!2!} \text{x}\,2 + \frac{8!}{3!2!3!} \text{x}\,3 + \frac{8!}{4!4!} \text{x}\,4 = 2,856 \tag{16-1-16}$$

$$\sum_n \Omega(n) n_2 = \frac{8!}{8!} \text{x}\,8 + \frac{8!}{6!1!1!} \text{x}6 + \frac{8!}{2!4!2!} \text{x}\,4 + \frac{8!}{3!2!3!} \text{x}\,2 = 3,144 \tag{16-1-17}$$

$$\sum_n \Omega(n) n_3 = \sum_n \Omega(n) n_1 = 2,856 \tag{16-1-18}$$

$$\sum_n \Omega(n) = \frac{8!}{8!} + \frac{8!}{6!} + \frac{8!}{2!4!2!} + \frac{8!}{3!2!3!} = 1,107 \tag{16-1-19}$$

$$\therefore \quad \overline{n_1} = \frac{2856}{1107} = 2.58 \tag{16-1-20}$$

$$\overline{n_2} = \frac{3144}{1107} = 2.84, \quad \overline{n_3} = \frac{2856}{1107} = 2.58 \tag{16-1-21}$$

$$\therefore \quad P_1 = \frac{\overline{n_1}}{N_{en}} = \frac{2.58}{8} = 0.323 \qquad (16\text{–}1\text{–}22)$$

$$P_2 = 0.355 \qquad (16\text{–}1\text{–}23)$$

$$P_3 = 0.323 \qquad (16\text{–}1\text{–}24)$$

계의 수가 점점 많아지면 아래 식이 성립하게 된다.

$$P_1 = P_2 = P_3 = \frac{1}{3} \qquad (16\text{–}1\text{–}25)$$

즉, 앙상블 안의 임의의 어떤 계가 E_1을 가질 확률은 E_2, E_3를 가질 확률과 똑 같게 된다. 이것은 앞에서 언급한 가정 2가 옳다는 것을 나타낸다. 지금부터는 열역학 변수인 $\overline{E}$와 $\overline{p}$를 구할 수 있는 "최대항 방법 (maximum-term method)"을 소개한다.

$$\Omega(n) = \frac{(n_1 + n_2 + \cdot \cdot)!}{n_1! n_2!} = \frac{N_{en}!}{\prod_j n_j!} \qquad (16\text{–}1\text{–}26)$$

식 (16-1-26)을 간단히 계산하는 방법을 설명하고자 한다. $\Omega(n)$에 가장 큰 값을 주는 n^* 조합을 구해야 한다. 앙상블 안의 계의 수가 무한대로 커지면 $\Omega(n^*)$에 비해 다른 모든 $\Omega(n)$은 무시할 수 있을 정도로 작아진다. 그림 (16-1-3)에 나타낸 것처럼 각 경우의 수는 12, 6, 1의 세 가지 분포이다. 4개의 계로 구성된 앙상블의 경우에서도 이렇게 경우의 수가 차이나는 데 만일에 "무한대의 계로 구성된 앙상블의 경우에는 가장 있음직한 분포만 의미가 있고 나머지 경우는 전혀 가능성이 없다"라고 말할 수 있다.

그림 (16-1-6). 분포 n의 함수로 나타낸 $\dfrac{\Omega(n)}{\sum_n \Omega(n)}$.

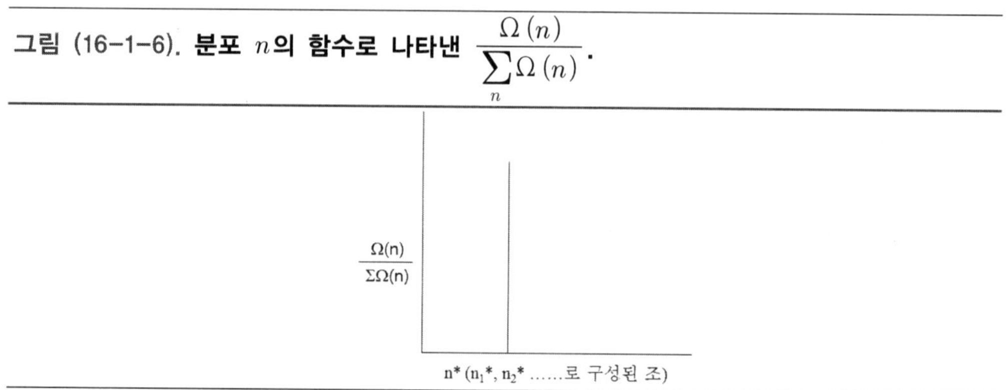

그림 (16-1-6)에 나타낸 함수를 Dirac δ-함수라고 한다.

$$\frac{\Omega(n)}{\sum_n \Omega(n)} = c(\neq 0) \ \text{ if } \ n = n^* \tag{16-1-27}$$

$$\frac{\Omega(n)}{\sum_n \Omega(n)} = 0 \ \text{ if } \ n \neq n^* \tag{16-1-28}$$

N, V, T를 고정시켜놓고 N_{en}을 ∞로 증가시키면 n_j^*도 ∞로 증가할 것이다. 그러나 모든 앙상블평균은 $\frac{n_j^*}{N_{en}}$에 달려있고 또한 정해진 값만 가질 것이다. 따라서 앙상블 안의 임의의 계가 j 상태를 가질 확률은 아래와 같다.

$$P_j = \frac{\overline{n_j}}{N_{en}} = \frac{1}{N_{en}} \frac{\Omega(n^*) n_j^*}{\Omega(n^*)} = \frac{n_j^*}{N_{en}} \tag{16-1-29}$$

여기서 n_j^*는 가장 가능성 있는 분포 n^* 조에 속해 있는 n_j이다.

따라서 다음 식이 성립한다.

$$P_1 = \frac{n_1^*}{N_{en}}, P_2 = \frac{n_2^*}{N_{en}}, P_3 = \frac{n_3^*}{N_{en}} \tag{16-1-30}$$

지금까지 설명한 것을 잘 이해하려면 예제 [16-2]를 풀어보기 바란다.

[예제 16-2]

100 개의 계로 구성되어있는 앙상블에서 각 계는 E_1, E_2, E_3 에너지상태만을 가질 수 있고 $E_2 = \frac{E_1 + E_3}{2}$ 인 조건하에서 전체에너지가 E_t가 되는 경우는 여러 개 있지만 아래 경우만 살펴본다. 각 경우에 앙상블의 전체에너지 E_t는 모든 경우에 똑 같다는 것을 알아야 한다.

(a) $25E_1 + 50E_2 + 25E_3$, (b) $33E_1 + 34E_2 + 33E_3$, (c) $1E_1 + 98E_2 + 1E_3$

위 3가지의 경우의 배열방법의 수를 계산하고 가장 가능성 있는 분포를 나타내시오. 또 그 결과를 토의하시오.

[해답]

(a)의 경우

$n_1 = 25, n_2 = 50, n_3 = 25$

$$\therefore \Omega(n) = \frac{100!}{25!50!25!} = \frac{8.48\text{x}10^{157}}{1.55\text{x}10^{25}\text{x}3.04\text{x}10^{64}\text{x}1.55\text{x}10^{25}} = 1.16\text{x}10^{42}$$

(16–1–31)

(b)의 경우

$n_1 = 33,\ n_2 = 34,\ n_3 = 33$

$$\therefore \Omega(n) = \frac{100!}{33!34!33!} = \frac{8.48\text{x}10^{157}}{8.68\text{x}10^{36}\text{x}2.95\text{x}10^{38}\text{x}8.68\text{x}10^{36}} = 3.80\text{x}10^{45}$$

(16–1–32)

(c)의 경우

$n_1 = 1,\ n_2 = 98,\ n_3 = 1$

$$\therefore \Omega(n) = \frac{100!}{1!98!1!} = 100\text{x}99 = 9.90\text{x}10^{3} \quad (16\text{–}1\text{–}33)$$

(b)의 경우가 가장 큰 $\Omega(n)$을 갖는다. 이 값은 (a) 경우보다 약 1000배 이상 크고 (c)의 경우보다 약 10^{41} 배나 더 크다. 앙상블 안의 계의 수가 100 개 밖에 안 되는데 각 분포의 배열방법의 수는 놀랍도록 차이난다. (c)의 경우는 에너지분포가 너무 한 쪽으로 치우쳐 있다. 이럴 가능성은 확률적으로 0에 가깝다. (b)의 경우는 100개의 계가 에너지상태를 골고루 갖는다. 이 경우에 경우의 수가 제일 크다. 만약에 앙상블 안의 계의 수가 ∞가 되면 어떤 결과가 나올까? **이 경우 각계가 에너지상태를 골고루 갖는 하나의 분포 (예로 (b) 의 경우)만 가능하다.** 이와 같은 분포에 관한 확률적 논의는 화학열역학에서의 엔트로피 등에도 적용됨을 유의하시오.

$$\sum_j n_j = N_{en} \quad (16\text{–}1\text{–}34)$$

$$\sum_j E_j n_j = E_t \quad (16\text{–}1\text{–}35)$$

식 (16-1-34)와 (16-1-35)를 만족하면서 식 (16-1-26)에 나타낸 최대의 경우의 수를 갖는 분포를 구하는 방법인 **결정되지 않은 승수방법** (the method of undetermined multipliers)을 소개하기로 한다. 이 방법은 참고 (16-1-1)에 나타낸 약간의 수학적 고찰이 필요하다.

참고 (16-1-1). 결정되지 않은 승수방법의 설명.

$$dF=\frac{\partial F}{\partial x}dx+\frac{\partial F}{\partial y}dy+\frac{\partial F}{\partial z}dz \tag{16-1-36}$$

dx, dy, dz가 독립변수이면 각각의 편미분이 0이 되어야 한다.

$$\frac{\partial F}{\partial x}=0,\ \frac{\partial F}{\partial y}=0,\ \frac{\partial F}{\partial z}=0 \tag{16-1-37}$$

만일 x, y, z가 전부 독립변수가 아니고 하나이상이 종속변수이면 어떻게 될까?

x, y, z가 다음과 같은 조건을 만족할 때

$$G(x, y, z)=c\ (\text{constant}) \tag{16-1-38}$$

z는 x, y의 함수로 간주할 수 있다. 식 (16-1-38)에서 $G(x, y, z)$는 상수이므로 다음과 같은 식이 성립한다.

$$dG=\frac{\partial G}{\partial x}dx+\frac{\partial G}{\partial y}dy+\frac{\partial G}{\partial z}dz=0 \tag{16-1-39}$$

이 문제를 풀기위하여 "Lagrange에 의한 과정"을 밟아보자. 식 (15-1-40)에서 $dG=0$이므로 아래 식의 모든 α에 대해서도 식 (15-1-40)이 성립한다.

$$\alpha dG=0 \tag{16-1-40}$$

$$\therefore\ dF-\alpha dG=0 \tag{16-1-41}$$

$dF-\alpha dG=0$는 다음과 같이 쓸 수 있다.

$$dF-\alpha dG=\left(\frac{\partial F}{\partial x}-\alpha\frac{\partial G}{\partial x}\right)dx+\left(\frac{\partial F}{\partial y}-\alpha\frac{\partial G}{\partial y}\right)dy+\left(\frac{\partial F}{\partial z}-\alpha\frac{\partial G}{\partial z}\right)dz=0 \tag{16-1-42}$$

$F-\alpha G$의 최대값을 주는 x_0, y_0, z_0를 구하려면 다음 편미분이 0이 되어야 한다.

$$\left(\frac{\partial F}{\partial x}-\alpha\frac{\partial G}{\partial x}\right)=0,\left(\frac{\partial F}{\partial y}-\alpha\frac{\partial G}{\partial y}\right)=0,\left(\frac{\partial F}{\partial z}-\alpha\frac{\partial G}{\partial z}\right)=0 \tag{16-1-43}$$

여기서 x_0, y_0, z_0는 α에 의해 좌우되는 값이다. 즉, α의 함수이다. 그리고 z는 종속변수이다. $\left(\frac{\partial F}{\partial z}-\alpha\frac{\partial G}{\partial z}\right)=0$이 되도록 α 값을 정해주어야 한다.

$$\left(\frac{\partial F}{\partial z}-\alpha\frac{\partial G}{\partial z}\right)_{x_0, y_0, z_0}=0 \tag{16-1-44}$$

식 (15-1-44)로부터 식 (15-1-45)이 얻어진다.

참고 (16-1-1). 결정되지 않은 승수방법의 설명 (계속).

$$\alpha = \frac{\left(\frac{\partial F}{\partial z}\right)_{x_0, y_0, z_0}}{\left(\frac{\partial G}{\partial z}\right)_{x_0, y_0, z_0}} \tag{16-1-45}$$

다음 식도 만족해야 한다.

$$G[x_0(\alpha), y_0(\alpha), z_0(\alpha)] = c \text{ (constant)} \tag{16-1-46}$$

두 개의 종속변수가 존재할 경우에는 다음의 추가 식이 성립해야한다.

$$G'[x, y, z] = c' \text{ (constant)} \tag{16-1-47}$$

$$\left(\frac{\partial F}{\partial x} - \alpha\frac{\partial G}{\partial x} - \beta\frac{\partial G'}{\partial x}\right) = 0 \tag{16-1-48}$$

참고 (16-1-1)의 수학관련식을 이용하여 가장 가능한 분포의 배열방법 $\Omega(n)$을 구해보자. 식 (15-1-26)을 변형하면

$$\ln\Omega(n) = \ln N_{en}! - \sum_j \ln n_j! \tag{16-1-49}$$

N_{en}이 ∞에 접근함에 따라 $\ln N_{\mathrm{en}}!$이 어떤 근사식으로 표현되는지를 알아보자. 식 (15-1-49)를 변형하면

참고 (16-1-2).

$$\ln N = \ln 1 + \ln 2 + \ln 3 + \cdot \cdot \cdot \cdot + \ln N \tag{16-1-50}$$

이 값은 아래 그림의 막대 집합의 면적에 접근한다. $N \to \infty$이면 그 값은 $\int_1^N \ln x\, dx$에 해당한다. ☞ 그림 (16-1-7). $\ln x = t$로 놓으면 $x = \mathrm{e}^t$, $dx = \mathrm{e}^t dt$

$$\therefore \int_1^N \ln x\, dx = \int_{\ln 1}^{\ln N} t\mathrm{e}^t dt = N\ln N - N + 1 \approx N\ln N - N \tag{16-1-51}$$

$$\ln\Omega(n) = \ln N_{en}! - \sum_j \ln n_j! = N_{en}\ln N_{en} - N_{en} - \sum_j (n_j \ln n_j - n_j)$$
$$= N_{en}\ln N_{en} - N_{en} - \sum_j (n_j \ln n_j) + \sum_j n_j = N_{en}\ln N_{en} - \sum_j (n_j \ln n_j)$$

(16-1-52)

$$\therefore \ln\Omega(n) = \sum_j n_j \ln\left(\sum_j n_j\right) - \sum_j (n_j \ln n_j) \qquad (16\text{–}1\text{–}53)$$

결정되지 않은 승수방법을 이용하여 다음과 같은 편미분 방정식을 만들 수 있다.

$$\frac{\partial}{\partial n_1}[\ln\Omega(n) - \alpha\sum_j n_j - \beta\sum_j n_j E_j] = 0 \qquad (16\text{–}1\text{–}54)$$

$$\frac{\partial}{\partial n_2}[\ln\Omega(n) - \alpha\sum_j n_j - \beta\sum_j n_j E_j] = 0 \qquad (16\text{–}1\text{–}55)$$

그림 (16–1–7). $y = \ln x$의 함수.

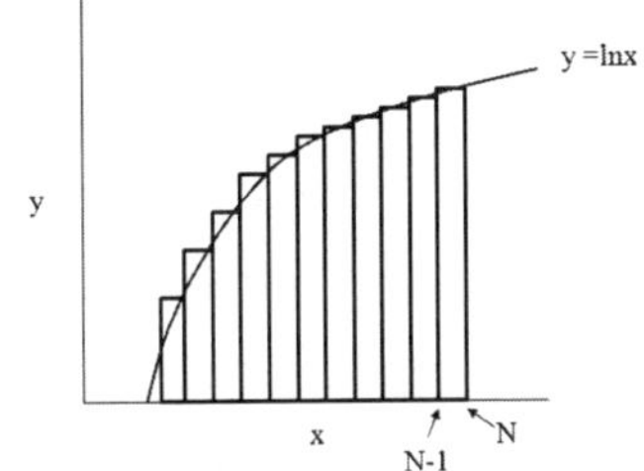

$$\frac{\partial}{\partial n_j}[\ln\Omega(n) - \alpha\sum_j n_j - \beta\sum_j n_j E_j] = 0 \qquad (16\text{–}1\text{–}56)$$

이 n_j개의 편미분 방정식을 풀 때 얻어지는 n_1^*, n_2^*, • • n_j^*는 $\ln\Omega(n)$을 최대로 하는 값들이다.

$$\frac{\partial}{\partial n_j}\left\{\left(\sum_i n_i\right)\ln\left(\sum_i n_i\right) - \sum_i n_i \ln n_i - \alpha\sum_i n_i - \beta\sum_i n_i E_i\right\} = 0 \qquad (16\text{–}1\text{–}57)$$

이 방정식을 풀면 아래 식이 얻어진다.

$$\ln\left(\sum_i n_i\right) + \sum_i n_i \cdot \frac{1}{\sum_i n_i} - \left(\ln n_j + n_j \cdot \frac{1}{n_j}\right) - \alpha - \beta E_j = 0 \qquad (16\text{–}1\text{–}58)$$

식 (15-1-59)를 만족하는 n_j를 n_j^*라고 하면

$$\ln(N_{en}) - \ln n_j^* - \alpha - \beta E_j = 0 \qquad (16\text{–}1\text{–}59)$$

$$\therefore n_j^* = N_{en} e^{-\alpha} e^{-\beta E_j} \qquad (16\text{–}1\text{–}60)$$

$$\therefore N_{en} = \sum_j n_j^* = \sum_j N_{en} e^{-\alpha} e^{-\beta E_j} = N_{en}\sum_j e^{-\alpha} e^{-\beta E_j} \qquad (16\text{–}1\text{–}61)$$

$$\therefore 1 = \sum_j e^{-\alpha} e^{-\beta E_j} = e^{-\alpha} \sum_j e^{-\beta E_j} \tag{16-1-62}$$

식 (16-1-60)과 (16-1-62)를 결합하면

$$\therefore\ n_j^* = N_{en} \frac{e^{-\beta E_j}}{\sum_j e^{-\beta E_j}} \tag{16-1-63}$$

$$\therefore\ \ P_j = \frac{n_j^*}{N_{en}} = \frac{e^{-\beta E_j(N,V)}}{\sum_j e^{-\beta E_j(N,V)}} = \frac{e^{-\beta E_j(N,V)}}{Q} \tag{16-1-64}$$

$$단,\ \sum_j e^{-\beta E_j(N,V)} \equiv Q \tag{16-1-65}$$

여기서 Q를 정준앙상블의 분배함수 (partition function) 또는 정준 분배함수라고 한다. 또는 모든 상태의 합계 (sum over states)라 한다. 이 분배함수는 통계역학의 가정을 써서 얻어진 함수로서 p, E, A, H, μ와 같은 열역학성질을 유도하는데 사용된다. 여기서 βE_j는 0의 차원을 가져야 하므로 β는 에너지의 차원의 역차원을 갖는다. 또한 β는 후에 유도한 식과 비교하면서 간접적으로 주어진다. 온도나 엔트로피 같은 비역학적 열역학 변수를 유도하기 위하여 통계열역학에서 얻어진 결과 일반 열역학에서 얻어진 것을 서로 비교해 보자. 식 (16-1-14)로부터 아래식이 얻어진다.

$$d\overline{E} = \sum_j E_j dP_j + \sum_j P_j dE_j \tag{16-1-66}$$

식 (16-1-64)로부터 다음과 같은 식을 얻을 수 있다.

$$E_j = -\frac{1}{\beta}(\ln P_j + \ln Q) \tag{16-1-67}$$

dE_j는 다음과 같이 표현할 수 있다.

$$dE_j = \left(\frac{\partial E_j}{\partial V}\right)_N dV \tag{16-1-68}$$

식 (16-1-66), (16-1-67) 및 (16-1-68)로부터 아래 식을 얻을 수 있다.

$$E_j = -\frac{1}{\beta}\sum_j (\ln P_j + \ln Q) dP_j + \sum_j P_j \left(\frac{\partial E_j}{\partial V}\right)_N dV \tag{16-1-69}$$

$\sum P_j = 1$, $\sum dP_j = d\sum P_j = 0$의 관계식으로부터 아래 식들이 얻어진다.

$$d\sum_j P_j \ln P_j = \sum_j d(P_j \ln P_j) = \sum_j \left(\ln P_j dP_j + P_j \frac{1}{P_j} dP_j\right) = \sum_j \ln P_j dP_j + \sum_j dP_j$$
$$= \sum_j \ln P_j dP_j \tag{16-1-70}$$

또 $\sum_j \ln Q dP_j = \ln Q \sum_j dP_j = 0$ (16-1-71)

일반화학열역학에 있는 에너지와 압력과의 관계식을 유의하면서 엔트로피를 정의할 수 있다.

$$dE_j = -p_j dV \tag{16-1-72}$$

식 (16-1-69), (16-1-70), (16-1-71), (16-1-72)를 결합하면 아래 식이 얻어진다.

$$E_j = -\frac{1}{\beta} d\left(\sum_j P_j \ln P_j\right) - \sum_j P_j p_j dV = -\frac{1}{\beta} d\left(\sum_j P_j \ln P_j\right) - \sum_j \bar{p} dV \tag{16-1-73}$$

일반 열역학에서 배운 식을 이용하면

$$dE = -pdV + TdS \tag{16-1-74}$$

다음과 같은 일반열역학 함수와 통계열역학 함수를 1 : 1 대응시킬 수 있다.

$$TdS \leftrightarrow -\frac{1}{\beta} d\left(\sum_j P_j \ln P_j\right) \tag{16-1-75}$$

나중에 다음 관계식이 주어진다.

$$\beta = \frac{1}{kT} \tag{16-1-76}$$

$$dS \leftrightarrow -kd\left(\sum_j P_j \ln P_j\right) \tag{16-1-77}$$

$$\therefore \quad S \leftrightarrow -k\left(\sum_j P_j \ln P_j\right) \tag{16-1-78}$$

이식이 나타내는 것은 "**엔트로피는 확률만의 함수**"라는 것이다. 이식은 통계열역학이 엔트로피에 어떠한 물리적 의미를 주는가를 나타내는 중요한 식 중의 하나이다.

2. 정준앙상블과 열역학

하나의 닫히고 온도가 일정한 계 (closed and isothermal system)의 기본적인 통계열역학 관계식을 종합하면 다음과 같다.

$$P_j = \frac{e^{-E_j(N,V)/kT}}{Q(N,V,T)} \tag{16-2-1}$$

$$\text{단, } Q(N,V,T) = \sum_j e^{-E_j(N,V)/kT} \tag{16-2-2}$$

하나의 주어진 계의 엔트로피는

$$S(N,V,T) = -k\sum_j P_j \ln P_j \tag{16-2-3}$$

식 (16-2-1)로부터

$$\ln P_j = -E_j(N,V)/kT - \ln Q(N,V,T) \tag{16-2-4}$$

$$\begin{aligned} \therefore \sum P_j \ln P_j &= \sum_j P_j \{-E_j(N,V)/kT - \ln Q(N,V,T)\} \\ &= -\frac{\overline{E}}{kT} - P_j \ln Q(N,V,T) \end{aligned} \tag{16-2-5}$$

$$\therefore \quad -k\sum_j P_j \ln P_j = -k\left(-\frac{\overline{E}}{kT}\right) - k\sum_j(-P_j \ln Q) = \frac{\overline{E}}{T} + k\ln Q\sum_j P_j = \frac{\overline{E}}{T} + k\ln Q \tag{16-2-6}$$

식 (16-1-78)과 (16-2-6)을 결합하면

$$S = \frac{\overline{E}}{T} + k\ln Q \tag{16-2-7}$$

일반열역학에 다음과 같은 식이 있다.

$$A = E - TS \tag{16-2-8}$$

$$\therefore A(N,V,T) = -kT\ln Q \tag{16-2-9}$$

식 (16-2-9)는 식 (16-1-78)과 더불어 통계열역학에서 유도한 가장 중요한 식들이다. 아래 식으로부터

$$dA = -SdT - pdV + \sum_{\alpha} \mu_\alpha dN_\alpha \tag{16-2-10}$$

α는 어떤 물질을 나타낸다. 식 (16-2-9)와 (16-2-10)으로부터 아래의 여러 식이 유도한다.

$$S = -\left(\frac{\partial A}{\partial T}\right)_{V,N} = kT\left(\frac{\partial \ln Q}{\partial T}\right)_{V,N} + k\ln Q \tag{16-2-11}$$

$$p = -\left(\frac{\partial A}{\partial V}\right)_{T,N} = kT\left(\frac{\partial \ln Q}{\partial V}\right)_{T,N} \tag{16-2-12}$$

$$E = -T^2\left(\frac{\partial (A/T)}{\partial T}\right)_{N,V} = kT^2\left(\frac{\partial \ln Q}{\partial V}\right)_{N,V} \tag{16-2-13}$$

식 (16-2-13)의 증명.

$$-T^2\left(\frac{\partial (A/T)}{\partial T}\right)_{N,V} = -T^2 \cdot \frac{T\left(\frac{\partial A}{\partial T}\right)_{V,N} - A}{T^2} = A + TS = E$$

$$\mu_\alpha = \left(\frac{\partial A}{\partial N_\alpha}\right)_{N_i(\neq \alpha),T,V} = -kT\left(\frac{\partial \ln Q}{\partial N_\alpha}\right)_{N_i(\neq \alpha),T,V} \tag{16-2-14}$$

하나의 에너지준위 E_j를 주는 양자역학상태가 Ω_i만큼 존재한다면, 즉, 축퇴수를 Ω_i라고 하면

$$Q(N,V,T) = \sum_{j(states)} e^{-E_j(N,V)/kT} = \sum_{i(levels)} \Omega_i e^{-E_i(N,V)/kT} \tag{16-2-15}$$

또한 어떤 에너지준위 E에 존재할 확률 P는 다음과 같다.

$$P(level) = \Omega P(state) = \frac{\Omega e^{-E/kT}}{Q} \tag{16-2-16}$$

P_j는 Boltzmann 인자 $e^{-E_j/kT}$에 비례하고, 에너지가 증가함에 따라 지수적으로 감소한다.

3. 대정준앙상블과 열역학

지금부터는 부피 V를 여러 계가 커다란 열탕에 놓여있고 그 계를 구성하는 분자들은 계의 벽을 통해 이동한다고 가정한다.

그림 (16-3-1). N_{en} 계들로 구성된 대정준앙상블. 각 계는 일정한 부피 V를 갖고 있고 각 계의 분자는 그계의 벽을 통해서 이동할 수 있음.

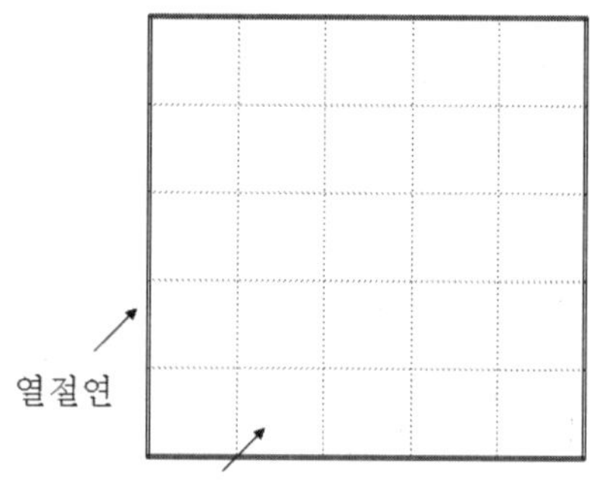

이 계에서는 열 및 분자가 계의 벽을 통해서 이동할 수 있다. 탕은 온도 T에 있는 열저장용기이고 또한 화학퍼텐샬 $\mu_1, \mu_2, \cdot\cdot\cdot$ 인 분자들의 용기이다. 여기서 아래첨자 1, 2는 물질을 나타낸다. 각 계는 $V, T, \mu_1, \mu_2, \cdot\cdot$ 로 특성화되어있다. 계의 성분분자들의 수 $N_1, N_2, \cdot\cdot$ 는 닫힌계에서처럼 고정된 값을 갖지 않고 평균치 $\overline{N_1}, \overline{N_2}, \cdot\cdot$ 근처에서 변동한다. 이와 같은 앙상블을 대정준앙상블 또는 거대계 (supersystem)라고 한다. 대정준앙상블에서 분자수가 N이고 에너지상태가 j인 계의 수를 $n_j(N)$이라고 하면 대정준앙상블을 구성하는 조 (set)들을 아래와 같이 표현할 수 있다.

$n_1(0)$
$n_1(1), n_2(1), n_1(1), \cdot\cdot\cdot$
$n_1(2), n_2(2), n_3(2), \cdot\cdot\cdot$

이 거대계의 가능한 양자역학 수는 다음과 같이 표현할 수 있다.

$$\Omega(n) = \frac{\left\{\sum_{j,N} n_j(N)\right\}!}{\prod_{j,N} n_j(N)!} \qquad (16\text{-}3\text{-}1)$$

이 식은 다음과 같은 조건을 만족해야 한다.

$$\sum_{j,N} n_j(N) = N_{en} \tag{16-3-2}$$

$$\sum_{j,N} n_j(N) E_j(N, V) = E_t \tag{16-3-3}$$

$$\sum_{j,N} n_j(N) N = N_t \tag{16-3-4}$$

여기서 N_t은 거대계의 전체수를 나타낸다. 앞에서 다루었던 방법으로 α, β, γ를 이용하여 가장 가능한 분포를 찾아내야 한다.

$$n_j^*(N) = N_{en} e^{-\alpha} e^{-\beta E_j(N, V)} e^{-\gamma N} \tag{16-3-5}$$

또한

$$N_{en} = \sum_{j,N} n_j^*(N) = \sum_{j,N} N_{en} \mathrm{e}^{-\alpha} \mathrm{e}^{-\beta E_j(N, V)} \mathrm{e}^{-\gamma N} = N_{en} \mathrm{e}^{-\alpha} \sum_{j,N} \mathrm{e}^{-\beta E_j(N, V)} \mathrm{e}^{-\gamma N} \tag{16-3-6}$$

$$\therefore\ \mathrm{e}^{\alpha} = \sum_{\mathrm{j,N}} \mathrm{e}^{-\beta E_j(N, V)} \mathrm{e}^{-\gamma N} \tag{16-3-7}$$

$$\therefore\ P_j(N) = \frac{\overline{n_j(N)}}{N_{en}} = \frac{n_j^*(N)}{N_{en}} = \frac{\mathrm{e}^{-\beta E_j(N, V)} \mathrm{e}^{-\gamma N}}{\sum_{i,N'} \mathrm{e}^{-\beta E_i(N', V)} \mathrm{e}^{-\gamma N}} \tag{16-3-8}$$

이 거대계에서도 일반열역학의 변수와 통계열역학의 변수가 1:1 대응된다.

$$E \leftrightarrow \overline{E} = \frac{E_t}{N_{en}} = \sum_{j,N} P_j(N) E_j(N, V) \tag{16-3-9}$$

$$N \leftrightarrow \overline{N} (= \frac{N_t}{N_{en}}) = \sum_{j,N} P_j(N) N \tag{16-3-10}$$

$$p \leftrightarrow \overline{p} = \sum_{j,N} P_j(N) p_j = \sum_{j,N} P_j(N) \left\{ -\frac{\partial E_j(N, V)}{\partial V} \right\}_N \tag{16-3-11}$$

$$dE = \sum_{j,N} E_j(N, V) dP_j(N) + \sum_{j,N} P_j(N) dE_j(N, V) \tag{16-3-12}$$

식 (16-3-8)과 (16-3-12)를 결합하면

$$d\overline{E} = -\frac{1}{\beta} \sum_{j,N} [\gamma N + \ln P_j(N) + \ln \Xi] dP_j(N) + \sum_{j,N} P_j(N) \frac{\partial E_j(N, V)}{\partial V} dV \tag{16-3-13}$$

단, $\Xi = \sum_{j,N} \mathrm{e}^{-\beta E_j(N,V)} \mathrm{e}^{-\gamma N}$. $\Xi(V, T, \mu)$를 대정준분배함수 (grand canonical partition function)이라 한다. 식 (16-3-13)은 다음과 같이 변형된다.

$$
\begin{aligned}
d\overline{E} &= -\frac{1}{\beta}\sum_{j,N}\{\gamma N dP_j(N) + \ln P_j(N) dP_j(N) + \ln\Xi\, dP_j(N)\} + \sum_{j,N} P_j(N)(-p_j)dV \\
&= -\frac{1}{\beta}\sum_{j,N}\{d(\gamma\overline{N}) + \ln P_j(N) dP_j(N)\} - \overline{p}dV \\
&= -\frac{1}{\beta}\sum_{j,N}\left[d(\gamma\overline{N}) + d\{P_j(N)\ln P_j(N)\}\right] - \overline{p}dV
\end{aligned}
\tag{16-3-14}
$$

일반열역학에서 다음과 같은 식이 있다.

$$dE = TdS - pdV + \mu dN \tag{16-3-15}$$

따라서 다음과 같은 대응식이 성립한다.

$$\mu \leftrightarrow -\frac{\gamma}{\beta} \tag{16-3-16}$$

$$TdS \leftrightarrow -\frac{1}{\beta}d\left\{\sum_{j,N}\ln P_j(N) dP_j(N)\right\} \tag{16-3-17}$$

$$\therefore\ S \leftrightarrow -k\sum_{j,N} P_j(N)\ln P_j(N) \tag{16-3-18}$$

$$\beta = \frac{1}{kT}\text{이므로} \qquad \frac{\mu}{kT} \leftrightarrow -\gamma \tag{16-3-19}$$

지금까지 논의 한 것을 종합하면

$$P_j(N; V, T, \mu) = \frac{\mathrm{e}^{-E_j(N,V)/kT}\mathrm{e}^{N\mu/kT}}{\Xi(V, T, \mu)} \tag{16-3-20}$$

$$
\begin{aligned}
\Xi(V, T, \mu) &= \left\{\sum_{j}\mathrm{e}^{-E_j(N,V)/kT} e^{-\gamma N}\right\} = \sum_N\left\{\mathrm{e}^{N\mu/kT}\sum_j \mathrm{e}^{-E_j(N,V)/kT}\right\} \\
&= \sum_N Q(N, V, T)\mathrm{e}^{N\mu/kT}
\end{aligned}
\tag{16-3-21}
$$

N의 평균치는

$$\overline{N}(V, T, \mu) = \frac{\sum_N Q(N, V, T)\mathrm{e}^{N\mu/kT}}{\Xi(V, T, \mu)} \tag{16-3-22}$$

식 (16-3-20)을 식 (16-3-18)에 대입하면

$$
\begin{aligned}
S &= -k\sum_{j,N} P_j(N)\{-E_j(N,V)/kT + N\mu/kT - \ln\Xi(V,T,\mu)\} \\
&= -k\sum_{j,N} P_j(N)\{-E_j(N,V)/kT\} - k\sum_{j,N} P_j(N)N\mu/kT + k\sum_{j,N} P_j(N)\ln\Xi(V,T,\mu) \\
&= \frac{1}{T}\sum_{j,N} P_j(N)E_j(N,V) - \frac{\mu}{T}\sum_{j,N} P_j(N)N + k\ln\Xi(V,T,\mu)\sum_{j} P_j(N) \\
&= \frac{\overline{E}}{T} - \frac{\mu\overline{N}}{T} + k\ln\Xi(V,T,\mu)
\end{aligned}
\tag{16-3-23}
$$

일반열역학에서 다음과 같은 식이 있다.

$$E = TS - pV + \sum_i N_i\mu_i \tag{16-3-24}$$

식 (16-3-23)과 (16-3-24)로부터 다음 식이 얻어진다.

$$pV = kT\ln\Xi \tag{16-3-25}$$

일정한 온도 및 압력에서 식 (16-3-24)는 다음과 같이 변형된다.

$$
\begin{aligned}
d(pV) &= SdT + TdS - dE + Nd\mu + \mu dN = SdT + TdS - TdS + pdV + Nd\mu + \mu dN \\
&= SdT + pdV + Nd\mu + \mu dN
\end{aligned}
\tag{16-3-26}
$$

$$\therefore\ S = \left\{\frac{\partial(pV)}{\partial T}\right\}_{N,V,\mu} = kT\left(\frac{\partial\ln\Xi}{\partial T}\right)_{N,V,\mu} + k\ln\Xi \tag{16-3-27}$$

$$N = \left\{\frac{\partial(pV)}{d\mu}\right\}_{V,T} = kT\left(\frac{\partial\ln\Xi}{\partial\mu}\right)_{V,T} \tag{16-3-28}$$

$$p = \left\{\frac{\partial(pV)}{\partial V}\right\}_{\mu,T} = kT\left(\frac{\partial\ln\Xi}{\partial V}\right)_{\mu,T} \tag{16-3-29}$$

4. 소정준앙상블과 열역학

지금부터는 열역학변수 N, V, E가 명시된 고립계를 고찰한다. 이와 같은 계로 이루어진 앙상블을 소정준앙상블 (microcanonical ensemble)이라고 한다. 소정준앙상블은 축퇴된 정준 앙상블이다. 왜냐하면 그 앙상블을 구성하는 모든 계의 양자상태는 축퇴되어있기 때문이다. 소정준앙상블에서는 다음과 같은 식이 성립한다.

$$E_1 = E_2 = E_3 = \cdot\ \cdot = E_j = \cdot\ \cdot = E$$

$$\therefore P_j = \frac{e^{-E/kT}}{\sum_j e^{-E/kT}} = \frac{e^{-E/kT}}{\Omega e^{-E/kT}} = \frac{1}{\Omega} \quad (16\text{–}4\text{–}1)$$

여기서 Ω는 에너지 E를 갖는 모든 가능한 양자역학상태의 수, 즉, 축퇴수이다.

$$S = -k\sum_j P_j \ln P_j = -k\sum \frac{1}{\Omega(N,V,E)} \ln \frac{1}{\Omega(N,V,E)} = k \ln \Omega(N,V,E) \quad (16\text{–}4\text{–}2)$$

식 (16-4-2)는 Boltzmann이 통계역학적으로 정의한 엔트로피이며 열역학적 변수를 유도하기 위한 기본식이다. 일반 화학열역학에 다음과 같은 식이 있다.

$$dS = \frac{1}{T}dE + \frac{p}{T}dV - \sum_\alpha \frac{\mu_\alpha}{T} dN_\alpha \quad (16\text{–}4\text{–}3)$$

이식은 일정한 온도 및 압력에서 성립하는 식이다. 식 (16-4-2)와 (16-4-3)으로부터 아래의 여러 식들을 유도할 수 있다.

$$\frac{1}{kT} = \left(\frac{\partial \ln \Omega}{\partial E}\right)_{V,N} \quad (16\text{–}4\text{–}4)$$

$$\frac{p}{kT} = \left(\frac{\partial \ln \Omega}{\partial V}\right)_{E,N} \quad (16\text{–}4\text{–}5)$$

$$-\frac{\mu_i}{kT} = \left(\frac{\partial \ln \Omega}{\partial N_i}\right)_{E,V,N_\alpha(\neq i)} \quad (16\text{–}4\text{–}6)$$

5. 분자 및 집합체의 분배함수

(a) 독립적이고 편재화된 계의 집합체

집합체의 분배함수가 분자의 분배함수로터 표현할 수 있으면 통계열역학의 소기의 목적이 달성된다. 두 개의 분자가 세 개의 양자상태에 분포하는 방법은 그림 (16-5-1)에 나타낸 바와 같이 9개이다. 상태 1, 5, 9는 축퇴되어 있지 않고 (non-degenerate), 상태 2, 3, 4, 6, 7, 8은 2중 축퇴되어있다 (doubly degenerate). 분자분배함수는 세 개의 분자양자상태에 대해서 합하면 된다. 진동양자수가 매우 작을 경우 ϵ_{rot}이 ϵ_{vib}에 거의 영향을 주지 않는다. 그러므로 어느 좁은 범위에서는 진동, 회전 및 병진운동이 서로 독립이라고 할 수 있다. 한 개의 분자의 분배함수는 아래와 같이 주어진다.

$$q = \exp\left(-\frac{E_1}{kT}\right) + \exp\left(-\frac{E_2}{kT}\right) + \exp\left(-\frac{E_3}{kT}\right) \qquad (16\text{-}5\text{-}1)$$

그림 (16-5-1). 두 개의 분자로 구성된 집합체의 9 개의 가능한 상태들.

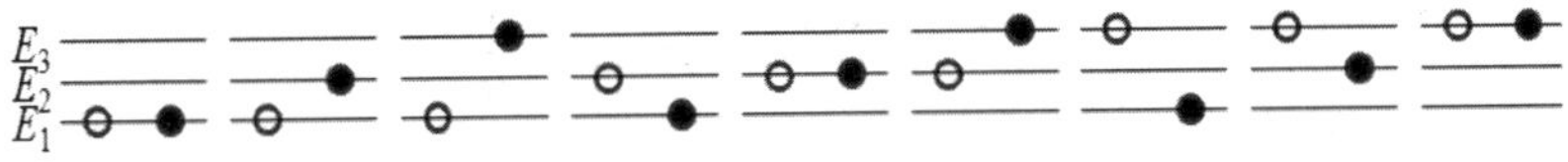

전체에너지:	$2E_1$	E_1+E_2	E_1+E_3	E_1+E_2	$2E_2$	E_2+E_3	E_1+E_3	E_2+E_3	$2E_3$
상태번호:	1	2	3	4	5	6	7	8	9

두 개의 분자의 분배함수는

$$\begin{aligned} Q &= \sum_{\substack{j,\ \text{states} \\ 1 \sim 9}} \exp\left(-\frac{E_j}{kT}\right) = \exp\left(-\frac{2E_1}{kT}\right) + \exp\left(-\frac{2E_2}{kT}\right) + \exp\left(-\frac{2E_3}{kT}\right) \\ &+ 2\exp\left(-\frac{E_1+E_2}{kT}\right) + 2\exp\left(-\frac{E_2+E_3}{kT}\right) + 2\exp\left(-\frac{E_1+E_3}{kT}\right) \\ &= \left\{\exp\left(-\frac{E_1}{kT}\right) + \exp\left(-\frac{E_2}{kT}\right) + \exp\left(-\frac{E_3}{kT}\right)\right\}^2 = q^2 \end{aligned} \qquad (16\text{-}5\text{-}2)$$

일반적으로 표시하면 $Q = q^N$

집합체의 분배함수로부터 열역학변수가 다음과 같이 유도된다. N 개의 분자의 집합체의 에너지, Helmholtz 자유에너지 및 엔트로피 및 몰열용량 등을 유도해보자.

$$E = kT^2\left(\frac{\partial \ln Q}{\partial T}\right)_V = NkT^2\left(\frac{\partial \ln q}{\partial T}\right)_V \qquad (16\text{-}5\text{-}3)$$

$$A = -NkT\ln q \qquad (16\text{-}5\text{-}4)$$

$$S = NkT\left(\frac{\partial \ln q}{\partial T}\right)_V + Nk\ln q \qquad (16\text{-}5\text{-}5)$$

$$C_v = \left(\frac{\partial E}{\partial T}\right)_V = 2NkT\left(\frac{\partial \ln q}{\partial T}\right)_V + NkT^2\left(\frac{\partial^2 \ln q}{\partial T^2}\right)_V \qquad (16\text{-}5\text{-}6)$$

(b) 독립적이고 비편재화된 계의 집합체 : 이상기체

$$\begin{aligned} q &= \sum_i \sum_j \sum_k \exp\left\{-\frac{\epsilon_i(trans)+\epsilon_j(rot)+\epsilon_k(vib)}{kT}\right\} \\ &= \sum_i \exp\left\{-\frac{\epsilon_i(trans)}{kT}\right\} \cdot \sum_j \exp\left\{-\frac{\epsilon_j(rot)}{kT}\right\} \cdot \sum_k \exp\left\{-\frac{\epsilon_k(vib)}{kT}\right\} \\ &= q_{trans} q_{rot} q_{vib} \end{aligned} \tag{16-5-7}$$

$$\epsilon_{trans,rot,vib} = NkT^2\left(\frac{\partial \ln q_{trans,rot,vib}}{\partial T}\right)_V = NkT^2\left(\frac{\partial \ln q_{trans}}{\partial T}\right)_V + NkT^2\left(\frac{\partial \ln q_{rot}}{\partial T}\right)_V + NkT^2\left(\frac{\partial \ln q_{vib}}{\partial T}\right)_V = \epsilon_{trans} + \epsilon_{rot} + \epsilon_{vib} \tag{16-5-8}$$

N개의 분자로 구성되고 비편재화된 계의 집합체의 분배함수는 다음과 같이 주어진다.

$$Q = \frac{q^N}{N!} \tag{16-5-9}$$

① 병진분배함수

가로, 세로, 높이가 a, b, c인 상자 안에 있는 1개의 이상기체의 에너지는

$$\epsilon_{trans} = \left(\frac{j^2}{a^2} + \frac{k^2}{b^2} + \frac{l^2}{c^2}\right)\frac{h^2}{8m} \tag{16-5-10}$$

$$\begin{aligned} \therefore q_{trans} &= \sum_j \sum_k \sum_l \exp\left\{-\left(\frac{j^2}{a^2} + \frac{k^2}{b^2} + \frac{l^2}{c^2}\right)\frac{h^2}{8mkT}\right\} \\ &= \sum_j \exp\left(-\frac{h^2 j^2}{8ma^2 kT}\right) \cdot \sum_j \exp\left(-\frac{h^2 k^2}{8mb^2 kT}\right) \cdot \sum_j \exp\left(-\frac{h^2 l^2}{8mc^2 kT}\right) \\ &= \int_0^\infty \exp\left(-\frac{h^2 j^2}{8ma^2 kT}\right) dj \cdot \int_0^\infty \exp\left(-\frac{h^2 k^2}{8mb^2 kT}\right) dk \cdot \int_0^\infty \exp\left(-\frac{h^2 l^2}{8mc^2 kT}\right) dl \end{aligned} \tag{16-5-11}$$

식 (16-5-14)의 증명.

$\int_0^\infty \exp\left(-\frac{h^2 j^2}{8ma^2 kT}\right) dj$의 적분 값을 구하기 위하여 다음의 적분법을 배워보자.

$$I = \int_{-\infty}^\infty \exp\left(-\frac{x^2}{2\sigma^2}\right) dx = 2\int_0^\infty \exp\left(-\frac{x^2}{2\sigma^2}\right) dx \tag{16-5-12}$$

식 (16-5-14)의 증명 (계속).

$$I = \int_{-\infty}^{\infty} \exp\left(-\frac{y^2}{2\sigma^2}\right)dy = 2\int_{0}^{\infty} \exp\left(-\frac{y^2}{2\sigma^2}\right)dy$$

$$I^2 = \int_{-\infty}^{\infty} \exp\left(-\frac{x^2}{2\sigma^2}\right)dx \int_{-\infty}^{\infty} \exp\left(-\frac{y^2}{2\sigma^2}\right)dy$$

$$= \int_{-\infty}^{\infty} \exp\left(-\frac{x^2+y^2}{2\sigma^2}\right)dxdy$$

위의 원을 생각한다. $x^2 + y^2 = r^2$, $dxy = 2\pi rdr$

$$\therefore\ I^2 = \int_{-\infty}^{\infty} \exp\left(-\frac{x^2+y^2}{2\sigma^2}\right)dxdy = \int_{0}^{\infty} \exp\left(-\frac{r^2}{2\sigma^2}\right)2\pi rdr$$

$$= \pi\int_{0}^{\infty} \exp\left(-\frac{r^2}{2\sigma^2}\right)d(r^2) = \pi\int_{0}^{\infty} \exp\left(-\frac{t}{2\sigma^2}\right)dt = 2\pi\sigma^2$$

(16-5-13)

$$\therefore\ I = \sqrt{2\pi\sigma^2}$$

$$\int_{0}^{\infty} \exp\left(-\frac{x^2}{2\sigma^2}\right)dx = \frac{1}{2}\sqrt{2\pi\sigma^2} \tag{16-5-14}$$

$$q_{trans} = \left(\frac{2\pi mkT}{h^2}\right)^{\frac{3}{2}} abc = \left(\frac{2\pi mkT}{h^2}\right)^{\frac{3}{2}} V = q^0_{trans} \cdot V \tag{16-5-15}$$

q^0_{trans}는 단위부피의 분배함수이다.

그림 (16-5-2). $I^2 = \int_{-\infty}^{\infty} \exp\left(-\frac{x^2+y^2}{2\sigma^2}\right)dxdy$ **적분을 위한 원의 두께 면적을 계산함.**

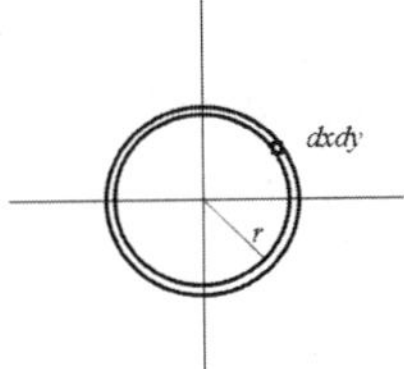

② 회전분배함수

각운동량은 아래와 같이 양자화되어 있다.

$$|\vec{L}| = \sqrt{J(J+1)}\,\hbar \tag{16-5-16}$$

여기서 J는 회전양자수로서 $0, 1, 2, \cdot \cdot$ 의 값을 갖는다. 고전역학적으로 회전에너지는 각운동량과 다음과 같은 관계를 갖는다.

$$\epsilon_{rot} = \frac{L^2}{2I} \qquad (16\text{–}5\text{–}17)$$

I는 관성모멘트로서 아래와 같이 주어진다.

$$I = \int_m r^2 dm \qquad (16\text{–}5\text{–}18)$$

따라서 j 에너지준위에서 회전에너지는 다음과 같이 주어진다.

$$\epsilon_{rot} = \frac{j(j+1)h^2}{8\pi^2 I} \qquad (16\text{–}5\text{–}19)$$

1차원 회전자에서는 회전상태가 축퇴되어있지 않다.

$$q_{rot}(1-D) = \sum_{j=0}^{\infty} \exp\left\{-j(j+1)\frac{h^2}{8\pi^2 IkT}\right\} = \int_0^{\infty} \exp\left\{-j(j+1)\frac{h^2}{8\pi^2 IkT}\right\} dj$$
$$\cong \int_0^{\infty} \exp\left\{-j^2 \frac{h^2}{8\pi^2 IkT}\right\} dj = \sqrt{\frac{8\pi^3 IkT}{h^2}} = \sqrt{\pi}\left(\frac{8\pi^2 IkT}{h^2}\right)^{\frac{1}{2}}$$

(16–5–20)

2차원 회전자에서는 j 에너지준위에서의 축퇴수는 $2j+1$이다.

$$\therefore\ q_{rot}(2-D) = \sum_{j=0}^{\infty} (2j+1)\exp\left\{-j(j+1)\frac{h^2}{8\pi^2 IkT}\right\} \qquad (16\text{–}5\text{–}21)$$

$$\frac{h^2}{8\pi^2 Ik} \equiv \theta_{\mathrm{r}} \text{ (독자적인 회전온도)} \qquad (16\text{–}5\text{–}22)$$

$$q_{rot}(2-D) = \int_0^{\infty} (2j+1)\exp\left\{-j(j+1)\frac{\theta_r}{T}\right\} dj$$
$$= \int_0^{\infty} (2j+1)\exp\left\{-j(j+1)\frac{\theta_r}{T}\right\} d\{j(j+1)\} \qquad (16\text{–}5\text{–}23)$$
$$= \int_0^{\infty} \exp\left(-\frac{\theta_r}{T}x\right) dx = \frac{T}{\theta_{\mathrm{r}}} = \frac{8\pi^2 IkT}{h^2}$$

3차원 회전자에서는 회전분배함수는 아래와 같이 주어진다.

$$q_{rot}(3-D) = \sqrt{\pi}\left(\frac{8\pi^2 IkT}{h^2}\right)^{\frac{3}{2}} (ABC)^{1/2} \qquad (16\text{–}5\text{–}24)$$

단, $A = I_{xx} = \sum m_i(y_i^2 + z_i^2)$, $B = I_{yy} = \sum m_i(z_i^2 + x_i^2)$, $C = I_{zz} = \sum m_i(x_i^2 + y_i^2)$

대칭수 (symmetry number)

13장에서 "**동핵 이원자분자에서 전체파동함수는 핵을 바꾸었을 때 반대칭이어야 한다**"는 것을 배웠다. 두 개의 수소 핵의 핵스핀은 4개가 가능한데 그 중 세 개는 삼중 항이고 나머지 하나는 단일 항이다. **삼중 항을 갖는** ortho$-H_2$ **분자는** J **= 홀수인 반대칭회전상태** **(antisymmetric rotational state)와 짝을 지어야 한다. 반면에 단일 항을 갖는** para$-H_2$ **분자는** J **= 짝수인 대칭회전상태와 짝을 지어야 한다.**

$$\therefore\ q_{rot}(\mathrm{o}-H_2) = \sum_{j=1,3,5\,\cdots} (2j+1)\exp\left[-j(j+1)\frac{\theta_r}{T}\right]dj \tag{16-5-25}$$

$$\therefore\ q_{rot}(\mathrm{p}-H_2) = \sum_{j=0,2,4\,\cdots} (2j+1)\exp\left[-j(j+1)\frac{\theta_r}{T}\right]dj \tag{16-5-26}$$

예로 $\theta_r = 87.5\,\mathrm{K}$인 경우에 그 두 개의 회전분배함수는 매우 다르다. 액체질소 속에서 수소분자를 활성화된 목탄 (charcoal) 위에 냉각시키면 거의 para$-H_2$만 얻어진다. 높은 온도에서는 θ_r이 매우 작기 때문에 두 분배함수의 차이는 없어진다.

$$\therefore\ q_{rot}(\mathrm{o}-H_2) \cong q_{rot}(\mathrm{p}-H_2) = \frac{1}{2}\sum_{\mathrm{all}\,j}(2j+1)\exp\left\{-j(j+1)\frac{\theta_r}{T}\right\}dj = \frac{8\pi^2 IkT}{2h^2} \tag{16-5-27}$$

$$q_{rot}(1-D) = \frac{\sqrt{\pi}}{\sigma}\left(\frac{8\pi^2 IkT}{h^2}\right)^{\frac{1}{2}},\ q_{rot}(2-D) = \frac{1}{\sigma}\left(\frac{8\pi^2 IkT}{h^2}\right),$$
$$q_{rot}(3-D) = \frac{\sqrt{\pi}}{\sigma}\left(\frac{8\pi^2 IkT}{h^2}\right)^{3/2}(ABC)^{1/2} \tag{16-5-28}$$

여기서 σ를 대칭수라고 한다.

③ 진동분배함수

조화진동에서 진동에너지는 다음과 같이 주어진다.

$$\epsilon_{vib} = \left(v + \frac{1}{2}\right)h\nu = \left(v + \frac{1}{2}\right)h\tilde{\omega}c \tag{16-5-29}$$

여기서 ν는 주파수, $\tilde{\omega}$는 파수 그리고 c는 광속도이며 v는 진동양자수이다.

$$
\begin{aligned}
q_{vib} &= \sum_{j=0}^{\infty} \exp\left[-\left(j+\frac{1}{2}\right)\frac{h\nu}{kT}\right] \\
&= \exp\left(-\frac{h\nu}{2kT}\right)\left\{1+\exp\left(-\frac{h\nu}{kT}\right)+\exp\left(-\frac{2h\nu}{kT}\right)+\cdot\cdot\cdot\right\} \\
&= \exp\left(-\frac{h\nu}{2kT}\right)\left\{1+\exp\left(-\frac{h\nu}{kT}\right)+\exp\left(-\frac{h\nu}{kT}\right)^2+\cdot\cdot\cdot\right\} \\
&= \exp\left(-\frac{h\nu}{2kT}\right)\cdot\frac{1}{1-\exp\left(-\frac{h\nu}{kT}\right)}
\end{aligned}
\tag{16-5-30}
$$

여기서 $\frac{h\nu}{k}=\theta_v$는 진동자에 따라 독자적인 값을 갖는 진동온도이다.

$$
q_{vib} = \frac{\exp\left(-\frac{\theta_v}{2T}\right)}{1-\exp\left(-\frac{\theta_v}{T}\right)} \tag{16-5-31}
$$

④ 편재화된 계로 구성된 이상적 집합체의 열역학 함수

계들이 어느 공간에 국한되어있고 그 좁은 공간에서 3차원으로 진동하는 집합체 {그림 (16-5-3)}을 살펴보자.

그림 (16-5-3). **단일원자로 구성된 이상적 결정고체의 진동.**

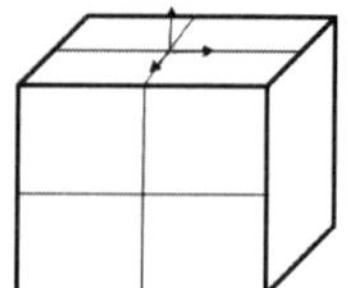

현재 연구대상이 되는 물질은 단원자로 구성된 결정성 고체이다. 첫 번째 가정으로 각계는 독립진동자라고 본다. 즉, 하나의 계가 어떤 운동상태에 있건 간에 그 옆의 계에 영향을 주지 않는다는 것이다. 1900년까지 단원자고체의 몰열용량은 대략 $6\frac{\text{cal}}{\text{mol}\cdot\text{K}}$와 같다고 믿었다. 이것을 Dulong과 Petit의 법칙이라고 한다. Einstein은 다음과 같은 3N 1차원진동자를 모델로 설정하였다. $Q=(q_{vib})^{3N}$

$$E_{vib} = kT^2\left(\frac{\partial \ln Q}{\partial T}\right)_V = 3NkT^2\frac{\partial \ln q_{vib}}{\partial T}$$
$$= 3NkT^2\left\{\frac{\partial}{\partial T}\left(-\frac{\theta_v}{2T}\right)\right\} - 3NkT^2\left[\frac{\partial}{\partial T}\ln\left\{1-\exp\left(-\frac{\theta_v}{T}\right)\right\}\right]$$
$$= 3NkT^2\frac{\theta_v}{2T^2} - 3NkT^2\frac{-\exp\left(-\frac{\theta_v}{T}\right)\frac{\theta_v}{T^2}}{1-\exp\left(-\frac{\theta_v}{T}\right)} = \frac{3}{2}Nh\nu + 3Nh\nu\frac{\exp\left(-\frac{\theta_v}{T}\right)}{1-\exp\left(-\frac{\theta_v}{T}\right)}$$
(16–5–32)

식 (16-5-32)의 첫 번째 항은 그 결정의 영점에너지 (zero-point energy, E_0)이다.

$$\overline{E} - E_0 = \frac{3Nh\nu}{\exp\left(\frac{\theta_v}{T}\right) - 1} \tag{16–5–33}$$

식 (16-5-33)은 다음과 같이 변형된다.

$$\frac{\overline{E} - E_0}{3NkT} = \frac{h\nu}{kT\exp\left(\frac{\theta_v}{T}\right) - 1} \tag{16–5–34}$$

$\frac{\theta_{\text{v}}}{T} = \frac{h\nu}{kT} \equiv x$ (간소화된 진동 온도)

$$\frac{\overline{E} - E_0}{3NkT} = \frac{x}{e^x - 1} \tag{16–5–35}$$

$T \to \infty$ 이면 $x \to 0$, $e^x = 1 + x + \frac{x^2}{2!} + \frac{x^3}{3!} + \cdot\cdot \cong 1 + x$

$$\frac{\overline{E} - E_0}{3NkT} \cong \frac{x}{x} = 1 \tag{16–5–36}$$

그 결정의 하나의 입자의 한 축의 진동에 대해서는 $\overline{E} - E_0 = kT$. 다음은 일정한 부피 하에서 몰열용량 C_v를 구해보자.

$$C_v = \frac{\partial(\overline{E} - E_0)}{\partial T} = 3Nh\nu\frac{-\exp\left(\frac{\theta_v}{T}\right)\left(-\frac{\theta_v}{T^2}\right)}{\left\{\exp\left(\frac{\theta_v}{T}\right) - 1\right\}^2} = 3Nk\left(\frac{\theta_v}{T}\right)^2\frac{\exp\left(\frac{\theta_v}{T}\right)}{\left\{\exp\left(\frac{\theta_v}{T}\right) - 1\right\}^2}$$
(16–5–37)

$$\frac{\theta_v}{T} = \frac{h\nu}{kT} \equiv x$$

$$\frac{C_v}{3Nk} = x^2 \frac{e^x}{(e^x - 1)^2} \tag{16-5-38}$$

$T \to 0$ 이면 $x \to \infty$, $e^x \gg 1$

$$\therefore \quad \frac{C_v}{3Nk} \cong x^2 e^{-x} \tag{16-5-39}$$

$T \to \infty$ 이면 $x \to 0$, $e^x = 1 + x + \frac{x^2}{2!} + \frac{x^3}{3!} + \cdot\cdot \cong 1 + x.$ $\quad \frac{C_v}{3Nk} \cong e^x \cong 1 + x.$

1 몰에 대해서 $C_v = 3N_A k = 3R$. Einstein 모델은 매우 낮은 온도에서 C_v가 매우 갑작스럽게 증가한다는 단점이 있다. 낮은 온도에서는 Debye의 변형식이 잘 맞는다.

$$\frac{C_v}{3Nk} = \frac{4\pi^4}{5}\left(\frac{T}{\theta_D}\right)^3 \tag{16-5-40}$$

여기서 θ_D를 Debye 온도라고 한다.

⑤ 비편재화된 계로 구성된 이상적 집합체의 열역학 함수

비편재화된 계로 구성된 이상적 집합체의 분배함수는 아래와 같이 주어진다.

$$Q = \frac{q^N}{N!} \tag{16-5-41}$$

$$\ln Q = N\ln q - N\ln N + N \tag{16-5-42}$$

$$q = q_t q_r q_v = q_t^0 q_r q_v V \tag{16-5-43}$$

q_t^0는 단위부피당 병진분배함수라 한다.

$$q^0 = q_t^0 q_r q_v \tag{16-5-44}$$

$$q = q^0 V \tag{16-5-45}$$

$$\begin{aligned} \ln Q &= N\ln q^0 + N\ln V - N\ln N + N = N\ln q^0 - N\ln\frac{V}{N} + N \\ &= N\ln q^0 - N\ln c + N \end{aligned} \tag{16-5-46}$$

$$E_t = NkT^2\left(\frac{\partial \ln q_t}{\partial T}\right)_V = NkT^2\left(\frac{\partial \ln q_t^0}{\partial T}\right) \tag{16-5-47}$$

$$E_{r,v} = NkT^2\left(\frac{\partial \ln q_r q_v}{\partial T}\right) \tag{16-5-48}$$

$$\begin{aligned} A_t &= -kT\ln Q_t = -kT\ln\frac{q_t^N}{N!} = -NkT\ln q_t + NkT\ln N - NkT \\ &= -NkT\ln q_t^0 - NkT\ln V + NkT\ln N - NkT = -NkT\ln q_t^0 + NkT\ln\frac{N}{V} - NkT \end{aligned} \tag{16-5-49}$$

다음은 이상기체의 압력을 구해보자.

$$p = -\left(\frac{\partial A}{\partial V}\right)_T = -\left(-NkT\frac{1}{V}\right) = \frac{NkT}{V} \tag{16-5-50}$$

식 (16-5-50)은 일반 열역학에서 유도한 이상기체방정식이 옳음을 나타낸다. 다음은 이상기체의 회전성질을 알아보자. 식 (16-5-28)로부터 다음 관계식을 유도할 수 있다.

$$\ln q_r = \left(\frac{r}{2}\right)\ln T - \ln\sigma + C(r) \tag{16-5-51}$$

$C(r)$은 r, 관성모멘트 및 k, h와 같은 기본상수들로 구성되어있다. 아래 여러 분자들의 r 값을 알아보자.

$\mathrm{Ar} \rightarrow r = 0$, $\mathrm{NO} \rightarrow r = 2$, $\mathrm{NO_2} \rightarrow r = 3$,
$N_2F_2 \rightarrow r = 3$, $\mathrm{NO_2^+} \rightarrow r = 2$, $\mathrm{C_2H_2} \rightarrow r = 2$

17장

새·롭·고·이·해·하·기·쉬·운·물·리·화·학

표면분광학

1. 표면조성

(a) 이온화기술

표면의 구조를 규명하는데 중요한 방법 중의 하나가 광전자분광학이다. 표면과학에서는 주로 광방출분광학 (photoemission spectroscopy)이라고 부른다. 여기에는 두 가지 분광학적 방법, X-선광전자분광학과 진공자외선광전자분광학방법이 있다. 원자는 환경에 따라 특유의 결합에너지 (binding energy)를 가지므로 이러한 광전자분광학은 표면에 흡착된 물질의 정성분석에 도움을 준다. 각 원자의 이온화효율을 고려하면 표면의 농도를 측정하는 정량분석도 가능하다. 표면에 흡착된 H나 He 원자는 XPS에서 잘 검출되지 않는다.

그림 (17-1-1). **질화알루미늄 나노튜브 (aluminum nitride nanotube)의 X-선 광전자분광스펙트럼.**

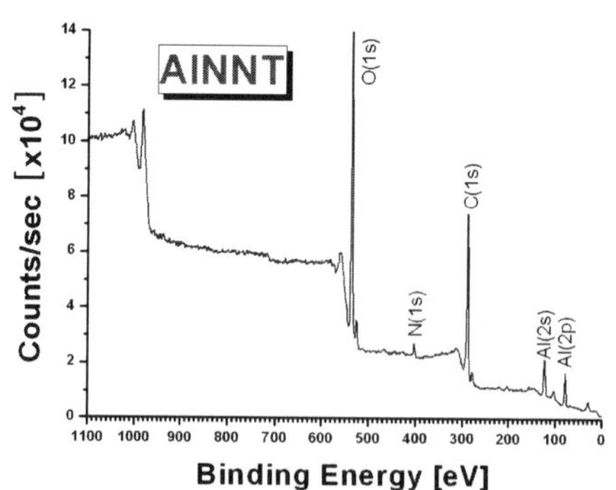

고에너지이온으로 표면을 조사하면 H이나 He 이온이 형성되고 이온은 질량분석기에 검출될 수도 있다. 그림 (17-1-1)에 질화알루미늄 나노튜브 (aluminum nitride nanotube)의 X-선광전자분광스펙트럼을 나타내었다.

(b) 진동분광학

표면의 조성과 구조를 규명하는데 반사-흡수적외선분광학 (reflectron-absorption infrared spectroscopy)과 표면증강라만분광학 (surface-enhanced Raman spectroscopy, SERS) 등이 있다.

(c) 전자에너지손실분광학

전자에너지손실분광학 (electron energy loss spectroscopy, EELS)을 통해서 표면에 흡착된 물질의 구조, 결합형태 및 결합에너지 등을 규명할 수 있다. **운동에너지폭이 좁은 특정 에너지의 전자빔을 표면에 조사하였을 때 손실된 전자빔의 에너지를 측정하면 표면에 흡착된 화학종과 농도를 규명할 수 있다.** 전자빔은 비탄성충돌을 일으켜 에너지가 낮아지게 된다. 손실된 전자의 에너지는 phonon 들뜸, 띠 전이, plasmon 들뜸 및 내부껍질들뜸 또는 이온화를 일으킨다. 특히 내부껍질이온화는 흡착물질를 규명하는데 도움을 준다. ※ Plasmon은 자유전자밀도의 집단적 진동으로 플라스마진동의 양자이다. Plasmon은 빛과 같이 플라스마진동의 양자화에 기인한다.

(d) Auger 광전자분광학

미세전자분광학 (microelectron spectroscopy)에서 중요한 기술 중의 하나가 Auger 전자분광학 (Auger electron spectroscopy, AES)이다. **고에너지광자를 원자에 조사하여 1차전자를 끄집어내고 그 후 핵심부전자를 채우는 과정에서 원자가전자가 방출한다.** 이와 같은 이차전자를 Auger 전자라고 한다.

$$A + h\nu \rightarrow A^{2+} + 2e$$

$$E_{II} - E_{I} = IE(valence\ \ orbital) + \frac{1}{2}m_e v^2 \tag{17-1-1}$$

그림 (17-1-2). **Auger 전자분광학을 나타내는 개요도.**

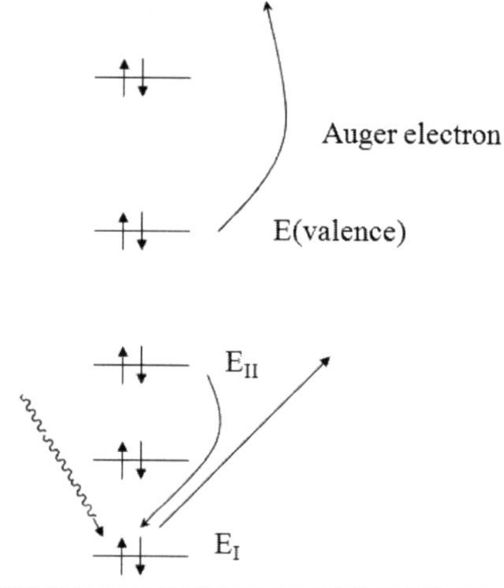

(e) 표면확장 X-선흡수미세구조분광학

SEXAFS는 확장된 X-선흡수미세구조 (extended X-ray absorption fine structure, EXAFS) 기술을 표면에까지 확대한 것이다. 방사광에서 나오는 X-선을 고체표면에 조사하면 고체를 구성하는 원자의 핵심부전자가 X-선을 흡수하여 들뜨게 되어 흡수스펙트럼에서 날카로운 피이크가 생긴다. 이것이 EXAFS이다. **표면확장 X-선흡수미세구조분광학** (surface-extended X-ray absorption fine structure spectroscopy, SEXAFS)**은 입사 X-선 에너지의 함수로** Auger **전자의 세기를 관찰함으로써 X-선 흡수를 간접적으로 관찰한다.** 이 기술을 이용하면 배경잡음을 없앨 수 있고, X-선의 파장을 변화하면서 Auger 전자의 세기를 측정함으로써 표면에 존재하는 화학종의 구성요소를 알아낼 수 있다. **낮은 에너지 전자회절** (low-energy electron diffraction, LEED)**은 표면의 성분만을 알아낼 수 있으나 SEXAFS는 표면 밑에 존재하는 원자도 확인할 수 있다.** LEED에서는 전자가 표면을 뚫고 들어가는 성질이 약하기 때문에 표면 안의 화학종을 확인하기가 불가능하다.

(f) 낮은 에너지 전자회절

전자는 빛에 비해 투과력이 매우 약하므로 순수한 표면의 구조를 규명하는데 **낮은 에너지 전자회절** 기술이 필요하다. 여기서 전자의 에너지는 10 ~ 200 eV 의 범위를 갖는다. 이러한 에너지의 전자를 사용하면 전자의 회절은 표면의 흡착된 또는 표면에 가까운 원자에 의해서 일어난다.

18장

새·롭·고·이·해·하·기·쉬·운·물·리·화·학

분자간 상호작용

1. 분자의 전기적 성질

(a) 전기쌍극자모멘트

두 개의 전하 q가 거리 r 만큼 떨어져 있을 때 전기쌍극자모멘트 $\vec{\mu}$ 의 크기는 rq이고 방향은 "-" 전하에서 "+" 전하를 가리킨다. 전기쌍극자모멘트의 단위로 debye (D)가 있다.

$1D = 3.33564x10^{-30}\,Cm$.

참고 (18-1-1).

1 debye는 +1 c.g.s.e.s.u.와 -1 c.g.s.e.s.u.의 전하가 1Å의 거리로 떨어져 있을 때의 전기쌍극자모멘트를 나타낸다.

그림 (18-1-1). 전하와 두전하의 거리의 함수로서 전기쌍극자모멘트가 결정됨.

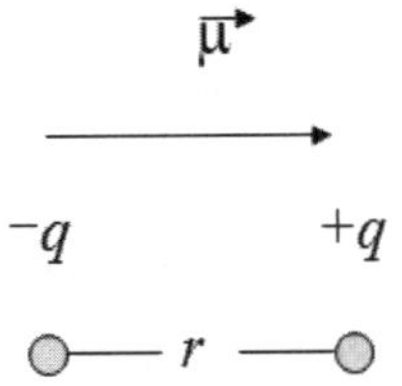

$\vec{\mu}$

$-q$ $+q$

r

이원자분자에서 전기쌍극자모멘트는 근사적으로 전기음성도의 차이로 주어진다.

$$\mu / D \approx \Delta\chi \qquad (18\text{-}1\text{-}1)$$

χ는 전기음성도를 나타낸다. 예를 들어 HCl에서 H의 전기음성도는 2.2, Cl의 전기음성도는 3.2이다. ∴ $\Delta\chi = 1.0$. HCl의 전기쌍극자모멘트의 실험값은 1.08 D이다.

2. 편극율

(a) 유발전기쌍극자모멘트

어떤 물질에 전장을 가하면 식 (18-2-1)과 같이 유발전기쌍극자모멘트가 생긴다.

$$\overrightarrow{\mu_{ind}} = \alpha \vec{E} \qquad (18\text{-}2\text{-}1)$$

여기서 α**를 편극율** (polarizability)**이라 한다. 여기서 주목해야 할 것은 유발전기쌍극자모멘트가 밖에서 가해준** $\vec{E}$**의 방향으로만 생기는 것이 아니고 세 가지 서로 수직한 방향으로 생긴다**는 것이다. 따라서 α는 3x3 요소를 갖는 텐서 (tensor)가 된다. 전장이 매우 강할 때는 식 (18-2-2)와 같이 비선형효과가 강하게 나타난다.

$$\mu^* = \alpha E + \frac{1}{2}\beta E^2 + \frac{1}{6}\gamma E^3 + \ldots\ldots \qquad (18\text{-}2\text{-}2)$$

여기서 β는 초편극도 (hyperpolrizbility)이며, γ는 2차초편극도 (second hyperpolarizability)이다.

(b) 상대유전율 (relative permittivity)

진공 속에서 전하 q_1과 q_2가 거리 r 만큼 떨어져 있을 때 위치에너지는 아래와 같이 주어진다.

$$V = \frac{q_1 q_2}{4\pi\epsilon_0 r} \qquad (18\text{-}2\text{-}3)$$

$\epsilon_0 = \frac{1}{c^2\mu_0} = \frac{1}{(2.99792558\text{x}10^8)^2 4\pi\text{x}10^{-7}} = 8.85419\text{x}10^{-12}\ \text{J}^{-1}\text{C}^2\text{m}^{-1}$은 진공에서의 유전율이다. μ_0는 진공에서의 투과도 (vacuum permeability)이며, $\mu_0 = 4\pi\text{x}10^{-7}\text{Js}^2\text{C}^{-2}\text{m}^{-1}$의 값을 갖는다. 매질에서는 그 것의 상대유전율 ϵ_r로 표현된다. ☞ 부록 표 (A-12).

$$V = \frac{q_1 q_2}{4\pi\epsilon r} = \frac{q_1 q_2}{4\pi\epsilon_0\epsilon_r r} \tag{18-2-4}$$

물질의 상대유전율 (relative permittivity)은 아래와 같이 주어진다.

$$\epsilon_r = \frac{\epsilon}{\epsilon_0} \tag{18-2-5}$$

일예로 물의 상대유전율은 상온에서 $\epsilon_r \approx 80$이다.

3. 긴 영역의 쌍극자의 인력

(a) 이온과 쌍극자의 인력

이온과 전기쌍극자의 위치에너지는 식 (18-3-1)로 주어진다.

그림 (18-3-1). 이온과 전기쌍극자 간의 인력.

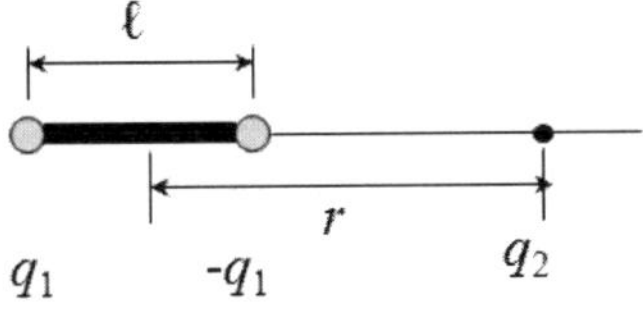

$$V = \frac{1}{4\pi\epsilon_0}\left(-\frac{q_1 q_2}{r - \frac{1}{2}l} + \frac{q_1 q_2}{r + \frac{1}{2}l}\right) \tag{18-3-1}$$

이온과 전기쌍극자의 거리 r이 쌍극자의 길이 ℓ에 비해 충분히 클 때 식 (18-3-2)가 성립한다. 즉, $r \gg l$인 경우

$$V = \frac{1}{4\pi\epsilon_0}\left(-\frac{q_1 q_2}{r - \frac{1}{2}l} + \frac{q_1 q_2}{r + \frac{1}{2}l}\right) = \frac{q_1 q_2}{4\pi\epsilon_0 r}\left(-\frac{1}{1-x} + \frac{1}{1+x}\right)$$

$$\approx \frac{q_1 q_2}{4\pi\epsilon_0 r}\left[-(1+x) + (1-x)\right] = -\frac{q_1 q_2}{4\pi\epsilon_0 r}\left(\frac{2l}{2r}\right) = -\frac{\mu_1 q_2}{4\pi\epsilon_0 r^2} \tag{18-3-2}$$

단, $x = \frac{l}{2r}$.

(b) 두 쌍극자 간의 인력

그림 (18-3-2). 두 쌍극자 간의 인력.

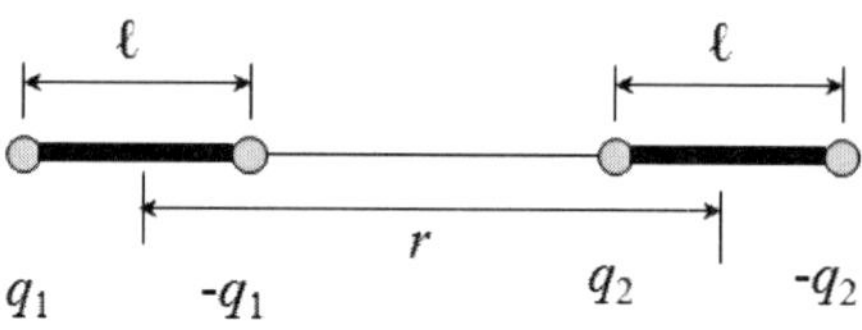

$r \gg l$인 경우

$$V = \frac{1}{4\pi\epsilon_0}\left(-\frac{q_1q_2}{r+l}+\frac{q_1q_2}{r}+\frac{q_1q_2}{r}-\frac{q_1q_2}{r-l}\right) = -\frac{q_1q_2}{4\pi\epsilon_0 r}\left(\frac{1}{1+x}-2+\frac{1}{1-x}\right)$$

$$\approx -\frac{q_1q_2}{4\pi\epsilon_0 r}\left[(1-x+x^2)-2+(1+x+x^2)\right]$$

$$= -\frac{2x^2q_1q_2}{4\pi\epsilon_0 r} = -\frac{2q_1q_2l^2}{4\pi\epsilon_0 r^3} = -\frac{\mu_1\mu_2}{2\pi\epsilon_0 r^3} \qquad (18\text{–}3\text{–}3)$$

단, $x = \ell/r$

18장

분·자·간·상·호·작·용

연습문제

(18-1) 쌍극자와 유발쌍극자 사이의 퍼텐샬을 구하고 이를 설명하시오.

(18-2) 기체분자에서 전기쌍극자모멘트를 결정할 수 있는 방법을 제시하고 설명하시오

(18-3) 각각의 끓는점이 다음 순서로 증가하는 이유를 분자간의 인력으로 설명하시오.

(a) He 〈 Ne 〈 Ar 〈 Kr 〈 Xe

(b) H2S 〈 H2O, HCl 〈 HF

(c) HCl 〈 HF 〈 HBr 〈 HI

19장

새·롭·고·이·해·하·기·쉬·운·물·리·화·학

거대분자와 집합체

1. 거대분자의 크기와 모양의 결정

(a) 수평균 분자질량

$$\overline{M_n} = \frac{1}{N}\sum_i N_i M_i \tag{19-1-1}$$

N은 전체분자수, N_i는 분자질량 M_i를 갖는 분자수를 나타낸다.

(b) 무게평균 분자질량

$$\overline{M_w} = \frac{1}{m}\sum_i m_i M_i = \frac{\sum_i N_i M_i^2}{\sum_i N_i M_i} \tag{19-1-2}$$

$m = \sum_i N_i M_i$, m_i는 i 물질의 질량이다.

(c) Z 평균 분자질량

$$\overline{M_Z} = \frac{\sum_i N_i M_i^3}{\sum_i N_i M_i^2} \tag{19-1-3}$$

점성도를 측정하면 점성도-평균몰질량 (viscosity-average molar mass) $\overline{M_v}$를 구할 수 있고, 광산란을 측정하면 $\overline{M_w}$를 구할 수 있으며, 침전 (sedimentation)실험을 하면 $\overline{M_Z}$를 구할

수 있다. $\overline{M_w}/\overline{M_n}$ **비율을 이성분지수 (異成分指數, heterogeneity index)라 한다.** 이 비율은 혼합물질의 질량이 얼마나 많이 퍼져있는지를 나타내는 지표가 된다.

2. 질량분석

(a) 매트릭스-도움 레이저탈착/이온화비행시간 질량분석법

단백질 등의 고분자구조와 질량을 규명하는데 매트릭스-도움레이저탈착/이온화 (matrix-assisted laser desorption/ionization, MALDI) 비행시간질량분석기술 (time of flight mass spectrometry, TOFMS)이 자주 쓰인다. 거대분자를 매트릭스형태로 만들어서 레이저탈착 및 이온화장치에 부착한다. 이 매트릭스에 레이저를 조사하면 거대분자가 탈착하고 이온화된다. 이온은 외부에서 가해진 전장 $E=V/d$에 의해 가속화하여 표류관 (drift tube)으로 들어가서 검출기로 인도된다.

$$E=\frac{V}{d} \tag{19-2-1}$$

그림 (19-2-1). 전극의 퍼텐샬과 간격.

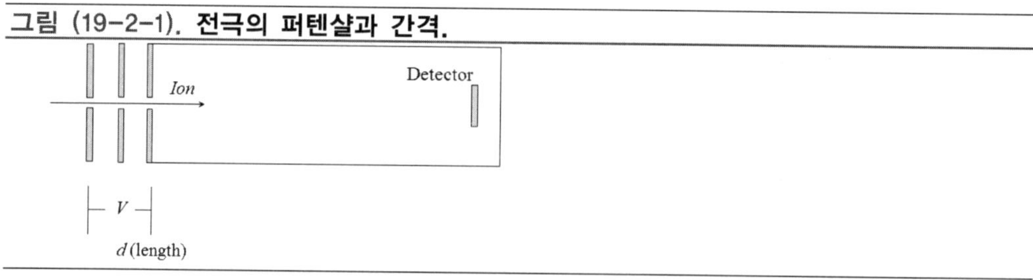

식 (19-2-3)으로부터 비행시간이 얻어진다. 그러나 식 (19-2-3)으로부터 비행시간을 결정할 필요가 없다. 식 (19-2-4)의 이온의 질량과 비행시간과의 관계식으로부터 이온의 질량을 구할 수 있다. 즉, **질량이 잘 알려진 표준시료의 비행시간을 결정한 다음 미지시료의 비행시간과 비교분석하면 식 (19-2-5)로부터 미지시료의 질량을 구할 수 있다.** E: 전장, V: 전위차, d: 두전극사이의 간격.

$$\frac{1}{2}mv^2 = ZeV = ZeEd \tag{19-2-2}$$

$$\frac{1}{2}m\left(\frac{\ell}{t}\right)^2 = ZeEd \tag{19-2-3}$$

여기서 ℓ은 표류관의 길이를 나타낸다.

$$\therefore t \propto \sqrt{m} \qquad (19\text{-}2\text{-}4)$$

질량이 알려진 이온의 비행시간을 측정함으로써 미지시료의 질량을 구할 수 있다.

$$\frac{\sqrt{m_{unknown}}}{\sqrt{m_{reference}}} = \frac{t_{unknown}}{t_{reference}} \qquad (19\text{-}2\text{-}5)$$

이 MALDI 방법을 이용하면 단백질과 같은 거대분자의 분자량을 구할 수 있다.

3. 점성도

그림 (19–3–1). 두 판 (plate) 사이를 흐르는 유체.

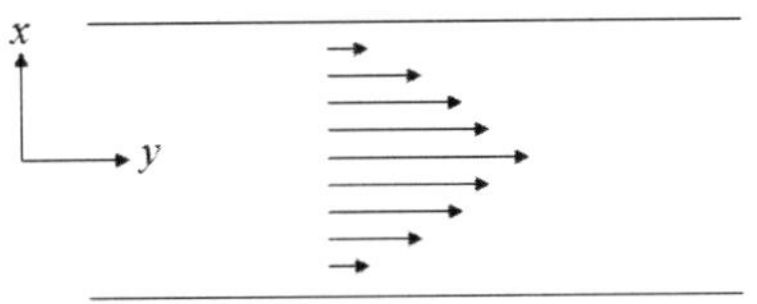

유체의 흐름 실험에서 F_y는 접촉표면적 A와 $\frac{dv_y}{dx}$에 비례한다.

$$F_y = -\eta A \frac{dv_y}{dx} \qquad (19\text{-}3\text{-}1)$$

이 때 비례상수를 점성도 (viscosity)라 한다. 중심에서 벗어날수록 속도 v_y는 줄어들기 때문에 $\frac{dv_y}{dx}$의 부호는 음이다. 접촉표면적 A는 그림 (19-3-1)에서 판에 평행하며 판사이에 있는 가상적인 면적이다. **식 (19-3-1)을 만족하는 흐름을 유선형의 (laminar, 또는 streamline) 흐름이라고 한다.** 흐름이 빠른 경우 식 (19-3-1)이 만족하지 않으며, 이를 몹시 거친 (turbulent) 흐름이라 한다. 특정점성도 (specific viscosity)를 아래와 같이 정의한다.

$$\eta_{sp} = \frac{\eta' - \eta}{\eta} \qquad (19\text{-}3\text{-}2)$$

여기서 η'는 거대분자가 있는 용액의 점성도계수이고, η는 용매의 점성도계수이다. 고유의 점성도 (intrinsic viscosity) $[\eta]$를 다음과 같이 정의한다.

$$[\eta] = \lim_{c \to 0} \frac{\eta_{sp}}{c} \tag{19-3-3}$$

이 때 c의 단위는 $\frac{\text{g}}{\text{cm}^3}$이다.

$$\eta = \eta_0(1 + [\eta]c + \cdot \cdot \cdot) \tag{19-3-4}$$

여기서 η_0는 $c = 0$에서의 점성도 계수이다.

$$v \propto \Delta p \propto \Delta \rho \tag{19-3-5}$$

$$v \propto \frac{1}{\eta} \tag{19-3-6}$$

$$\therefore \ v \propto \frac{\rho}{\eta} \tag{19-3-7}$$

$$t \propto \frac{\eta}{\rho} \tag{19-3-8}$$

여기서 t는 배수시간 (drainage time)이다. Ostwald 점성도측정장치 (viscometer)를 이용하여 점성도를 측정할 수 있다.

$$\frac{\eta_{\text{solution}}}{\eta_0} = \frac{t}{t_0} \cdot \frac{\rho}{\rho_0} \tag{19-3-9}$$

다음은 점성도-평균몰질량 (viscosity-average molar mass) $\overline{M_v}$를 알아본다.

$$[\eta] \propto M^{\frac{1}{2}} \tag{19-3-10}$$

이 때 비례상수를 K'이라고 하면

$$[\eta] = K'M^{\frac{1}{2}} \tag{19-3-11}$$

실험적으로 아래 식이 성립한다고 알려져 있다.

$$[\eta] = KM^a \tag{19-3-12}$$

식 (19-3-13)에서 a는 실험적으로 결정된다.

그림 (19-3-2). Ostwald 점성도측정장치의 단면도.

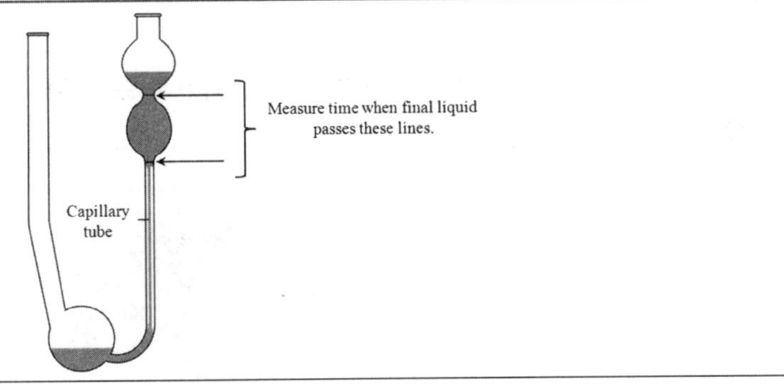

$$[\eta] = K\sum_i W_i M_i^a \tag{19-3-13}$$

점성도-평균몰질량 $\overline{M_\mathrm{v}}$를 다음과 같이 정의한다.

$$\overline{M_\mathrm{v}} = \left(\sum_i W_i M_i^a\right)^{\frac{1}{a}} \tag{19-3-14}$$

식 (19-3-13)을 이용하면 아래 식이 얻어진다.

$$[\eta] = K\left(\overline{M_v}\right)^a \tag{19-3-15}$$

4. 콜로이드

콜로이드 (colloid)는 크기가 2 ~ 1000 nm인 분산된 작은 입자를 뜻한다. 졸 (콜로이드 용액, sol)은 하나의 액체에 하나의 고체가 분산된 상태를 말한다. 예로 금술 등이 이에 속한다. 연무질 (에어로졸, aerosol)은 기체에 액체가 분산된 상태를 말한다. 예로 안개 등이 이에 속한다. 유제 (에멀전, emulsion)는 액체에 액체가 분산된 상태를 뜻한다. 콜로이드를 분류하는 방법이 더 있다. 용매에 친한 친액체성 (lyophillic)과 용매에 반발하는 소액체성 (lyophobic)의 두 가지가 있다. 겔 (gel)은 반경직화된 (semirigid) 한 친액체성 졸을 뜻한다. 어떤 분자에는 친수성 (hydrophilic) 부분이나 소수성 (hydrophobic) 부분이 모두 존재할 수 있다. 극성부분은 극성용매를 좋아하고 비극성부분은 비극성용매를 좋아한다. **이와 같은 친양쪽성 (amphiphilic, ※ amphi는 그리스어로 양쪽을 나타냄) 물질이 비극성물질을 둘러쌓아 콜로이드를 형성하면 이 콜로이드 표면은 친수성을 나타내고 용매 속에서 자유롭게 행동한다.** 이와 같은 친양쪽성물질을 계면활성제 (surface active reagent, surfactant)라 한다. 비누가 계면활성제의 일종이다.

그림 (19-4-1). 구형 미셀의 단면도. 친수성기는 밖으로 향하고 소수성기는 안으로 향하고 있음.

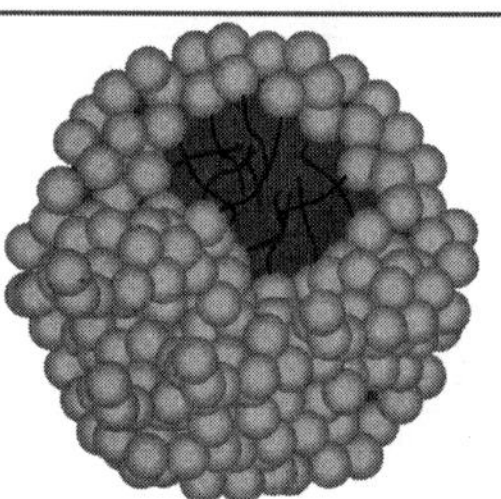

19장

거·대·분·자·와·집·합·체

연습문제

(19-1) 20℃, 1기압에서 10 mL 물이 Ostwald 점도계의 첫 표시점에서 마지막 표시점을 통과하는 데 걸리는 시간은 136.5 초이다. 같은 조건에서 10 mL hexane이 걸리는 시간은 67.3 초이다. 20℃, 1기압에서 hexane의 점성도를 구하시오. 단, 20℃, 1기압에서 $\eta_{H_2O} = 1.002\ \text{cP}$, $\rho_{H_2O} = 0.998\ \dfrac{\text{g}}{\text{cm}^3}$, $\rho_{C_6H_{14}} = 0.659\ \dfrac{\text{g}}{\text{cm}^3}$ 이다.

19장

거·대·분·자·와·집·합·체

연습문제해답

(19-1) $t \propto \dfrac{\eta}{\rho}$, 이 때 비례상수를 k라고 하면 $t = k\dfrac{\eta}{\rho}$, $t_{reference} = k\dfrac{\eta_{reference}}{\rho_{reference}}$,

$$t_{sample} = k\frac{\eta_{sample}}{\rho_{sample}},\quad \therefore \frac{t_{sample}}{t_{reference}} = \frac{\eta_{sample} \bullet \rho_{reference}}{\eta_{reference} \bullet \rho_{sample}}$$

$$\frac{67.3\,\text{s}}{136.5\,\text{s}} = \frac{x \bullet 0.998}{1.002 \bullet 0.659},\quad \therefore \quad \eta_{sample} = 0.326\,\text{cP}$$

20장

새·롭·고·이·해·하·기·쉬·운·물·리·화·학

고체상태

결정은 규칙적으로 구조가 반복되는 구조적 특색을 갖는다. **단위세포 (unit cell)는 병진적으로 반복되는 모형의 하나의 단위를 포함하는 가상적인 평행육면체 (parallelepiped)이다. 원시 (primitive)는 중심이나 양면의 중심에 결정격자점이 없는 세포 (cell)를 말하고, 비원시 (nonprimitive)는 중심이나 양면의 중심에 결정격자점을 갖는 세포를 뜻한다.**

1. 결정격자면의 규정

표 (20-1-1). 7가지 원시결정계.

계	대칭성
Triclinic	None
Monoclinic	하나의 C_2 축
Orthorhombic	세 개의 서로 수직인 C_2 축
Rhombohedral	하나의 C_3 축
Tetragonal	하나의 C_4 축
Hexagonal	하나의 C_6 축
Cubic	네 개의 C_3 축

(a) Miller 지수들 (Miller indices)

그림 (20-1-2)에서 (100) 면은 a 축과 만나고 b 및 c 축과는 만나지 않는다. 따라서 (100) 면은 좌표 $\left(\frac{a}{1}\frac{b}{0}\frac{c}{0}\right)$을 지난다고 할 수 있다. 이 분모의 값을 배열하면 (100)이 얻어진다.

$$\left(\frac{a}{1}\ \frac{b}{0}\ \frac{c}{0}\right)\xrightarrow{\text{변환}}(100)$$

그리고 이면을 (100) 면이라 한다.

그림 (20-1-1). 14 종류의 Bravais 격자들. 점들은 격자점을 나타낸다. 그러나 그 점에는 원자, 이온 및 분자로 꼭 채워져 있는 것은 아님. 7개의 단위세포의 변을 a, b, c, 각을 α, β, γ로 표시한다. 단위세포는 회전대칭요소를 감안할 때 7개의 원시세포가 존재함.

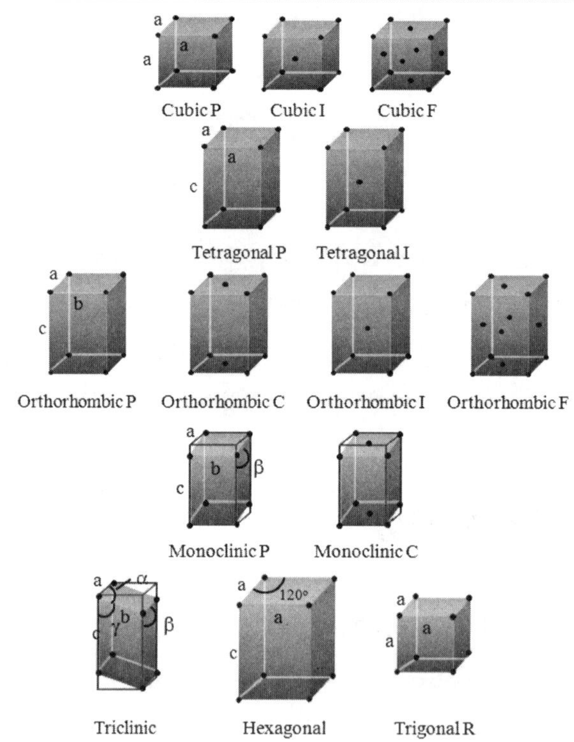

그림 (20-1-2). 3차원으로 나타낸 몇 개의 대표적인 면과 Miller 지표.

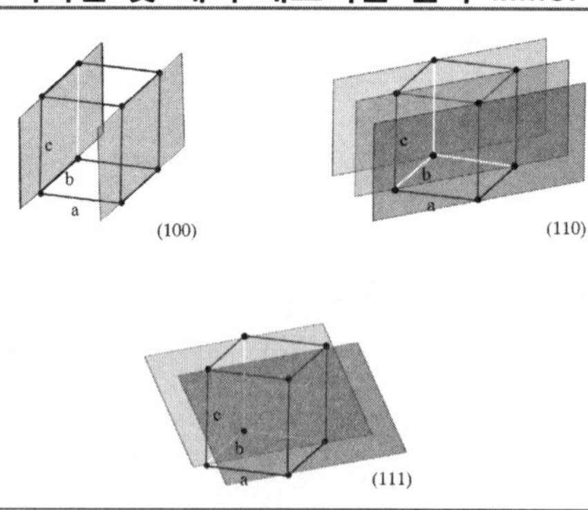

그림 (20-1-3). **다양한 종류의 면이 존재함을 밝혀주는 단면도.**

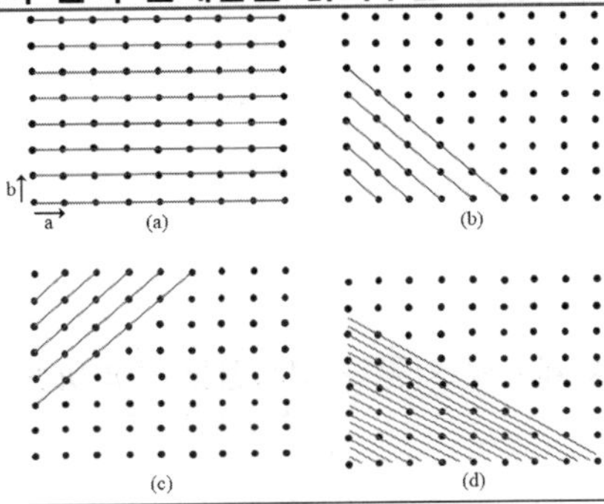

(b) 면의 간격

입방결정격자에서 (h k l) 면 사이 간격을 구해보자. 그림 (20-1-4)에서 다음 식이 성립함을 알 수 있다.

$$q^2 = \left(\frac{a}{h}\right)^2 + \left(\frac{a}{k}\right)^2 \qquad (20\text{–}1\text{–}1)$$

$$q\sin\theta = \frac{a}{k} \qquad (20\text{–}1\text{–}2)$$

$$\frac{a}{h}\sin\theta = d \qquad (20\text{–}1\text{–}3)$$

$$\therefore\ \frac{qh}{a} = \frac{a}{dk} \qquad (20\text{–}1\text{–}4)$$

$$q = \frac{a^2}{dhk}$$

이 식을 식 (20-1-1)에 대입하면

$$\frac{1}{d^2} = \frac{h^2 + k^2}{a^2} \qquad (20\text{–}1\text{–}5)$$

더 확장해서 얻은 관계식은

$$\frac{1}{d_{hkl}^2} = \frac{h^2 + k^2 + l^2}{a^2} \qquad (20\text{–}1\text{–}6)$$

다음은 입방결정격자에서 $\left(\frac{h}{2}\ \frac{k}{2}\ \frac{l}{2}\right)$ 면 사이 간격을 구해보자.

$$\frac{1}{d'^2_{hkl}} = \frac{\left(\frac{h}{2}\right)^2 + \left(\frac{k}{2}\right)^2 + \left(\frac{l}{2}\right)^2}{a^2} = \frac{h^2 + k^2 + l^2}{4a^2} = \frac{1}{4d^2} \quad (20\text{-}1\text{-}7)$$

$$\therefore d' = 2d \quad (20\text{-}1\text{-}8)$$

그림 (20-1-4). 단위세포의 차원과 격자점을 통과하는 면과의 관계.

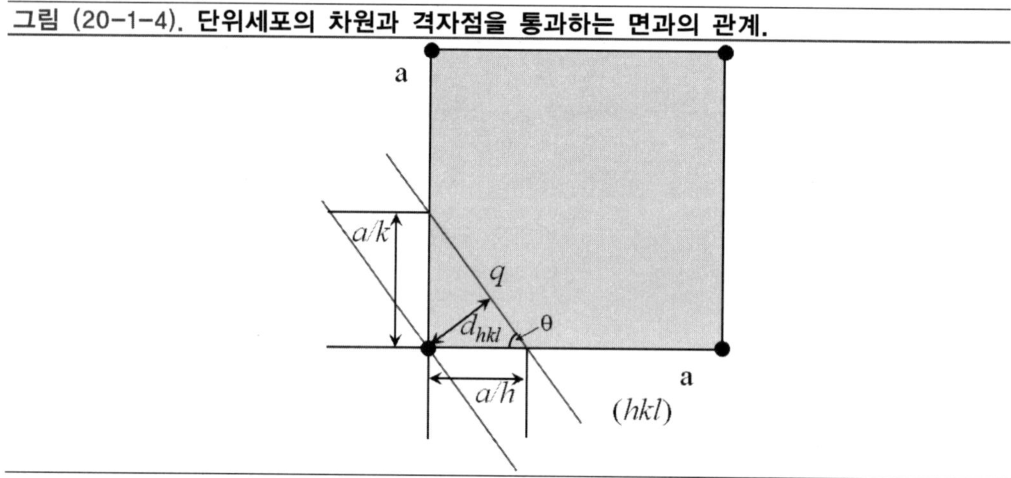

2. 결정구조의 규명

1895년 Röntgen이 X-선을 발견한 이후, X-선을 이용하여 많은 결정구조가 규명되고 있다.

(a) Bragg의 법칙

1913년 영국의 물리학자 Bragg 부자 (父子)는 결정으로부터 산란된 X-선의 간섭을 설명하기 위하여 **Bragg의 법칙**을 개발하였다. 이 공로로 Bragg 부자는 1915년에 노벨물리학상을 공동수상하였다. 아래에 이 법칙을 소개한다. 그림 (20-2-1)로부터 식 (20-2-1)이 얻어진다.

$$\widehat{AB} + \widehat{BC} = 2d\sin\theta \quad (20\text{-}2\text{-}1)$$

θ : 입사각의 여각 (glancing angle).

$$n\lambda = 2d\sin\theta \quad (20\text{-}2\text{-}2)$$

식 (20-2-2)를 **Bragg의 법칙이라고 한다.** $n = 2,3,4,\cdot\cdot$ **인 반사를 2차, 3차 반사라 한다. 이러한 간섭실험을 통해서 결정에서 원자층의 간격, 단결정의 배향, 미지의 물질의 결정구조, 그리고 결정의 크기 및 모양을 결정할 수 있다.**

그림 (20-2-1). **입사광을 반사하는 두 결정면. Bragg의 법칙을 유도하는데 이용됨.**

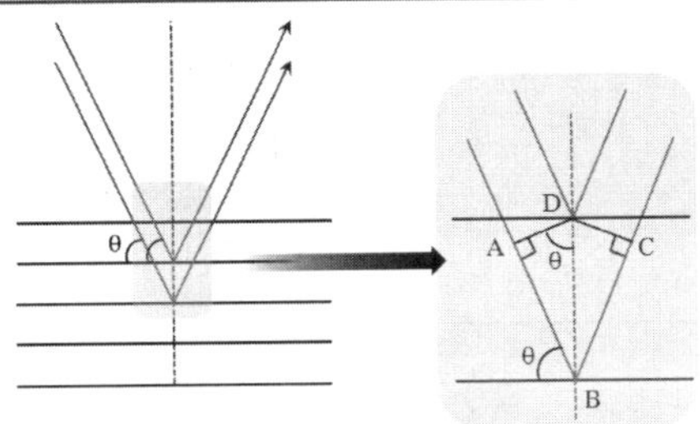

(b) X-선결정학

X-선결정학 (X-ray crystallography)은 단결정내에서 원자의 3차원배열을 연구하는 학문이다. X-선빔이 주어진 한 결정을 때리면 X-선빔은 다양한 방향으로 반사되고 회절된다. 이 회절된 빔의 각도와 세기로부터 결정 안에서 전자밀도의 3차원그림이 그려진다. **이러한 전자밀도로부터 결정 안에서 원자의 평균위치와 화학결합 등이 규명된다.**

3. 고체의 종류

(a) 금속성 고체

① 조밀쌓임

ⓐ 정육각형 조밀쌓임 (hexagonal close packing, hcp) : 그림 (20-3-1)에 나타낸 바와 같이 1층과 3층의 물질의 2차원의 위치가 같다.

ⓑ 정육면체 조밀쌓임 (cubic close packing, ccp): 1층과 3층의 물질의 2차원의 배치가 다르다.

그림 (20-3-1). **(a) 정육각형 조밀쌓임 (b) 정육면체 조밀쌓임의 구조물의 비교. 정육각형 조밀쌓임에서는 1층과 3층이 같은 위치에 놓임.**

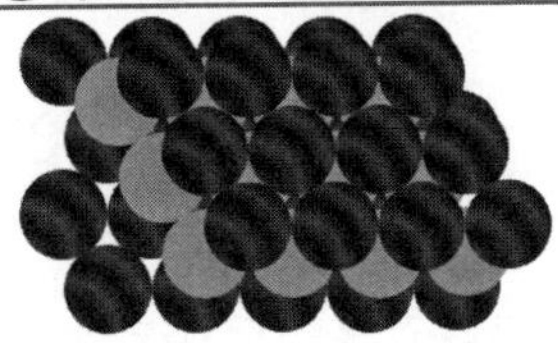

(a) (b)

그림 (20-3-2). **정육면체 조밀쌓임에서 단위세포의 구조계산을 나타내고 있음.**

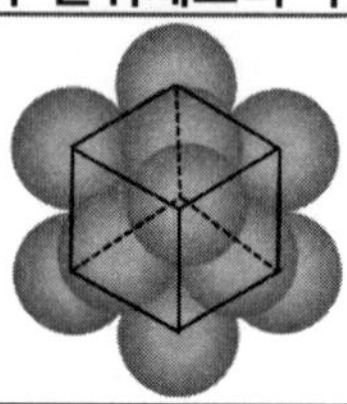

(b) 이온성고체

에너지학 (energetics)

격자엔탈피 (lattice enthalpy) $\Delta_L H$는 다음 반응의 엔탈피변화이다.

$$MX(s) \rightarrow M^{z+}(g) + X^{z-}(g) \qquad (20\text{-}3\text{-}1)$$

KCl의 전리 반응 {식 (20-3-1)}의 격자엔탈피를 계산하는 방법을 그림 (20-3-3)에 나타내었다. 그림 (20-3-3)으로부터 격자 엔탈피를 구할 수 있다.

$$\Delta_L H = 437 + 89 + 122 + 418 - 349 = 717 \text{ (kJ/mol)} \qquad (20\text{-}3\text{-}2)$$

그림 (20-3-3). **KCl의 Born-Haber 순환 (cycle)과 이에 따른 엔탈피변화.**

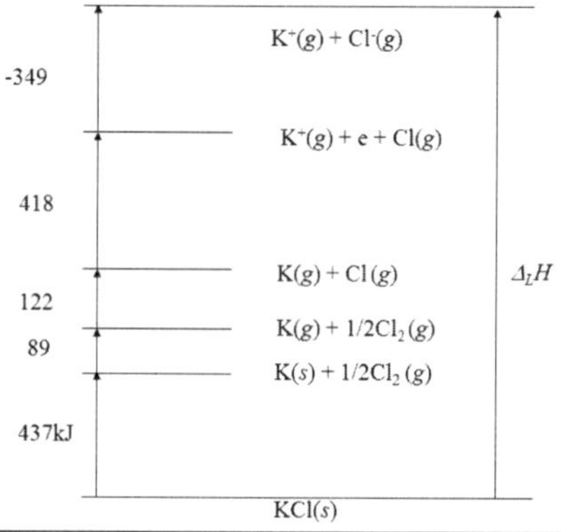

4. 결정의 전기적 성질

금속도체는 온도가 증가함에 따라 전기전도성이 감소하는 물질이며, 반도체는 온도가 증가함에 따라 전기전도성이 증가하는 물질이다. 그리고 초전도체는 저항이 없이 전기를 잘 통하는 물질이다.

(a) 띠의 형성

띠 (band)를 설명하는데 두 가지 이론이 쓰인다. 거의 자유전자를 가정한 근사법 (free electron approximation)과 단단한 결합 근사법 (tight binding approximation)이 그 것이다.

그림 (20-4-1). **결정구조에서 에너지준위의 중첩으로 인하여 띠가 형성되고 있음.**

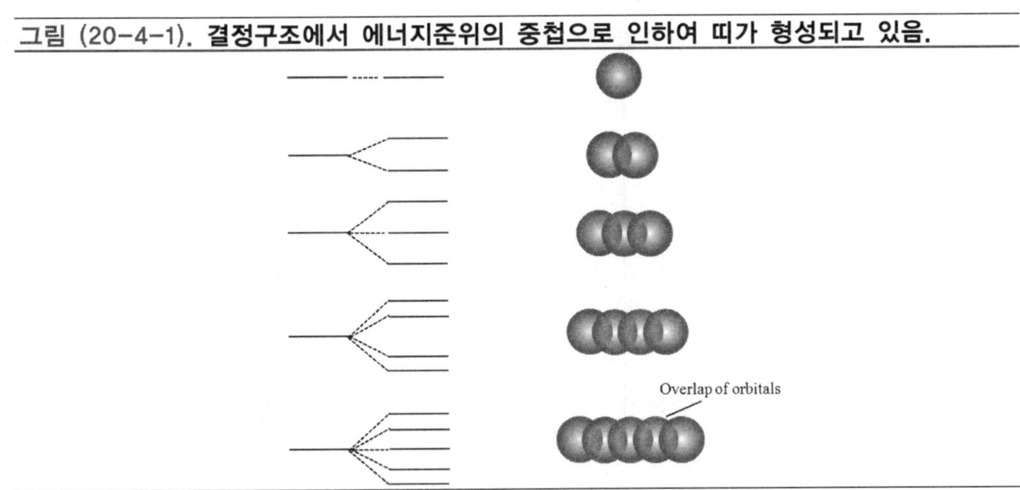

그림 (20-4-2). **수 없이 많은 원자의 궤도함수의 중첩으로 인하여 생긴 넓은 영역의 s 띠와 p 띠가 생성됨.**

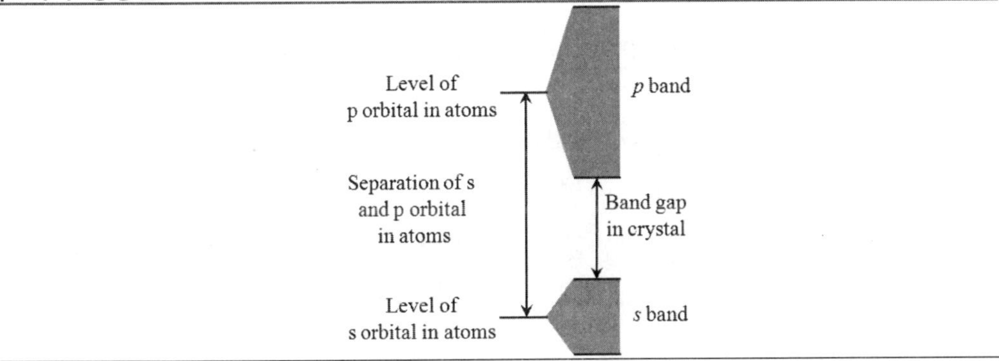

(b) 궤도함수의 채움

Fermi 준위는 전자가 찰 확률이 반이 되는 에너지준위를 뜻한다. 절대영도에서는 낮은 궤도함수는 모두 전자로 채워진다. 그것의 HOMO를 Fermi 준위라 한다. 온도가 증가함에 따라 원자의 열운동 때문에 전자가 들뜬 준위에도 차게 된다. 이 경우 전자의 분포함수를 Fermi-Dirac 통계 {식 (20-4-1)}이라 한다.

$$P(\mu, T) = \frac{1}{e^{(E-\mu)/kT} + 1} \qquad (20\text{–}4\text{–}1)$$

μ를 화학적 퍼텐샬이라 하며, $E = \mu$에서 $P = \frac{1}{2}$이므로 μ는 Fermi 에너지가 된다.

그림 (20–4–3). 전자가 궤도함수에 찰 수 있는 확률이 $\frac{1}{2}$인 에너지를 Fermi 에너지라 함.

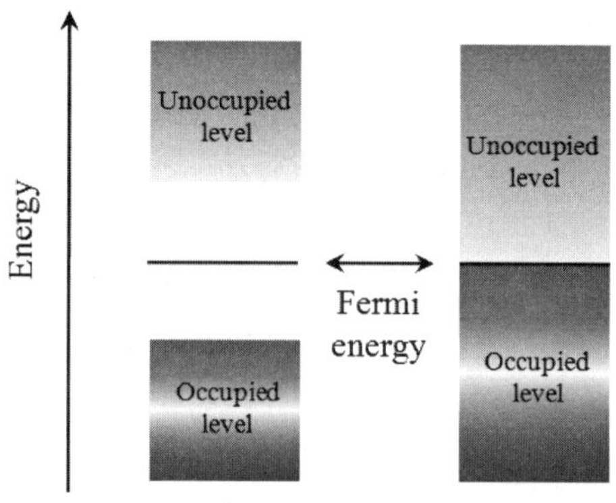

그림 (20–4–4). 에너지에 따른 Fermi–Dirac 분포. 화학퍼텐샬 μ = 2.5 eV로 간주하였음.

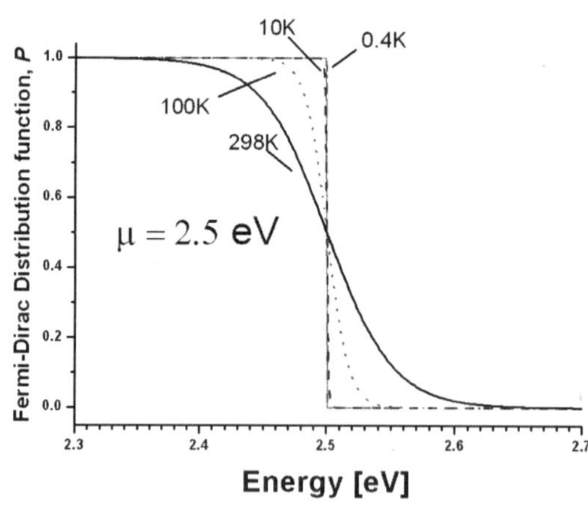

(c) 절연체와 반도체

띠간격이 매우 높을 때 온도가 증가해도 들뜬 궤도함수에 전자가 찰 확률은 매우 낮다. 이와 같은 물질을 절연체라 한다. **전하운반체** (charge carrier)**의 수를 증가하는 방법 중에 불순물을 삽입하는 방법이 있다.** ☞ 그림 (20-4-6). 여기에는 n-형 반도체와 p-형 반도체가 있다. n-형에는 자유전자가 전하운반체가 되고, p-형 반도체에는 자유구멍 (free hole)이 전하운반체가 된다.

그림 (20-4-5). $T > 0\mathrm{K}$**일 때 원자가띠에 있던 전자의 일부는 전도띠로 들뜨게 되고 그 결과로 이물질은 반도체의 성질을 띠게 됨.**

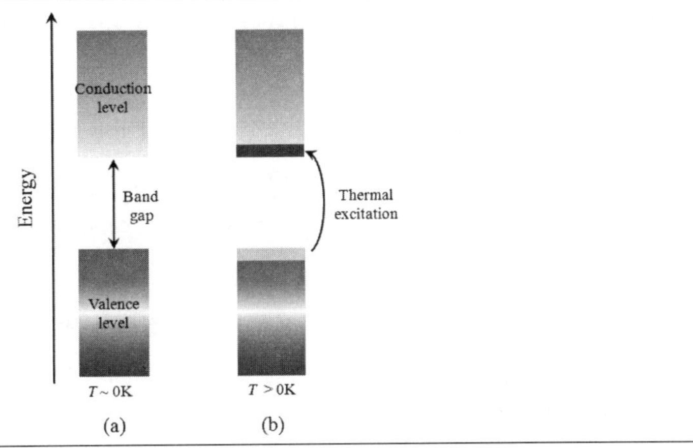

그림 (20-4-6). **불순물의 도입으로 원자가띠에 구멍 (hole)의 농도를 증가시키고 전도띠에 자유전자의 농도를 증가시킬 수 있음.**

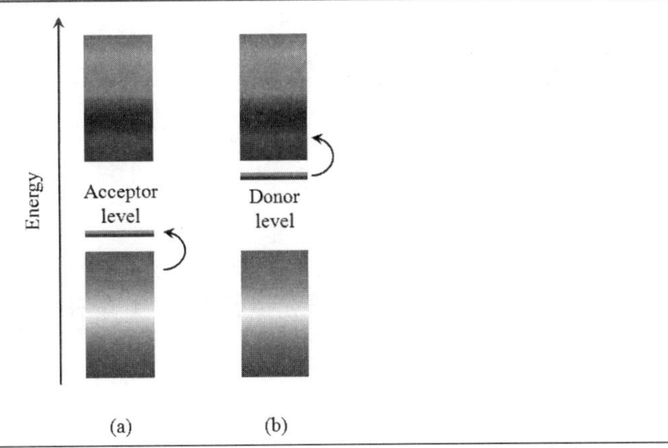

(d) 발광다이오드와 반도체 레이저

III-V 질화 계 물질들인 질화갈륨 (GaN), 질화알루미늄 (AlN) 및 질화인듐 (InN)과 이 물질들의 상호결합으로 생기는 InGaN 및 AlGaN 등의 헤테로구조의 합금은 넓은 금지대폭 (band gap)을 갖는 물질로서 최근 학계 및 전자산업계에서 많은 각광을 받고 있다. **GaN 반도체는 In 또는 Al과의 합금을 성장하여 자외선영역에서 적외선영역까지 넓은 영역에서 발광다이오드 및 레이저다이오드 등의 발광 소자 또는 광다이오드로 응용되고 있다.** 왜냐하면 GaN, AlN 및 InN가 각각 3.4, 6.2 및 1.9 eV의 금지대 폭을 가짐으로써 각각의 물질이나 이들의 합금에 의해 녹색광 영역에서부터 자외선 영역까지 빛을 발생할 수 있기 때문이다. 일례로 GaN에 InN을 참가하면 1.95 ~ 3.4 eV 영역의 빛을 발할 수 있다. 또한 GaN를 바탕으로 하는 반도체는 열전도도가 크고 화학적으로 매우 안정적이어서 높은 일률을 낼 수 있는 전계트랜지스터 (FET) 등에 응용할 수 있는 물질이다. 질화물 반도체의 성장에 관한 체계적인 연구는 1980년대에 들어서면서 양질의 단결정박막성장법으로 널리 알려진 금속유기화학기상증착법 (metalorganic chemical vapor deposition, MOCVD)과 분자빔에피택시법 (molecular beam epitaxy, MBE) 기술의 개발과 발전에 힘입어 한층 진전되어 왔다. 1992년 일본 니치아화학공업회사의 Nakamura 등에 의해 GaN 완충 층을 2중-흐름 (two-flow) MOCVD (TF-MOCVD) 법으로 성공적으로 성장하면서 질화물 반도체 박막 성장기술이 획기적으로 발전하고 있다. 앞으로 GaN을 기본 물질로 한 LED와 LD는 청색 디스플레이와 단색광램프에 있어서 주된 상품이 될 것으로 전망하고 있다. 이러한 LED 및 LD는 섬유광통신에 사용될 뿐만 아니라 고밀도광저장 및 광통신을 실현시킬 수 있는 컴팩트디스크 플레이어에도 이용될 것이라 여겨진다.

5. 결정의 자기적 성질

(a) 자화

$$M = \chi H \tag{20-5-1}$$

M은 자화로 평균분자자기쌍극자모멘트 x 분자수밀도 (number density)로 주어진다. 여기서 H는 작용한 자기장의 세기, χ는 차원이 없는 부피자화율 (volume magnetic susceptibility로 단위부피당 자화율 (magnetic susceptibility)이다. $\chi_m = \chi V_m$. χ_m은 단위몰당 자화율이고 V_m은 1 몰의 부피이다.

$$B = \mu_0(H+M) = \mu_0(1+\chi)H \qquad (20\text{–}5\text{–}2)$$

B는 자기흐름밀도 (magnetic flux density), μ_0는 진공에서의 투자율 (透磁率, vacuum permeability)이다. μ_0는 아래와 같은 여러 종류의 단위로 나타낼 수 있다.

$$\mu_0 = 4\pi \cdot 10^{-7}\mathrm{NC}^{-2}\mathrm{s}^2 = 4\pi \cdot 10^{-7}\mathrm{TmC}^{-1}\mathrm{s} = 4\pi \cdot 10^{-7}\mathrm{NA}^{-2} \qquad (20\text{–}5\text{–}3)$$

여기서 T는 tesla, A는 ampere이다. 전자의 스핀자기쌍극자모멘트의 크기는 아래와 같이 주어진다.

$$m \equiv |\vec{m}| = g_e\{s(s+1)\}^{1/2}\beta \qquad (20\text{–}5\text{–}4)$$

g_e : 2.0023, s : $\frac{1}{2}$, Bohr magneton β: $\frac{e\hbar}{2m_e}$

전자의 자기쌍극자모멘트가 자기장 $\vec{B}$에 놓이게 되면, 그 상호작용에너지는 다음과 같이 주어진다.

$$E_{mag} = -\vec{m} \cdot \vec{B} \qquad (20\text{–}5\text{–}5)$$

하나의 전자에 대해서 자기장축 (z 축)에 기여하는 스핀자기쌍극자모멘트는 두 개의 고유값을 갖는다.

$$g_e m_s \beta = \pm\frac{1}{2}g_e\beta \qquad (20\text{–}5\text{–}6)$$

$$\therefore\ E_{mag} = \pm\frac{1}{2}g_e\beta_e B_z \qquad (20\text{–}5\text{–}7)$$

이 분야는 자기공명분광학에서 좀 더 자세하게 다루고 있다.

연습문제

(20-1) a= 5.00 Å 인 단순한정육면체격자 (simple cubic lattice)의 (100) 평면들로부터 λ = 3.00 Å X-선이 어떠한 각도에서 회절되어 나오는가?

(20-2) p-n 접합의 성질을 이용한 발광다이오드의 발광에 대해 설명하시오.

(20-3) Cyclohexane의 몰자화율 (volume magnetic susceptibility)이 -7.9x10-7이고 그 밀도는 25 ℃에서 811 kg • m^{-3}이다. Cyclohexane의 몰자화율을 구하시오.

(20-4) 고체결합의 종류를 예를 들면서 열거하고 특성을 설명하시오.

(20-5) p형 반도체 및 n형 반도체의 접합인 p-n 접합에 대해 설명하시오.

(20-6) 아래에 나타낸 체심정육면체 (body-centered cubic)와 면심정육면체 (end-centered cubic)의 단위세포 (unit cell)에는 몇 개의 격자점 (lattice point)이 있는가?

연습문제그림 (20-1). **체심정육면체와 면심정육면체.**

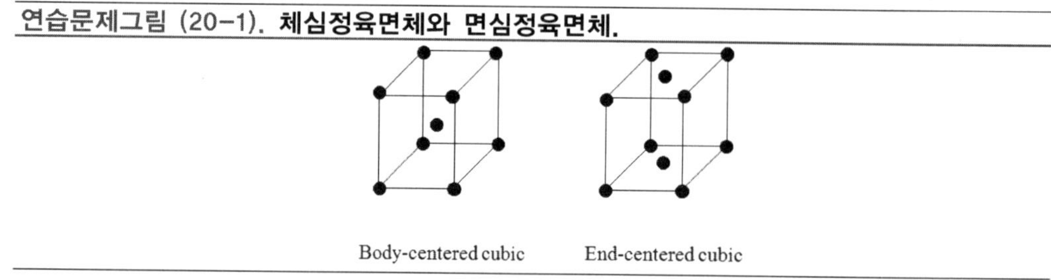

(20-7) 다음 결정들은 어떤 결합으로 이루어져 있는가? 이온결합, 공유결합, 금속결합 및 분자결합 등으로 구분하시오.

(a) Na (b) CsCl (c) N_2 (d) $CsNO_3$ (e) CO_2 (f) C_6H_6 (g) SiO_2 (h) Cs

(i) Diamond (j) BaO

(20-8) 한변의 길이가 *a*인 정육면체결정격자에서 (111) 면들 사이의 간격이 5.0 Å이다. 이 경우 (222) 면들 사이의 간격은 얼마인가?

(20-9) Trigonal R 결정체의 격자구조를 그리시오.

20장

고·체·상·태

연습문제해답

(20-1) $n\lambda = 2d\sin\theta$, $d' = \dfrac{d}{n}$이라고 하면 $\lambda = 2d'\sin\theta$. $\lambda = 3.00$ Å,

$d' = \dfrac{5.00}{1}, \dfrac{5.00}{2}, \dfrac{5.00}{3}$ Å, $\sin\theta = \dfrac{d'}{10}$. 첫 번째 (100) 평면에 대해 $\theta = 17.5°$, 두 번째 (200) 평면에 대해 $\theta = 36.9°$, 세 번째 (300) 평면에 대해 $\theta = 64.2°$.

(20-2) 그림 (14-3-14)에 나타낸 바와 같이 n-형 반도체에 - 전위가 걸리고 p-형 반도체에 + 전위가 걸리면 n-형 반도체의 전도띠에 자유전자가 풍부하게 된다. 이 전자들은 서로 반발하게 되어 전도띠를 따라 언덕을 넘어 p-형 반도체로 이동하거나 언덕 중간에서 전이하여 발광하게 된다. 전자의 경우를 다이오드, 후자의 경우를 발광다이오드라 한다.

(20-3) $\chi_m = \chi V_m = -7.9\text{x}10^{-7}\dfrac{\text{m}^3}{811\text{kg}}\text{x}\dfrac{84.2\text{g}}{1\,\text{mol}}\text{x}\dfrac{1\text{kg}}{1000\text{g}} = -8.2\text{x}10^{-10}\text{m}^3/\text{mol}$

(20-6) 체심: $1\text{x}1 + 8\text{x}\dfrac{1}{8} = 2$, 면심 $2\text{x}\dfrac{1}{2} + 8\text{x}\dfrac{1}{8} = 2$

(20-7) (a) Na : 금속결합 (b) CsCl : 이온결합 (c) N_2 : 분자결합 (van der Waals 결합)
(d) $CsNO_3$: 이온결합 (e) CO_2 : 분자결합 (f) Benzene : 분자결합 (g) SiO_2 : 공유결합
(h) Cs : 금속결합 (i) 다이아몬드 : 공유결합 (j) BaO : 이온결합

(20-8) $\dfrac{1}{d_{hkl}^2} = \dfrac{h^2 + k^2 + l^2}{a^2}$ 식에서 (111) 면들 사이의 간격은 $a = \sqrt{3}\,d$임을 알 수 있다.

(222) 면들 사이의 간격은 아래와 같이 구할 수 있다.

$$\frac{1}{d_{222}^2} = \frac{h^2 + k^2 + l^2}{a^2} = \frac{2^2 + 2^2 + 2^2}{3d_{111}^2} = \frac{12}{3d_{111}^2} \quad \therefore d_{222} = \frac{1}{2}d_{111} = \frac{5}{2}\,\text{Å}$$

(20-9) Trigonal R 결정체의 격자 구조

Trigonal R의 결정체의 격자구조와 대칭성을 연습문제그림 (20-2)와 연습문제그림 (20-3)에 나타내었다. 모든 변의 길이와 또한 그림에 나타낸 세 각도 같다. 이 격자구조는 C_3 대칭요소를 갖고 있다. 이 C_3 축은 체심을 통과하는 장축에 해당한다.

연습문제그림 (20-2). **Trigonal R의 결정체의 격자구조와 대칭성.**

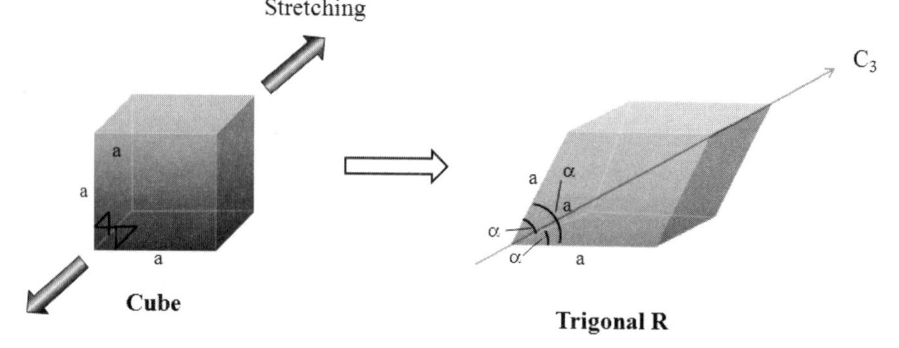

연습문제그림 (20-3). **Trigonal R 결정체에서는 두 개의 사면체 (삼각뿔, pyramid)가 위 아래로 서로 어긋나게 놓여있다고 말할 수 있음.**

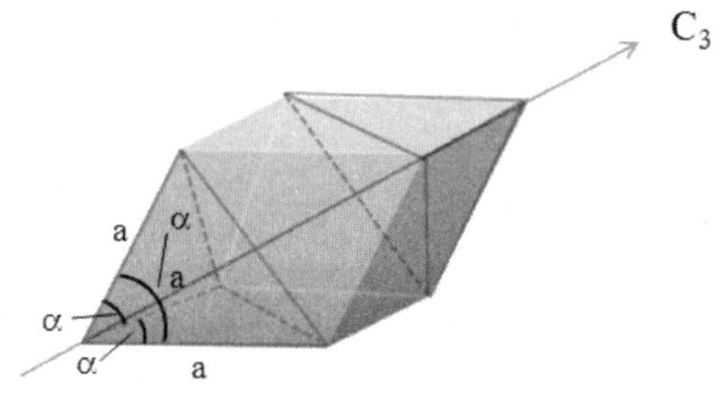

21장

새·롭·고·이·해·하·기·쉬·운· 물·리·화·학

반응속도론

1. 반응속도

$$aA + bB \rightarrow cC + dD \tag{21-1-1}$$

식 (21-1-1)에서 반응속도는 아래와 같이 주어진다.

$$v = -\frac{1}{a}\frac{d[A]}{dt} = -\frac{1}{b}\frac{d[B]}{dt} = \frac{1}{c}\frac{d[C]}{dt} = \frac{1}{d}\frac{d[D]}{dt} \tag{21-1-2}$$

예) $N_2 + 3H_2 \rightarrow 2NH_3$의 반응에서 반응속도는 아래와 같이 주어진다.

$$v = -\frac{1}{1}\frac{d[N_2]}{dt} = -\frac{1}{3}\frac{d[H_2]}{dt} = \frac{1}{2}\frac{d[NH_3]}{dt} \tag{21-1-3}$$

(a) 속도법칙

반응속도가 아래와 같이 주어질 때 식 (21-1-4)를 속도법칙 (rate law)이라 한다.

$$v = -\frac{1}{a}\frac{d[A]}{dt} = -\frac{1}{b}\frac{d[B]}{dt} = \frac{1}{c}\frac{d[C]}{dt} = \frac{1}{d}\frac{d[D]}{dt} = k[A]^m[B]^n \tag{21-1-4}$$

식 (21-1-4)에서 반응은 A에 m차, B에 n차 그리고 전체 $m+n$차 반응이다. 미분으로 표시한 속도법칙을 적분된 속도법칙으로 바꿔보자.

① 0차반응

$$A \rightarrow P \tag{21-1-5}$$

$$-\frac{d[A]}{dt}=k[A]^0 \quad (21\text{-}1\text{-}6)$$

$$\int_{[A]_0}^{[A]} d[A]=-\int_0^t kdt \quad (21\text{-}1\text{-}7)$$

$$[A]-[A]_0=-kt \quad (21\text{-}1\text{-}8)$$

$$[A]=[A]_0-kt \quad (21\text{-}1\text{-}9)$$

그림 (21-1-1). 0차반응에서 농도와 시간과의 관계.

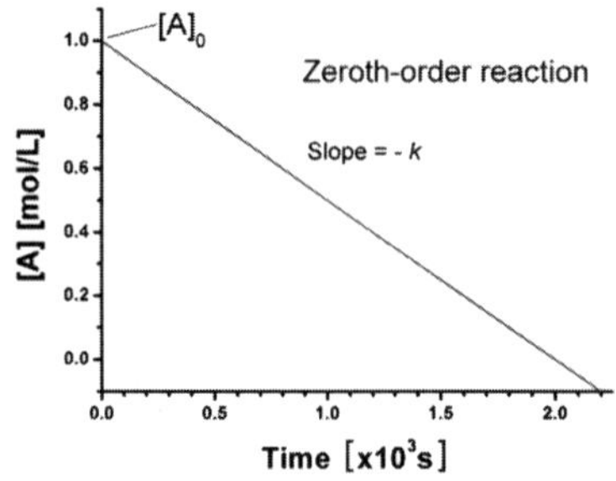

② 1차반응

$$A \rightarrow P \quad (21\text{-}1\text{-}10)$$

$$-\frac{d[A]}{dt}=k[A] \quad (21\text{-}1\text{-}11)$$

$$\int_{[A]_0}^{[A]} \frac{d[A]}{[A]}=-\int_0^t kdt \quad (21\text{-}1\text{-}12)$$

$$\ln[A]-\ln[A]_0=-kt \quad (21\text{-}1\text{-}13)$$

$$[A]=[A]_0 e^{-kt} \quad (21\text{-}1\text{-}14)$$

그림 (21-1-2). 1차반응에서 농도와 시간과의 관계.

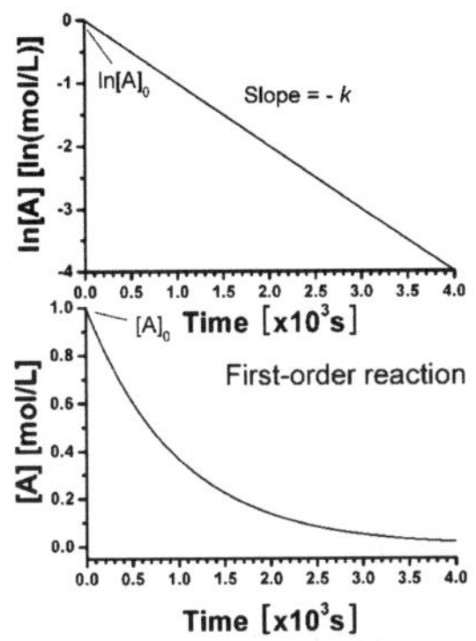

- 소멸시간 : **1차반응에서 소멸시간은 A의 농도가 $\frac{1}{e}$로 줄어드는 데 걸리는 시간을 말한다.**

$$\frac{1}{e}[A]_0 = [A]_0\, e^{-k\tau} \tag{21-1-15}$$

여기서 $[A]$의 소멸시간 또는 수명 (lifetime)은 $[A]$가 $\frac{1}{e}$로 줄어드는데 걸리는 시간으로 정의한다.

$$\therefore \ \tau = \frac{1}{k} \tag{21-1-16}$$

반감기는 $[A]$가 $\frac{1}{2}$로 줄어드는데 걸리는 시간을 말한다.

$$\frac{1}{2}[A]_0 = [A]_0 e^{-kt_{1/2}} \tag{21-1-17}$$

$$\therefore \ t_{1/2} = \frac{0.693}{k} \tag{21-1-18}$$

③ 병렬1차반응

$$\mathrm{A} \xrightarrow{k_1} \mathrm{B}, \qquad \mathrm{A} \xrightarrow{k_2} \mathrm{C}$$

$$-\frac{d[A]}{dt} = k_1[A] + k_2[A] = (k_1 + k_2)[A] \tag{21-1-19}$$

$$\frac{d[B]}{dt} = k_1[A] \tag{21-1-20}$$

$$\frac{d[C]}{dt} = k_2[A] \tag{21-1-21}$$

일반적인 1차반응과 유사한 적분반응식을 구할 수 있다.

$$\ln\frac{[A]}{[A]_0} = -(k_1+k_2)t \tag{21-1-22}$$

$$[A] = [A]_0\exp\{-(k_1+k_2)t\} \tag{21-1-23}$$

여기서 k_1과 k_2의 비율을 갈래비율 (branching ratio)이라 한다. 식 (21-1-20)으로부터

$$\frac{d[B]}{dt} = k_1[A] = k_1[A]_0\exp[-(k_1+k_2)t] \tag{21-1-24}$$

식 (21-1-24)의 미분방정식을 풀면

$$\int_0^{[B]} d[B] = \int_0^t k_1[A]_0\exp[-(k_1+k_2)t]\,dt \tag{21-1-25}$$

$$\begin{aligned}[B] &= \frac{-k_1}{k_1+k_2}[A]_0\exp[-(k_1+k_2)t]\,|_0^t \\ &= \frac{k_1}{k_1+k_2}[A]_0[1-\exp\{-(k_1+k_2)t\}]\end{aligned} \tag{21-1-26}$$

마찬가지로 시간에 따른 C의 농도도 구할 수 있다.

$$\begin{aligned}[C] &= \frac{-k_2}{k_1+k_2}[A]_0\exp[-(k_1+k_2)t]\,|_0^t \\ &= \frac{k_2}{k_1+k_2}[A]_0[1-\exp\{-(k_1+k_2)t\}]\end{aligned} \tag{21-1-27}$$

그림 (21-1-3). 두 개의 병렬1차반응을 나타내는 반응계의 세 물질의 시간에 따른 농도.

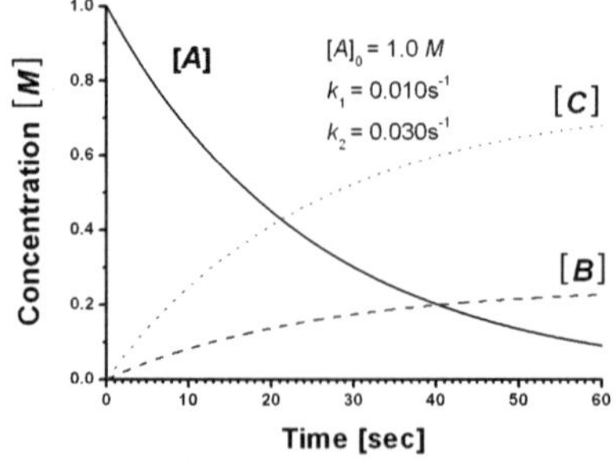

④ 연속1차반응

$$A \xrightarrow{k_1} B \xrightarrow{k_2} C \tag{21-1-28}$$

$$v_1 = -\frac{d[A]}{dt} = k_1[A] \tag{21-1-29}$$

$$[A] = [A]_0 \exp(-k_1 t) \tag{21-1-30}$$

$$\frac{d[B]}{dt} = k_1[A] - k_2[B] = k_1[A]_0 \exp(-k_1 t) - k_2[B] \tag{21-1-31}$$

이 미분방정식의 해를 구하기 위하여 시험함수 (trial function)를 대입한다.

$$\text{시험함수 : } [B] = a\exp(-k_1 t) + b\exp(-k_2 t) \tag{21-1-32}$$

$t = 0$ 에서 $[B] = 0$이므로 $b = -a$

$$[B] = a[\exp(-k_1 t) - \exp(-k_2 t)] \tag{21-1-33}$$

식 (21-1-33)을 식 (21-1-31)에 대입하면 아래 식이 얻어진다.

$$\begin{aligned}\frac{d[B]}{dt} &= a\{-k_1 \exp(-k_1 t) + k_2 \exp(-k_2 t)\} \\ &= k_1[A]_0 \exp(-k_1 t) - k_2 a\{\exp(-k_1 t) - \exp(-k_2 t)\}\end{aligned} \tag{21-1-34}$$

$$\therefore\ a = \frac{k_1[A]_0}{k_2 - k_1} \tag{21-1-35}$$

$$\therefore\ [B] = \frac{k_1[A]_0}{k_2 - k_1}\{\exp(-k_1 t) - \exp(-k_2 t)\} \tag{21-1-36}$$

$$v_2 = \frac{d[C]}{dt} = k_2[B] = \frac{k_1 k_2[A]_0}{k_2 - k_1}\{\exp(-k_1 t) - \exp(-k_2 t)\} \tag{21-1-37}$$

미분방정식인 식 (21-1-37)을 풀면 아래 식이 얻어진다.

$$[C] = [A]_0\left[1 + \frac{1}{k_2 - k_1}\{k_1\exp(-k_2 t) - k_2\exp(-k_1 t)\}\right] \tag{21-1-38}$$

그림 (21-1-4). $A \to B \to C$ 반응계에서 반응물 A, 반응중간체 B, 생성물 C의 시간에 따른 농도의 변화. (a) : $k_2 \gg k_1$, (b) : $k_2 \ll k_1$, (c) : $k_2 \sim k_1$.

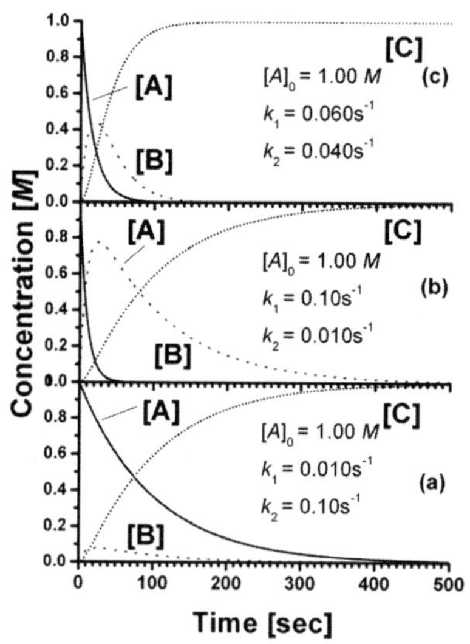

⑤ 2차반응

ⓐ 경우 1

$A + A \to P$

$$-\frac{d[A]}{dt} = k[A]^2 \tag{21-1-39}$$

$$\int_{[A]_0}^{[A]} \frac{d[A]}{[A]^2} = -\int_0^t k dt \tag{21-1-40}$$

$$-\frac{1}{[A]} + \frac{1}{[A]_0} = -kt \tag{21-1-41}$$

$$\frac{1}{[A]} = \frac{1}{[A]_0} + kt \tag{21-1-42}$$

그림 (21-1-5). 2차반응에서 농도와 시간과의 관계.

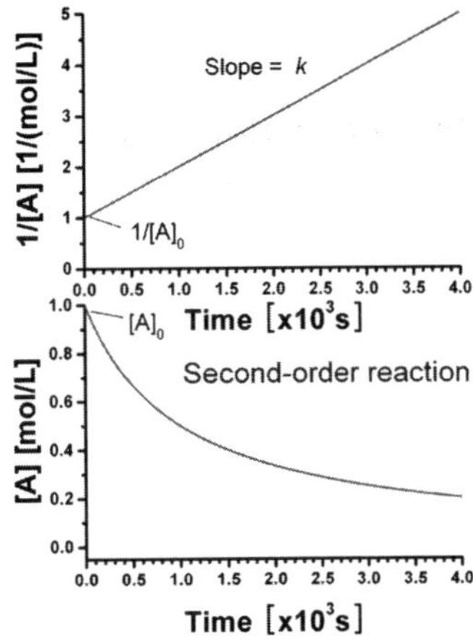

ⓑ **경우 2** $(A+B \rightarrow P)$

두 개의 반응물 각각에 대하여 1차이고, 전체적으로 2차반응에 대하여 고찰해보자.

$$\text{예 : } CH_3COOC_2H_5 + OH^- \xrightarrow{k_2} CH_3COO^- + C_2H_5OH \quad (21\text{-}1\text{-}43)$$

이 반응은 ethylacetate의 가수분해반응이다.

$$\text{반응속도} = k_2[CH_3COOC_2H_5][OH^-] \quad (21\text{-}1\text{-}44)$$

일반적으로 $v = k_2[A][B]$, $[A] = a - x$, $[B] = b - x$, $[A]_0 = a$, $[B]_0 = b$.

$$v = \frac{dx}{dt} = k_2(a-x)(b-x) \quad (21\text{-}1\text{-}45)$$

$$\int_0^x \frac{dx}{(a-x)(b-x)} = k_2 dt \quad (21\text{-}1\text{-}46)$$

$$\frac{1}{b-a}\int_0^x \left(\frac{1}{a-x} - \frac{1}{b-x}\right)dx = k_2 t \quad (21\text{-}1\text{-}47)$$

$$\frac{1}{b-a}[-\ln(a-x) + \ln(b-x)]|_0^x = k_2 t \quad (21\text{-}1\text{-}48)$$

⑥ 3차이상반응

$$v = k[A]^n \quad (21\text{-}1\text{-}49)$$

$$\frac{1}{n-1}\left[\frac{1}{[A]^{n-1}}-\frac{1}{[A]_0^{n-1}}\right]=kt \tag{21-1-50}$$

• 정상상태근사법 (steady-state approximation)

$$A+B\xrightarrow{k_1}X \quad \text{느림} \tag{21-1-51}$$

$$X+D\xrightarrow{k_2}P \quad \text{빠름} \tag{21-1-52}$$

물질 X는 생성되자마자 곧 소멸되는 물질이다. 반응개시 후 물질 X의 농도는 일정한 상태에 도달하게 된다. 따라서 어느 정도 시간이 지나면 $\frac{d[X]}{dt}=0$이 된다.

$$\frac{d[X]}{dt}=k_1[A][B]-k_2[X][D]\cong 0 \tag{21-1-53}$$

$$v=\frac{d[P]}{dt}=k_2[X][D]=k_1[A][B] \tag{21-1-54}$$

매우 빠른 반응과 매우 느린 반응이 있을 때, 속도결정단계는 느린 반응의 속도에 지배를 받는다.

⑦ 1분자열반응의 Lindemann-Hinshelwood 이론

단일분자로 구성되어있는 반응계의 반응속도를 고찰해보자. 여기는 M은 제3자 물질이다.

$$A+M\xrightarrow{k_1}A^*+M \quad \text{활성화과정 (activation process)} \tag{21-1-55}$$

$$A^*+M\xrightarrow{k_{-1}}A+M^* \quad \text{완화과정 (deactivation process)} \tag{21-1-56}$$

$$A^*\xrightarrow{k_2}P \tag{21-1-57}$$

이러한 1분자열반응 (thermal unimolecular reaction) 메커니즘을 Lindemann-Hinshelwood 메커니즘이라 한다. 위 반응에 정상상태근사법을 적용해보자.

$$\frac{d[A^*]}{dt}=k_1[A][M]-k_{-1}[A^*][M]-k_2[A^*]=0 \tag{21-1-58}$$

$$[A^*] = \frac{k_1[A][M]}{k_{-1}[M]+k_2} \quad (21\text{–}1\text{–}59)$$

$$\text{반응속도} = k_2[A^*] = \frac{k_1 k_2[A][M]}{k_{-1}[M]+k_2} = k_{uni}[A] \quad (21\text{–}1\text{–}60)$$

$$k_{uni}[A] = \frac{k_1 k_2[A][M]}{k_{-1}[M]+k_2} = k_1[M][A] = k_0[A] \quad (21\text{–}1\text{–}61)$$

$[M]$이 충분히 작으면 이 반응은 A와 M에 대해서 2차반응이 된다. 단, $k_0 = k_1[M]$. $[M]$이 충분히 커지면 이 반응은 A에 대해서 1차반응이 된다.

$$k_{uni}[A] = \frac{k_1 k_2[A][M]}{k_{-1}[M]+k_2} = \frac{k_1 k_2[A]}{k_{-1}} = k_\infty[A] \quad (21\text{–}5\text{–}62)$$

$$\text{단, } k_\infty = \frac{k_1 k_2}{k_{-1}} \quad (21\text{–}5\text{–}63)$$

낮은 농도에서 반응속도가 매우 높은 농도에서의 반응속도의 $\frac{1}{2}$에 해당하는 농도를 $[M]_{1/2}$이라고 하면

$$\text{즉, } k_{uni} = \frac{1}{2}k_\infty \quad (21\text{–}1\text{–}64)$$

식 (21-1-62), 식 (21-1-63) 및 식 (21-1-64)를 결합하면 아래 식이 얻어진다.

$$k_{uni} = \frac{k_1 k_2[M]_{1/2}}{k_{-1}[M]_{1/2}+k_2} = \frac{1}{2}k_\infty = \frac{1}{2}\frac{k_1 k_2}{k_{-1}} \quad (21\text{–}1\text{–}65)$$

이식을 풀면

$$[M]_{1/2} = \frac{k_2}{k_{-1}} = \frac{k_2 k_1}{k_{-1}k_1} = \frac{k_\infty}{k_1} \quad (21\text{–}1\text{–}66)$$

$$\therefore\ k_1[M]_{1/2} = k_\infty \quad (21\text{–}1\text{–}67)$$

양변에 $[A]$를 곱하면

$$k_1[M]_{1/2}[A] = k_\infty[A] \quad (21\text{–}1\text{–}68)$$

따라서 $[M]_{1/2}$에서는 낮은 농도에서의 활성화과정 {식 (21-1-56)}에 해당하는 반응속도와 매우 높은 농도에서의 반응속도가 같아진다.

그림 (21-1-6). 1분자반응에서 충돌파트너 M의 몰농도에 따른 1분자열반응속도를 나타내는 이론적 Lindemann 그래프. (a) : 선형척도 (linear scale)로 나타낸 그래프. (b) : 로그척도 (log scale)로 나타낸 그래프 .

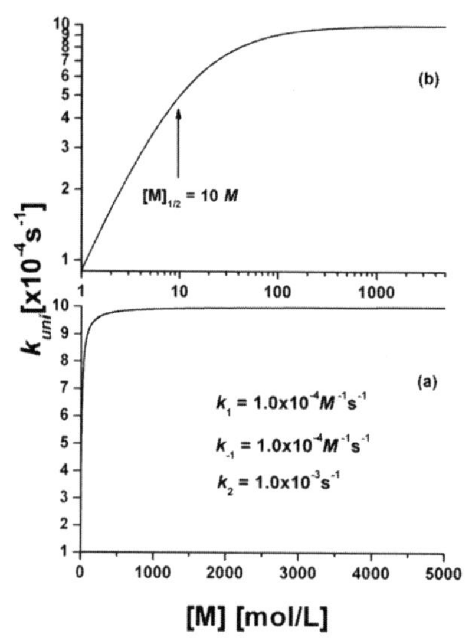

⑧ 선평형근사법

평형에 도달한 물질의 반응속도는 아래 선평형근사법 (prior-equilibrium approximation) 으로 주어진다.

$$A+B \underset{k_{-1}}{\overset{k_1}{\rightleftharpoons}} X \quad \text{빠름, 평형반응} \tag{21-1-69}$$

$$X \xrightarrow{k_2} P \text{ 느림} \tag{21-1-70}$$

A, B, X는 곧 준평형상태에 도달한다.

$$\therefore \ v_1 = v_{-1} \tag{21-1-71}$$

$$k_1[A][B] = k_{-1}[X] \tag{21-1-72}$$

$$K = \frac{k_1}{k_{-1}} = \frac{[X]}{[A][B]} \tag{21-1-73}$$

$$v = \frac{d[P]}{dt} = k_2[X] \tag{21-1-74}$$

$$v = \frac{k_2 k_1}{k_{-1}}[A][B] \tag{21-1-75}$$

⑨ 반응속도자료로부터 메커니즘의 설정

실험적으로 얻어진 반응속도법칙을 이용하여 반응메커니즘을 규명할 수 있다.

$$A + B \rightarrow C \tag{21-1-76}$$

속도법칙이 아래와 같이 주어질 때

$$-\frac{d[A]}{dt} = k_{obs}[A][\mathrm{OH}^-] \tag{21-1-77}$$

기본반응 (elementary reaction)을 아래와 같이 설정할 수 있다.

$$A + \mathrm{OH}^- \xrightarrow{k_1} M^- \quad \text{빠름, 준평형} \tag{21-1-78}$$

$$M^- + B \xrightarrow{k_2} C + \mathrm{OH}^- \quad \text{느림, 속도결정단계} \tag{21-1-79}$$

정상상태근사법을 이용하면

$$\frac{d}{dt}[M^-] = k_1[A][\mathrm{OH}^-] - k_2[M^-][B] = 0 \tag{21-1-80}$$

$$\therefore \mathrm{Rate} = k_2[M^-][B] = k_1[A][\mathrm{OH}^-] \tag{21-1-81}$$

⑩ 반응속도상수의 온도의존도

온도의 변화가 반응속도에 미치는 요인은 두 가지가 있다.

ⓐ 온도가 증가함에 따라 충돌회수가 많아진다.

ⓑ 온도가 증가함에 따라 에너지장벽을 넘을 수 있는 반응물 분자의 비율이 증가한다.

이 두요인 중 요인 ⓑ가 일반적으로 중요한 요인이다. 이 두 가지 요인을 잘 포함한 식이 Arrhenius 식이다.

$$k = A\exp(-E_a/RT) \tag{21-1-82}$$

여기서 A를 Arrhenius A 인자 (factor) 또는 지수앞자리인자 (preexponential factor)라고 부르고, E_a를 활성화에너지라고 한다. 반응온도에 대해 속도상수를 도시하면 A와 E_a를 구할 수 있다.

2. 전이상태이론

전이상태이론 (transition state theory)에서는 아래에 나타낸 기본반응으로 반응이 진행한다는 가정이 제기된다. AB와 C **분자가 만나서** $ABC^{\ddagger}$**라는 전이상태를 거치고,** $ABC^{\ddagger}$**가 분해하여** A**와** BC**를 생성한다.**

$$AB + C \underset{}{\overset{K^{\ddagger}}{\rightleftharpoons}} ABC^{\ddagger} \overset{k^{\ddagger}}{\longrightarrow} A + BC$$

$$K^{\ddagger} = \frac{[ABC^{\ddagger}]}{[AB][C]} \tag{21-2-1}$$

$$v = \frac{d[P]}{dt} = k^{\ddagger}[ABC^{\ddagger}] = k^{\ddagger}K^{\ddagger}[AB][C] = k_{obs}[AB][C] \tag{21-2-2}$$

$$k_{obs} = k^{\ddagger}K^{\ddagger} \tag{21-2-3}$$

$$\triangle G^{\ddagger} = -RT\ln K^{\ddagger} \tag{21-2-4}$$

전이상태에서 $ABC^{\ddagger}$는 다양한 방향으로 진동을 할 것이다. 반응물과 생성물을 연결하는 반응좌표축으로 진동하는 주파수를 ν라고 하면, 에너지균등분배법칙 (energy equipartition law)을 적용하여 아래 식을 구할 수 있다.

(a) 에너지균등분배법칙

에너지균등분배법칙은 "병진, 회전 및 진동에너지에서 제곱이 있는 항 하나당 $\frac{1}{2}k_{\rm B}T$ 만큼의 에너지가 균등하게 분배된다"는 원리이다. 어느 정도는 통계열역학에서 증명이 되나 실제는 약간 사실과 벗어난다. 이원자분자인 경우 진동에너지를 고전역학적으로 아래와 같이 표현한다.

$$E = \frac{1}{2}\mu v^2 + \frac{1}{2}kx^2 \tag{21-2-5}$$

여기서 μ는 환산질량, k는 힘 상수, x는 평형에서 벗어난 변이에 해당한다. 따라서 진동에너지는 $k_{\rm B}T$가 된다. 그리고 양자역학에서 진동에너지는 $\left(v+\frac{1}{2}\right)h\nu$이다. 제일 낮은 진동에너지는 $\frac{1}{2}h\nu$이다. 결과적으로 $\frac{1}{2}h\nu = k_{\rm B}T$이다. 전이상태이론에서는 $h\nu = k_{\rm B}T$ 식을 이용하였는데 수정할 필요가 있다. $h\nu = k_{\rm B}T$. 그리고 ν가 반응속도상수 $k^{\ddagger}$가 된다.

$k^{\ddagger} = \dfrac{k_{\mathrm{B}} T}{h}$. ※ ‡를 이중칼표 (double daggar)라 한다.

$$\therefore k_{obs} = \frac{k_{\mathrm{B}} T}{h} K^{\ddagger} = \frac{k_{\mathrm{B}} T}{h} \exp\left(-\frac{\Delta G^{\ddagger}}{RT}\right) \tag{21-2-6}$$

$\Delta G^{\ddagger} = \Delta H^{\ddagger} - T\Delta S^{\ddagger}$ 이므로 아래 식이 얻어진다.

$$k_{obs} = \frac{k_B T}{h} \exp\left(\frac{\Delta S^{\ddagger}}{R}\right) \exp\left(-\frac{\Delta H^{\ddagger}}{RT}\right) \tag{21-2-7}$$

$\dfrac{d \ln k_{obs}}{dT} = \dfrac{E_a}{RT^2}$ 이므로

$$E_a = \Delta H^{\ddagger} + RT \tag{21-2-8}$$

식 (21-2-8)을 식 (21-2-7)에 대입하여 정리하면

$$k_{obs} = \frac{k_B T}{h} \exp\left(\frac{\Delta S^{\ddagger}}{R}\right) \exp\left(-\frac{\Delta H^{\ddagger}}{RT}\right) = \frac{k_B T}{h} \exp\left(\frac{\Delta S^{\ddagger}}{R}\right) \cdot \exp\left(-\frac{E_a - RT}{RT}\right) = \mathrm{e} \frac{k_B T}{h} \exp\left(\frac{\Delta S^{\ddagger}}{R}\right) \exp\left(-\frac{E_a}{RT}\right) \tag{21-2-9}$$

Arrhenius는 실험적 결과를 토대로 반응속도상수, 활성화에너지 및 반응온도의 상관관계를 밝혀내었다.

$$k = A \exp\left(\frac{-E_a}{RT}\right) \tag{21-2-10}$$

Arrhenius가 주장한 식 (21-2-10)과 식 (21-2-9)을 비교하여, 아래와 같은 관계식을 얻을 수 있다.

$$\mathrm{e} \frac{k_B T}{h} \exp\left(\frac{\Delta S^{\ddagger}}{R}\right) = A \tag{21-2-11}$$

식 (21-2-11)을 변형하면 아래 식을 얻을 수 있다.

$$\Delta S^{\ddagger} = R\left(\ln \frac{Ah}{\mathrm{e} k_{\mathrm{B}} T}\right) \tag{21-2-12}$$

여기서 실험적으로 주어진 Arrhenius A 인자는 활성화 엔트로피 (entropy of activation)와 밀접하게 연관되어있음을 알 수 있다.

$$\Delta S^{\ddagger} = R\left(\ln \frac{Ah}{\mathrm{e} k_{\mathrm{B}} T}\right) \tag{21-2-13}$$

그림 (22-2-1). 전이상태이론에 사용되는 퍼텐샬에너지곡선.

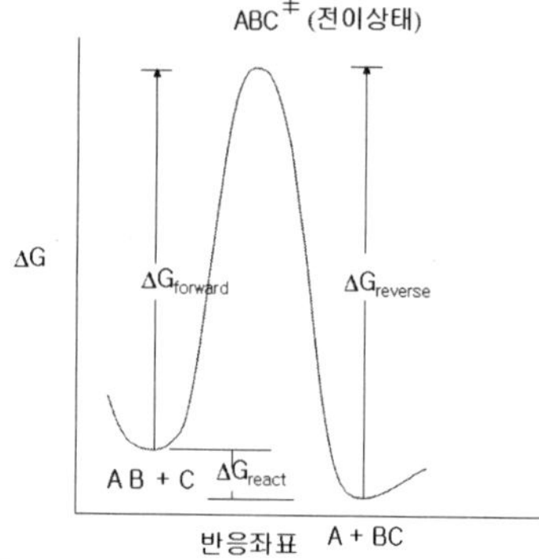

3. 매우 빠른 반응의 반응속도의 측정

(a) 흐름정지반응

1 ms 시간 규모로 비교적 빠르게 진행하는 용액상의 반응속도를 측정하는 방법 중에 흐름정지방법 (stopped flow method) 측정기술이 있다. 그림 (21-3-1)에 나타낸 바와 같이 두 반응물 A와 B를 주사기 펌프에 연결한 반응저장고에 저장한다. 반응물주사기를 잡아당김으로써 섞임과 반응이 시작된다. **시간의 함수로 반응혼합물의 흡광도의 변화를 측정함으로써 반응의 진행정도를 측정할 수 있다.** 흐름정지로 측정한 반응속도의 시간분해능은 반응물들이 섞이는 데 걸리는 시간에 제한을 받는다.

그림 (22-3-1). 하나의 흐름정지장치의 단면도.

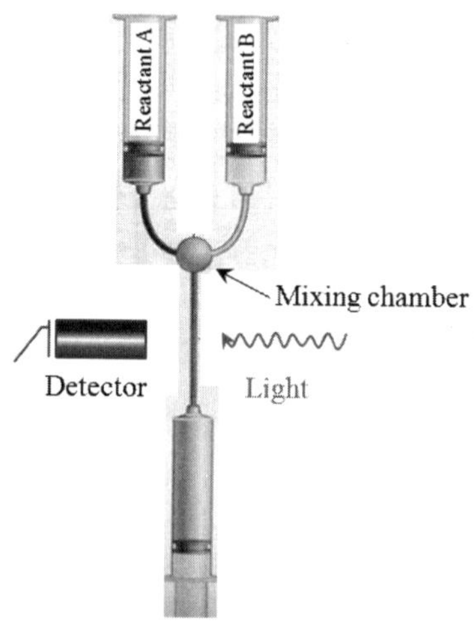

(b) 섬광광분해방법

섬광광분해 (flash photolysis) 법은 펌프-추적 (pump-probe) 방법을 이용한다. 들뜸원천 (excitation source)으로 나노, 피코 및 펨토초레이저를 이용한다. 보통 나노, 피코 및 펨토초레이저를 이용하면 각각 마이크로, 나노 및 피코의 영역에서 일어나는 화학동역학을 연구할 수 있다. 분자내진동재배치와 같은 매우 빠른 반응을 연구하려면 펨토초레이저가 필요하다. 이와 같은 레이저를 이용하면 시각 (vision) 메커니즘과 광합성 및 반도체에서 전하운반동역학 등을 규명하는 연구가 가능하다.

(c) 섭동-이완방법

이 섭동-이완 (perturbation - relaxation) 방법은 평형을 이루고 있는 반응계에 온도 및 압력 등의 순간적인 섭동을 가했을 때 일어나는 이완과정을 연구하는 방법이다. 매우 빠른 반응 $A+B \underset{k_{-1}}{\overset{k_1}{\rightleftharpoons}} P$에서 반응속도법칙은 아래와 같이 주어진다.

$$\frac{d[P]}{dt}=k_1[A][B]-k_{-1}[P] \tag{21-3-1}$$

매우 빠른 평형이 이루어지기 때문에 일단 평형이 이루어진 다음 압력이나 온도점프로 반응물이 평형에서 깨지게 한 후 $\Delta[P]$의 변화를 관찰한다. 이론적 배경을 살펴보기로 하자.

$$[P]=[\overline{P}]+\Delta[P] \tag{21-3-2}$$

$$[A]=[\overline{A}]-\Delta[A]=[\overline{A}]-\Delta[P] \tag{21-3-3}$$

$$[B]=[\overline{B}]-\Delta[B]=[\overline{B}]-\Delta[P] \tag{21-3-4}$$

$$\frac{d[P]}{dt}=\frac{d([\overline{P}]+\Delta[P])}{dt}=\frac{d(\Delta[P])}{dt} \tag{21-3-5}$$

$$\begin{aligned}\frac{d(\Delta[P])}{dt}&=\frac{d[P]}{dt}=k_1[A][B]-k_{-1}[P]\\&=k_1([\overline{A}]-\Delta[P])([\overline{\mathrm{B}}]-\Delta[\mathrm{P}])-k_{-1}([\overline{P}]+\Delta[P])\\&=k_1[\overline{A}][\overline{B}]-k_{-1}[\overline{P}]-k_1\{[\overline{A}]\Delta[P]+[\overline{B}]\Delta[P]-(\Delta[P])^2\}-k_{-1}\Delta[P]\end{aligned} \tag{21-3-6}$$

$\Delta[P]$는 작은 값이므로 $(\Delta[P])^2$는 무시할 수 있다.

$$\therefore\ -\frac{d(\Delta[P])}{dt}=\left\{k_1([\overline{A}]+[\overline{B}])+k_{-1}\right\}\Delta[P] \quad (21\text{-}3\text{-}7)$$

이 속도법칙은 단순한 1차반응을 나타낸다.

$$k_1([\overline{A}]+[\overline{B}])+k_{-1}=k_{obs} \quad (21\text{-}3\text{-}8)$$

$$\Delta[P]=\Delta[P]_0\exp(-k_{obs}t) \quad (21\text{-}3\text{-}9)$$

$$\tau=\frac{1}{k_{obs}} \quad (21\text{-}3\text{-}10)$$

4. 효소반응속도

효소는 다양한 화학반응을 일으키는 단백질촉매이다. 효소는 생체 내에서 독특한 반응만을 촉진시키는 물질로 잘 알려져 있다. PhosphoLipase A_2 촉매반응 등의 메커니즘은 Michaelis-Menten 효소반응속도이론으로 설명이 잘되고 있다.

(a) Michaelis-Menten 효소반응속도이론

효소반응으로 독특하게 일어나는 반응의 개요도를 그림 (21-4-1)에 나타내었다. 효소의 독특한 부분에 기질이 부착하여 컴플렉스를 형성한다.

$$E+S \underset{k_{-1}}{\overset{k_1}{\rightleftarrows}} ES \quad (21\text{-}4\text{-}1)$$

$$ES \xrightarrow{k_2} E+P \quad (21\text{-}4\text{-}2)$$

그림 (21-4-1). 효소의 촉매작용의 개요도.

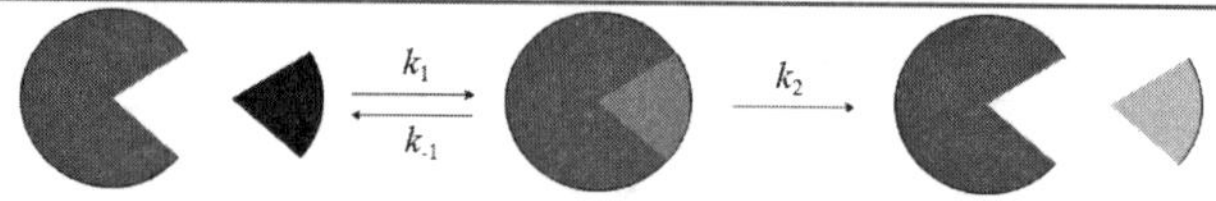

효소 기질 효소-기질컴플렉스 효소 생성물

$$v_0=\frac{d[P]}{dt}=k_2[ES] \quad (21\text{-}4\text{-}3)$$

정상상태근사법을 사용하여 ES의 농도를 구한다.

$$\frac{d[ES]}{dt} = k_1[E][S] - k_{-1}[ES] - k_2[ES] \cong 0 \tag{21-4-4}$$

$$\therefore \ [ES] = \frac{k_1[E][S]}{k_{-1} + k_2} \tag{21-4-5}$$

아래 식을 이용하면 식 (21-4-6)이 얻어진다.

$[E]_0 = [E] + [ES]$, $[S]_0 = [S] + [ES] \cong [S]$

$$[ES] = \frac{[E]_0}{1 + \dfrac{k_{-1} + k_2}{k_1[S]}} \tag{21-4-6}$$

$$v_0 = \frac{k_2[E]_0}{1 + \dfrac{k_{-1} + k_2}{k_1[S]}} = \frac{v_{max}}{1 + \dfrac{K_M}{[S]}} \tag{21-4-7}$$

여기서 $K_M = [S]$일 때 $v_0 = \frac{1}{2}v_{max}$. 그림 (21-4-2)에 나타낸 바와 같이 효소의 최고반응 속도와 $v_0 = \frac{1}{2}v_{max}$를 측정함으로써 Michaelis 상수 K_M을 구할 수 있다.

그림 (21-4-2). 한정된 양의 효소 존재 하에서 기질 S의 농도에 따른 초기속도.

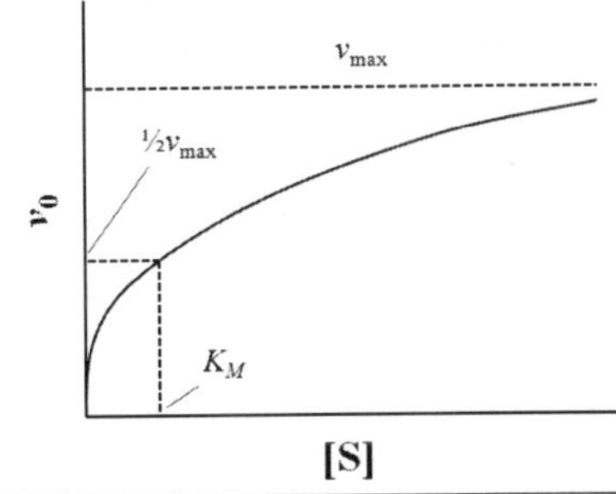

5. 연대결정

(a) 방사성탄소연대측정법

방사성탄소연대측정법 (radiocarbon dating)은 1940년대에 미국의 물리학자인 Libby에 의하여 개발되었다. 이 개발의 공로로 1960년에 Libby는 노벨화학상을 수상하였다. 지구상의 모든 유기물은 대기 중의 탄소를 흡수하여 그 생명을 유지한다. 안정상태의 탄소는 원자량이

12인데 대기 중의 ^{12}C 일부는 외계에서 오는 β 우주선 (β ray)의 작용으로 원자량 14의 동위원소로 바뀌게 된다. 이 때 지구의 대기에는 ^{12}C와 ^{14}C가 일정한 비율로 존재한다고 볼 수 있다. 따라서 유기물이 생명을 유지하는 동안 체내에 축적하는 탄소는 대기 중의 ^{12}C와 ^{14}C의 비율대로 두 동위원소를 포함할 것이다. 유기물이 일단 생명을 잃으면, 대기로부터의 탄소의 공급이 중단되는데, 이때부터 안정상태의 ^{12}C와는 달리 이의 동위원소인 ^{14}C는 식 (21-5-1)에 의해 서서히 붕괴되어서 ^{14}N 가 되면서 농도가 줄어들게 된다.

$$^{14}_{6}C \xrightarrow{t_{1/2} = 5680\text{yr}} {}^{14}_{7}N + {}^{0}_{-1}\beta \tag{21-5-1}$$

따라서 **유기물의 잔해에 남아있는 ^{12}C와 ^{14}C의 양을 측정하면 유기물잔해의 연대를 측정할 수 있다.** 유기물잔해에 안정상태의 ^{12}C는 원래의 양대로 남아있지만, ^{14}C는 ^{14}N로 붕괴하였으므로 ^{14}C의 상대적 비율은 생명체의 그 것보다는 낮다. 자연상태의 ^{12}C와 ^{14}C의 비율과 ^{14}C가 ^{14}N로 붕괴하는데 필요한 반감기는 상수이기 때문에, 유기물잔해의 ^{12}C와 ^{14}C의 비율을 계산하면 유기물이 원래 가지고 있던 ^{14}C의 양을 알 수 있을 것이고, 이것과 유기물잔해에서 현재 측정된 ^{14}C의 양을 비교하면 그 유기물이 생명을 잃은 시점을 계산할 수 있다. 탄소연대측정법은 놀라우리만큼 정확해 기원전 5 만년에 만들어진 유물의 연대를 100 년의 오차 안에서 밝혀낼 수 있다. 물론 최근에는 이러한 탄소연대측정법 외에도 보다 과학적이고 정확한 방법들이 고대 유물의 연대를 예측하는데 동원되고 있다. 방사능은 지질학이나 생물학의 다양한 시료의 나이를 알 수 있도록 해준다. 시료에 포함된 방사능핵과 이의 안정된 딸핵의 함유 비율은 시료의 나이와 핵의 반감기에 따라 달라진다.

(b) 칼륨-아르곤 연대측정법

방사성탄소연대측정법은 비교적 짧은 수천 또는 수 만년의 연대를 측정하는 방법인데 반해, **칼륨-아르곤 연대측정법 (potassium-argon dating)은 수억 년대의 연대를 측정하는 방법이다.** 어떤 바위의 연대측정은 그 바위 속에 있는 칼륨과 아르곤의 상대적인 양을 측정하면 가능하다. 동위원소 $^{40}_{19}K$은 $^{40}_{20}Ca$과 $^{40}_{18}Ar$으로 동시에 붕괴한다. $t=0$에서 $N_K(0)$의 양은 아래와 같이 주어진다.

$$N_K(0) = N_K(t) + N_{Ar}(t) + N_{Ca}(t) \tag{21-5-2}$$

^{40}K의 붕괴속도법칙은 아래와 같이 주어진다.

$$N_K(t) = N_K(0)\exp(-kt) \tag{21-5-3}$$

$$\frac{dN_{Ar}(t)}{dt} = k_{Ar}N_K(t) = k_{Ar}N_K(0)\exp(-kt) \tag{21-5-4}$$

식 (21-5-4)를 0에서 t까지 적분하면

$$N_{Ar}(t) = k_{Ar}N_K(0)\left(-\frac{1}{k}\right)\exp(-kt)|_0^t = -\frac{k_{Ar}}{k}N_K(0)[\exp(-kt)- \\ = -\frac{k_{Ar}}{k}N_K(t)\exp(kt)[\exp(-kt)-1] = \frac{k_{Ar}}{k}N_K(t)[\exp(kt)-1] \tag{21-5-5}$$

식 (21-5-5)를 정리하면 아래 식이 얻어진다.

$$\frac{N_{Ar}(t)}{N_K(t)} = \frac{k_{Ar}}{k}\{\exp(kt)-1\} \tag{21-5-6}$$

$$\therefore\ t = \frac{1}{k}\ln\left\{1+\frac{N_{Ar}(t)}{N_K(t)}\frac{k}{k_{Ar}}\right\} \tag{21-5-7}$$

아래의 실험적 결과를 이용하여 어떤 바위의 연대를 결정할 수 있다.

$$\begin{aligned} {}^{40}_{19}\mathrm{K} &\xrightarrow{t_{1/2}=\ 1.49\mathrm{x}10^9\mathrm{yr}} {}^{40}_{20}\mathrm{Ca} + {}^{0}_{-1}\beta \\ {}^{40}_{19}\mathrm{K} &\xrightarrow{t_{1/2}=\ 1.19\mathrm{x}10^{10}\mathrm{yr}} {}^{40}_{18}\mathrm{Ar} + {}^{0}_{1}\beta \end{aligned} \tag{21-5-8}$$

어떤 바위의 원자의 비율 $\frac{N_{Ar}(t)}{N_K(t)} = 0.0030$이면 $t = 5.1\mathrm{x}10^7$ yr가 얻어진다.

연습문제

(21-1) 어떤 $A+B \rightarrow C$의 속도법칙이 아래와 같은 형태로 얻어졌다면 가능한 반응메커니즘은? $\text{Rate} = k[A][\text{OH}^-]$

(21-2) $\text{NO}_2(g) + \text{CO}(g) \rightarrow \text{NO}(g) + \text{CO}_2(g)$ 반응에서 속도법칙은 실험적으로 다음과 같이 주어졌다. $\text{Rate} = k[\text{NO}_2]^2$. 적절한 반응메커니즘을 제시하시오.

(20-3) 아래 반응으로부터 물질 D가 생성되는 속도를 구하시오.

$$A \underset{k_2}{\overset{k_1}{\rightleftarrows}} B$$

$$B + C \xrightarrow{k_3} D$$

단, $[C]$가 매우 클 때와 작을 때를 구별해서 나타낼 것.

(21-4) 아래 반응으로부터 물질 D가 생성되는 속도를 구하시오.

$$A + \text{B} \overset{K}{\rightleftarrows} AB \quad \text{빠른 평형}$$

$$AB + C \xrightarrow{k} D$$

(21-5) 자연에 존재하는 ${}^{14}_{6}\text{C}$의 방사능은 탄소 1g 당 약 16.0 dis/min 이다. 선사시대에 살았다고 추정되는 어떤 들소의 뼈에서 측정한 ${}^{14}_{6}\text{C}$의 방사능은 탄소 1g 당 2.0 dis/min이었다. 대략 얼마 전에 이 동물이 살고 있었겠는가? 단, ${}^{14}_{6}\text{C}$의 반감기는 5,760 년이다.

(21-6) $2\text{NO} + \text{O}_2 \rightarrow 2\text{NO}_2$ 반응의 가장 가능한 반응메커니즘은 아래와 같다.

$$\text{NO} + \text{O}_2 \underset{k_{-1}}{\overset{k_1}{\rightleftarrows}} \text{NO}_3$$

$$\text{NO}_3 + \text{NO} \xrightarrow{k_2} \text{NO}_3$$

$\dfrac{d[\text{NO}_3]}{dt}$를 유도하고 정상상태근사법을 사용하여 반응속도를 구하시오.

$k_{-1} \gg k_2[\text{NO}]$ 및 $k_{-1} \ll k_2[\text{NO}]$인 조건에서 반응속도를 각각 유도하시오.

(21-7) A → 생성물 반응에서 다음 자료가 얻어졌다.

$[A]_0 = 1.00M,\ t_{1/2} = 50$분

$[A]_0 = 2.00M,\ t_{1/2} = 25$분

$[A]_0 = 0.50M,\ t_{1/2} = 100$분

위 반응의 속도식과 k값을 구하시오.

(21-8) $N_2 + 3H_2 \rightarrow 2NH_3$ 반응에서 $\frac{d[H_2]}{dt} = -0.006\text{mol}/(L \cdot s)$이면 $\frac{d[N_2]}{dt}$와 $\frac{d[NH_3]}{dt}$은 각각 얼마이겠는가?

(21-9) $2NO_2 + F_2 \rightarrow 2NO_2F$ 반응에서 반응속도는 아래와 같다.

반응속도$= k[NO_2][F_2]$. 가능한 반응메커니즘을 제시하시오.

(21-10) 아래 반응속도 자료를 이용하여 반응속도법칙을 나타내시오. $A + B \rightarrow P$

$[A]$ M	$[B]$ M	Initial Rate (M/s)
2.30x10^{-4}	3.10x10^{-5}	5.25x10^{-4}
4.60x10^{-4}	6.20x10^{-5}	4.20x10^{-3}
9.20x10^{-4}	6.20x10^{-5}	1.68x10^{-2}

(21-11) 아래 반응으로부터 물질 D가 생성되는 반응속도를 구하시오.

(a) $A \underset{k_{-1}}{\overset{k_1}{\rightleftharpoons}} B,\ B + C \xrightarrow{k_2} D$

단, $[C]$가 매우 클 때와 작을 때를 구별해서 나타낼 것. $[B]$가 정상상태에 도달했다고 가정할 것.

(b) $A + B \overset{K}{\rightleftharpoons} AB$ fast equilibrium, $AB + C \xrightarrow{k} D$

(21-12) $2A + B \rightarrow 2C$ 반응에서 가장 가능한 반응메커니즘이 아래와 같을 때,

$$A + B \underset{k_{-1}}{\overset{k_1}{\rightleftharpoons}} M, \quad M + A \xrightarrow{k_2} 2C$$

$\frac{d[M]}{dt}$를 유도하고 또한 정상상태근사법을 이용하여 반응속도식을 유도하시오.

$k_{-1} \gg k_2[A]$ 및 $k_{-1} \ll k_2[A]$ 인 조건에서 반응속도를 각각 유도하시오. 단, M은 반응중간체이다.

(21-13) 아래에 나타낸 직렬반응에서 시간에 따른 A, B, C의 농도를 유도하고 그래프에 도시하시오.

$$A \xrightarrow{k_1} B \xrightarrow{k_2} C$$

(21-14) 아래의 실험적 자료들을 이용하여 어떤 바위의 연대를 결정하시오.

$$^{40}_{19}\mathrm{K} \xrightarrow{t_{1/2}=\ 1.49\mathrm{x}10^{9}\mathrm{yr}} {}^{40}_{20}\mathrm{Ca} + {}^{0}_{-1}\beta$$

$$^{40}_{19}\mathrm{K} \xrightarrow{t_{1/2}=\ 1.19\mathrm{x}10^{10}\mathrm{yr}} {}^{40}_{18}\mathrm{Ar} + {}^{0}_{1}\beta$$

원자의 비율 $\dfrac{N_{\mathrm{Ar}}(t)}{N_{\mathrm{K}}(t)} = 0.0068$

(21-15) 아래 반응의 반응속도가 556 K 에서 $3.52\mathrm{x}10^{-7}M^{-1}\mathrm{s}^{-1}$이고 781K 에서 $3.95\mathrm{x}10^{-2}M^{-1}\mathrm{s}^{-1}$이다. $2\mathrm{HI} \rightarrow \mathrm{H}_2 + \mathrm{I}_2$. 이 실험적 자료를 이용하여 활성화에너지와 지수앞자리인자를 구하시오.

21장

반·응·속·도·론

연습문제해답

(21-2) 적절한 반응메커니즘: $NO_2(g) + NO_2(g) \rightarrow NO_3(g) + NO(g)$

$NO_3(g) + CO(g) \rightarrow NO_2(g) + CO_2(g)$

(21-3) 정상상태근사법을 이용하면

$$\frac{d[B]}{dt} = k_1[A] - k_2[B] - k_3[B][C] \approx 0, \ [B] = \frac{k_1[A]}{k_2 + k_3[C]}$$

$$\therefore \ v = k_3[\mathrm{B}][\mathrm{C}] = \frac{k_3 k_1[A][C]}{k_2 + k_3[C]}$$

$[C]$가 매우 작을 때 $v = \dfrac{k_3 k_1[A][C]}{k_2}$, $[C]$가 매우 클 때 $v = k_1[A]$

(21-4) $A + B \overset{K}{\rightleftarrows} AB, \qquad K = \dfrac{[AB]}{[A][B]}, \ v = k[AB][C] = kK[A][B][C]$

$AB + C \overset{k}{\rightarrow} D$

(21-5) 5760x3 = 17,280 (년)

(21-7) $v = -\dfrac{d[A]}{dt} = k[A]^2$

미분방정식을 풀면

$$kt = \frac{1}{[A]} - \frac{1}{[A]_0}, \ kt_{1/2} = \frac{1}{[A]_0},$$

$$k = \frac{1}{1.00M\mathrm{x}50\mathrm{min}}\mathrm{x}\frac{1\mathrm{min}}{60\mathrm{sec}} = 0.00033M^{-1}\mathrm{sec}^{-1}$$

(21-14)

$$k_{\mathrm{Ar}} = \frac{\ln 2}{1.19\mathrm{x}10^{10}\mathrm{yr}}, \ k_{\mathrm{Ca}} = \frac{\ln 2}{1.49\mathrm{x}10^{9}\mathrm{yr}}$$

$$k_{total} = k_{\mathrm{Ar}} + k_{\mathrm{Ca}} = 5.23\mathrm{x}10^{-10}\mathrm{yr}^{-1}$$

$$t = \frac{1}{k_{total}}\ln\left\{1 + \frac{N_{\mathrm{Ar}}(t)}{N_{\mathrm{K}}(t)}\frac{k_{total}}{k_{\mathrm{Ar}}}\right\} = \frac{1}{5.23\mathrm{x}10^{-10}\mathrm{yr}}\ln\left(1 + 0.0068\mathrm{x}\frac{5.23\mathrm{x}10^{-10}}{5.82\mathrm{x}10^{-11}}\right)$$

$= 1.1\mathrm{x}10^{8}\,\mathrm{yr}$

(21-15) $k = A\exp\left(-\dfrac{E_a}{RT}\right)$. 이 식을 변형하여 온도와 반응속도상수를 대입하면 활성화에너지를 결정할 수 있다. $\ln\dfrac{k_1}{k_2} = -\dfrac{E_a}{R}\left(\dfrac{1}{T_1} - \dfrac{1}{T_2}\right)$,

$$\ln\frac{3.52\text{x}10^{-7}}{3.95\text{x}10^{-2}} = -\frac{E_a}{8.314\text{J/K}}\left(\frac{1}{556\text{K}} - \frac{1}{781\text{K}}\right)$$

$\therefore\ E_a = 187\,\text{kJ}$. $\ln A = \ln k + \dfrac{E_a}{RT} = \ln 3.52\text{x}10^{-7} + \dfrac{187\text{x}10^3}{8.314\text{x}556} = 25.6$

$\therefore A = 1.31\text{x}10^{11}$

22장

새·롭·고·이·해·하·기·쉬·운·물·리·화·학

광물리학과 광화학

1. 광물리적 현상과 측정법

(a) 단일항 들뜬상태의 이완메커니즘

흡수: $S_0 + h\nu \rightarrow S_1$, $v_{abs} = I_{abs}$, 형광: $S_1 \rightarrow S_0 + h\nu_F$, $v_F = k_F[S_1]$

내부전환 $S_1 \rightarrow S_0$, $v_{IC} = k_{IC}[S_1]$, 계간교차 $S_1 \rightarrow T$, $v_{ISC} = k_{ISC}[S_1]$

정상상태근사법을 이용하면

$$\frac{d[S_1]}{dt} = I_{abs} - k_F[S_1] - k_{IC}[S_1] - k_{ISC}[S_1] = 0 \qquad (22\text{–}1\text{–}1)$$

$$\therefore I_{abs} = k_F[S_1] + k_{IC}[S_1] + k_{ISC}[S_1] = (k_F + k_{IC} + k_{ISC})[S_1] \qquad (22\text{–}1\text{–}2)$$

형광양자수득률 ϕ_F는 다음과 같이 주어진다.

$$\phi_F \equiv \frac{v_F}{I_{abs}} = \frac{k_F[S_1]}{(k_F + k_{IC} + k_{ISC})[S_1]} = \frac{k_F}{(k_F + k_{IC} + k_{ISC})} \qquad (22\text{–}1\text{–}3)$$

광반응이 섬광광분해 (flash photolysis)인 경우 :

$$[S_1]_t = [S_1]_0 \exp(-t/\tau) \qquad (22\text{–}1\text{–}4)$$

들뜬상태소멸시간 τ는 형광소멸시간 τ_F와 같다.

$$\tau = \tau_F = \frac{1}{k_F + k_{IC} + k_{ISC}} = \frac{\phi_F}{k_F} \qquad (22\text{–}1\text{–}5)$$

(b) 소광

소광물질 (quencher)이 존재하는 계에서 형광방출속도법칙은 아래와 같이 변형된다.

흡수 : $S_0 + h\nu \rightarrow S_1$, $v_{abs} = I_{abs}$, 형광 : $S_1 \rightarrow S_0 + h\nu_F$, $v_F = k_F[S_1]$

내부전환 $S_1 \rightarrow S_0$, $v_{IC} = k_{IC}[S_1]$, 계간교차 $S_1 \rightarrow T$, $v_{ISC} = k_{ISC}[S_1]$

소광 : $S_1 + Q \rightarrow S_0 + Q^*$ $\quad v_Q = k_Q[Q][S_1]$

정상상태근사법을 이용하면

$$\frac{d[S_1]}{dt} = I_{abs} - (k_F + k_{IC} + k_{ISC} + k_Q[Q][S_1]) = 0 \qquad (22-1-6)$$

소광물질이 존재하는 계에서의 형광수득률 ϕ는 소광물질이 없는 곳에서보다 소광 (quenching) 때문에 낮아진다.

$$\phi = \frac{k_F}{k_F + k_{IC} + k_{ISC} + k_Q[Q]}$$

소광물질이 존재하지 않는 계에서의 형광수득률 ϕ_F는

$$\phi_F \equiv \frac{k_F}{k_F + k_{IC} + k_{ISC}}$$

$$\therefore \ \frac{\phi_F}{\phi} = 1 + \tau_0 k_Q[Q] \qquad (22-1-7)$$

소광물질이 존재하지 않는 계에서의 형광소멸시간을 τ_0로 나타내었다.

$$\tau_0 = \frac{1}{k_F + k_{ISC} + k_{IC}} \qquad (22-1-8)$$

식 (22-1-7)을 Stern-Volmer 식이라 부른다.

그림 (22-1-1). Stern-Volmer 도시. 이 도표의 기울기로부터 소광을 위한 반응속도상수를 구할 수 있음.

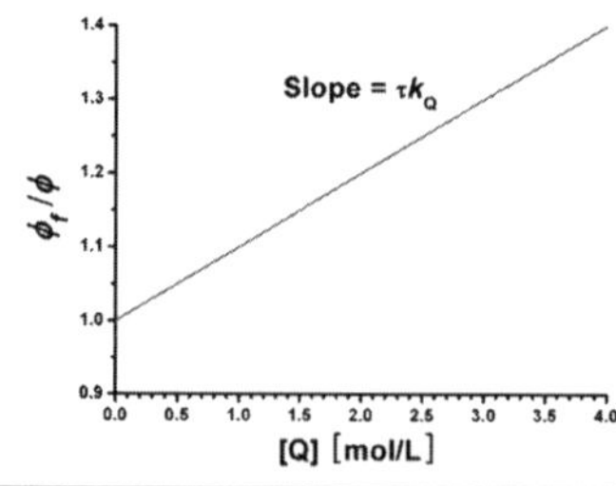

(c) 광흡수와 농도 및 통로길이의 관계

① Beer-Lambert 식

$$-dI \propto cId\ell \quad (22\text{-}1\text{-}9)$$

비례상수 k를 도입하면

$$-\frac{dI}{I} = kcd\ell \quad (22\text{-}1\text{-}10)$$

$$\int_{I_0}^{I} -\frac{dI}{I} = \int_0^{\ell} kcd\ell \quad (22\text{-}1\text{-}11)$$

$$\ln\frac{I}{I_0} = -kcl \quad (22\text{-}1\text{-}12)$$

$$I = I_0 \exp(-kcl) \quad (22\text{-}1\text{-}13)$$

$$A \equiv \log\frac{1}{T} = \log\frac{I_0}{I} = \log\exp(kcl) = kcl\log e = 0.434kcl = \epsilon cl \quad (22\text{-}1\text{-}14)$$

여기서 $\epsilon = 0.434k$

그림 (22-1-2). Beer-Lambert 법칙을 설명하기 위한 dI와 $d\ell$의 관계식.

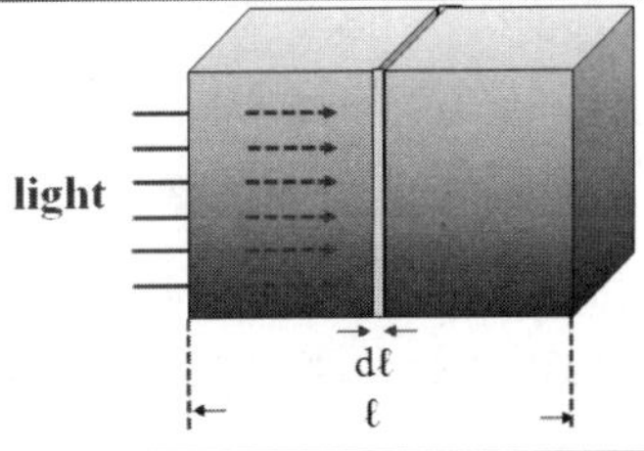

(d) 응축계에서의 분자의 들뜸과 이완에 관한 동역학

① 레이저유발형광분광학

레이저유발형광분광학은 분자의 구조 및 특정화학종의 검출 등을 규명하는 레이저분광학이다. 이 분야에는 일정한 파장의 레이저를 분자에 조사한 다음 형광의 전 파장에 따른 형광세기를 측정하여 들뜬분자상태를 규명하는 분산형광분광학 (dispersed fluorescence spectroscopy)이 있고 들뜸레이저파장을 주사 (scan)하면서 들뜸파장에 따른 주어진 한 영역의 형광의 세기를 측정하는 형광들뜸분광학 (fluorescence excitation spectroscopy)이 있다. 또한 특정 한 파장의 레이저를 응축물질에 조사하여 특정 형광파장을 선택하여 시간에 따른 형광의 세기를 측정하는 시간분해 형광분광학 (time-resolved fluorescence spectroscopy) 등도 있다. 이러한 시간분해 분광학을 통해서 들뜬 화학종의 구조변이 및 에너지소산 (dissipation) 등의 동역학 연구를 수행할 수 있다.

그림 (22-1-3)에 펨토초레이저를 이용한 시간분해 형광분광장치의 개요도를 나타내었다. Nd-YVO 레이저가 타이타늄사파이어레이저를 광펌핑한다. 타이타늄사파이어레이저에서 방출되는 레이저의 파장을 펄스골라내는 장치 (pulse picker)가 빛을 골라낸다. 2차 및 3차조화발생장치를 이용해서 레이저에너지를 2배 및 3배로 늘린다. 이렇게 선택된 레이저를 빔분할기 (beam splitter)를 이용하여 5/95 비율로 나눈다. 5%의 레이저는 광다이오드 (photodiode)를 거쳐 전압펄스로 바뀌고 지연장치를 거쳐 그 전압펄스시간을 늦춘다. 이렇게 늦춰진 전압펄스는 일정부분판별기 (constant fraction discriminator, CFD)를 통해서 잡음이 제거된다. 판별기 (discriminator)는 일반적으로 어느 주어진 문턱을 넘는 신호에 대해서만 정밀한 논리펄스 (logic pulse)를 재생하는 장치이다. CFD는 입력신호에 대해 출력펄스의 타이밍을 정확하게 결정하기 위하여 입력펄스의 일부분만 사용한다. CFD는 하위나노초실험을 수행할 때 자주 사용되는 장치이다. 이 CFD에서 나오는 출력펄스는 시간-증폭변환관 (time-to-amplitude convertor, TAC)에서 시작펄스로 사용된다. TAC에 시작펄스가 들어오면 TAC의 축전기 (capacitor)에 전기가 형광신호펄스가 정지신호로 들어올 때까지 축적된다. 빔분할기에서 95%의 레이저는 시료를 조사한다. 여기서 형광이 방출한다. 이 형광은 초점렌즈로 모아지고 광증배관을 통해 형광신호가 전기적 신호 (전류)로 바뀌고, 전증폭기 (preamplifier)를 통해서 신호가 증대된다. 이 신호는 CFD를 거치고 시간-증폭변환관에서 정지신호로 쓰인다. TAC은 시작신호가 들어온 이후부터 축전기에 전기가 축적되기 시작하여 전지신호가 들어올 때까지 축적된다. 축적된 전기량으로부터 시료가 레이저를 흡수하여 형광방출을 하는데 걸리는 시간이 결정된다. 이 시간들이 다중채널분석기에 기록되고 컴퓨터로 분석된다.

② 전체 및 목표물분석법

응축계에서의 분자의 들뜸과 이완에 관한 동역학과 들뜸에 의한 반응성이 많이 연구되고 있다. 분자집단계의 동역학적 제반현상과 용매화가 분자의 거동에 미치는 용매효과를 규명하고 있다. 전체 및 목표물분석법 (global and target analysis)을 이용한 복잡한 계의 들뜬상태의 이완동역학에 관한 연구가 근래에 활발하게 이루어지고 있다. 앞으로 공부할 전체 및 목표물분석법의 대상으로 di-9H-fluoren-9-yldimethylsilane (DFYDMS) 분자를 택했고 이 물질의 모델을 그림 (22-1-4)에 나타내었다. 또한 DFT로 최적화한 이형태체 (conformer)를 그림

(22-1-5)에 나타내었다.

그림 (22-1-3). 펨토초 레이저를 이용한 LIF 측정장치의 개요도.

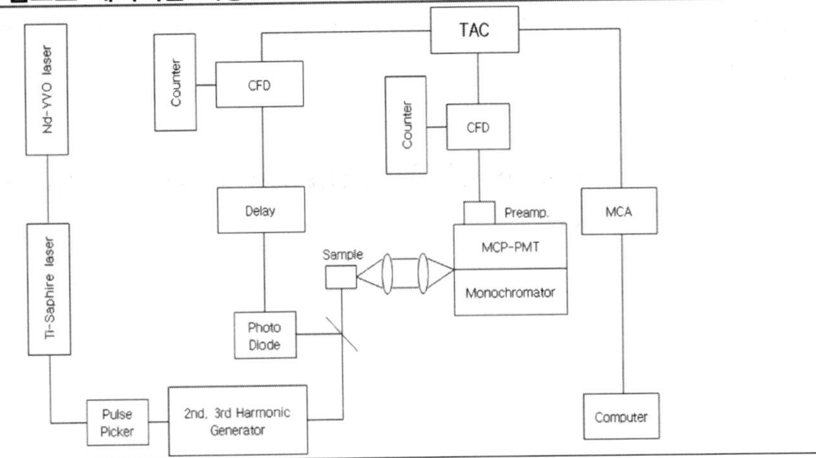

그림 (22-1-4). 분자내엑사이머를 이룰 수 있는 DFYDMS의 분자모델.

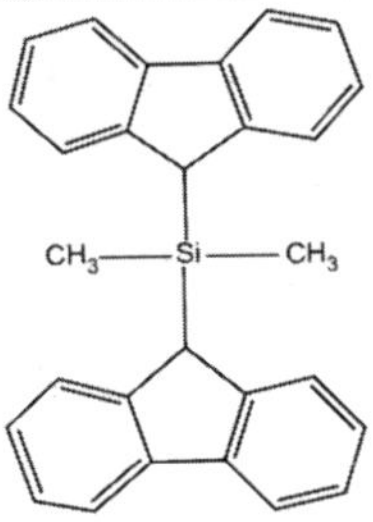

그림 (22-1-5). DFT로 최적화한 DFYDMS 분자의 안정한 세 구조.

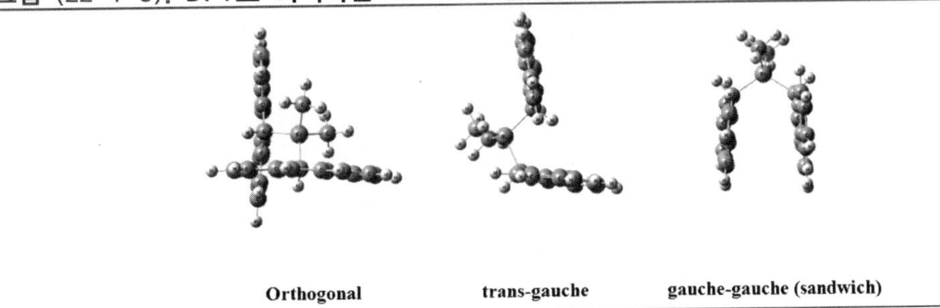

DFYDMS 분자의 안정한 구조는 직교형과 trans-gauche 형이다. 직교형이 에너지가 약간 낮다. gauche-gauche 형 (샌드위치 형)은 비교적 에너지가 높으며 들뜬상태에서는 묶인상태인 엑사이머를 이루는 것으로 알려져 있다. gauche-gauche 형은 그림 (22-1-5)에 나타낸 바와 같이 두 개의 발색단 평면의 간격이 규소원자에서 멀어질수록 더 벌어지는 에너지적으로 높은 그러나 국한극소 (local minimum)인 샌드위치 형에 가까운 구조이다. 바닥상태의 샌드위치형이 들뜬상태로 전이하면 두 발색단 평면의 간격이 균일한 샌드위치형의 엑사이머로 매우 빠르게 전환한다.

그림 (22-1-6). 단위체와 엑사이머의 퍼텐샬에너지 곡선. 엑사이머상태에서는 퍼텐샬우물이 존재함.

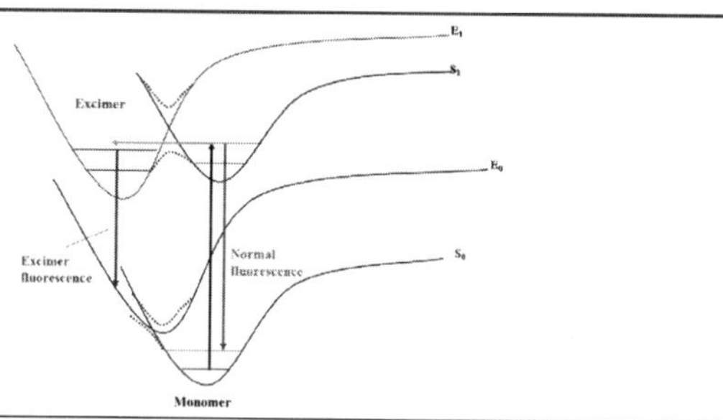

이 분자는 cyclohexane 용액에서 290.8과 300.0 nm에서 흡수최대치를 보여준다. 그림 (22-1-7)에서 볼 수 있듯이 이 분자를 303 nm에서 들뜨게 하면 316 nm에서 정상형광을 보여주고 390nm 근처에서 매우 약한 엑사이머형광이 나타난다. 흡수 및 형광들뜸분광스펙트라를 그림 (22-1-8)에 나타내었다. 이 그림에서 빛을 흡수한 모든 물질이 형광을 방출하는 것이 아님을 알 수 있다.

그림 (22-1-7). (a) : DFYDMS의 흡수스펙트럼, (b) : 형광스펙트라.

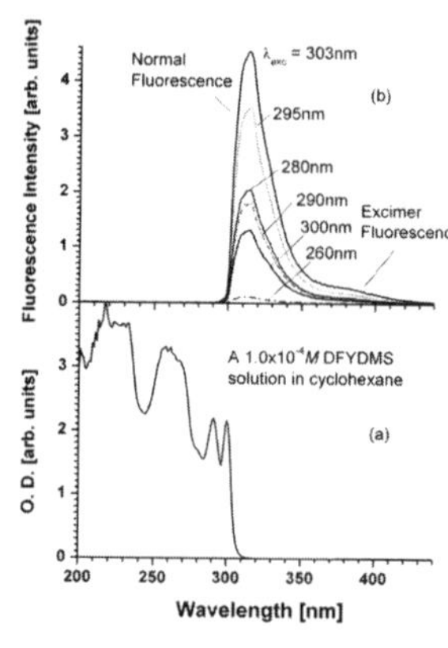

그림 (22-1-8). (a) : DFYDMS의 흡수스펙트럼, (b) : 형광들뜸스펙트럼.

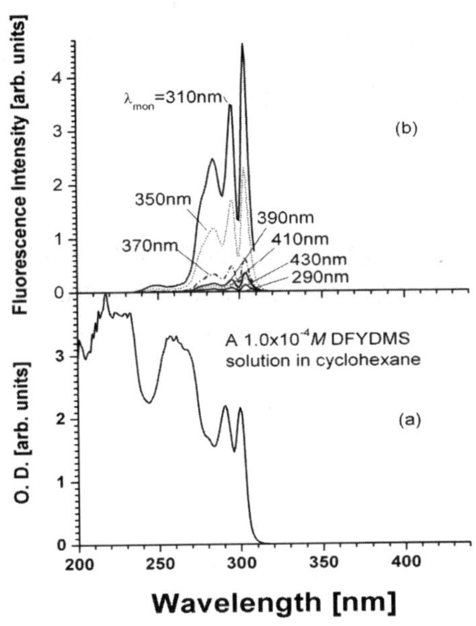

그림 (22-1-9)에 나타낸 바와 같이 세 개의 들뜬상태를 갖는 분자의 광물리적변환동역학이 전체 및 목표물분석법의 연구범주에 들어간다. 어떤 분자가 세 개의 들뜬상태 A^*, B^* 및 C^*를 갖는다고 가정하고, 세 개의 들뜬상태가 모두 형광을 방출하고, 형광의 파장이 근접한 곳에서 관찰된다고 가정하면, 여러 파장에서 측정한 시간분해 형광스펙트라들이 중첩되어 나타날 것이다. 그 일례를 그림 (22-1-10)에 나타내었다. 들뜬상태의 직교형과 trans-gauche 형이 C^*에 해당하고 샌드위치 형이 A^*에 해당하며 그것의 엑사이머가 B^*이다.

그림 (22-1-9). 전체 및 목표물분석법을 이용할 수 있는 반응기구.

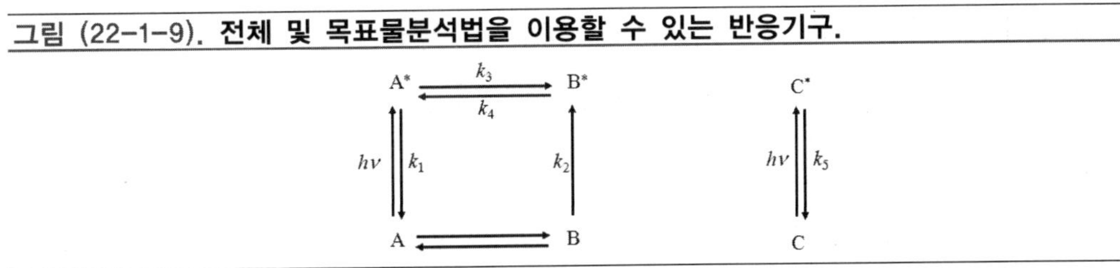

그림 (22-1-10)에서 310 nm 근처의 형광이완흔적들은 들뜬상태의 직교형과 trans-gauche 형에 의한 것이고, 400 nm 근처의 형광이완흔적은 엑사이머에 의한 것이다. 360 nm 등의 중

간에서 나타나는 형광이완흔적들은 단위체와 엑사이머의 형광파장의 중첩 때문에 생긴 것이다. 이 파장에 따른 흔적들에 전체 및 목표물분석법을 적용할 수 있다. **전체란 말 그대로 형광이완곡선들을 몇 개의 형광이완상수를 공통적으로 사용하여 전체적으로 (여기서는 10 개의 이완곡선) 분석해야 한다는 뜻이고, 목표물 분석이란 특정 화학종의 들뜬상태가 어떠한 경로로 변환하는지를 분석한다는 뜻이다.**

그림 (22-1-10). **DFYDMS 분자를 287 nm에서 들뜨게 했을 때 나타나는 10 개의 형광흔적. 소멸시간이 작은 흔적은 정상형광에 해당하고 소멸시간이 긴 흔적은 엑사이머형광에 해당함. IRF는 기기감응함수 (instrument response function)를 나타냄.**

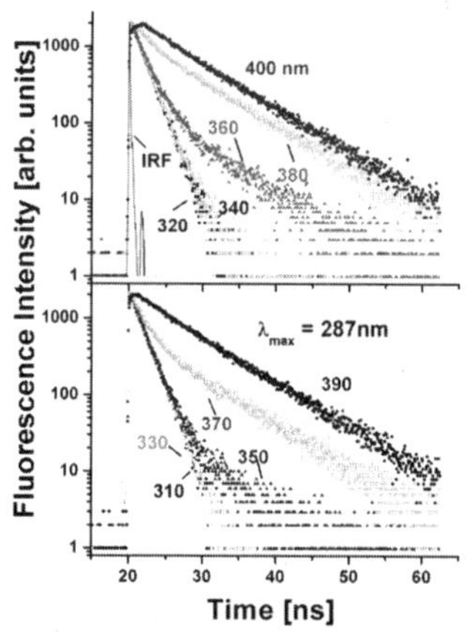

350 ~ 380 nm 영역의 이완함수를 300와 400nm 이완곡선에서 사용하였던 이완상수를 사용하여 이완곡선을 구해야 한다. 즉, k_1, k_2, k_3, k_4, k_5의 형광이완상수들을 포함하는 식 (22-1-15)으로 이완곡선을 나타내야 한다. 이 식에서 진폭에 해당하는 값이 파장에 따른 **이완과 관계된 스펙트라** (decay-associated spectra, DAS)**이다.**

$$f(\lambda,t) = \sum_i \mathrm{DAS}(\lambda,k_i)\exp(-k_i t) = \sum_i f_i(\lambda,t) \tag{22-1-15}$$

여기서 $f(\lambda,t)$는 δ-펄스를 조사한 후 시간 t, 파장 λ에서 측정한 전체형광세기이며, $f_i(\lambda,t)$는 “i” 이완성분의 개별적 형광세기에 해당하고. 그리고 k_i는 "i" 이완성분의 형광이완상수에 해당한다. DAS를 그림 (22-1-11)에 나타내었다. 그림 (22-1-9)에 나타낸 반응속도상수를 모두 고려하여 모든 화학종의 형광의 세기를 파장별로 나타낸 식 (22-1-16)이 **화학종과 관련된 스펙트라** (species-associated spectra, SAS)**에 해당된다.**

$$f_{A^*}(\lambda,t) = \sum_i n_i(\lambda)\exp(-\omega_i t) \tag{22-1-16}$$

$$\mathrm{DAS}(\lambda,\omega_i) = \frac{n_i(\lambda)F^{ss}(\lambda)}{\sum_i \frac{n_i(\lambda)}{\omega_i}} \tag{22-1-17}$$

여기서 $f_{A^*}(\lambda,t)$는 파장 λ, 시간 t에서 들뜬상태 A^*가 방출하는 형광의 세기이고, $\sum_i |n_i(\lambda)| = 1$이다. 그리고 F^{ss}는 정상상태형광스펙트럼이며, ω_i는 "i" 들뜬 성분의 이완상수이며 k_1, k_2, k_3, k_4로 표현할 수 있다. 식 (22-1-15)나 식 (22-1-16)을 $t = 0$에서 $t = \infty$까지 적분한 것이 우리가 보통 측정하는 정상상태형광스펙트럼 (steady-state fluorescence spectrum)이다. 그러나 이와 같은 형광스펙트럼을 측정하기 위하여 우리는 $t = \infty$까지 형광을 측정할 필요는 없다. 형광의 세기는 수십 마이크로초 후면 일반적으로 소멸되기 때문이다. 식 (22-1-17)은 DAS와 정상상태형광스펙트럼의 관계를 나타낸다. 식 (22-1-15)와 식 (22-1-16)으로부터 시간에 따른 형광스펙트럼을 유도할 수 있다. 그리고 그림 (22-1-12)에 나타낸 SAS로부터 세 개의 들뜬상태반응경로를 예측할 수 있다. 즉, SAS (0.70 ns)가 그림 (22-1-11)의 DAS (0.70 ns)와 DAS (7.34 ns)의 합과 같으므로 0.70 ns의 들뜬상태 {그림 (22-1-5)의 gauche-gauche 형, 그러나 샌드위치형의 엑사이머상태는 아님}는 7.34 ns의 들뜬상태로 변화한다는 것이다. 즉, 그림 (22-1-5)의 gauche-gauche 형이 0.7 ns 시간동안 샌드위치 형의 엑사이머로 변화한다는 사실을 알 수가 있다. 이러한 정보는 분자동역학적으로 매우 중요하다. 이와 같이 시간분해 형광스펙트라를 전체 및 목표물분석방법으로 해부함으로써 들뜬상태의 이완동역학을 명확하게 규명할 수 있다.

③ 과도물질 흡수분광학

섬광광분해법은 일반적으로 펌프-추적방법을 이용한다. 들뜸원천으로 나노초레이저를 이용하여 얻어진 과도물질 흡수분광학 (transient absorption spectroscopy)을 소개하기로 한다. $1.3\mathrm{x}10^{-4}\,M$ 2,2'-Diamino-7,7'-dinitro-9,9'-spirobifluorene (ANSF)의 chloroform 용액을 나노초 355 nm 레이저로 조사하였을 때 형성되는 과도물질의 시간에 따른 변화를 시간분해 흡수분광기로 조사하였다. ANSF는 두 개의 발색단이 직교하고 있다. 그 분자모델을 그림 (22-1-13)에 나타내었다.

그림 (22-1-11). DFYDMS 분자의 형광이완과 관련된 스펙트라. 삽입물은 확대한 스펙트라임. 괄호 속에 나타낸 숫자는 세 가지 들뜬상태의 형광소멸시간을 나타냄.

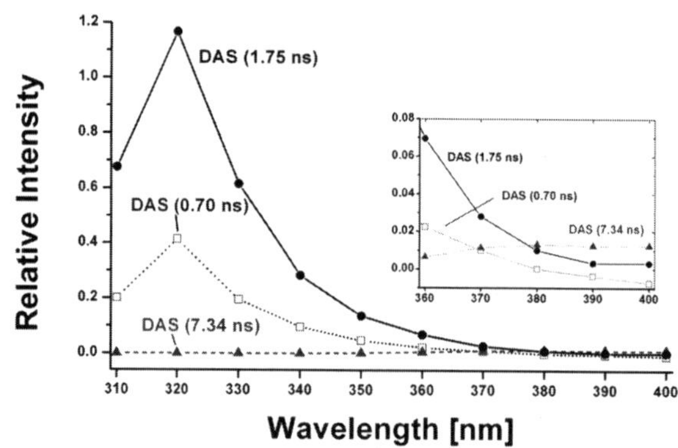

그림 (22-1-12). DFYDMS 분자의 형광이완과 관련된 스펙트라. 삽입물은 확대한 스펙트라임. 괄호 속에 나타낸 숫자는 세 가지 들뜬상태의 형광소멸시간을 나타냄.

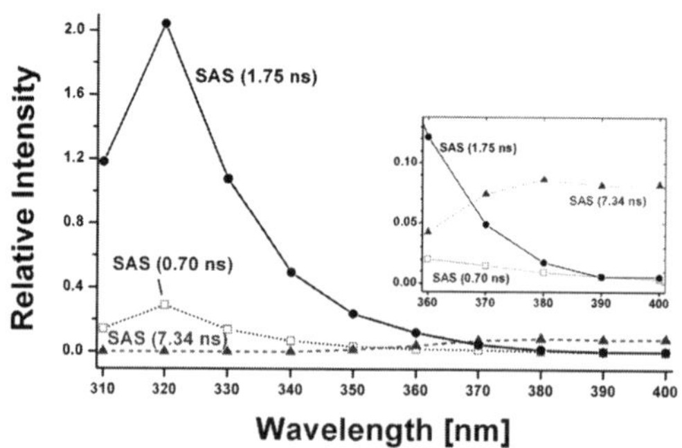

그림 (22-1-13). 2,2'-Diamino-7,7'-dinitro-9,9'-spirobifluorene (ANSF)의 분자모델.

그림 (22-1-14). ANSF의 흡수스펙트럼.

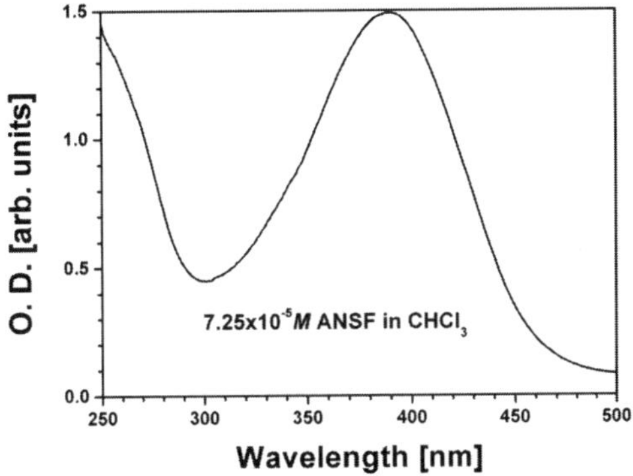

그림 (22-1-15). 시간에 따른 ANSF의 과도물질의 흡수스펙트라.

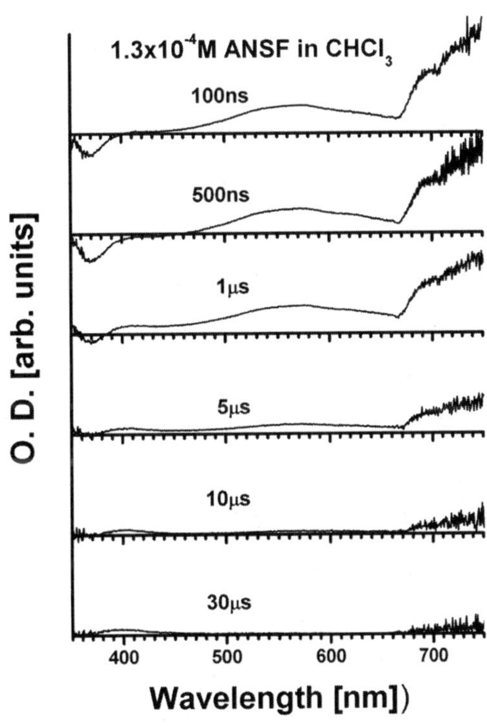

그림 (22-1-16). ANSF의 과도물질의 흔적. 들뜸파장 : 355nm, 검출파장 : 575nm. 실선은 지수함수로 맞춘 이완곡선.

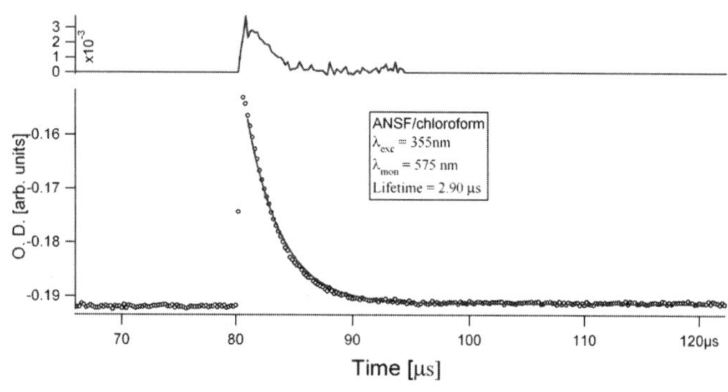

(e) 분자빔에서 분자의 들뜸과 이완 및 광이온화에 관한 동역학

질량분해광이온화실험을 위하여 사용한 장치는 펄스분자빔, 가변염료레이저 및 reflectron 비행시간질량분석기 (time-of-flight (TOF) mass spectrometer)를 결합한 장치이다. 이 장치의 단면도를 그림 (22-1-17)에 나타내었다. 본 장치에서 광수집광학기기 (light collection optics)와 소스챔버의 분리가지 (separate arm)에 부착된 광전자증배관을 통해 형광의 세기를 측정할 수 있다. 펄스빔장치는 노즐조립체 (nozzle assembly), 상이하게 펌프질된 팽창(differentially pumped expansion)챔버와 평행화(collimation)챔버로 구성되어 있다. Nd/YAG 또는 XeCl 엑사이머 레이저로 광펌핑하여 진동수가 배가된 (frequency-doubled) 가변염료레이저는 소스챔버로 인도되어 분자빔과 교차한다. 약 100 ℃로 가열된 기체분자들은 280 kPa의 지원압력으로 운반기체헬륨에 얹혀져 0.8 mm 구멍 (orifice)을 통해 자유제트초음속단열팽창한다. 초음속단열팽창법에 의해 극도로 냉각되어 나온 자유제트가 스키머 (skimmer)를 통과하면서 분자빔을 형성한다. 스키머를 통과하지 못한 자유제트는 바와 같이 노즐챔버에서 배기된다. 또한 스키머를 통해서 reflectron 관에 들어간 분자빔도 펌프 1로 배기된다. 이 분자빔은 비행시간 측정관의 가속지역 (acceleration region) 안에서 극도로 냉각된 시료분자로 구성되어있다. 단색공명증대이광자이온화에 의해 생성된 이온들은 이중전기장 (double electric field)에 의해 reflectron 관을 향해 가속되고, 반사이온 (reflected ion)들은 미소채널판 (microchannel plate, MCP)으로 검출된다.

형광들뜸분광신호나 분산형광신호를 측정하기 위하여 공명증대다광자 실험에 사용하였던 장치를 이용한다. 이 경우에는 스키머를 통과하기 전의 자유제트 (스키머 위의 상단 부분)를 가변염료레이저와 교차하도록 한다. 단색화된 레이저에 의해 들뜬 분자는 형광을 방출하는데, 그 형광신호는 광증배관으로 검출된다. 엑사이머형광의 파장은 정상형광에 비해 적색이동이 크므로 엑사이머형광만을 검출하기 위하여 광증배관 앞에 필터를 삽입하여 엑사이머형광만을 검출할 수 있다. 헬륨지원압력 50 kPa 및 노즐 온도 65℃ 조건 하에서 초음속자유제트 상에서 극도로 냉각된 fluorene 분자의 형광들뜸스펙트럼과 공명증대이광자이온화스펙트럼을 그림 (22-1-18)에 나타내었다. R2PI 스펙트럼 {그림 (22-1-18b)}과 형광들뜸스펙트럼 {그림 (22-1-18a)}은 근본적으로 같다. 이것은 일광자들뜸에 의해 공명이 일어나고 이 공명상태에서 1광자이온화하던지 또는 바로 형광이완한다. 전자-진동스펙트럼에서는 배진동 (overtone), 2차배진동 (second overtone) 및 복합띠 (combination band)들이 자주 관찰된다. 순수진동스펙트럼에서는 이와 같은 띠는 보기 힘들다.

그림 (22-1-17). **분자빔, 레이저빔, 형광수집기 및 reflectron 비행시간질량분석기가 결합된 장치.**

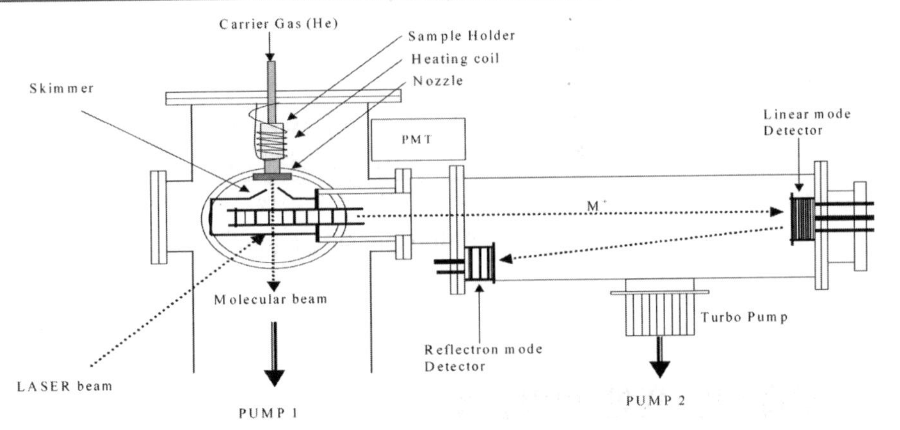

그림 (22-1-18). 분자빔에서 절대영도근처로 냉각된 fluorene 분자의 공명이광자이온화스펙트럼 (a) 및 형광들뜸스펙트럼 (b). 볼드체는 기본주파수를 나타내고 괄호 속의 주파수는 복합띠를 나타낸다.

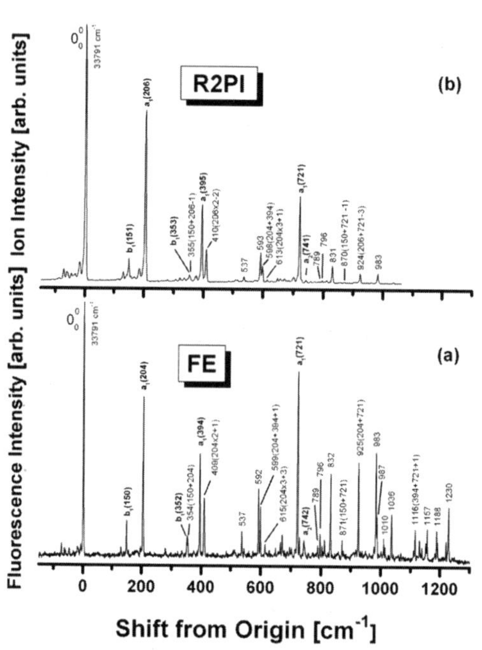

2. 광흡수에 의한 화학반응

(a) 광흡수와 반응속도의 관계식

한 개의 광자의 에너지는 아래와 같이 주어진다.

$$\epsilon = h\nu = \frac{hc}{\lambda} \tag{22-2-1}$$

N_A 개의 광자의 에너지는 아래와 같이 주어진다.

$$E = N_A h\nu = \frac{N_A hc}{\lambda} \tag{22-2-2}$$

그림 (22-2-1)에 나타낸 광학셀 (optical cell)에서 아래와 같은 광반응이 일어날 때

$$C \xrightarrow{h\nu} P$$

반응속도는 아래와 같이 주어진다.

$$v = -\frac{d[C]}{dt} = \frac{\phi I_{abs} A}{\frac{A\ell}{1000}} \ (\text{mol/L} \cdot \text{s}) = \frac{\phi I_{abs} \cdot 1000}{\ell} \qquad (22\text{-}2\text{-}3)$$

그림 (22-2-1). 광흡수 셀의 구조.

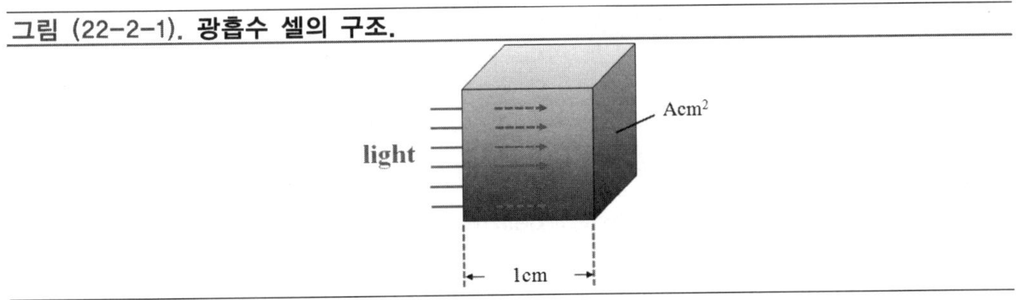

여기서 I_{abs}는 단위면적에 들어오는 흡수된 빛의 유량 (flux)을 einstein으로 나타낸 값이고, A 는 단면적을 나타내고, 그리고 ϕ는 식 (22-2-4)에 주어진 바와 같이 광반응을 일으키기 위한 양자수득률이다.

$$\phi = \frac{\text{반응한 분자수}}{\text{흡수된 광자수}} \qquad (22\text{-}2\text{-}4)$$

※ 1 einstein은 1 몰의 광자이다.

(b) 레이저기화 및 이온화

고체표면에 레이저를 조사하면 그와 동시에 이온 및 중성입자들이 고체 표면으로부터 방출되어 나온다. 레이저-기화 후 고체표면으로부터 방출되는 이온 입자들의 정확한 초기운동에너지를 측정하기 위하여 선형비행시간질량분석기를 이용한다. 레이저광의 조사 후 생성된 이온입자들은 단열팽창과 공간전하가속 (space charge acceleration) 과정을 통해 빠른 속도로 진행을 하게 되는데 이 과정에서 입자들의 운동에너지와 속도분포는 시간과 공간에 따라 다양한 변화를 나타낸다. 레이저조사 후 반발전극 (repelling electrode)에 약 $E_a = 2500$ V 의 펄스형고전압 (3 μsec의 펄스폭)을 가해주고 레이저광과 고전압펄스 사이의 지연시간 (τ_d)을 가변시키면서 이온의 도달시간을 측정한다. τ_d 이후 E_a의 전기장에 의한 이온의 운동에너지는 다음과 같이 주어진다.

$$KE = qE_a(s_0 - v_z\tau_d) + KE_z \qquad (22\text{-}2\text{-}5)$$

여기서 q는 이온의 전하이고, s_0는 이온렌즈 (ion optics) 사이의 거리이며, v_z와 KE_z는 각각 방출이온의 속도와 운동에너지이다. 따라서 질량 m을 가진 이온이 이온검출기에 도달되는 시간은 반발전극과 표류관 (drift tube) 각각에서의 비행시간을 합한 것과 같으며 다음과 같이 표현할 수 있다.

$$\mathrm{TOF}(v_z, \tau_d, KE_z) = \frac{\sqrt{2m}\left(KE^{1/2} - KE_z^{1/2}\right)}{qE_a} + \frac{\left(\frac{m}{2}\right)^{1/2}\ell_D}{KE^{1/2}} \qquad (22\text{-}2\text{-}6)$$

여기서 ℓ_D는 무전장 표류관의 거리의 거리이다. 위 식에 의하면 타겟 표면에서 방출되는 이온입자의 운동에너지가 클수록 이온검출기까지의 도달시간이 길어진다. 방출입자들의 속도분포는 일반적으로 이동된 Maxwell-Boltzmann (shifted Maxwell-Boltzmann) 분포를 갖는다.

$$f(v_z) = Av_z^3 \exp\left\{\frac{-m(v_z - v_0)^2}{2kT_s}\right\} \qquad (22\text{-}2\text{-}7)$$

여기서 A는 규격화상수, v_s는 흐름속력, k는 Boltzmann 상수, 그리고 T_s는 흐름의 온도이다. 실험에서 얻어진 이온의 도달시간으로부터 방출이온들의 속도 및 분포에 관한 정보를 얻을 수 있다. 거리에 따른 방출입자들의 속도분포와 이온세기의 변화로부터 이온들의 진행시간에 따른 운동에너지, 속도분포, 병진온도 등에 관한 동역학적 정보들을 얻을 수 있다. 결국, 본 측정방법은 반발전장 (repelling electric field)이 가해지기 이전인 τ_d 동안에 각각의 속도성분에 의해 이온렌즈 내에서 공간적으로 분포된 각 이온들의 위치에 따라 TOFMS 내의 도달시간이 달라진다는 점을 이용하여 역으로 각각의 속도성분을 유추할 수 있다는 것이 특징이라 할 수 있다.

(c) Reflectron 비행시간 질량분석장치를 이용한 광이온화 연구

Reflectron 비행시간질량분석장치를 이용한 광이온화 연구가 근래에 많이 이루어지고 있다. 무전장표류관 (field-free drift tube)에 들어온 이온은 반발 전압에 의해 비행 방향을 바꾸게 되고 결과적으로 긴 비행거리를 날아가게 된다. **이와 같은 장치를 이용하면 분해능이 매우 좋은 비행시간질량분석스펙트럼을 얻을 수 있다.** 그림 (22-2-2)에 fluorene의 뭉치 (cluster) 비행시간 질량스펙트럼을 나타내었다.

그림 (22-2-2). Reflectron 비행시간질량분석장치를 이용하여 얻은 fluorene 클러스터의 광이온화비행시간질량스펙트럼. Fluorene 클러스터는 분자빔에서 얻어졌음. 들뜸 에너지 = 295.934nm. Fluorene 8합체 (octamer)의 피이크까지 관찰할 수 있음. ^{13}C 동위원소에 의한 피이크의 갈라짐도 명확하게 볼 수 있음.

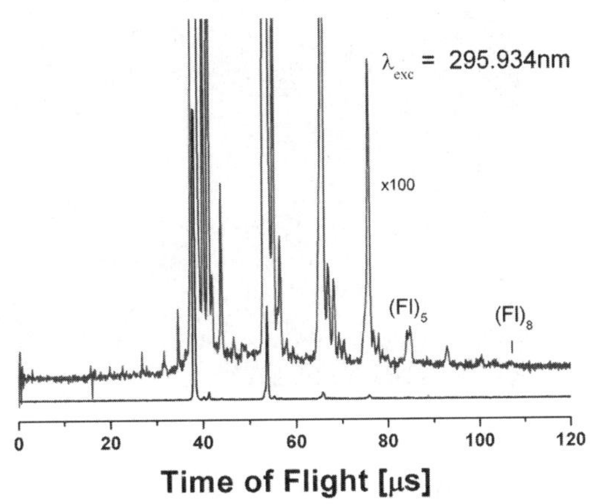

(d) 방사광을 이용한 물질의 구조 및 반응의 규명

미국의 GE 연구소에서는 강한 고에너지 X-선 광원을 목적으로 전자가속장치인 베타트론 (betatron)을 꾸준히 개발하여 왔다. 그러나 이 베타트론의 가속관은 불투명한 재료로 되어 있었기 때문에 눈에 쉽게 감지되는 가시영역 방사광의 방출을 발견 못하고 있었다. 그러던 중 처음의 싱크로트론이라고 불리는 새로운 개념의 전자가속장치 (8 MeV)가 1945년에 영국의 한 팀에 의해서 발명되었다. GE 연구소는 곧 70 MeV의 싱크로트론의 건설에 착수하여 1947년에 완성하였는데, 이 당시에는 가속관이 투명한 유리로 되어 있었기 때문에 밝은 방사광을 처음으로 직접 관찰할 수 있었다.

1994년 12월에 세계에서 5번째로 제3세대 방사광가속기기가 대한민국 포항시에서 완공되었다. 포항방사광가속기 (Pohang Light Source, PLS)는 전자빔 에너지가 2.5 GeV에 달하는 제3세대형 방사광가속기이다. 주요설비로는 전자를 빛의 속도로 가속시키는 길이 165 m의 선형가속기와 가속된 전자를 초진공통로에 저장시키는 둘레 280 m의 저장링 (storage ring), 그리고 휨자석에서 방출되는 방사광을 이용하여 각종 실험을 수행할 수 있는 여러 종류의 빔라인으로 구성되어 있다. 포항방사광가속기와 그 부대시설의 전경을 그림 (22-2-3)에 나타내었다. 빔라인은 허용된 에너지의 영역에 따라 크게는 자외선 빔라인과 X-선 빔라인으로 나눌 수 있다. 자외선빔라인에서는 주로 기체상태의 물질의 구조나 고체표면에서의 물질의 구조,

화학적 결합구조 및 자기적 성질 등에 관한 실험들이 가능하다. X-선빔라인에서는 주로 물질의 내부결정구조, 결정결함 및 원자배열 등에 관한 실험을 수행할 수 있다.

그림 (22-2-3). **포항방사광가속기와 그 부대시설의 전경.**

2009년에 많은 분야의 실험을 동시에 수행할 수 있는 28기의 빔라인이 운전 중이고 3기의 빔라인이 건설 중이다. 한 방사광가속기의 저장링의 단면도를 그림 (22-2-4)에 나타내었다.

① 진공자외선을 이용한 중성분자의 광이온화

일반적으로 방사광가속기에서 발생하는 방사광은 보통 적외선에서 X-선 영역의 광범위한 에너지분포를 갖는 빛이다. 진공자외선은 자외선의 일종으로 파장영역이 10 - 200 nm이며 에너지영역은 6.20 - 124 eV이다. 참고로 자외선영역은 파장영역이 10 - 400 nm이며 에너지영역은 3.10 - 124 eV이다.

그림 (22-2-4). **방사광가속기의 저장링의 단면도. 전자빔이 저장링을 빛과 유사한 속도로 회전함. 휨자석에서 다양한 에너지의 방사광이 방출됨. 언듈레이터에서는 매우 밝은 방사광이 방출되어, 매우 강한 방사광이 요구되는 특별한 실험이 이 곳에서 이루어짐.**

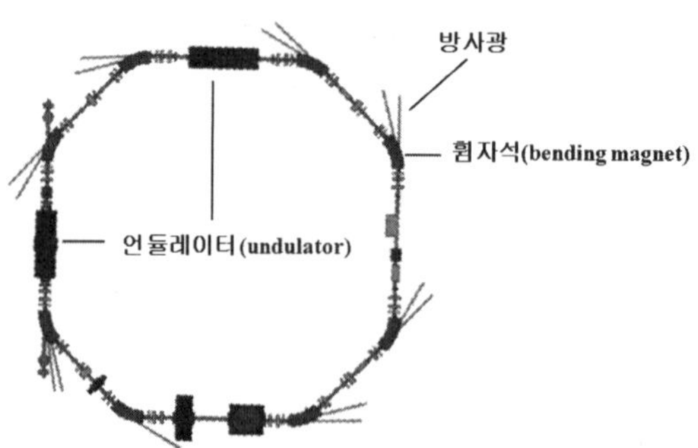

특정 핵에 가까이 존재하는 핵심부전자를 들뜨게 했을 때 일어나는 분광학 및 동역학적 연구는 분자수준의 미시계에서 특정 결합을 선택적으로 끊어주거나 특정 이온을 형성하는 등의 현상을 규명하는데 기여할 뿐만 아니라 고체의 표면 및 고체의 입체 및 전자구조, 그리고 고체 내에서 특정의 들뜬 원자의 들뜸에너지, 들뜸에너지전달과 이완현상 등을 이해하는데 크게 이바지하고 있다. 이러한 핵심부전자의 들뜸연구는 표면에의 화학증착 (chemical vapor deposition, CVD) 그리고 표면의 에칭 (etching) 등의 반응메커니즘을 이해하기 위한 단계로서 현재는 물론 미래에도 화학 및 물리학계에 깊은 관심을 불러일으킬 것이다. 단색파장의 광자를 분자에 조사하여 두 개 내지 세 개의 전자가 한 분자내에서 축출되면서 형성되는 이온은 양전하구멍끼리의 반발력 때문에 일반적으로 불안정하다. **따라서 이러한 반발상태에 있는 이온은 분해하여 두 개 이상의 딸이온들을 형성한다. 따라서 한 분자내에서 형성된 이온간의 동시성 (coincidence)을 조사함으로서 반발상태를 규명할 수 있고 또한 고도로 들뜬 분자의 에너지소산 (energy dissipation) 및 분해과정을 정량적으로 규명할 수 있다.** 방사광의 에너지의 함수로서 분자의 이온화효율을 측정함으로서 핵심부전자의 스핀-궤도상호작용 (spin-orbit coupling)과 반결합궤도함수의 에너지준위도를 규명할 수 있다. 또한 핵심부준위의 이온화에너지 이상에서 나타나는 형태공명 (shape resonance)과 d나 f 오비털과 관련된 "거대공명 (giant resonance)"들의 존재여부도 규명할 수 있다. **형태공명은 이온화극한 이상에서 분자에서 축출된 전자가 전기음성도가 큰 리간드에 의해 역산란 (backscattering)해서 생기는 일종의 공명으로서 여러 분자에서 충분히 관찰되고 있다. 거대공명은 d와 f 궤도함수의 특수성 때문에 생길 수 있는데 이 궤도함수에 있는 전자는 인력쿨롱힘 (attractive Coulomb force)과 반발원심력 (repulsive centrifugal force) 때문에 이중우물성격 (double well character)을 갖는다. 이 때 전자의 축출에 의해 핵의 전하가 증가하면 f 궤도함수는 Rydberg 오비털의 성질에서 벗어나 핵심부궤도함수와 같은 성질을 갖는다. 핵심부성질을 갖는 f 전자의 수가 많아지면 강한 거대공명이 생긴다. 거대공명은 각운동량장벽에 갇힌 광전자의 확산 때문에 일어난다.**

분자는 진공자외선을 흡수하여 내부껍질 (inner shell) 또는 원자가껍질에 있는 전자를 방출한다. 이러한 껍질 바깥에 있던 전자가 그 구멍을 채우고 또 하나의 전자가 방출된다. 이와 같은 과정을 Auger 과정이라 한다. 아래 식이 그 과정을 나타내고 있다.

$$AB + h\nu \rightarrow AB^{2+} + 2\mathrm{e}^{-} \qquad (22\text{–}2\text{–}8)$$

$$AB + \mathrm{e}^{-} \rightarrow AB^{2+} + 3\mathrm{e}^{-} \qquad (22\text{–}2\text{–}9)$$

반결합궤도함수로의 전이인 경우에는 공명다중 Auger 과정 (resonant multiple Auger

precess)에 의해 다중광이온이 형성되고, 핵심부전자가 들뜬 경우에는 정상 Auger 과정 (normal Auger process)에 의해 다중광이온이 형성된다. 2중이온화로 생성된 AB^{2+} 이온은 이온내의 양전하로 인해 쿨롱폭발 (Coulomb explosion)을 일으켜 두 개의 이온 A^+과 B^+을 생성한다. A^+과 B^+ 두 이온이 하나의 분자에서 형성되었다면 두 이온의 비행시간의 차이는 어떤 범주 안에 들어오게 된다. 이와 같은 연구는 복잡한 분자의 광이온화해리반응에서 반응 메커니즘과 내부에너지가 얼마나 병진운동에너지로 바뀌는지에 관한 정보를 얻을 수 있다.

다음은 실험방법을 고찰해보자. 실험장치의 개요도를 그림 (22-2-5)에 나타내었다. 이온화 챔버에서 중성기체는 진공자외선을 흡수하여 광이온과 광전자를 발생한다. 광전자는 작은 구멍을 통과하여 채널전자증배관에 도달하고 여기서 우리가 측정할 수 있는 펄스전류가 만들어진다. 증폭기 (amplifier)를 통과하면서 다시 한 번 신호가 증폭된다. 판별기 (discriminator)를 통과하면서 잡음이 제거된다. 이 판별기에서 나오는 출력펄스는 시간-증폭 변환관 (time-to-amplitude convertor, TAC)에서 시작펄스로 사용된다. TAC에 시작펄스가 들어오면 TAC의 축전기에 광이온펄스신호가 정지신호로 들어올 때까지 전기가 축적된다. 광이온은 가속렌즈를 통과하면서 가속되고 Einzel 렌즈를 통과하면서 집적되고 전장이 주어지지 않은 표류관으로 주입된다. 다양한 질량과 속도를 갖는 광이온은 표류관을 통과하면서 질량에 따른 비행시간이 결정된다. 표류관의 끝부분에 설치된 미소채널판 (microchannel plate, MCP)에 도달한다. 여기서 우리가 측정할 수 있는 펄스전류를 만든다. 증폭기와 판별기를 통과한 신호는 TAC의 정지신호로 쓰인다. 시작신호가 들어온 이후부터 TAC의 축전기에 전기가 축적되기 시작하여 정지신호가 들어올 때까지 축적된다. 축적된 전기량으로부터 광이온들의 비행시간이 결정된다. 110 eV 방사자외선으로 dimethylsilane ($H_2Si(CH_3)_2$) 분자에 진공자외선을 조사하였을 때 생기는 광이온들의 비행시간질량스펙트럼을 그림 (22-2-6)에 나타내었다. 이러한 광이온들은 대부분 2중이온화된 어미이온의 분해에 기인한 것이다. 이를 입증할 수 있는 실험 중의 하나가 광이온-광이온동시성 (photoion-photoion coincidence, PIPICO) 실험이다. Dimethylsilane의 PIPICO 실험결과를 그림 (22-2-7)에 나타내었다.

그림 (22-2-5). **진공자외선을 이용한 중성물질의 광이온화를 연구하기 위한 장치단면도. 중성기체가 진공자외선을 흡수하여 광이온과 광전자를 방출함.**

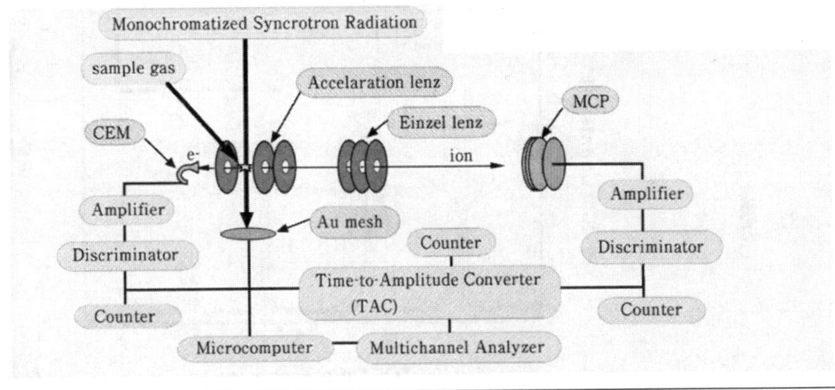

실제로는 광전자가 포함된 광전자-광이온-광이온동시성 (photelectron-photoion-photoion coincidence, PEPIPICO) 실험이 매우 신빙성 있는 실험방법이나 그 실험의 난해성으로 여기서는 더 이상 소개하지 않는다. 브롬화 요오드 (IBr) 화합물에서 진공자외선의 에너지에 따른 개별이온 및 전체이온의 광이온수득률을 그림 (22-2-8)에 나타내었다. 이 스펙트라에서 방사광에너지에 따라 개별 및 전체이온의 광이온수득률이 독특하게 변화함을 알 수 있다. $Br(3d_{5/2})$의 문턱에너지 76.00 eV 근처에서 Br^+와 Br^{2+} 이온의 광이온수득률이 엄청나게 증가함을 알 수 있다. 반면에 I^+와 I^{2+}의 광이온수득률은 그에 상응하여 감소함을 관찰할 수 있다. 이와 같은 독특한 반응성이 어찌하여 일어나는 생기는 것인가?

그림 (22-2-6). **진공자외선을 이용한** H_2SiMe_2 **화합물의 질량스펙트럼. 들뜸광자의 에너지 = 110 eV.**

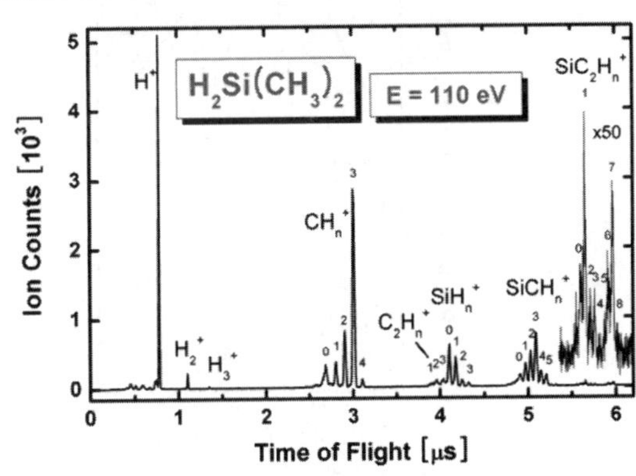

그림 (22-2-7). 진공자외선을 이용한 H_2SiMe_2 화합물의 광이온-광이온동시성스펙트럼. 들뜸 광자의 에너지 = 110 eV.

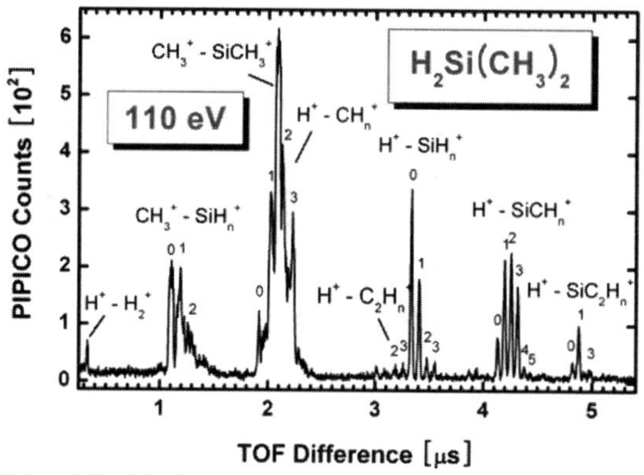

76.00 eV 근처의 방사광을 Br 원자가 흡수하면 Auger 과정이 Br 원자에서 독특하게 일어남을 알 수 있다. 따라서 특정 Br 원자에 대부분의 에너지가 축적된다. 결국은 특정 Br 근처의 결합이 끊어짐을 관찰할 수 있다. 특정 진공자외선에 따른 브롬화 요오드화합물의 질량스펙트럼을 그림 (22-2-9)에 나타내었다. $I(4d)^{-1}$ 문턱에너지 이상에서 I^+와 I^{2+} 이온의 수가 크게 증가함을 알 수 있다. 반면에 $Br(3d)$ 형태공명에서 Br^+와 Br^{2+}이온의 수가 증가함을 관찰할 수 있다.

그림 (22-2-8). 브롬화 요오드 (IBr) 화합물에서 진공자외선의 에너지에 따른 개별이온 및 전체이온의 광이온수득률.

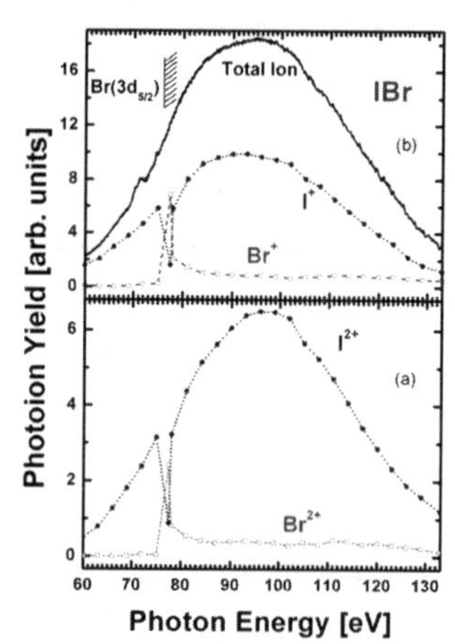

그림 (22-2-9). **특정 진공자외선에 따른 브롬화 요오드화합물의 질량스펙트럼.**

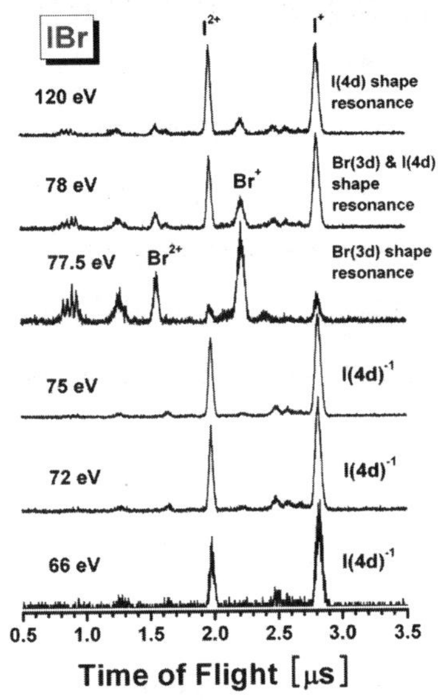

② X-선을 이용한 물질의 구조 및 에너지의 규명

X-선의 잘 알려진 성질은 투과력이 매우 강하다는 것이다. 피부와 근육을 잘 통과하는 성질 때문에 X-선은 의료분야에서 자주 응용되어왔다. **X-선의 짧은 파장의 빛이 갖는 높은 에너지와 원자핵 사이를 회절해서 나오는 성질을 이용하여 물질의 에너지와 구조에 관한 연구가 많이 이루어지고 있다.** 원자핵이 전자를 붙들어 매고 있는 에너지는 핵에 가까운 전자일수록 커지는데, 이러한 핵심부전자와 핵의 결합에너지나 전자밀도의 구조를 밝히기 위해서는 X-선을 이용한다. X-선은 고전압으로 가속된 전자를 구리 및 마그네슘 등의 금속 전극에 충돌시켜 얻었는데, 이런 방식은 병원의 X-선 촬영장치나 XRD 및 XPS 등 실험실 장비에서 널리 사용되고 있다. 구리 및 마그네슘 등의 금속 전극에서 방출되는 X-선은 파장이 고정되어있어서 물질의 에너지와 구조를 규명하는데 매우 제한적이다. 반면에 고에너지방사광가속기는 새로운 X-선 생성장치로, 고에너지, 고품질, 고광도, 그리고 넓은 범위의 파장영역을 갖는 X-선을 24시간 방출하는 거대한 X-선방사광발생장치이다. 저장링의 접선 방향으로 방출되어 나오는 X-선이 분광기를 거치면서 원하는 파장이 선택된다. X-선회절을 이용한 X-선결정학을 통해 고체시료나 단백질의 구조를 밝힐 수 있고, **X-선흡수분광학을 통해 고체내부의 전자구조 및 국부구조를 밝힐 수 있고, 또한 광방출분광학을 통해 표면상태나 내부껍질의 전자의 결합에너지를 측정할 수 있다.**

(e) 성층권에서 오존의 생성과 소멸의 광화학

성층권 (stratosphere, 지표에서 12 ~ 55 km 떨어진 층, 대류권과 중간권 사이에 있는 거의 안정된 대기 층)에서 오존의 생성과 소멸의 순환적인 과정은 증감하지 않은 (stationary) 광화학반응의 좋은 예이다. 오존의 광화학적 생성과정은 지구상의 생명체에 매우 중요한 광화학반응이다. 왜냐하면 오존이 성층권에서 태양광선 중의 자외선을 흡수하기 때문이다. 이렇지 않다면 이 자외선은 지구표면에 도달하여 지구상의 생명체에 치명적 손상을 줄 것이다. 성층권에서 오존의 생성과 소멸은 아래와 같이 일어난다고 잘 알려져 있다.

$$O_2 \xrightarrow[f_{O_2}]{h\nu} 2O \tag{22-2-10}$$

$$O + O_2 + M \xrightarrow{k_2} O_3 + M \tag{22-2-11}$$

여기서 M은 제3의 물질 (third body)로서 반응해서 없어지지 않는 물질이다. 일종의 촉매이다.

$$O_3 \xrightarrow[f_{O_3}]{h\nu} O_2 + O \tag{22-2-12}$$

$$O_3 + O \xrightarrow{k_4} 2O_2 \tag{22-2-13}$$

여기서 f는 광분해 상수로서 단위시간 당 어떤 분자가 분해할 확률을 나타낸다.

$$f = \int_0^{\infty} \phi_{\tilde{\nu}} I_{\tilde{\nu}} \sigma_{\tilde{\nu}} d_{\tilde{\nu}} \tag{22-2-14}$$

여기서 $\phi_{\tilde{\nu}}$는 그 분자의 분해를 위한 양자수득률이고 $I_{\tilde{\nu}}$는 단위면적, 시간, 파수당 광자수로 나타낸 태양광선의 세기를 나타낸다. $\sigma_{\tilde{\nu}}$는 어떤 파수에서 그 분자의 흡수단면적이다. 식 (22-2-11), (22-2-12) 및 (22-2-13)으로부터 아래 식을 유도할 수 있다.

$$\frac{d[O_3]}{dt} = k_2[O][O_2][M] - f_{O_3}[O_3] - k_4[O][O_3] \tag{22-2-15}$$

정상상태근사법을 이용하여 다음 식을 유도할 수 있다.

$$\frac{d[O]}{dt} = 2f_{O_2}[O_2] - k_2[O][O_2][M] + f_{O_3}[O_3] - k_4[O][O_3] = 0 \tag{22-2-16}$$

식 (22-2-16)을 식 (22-2-15)에 대입하면 아래 식이 얻어진다.

$$\frac{d[O_3]}{dt} = 2f_{O_2}[O_2] - 2k_4[O][O_3] \tag{22-2-17}$$

실제실험으로부터 아래 식이 성립함을 알아내었다.

$$f_{O_3}[O_3] \gg f_{O_2}[O_2] \tag{22-2-18}$$

$$k_2[O][O_2][M] \gg k_4[O][O_3] \tag{22-2-19}$$

식 (22-2-18) 및 (22-2-19)를 식 (22-2-16)에 적용하면 아래 식을 얻을 수 있다.

$$f_{O_3}[O_3] \cong k_2[O][O_2][M] \tag{22-2-20}$$

이 식을 식 (22-2-17)에 대입하면 아래 식을 얻을 수 있다.

$$\frac{d[O_3]}{dt} = 2f_{O_2}[O_2] - \frac{2k_4 f_{O_3}[O_3]^2}{k_2[O_2][M]} \tag{22-2-21}$$

정상상태근사법을 이용하면 아래 식이 얻어진다.

$$\frac{d[O_3]}{dt} = 2f_{O_2}[O_2] - \frac{2k_4 f_{O_3}[O_3]^2}{k_2[O_2][M]} = 0 \tag{22-2-22}$$

$$[O_3]_{steady\,state} = [O_2]\sqrt{\frac{k_2 f_{O_2}[M]}{k_4 f_{O_3}}} \tag{22-2-23}$$

고도가 높을수록 f_{O_2}는 증가하고 $[O_2]$는 감소하므로 오존의 농도는 대략 20 km 상공에서 최대치를 갖는다. 1960년대 말 산화질소 (NO)가 오존의 분해반응 {식 (22-2-13)}을 촉진시키는 것으로 알려져 있다. 즉, 산화질소가 오존의 분해반응의 촉매라는 것이다.

$$NO + O_3 \rightarrow NO_2 + O_2 \tag{22-2-24}$$

$$NO_2 + O \rightarrow NO + O_2 \tag{22-2-25}$$

전체반응 : $O_3 + O \rightarrow 2O_2$

1970년대 중반 염소원자가 오존의 분해반응 {식 (22-2-13)}에 촉매작용을 하는 것으로 밝혀져 있다.

$$Cl + O_3 \rightarrow ClO + O_2 \tag{22-2-26}$$

$$ClO + O \rightarrow Cl + O_2 \tag{22-2-27}$$

전체반응 : $O_3 + O \rightarrow 2O_2$

이 염소기체는 아래 식과 같이 염화불화탄소의 광분해로 얻어진다.

$$CFCl_3 + h\nu \rightarrow CFCl_2 + Cl \qquad (22\text{-}2\text{-}28)$$

$$CF_2Cl_2 + h\nu \rightarrow CF_2Cl + Cl \qquad (22\text{-}2\text{-}29)$$

성층권에서 오존층의 파괴가 진지한 문제가 되고 있다. 남극지역에서 오존구멍이 위성에 의해 관측되고 있다. 냉매로 쓰이는 프레온기체의 제조에 국제사회가 제동을 걸고 있다. 성층권에서 프레온기체의 소멸시간이 어떻게 될 것인가에 대한 정량적 계산이 깊은 관심을 끌고 있다.

연습문제

(22-1) 아래에 나타낸 반응에서 반응속도상수가 아래에 같이 주어졌을 때 아래의 물음에 답하시오.

$A + h\nu \rightarrow A^*$

$A^* \xrightarrow{k} A$

$k = k_F + k_{IC} + k_{ISC}$, $k_F = 3.0\text{x}10^8\text{s}^{-1}$, $k_{IC} = 2.0\text{x}10^8\text{s}^{-1}$, $k_{ISC} = 1.0\text{x}10^8\text{s}^{-1}$

(a) τ_F는? (b) ϕ_F는? (c) τ_0는?

(22-2) 아래 반응에서 형광소멸시간을 구하시오.

$S_1 \rightarrow S_0 + h\nu_F \quad v = k_F[S_1]$

$S_1 + Q \rightarrow S_0 + Q^* \quad v = k_Q[S_1][Q]$

(22-3) 형광을 방출하는 물질의 들뜬상태소멸시간을 측정하는 방법을 제시하시오.

(22-4) 물속에서 tryptophan의 형광양자수득률은 $\phi_F = 0.20$이고 형광소멸시간은 $\tau_F = 2.6\,\text{ns}$이다. 형광이완속도 k_F를 구하시오.

(22-5) 들뜬 물질의 이완 및 이성질화 등을 밝힐 수 있는 시간분해 형광분광법을 설명하시오.

(22-6) $CHCl_3 + Cl_2 \rightarrow CCl_4 + HCl$ 광화학반응은 아래에 나타낸 몇 개의 기본 반응으로 구성되어있다.

$Cl_2 + h\nu \xrightarrow{I_a} 2 \bullet Cl,\ v = I_a$

$\bullet Cl + CHCl_3 \xrightarrow{k_1} \bullet CCl_3 + HCl$

$\bullet CCl_3 + Cl_2 \xrightarrow{k_2} CCl_4 + Cl$

$2 \bullet CCl_3 + Cl_2 \xrightarrow{k_3} 2ClCl_4$

CCl_4의 형성을 위한 정상상태속도법칙을 유도하시오. 단, I_a는 einstein (1 몰의 광자) 단위로 나타낸 흡수세기이다.

(22-7) 25℃ 에서 benzene의 형광수득률은 $\phi_F = 0.070$이다. 이 온도에서 들뜬상태의 benzene의 소멸시간은 $\tau_F = 26\ \text{ns}$이다. Benzene의 복사소멸시간 $\tau_0 = \dfrac{1}{k_F}$는 얼마인가?

연습문제해답

(22-1)

(a) $$\tau_F = \frac{1}{k_F + k_{IC} + k_{ISC}}$$

$$= \frac{1}{3.0\text{x}10^8\text{s}^{-1} + 2.0\text{x}10^8\text{s}^{-1} + 1.0\text{x}10^8\ \text{s}^{-1}} = 1.7\text{x}10^{-9}\ \text{s} = 1.7\ \text{ns}$$

(b) $$\phi_F = \frac{v_F}{I_{abs}} = \frac{k_f[S_1]}{(k_F + k_{IC} + k_{ISC})[S_1]}$$

$$= \frac{k_F}{(k_F + k_{IC} + k_{ISC})]} = \frac{3.0\text{x}10^8}{3.0\text{x}10^8 + 2.0\text{x}10^8 + 1.0\text{x}10^8} = \frac{1}{2}$$

(22-2) 계간교차 및 내부변환이 없다고 가정하면 형광소멸시간은 아래와 같이 주어진다.

$$\tau_F = \frac{1}{k_F + k_Q[Q]}$$

(22-3) 들뜬상태소멸시간 = 형광소멸시간

$$\tau_F = \frac{1}{k_F + k_{IC} + k_{ISC} + k_Q[Q]}$$

(22-4) $$\tau_F = \frac{1}{k_F + k_{IC} + k_{ISC}}$$

$$\phi_F = \frac{v_F}{I_{abs}} = \frac{k_F[S_1]}{(k_F + k_{IC} + k_{ISC})[S_1]} = \frac{k_F}{(k_F + k_{IC} + k_{ISC})}$$

$$\therefore\ k_F = \phi_F(k_F + k_{IC} + k_{ISC}) = \frac{\phi_F}{\tau_0} = \frac{0.20}{2.6\text{x}10^{-9}\ \text{s}} = 7.7\text{x}10^7\ \text{s}^{-1}$$

(22-6) 이 문제를 풀기 위해선 정상상태에선 반응중간체의 농도가 일정하다는 가정을 세워야 한다. 여기서 반응중간체는 는 • Cl과 • CCl_3이다. 두 중간체에 대해 정상상태근사법을 적용해보자.

$$\frac{d[\bullet\ \text{Cl}]}{dt} = 2I_a - k_1[\bullet\ \text{Cl}][\text{CHCl}_3] + k_2[\bullet\ \text{CCl}_3][\text{Cl}_2] \cong 0$$

$$\frac{d[\bullet\ \text{CCl}_3]}{dt} = k_1[\bullet\ \text{Cl}][\text{CHCl}_3] - k_2[\bullet\ \text{CCl}_3][\text{Cl}_2] - 2k_3[\bullet\ \text{CCl}_3]^2[\text{Cl}_2] \cong 0$$

$$\therefore [\bullet CCl_3]_{steady\ state} = \sqrt{\frac{I_a}{k_3[Cl_2]}}$$

$$\text{Rate} = \frac{d[CCl_4]}{dt} = k_2[\bullet CCl_3][Cl_2] + 2k_3[\bullet CCl_3]^2[Cl_2]$$

$$= k_2\sqrt{\frac{I_a[Cl_2]}{k_3}} + 2I_a$$

※ 속도법칙에서는 반응중간체의 농도가 들어가서는 안 된다.

(22-7) $\phi_F = \frac{k_F}{k_F + k_{nr}} = 0.070$, $\therefore \frac{k_{nr}}{k_F} = 13$

$\tau_F = \frac{1}{k_F + k_{nr}} = 2.6\text{x}10^{-8}\text{s}$, $\therefore k_F = 2.7\text{x}10^{6}\text{s}^{-1}$, $\therefore \tau_0 = \frac{1}{k_F} = 3.6\text{x}10^{-7}\text{s}$

23장

새·롭·고·이·해·하·기·쉬·운·물·리·화·학

화학반응동역학

1. 충돌이론

A와 B가 충돌해서 P가 생성될 때 반응속도법칙은 아래와 같이 주어진다.

$$v = k_2[A][B] \tag{23-1-1}$$

기체반응계에서 k_2는 충돌단면적 (collision cross section) σ와 $(T/M)^{1/2}$에 비례한다. $(T/M)^{1/2}$ 항은 기체분자의 속도와 관련된 식이다. 반응속도상수 v는 아래와 같이 주어진다.

$$v \propto \sigma(T/M)^{1/2}\frac{N_A}{V} \cdot \frac{N_B}{V} \propto \sigma(T/M)^{1/2}[A][B] \tag{23-1-2}$$

여기서 N_A와 N_B는 A와 B의 분자수를 나타낸다. 모든 충돌이 반응을 일으키지 않고 활성화에너지 E_a를 넘는 분자만이 반응을 일으킬 것이다.

$$\therefore\ k_2 \propto \sigma(T/M)^{1/2}\exp(-E_a/RT) \tag{23-1-3}$$

반응을 일으키기 위해서는 충돌할 경우 배향이 맞아야 한다. 여기서 입체적 요구조건 (steric requirement) P가 도입된다.

$$k_2 \propto P\sigma(T/M)^{1/2}\exp(-E_a/RT) \tag{23-1-4}$$

(a) 기체에서 충돌속도

$$Z_{AB} = \sigma\left(\frac{8kT}{\pi\mu}\right)^{1/2} N_A^2[A][B] \tag{23-1-5}$$

여기서 N_A는 아보가드로상수이며, $\left(\frac{8kT}{\pi\mu}\right)^{1/2}$는 기체의 평균속도이다. 충돌단면적과 환산질량은 아래와 같이 주어진다.

$$\sigma = \pi d^2, \quad d = \frac{1}{2}(d_A + d_B), \; \mu = \frac{m_A m_B}{m_A + m_B} < m_A, m_B \text{ (환산질량)}$$

식 (23-1-5)의 증명.

Δt동안 분자하나가 지나간 부피는 다른 분자들은 정지하고 있다고 가정하면 아래와 같이 주어진다.

$$V = \sigma \cdot \bar{c} \cdot \Delta t \tag{23-1-6}$$

여기서 Δt 동안 충돌한 분자수를 계산하면 아래와 같다.

$$\text{충돌수} = z = \sigma \cdot \bar{c} \cdot \Delta t \cdot \frac{N_A}{V} \tag{23-1-7}$$

$$\bar{c}_r = \sqrt{2}\,\bar{c} \tag{23-1-8}$$

$$\bar{c} = \left(\frac{8kT}{\pi m}\right)^{1/2} \tag{23-1-9}$$

$$\bar{c}_r = \left(\frac{8kT}{\pi\mu}\right)^{1/2} \tag{23-1-10}$$

단위 시간당 단위부피당 분자 A의 충돌수 Z_{AA} (collision density)는 아래와 같이 주어진다.

$$Z_{AA} = \frac{1}{2} z \frac{N_A}{V} \cdot \frac{1}{\Delta t} = \frac{1}{2} \sigma \bar{c}_r \frac{N_A}{V} \cdot \frac{N_A}{V} \tag{23-1-11}$$

$$Z_{AB} = \sigma \bar{c}_r \frac{N_A}{V} \cdot \frac{N_A}{V} \tag{23-1-12}$$

그림 (23-1-1). **충돌속도를 설명할 수 있는 모형.**

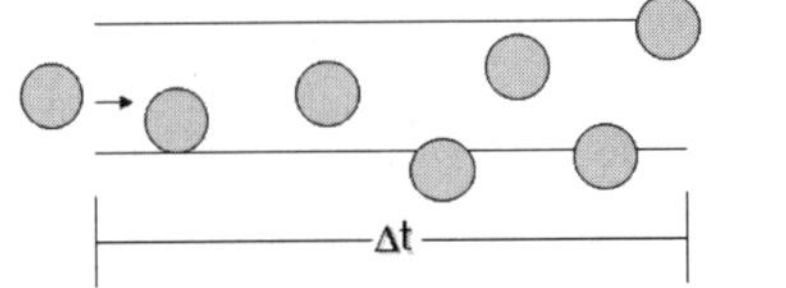

(b) 에너지의 조건

그림 (23-1-2)에서 입자 A가 B에 미치는 속도를 구하면 아래와 같다.

$$v_{r,A-B} = v_r \cos\theta = v_r \left(\frac{d^2 - b^2}{d^2}\right)^{1/2} \tag{23–1–13}$$

양변을 제곱한 다음 양변에 $\frac{1}{2}\mu$를 곱하면 아래 식이 얻어진다.

$$E_{\mathrm{A-B}} = E_r \left(\frac{d^2 - b^2}{d^2}\right) = E_r - E_r \frac{b^2}{d^2} \tag{23–1–14}$$

여기서 E_{A-B}는 A가 B에 가하는 충격에너지가 되고 E_r은 B가 정지하고 있다고 생각했을 때의 A의 상대 운동에너지이다.

$$d^2(E_r - E_{A-B}) = b^2 E_r \tag{23–1–15}$$

$$b^2 = \left(1 - \frac{E_{A-B}}{E_r}\right) d^2 \tag{23–1–16}$$

여기서 $b = b_{\max}$일 때의 E_{A-B}를 E_a, E_r을 E라고 하면

$$b_{\max}^2 = \left(1 - \frac{E_a}{E}\right) d^2 \tag{23–1–17}$$

$b_{\max}$이상에서는 충돌이 일어나지 않는다.

$$\pi b_{\max}^2 = \left(1 - \frac{E_a}{E}\right) \pi d^2 \tag{23–1–18}$$

$$\sigma(E) = \left(1 - \frac{E_a}{E}\right) \sigma \tag{23–1–19}$$

여기서 σ를 **충돌단면적**, $\sigma(E)$를 **반응단면적** (reaction cross section)**이라고 한다.** 그러나 정확한 반응단면적은 $\sigma^* = P\sigma(E)$이다. 여기서 P는 입체인자 (steric factor)를 나타낸다.

그림 (23-1-2). **충돌단면적에 미치는 상대운동에너지의 영향.**

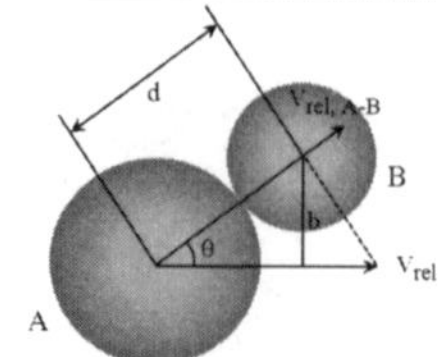

그림 (23-1-3). **충돌에너지에 따른 반응단면적의 변화. 여기서 반응활성화에너지는 500 kJ/mol 임. 이 에너지를 문턱에너지라고 함.**

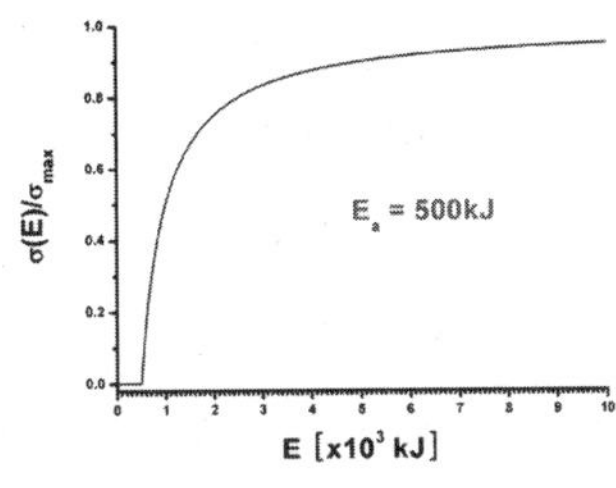

2. 빔반응

분자빔실험의 중요성을 알아보기 위하여 분자빔에서의 빔의 특성에 관한 이론적 배경을 개략적으로 서술하고자 한다. Knudsen 오븐 분출원천 (Knudsen oven effusive source)에서 진공으로 확산되며 속도 v를 갖는 분자의 수밀도분포 (number density distribution)는 엄밀하게 맥스웰분포 (Maxwellian)를 갖는다.

$$n(v) \propto v^2 \exp\left(-\frac{mv^2}{2kT}\right) \tag{23-2-1}$$

단위시간 및 단위입체각 (solid angle) 당 나오는 분자의 수를 표시하면 아래와 같다.

$$\frac{dI(\theta)}{d\omega} = \frac{1}{4\pi} n_0 \bar{v} A \cos\theta \tag{23-2-2}$$

여기서 n_0는 단위부피 속에 존재하는 분자의 수를 나타내며 식 $n_0 = \frac{P_0}{kT}$로 주어진다. 단, P_0는 온도 T에서의 오븐의 압력이다. $\bar{v}$는 오븐에서 분자의 평균속력 $\sqrt{\frac{8kT}{\pi m}}$ 이며, A는 구멍 (orifice)의 면적에 해당된다. 따라서 단위시간당 분자의 유출 (efflux)의 전체속도는

$$I = \frac{1}{4} n_0 \bar{v} A \tag{23-2-3}$$

속도 v를 갖는 분자의 수밀도분포는 흐름 (stream) 속도 위에서의 맥스웰 분포 를 갖는다.

$$n(v) \propto v^m \exp\left\{\frac{-m_s (v - v_s)^2}{2kT_s}\right\} \tag{23-2-4}$$

여기서 $v - v_s$는 흐름기체와 같이 움직이는 구도에서 본 기체의 속도에 해당된다. 아래

첨자 s는 흐름을 나타내며, 지수 m은 2 이상의 값을 갖거나, 가끔 2로 고정되어 사용되는 매개변수이다. T_s는 흐름의 병진온도이다. 여기서 T_s는 절대영도에 가까운 온도이기 때문에 속도분포는 그림 (23-2-1)에서처럼 매우 좁은 분포를 갖게 된다. 분출소스 (effusive source)에서 나오는 빔은 분자간에 충돌이 없으며, 한쪽 방향으로 잘 배향된 빔이다. 두 개의 스키머 (skimmer)를 통과한 분자빔은 아주 좁은 입체각 (solid angle)을 갖는다. ☞ 그림 (23-2-2). 따라서 식 (23-2-4)에 주어진 수밀도 분포는 그림 (23-2-1)에 나타낸 바와 같이 속도분포의 범위가 상당히 좁은 속도분포가 된다. 빔에서의 속력 v_s와 일반적인 기체계에서의 가장 가능한 속력 (most probable speed) v_{mp}의 비율은 아래와 같이 주어지며 빔의 단색성 (monochromaticity)을 나타내는 척도가 된다.

$$S = \frac{v_s}{v_{mp}} > 1 \tag{23-2-5}$$

그림 (23-2-1). 보통의 기체계와 분자빔에서의 속력분포의 비교도표.

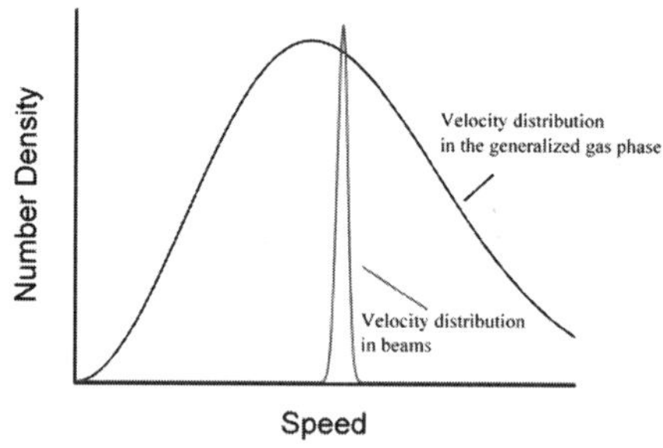

또는 소리속도의 배율을 나타내는 마하수 (Mach number) M이 빔의 특성을 나타내는데 사용되기도 한다.

$$M = \frac{v_s}{\sqrt{\frac{\gamma k T_s}{m}}} = \sqrt{\frac{2}{\gamma}}\, S \tag{23-2-6}$$

여기서 $\sqrt{\frac{\gamma k T_s}{m}}$는 이상기체의 소리속도를 나타내며, γ는 $\frac{C_p}{C_v}$이다. 자유젯 팽창 (free jet expansion)은 일종의 단열 팽창이므로 아래와 같은 열역학 제 1법칙이 성립한다.

$$h + \frac{v^2}{2} = h_0 = \text{constant} \tag{23-2-7}$$

여기서 h 는 단위 그램 당 엔탈피를 나타낸다. 식 (23-2-8)로부터 아래 식이 얻어진다.

$$v^2 = 2(h_0 - h) = 2\int_T^{T_0} C_p dT \tag{23–2–8}$$

여기서 T_0는 오븐의 온도이며 T는 흥미대상이 되는 빔의 온도에 해당된다. 이상기체에서는 아래 식이 성립한다.

$$C_p = \left(\frac{\gamma}{\gamma - 1}\right)\frac{R}{M_w} \tag{23–2–9}$$

식 (23-2-9)과 식 (23-2-10)을 결합하면 빔의 최종 속력은 아래의 식으로 주어진다.

$$v_\infty = \left\{\left(\frac{2R}{M_w}\right)\left(\frac{\gamma}{\gamma - 1} T_0\right)\right\}^{\frac{1}{2}} \tag{23–2–10}$$

식 (23-2-10)을 이용하여 He과 Ar의 빔에서의 속력을 구해보자. 비활성 단원자분자에서는 γ가 5/3이므로 He과 Ar의 속력은 각각 1759.6 및 557.0 m/sec로서 소리의 속도의 각각 5.17 및 1.64 배에 해당되는 초음속이다. 따라서 자유젯팽창방법을 이용하여 He 및 Ar 기체의 초음속빔을 얻는 일은 쉬운 일이다. 무거운 원자를 유선 (stream) 기체로 사용하여 초음속 빔을 얻기 위해서는 오븐의 온도를 올려주면 된다. 그러면 수소기체 유선에 원자량이 50 배가 무거운 분자를 얹혔을 때 무거운 분자의 병진운동에너지는 300 K에서 얼마나 될 것인가? 무거운 분자의 속도는 수소기체의 속도를 가지면서 질량이 50 배나 크므로 무거운 분자는 결국에는 4.7 eV의 병진운동에너지를 갖게 된다. 이 에너지는 화학반응을 일으키기에 충분한 에너지이다.이것이 분자빔기술이 화학분야에서 많이 이용되는 이유이다. 다음에는 초음속 (supersonic expansion)에서 빔의 온도를 고찰해보고자 한다. 예를 들어 1 bar 압력과 400 K의 오븐의 기체를 10^{-10} bar의 주 챔버로 단열팽창 (엔트로피의 변화 없이) 시킬 때의 빔의 온도는 아래의 식으로 주어진다.

$$\frac{P}{P_0} = \left(\frac{T}{T_0}\right)^{\frac{\gamma}{\gamma - 1}} \tag{23–2–11}$$

식 (23-2-11)로 부터 쉽게 $T = 0.63\,\mathrm{K}$를 얻을 수 있다. 이 온도는 빔에서의 분자의 내부 온도로서 분자의 전자, 진동 및 회전의 들뜸을 연구하는데 충분히 낮은 온도이다. 다음에는 아래에 나타낸 식을 이용하여 빔의 밀도를 계산해보자.

$$\frac{\rho}{\rho_0} = \left(\frac{T}{T_0}\right)^{\frac{1}{\gamma - 1}} \tag{23–2–12}$$

만일, $T = 0.63\,\mathrm{K}$, $T_0 = 400\,\mathrm{K}$ 이면 $\dfrac{\rho}{\rho_0} = 6.25\mathrm{x}10^{-5}$ 이다. 물론 빔의 온도와 밀도는 노즐의 구멍 (orifice)의 크기(d)와 구멍으로부터의 거리(x)의 함수이다. d 와 $\dfrac{x}{d}$ 가 크면 클수록 빔의 내부온도는 더욱 내려가고, 또한 빔의 밀도와 충돌회수도 급격히 감소한다. 분자빔이 90° 각도로 서로 교차하는 소위 초음속교차분자빔장치 {그림 (23-2-3)}가 1980년 전후로 각광을 받았다. 이 교차분자빔을 이용한 반응은 상당히 높은 진공 속에서 수행되기 때문에 용매효과가 없는 이상적인 반응을 연구할 수가 있다. 또한 매우 불안정한 생성물도 검출할 수 있으므로 반응중간체도 생성물로서 검출이 가능하다. 이 장치의 가장 큰 장점은 단일충돌 하에서 반응이 진행되기 때문에 단일반응 메커니즘을 연구할 때 본 장치가 이용된다.

그림 (23-2-2). **강하고 잘 정렬된 분자빔발생장치의 노즐부분.**

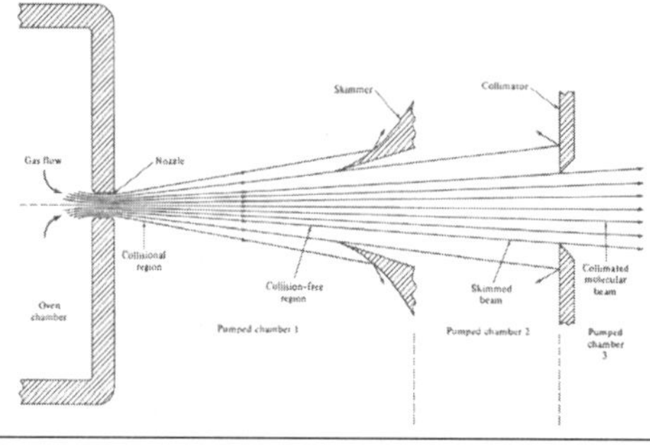

(a) 분자빔의 발생과 분자빔과 분자빔의 충돌실험

분자빔을 이용한 분자동역학에 관한 연구는 주로 미국에서 많이 진행되고있다. 1980년 중반 Lee와 Herschbach이 많은 분자빔장치를 고안 및 제작하여 분자동역학을 연구하여 왔고, 또한 비슷한 시기에 Bernstein은 배향된 분자빔장치를 제작하여 배향된 분자빔의 반응성을 연구하여왔다. 이 외에도 1978년에 Cross는 교차분자빔장치를 제작하여 분자간반응의 에너지의 존도를 고찰하여 왔다. 또한 1980년대 말 Aquilanti는 분자빔과 열에너지를 갖는 중성분자와의 상호작용을 연구하여 왔다. 교차분자빔장치의 단면도를 그림 (23-2-3)에 나타내었다. 교차분자빔장치는 두개의 노즐로 구성되어있고, 두 노즐에서 나오는 두 빔이 90° 각도로 만나도록 제작된다. 각 노즐이 들어있는 챔버는 확산펌프를 이용하여 매우 높은 진공이 되도록 한다. 생성물을 검출하기 위하여 주 챔버 안에 질량분석기가 설치된다.

① **주 챔버** (main chamber) : 주 챔버는 그림에 나타낸 바와 같이 두 개의 빔 소스를 포

함한다. 각 빔의 소스는 하나의 노즐을 갖고 있다. 챔버 아래에는 확산펌프가 설치되고 챔버와 확산펌프 사이에는 액체질소냉각포착기가 설치된다. 각 빔이 나오는 반대편에는 액체질소냉각패널 (cooled panel)이 각각 설치된다.

② **빔원천** (beam source) : 상업화된 펄스밸브를 노즐로 사용한다. 빔소스챔버는 확산펌프나 터보펌프를 이용하여 배기된다. 노즐 앞에는 스키머가 있어서 광범위하게 퍼져나가는 빔을 제거한다. 빔의 굵기는 노즐과 스키머 사이의 거리로 결정된다. 노즐 과 스키머 사이의 거리가 멀면 멀수록 굵기가 작은 빔이 형성될 수 있다. 질량이 작은 기체들은 보통의 온도에서 소리의 속도 보다 빠른 속도로 움직인다. 이렇게 빠른 속도로 움직이는 기체는 시료물질을 똑같이 소리속도보다 빠른 속도로 움직이게 한다. 이렇게 함으로써 초음속분자빔을 형성할 수 있다. 이와 같이 매우 작은 분자인 수소나 헬륨을 운반기체로 썼을 때 반응물들의 갖는 병진운동에너지는 400 kJ/mol 이상에 달할 수 있다! 이 에너지는 일반적인 화학결합을 끊어주는데 충분한 에너지가 될 것이다.

그림 (23-2-3). **교차분자빔장치의 단면도.**

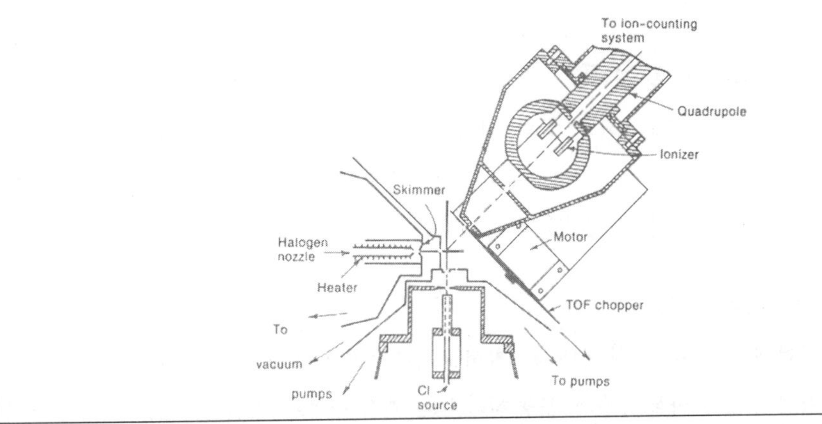

(b) 전이상태분광학 (transition-state spectroscopy)

분자반응동역학 분야에서 가장 궁극적인 목표 중의 하나는 어떤 화학반응의 퍼텐샬에너지 표면을 구하는 일이다. 전이상태분광학 (transition-state spectroscopy)은 어떤 반응의 전이상태를 규명하기 위한 분광학으로서 근래에 많이 수행되고 있는 연구분야중의 하나이다. 그림 (23-2-4)에서 $A \cdot \cdot B \cdot \cdot C^{\ddagger}$는 $A + BC \rightarrow AB + C$ 반응의 전이상태에 해당하지만 그 것의 음이온 ABC^-는 안정할 수 있다. 또한 ABC^-의 구조는 $A \cdot \cdot B \cdot \cdot C^{\ddagger}$와 유사하다고 가정하자. ABC^- 광떼기 (photodetachment) 반응을 일으켜 전자를 음이온으로부터 쫓아낸다. 광전자에너지를 측정하면 $A \cdot \cdot B \cdot \cdot C^{\ddagger}$의 에너지준위를 파악할 수 있다.

그림 (23-2-4). 전이상태분광학의 실험개요도.

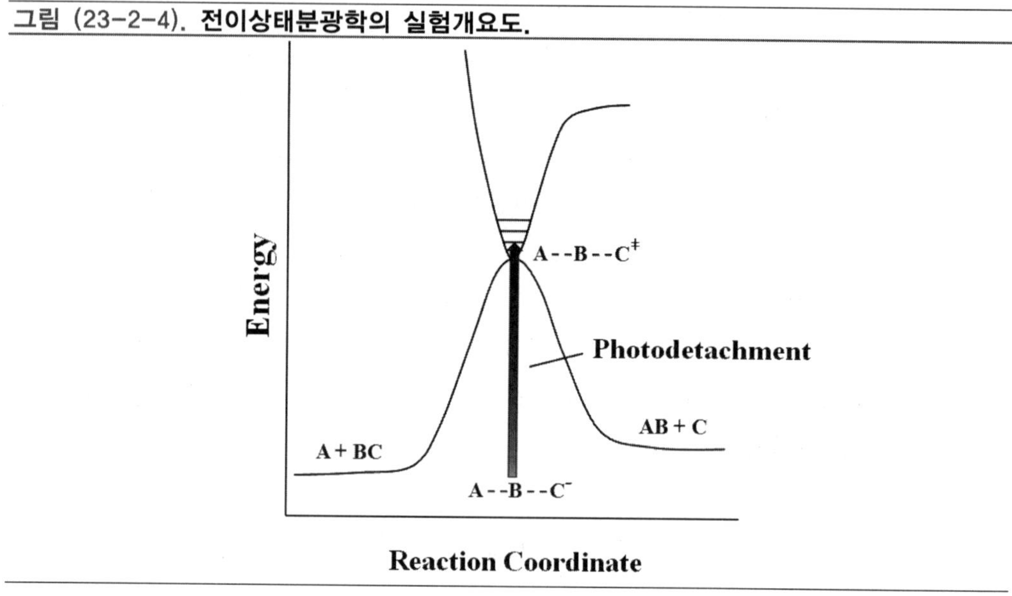

(c) 이온과 중성분자의 반응

이온과 중성분자의 반응과 이에 따른 반응속도를 측정하는 연구가 훌륭한 이온빔기술의 개발에 힘입어 많은 발전을 하고 있다. 이온빔실험은 아래에 나타낸 이온빔기술의 이점 때문에 앞으로 많은 관심을 불러일으킬 것이다.

① 이온빔실험의 이점

ⓐ 이온빔실험에서 질량이 잘 선택된 발사물이온 (projectile ion)을 쉽게 얻을 수 있다.

ⓑ 이온빔실험에서 발사물이온의 운동에너지를 자유자재로 바꿀 수 있다. 적절한 전장을 이온빔장치에 가해줌으로써 발사물이온의 운동에너지를 정할 수 있다.

ⓒ 이온-중성분자 충돌실험에서 생기는 생성물은 많은 경우에 이온이어서 검출기에서 검출이 용이하다는 것이다.

② 이온빔실험방법

가이드된이온빔실험장치를 그림 (23-2-5)에 나타내었다. 질량필터기에서 이온의 질량을 선택한 후 이온을 원하는 병진운동에너지로 감속시키고 라디오주파수 8극이온빔가이드 (octopole ion beam guide)로 주입한다. 8극이온빔가이드 안에는 강력한 퍼텐샬우물이 존재하기 때문에 이온과 중성분자가 충돌하여 생긴 생성물이온이 이 퍼텐샬우물에 갇히게 된다. 이와 같은 이온빔가이드를 사용하면 생성물이온의 검출 효율을 높일 수 있다. 목표물기체의 압력은 대략 $< 8x10^{-5}$ torr로 유지된다. 이와 같은 낮은 압력에서는 단일충돌만이 일어날 것이므로 정확한 반응단면적을 규명할 수 있다. 발사물이온은 4극질량필터 (quadrupole mass filter)로 주입되고 이온검출기로 검출된다.

그림 (23-2-5). **가이드되는 이온빔병렬질량분석기.**

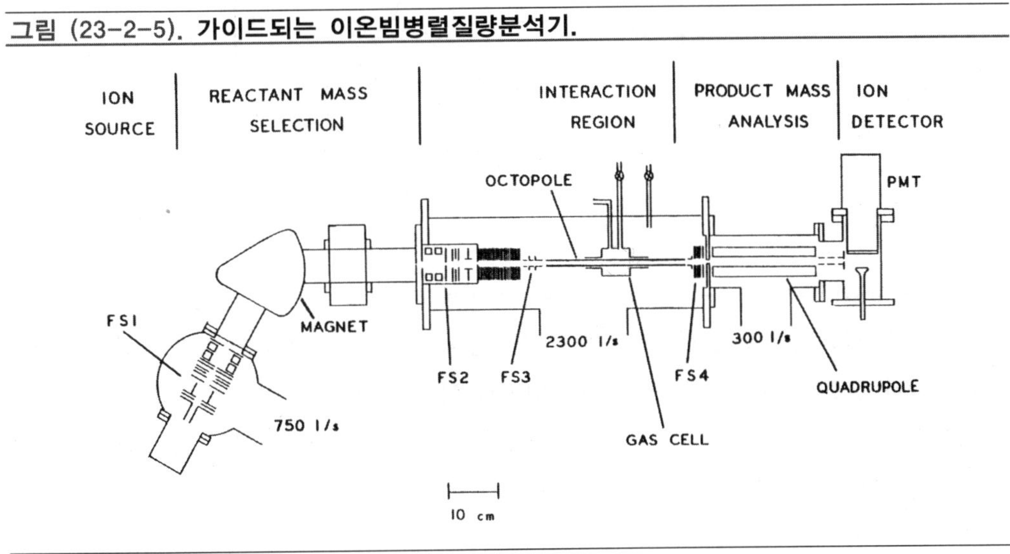

다음은 아래와 같은 이온-중성물자 충돌실험을 살펴보자. 그림 (23-2-6)에 아래 반응의 에너지에 따른 반응단면적을 나타내었다.

$$SiH^+ + D_2 \rightarrow SiHD^+ + D \qquad (23-2-13)$$

그림 (23-2-6)의 에너지를 두 종류로 나타내었다. 하나는 실험실구도에너지 (laboratory frame energy)이고 다른 하나는 질량중심에너지 (center of mass energy)이다. 질량중심에너지는 아래 식으로 주어진다.

$$E_{cm} = E_{lab} \frac{M_{target}}{M_{projectile} + M_{target}} \qquad (23-2-14)$$

질량중심구도에서 보면 발사물이온과 목표물기체가 같이 서로 다른 속도로 질량중심을 향해서 비행한다고 볼 수 있다. 충돌시점에서 발사물이온과 목표물기체의 운동에너지가 충돌에너지로 바뀐다.

그림 (23-2-6). 충돌에너지에 따른 $SiH^+ + D_2 \rightarrow SiHD^+ + D$ 반응의 반응단면적. 점선은 이온빔의 에너지분포와 중성목표물 기체의 운동에너지분포의 효과를 제거해서 얻어진 에너지에 따른 반응단면적의 모형이다. 실선은 이 두 효과를 가미한 반응단면적함수이다.

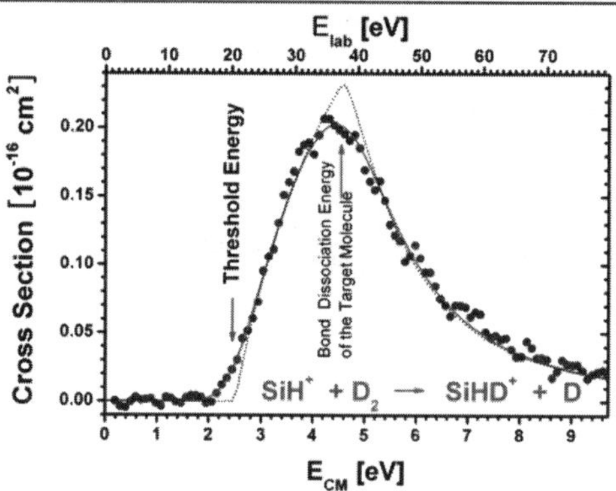

그 충돌에너지의 일부분은 결합을 끊는데 사용되고, 일부분은 생성물의 내부에너지로 바뀌고, 또한 남은 일부분은 새로운 형태의 병진운동에너지로 변화한다. 따라서 질량중심구도에서 측정한 질량중심에너지가 병진운동에너지가 어떻게 내부에너지로 바뀌고 그 결과로 어떤 결합이 끊어지고, 그 나머지 에너지로 진동, 회전 및 병진운동에너지로 변환되는지를 나타내는데 유익한 에너지이다. 그 실선이 나타내는 반응모형을 아래에 나타내었다. 그림 (23-2-6)에서 실선은 실험결과와 잘 일치함을 알 수 있다.

$$\sigma = \sigma_0 \left\{ \frac{(E - E_0)^n}{E^m} \right\} (1 - P_D) \qquad (23\text{–}2\text{–}15)$$

여기서 σ는 반응단면적이고 σ_0는 에너지에 무관한 척도요인 (scaling factor)이며 E_0는 반응의 문턱에너지이다. n, m은 매개변수이고 P_D는 생성물이 분해할 확률을 나타낸다. 이 점선으로부터 이 반응의 문턱에너지는 $2.50 \pm 0.2\,\mathrm{eV}$로 결정된다. 에너지에 따른 반응단면적은 4.55 eV에서 이완하기 시작함을 그림에서 알 수 있다. 이것은 생성물 $SiHD^+$가 이 에너지에서 $SiH^+ + D$로 분해되기 때문이다. 그 전체반응은 다음과 같다,

$$SiH^+ + D_2 \rightarrow SiH^+ + D + D \qquad (23\text{–}2\text{–}16)$$

따라서 이완에너지 4.55 eV는 D_2 분자의 분해에너지와 같음을 알 수 있다.

3. 퍼텐샬에너지표면

퍼텐샬에너지표면 (potential energy surface)을 아래와 같이 3차원 {그림 (13-3-1)}이나 2차원 등고선 (contour) 도표 {그림 (23-3-2}로 표시한다.

그림 (23-3-1). 핵간거리에 따른 퍼텐샬에너지표면.

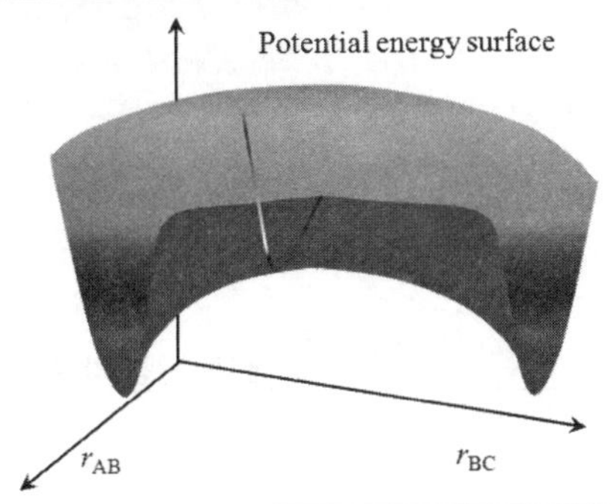

그림 (23-3-2). $H_2 + H \rightarrow H_2 + H$ **의 반응을 위한 등고선도표.** $(r_{AB})_e$**와** $(r_{BC})_e$**는 평형핵간거리를 나타낸다.**

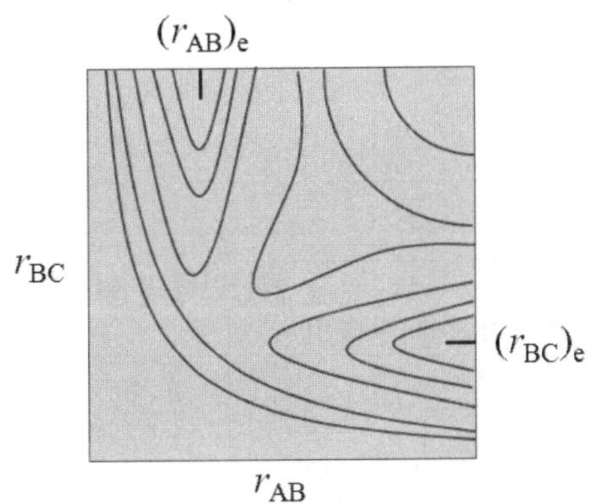

그림 (23-3-3)은 반응이 진행되는 여러 가지 경로를 나타내고 있다. 가장 낮은 에너지경로는 전이상태 $ABC^{\ddagger}$를 통과하는 경로이다. 다음은 두 종류의 극단적인 퍼텐샬에너지표면을 나타내고 있다. 그림 (23-3-4a)의 경우는 전이상태가 있는 반응경로를 나타내고 있고, 그림 (23-3-4b)의 경우는 퍼텐샬우물이 있는 반응경로를 나타내고 있다. 그림 (23-3-5a)는 그림 (23-3-4a)에 해당하고, 그림 (23-3-5b)는 그림 (23-3-4b)에 해당한다. 그림 (23-3-6)은 전이상태 근처에서 다양한 반응의 위치에너지의 변화를 나타내고 있다. 반응물의 병진에너지 및 진동에너지의 크기에 따라 다양한 반응경로가 생긴다.

그림 (23-3-3). $H_2 + H \rightarrow H_2 + H$ **의 반응의 다양한 궤적을 등고선지도에 표기하였음.**

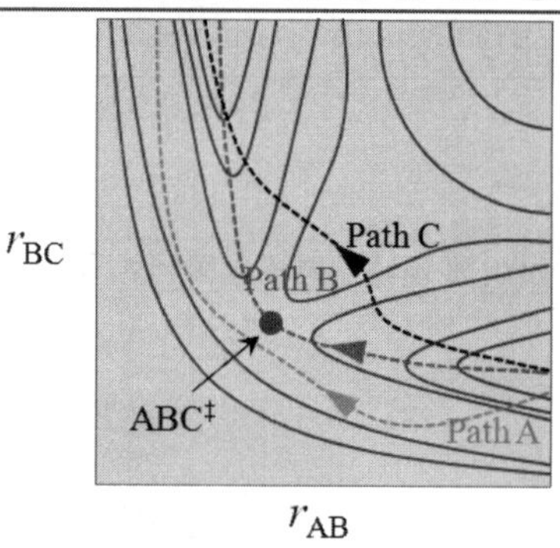

그림 (23-3-4). $A + BC \rightarrow AB + C$ **선형반응의 두 종류의 등에너지곡선.**

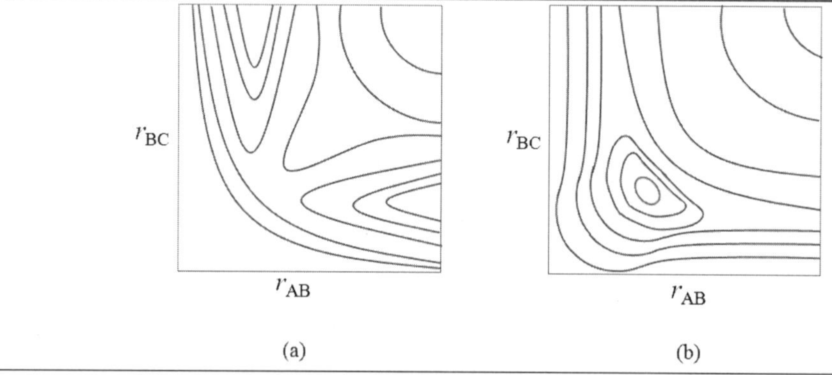

그림 (23-3-5). $A + BC \rightarrow AB + C$ **선형반응의 위치에너지측면도. 위 그림은 퍼텐샬장벽이 존재하고 아래 그림은 퍼텐샬 우물이 존재함.**

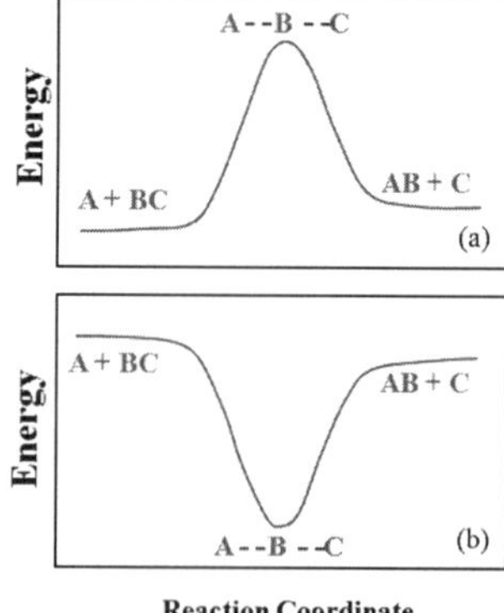

그림 (23-3-6)은 $A+BC \rightarrow AB+C$ 반응좌표에 따른 퍼텐샬에너지를 나타내고 있다. 반응이 성공적인 경우와 그렇지 않은 경우를 표현하고 있다. (a)는 진동하지 않는 BC에 A가 충돌하는 모습을 나타내고 있다. 반응 후에 AB 물질은 진동하고 있지 않다. (b)는 진동하는 반응물 BC에 A가 충돌하는 모습을 나타내고 있다. 반응 후에 AB가 진동하고 있음을 알 수 있다. (c)는 반응물이 진동에너지는 갖고 있지 않고 병진운동에너지만을 갖고 있다. 또한 그 병진운동 에너지로는 전이상태를 넘지 못하는 경우이다. (d)는 진동하는 반응물 BC에 A가 충돌하는 모습을 나타내고 있다. 반응물이 진동 및 병진운동에너지는 모두 갖고 있으나 두 에너지 합으로 전이상태를 넘지 못하는 경우이다. 진동에너지는 반응 전과 후에도 유지되고 있다.

그림 (23-3-7a)와 (23-3-7b)는 각각 이른 전이상태와 늦은 전이상태를 나타내고 있다. 에너지장벽이 반응물 쪽에 있는 경우 이른 전이상태라 칭하고, 반면에 에너지장벽이 생성물 쪽에 있는 경우 늦은 전이상태라 부른다. 그림 (23-3-8a)는 이른 전이상태이며 $E_T \gg E_V = 0$인 경우로 진동하지 않는 BC에 A가 충돌하고 반응 후 남은 에너지는 AB의 진동에너지로 바뀐다. 여기서 E_T 와 E_V는 각각 반응물의 병진운동 및 진동에너지를 뜻한다. 그림 (23-3-8b)는 이른 전이상태이며 $E_V \gg E_T$의 경우로서 진동하는 BC에 병진운동에너지가 낮은 A가 충돌하여 활성화 장벽을 넘지 못하여 반응이 진행되지 않고 있다. BC의 진동은 반응 후에도 유지되고 있다. 그림 (23-3-8c)는 장벽이 늦으며 $E_V \sim E_T \gg 0$의 경우로서 진동하는 BC에 병진운동에너지가 큰 A가 충돌하여 활성화 장벽을 넘는 반응을 묘사하고 있다. 그림 (23-3-8d)는 장벽이 늦게 나오며 $E_T \gg E_V = 0$의 경우로서 진동하지 않는 BC에 병진운동에너지가 큰 A가 충돌하지만 높은 활성화 장벽을 넘지 못하고 있다.

그림 (23-3-6). 반응이 성공적인 경우와 그렇지 않은 경우. (a), (b)는 성공적인 경우. (c), (d)는 성공적이지 못한 경우.

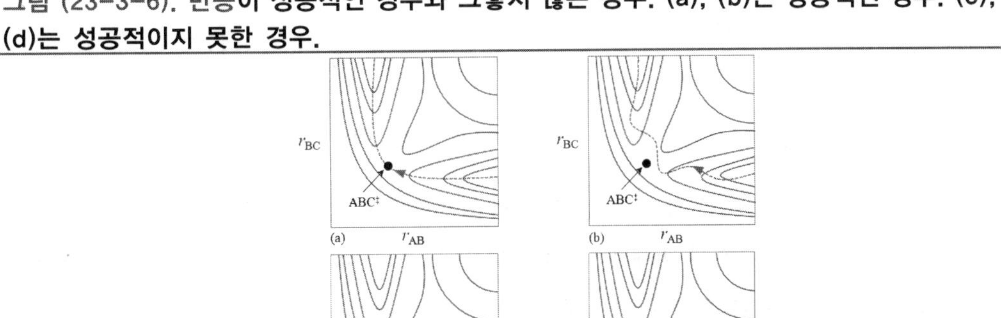

그림 (23-3-7). 두 종류의 전이상태. (a) : 인력이 우세한 이른 전이상태, (b) : 반발력이 우세한 늦은 전이상태.

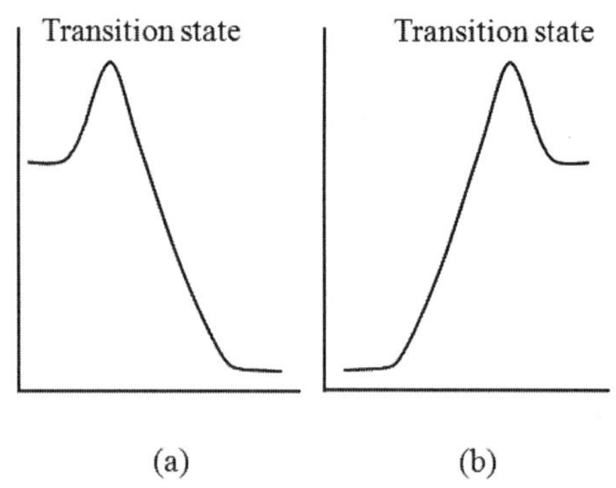

그림 (23-3-8). $A + BC \rightarrow AB + C$ 선형반응에서 반응장벽과 반응물의 에너지의 영향 때문에 반응의 성사여부가 결정되고 또한 생성물의 에너지상태도 결정됨.

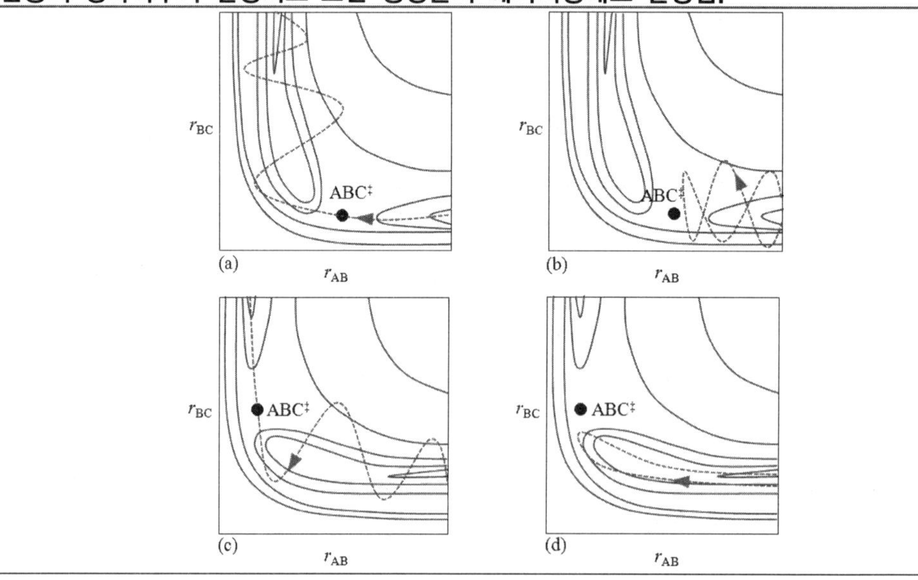

① $F + H_2$ 반응

$F + H_2$ 반응은 기본적인 반응 중의 하나로서 분자빔 등에서 연구가 잘 된 반응 중의 하나이다. **H-H 결합에너지에 비해 H-F 결합에너지는 매우 커서 $F + H_2 \rightarrow HF + H$ 반응의 위치에너지표면이 인력이 우세한 경우이다.** 그림 (23-3-10)에 위치에너지표면을 나타내었다. 선험적으로 계산한 선형 $F + H_2 \rightarrow HF + H$ 반응의 2차원 퍼텐샬에너지 표면을 그림 (23-3-11)에 나타내었다.

그림 (23-3-9). 선험적으로 계산한 선형 $F + H_2 \rightarrow HF + H$ 반응의 퍼텐샬에너지 표면.

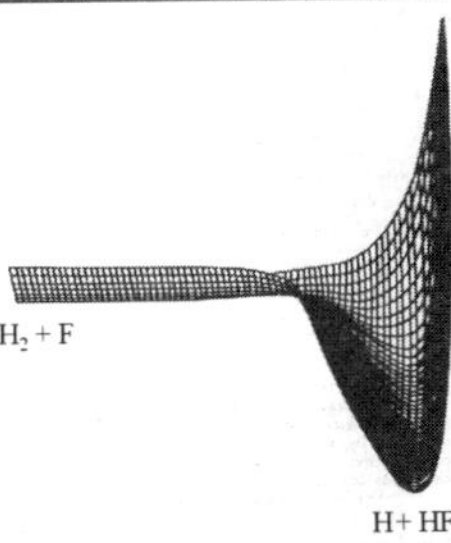

그림 (23-3-10). 선험적으로 계산한 선형 $F + H_2 \rightarrow HF + H$ 반응의 2차원 퍼텐샬에너지 표면. 괄호 속의 숫자는 kcal/mol 단위로 나타낸 에너지이다.

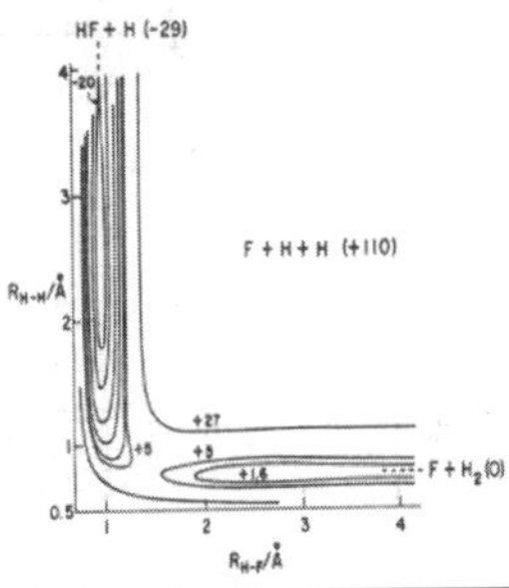

이 반응은 인력이 우세한 위치에너지 표면에서 진행되는 대표적인 반응이다. 안장점은 반응물보다 5 kcal/mol 밖에 높지 않다. 생성물은 반응물보다 에너지가 29 kcal/mol 만큼 낮다. 따라서 반응 후에 생성물은 그림 (23-3-11)에 나타낸 바와 같이 다양하고 매우 높은 진동에너지를 갖는다.

그림 (23-3-11). $F + H_2 \rightarrow HF + H$ 반응에서 선험적으로 계산한 선형생성물의 진동구조.

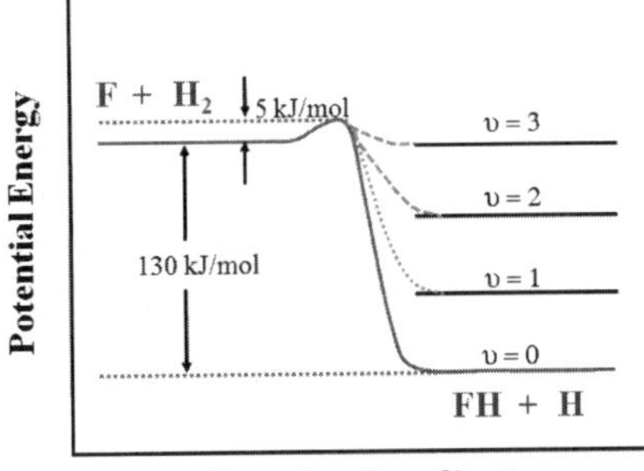

연습문제

(23-1). $F + H_2 \rightarrow HF + H$ 반응에서 $E_a = 7.1$ kJ/mol, $\Delta E = -143.9$ kJ/mol이다. 최소에너지반응경로와 퍼텐셜에너지등고선을 그리시오.

(23-2). 그림 (23-3-8)에 나타낸 위치에너지등고선으로부터 $A + BC \rightarrow AB + C$ 반응의 특수성을 나타내시오.

24장

촉매

1. 촉매의 역할

다음과 같은 반응의 예를 들어보자.

$$SO_2 + O_2 \leftrightarrow 2SO_3 \tag{24-1-1}$$

각 물질의 표준생성자유에너지로부터 이 반응의 Gibbs 자유에너지변화를 계산해보자.

$$\Delta G^0 = 2(-395) - (0) - 2(-297) = -196 \text{ kJ/mol} \tag{24-1-2}$$

$$K = e^{-\Delta G^0/RT} = 2.3\text{x}10^{34} \tag{24-1-3}$$

이와 같이 엄청나게 큰 평형상수 값에도 불구하고 이 반응은 상온에서 자발적으로 일어나지 않는다. 이 반응을 일으키기 위해서 Vd을 포함한 고체촉매를 사용한다. 그림 (24-1-1)과 같이 **촉매는 활성화에너지를 낮추거나 높이는 역할을 한다.** 정촉매는 활성화에너지를 낮추어 주고 부촉매는 활성화에너지를 높여준다. 그림 (24-1-1)에 반응좌표에 따른 촉매 및 비촉매반응의 엔탈피변화 (반응경로)를 나타내었다.

그림 (24-1-1). 비촉매반응과 촉매반응의 엔탈피도표.

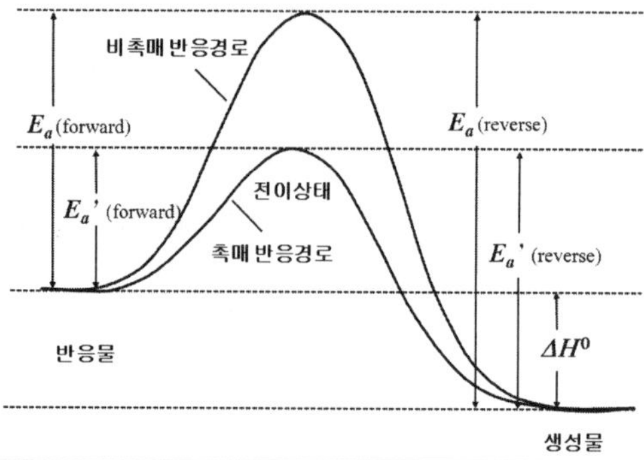

2. 화학흡착과 물리흡착

(a) 흡착의 정도

표면의 덮임율 (surface coverage)의 정도는 부분덮임율 (fractional coverage) θ로 나타낸다.

$$\theta = \frac{\text{number of adsoprtion sites occupied}}{\text{number of adsoprtion sites available}} \tag{24-2-1}$$

화학적 결합으로 흡착된 물질 (adsorbate)이 흡착표면 (adsorbent)에 흡착 된 경우를 말한다. 물리흡착은 van der Waals 등의 약한 결합으로 이루어진 흡착을 뜻한다.

(b) 흡착등온곡선

① Langmuir 등온곡선

ⓐ 흡착과 동시에 분해가 되지 않는 경우

$$\frac{d\theta}{dt} = k_a pN(1-\theta) \tag{24-2-2}$$

$$\frac{d\theta}{dt} = -k_d N\theta \tag{24-2-3}$$

정상상태근사법을 이용하면 아래와 같은 식이 얻어진다.

$$\frac{d\theta}{dt} = k_a pN(1-\theta) - k_d N\theta = 0 \tag{24-2-4}$$

$$\therefore\ \theta = \frac{Kp}{1+Kp} \qquad K = \frac{k_a}{k_d} \tag{24-2-5}$$

ⓑ 흡착과 동시에 분해가 되는 경우

$$\frac{d\theta}{dt} = k_a p\{N(1-\theta)\}^2 \tag{24-2-6}$$

$$\frac{d\theta}{dt} = -k_d(N\theta)^2 \tag{24-2-7}$$

$$\theta = \frac{(Kp)^{1/2}}{1+(Kp)^{1/2}} \qquad K = \frac{k_a}{k_d} \tag{24-2-8}$$

그림 (24-2-1). K 값에 따른 흡착등온곡선. 단, $K = \frac{k_a}{k_d}$.

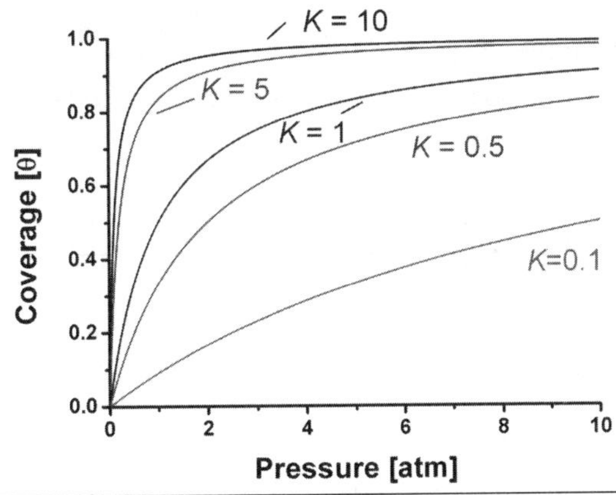

3. 표면에서 촉매활동

(a) 흡착에 의한 촉매작용

고체촉매를 이용한 기상물질의 반응에서 가장 중요하고 기본적인 반응단계가 흡착이다. 우선 고체표면에 흡착물질 (adsorbate)이 내부결합형태를 바꾸지 않고 흡착하는 물리흡착을 고찰해보자. **물리흡착은 흡착물질과 고체표면 사이에 약한 van der Waals 힘에 의해 이루어진 결합을 말한다.** 물리흡착을 설명하는 Langmuir 메커니즘이 잘 알려져 있다. 여기서는 흡착과 탈착 그리고 흡착물질 사이의 반응과 관련된 열역학 및 반응속도론을 논의해 보고자 한다.

○ Langmuir-Hinshelwood 메커니즘

흡착된 두 물질 A와 B가 반응해서 생성물을 형성하는 경우 Langmuir-Hinshelwood 메커니즘이 적용된다. 두 물질 A와 B가 촉매표면에서 반응할 때, 두 물질이 표면에 흡착되고 흡착된 두 물질이 활성화된 콤플렉스를 거쳐 이분자 반응 (bimolecular reaction)을 한다. 이 메커니즘은 미국의 langmuir에 의해 제안되었고, 영국의 Hinshelwood에 의해 완성되었다.

$$A + B \rightarrow P \qquad v = k\theta_A\theta_B \tag{24-3-1}$$

$$\theta_A = \frac{K_A p_A}{1 + K_A p_A + K_B p_B} \tag{24-3-2}$$

$$\theta_B = \frac{K_B p_B}{1 + K_A p_A + K_B p_B} \tag{24-3-3}$$

$$v = \frac{kK_A K_B p_A p_B}{(1 + K_A p_A + K_B p_B)^2} \tag{24-3-4}$$

식 (24-3-2)와 식 (24-3-3)의 증명.

정상상태근사법을 이용하면

$$\frac{d\theta_A}{dt} = k_a(A)p_A N(1-\theta_A-\theta_B) - k_d(A)N\theta_A = 0 \tag{24-3-5}$$

$$\frac{d\theta_B}{dt} = k_a(B)p_B N(1-\theta_A-\theta_B) - k_d(B)N\theta_B = 0 \tag{24-3-6}$$

식 (24-3-5)의 양변을 $k_d(\mathrm{A})$로 나누어주고 정리하면

$$\theta_B = 1 - \left(1 + \frac{1}{K_A p_A}\right)\theta_A \tag{24-3-7}$$

식 (24-3-7)을 식 (24-3-6)에 대입하면 식 (24-3-2)와 식 (24-3-3)을 얻을 수 있다.

화학물질의 촉매표면에의 흡착의 세기가 촉매활동에 큰 영향을 준다. 대부분의 금속에 흡착세기의 순서는 아래와 같이 감소한다. O_2, C_2H_2, C_2H_4, CO, H_2, CO_2, N_2. 이 중에 몇 개의 분자는 금속원자에 분해하면서 흡착한다. 일종의 산화성첨가반응 (oxidative addition)이다.

거시적으로 보면 **촉매표면의 꺾임자리 (kink)와 계단** (step, terrace)**의 존재가 표면의 촉매활동에 큰 영향을 준다는 것**이 잘 알려져 있다. 또한 이 꺾임자리와 계단에 불순물이 흡착하면 촉매의 활동을 무력화시킨다. 표면에서 일어나고 있는 반응의 메커니즘을 규명하기 위한 분자빔반응산란 (molecular beam reactive scattering) 등의 연구가 많은 각광을 받고 있다. 분자빔이 표면에 흡착된 물질과 반응하여 생성물을 형성할 때 생성물의 병진운동에너지와 각분포를 관찰하면 반응을 위한 활성화에너지 및 반응동역학 등을 규명할 수 있다.

(b) 수소화 및 이성질화반응

수소분자는 전이금속표면에 흡착 후 분해 (dissociative adsorption)를 잘 일으킨다. 이는 전이금속의 d 궤도함수의 대칭성과 수소분자의 반결합궤도함수의 그것과 일치하고 있다. 이것은 **첨단궤도함수이론 (frontier orbital theory, FOT)**으로 설명이 잘되고 있다. 전이금속촉매 표면에 흡착된 수소원자는 올레핀의 수소화반응에 관여한다. 이미 표면에 화학흡착하고 있던 수소원자가 이동하여 그림 (24-3-2)의 3의 구조를 갖는 물질이 형성한다. 여기서 수소원자가 다시 이동하여 4의 구조를 갖는 물질이 생성된다. 다시 수소원자가 이동하여 5의 구조를 갖는 물질이 생성된다. 6의 구조물에서 2-pentene 화합물이 탈착하여 이성질화반응이 완결된다.

(c) 산화반응

올레핀 (olefin)의 산화반응을 보면 우선 올레핀의 이중결합 부분이 촉매표면에 π-산 (π-acid) 형으로 첨가반응을 일으킨다. 올레핀은 중심 전이금속원자에 π-전자구름을 제공한다. 프로핀 (propene, $CH_2=CHCH_3$)의 산화반응을 살펴보자. Propene은 전이금속에 π-산형으로 첨가반응을 일으킨다. 이 후 propene에서 전이금속으로 수소원자가 이동하며 propenyl 래디컬-전이금속착물이 형성된다. 전이금속에 흡착되었던 산소원자가 propenyl 래디컬로 이동하면서 propenal ($CH_2=CHCHO$)이 형성되고 그 표면을 떠난다. 이 표면에 흡착된 수소원자는 그 표면에 이미 흡착되었던 산소원자와 반응하여 물을 형성하면서 표면을 떠난다. 따라서 전이금속은 순전히 촉매역할을 한다.

첨단궤도함수이론의 설명.

그림 (24-3-1)에 나타낸 것처럼 **반응물의** LUMO (lowest unoccupied molecular orbital)와 HOMO (highest occupied molecular orbital)의 **대칭성이 같으면 결합이 잘 이루어진다.** 1-Pentene의 이중결합은 전이금속원자에 화학흡착을 일으킨다. 전이금속의 *d* 궤도함수와 올레핀의 반결합궤도함수의 대칭성이 일치하므로 에너지장벽이 낮아서 반응이 쉽게 일어난다. 이와 같은 이론을 첨단궤도함수이론이라 한다.

그림 (24-3-1). **촉매의 금속원자의 d 궤도함수의 부호와 불포화탄화수소의 π^* 궤도함수의 부호와 같아서 결합이 잘 이루어짐.**

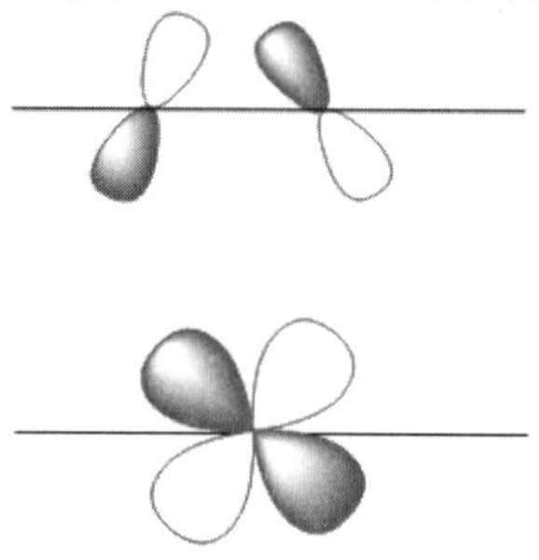

그림 (24-3-2). **불균일 촉매를 이용한 1-pentene의 2-pentene으로의 이성질화반응의 메커니즘. 반응이 완료되면 촉매표면은 원 위치됨.**

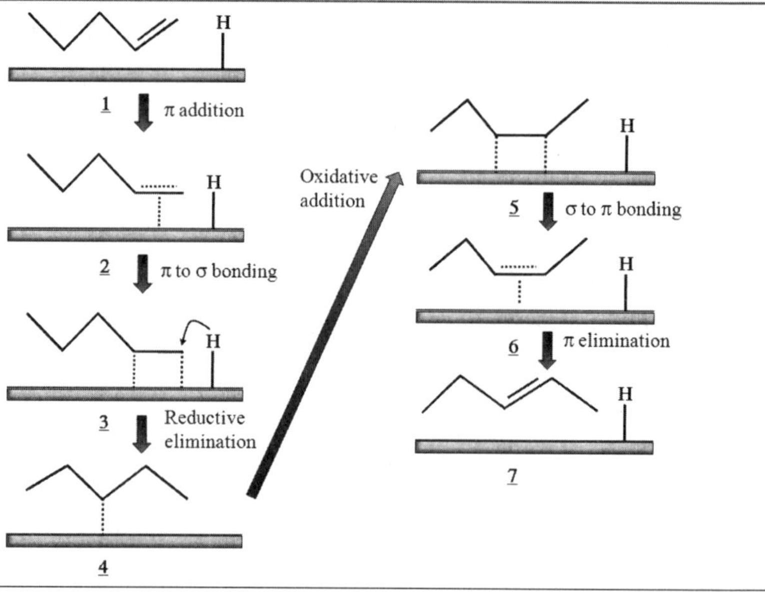

(d) 열분해 및 개질

석유화학에서 케로겐 {kerogen, 유모(油母)}이나 무거운 탄화수소화합물을 촉매를 사용하여 단순한 분자로 분해하는 과정을 열분해 (cracking, pyrolysis)라고 한다. 이러한 분류속도는 반응온도와 촉매의 존재에 크게 의존한다. 개질 (reforming)은 나프타 (naphtha, 석유)의 옥탄가를 증가시키는 과정을 말한다. 여기에는 알캔의 이성질화, cyclohexane의 탈수수화하여 방향족탄화수소를 만드는 과정, alkylcyclopentane의 이성질화 및 탈수소화, 그리고 alkane의 동시적인 탈수소화 및 고리화반응 등이 포함된다.

(e) 제올라이트

제올라이트 (zeolyte)는 알루미늄 산화물과 규소 산화물의 결합으로 생겨난 음이온에 Na^+와 K^+ 알칼리 금속이온 또는 Ca^{2+}와 Mg^{2+} 알카리토 금속이온 등이 결합되어 있는 결정성미세공동 (microporous) 물질이다. 제올라이트는 그 안에 다양한 크기의 동공을 갖고 있기 때문에 다양한 크기의 양이온이 동공에 들어 갈 수 있다. 따라서 제올라이트는 비교적 낮은 비중 (specific gravity)을 갖는다. 이 동공 안에서 **양이온은 주위와 느슨하게 결합되어 있기 때문에 용액에서 다른 양이온과 교환될 수 있다.** 동공은 채널형태로 길게 형성되어있다. 또한 동공 안에는 다양한 양이온들이 갇혀있음을 알 수 있다. 이 양이온의 구조 및 반응성에 따라 제올라이트의 결정구조가 결정된다. 정사면체의 SiO_4 및 AlO_4 음이온이 서로 맞물려 결합된 구조를 갖고 있고 구성원자의 비율은 아래와 같다.

$$\frac{(Si+Al)\,\text{원자수}}{O\,\text{원자수}} = \frac{1}{2} \tag{24-3-8}$$

1950년대 말부터 제올라이트의 합성, 구조 및 반응에 관한 연구가 널리 이루어지고 있다. Zeolite란 이름은 스웨덴의 광물학자 Cronstedt가 신조어로 만들어낸 이름이다. 그는 'stilbite'란 광물을 빠른 속도로 가열했을 때 그 광물이 흡수했던 물로부터 증기가 발생하는 것을 목격하였다. 'zeo'는 그리스어로 'zeo' (boil), 'lite'는 그리스어로 'lithos' (stone)이다. **제올라이트 동공 안에서 갇혀 있는 물질은 입체적인 제약 때문에 자유롭게 움직일 수 없어서 제올라이트 안에서 특이한 반응을 일으킨다.** 이로 인해 제올라이트가 촉매로 많이 이용될 수 있고 또한 물질의 특이한 광물리 및 광화학반응을 일으키는데 도움을 준다. CO_2나 NH_3 등이 제올라이트의 내부 표면에 흡착하여 여러 종류의 특이한 반응을 일으킨다. 그림 (24-3-3)에 제올라이트 동공 안에서 일어나는 광반응을 소개한다. 동공 안에서 생성물들이 상호작용하여 특이한 반응이 일어남을 알 수 있다. 제올라이트란 알루미노 규산염 (aluminosilicate)의 총칭이지만 현재 규소 대신에 인으로 대치한 알루미노 인산염 (aluminophospate) 등의 분자체 (molecular sieve) 구조를 넓은 의미로 제올라이트라고 하며, 제올라이트의 동공 구조에 의해 분자의 이동이 제한을 받기 때문에 분자체 (molecular sieve)라 명하기도 한다. 제올라이트는 천연 제올라이트와 합성 제올라이트로 크게 분류할 수 있으며 천연 제올라이트가 1756년 Cronsted에 의해 발견된 이후, 합성 제올라이트는 1938년 처음으로 Besser 등에 의해 연구되어, 1945년 이후 대량 생산이 이루어졌다. 자연에서 발견되는 천연제올라이트는 순수하지 않고 금속이나 형석 (quartz)과 같은 광물과 결합된 물질로 발견된다. 이러한 이유로 불순한 천연제올라이트는 상업적 목적으로는 잘 사용하지 않는다.

합성제올라이트는 알칼리 금속과 유기 형판 (template) 존재 하에서 실리카-알루미늄 젤 (silica-aluminum gel)을 천천히 결정화하여 얻는다. 이 중에서 가장 중요한 합성과정은 졸-겔 (sol-gel) 과정이다. **현재 제올라이트가 이온교환제, 촉매제, 흡착제, 탈수제 및 분자의 분리공정 등의 여러 용도로 사용되고 있다.** 2009년 현재 150 종류 이상의 합성 제올라이트가 있으며 일반적으로 산업체에서 많이 쓰인다. **공업용으로는 폐수의 악취처리제, 건조제, 일산화탄소, 암모니아 및 황화수소 등 강력한 유해 가스의 흡착제, 촉매 및 탈습제를 포함한 각종 약품원료로 쓰이고 있으며 또한 핵폐기물로부터 핵분열생성물을 제거하는데 이용되고 있다.** 제올라이트의 성분인 알루미노-실리케이트 구조물은 지구력이 있고 복사선에 저항력이 있는 것으로 알려져 있다. 특히, 제올라이트가 다방면에서 각광을 받게 된 이유는 순도가 높으면서 균일한 품질의 합성제품을 대량으로 얻을 수 있기 때문이다.

그림 (24-3-3). **제올라이트에서 trans-azobenzene 화합물이 350nm 자외선을 흡수하여 cis-azobenzene으로 이성질화하고, 또한 제올라이트의 알루미늄 양이온이 배위된 물질 (3)이 또 하나의 자외선 광자를 흡수하여 광고리화반응을 일으켜 최종화합물 benzo[c]cinnoline과 benzidene으로 변화한다는 연구결과가 나와 있다 {Z. Lei, A. Vaidyalingam, and P. K. Dutta, J. Phys. Chem. B, 102, 8557-8562(1998)}. 이런 반응은 양성자가 배위된 배경 하에서 진행이 잘되는 것으로 알려져 있음.**

(1) (2) (3) (4)

(4) (5) (6) (7)

Benzo[*c*]cinnoline Benzidene

25장

새·롭·고·이·해·하·기·쉬·운· 물·리·화·학

부록

표 (A-1). 기본단위들.

물리량	단 위	기호
길 이	meter	m
질 량	kilogram	kg
시 간	second	s
전 류	ampere	A
온 도	kelvin	K
광 도	candela	cd
물질의 양	mole	mol
평면각	radian	rad
입체각	steradian	sr

표 (A-2). SI 접두사들.

곱하는 수	접두사	기호
10^{12}	tera	T
10^{9}	giga	G
10^{6}	mega	M
10^{3}	kilo	k
10^{2}	hecto	h
10^{1}	deca	da
10^{-1}	deci	d
10^{-2}	centi	c
10^{-3}	milli	m
10^{-6}	micro	μ

곱하는 수	접두사	기호
10^{-9}	nano	n
10^{-12}	pico	p
10^{-15}	femto	f
10^{-18}	atto	a

기본 단위의 공배수 또는 공약수인 양을 표시하는 데에 기본단위에 지정된 접두사를 붙인다. 공배수와 공약수는 기본단위에 10의 거듭제곱을 곱한 것이다.

표 (A-3). 유도단위들.

물리량		단위		
이름	기호	이름	단위	정의
Frequency	ν	hertz	Hz	s^{-1}
Energy	E	joule	J	$kg\ m^{2} s^{-2}$
Force	F	newton	N	$kg\ m\ s^{-2} = J\ m^{-1}$
Pressure	p	pascal	Pa	$kg\ m^{-1} s^{-2} = N\ m^{-2}$
Power	P	watt	W	$kg\ m^{2} s^{-3} = J\ s^{-1}$
Electric charge	Q	coulomb	C	A s
Electric potential difference	U	volt	V	$kg\ m^{2} s^{-3} A^{-1} = J\ A^{-1} s^{-1}$
Electric resistance	R	ohm	Ω	$kg\ m^{2} s^{-3} A^{-2} = V\ A^{-1}$
Electric conductance	G	siemens	S	$kg^{-1} m^{-2} s^{3} A^{2} = \Omega^{-1}$
Electric capacitance	C	farad	F	$A^{2} s^{4} kg^{-1} = A\ s\ V^{-1}$
Magnetic flux	Φ	weber	Wb	$kg\ m^{2} s^{-2} A-1 = V\ s$
Inductance	L	henry	H	$kg\ m^{2} s^{-2} A-2 = V\ A^{-1}$
Magnetic flux density (magnetic induction)	B	tesla	T	$kg\ s^{-2} A^{-1} = V\ s\ m^{-2}$

SI 기본량들의 측정값들로부터 유도되어야 하는 여러 양들이 있다. 예컨대 체적은 $(길이)^3$의 단위가 된다. 유도단위들은 두 벌로 나눌 수 있는데 그 하나는 기본단위들에서부터 직접 명칭이 나오는 것이며, 다른 하나는 특수한 명칭을 정한 것이다.

표 (A-4). 사라지게 될 단위들.

물리량	단 위	기 호	SI 단위를 이용한 정의
길이	angstrom	Å	1×10^{-10}m
힘	dyne	dyn	1×10^{-5}N
에너지	erg	erg	1×10^{-7}J
에너지	calorie	cal	4.184 J
압력	기 압	atm	101 325 Pa
압력	millimeter 수은	mmHg	(13.5951)(980.665) $\times 10^{-2}$Pa
압력	torr	torr	133.322 Pa

이 단위들은 서서히 사라질 것으로 생각되지만 이 책과 다른 책에서도 사용하고 있기 때문에 몇 가지를 싣는다. 큰 수를 표시하는데 콤마를 사용하지 않고 세 자리씩 묶은 사이에 빈칸을 둔다. 즉, 101,325 대신 101 325로 표기한다. 소수점은 점으로 표기한다.

표 (A-5). **기본상수들.**

Description	Symbol	Value
Avogadro constant	N_A	6.022 136 7(36) x 10^{23} mol^{-1}
Faraday constant	F	9.648 530 9(29) x 10^4 C mol^{-1}
Charge of electron	e	1.602 177 33(49) x 10^{-19} C
Mass of electron	m_e	9.109 389 7(54) x 10^{-31} kg
Mass of proton	m_p	1.672 623 1(10) x 10^{-27} kg
Mass of neutron	m_n	1.674 928 6(10) x 10^{-27} kg
Planck constant	h	6.626 075 5(40) x 10^{-34} J s
Speed of light in vacuum	c_0	2.997 924 58 x 10^8 m s^{-1}
Permeability of a vacuum	μ_0	4π x 10^{-7} kg m $s^{-2}A^{-2}$
Permittivity of a vacuum	$\epsilon_0 = \frac{1}{\mu_0 c_0^2}$	8.854 187 817 x 10^{-12} $kg^{-1}m^{-3}s^4A^2$
Bohr radius	$a_0 = \frac{\epsilon_0 h^2 m_e e^2}{\pi}$	5.291 772 49(24) x 10^{-11} m
Rydberg constant	$R_\infty = \frac{m_e e^4}{8c_0\epsilon_0^2 h^3}$	1.097 373 153 4(13) x 10^7 m^{-1}
	$R_H = \frac{R_\infty}{1+\frac{m_e}{m_p}}$ where m_p is the proton mass.	1.096 775 83(13) x 10^7 m^{-1}
Bohr magneton	$\beta(\text{or } \mu_B) = \frac{e\hbar}{2m_e}$	9.274 015 4(31) x 10^{-24} J T^{-1}
Gas constant	R	8.314 510(70) J $K^{-1}mol^{-1}$
Boltzmann constant	k	1.380 658(12) x 10^{-23} J K^{-1}

괄호속의 숫자는 인용된 값의 마지막 숫자의 표준편차를 나타낸다.

표 (A-6). 에너지 환산인자들.

	eV	hartree	kJ/mol	Hz	cm^{-1}
eV	1	3.67483×10^{-2}	9.64853×10^{1}	2.41799×10^{14}	8.06573×10^{3}
hartree	2.72114×10^{1}	1	2.62550×10^{3}	6.57968×10^{15}	2.19475×10^{5}
kJ/mol	1.03643×10^{-2}	3.80880×10^{-4}	1	2.50607×10^{12}	8.35935×10^{1}
Hz	4.13567×10^{-15}	1.51983×10^{-16}	3.99031×10^{-13}	1	3.33564×10^{-11}
cm^{-1}	1.23984×10^{-4}	4.55634×10^{-6}	1.19627×10^{-2}	$2.99792458 \times 10^{10}$	1

표 (A-7). 압력의 여러 단위 및 그 것들의 상호변환.

	pascal	atm	mm Hg (torr)	bar	dyne cm^{-2}	lbf in^{-2} (psi)
1 pascal	1	9.869×10^{-6}	7.501×10^{-3}	10^{-5}	10	1.450×10^{-4}
1 atm	1.013×10^{5}	1	760.0	1.013	1.013×10^{6}	14.70
1mmHg (torr)	133.3	1.316×10^{-3}	1	1.333×10^{-3}	1333	$1.934 \times 10^{-}$
1 bar	10^{5}	0.9869	750.1	1	10^{6}	14.50
1 dyne cm^{-2}	10^{-1}	9.869×10^{-7}	7.501×10^{-4}	10^{-6}	1	1.450×10^{-5}
1 lbf in^{-2}(psi)	6895	6.805×10^{-2}	51.71	6.895×10^{-2}	6.895×10^{4}	1

표 (A-8). 여러 기체의 van der Waals 상수들.

기체	$a/(L^2 \cdot mol^{-2})$	$b/(L \cdot mol^{-1})$	기체	$a/(L^2 \cdot mol^{-2})$	$b/(L \cdot mol^{-1})$
H_2	0.2476	0.02661	NO_2	5.354	0.04424
He	0.03457	0.02370	H_2O	5.535	0.03049
Ne	0.232	0.01709	CH_4	2.283	0.04278
N_2	1.408	0.03913	CCl_4	20.66	0.1383
O_2	1.378	0.03183	C_2H_6	5.562	0.06380
Cl_2	6.579	0.05622	C_3H_8	8.779	0.08445
NO	1.358	0.02789	CO_2	3.640	0.04267

표 (A-9). 여러 동위원소의 원자량과 상대적인 양들.

동위원소	원자단위의 질량	상대적인 양 (%)	동위원소	원자단위의 질량	상대적인 양 (%)
$^{1}_{1}H$	1.007825035(12)	99.985(1)	$^{34}_{16}S$	33.96786665(22)	4.21(8)
$^{2}_{1}H$	2.014101779(24)	0.015(1)	$^{36}_{16}S$	35.96708062(27)	0.02(1)
$^{3}_{1}H$	3.01604927(4)	*	$^{35}_{17}Cl$	34.968852721(69)	75.77(7)
$^{3}_{2}He$	3.01602931(4)	0.000137(3)	$^{37}_{17}Cl$	36.96590262(11)	24.23(7)
$^{4}_{2}He$	4.00260324(5)	99.999863(3)	$^{36}_{18}Ar$	35.96754552(29)	0.337(3)
$^{6}_{3}Li$	6.0151214(7)	7.5(2)	$^{38}_{18}Ar$	37.9627325(9)	0.063(1)
$^{7}_{3}Li$	7.01600330(9)	92.5(2)	$^{40}_{18}Ar$	39.9623837(14)	99.600(3)
$^{9}_{4}Be$	9.0121822(4)	100	$^{39}_{19}K$	38.9637074(12)	3.2581(44)
$^{10}_{5}B$	10.0129369(3)	19.9(2)	$^{40}_{19}K$	39.9639992(12)	0.0117(1)
$^{11}_{5}B$	11.0093054(4)	80.1(2)	$^{41}_{19}K$	40.9625906(12)	6.7302(44)
$^{12}_{6}C$	12(정의에 의함)	98.90(3)	$^{40}_{20}Ca$	39.9625906(13)	96.941(18)
$^{13}_{6}C$	13.003354826(17)	1.10(3)	$^{42}_{20}Ca$	41.9586176(13)	0.647(9)
$^{14}_{6}C$	14.003241982(27)	*	$^{43}_{20}Ca$	42.9587662(13)	0.135(6)
$^{14}_{7}N$	14.003074002(26)	99.634(9)	$^{44}_{20}Ca$	43.9554806(14)	2.086(12)
$^{15}_{7}N$	15.00010897(4)	0.366(9)	$^{46}_{20}Ca$	45.953689(4)	0.004(3)
$^{16}_{8}O$	15.99491463(5)	99.762(15)	$^{48}_{20}Ca$	47.952533(4)	0.187(4)
$^{17}_{8}O$	16.9991312(4)	0.038(3)	$^{45}_{21}Sc$	44.9559100(14)	100
$^{18}_{8}O$	17.9991603(9)	0.200(12)	$^{46}_{22}Ti$	45.9526294(14)	8.0(1)
$^{19}_{9}F$	18.99840322(15)	100	$^{47}_{22}Ti$	46.9517640(11)	7.3(1)
$^{20}_{10}Ne$	19.9924356(22)	90.48(3)	$^{48}_{22}Ti$	47.9479473(11)	73.8(1)
$^{21}_{10}Ne$	20.9938428(21)	0.27(1)	$^{49}_{22}Ti$	48.9478711(11)	5.5(1)
$^{22}_{10}Ne$	21.9913831(18)	9.25(3)	$^{50}_{22}Ti$	49.9447921(12)	5.4(1)
$^{23}_{11}Na$	22.9897677(10)	100	$^{50}_{23}V$	49.9471609(17)	0.250(2)
$^{24}_{12}Mg$	23.9850423(3)	78.99(3)	$^{51}_{23}V$	50.9439617(17)	99.750(2)
$^{25}_{12}Mg$	24.9858374(8)	10.00(1)	$^{50}_{24}Cr$	49.9460464(17)	4.345(13)
$^{26}_{12}Mg$	25.9825937(8)	11.01(2)	$^{52}_{24}Cr$	51.9405098(17)	83.789(18)
$^{28}_{14}Si$	27.9769271(7)	92.23(1)	$^{53}_{24}Cr$	52.9406513(17)	9.501(17)
$^{29}_{14}Si$	28.9764949(7)	4.67(1)	$^{54}_{24}Cr$	53.9388825(17)	2.365(7)
$^{30}_{14}Si$	29.9737707(7)	3.10(1)	$^{55}_{25}Mn$	54.9380471(16)	100
$^{31}_{15}P$	30.9737620(6)	100	$^{54}_{26}Fe$	53.9396127(15)	5.8(1)
$^{32}_{16}S$	31.97207070(25)	95.02(9)	$^{56}_{26}Fe$	55.9349393(16)	91.72(30)
$^{33}_{16}S$	32.97145854(23)	0.75(4)	$^{57}_{26}Fe$	56.9353958(16)	2.1(1)

동위원소	원자단위의 질량	상대적인 양 (%)	동위원소	원자단위의 질량	상대적인 양 (%)
$^{58}_{26}Fe$	57.9332773(16)	0.28(1)	$^{83}_{36}Kr$	82.914135(4)	11.5(1)
$^{59}_{27}Co$	58.9331976(16)	100	$^{84}_{36}Kr$	83.911507(4)	57.0(3)
$^{58}_{28}Ni$	57.9353462(16)	68.077(9)	$^{86}_{36}Kr$	85.910616(5)	17.3(2)
$^{60}_{28}Ni$	59.9307884(16)	26.223(8)	$^{85}_{37}Rb$	84.911794(3)	72.165(20)
$^{61}_{28}Ni$	60.9310579(16)	1.140(1)	$^{87}_{37}Rb$	86.909187(3)	27.835(20)
$^{62}_{28}Ni$	61.9283461(16)	3.634(2)	$^{84}_{38}Sr$	83.913430(4)	0.56(1)
$^{64}_{28}Ni$	63.9279679(17)	0.926(1)	$^{86}_{38}Sr$	85.9092672(28)	9.86(1)
$^{63}_{29}Cu$	62.9295989(16)	69.17(3)	$^{87}_{38}Sr$	86.9088841(28)	7.00(1)
$^{65}_{29}Cu$	64.9277929(20)	30.83(3)	$^{88}_{38}Sr$	87.9056188(28)	82.58(1)
$^{64}_{30}Zn$	63.9291448(19)	48.6(3)	$^{89}_{39}Y$	88.905849(3)	100
$^{66}_{30}Zn$	65.9260347(17)	27.9(2)	$^{90}_{40}Zr$	89.9047026(26)	51.45(3)
$^{67}_{30}Zn$	66.9271291(17)	4.1(1)	$^{91}_{40}Zr$	90.9056439(26)	11.22(4)
$^{68}_{30}Zn$	67.9248459(18)	18.8(4)	$^{92}_{40}Zr$	91.9050386(26)	17.15(2)
$^{70}_{30}Zn$	69.925325(4)	0.6(1)	$^{94}_{40}Zr$	93.9063148(28)	17.38(4)
$^{69}_{31}Ga$	68.925580(3)	60.108(9)	$^{96}_{40}Zr$	95.908275(4)	2.80(2)
$^{71}_{31}Ga$	70.9247005(25)	39.892(9)	$^{93}_{41}Nb$	92.9063772(27)	100
$^{70}_{32}Ge$	69.9242497(16)	21.23(4)	$^{92}_{42}Mo$	91.906808(4)	14.84(4)
$^{72}_{32}Ge$	71.9220789(16)	27.66(3)	$^{94}_{42}Mo$	93.9050853(26)	9.25(3)
$^{73}_{32}Ge$	72.9234626(16)	7.73(1)	$^{95}_{42}Mo$	94.9058411(22)	15.92(5)
$^{74}_{32}Ge$	73.9211774(15)	35.94(2)	$^{96}_{42}Mo$	95.9046785(22)	16.68(5)
$^{76}_{32}Ge$	75.9214016(17)	7.44(2)	$^{97}_{42}Mo$	96.9060205(22)	9.55(3)
$^{75}_{33}As$	74.9215942(17)	100	$^{98}_{42}Mo$	97.9054073(22)	24.13(7)
$^{74}_{34}Se$	73.9224746(16)	0.89(2)	$^{100}_{42}Mo$	99.907477(6)	9.63(3)
$^{76}_{34}Se$	75.9192120(16)	9.36(11)	$^{98}_{43}Tc$	97.907215(4)	*
$^{77}_{34}Se$	76.9199125(16)	7.63(6)	$^{96}_{44}Ru$	95.907599(8)	5.52(6)
$^{78}_{34}Se$	77.9173076(16)	23.78(9)	$^{98}_{44}Ru$	97.905287(7)	1.88(6)
$^{80}_{34}Se$	79.9165196(19)	49.61(10)	$^{99}_{44}Ru$	98.9059389(23)	12.7(1)
$^{82}_{34}Se$	81.9166978(23)	8.73(6)	$^{100}_{44}Ru$	99.9042192(24)	12.6(1)
$^{79}_{35}Br$	78.9183361(26)	50.69(7)	$^{101}_{44}Ru$	100.9055819(24)	17.0(1)
$^{81}_{35}Br$	80.916289(6)	49.31(7)	$^{102}_{44}Ru$	101.9043485(25)	31.6(2)
$^{78}_{36}Kr$	77.920396(9)	0.35(2)	$^{104}_{44}Ru$	103.905424(6)	18.7(2)
$^{80}_{36}Kr$	79.916380(9)	2.25(2)	$^{103}_{45}Rh$	102.905500(4)	100
$^{82}_{36}Kr$	81.913482(6)	11.6(1)	$^{102}_{46}Pd$	101.905634(5)	1.02(1)

동위원소	원자단위의 질량	상대적인 양 (%)	동위원소	원자단위의 질량	상대적인 양 (%)
${}^{104}_{46}Pd$	103.904029(6)	11.14(8)	${}^{120}_{50}Sn$	119.9021991(29)	32.59(10)
${}^{105}_{46}Pd$	104.905079(6)	22.33(8)	${}^{122}_{50}Sn$	121.9034404(30)	4.63(3)
${}^{106}_{46}Pd$	105.903478(6)	27.33(3)	${}^{124}_{50}Sn$	123.9052743(17)	5.79(5)
${}^{108}_{46}Pd$	107.903895(4)	26.46(9)	${}^{121}_{51}Sb$	120.9038212(29)	57.36(8)
${}^{110}_{46}Pd$	109.905167(20)	1.02(1)	${}^{123}_{51}Sb$	122.9042160(24)	42.64(8)
${}^{107}_{47}Ag$	106.905092(6)	51.839(7)	${}^{120}_{52}Te$	119.904048(21)	0.096(2)
${}^{109}_{47}Ag$	108.904757(4)	48.161(7)	${}^{122}_{52}Te$	121.903054(3)	2.603(4)
${}^{106}_{48}Cd$	105.906461(7)	1.25(4)	${}^{123}_{52}Te$	122.9042710(22)	0.908(2)
${}^{108}_{48}Cd$	107.904176(6)	0.89(2)	${}^{124}_{52}Te$	123.902823(2)	4.816(6)
${}^{110}_{48}Cd$	109.903005(4)	12.49(12)	${}^{125}_{52}Te$	124.904433(3)	7.139(6)
${}^{111}_{48}Cd$	110.904182(3)	12.80(8)	${}^{126}_{52}Te$	125.903314(3)	18.95(1)
${}^{112}_{48}Cd$	111.902758(3)	24.13(14)	${}^{128}_{52}Te$	127.904463(4)	31.69(1)
${}^{113}_{48}Cd$	112.904400(3)	12.22(8)	${}^{130}_{52}Te$	129.906229(5)	33.80(1)
${}^{114}_{48}Cd$	113.903357(3)	28.73(28)	${}^{127}_{53}I$	126.904473(5)	100
${}^{116}_{48}Cd$	115.904754(4)	7.49(12)	${}^{124}_{54}Xe$	123.9058942(22)	0.10(1)
${}^{113}_{49}In$	112.904061(4)	4.3(2)	${}^{126}_{54}Xe$	125.904281(8)	0.09(1)
${}^{115}_{49}In$	114.903880(4)	95.7(2)	${}^{128}_{54}Xe$	127.9035312(17)	1.91(3)
${}^{112}_{50}Sn$	111.904826(5)	0.97(1)	${}^{129}_{54}Xe$	128.9047801(21)	26.4(6)
${}^{114}_{50}Sn$	113.902784(4)	0.65(1)	${}^{130}_{54}Xe$	129.9035094(17)	4.1(1)
${}^{115}_{50}Sn$	114.903348(3)	0.34(1)	${}^{131}_{54}Xe$	130.905072(5)	21.2(4)
${}^{116}_{50}Sn$	115.901747(3)	14.53(1)	${}^{132}_{54}Xe$	131.904144(5)	26.9(5)
${}^{117}_{50}Sn$	116.902956(3)	7.68(1)	${}^{134}_{54}Xe$	133.905395(8)	10.4(2)
${}^{118}_{50}Sn$	117.901609(3)	24.23(11)	${}^{136}_{54}Xe$	135.907214(8)	8.9(1)
${}^{119}_{50}Sn$	118.903310(3)	8.59(4)		이하 생략	

*방사성동위원소

표 (A-10). 표준상태에서의 화학종의 열역학 성질들* (T = 298.15K).

Molecular formula	$\Delta_f H^0$(kJ • mol^{-1})	$\Delta_f G^0$(kJ • mol^{-1})	S^0(JK^{-1} • mol^{-1})	C_p(JK^{-1} • mol^{-1})
Ag(cr)	0.0	0.0	42.6	25.4
AgBr(cr)	−100.4	−96.9	107.1	52.4
AgCl(cr)	−127.0	−109.8	96.3	50.8
$AgNO_3$(cr)	−124.4	−33.4	140.9	93.1
Al(cr)	0.0	0.0	28.3	24.4
$AlCl_3$(cr)	−704.2	−602.8	110.7	91.8
Ar(g)	0.0	0.0	154.8	20.8
Au(cr)	0.0	0.0	47.4	25.4
B(cr), Rhombic	0.0	0.0	28.3	24.4
Ba(cr)	0.0	0.0	62.8	28.1
BN(cr)	−254.4	−228.4	14.8	19.7
Br(g)	119.9	82.4	175.0	20.8
Br_2(ℓ)	0.0	0.0	152.2	
Br_2(g)	30.9	3.1	245.5	36.0
C(cr), Diamond	1.9	2.9	2.4	6.1
C(cr), Graphite	0.0	0.0	5.7	8.5
CCl_4(g)	−95.8			
CCl_4(ℓ)	−128.2			
CH_2(g)	390.4	372.9	194.9	33.8
CH_3(g)	145.7	147.9	194.2	38.7
CH_3OH(ℓ)	−239.1	−166.6	126.8	81.1
CH_3OH(g)	−201.5	−162.6	239.8	43.9
CH_4(g)	−74.4	−50.3	186.3	35.3
C_2H_2(g)	228.2	210.7	200.9	43.9
C_2H_4(g)	52.5	68.4	219.6	43.6
C_2H_5OH(ℓ)	−277.7	−174.8	160.7	112.3
C_2H_5OH(g)	−235.1	−168.5	282.7	65.4
C_2H_6(g)	−83.8	−31.9	229.6	52.6
C_3H_8(g)	−104.7			
C_4H_{10}(ℓ), Butane	−146.6			
C_4H_{10}(g), Butane	−125.6			
C_5H_{12}(ℓ), Pentane	−173.5			
C_5H_{12}(g), Pentane	−146.9			
C_6H_{12}(ℓ), Cyclohexane	−156.4			
C_6H_{12}(g), Cyclohexane	−123.4			
C_6H_6(ℓ)	49.0			
C_6H_6(g)	82.6			
$CaCl_2$(cr)	−795.4	−748.8	108.4	72.9
CaO(cr)	−634.9	−603.3	38.1	42.0
$Ca(OH)_2$(cr)	−985.2	−897.5	83.4	87.5
Ca(cr)	0.0	0.0	41.6	25.9
CO(g)	−110.5	−137.2	197.7	29.1
CO_2(g)	−393.5	−394.4	213.8	37.1

Molecular formula	$\Delta_f H^0$(kJ · n	$\Delta_f G^0$(kJ · mol^{-1})	S^0(JK^{-1} · mol^{-1})	C_p(JK^{-1} · mol^{-1})
$Cl(g)$	121.3	105.3	165.2	21.8
$Cl_2(g)$	0.0	0.0	223.1	33.9
$Cu(cr)$	0.0	0.0	33.2	24.4
$CuO(cr)$	−157.3	−129.7	42.6	42.3
$F(g)$	79.4	62.3	158.8	22.7
$F_2(g)$	0.0	0.0	202.8	31.3
$Fe(cr)$	0.0	0.0	27.3	25.1
$FeO(cr)$	−272.0			
$Fe_2O_3(cr)$	−824.2	−742.2	87.4	103.9
$Fe_3O_4(cr)$	−1118.4	−1015.4	146.4	143.4
$Ga(cr)$	0.0	0.0	40.9	25.9
$GaN(cr)$	−110.5			
$Ge(cr)$	0.0	0.0	31.1	23.3
$H(g)$	218.0	203.3	114.7	20.8
$H_2(g)$	0.0	0.0	130.7	28.8
$HBr(g)$	−36.3	−53.4	198.7	29.1
$HCl(g)$	−92.3	−95.3	186.9	29.1
$HNO_3(\ell)$	−174.1	−80.7	155.6	109.9
$HNO_3(g)$	−135.1	−74.7	266.4	53.4
$H_2O(\ell)$	−285.8	−237.1	70.0	75.3
$H_2O(g)$	−241.8	−228.6	188.8	33.6
$H_2O_2(\ell)$	−187.8	−120.4	109.6	89.1
$H_2O_2(g)$	−136.3	−105.6	232.7	43.1
$H_2S(g)$	−20.6	−33.4	205.8	34.2
$He(g)$	0.0	0.0	126.2	20.8
$Hg(\ell)$	0.0	0.0	75.9	28.0
$Hg(g)$	61.4	31.8	175.0	20.8
$I(cr)$	−1880.7	−1791.1	158.2	115.0
$I_2(cr)$, Rhombic	0.0	0.0	116.1	54.4
$K(cr)$	0.0	0.0	64.7	29.6
$KCl(cr)$	−436.5	−408.5	82.6	51.3
$KMnO_4(cr)$	−837.2	−737.6	171.7	117.6
$KNO_3(cr)$	−494.6	−394.9	133.1	96.4
$Kr(g)$	0.0	0.0	164.1	20.8
$Li(cr)$	0.0	0.0	29.1	24.8
$LiAlH_4(cr)$	−116.3	−44.7	78.7	83.2
$LiH(cr)$	−90.5	−68.3	20.0	27.9
$Mg(cr)$	0.0	0.0	32.7	24.9
$MgO(cr)$	−790.7	−589.4	164.0	141.9
$MnO_2(cr)$	−385.2	−362.9	59.7	45.4
$N(g)$	472.7	455.5	153.3	20.8
$N_2(g)$	0.0	0.0	191.6	29.1
$N_2O(g)$	82.1	104.2	219.9	38.5
$N_2O_3(\ell)$	50.3			
$N_2O_3(g)$	83.7	139.5	312.3	65.6

Molecular formula	$\Delta_f H^0$(kJ • mol^{-1})	$\Delta_f G^0$(kJ • mol^{-1})	S^0(JK^{-1} • mol^{-1})	C_p(JK^{-1} • mol^{-1})
$N_2O_4(\ell)$	−19.5	97.5	209.2	142.7
$N_2O_4(g)$	9.2	97.9	304.3	77.3
$N_2O_5(cr)$	−43.1	113.9	178.2	143.1
$N_2O_5(g)$	11.3	115.1	355.7	84.5
Na(*cr*)	0.0	0.0	51.3	28.2
NaCl(*cr*)	−411.2	−384.1	72.1	50.5
NaH(*cr*)	−56.3	−33.5	40.0	36.4
Ne(*g*)	0.0	0.0	146.3	20.8
$NH_3(g)$	−45.9	−16.4	192.8	35.1
Ni(*cr*)	0.0	0.0	29.9	26.1
O(*g*)	249.2	231.7	161.1	21.9
$O_2(g)$	0.0	0.0	205.2	29.4
$O_3(g)$	142.7	163.2	238.9	39.2
P(*cr*), Black	−39.3			
P(*cr*), Red	−17.6		22.8	21.2
P(*cr*), White	0.0	0.0	41.1	23.8
P(*g*), Black	316.5	280.1	163.2	20.8
Pb(*cr*)	0.0	0.0	64.8	26.4
$PH_3(g)$	5.4	13.4	210.2	37.1
Si(*cr*)	0.0	0.0	18.8	20.0
$SiCl_4(\ell)$	−687.0	619.8	239.7	145.3
$SiH_4(g)$	34.3	56.9	204.6	42.8
$SO_2(\ell)$	−320.5			
$SO_2(g)$	−296.8	−300.1	248.2	39.9
$SO_3(\ell)$	−441.0	−373.8	113.8	
$SO_3(cr)$	−454.5	−374.2	70.7	
$SO_3(g)$	−395.7	−371.1	256.8	50.7
Xe(*g*)	0.0	0.0	169.7	20.8
Zn(*cr*)	0.0	0.0	41.6	25.4

g : gas   ℓ : liquid   cr : crystal

References

1. in J. Phys. Chem. Ref. Data (JANAF Thermochemical Tables), edited by M. W. Chase, Jr., C. A. Davies, J. R. Downey, Jr., D. J. Frurip, R. A. McDonald, and A. N. Syverud 14, S1 (1985).
2. in The NBS Tables of chemical thermodynamic properties, J. Phys. Chem. Ref. Data, edited by D. D. Wagman, W. H. Evans, V. B. Parker, R. H. Schumm, I. Halow, S. M. Bailey, K. L. Churney, and R. L. Nuttall 11, S2 (1982).
3. in CODATA Key Values for Thermodynamics, edited by J. D. Cox, D. D. Wagman,

and V. A. Medvedev (Hemisphere Publishing, New York, 1989).

4. in Physical and Thermodynamic Properties of Pure Compounds: Data Compilation, extant 1994 (core with 4 supplements), edited by T. E. Daubert, R. P. Danner, H. M. Sibul, and C. C. Stebbins (Taylor & Francis, Bristol, PA).

5. in Thermochemical Data of Organic Compounds, Second Edition, edited by J. B. Pedley, R. D. Naylor, and S. P. Kirby (Chapman & Hall, London, 1986).

6. in Heat Capacities and Entropies of Organic Compounds in the Condensed Phase, J. Phys. Chem. Ref. Data, edited by E. S. Domalski, W. H. Evans, and E. D. Hearing 13, S1 (1984).

표 (A-11). 298 K에서 여러 이원자분자의 결합에너지들.

결합	결합에너지 (kJ/mol)	결합	결합에너지 (kJ/mol)
Al−Al	133±6	D−H	439.433
Al−Cl	511.3±0.8	F−F	158.78
Al−H	284.9±6.3	F−H	569.87±0.06
Al−O	511±3	F−K	497.5±2.5
Al−P	216.7±12.6	F−Na	519
B−B	297±21	F−O	222±17
B−H	340	Fe−Fe	75±17
Be−Be	59	Fe−O	390.4±17.2
Be−H	200.0±1.3	Ga−O	353.5±41.8
Be−O	434.7±13.4	Ge−Ge	263.6±7.1
Bi−Bi	200.4±7.5	Ge−O	659.4±12.6
Br−Br	192.807	H−H	435.990
Br−C	280±21	H−N	≤ 339
Br−H	366.35	H−O	427.6
Br−K	379.9±0.8	H−S	344.3±12.1
Br−Na	367.4±0.8	H−Si	≤ 299.2
Br−O	235.1±0.4	He−He	3.8
C−C	607±21	Hg−Hg	8±2
C−Cl	397±29	I−I	151.088
C−F	552	I−K	325.1±0.8
C−H	338.32	I−Na	304.2±2.1
C−I	209±21	I−O	180
C−N	754.3±10	In−In	100±8
C−O	1076.5±0.4	K−K	54.63±0.02
C−P	513.4±8	K−O	277.8±20.9
C−S	714.1±1.2	Li−Li	110.21±4
C−Si	451.5	Li−O	333.5±8.4

결합	결합에너지 (kJ/mol)	결합	결합에너지 (kJ/mol)
Ca−Ca	≤ 46	Mg−Mg	8.552 ± 0.004
Ca−O	402.1 ± 16.7	Mg−O	363.2 ± 12.6
Cl−H	431.62	Mn−S	301 ± 17
Cl−K	433.0 ± 8	Mo−Mo	406 ± 21
Cl−Na	412.1 ± 8	Mo−O	560.2 ± 20.9
Cl−O	269.1	N−N	945.33 ± 0.59
Co−Co	167 ± 25	N−O	630.57 ± 0.13
Cr−Cr	155 ± 21	N−N	945.33 ± 0.59
Cr−O	429.3 ± 29.3	Na−Na	73.60 ± 0.25
Cs−Cs	43.919 ± 0.010	Na−O	256.1 ± 16.7
Cu−Cu	176.52 ± 2.38	Ne−Ne	3.93
Cu−O	269.0 ± 20.9	Ni−Ni	203.26 ± 0.96
D−D	443.533	Ni−O	382.0 ± 16.7
Ni−S	344.3	O−Ti	672.4 ± 9.2
O−O	498.36 ± 0.17	O−Zn	159 ± 4
O−P	599.1 ± 12.6	P−P	489.5 ± 10.5
O−Pa	788.3 ± 17.2	Rb−Rb	48.898 ± 0.005
O−Pb	382.0 ± 12.6	S−S	425.30
O−Pd	380.7 ± 83.7	Si−Si	326.8 ± 10.0
O−S	521.7 ± 4.2	Sn−Sn	187.1 ± 0.3
O−Si	799.6 ± 13.4	Ti−Ti	141.4 ± 21
O−Sn	531.8 ± 12.6	Zn−Zn	29

* 본 자료는 아래 식으로 얻어진 것임. $D^0(R-X) = \Delta_f H^0(R) + \Delta_f H^0(X) - \Delta_f H^0(RX)$

표 (A−12). 온도에 따른 액체의 상대유전율들.

액체	유전상수	액체	유전상수
아세트산 (293.2 K)	6.20	Heptane (293.2 K)	1.9209
Acetone (293.2 K)	21.01	Isopropanol (293.2 K)	20.18
Benzaldehyde (293.2 K)	17.85	Methanol (293.2 K)	33.0
Benzene (293.2 K)	2.2825	Nitrobenzene (293.2 K)	35.6
사염화탄소 (293.2 K)	2.2379	o−Xylene (293.2 K)	2.562
Cyclohexane (293.2 K)	2.0243	Phenol (303.2 K)	12.40
Ethanol (293.2 K)	25.3	Toluene (296.35 K)	2.379
Glycerol (293.2 K)	46.53	Tetrahydrofuran (295.2 K)	7.52
1−Heaxanol (293.2 K)	13.02	물 (293.2 K)	88.100

표 (A-13). **여러 물질의 표준환원전위들.**

반응	E^0 (V)
$Ag^+ + e^- \rightarrow Ag$	0.7996
$AgBr + e^- \rightarrow Ag + Br^-$	0.07133
$AgCl + e^- \rightarrow Ag + Cl^-$	0.22233
$AgCN + e^- \rightarrow Ag + CN^-$	−0.017
$AgF + e^- \rightarrow Ag + F^-$	0.779
$AgI + e^- \rightarrow Ag + I^-$	0.15224
$Al^{3+} + 3e^- \rightarrow Al$	−1.662
$Au^+ + e^- \rightarrow Au$	1.692
$Au^{3+} + 2e^- \rightarrow Au^+$	1.401
$Au^{3+} + 3e^- \rightarrow Au$	1.498
$Ba^{2+} + 2e^- \rightarrow Ba$	−2.912
$Be^{2+} + 2e^- \rightarrow Be$	−1.847
$Bi^{3+} + 3e^- \rightarrow Bi$	0.20
$Br_2(aq) + 2e^- \rightarrow 2Br^-$	1.0873
$Ca^+ + e^- \rightarrow Ca$	−3.80
$Ca^{2+} + 2e^- \rightarrow Ca$	−2.868
$Cd^{2+} + 2e^- \rightarrow Cd$	−0.4030
$Cd(OH)_2 + 2e^- \rightarrow Cd + 2OH^-$	−0.809
$CdSO_4 + 2e^- \rightarrow Cd + SO_4^{2-}$	−0.246
$Ce^{3+} + 3e^- \rightarrow Ce$	−2.483
$Ce^{4+} + e^- \rightarrow Ce^{3+}$	1.61
$Cl_2(g) + 2e^- \rightarrow 2Cl^-$	1.35827
$ClO_4^- + 2H^+ + 2e^- \rightarrow ClO_3^- + H_2O$	1.189
$ClO_4^- + H_2O + 2e^- \rightarrow ClO_3^- + 2OH^-$	0.36
$Co^{2+} + 2e^- \rightarrow Co$	−0.28
$Cr^{2+} + 2e^- \rightarrow Cr$	0.913
$Cr^{3+} + e^- \rightarrow Cr^{2+}$	0.407
$Cr^{3+} + 3e^- \rightarrow Cr$	−0.744
$Cr_2O_7^{2-} + 14H^+ + 6e^- \rightarrow 2Cr^{3+} + 7H_2O$	1.232
$Cs^+ + e^- \rightarrow Cs$	2.92
$Cu^+ + e^- \rightarrow Cu$	0.521
$Cu^{2+} + e^- \rightarrow Cu^+$	0.153
$Cu(OH)_2 + 2e^- \rightarrow Cu + 2OH^-$	−0.222
$F_2 + 2H^+ + 2e^- \rightarrow 2HF$	3.053
$F_2 + 2e^- \rightarrow 2F^-$	2.866
$Fe^{2+} + 2e^- \rightarrow Fe$	−0.447
$Fe^{3+} + 3e^- \rightarrow Fe$	0.030
$Fe^{3+} + e^- \rightarrow Fe^{2+}$	0.771

반응	E^0 (V)
$[Fe(CN)_6]^{3-} + e^- \rightarrow [Fe(CN)_6]^{4-}$	0.358
$2H^+ + 2e^- \rightarrow H_2$	0
$2H_2O + 2e^- \rightarrow H_2 + 2OH^-$	−0.8277
$H_3PO_4 + 2H^+ + 2e^- \rightarrow H_3PO_3 + H_2O$	−0.276
$Hg^{2+} + 2e^- \rightarrow Hg$	0.851
$Hg_2^{2+} + 2e^- \rightarrow 2Hg$	0.7973
$Hg_2Cl_2 + 2e^- \rightarrow 2Hg + 2Cl^-$	0.26808
$Hg_2SO_4 + 2e^- \rightarrow 2Hg + SO_4^{2-}$	0.6125
$I_2 + 2e^- \rightarrow 2I^-$	0.5355
$I_3^- + 2e^- \rightarrow 3I^-$	0.536
$K^+ + e^- \rightarrow K$	−2.931
$Li^+ + e^- \rightarrow Li$	−3.0401
$Mg^{2+} + 2e^- \rightarrow Mg$	−2.372
$Mg(OH)_2 + 2e^- \rightarrow Mg + 2OH^-$	−2.690
$Mn^{2+} + 2e^- \rightarrow Mn$	−1.185
$Mn^{3+} + e^- \rightarrow Mn^{2+}$	1.5415
$MnO_2 + 4H^+ + 2e^- \rightarrow Mn^{2+} + 2H_2O$	1.224
$MnO_4^- + 4H^+ + 3e^- \rightarrow MnO_2 + 2H_2O$	1.679
$MnO_4^- + 8H^+ + 5e^- \rightarrow Mn^{2+} + 4H_2O$	1.507
$2NO + 2H^+ + 2e^- \rightarrow N_2O + H_2O$	1.591
$2NO_2 + H^+ + e^- \rightarrow NO + H_2O$	0.983
$NO_3^- + 4H^+ + 3e^- \rightarrow NO + 2H_2O$	0.957
$NO_3^- + 2H^+ + e^- \rightarrow NO_2^- + H_2O$	0.835
$Na^+ + e^- \rightarrow Na$	−2.71
$Ni^{2+} + 2e^- \rightarrow Ni$	−0.257
$O_2 + e^- \rightarrow O_2^-$	0.56
$O_2 + 4H^+ + 4e^- \rightarrow 2H_2O$	1.229
$O_2 + 2H_2O + 4e^- \rightarrow 4OH^-$	0.401
$Pb^{2+} + 2e^- \rightarrow Pb$	−0.1262
$PbO_2 + 4H^+ + 2e^- \rightarrow Pb^{2+} + 2H_2O$	1.455
$PbSO_4 + 2e^- \rightarrow Pb + SO_4^{2-}$	−0.3505
$Pd^{2+} + 2e^- \rightarrow Pd$	0.951
$Pt^{2+} + 2e^- \rightarrow Pt$	1.118
$[PtCl_4]^{2-} + 2e^- \rightarrow Pt + 4Cl^-$	0.755
$Rb^+ + e^- \rightarrow Rb$	−2.98
$Re^{3+} + 3e^- \rightarrow Re$	0.300
$S + 2e^- \rightarrow S^{2-}$	−0.47627

반응	E^0 (V)
$S + 2H^+ + 2e^- \rightarrow H_2S(aq)$	0.142
$S_2O_6^{2-} + 4H^+ + 2e^- \rightarrow 2H_2SO_3$	0.564
$S_2O_6^{2-} + 2H^+ + 2e^- \rightarrow 2HSO_3^-$	0.464
$S_2O_8^{2-} + 2e^- \rightarrow 2SO_4^{2-}$	2.010
$2H_2SO_3 + H^+ + 2e^- \rightarrow H_2SO_4^- + 2H_2O$	−0.056
$Sn^{2+} + 2e^- \rightarrow Sn$	−0.1375
$Sn^{4+} + 2e^- \rightarrow Sn^{2+}$	0.151
$Ti^{2+} + 2e^- \rightarrow Ti$	−1.630
$Ti^{3+} + e^- \rightarrow Ti^{2+}$	−0.368
$TiO_2 + 4H^+ + 2e^- \rightarrow Ti^{2+} + 2H_2O$	−0.502
$Zn^{2+} + 2e^- \rightarrow Zn$	−0.7618
$ZnO_2^{2-} + 2H_2O + 2e^- \rightarrow Zn + 4OH^-$	−1.215

표 (A-14). 다양한 점군의 지표표들.

C_1	E
A	1

C_s	E	σ_h	기초 함수	
A'	1	1	x, y, R_z	x^2, y^2, z^2, xy
A''	1	−1	z, R_x, R_y	yz, xz

C_i	E	i	기초 함수	
A_g	1	1	R_x, R_y, R_z	$x^2, y^2, z^2, xy, yz, xz$
A_u	1	−1	x, y, z	

C_2	E	C_2	기초 함수	
A	1	1	z, R_z	x^2, y^2, z^2, xy
B	1	−1	x, y, R_x, R_y	yz, xz

C_3	E	C_3	C_3^2	기초 함수	
A	1	1	1	z, R_z	$x^2 + y^2, z^2$
E	1	ϵ	ϵ^*	$(x,y), (R_x, R_y)$	$(x^2 - y^2, xy), (xz, yz)$
	1	ϵ^*	ϵ		

단, $\epsilon = \exp\left(\frac{2\pi i}{3}\right) = \cos\left(\frac{2\pi}{3}\right) + i\sin\left(\frac{2\pi}{3}\right)$

C_4	E	C_4	C_2	C_4^3	기초 함수	
A	1	1	1	1	z, R_z	x^2+y^2, z^2
B	1	−1	1	−1		x^2-y^2, xy
E	1	i	−1	$-i$	$(x,y),(R_x, R_y)$	(yz, xz)
	1	$-i$	−1	i		

C_6	E	C_6	C_3	C_2	C_3^2	C_6^5	기초 함수	
A	1	1	1	1	1	1	z, R_z	x^2+y^2, z^2
B	1	−1	1	−1	1	−1		
E_1	1	ϵ	$-\epsilon^*$	−1	$-\epsilon$	ϵ^*	(x,y)	(yz, xz)
	1	ϵ^*	$-\epsilon$	−1	$-\epsilon^*$	ϵ	(R_x, R_y)	
E_2	1	$-\epsilon^*$	$-\epsilon$	1	$-\epsilon^*$	$-\epsilon$		x^2-y^2, xy
	1	$-\epsilon$	$-\epsilon^*$	1	$-\epsilon$	$-\epsilon^*$		

단, $\epsilon = \exp\left(\frac{2\pi i}{6}\right) = \cos\left(\frac{2\pi}{6}\right) + i\sin\left(\frac{2\pi}{6}\right)$

D_2	E	$C_2(z)$	$C_2(y)$	$C_2(x)$	기초 함수	
A	1	1	1	1		x^2, y^2, z^2
B_1	1	1	−1	−1	z, R_z	xy
B_2	1	−1	1	−1	y, R_y	zx
B_3	1	−1	−1	1	x, R_x	yz

D_3	E	$2C_3$	$3C_2$	기초 함수	
A_1	1	1	1		x^2+y^2, z^2
A_2	1	1	−1	z, R_z	
E	2	−1	0	$(x, y),(R_x, R_y)$	$(x^2-y^2, xy),(xz, yz)$

D_4	E	$2C_4$	$C_2(=C_4^2$	$2C_2'$	$2C_2''$	기초 함수	
A_1	1	1	1	1	1		x^2+y^2, z^2
A_2	1	1	1	−1	−1	z, R_z	
B_1	1	−1	1	1	−1	(R_x, R_y)	x^2-y^2
B_2	1	−1	1	−1	1		xy
E	2	0	−2	0	0	$(x,y),(R_x, R_y)$	$(x^2-y^2, xy),(xz, yz)$

D_5	E	$2C_5$	$2C_5^2$	$5C_2$	기초 함수	
A_1	1	1	1	1		x^2+y^2, z^2
A_2	1	1	1	−1	z, R_z	
E_1	2	2cos72°	2cos144°	0	$(x,y),(R_x, R_y)$	(xz, yz)
E_2	2	2cos144°	2cos72°	0		(x^2-y^2, xy)

D_6	E	$2C_6$	$2C_3$	C_2	$3C_2'$	$3C_2''$	기초 함수	
A_1	1	1	1	1	1	1		x^2+y^2, z^2
A_2	1	1	1	1	−1	−1	z, R_z	
B_1	1	−1	1	−1	1	−1		
B_2	1	−1	1	−1	−1	1		
E_1	2	1	−1	−2	0	0	$(x, y), (R_x, R_y)$	(xz, yz)
E_2	2	−1	−1	2	0	0		(x^2-y^2, xy)

C_{2v}	E	C_2	$\sigma_v(zx)$	$\sigma_v{}'(yz)$	기초 함수	
A_1	1	1	1	1	z	x^2, y^2, z^2
A_2	1	1	−1	−1	R_z	xy
B_1	1	−1	1	−1	x, R_y	xz
B_2	1	−1	−1	1	y, R_x	yz

C_{3v}	E	$2C_3$	$3\sigma_v$	기초 함수	
A_1	1	1	1	z	x^2+y^2, z^2
A_2	1	1	−1	R_z	
E	2	−1	0	$(x, y), (R_x, R_y)$	$(x^2-y^2, xy), (xz, yz)$

C_{4v}	E	$2C_4$	C_2	$2\sigma_v$	$2\sigma_d$	기초 함수	
A_1	1	1	1	1	1	z	x^2+y^2, z^2
A_2	1	1	1	−1	−1	R_z	
B_1	1	−1	1	1	−1		x^2-y^2
B_2	1	−1	1	−1	1		xy
E	2	0	−2	0	0	$(x, y), (R_x, R_y)$	(xz, yz)

C_{5v}	E	$2C_5$	$2C_5^2$	$5\sigma_v$	기초 함수	
A_1	1	1	1	1	z	x^2+y^2, z^2
A_2	1	1	1	−1	R_z	
E_1	2	2cos72°	2cos144°	0	$(x, y), (R_x, R_y)$	(xz, yz)
E_2	2	2cos144°	2cos72°	0		(x^2-y^2, xy)

C_{6v}	E	$2C_4$	$2C_3$	C_2	$3\sigma_v$	$3\sigma_d$	기초 함수	
A_1	1	1	1	1	1	1	z	x^2+y^2, z^2
A_2	1	1	1	1	−1	−1	R_z	
B_1	1	−1	1	−1	1	−1		
B_2	1	−1	1	−1	−1	1		
E_1	2	1	−1	−2	0	0	$(x, y), (R_x, R_y)$	(xz, yz)
E_2	2	−1	−1	−2	0	0		(x^2-y^2, xy)

C_{2h}	E	C_2	i	σ_h	기초 함수	
A_q	1	1	1	1	R_z	x^2+y^2, z^2
B_q	1	−1	1	−1	R_x, R_y	xz, yz
A_u	1	1	−1	−1	z	
B_u	1	−1	−1	1	x, y	

C_{4h}	E	C_4	C_2	C_4^3	i	S_4^3	σ_h	S_4	기초 함수	
A_g	1	1	1	1	1	1	1	1	R_z	x^2+y^2, z^2
B_g	1	−1	1	−1	1	−1	1	−1		(x^2-y^2, xy)
E_g	1	i	−1	$-i$	1	i	−1	$-i$	(R_x, R_y)	(xz, yz)
	1	$-i$	−1	i	1	$-i$	−1	i		
A_u	1	1	1	1	−1	−1	−1	−1	z	
B_u	1	−1	1	−1	−1	1	−1	1		
E_u	1	i	−1	$-i$	−1	$-i$	1	i	(x, y)	
	1	$-i$	−1	i	−1	i	1	$-i$		

D_{2h}	E	$C_2(z)$	$C_2(y)$	$C_2(x)$	i	$\sigma(xy)$	$\sigma(zx)$	$\sigma(yz)$	기초 함수	
A_g	1	1	1	1	1	1	1	1		x^2, y^2, z^2
B_{1g}	1	1	−1	−1	1	1	−1	−1	R_z	xy
B_{2g}	1	−1	1	−1	1	−1	1	−1	R_y	xz
B_{3g}	1	−1	−1	1	1	−1	−1	1	R_x	yz
A_u	1	1	1	1	−1	−1	−1	−1		
B_{1u}	1	1	−1	−1	−1	−1	1	1	z	
B_{2u}	1	1	1	−1	−1	1	−1	1	y	
B_{3u}	1	−1	−1	1	−1	1	1	−1	x	

D_{3h}	E	$2C_3$	$3C_2$	σ_h	$2S_3$	$3\sigma_v$	기초 함수	
A_1'	1	1	1	1	1	1		x^2+y^2, z^2
A_2'	1	1	−1	1	1	−1	R_z	
E'	2	−1	0	2	−1	0	(x, y)	(x^2-y^2, xy)
A_1''	1	1	1	−1	−1	−1		
A_2''	1	1	−1	−1	−1	1	z	
E''	2	−1	0	2	1	0	(R_x, R_y)	(xz, yz)

D_{4h}	E	$2C_4$	C_2	$2C_2'$	$2C_2''$	i	$2S_4$	σ_h	$2\sigma_v$	$2\sigma_d$	기초 함수	
A_g	1	1	1	1	1	1	1	1	1	1		x^2+y^2, z^2
A_{2g}	1	1	1	−1	−1	1	1	1	−1	−1	R_z	
B_{1g}	1	−1	1	−1	−1	1	1	1	−1	−1		x^2-y^2
B_{2g}	1	−1	1	1	−1	1	−1	1	1	−1		xy
E_g	2	0	−2	0	0	2	0	−2	0	0	(R_x, R_y)	(xz, yz)
A_{1u}	1	1	1	1	1	−1	−1	−1	−1	−1		
A_{2u}	1	1	1	−1	−1	−1	−1	−1	1	1	z	
B_{1u}	1	−1	1	1	−1	−1	1	−1	−1	1		
B_{2u}	1	−1	1	−1	1	−1	1	−1	1	−1		
E_u	2	0	−2	0	0	−2	0	2	0	0	(x, y)	

D_{6h}	E	$2C_6$	$2C_3$	C_2	$3C_2'$	$3C_2''$	i	$2S_3$	$2S_6$	σ_h	$3\sigma_d$	$3\sigma_v$	기초 함수	
A_g	1	1	1	1	1	1	1	1	1	1	1	1		x^2+y^2, z^2
A_{2g}	1	1	1	1	−1	−1	1	1	1	1	−1	−1	R_z	
B_{1g}	1	−1	1	−1	1	−1	1	−1	1	−1	1	−1		
B_{2g}	1	−1	1	−1	−1	1	1	−1	1	−1	−1	1		
E_{1g}	2	1	−1	−2	0	0	2	1	−1	−2	0	0	(R_x, R_y)	(xz, yz)
E_{2g}	2	−1	−1	2	0	0	2	−1	−1	−2	0	0		(x^2-y^2, xy)
A_{1u}	1	1	1	1	1	1	−1	−1	−1	−1	−1	−1		
A_{2u}	1	1	1	1	−1	−1	−1	−1	−1	−1	1	1	z	
B_{1u}	1	−1	1	−1	1	−1	−1	−1	−1	−1	1	1		
B_{2u}	1	−1	1	−1	−1	1	−1	1	−1	1	1	−1		
E_{1u}	2	1	−1	−2	0	0	−2	−1	1	2	0	0	(x, y)	
E_{2u}	2	−1	−1	−2	0	0	−2	1	1	−2	0	0		

D_{2d}	E	$2S_4$	C_2	$2C_2'$	$2\sigma_d$	기초 함수	
A_g	1	1	1	1	1		x^2+y^2, z^2
B_{1g}	1	1	1	−1	−1	R_z	
B_{2g}	1	−1	1	1	−1		x^2-y^2
B_{3g}	1	−1	1	−1	1	z	xy
A_u	2	0	−2	0	0	$(x, y), (R_x, R_y)$	(xz, yz)

D_{3d}	E	$2C_3$	$3C_2$	i	$2S_6$	$3\sigma_d$	기초 함수	
A_{1g}	1	1	1	1	1	1		x^2+y^2, z^2
A_{2g}	1	1	−1	1	1	−1	R_z	
E_g	2	−1	0	2	−1	0	(R_x, R_y)	$(x^2-y^2, xy), (xz, yz)$
A_{1u}	1	1	1	−1	−1	−1		
A_{2u}	1	1	−1	−1	−1	1	z	
E_u	2	−1	0	−2	1	0	(x, y)	

D_{4d}	E	$2S_8$	$2C_4$	$2S_8^3$	C_2	$4C_2'$	$4\sigma_d$	기초 함수	
A_1	1	1	1	1	1	1	1		x^2+y^2, z^2
A_2	1	1	1	1	1	−1	−1	R_z	
B_1	1	−1	1	−1	1	1	−1		
B_2	1	−1	1	−1	1	−1	1	z	
E_1	2	$\sqrt{2}$	0	$-\sqrt{2}$	−2	0	0	(x, y)	
E_2	2	0	−2	0	2	0	0		(x^2-y^2, xy)
E_3	2	$-\sqrt{2}$	0	$\sqrt{2}$	−2	0	0	(R_x, R_y)	(xz, yz)

D_{6d}	E	$2S_{12}$	$2C_6$	$2S_4$	$2C_3$	$2S_{12}^5$	C_2	$6C_2'$	$6\sigma_d$	기초 함수	
A_1	1	1	1	1	1	1	1	1	1		x^2+y^2, z^2
A_2	1	1	1	1	1	1	1	−1	−1	R_z	
B_1	1	−1	1	−1	1	−1	1	1	−1		
B_2	1	−1	1	−1	1	−1	1	−1	1	z	
E_1	2	$\sqrt{3}$	1	0	−1	$-\sqrt{3}$	−2	0	0	(x, y)	
E_2	2	−1	−1	−2	−1	1	2	0	0		(x^2-y^2, xy)
E_3	2	0	−2	0	2	0	−2	0	0		
E_4	2	−1	−1	2	−1	−1	2	0	0		
E_5	2	$-\sqrt{3}$	1	0	−1	$\sqrt{3}$	−2	0	0	(R_x, R_y)	(xz, yz)

T_d	E	$8C_3$	$3C_2$	$6S_4$	$6\sigma_d$	기초 함수	
A_1	1	1	1	1	1		$x^2+y^2+z^2$
A_2	1	1	1	−1	−1		
E	2	−1	2	0	0		$(2z^2-x^2-y^2, x^2-y^2)$
T_1	3	0	−1	1	−1	(R_x, R_y, R_z)	
T_2	3	0	−1	−1	1	(x, y, z)	(xy, yz, xz)

O_h	E	$8C_3$	$6C_2$	$6C_4$	$3C_2(=C_4^2)$	i	$6S_4$	$8S_6$	$3\sigma_h$	$6\sigma_d$	기초 함수	
A_g	1	1	1	1	1	1	1	1	1	1		$x^2+y^2+z^2$
A_{2g}	1	−1	1	−1	1	1	−1	1	1	−1		
E_g	2	0	1	0	2	2	0	−1	2	0		$(2z^2-x^2-y^2, x^2-y^2)$
T_{1g}	3	−1	1	1	−1	3	1	0	−1	−1	(R_x, R_y, R_z)	
T_{2g}	3	1	−1	−1	−1	3	−1	0	−1	1		(xy, yz, xz)
A_{1u}	1	1	−1	1	1	−1	−1	−1	−1	−1		
A_{2u}	1	−1	1	−1	1	−1	1	−1	−1	1		
E_u	2	0	1	0	2	−2	0	1	−2	0		
T_{1u}	3	−1	1	1	−1	−3	−1	0	1	1	(x, y, z)	
T_{2u}	3	1	−1	−1	−1	−3	1	0	1	−1		

$C_{\infty v}$	E	$2C_\infty^\phi$	$\infty\sigma_v$	기초 함수	
$\Sigma^+(A_1)$	1	1	1	z	x^2+y^2, z^2
$\Sigma^-(A_2)$	1	1	−1	R_z	
$\Pi(E_1)$	2	$2\cos\phi$	0	$(x, y), (R_x, R_y)$	(xz, yz)
$\Delta(E_2)$	2	$2\cos2\phi$	0		(x^2-y^2, xy)
$\Phi(E_3)$	2	$2\cos3\phi$	0		

$D_{\infty h}$	E	$2C_\infty^\phi$	$\infty\sigma_v$	i	$2S_\infty^\phi$	∞C_2	기초 함수	
Σ_g^+	1	1	1	1	1	1		x^2+y^2, z^2
Σ_g^-	1	1	−1	1	1	−1	R_z	
Π_g	2	$2\cos\phi$	0	2	$-2\cos\phi$	0	(R_x, R_y)	(xz, yz)
Δ_g	2	$2\cos2\phi$	0	2	$2\cos2\phi$	0		(x^2-y^2, xy)
Σ_u^+	1	1	1	−1	−1	−1	z	
Σ_u^-	1	1	−1	−1	−1	1		
Π_u	2	$2\cos\phi$	0	−2	$2\cos\phi$	0	(x, y)	
Δ_u	2	$2\cos2\phi$	0	−2	$-2\cos2\phi$	0		

수학적 고찰 (A–1). 분광자료의 모사들.

분광선형함수 (spectral line shape function)에는 크게 아래 두 가지 함수가 많이 쓰인다. Lorentzian 선형함수 (Lorentzian line shape function)와 Gaussian 선형함수 (Gaussian line shape function)로 나타낸 분포함수가 여기에 속한다. 그림 (A-1)에서 나타낸 바와 같이 Lorentzian 분포는 피이크의 중심에서 비교적 날카로우며 중심에서 벗어나면 완만하게 감소한다. 반면에 Gaussian 분포는 피이크의 중심에서 둥글며 중심에서 벗어나면 가파르게 감소한다.

그림 (A-1). Lorentzian 선형함수 (왼쪽 그림)와 Gaussian 선형함수 (오른쪽 그림)로 모사한 스펙트라. 여기서 ω는 선폭이며, y_m은 진폭이고, x_0는 피이크의 중심임.

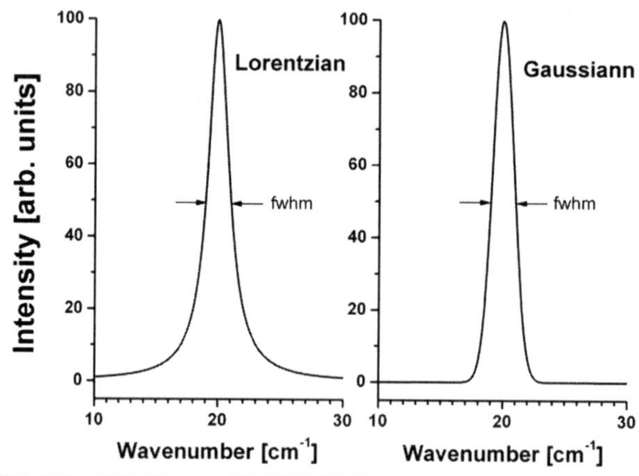

두 함수 모두 $x = x_0$를 중심으로 좌우 동형이다.

① Lorentzian 선형함수

Lorentzian 선형함수는 적외선 및 라만스펙트라의 모사에서 많이 쓰이는 활용도가 비교적 높은 함수이다.

$$f(x) = \frac{y_m}{1 + \frac{4(x - x_0)^2}{\omega^2}} \qquad \text{(A-1)}$$

여기서 ω는 선폭이며 y_m은 진폭이다.

② Gaussian 선형함수

Gaussian 선형함수는 비행시간질량분석스펙트럼 등의 모사에서 많이 쓰이는 활용도가 매우 높은 분포함수 중의 하나이다.

$$f(x) = y_m \exp\left\{-2 \cdot \ln 4 \cdot \frac{(x - x_0)^2}{\omega^2}\right\} \qquad \text{(A-2)}$$

여기서도 ω는 선폭이며 y_m은 진폭이다.

수학적 고찰 (A-2). 물리화학 특히 양자화학에서 자주 쓰이는 정적분공식.

$$\int_0^\infty x^n e^{-ax} dx = \frac{\Gamma(n+1)}{a^{n+1}}$$

$$\int_0^\infty \frac{x}{e^x - 1} dx = \frac{1}{1^2} + \frac{1}{2^2} + \frac{1}{3^2} + \frac{1}{4^2} + ... = \frac{\pi^2}{6}$$

$$\int_0^\infty \frac{x}{e^x + 1} dx = \frac{1}{1^n} - \frac{1}{2^n} + \frac{1}{3^n} - \frac{1}{4^n} + ... = \frac{\pi^2}{12}$$

$$\int_0^\infty \frac{x^3}{e^x - 1} dx = \frac{\pi^4}{15}$$

$$\int_0^\infty x^n e^{-ax} dx = \frac{n!}{a^{n+1}} (n > -1, a > 0)$$

$$\int_0^\infty e^{-ax^2} dx = \left(\frac{\pi}{4a}\right)^{1/2}$$

$$\int_0^\infty x^{2n} e^{-ax^2} dx = \frac{1 \cdot 3 \cdot \cdot (2n-1)}{2^{n+1}} \left(\frac{\pi}{a^{2n+1}}\right)^{1/2} (n = 1, 2, ...)$$

$$\int_0^\infty x^{2n+1} e^{-ax^2} dx = \frac{n!}{2a^{n+1}} \quad (a > 0, n = 1, 2, ...)$$

$$\int_0^\infty \frac{x^{n-1}}{e^x - 1} dx = \Gamma(n) \left(\frac{1}{1^n} + \frac{1}{2^n} + \frac{1}{3^n} + \frac{1}{4^n} + ...\right)$$

$$\int_0^\infty \frac{x^{n-1}}{e^x + 1} dx = \Gamma(n+1) \left(\frac{1}{1^n} - \frac{1}{2^n} + \frac{1}{3^n} - \frac{1}{4^n} + ...\right)$$

$$\int_0^{2\pi} \sin mx \sin nx dx = 0 \ (m \neq n)$$

수학적 고찰 (A-3). 물리화학 특히 양자화학에서 자주 쓰이는 부정적분공식.

$$\int \frac{1}{x}dx = \ln x + C$$

$$\int \frac{1}{1+x^2}dx = \tan^{-1}x + C$$

$$\int \frac{1}{(x+a)(x+b)}dx = \frac{1}{b-a}\ln\frac{a+x}{b+x} + C,\ a \neq b$$

$$\int \ln(ax+b)dx = \left(x+\frac{b}{a}\right)\ln(ax+b) - x + C,\ a \neq 0$$

$$\int \sin ax dx = -\frac{\cos ax}{a} + C$$

$$\int \cos ax dx = \frac{\sin ax}{a} + C$$

$$\int \sin^2 ax dx = \frac{1}{2}x - \frac{1}{4a}\sin 2ax + C$$

$$\int \cos^2 ax dx = \frac{1}{2}x + \frac{1}{4a}\sin 2ax + C$$

$$\int x \sin ax dx = \frac{\sin ax}{a^2} - \frac{x\cos ax}{a} + C$$

$$\int x \cos ax dx = \frac{\cos ax}{a^2} + \frac{x\sin ax}{a} + C$$

$$\int x^2 \sin ax dx = \frac{2x}{a^2}\sin ax + \left(\frac{2}{a^3} - \frac{x^2}{a}\right)\cos ax + C$$

$$\int x^2 \cos ax dx = \frac{2x}{a^2}\cos ax + \left(\frac{x^2}{a} - \frac{2}{a^3}\right)\sin ax + C$$

$$\int \sin^n ax \cos ax dx = \frac{\sin^{n+1} ax}{(n+1)a} + C$$

$$\int x \sin^2 ax dx = \frac{x^2}{4} - \frac{x\sin 2ax}{4a} - \frac{\cos 2ax}{8a^2} + C$$

$$\int x \cos^2 ax dx = \frac{x^2}{4} + \frac{x\sin 2ax}{4a} + \frac{\cos 2ax}{8a^2} + C$$

$$\int x^2 \sin^2 ax dx = \frac{x^3}{6} - \left(\frac{x^2}{4a} - \frac{1}{8a^3}\right)\sin 2ax - \frac{x\cos 2ax}{4a^2} + C$$

$$\int x^2 \cos^2 ax dx = \frac{x^3}{6} + \left(\frac{x^2}{4a} - \frac{1}{8a^3}\right)\sin 2ax + \frac{x\cos 2ax}{4a^2} + C$$

$$\int e^{ax} dx = \frac{e^{ax}}{a} + C$$

$$\int e^{-ax^2} dx = \frac{\sqrt{\pi}}{2\sqrt{a}}\operatorname{erf}(x\sqrt{a}) + C$$

$$\int x e^{-ax^2} dx = -\frac{e^{-ax^2}}{2a} + C$$

찾아보기